IEC 규격에 의한

전기설비설계

이해기 · 김영곤 · 최종규 · 이강연 공저

도서출판 태영문화사

◆ 머 리 말 ◆

오늘날 현대 산업사회에서 전기설비는 다양하게 지속적으로 발전하고 있으며 고도화, 대규모화, 첨단화, 특성화되는 새로운 전력설비들이 날로 증가하고 있다.

이러한 전기설비들은 정보화 시대의 요구에 맞도록 눈부시게 발전하고 많은 건축물들이 인텔리전트화로 전환하여 기존의 전기설비들과 차별화를 이루고 있다.

또한 매년 전력 수요와 사용량이 급증함으로서 이들 전력설비를 운용하고 있는 전기기술자들의 역할은 대단히 중요한 위치를 차지하고 있다.

전기설비는 한국전력회사로부터 수용가인 우리 가정의 전기공급은 물론 산업시설의 공작기계 운전과 사회의 전 분야에 걸쳐 많은 변화를 가져오고 자동화 설비들은 더욱 지속적이고 혁신적인 발전을 계속하고 있다.

자가용 수변전 설비는 부하에 대하여 항상 무정전 전력공급이 필수적이며, 수용가측에서는 안정성과 신뢰성이 높은 전력설비를 구축하여 안전하고도 고품질의 전력을 공급받는 신뢰성이 높은 전력시스템을 구축하는 것이 매우 중요하다.

최근 IBS건축물이 등장하면서 모든 전기설비에 자동화 시스템을 도입하여 전원설비, 전력공급설비, 부하설비, 정보 및 방재설비 등이 상호 조합되어 운용됨으로서 현장의 실무자들은 이러한 시스템을 잘 운영할 수 있는 기술자로서의 능력이 필요하다.

오늘날 전기계통에서 근무하고 있는 현장 전기기술자에게 이론과 실무계통을 체계적으로 다룬 전기설비에 관한 서적이 극히 적어, 저자는 대학 강단에서 다년간 강의한 내용을 토대로 하여 본서를 집필하게 되었다.

본 서는 전기설비설계에 대하여 공부하고자 하는 분들을 위하여 종래의 교재와 다르게 현장 중심의 교재로 이론과 실무를 겸할 수 있도록 각 장을 구성하여 독자들의 이해를 돕도록 많은 그림을 도시하였고 예제 문제를 많이 다루도록 하여 계산 능력을 배양토록 하였다.

또한 기존의 KS규격에 의한 전기설비의 운영전반이 IEC규격에 의해 운영되어야 하기 때문에 기존의 KS규격의 내용은 버리고 IEC규격에 적합하도록 구성하였다.

그리고 본 서는 전기관련 자격시험을 준비하고 있는 수험생을 위하여 기 출제 및 예상문제와 응용문제를 다수 취급하여, 수험 준비에 도움이 되고자 구성하였다.

짧은 시간에 다양한 내용을 수록하려고 본 서를 집필하다보니 많은 오류가 발생되리라 사료되오나 이런 점에 전기관련 선・후배님들의 채찍을 바탕으로 보완하여 개정판을 구성하고자 한다.

끝으로 본 서를 집필하도록 많은 도움을 주신 태영문화사 사장님 이하 여러 임직원들에게 깊은 감사를 드리며 독자들의 무궁한 발전을 기원하는 바이다.

저자 씀

◆차 례◆

제1장 전기설비의 개요

제2장 배선의 원칙과 기본사항

제3장 수변전설비

제4장 예비전원설비

제5장 배전설비

제7장 동력설비

제8장 재료와 공구

제9장 전기공사의 시공방법

제10장 반송설비

제11장 정보통신설비

제12장 방재설비

제13장 인텔리전트 빌딩

제14장 접지설비

제15장 계측과 시험

제16장 적 산

제 1 장

전기설비의 개요

전기설비는 건축물의 용도와 그 외 사용 목적에 적합한 종합적인 전기설비를 의미하며 건축물내의 주거환경을 구성하는 옥내설비가 주를 이루며, 옥외설비 및 기타 설비를 포함하고 있다.

최근 빌딩, 아파트, 공장 등의 많은 건축물들이 대규모화, 고층화, 현대화, 고기능화, 인텔리전트화함에 따라 건축설비의 중요성이 커지고 다양화, 복잡화가 가속되면서 건물에 대한 기능성, 쾌적성이 더욱 요구되는 추세에 있고, 최근에는 전기설비에 자동화 시스템을 도입하여 전원설비, 전력공급설비, 정보설비 및 방재설비 등이 상호 조합되어 운용되고 있다.

1.1 전기설비의 정의

[1] 전력발생 및 소비

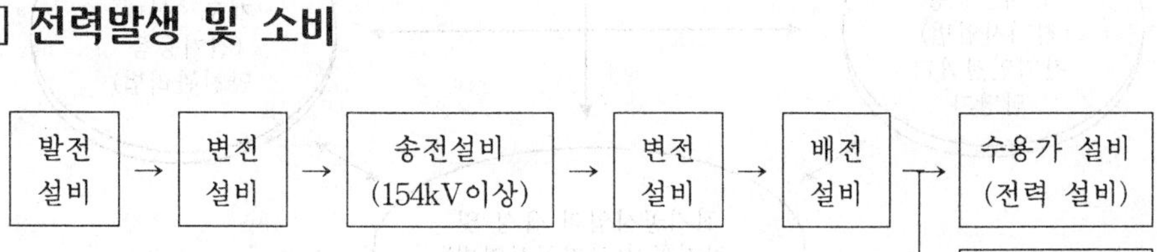

2 전기설비의 정의

전기설비라 함은 발전·송전·변전·배전 또는 전기사용을 위하여 설치하는 기계, 기구, 댐, 수로, 저수지, 전선로, 보안통신선로 등 기타의 설비를 말하며 발전을 하기 위한 수력발전설비(댐, 수로, 저수지), 화력발전설비, 원자력발전설비, 가스터빈발전설비, 송전을 위한 송전설비, 변전을 위한 변전설비, 배전을 위한 배전설비 및 전기사용을 위하여 설치하는 전기수용가설비까지를 말한다.

전기설비에서 "제외되는 선박·차량 또는 항공기에 설치하는 것, 기타 영(領)으로 정한 것"은 다음과 같다.

① 당해 선박, 함선, 차량 또는 항공기가 그 기능을 유지하도록 하기 위하여 설치하는 전기설비.
② 전압 30[V] 미만의 전기설비로서 전압 30[V] 이상의 전기설비와 전기적으로 접속되어 있지 않을 것.
③ 전기통신 기본법이 적용되는 전기통신설비(수전을 위한 설비를 제외한다).

1.2 전기사업법에 의한 전기설비

전기사업법은 전기설비의 공사·유지 및 운영에 관하여 필요한 사항을 정하므로 공공의 안전을 확보하고 전기를 발전하기 위한 댐·수로·저수지·발전·송전·변전·배전·보안통신선로, 전기를 사용하기 위하여 설치하는 수용설비(수전, 구내 배전)까지를 말한다.

전기사업법에 의한 전기설비는 사업용 전기설비, 자가용 전기설비, 일반용 전기설비의 3 종류가 있다.

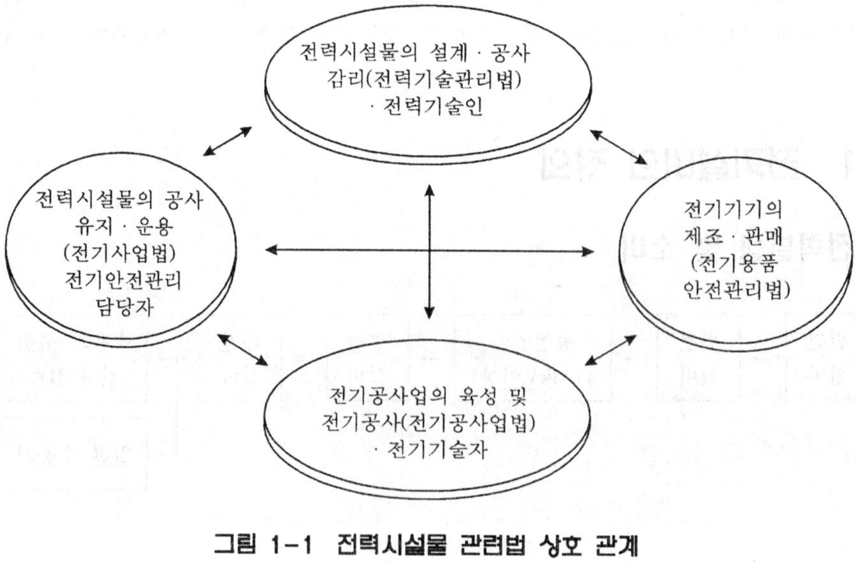

그림 1-1 전력시설물 관련법 상호 관계

[1] 사업용 전기설비

사업용 전기설비라 함은 전기사업자가 전기사업에 사용하는 전기설비를 말한다. 예를 들면 전기사업자가 일반의 수요에 응하여 전기를 공급할 목적으로 설치한 전기설비를 말하며, 발전·변전·송전·배전 및 통신(전력용 보안)의 전기설비 및 직접 이러한 설비관리를 행하는 사업소에 설치하는 전기설비를 의미한다.

[2] 자가용 전기설비

자가용 전기설비라 함은 사업용 전기설비 및 일반용 전기설비 이외의 전기설비로 정의되며, 그 구체적인 적용범위에 관해서는 각각 다음과 같이 취급되는 것으로 볼 수 있다.

① 수전 전압이 600[V] 이상 고압으로 수전하는 전기설비.
② 저압의 수전전력 75[kW] 이상을 수전하여 동일 구내에서 그 전기를 사용하기 위한 전기설비.
③ 자가용 전기설비의 설치장소와 동일 구내에 설치하는 전기설비는 용량에 관계없이 자가용 전기설비에 포함된다.
④ 폭발성 또는 인화성 물질이 있어 전기설비에 의한 사고 발생의 우려가 많은 20[kW] 이상의 전기설비는 다음과 같다.
  ㉠ 소방법에 의한 위험물 제조소 등에 설치하는 전기설비.
  ㉡ 총포, 도검(刀劍), 화약류 등 단속법에서 규정하는 화약류(장난감용 불꽃은 제외)를 제조하는 사업장
  ㉢ 광산 보안법에 의한 갑종 탄광
  ㉣ 고압가스 안전관리법에 의한 위험물의 제조, 저장 장소에 설치하는 전기설비.
  ㉤ 불특정 다수인이 이용하는 다음의 장소
    · 극장, 영화관, 관람장 및 연예장 등의 공연장, 집회장 또는 공공회의장.
    · 카바레, 나이트 클럽, 댄스 홀, 헬스클럽 및 기타 이에 분류되는 곳.
    · 시장, 대규모 소매점, 도매센터, 상점가, 예식장, 병원 또는 호텔.

(1) 자가용 전기설비의 특징

① 전력회사와의 사이에 안전상의 책임분계점을 설정한다.
② 책임분계점 이후는 전기설비 수용가 자신이 안전관리 담당자를 선임하여 안전관리의 책임을 지도록 하고 있다.

전기설비에서는 고압 또는 특고압 수전설비를 갖춘 건물 및 저압 수전설비라도 비상용 발전설비가 설치된 경우에는 자가용 전기설비에 해당된다.

[3] 일반용 전기설비

일반용 전기설비란 주택, 상점, 소규모 공장 등과 같이 소규모의 전기설비로서 한정된 구역에서 전기를 사용하기 위한 설비로서 다음과 같다.

① 수전전압이 600[V] 이하의 저압 전기설비
② 수전용량이 75[kW] 미만의 전기설비

1.3 전기설비의 분류

건축설비는 크게 전기설비와 기계설비로 분류되며 전기설비는 전력부하설비, 전원설비, 전원공급설비, 반송설비, 정보설비, 방재설비, 기계설비로는 공조설비, 급·배수설비, 위생설비 등이 있으며 조합된 시스템 설비로 구성된다.

전기설비는 일반적으로 교류 100[V] 이상의 전압으로서 강전으로 분류되는 전력설비와 사용 전원을 축전지로 사용하거나 교류 60[V] 이하의 전압으로 공급 사용되어 약전으로 분류되는 정보설비로 구성된다.

[1] 기능에 의한 분류

① 전력부하설비 : 전기 에너지를 소비하는 설비(조명, 동력, 비상조명, 비상동력 등)
② 전원설비 : 전기 에너지 공급원 설비(수전설비, 변전설비, 예비발전설비, 축전지설비, 특수전원설비)
③ 전력공급설비 : 전력을 부하에 공급하는 설비(플로어 덕트설비, 배선덕트, 케이블 랙 설비, 일반 간선설비 등)
④ 감시제어설비 : 전력 공급상태와 가동상태 등을 감시·제어하는 설비(감시제어 조작설비, 중앙 감시설비, 컴퓨터 제어설비 등)
⑤ 반송설비 : 사람이나 물품을 운반하는 설비(엘리베이터, 에스컬레이터, 덤웨이터, 곤도라, 움직이는 보도 등)
⑥ 정보통신설비 : 정보전달 설비(VAN, ISDN, BISDN, CATV, EAPBX, MODEM, LAN 등)
⑦ 방재설비 : 재해예방, 통보역할을 담당하는 설비(자동화재 탐지설비, 비상경보설비, 방범설비, 피뢰침설비, 표시설비, 항공장애등 설비, 방폭전기설비, 피난유도설비, 비상용 조명 및 콘센트설비, 누전경보설비 등)

[2] 전류에 의한 분류

① 약전류 : 전기시계설비, 방송설비, 자동화재탐지설비, 배연·비상통보설비, 신호표시설비, 인터폰설비, 전화설비, 라디오설비, TV공청설비 등
② 강전류 : 전등설비, 동력설비, 간선설비, 구내배전설비, 축전지설비, 자가발전설비, 피뢰침설비, 접지설비 등

1.3.1 전원설비

① 수전설비 : 전력회사로부터 전력을 수전하는 설비
② 변전설비 : 특고압을 부하에 알맞은 사용전압으로 강압하고, 보호기능을 갖고 있는 설비

③ 예비전원설비 : 정전 또는 비상시의 발전설비
④ 축전지설비 : 비상조명등, 감시제어용 직류전원
⑤ 특수전원설비 : 축전지 설비와 컴퓨터용 전원 등에 정전압·정주파수 공급장치(CVCF) 및 무정전장치(UPS) 등 특수 부하에 대한 전원설비

1.3.2 전력부하설비

① 조명설비 : 일반 조명설비, 옥외조명설비, 비상조명설비
② 동력설비 : 공기조화, 급·배수, 냉·난방 위생, 엘리베이터, 소방용동력 등의 설비에 전력을 공급하는 설비.
③ 콘센트설비 : 일반 및 비상용 콘센트설비.

이 밖에도 컴퓨터용, 주방용, 의료용 전원 등의 특수부하설비와 활주로 및 도로에 전열설비를 하는 로드히팅, 건물내의 바닥 난방 등을 위한 패널 히팅 등의 부하 설비가 있다.

1.3.3 전력공급설비

전력공급설비는 전원설비와 부하설비를 연결하는 것으로서 대용량으로 집합하여 보내는 간선설비와 각 부하에 공급하는 분기회로로 구분되며 다음과 같은 설비가 있다.

① 플로어덕트(floor duct)설비 : 바닥내에 덕트를 설치하여 배선하는 설비.
② 배선덕트 : 전기샤프트 내의 버스덕트(bus duct) 설비를 포함해 다량의 배선을 시설하는 경우에 사용하는 설비.
③ 일반 간선설비 : 케이블 랙설비와 전등 및 동력 등의 부하에 각각 배선을 집약하여 공급하는 배선설비.

1.3.4 감시제어설비

전력시설물을 관리하고 감시하는 중앙감시설비, 건물의 이용에 있어서 편의성을 제공하는 승강기, 카리프트, 덤웨이터, 에스컬레이터, 컨베이어, 문서 반송장치 등의 반송설비, 자동주차관제설비, 조명자동제어설비 등이 있으며 특히 건물에 있어서는 건물 자동화설비(BAS : Building Automation System)등이 있다. 현재 감시제어설비는 컴퓨터를 이용하여 설비 전체를 자동화하고 있다.

1.3.5 정보통신설비

① 확성설비 : 음성에 의한 정보를 전달하는 설비.
② 전기시계설비 : 시간에 대한 정보전달기능의 설비.
③ 전화기 및 전자교환장치(EAPBX) : 건물 내·외부와의 통화교환수단의 설비.

④ 인터폰 설비 : 특정 장소간의 통화설비.
⑤ TV 공청 안테나 설비 : 양질의 전파를 수신하여 TV수상기에 TV전파를 배분하여 시청하게 하는 설비.
⑥ 모뎀(MODEM)설비 : 데이터통신 등을 하기 위한 설비.
⑦ CATV설비 : 난시청 해소, 자주방송 등을 위한 유선 설비.
⑧ 근거리통신망(LAN : Local Area Network)설비 : 구내의 데이터 통신망 구축용의 설비.
⑨ 부가가치통신망(VAN : Value Added Network)설비
⑩ 종합정보통신망(ISDN : Integrated Service Digital Network)설비
⑪ 위성통신설비

1.3.6 반송설비

반송설비는 사람이나 물품을 운반하는 설비로서 다음과 같이 분류된다.

① 엘리베이터(Elevator)
② 에스컬레이터(Escalator)
③ 덤웨이터(Dumb Waiter)
④ 컨베이어
⑤ 에어슈터(Air-Shutter)
⑥ 곤도라(Gondora)
⑦ 움직이는 보도 등

1.3.7 방재설비

방재설비는 인재나 천재에 대한 방지 또는 감시 시스템으로서 사람, 재산을 재해로부터 보호하기 위한 전기설비로서 법령에 의해서 규제를 받고 있는 설비가 많다.

방재설비를 설비목적에 따라 분류하면

① 자동화재탐지설비 : 화재의 조기발견과 자동통보 기능을 갖춘 설비
② 유도등 및 방송설비 : 비상시에 피난을 유도하는 설비.
③ 방범설비 : 범죄의 예방 및 감시설비.
④ 피뢰설비 : 건물을 뇌격으로부터 보호하는 설비.
⑤ 항공장애등설비 : 고층건물에 설치되는 항공장애등으로 항공기의 안전비행을 위한 설비.
⑥ 누전경보설비 : 누전으로 인한 화재 및 재난을 방지하기 위한 설비.

1.3.8 특수 장소의 전기설비

최근에 설비가 다양화되면서 여러 가지 설비가 등장하고 있으며 그 예로 습기가 많은 장소 또는 수분이 많은 장소의 전기설비와 흥행장, 전기울타리, 교통신호등, 파이프 라인

등의 전열장치 시설, 심야 전력기기의 시설, 전기욕기의 시설, 수중조명등 시설, 전기방식 시설, X선 발생장치의 시설, 사우나 등의 전기시설이 있다.

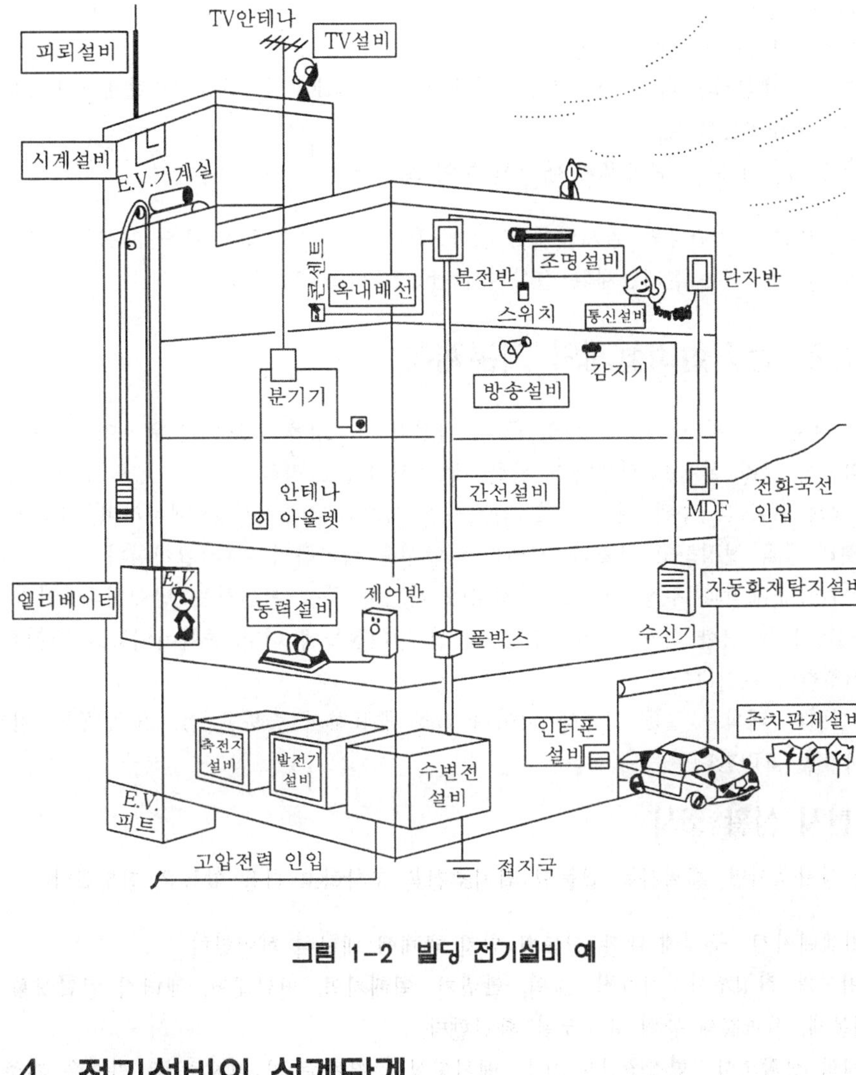

그림 1-2 빌딩 전기설비 예

1.4 전기설비의 설계단계

1.4.1 전기설비설계의 개요

전기설비설계는 시행하여야 할 공사에 대하여 비용이나 재료, 구조 등의 계획을 세워 도면이나 서류에 구체적으로 명시하는 일이다.

따라서 사업주로부터 어떤 사업물의 규모나, 사업성 등을 요청 받아 이를 구체화 할 수 있도록 연구·조사·분석·계획하여 이에 대한 도서(圖書)를 만드는 것이다.

여기서 도서라 함은

① 시방서(표준시방서, 특기시방서)
② 설계도면
③ 설계에 대한 모든 것을 요약한 설계설명서
④ 각종 기술계산서(부하계산서, 전압강하계산서, 조도계산서, 변압기용량계산서, 고장전류계산서, 조류계산서 등)
⑤ 예산의 기준이 되는 공사비용 내역서 등이 포함된다.

즉 설계에는 계획단계와 설계단계로 크게 볼 수 있고, 계획은 보통 계획설계라고도 하며, 설계 단계는 기본 설계단계와 실시설계 단계로 나눌 수 있다.

1.4.2 전기설비설계의 기본계획

계획설계란 구상의 단계로서 사업(공사) 실행의 가능성을 검토하기 위하여 그 사업의 목적과 의도에 따라 설계를 시행하기 위한 제반 사항을 고려하여 모든 것을 조사하고, 각종 설계에 대한 법규나 주위 여건 등을 검토하여 설계의 진행방향을 제시하며, 개략적 모양, 규모, 형태 등을 설정하고 기술적, 경제적 타당성을 평가하기 위한 설계이다.

예상되는 문제점과 추정 금액을 산정하여 사업성 등을 판단하는 단계이다. 이를 Feasi-bility Study를 위한 설계라고도 하고 즉, 설계 대상물에 대한 종합적이고도 합리적인 평가를 시행하는 것이다.

전기설비의 계획은 모든 설계에 있어서 가장 중요하며 충분한 검토와 연구가 필요하고 다음 사항을 고려한다.

1 현지 상황 조사

현지 상황조사란, 계획하는 건물의 입지조건을 조사하고 다음 항목을 검토한다.

① 오리엔테이션 : 부지에 대한 건물의 위치 관계에 대하여 확인한다.
② 지역성과 환경조사 : 시가지, 교외, 한냉지, 염해지역, 피뢰대책, 에너지 공급상황, 인근 공해문제, 전파장해 등의 유·무를 확인한다.
③ 현지의 상황조사 : 현장조감도 또는 배치도상에 전력주 및 전화주 등 가까운 전주 번호를 확인, 기록하여 둔다.
④ 배전선로의 조사 : 전력 및 전화 선로의 조사시 인입경로가 가공선로인지, 지중선로인지를 확인하여 가공 선로이면 도로를 횡단 또는 인근의 가옥 상황 등을 조사한다.

2 기본계획 수립

예산 및 기능적 요소를 고려하여 기본 계획을 수립한다.

① 건물의 용도(부하의 종류)

② 부하조사
③ 수변전설비 용량과 계약전력
④ 수전전압과 수전방식
⑤ 단선결선도 초안작성
⑥ 비상용 발전설비의 용량과 절환방식
⑦ 배전전압과 주회로 결선방식
⑧ 보호협조와 보호방식
⑨ 수변전설비의 형식과 기기의 시방, 그리고 정격
⑩ 감시제어 방식
⑪ 전기인입과 인입방식
⑫ 전기실의 위치와 크기 및 배치

등에 관해서 결정하며 건축설계자, 기계설비 설계자와 긴밀한 연락과 협의를 해야 함은 물론이고, 시공주와도 협의를 하여야 한다.

3 건축 평면계획에 대한 전기설비

① 건축 기본계획에 대하여 먼저 전기설비의 제원, 특히 변전실, 비상 발전기실, 교환실 등의 크기 및 샤프트(shaft) 등의 넓이를 검토하여, 이를 건축 설계 담당자에게 자료로 제공하고 협의한다.
② 법적규제의 조사·검토는 건축 기본계획 단계에서 전기관계법규 및 소방법, 건축법 등 관련 법령에 의한 규제 조건의 검토와 정리 및 다른 설비와의 영향도 고려하는 것이 바람직하다.
③ 건축주측의 사업내용과 사업체계 및 건설목적을 충분히 파악하여 기본방침을 결정하는 중요한 요소가 된다.
④ 관계기관과 협의하여야 할 사항을 검토한다.

4 조사사항의 정리

① 조사기록을 분류하여 정리한다.
② 각종 협의사항을 기록하여 정리한다.
③ 법령관계 검토사항과 주무기관과 협의한 사항을 기록하여 정리한다.

1.4.3 전기설비의 기본설계

기본설계(Basic Design)란 기본계획에서 정한 건축물의 개요(용도, 구조, 규모, 형상 등), 구조 계획 등을 설비의 기능 면에서 재검토하며 기본설계서의 작성, 공사예산의 파악, 전기용량산정 및 공급방식 선정, 검토서의 작성 등 실질적인 설계가 시작되는 단계를 말한다.

1 기본설계의 내용 및 작성기준

(1) 설계설명서

① 공사 개요 : 위치, 설비규모, 공사기간, 공종별 개략공사비 등

② 주요설비사항

- 각종설비(전력, 통신, 소방, 계장, 보안, 예비 및 비상전원 등의 설비)에 대한 설명
- 인입, 수변전 및 배전설비의 구성, 변전실의 배치, 결선도 등에 관한 경제성 및 안정성에 대한 검토

③ 계장설비의 범위와 목표

④ 본 설계에 적용된 특수한 공법기준, 시설물에 대한 설명

⑤ 전력 에너지 절감을 위한 각종대책 설명

(2) 설계계산서

① 각실별 조도기준, 주요실별 조도계산서

② 부하산출서 및 수변전 설비의 용량계산서

③ 계측 및 조절범위 산출서

④ 전화, 방재, 방송설비 등의 산출서

(3) 설계도면

① 부근안내도 : 방위, 도로, 등고선, 건축물 및 목표되는 지형물 등.

② 범례 : 사용된 기호 및 부호

③ 배치도

- 각 건축물과 시설물의 위치 및 위치표시 평면도
- 옥외에 설치되는 전기관계시설물의 위치도

④ 옥내간선도 : 전력, 통신, 방재, 계장설비 및 기타 주요한 설비의 옥외 간선평면도, 전력의 간선평면도, 전력의 수전점, 수전검토, 통신설비의 연결지점, 구내설비와의 연결방법 등 표시

⑤ 수전 설비도 : 각종 기기의 배치 계획도

⑥ 전력 결선도 : 수전 설비의 단선 결선도, 복선 결선도

⑦ 설비 계통도

- 축적 : 1/100 이상
- 전등, 전열, 동력, 통신, 방재, 방송, TV공청, 계장설비 및 기타설비의 계통도 또는 입상도

⑧ 설비 배치도

- 축적 : 1/100 이상
- 전등, 전열, 동력, 통신, 방재, 방송, TV공청, 계장설비 등의 배치 평면도

⑨ 기타 필요한 도면

1.4.4 전기설비설계의 실시설계

실시설계란 기본설계 또는 계획의 검토, 실시설계에 필요한 자료의 수집 및 정비, 설계 요강의 결정, 설계 지침의 작성, 공정표 작성, 공사내역 및 공사비 견적 등을 말하는 것으로 이는 기본설계를 설계도서화 하는 것을 말한다.

[1] 실시설계의 내용 및 작성기준

(1) 설계설명서

기본 설계 내용과 동일.

(2) 설계계산서

① 각종계산에 적합한 계산기준, 공식, 적용한 상수(또는 계수) 등의 채택근거 제시(설계기준서)
② 조도계산서 : 각실별조도기준, 실별조도 계산서 및 등기구의 특성
③ 부하계산서
- 상용 및 비상전원구분
- 전등, 전열, 동력 등의 수용율, 부등율 적용
- 수변전 설비 용량 산출 등

④ 예비전원 및 비상전원(발전기) 용량산출서
⑤ 축전지설비 용량산출서
⑥ 전압강하 계산서
⑦ 수변전설비의 기기 정격용량과 단락전류, 용량산출서
⑧ 계측 및 조절 범위산출서
⑨ 기타 채택된 설비의 용량계산서, 손실계산서 등

(3) 설계도면

① 시방서
- 일반 유의사항
- 특기사항 : 특별히 유의할 사항
- 자재시방 : 기재의 특성, 정격, 운용방법, 제작조건, 기준 등

② 부근안내도 : 범위, 등고, 도로, 건축물 및 목표가 되는 지형지물 등
③ 범례 : 사용될 기호 및 부호, 시공상 유의할 특기사항
④ 배치도
- 각 건축물과 시설물의 배치 및 위치평면도
- 옥외에 설치되는 전기관계 시설물의 위치평면도 및 전기기기 정격 상세도 등(㉮ 맨홀, 수공, 외등 등)

⑤ 옥외간선도 : 전력, 통신, 방재, 계장설비 및 기타 필요한 설비의 옥외간선 평면도, 전력의 수전지점, 수전경로, 통신설비의 연결지점, 단지 또는 구내설비와의 연결방법, 설치상

세도 등

⑥ 수변전 설비도
- 각종 기기의 배치도
- 수변전 설비의 평면도(결선포함), 단면도, 구조물도, 인입도 및 기타상세도

⑦ 전력결선도 : 수변전 설비의 단선결선도(각종기기, 배선등의 정격, 조작 설명등 포함)

⑧ 설비계통도
- 축적 : 1/100 이상
- 전등, 전열, 동력, 통신, 방재, 방송, TV공청, 계장설비 및 기타 필요한 설비의 배치와 계통도 또는 입상도와 각종기기 및 배선의 종별 정격표시 등

⑨ 설비배치도
- 축적 : 1/100 이상
- 전등, 전열, 동력, 통신, 방재, 방송, TV공청, 계장설비 및 기타 필요한 설비의 배치 및 결선도와 각종 배치 기기 및 배선의 종별, 정격등 표시
- 사용할 각종설비의 조작도 및 조작 설명서
- 각 분전반의 결선도 및 정격과 총부하 계산
- 계산 설비의 결선도, 각종기기간의 배선도, 각설비의 전원의 정격 및 부하용량 계산
- 기타 타도면에 표시되지 아니한 결선도

⑩ 기타 필요한 설계도서

1.5 에너지 절약

근래 에너지난의 영향으로 기본적인 전기설비에서 고도의 설비에 이르기까지 종합적인 전기에너지 절약대책이 강구, 적용되고 있다.

따라서 건축물에서의 에너지 절감은 수전설비, 동력설비, 간선설비, 조명설비 등으로 분류되며 전력관리계획을 세워야 한다.

1 수전설비의 에너지 절감대책

(1) 고효율 변압기의 채용

수전설비 중 효율에 가장 큰 영향을 미치는 기기가 변압기이다. 따라서 고효율화 방안으로 무부하손·부하손이 적은 변압기를 채용하는 것이 바람직하다.

이에 대한 변압기로는 몰드 변압기, 아몰퍼스 변압기 등이 사용되고 있다.

(2) one-step 강압방식의 채용

계통의 구성이 간단하고 변압기의 무부하 손실이 경감된다.

(3) 변압기 적정용량 산정 및 대수 제어

변전 시설의 효율개선 방법으로서 경부하시에 일부 변압기를 분리하는 등, 전력수요에 따라 운전대수를 제어하거나 구분하여 손실을 저감시키는 것이다.

(4) 설비 부하의 program 제어

Program을 미리 설정하여 최대전력이 목표전력을 상승하게 될 경우, 단시간 정지시키는 방법으로 Demand Control이 이에 해당된다.

(가) Demand Control의 원리

최대 수요 전력의 초과 방지와 전력설비의 효율적인 이용을 위하여 사용하는 장치로 항상 부하상태를 감시하고 있다가 사전에 설정한 목표전력을 초과할 것으로 예측되면 경보를 발생시키고 불필요한 부하부터 순차적으로 최대 8대 기기까지 차단시켜 최대수요전력을 억제하는 장치로 부하가 떨어지면 역의 순서로 사전에 입력된 프로그램에 의하여 부하를 투입한다.

(나) Demand Controller의 구성

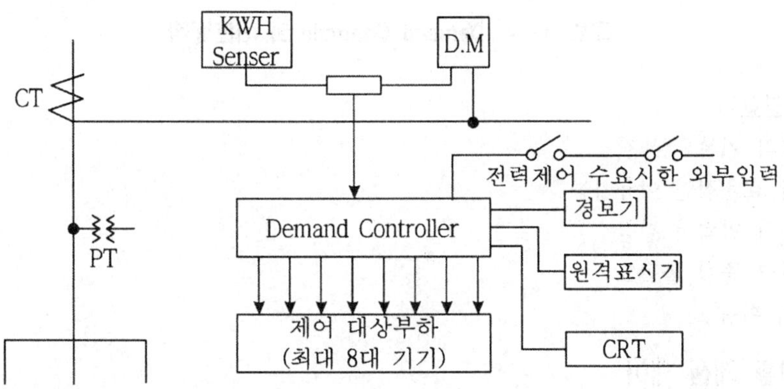

그림 1-3 Demand Controller의 구성

(다) Demand Control 장치 설치 전 검토사항

① 부하의 가동상태 확인

② 목표전력의 결정

③ Demand 제어 대상 기기의 선정

㉠ 생산에 영향을 미치지 않는 부하를 선정

㉡ 주로 냉·난방 부하를 우선적으로 선정하여 전기로, 콤프레셔, 양수펌프, 순환펌프 등을 선정한다.

(라) Demand Controller 기본동작

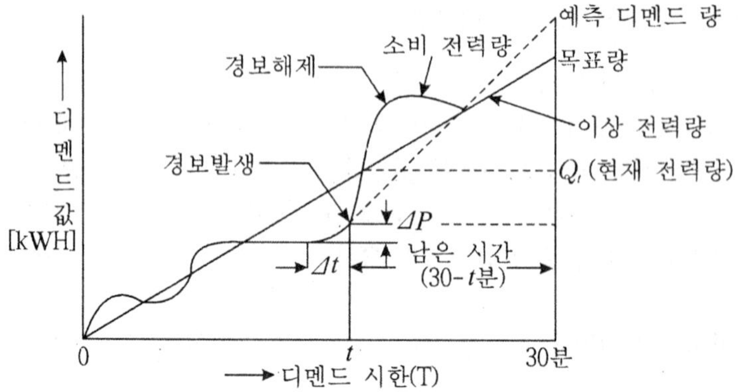

그림 1-4 Demand Controller의 기본동작

(마) 도입효과

① 수용가의 기본요금 절감

② 전력의 효율적인 이용가능

③ 전력관리 인력의 절감

④ 계약전력 증설 불필요

⑤ Data의 활용

(5) 역률 개선 제어

일반적으로 전기부하의 대부분이 유도성 부하이므로 지상역율을 갖는다. 이를 해결하는 방법은 전력용 콘덴서를 사용하여 역율을 개선할 필요가 있으며 이러한 역률을 개선하면 전압강하나 전압변동이 적어지고 선로손실도 줄어든다.

(6) 적정부하 관리제어

사용 전력량이 계약전력량을 넘지 않도록 피크(peak)시의 부하를 제한함으로써 계약전력량의 저감(수용요금의 절감)을 이룩하는 제어이다.

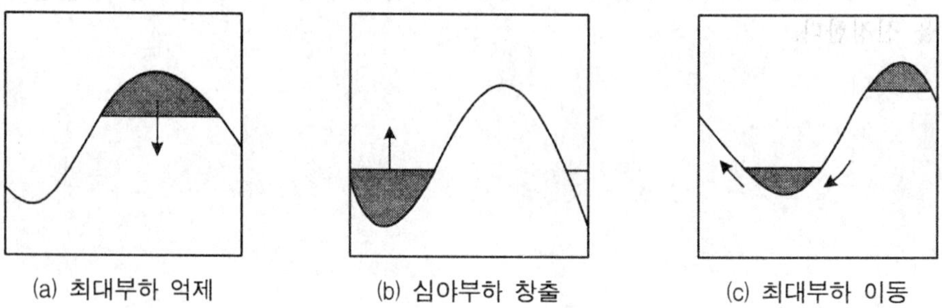

(a) 최대부하 억제 (b) 심야부하 창출 (c) 최대부하 이동

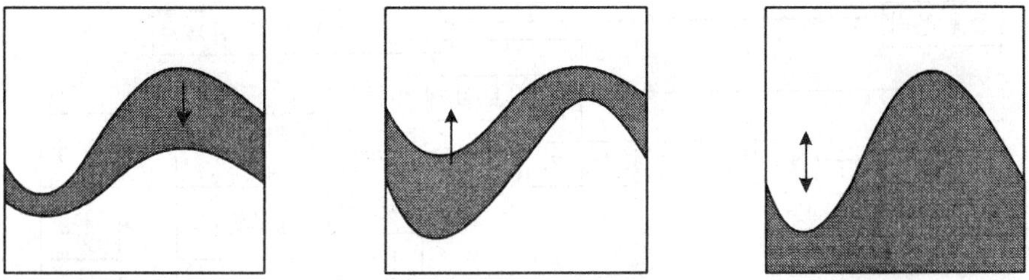

(d) 전략적 소비절약　　(e) 전략적 부하증대　　(f) 가변부하 조성

그림 1-5 부하관리 종류

① **최대부하 억제** : 봉우리를 잘라내는 것처럼 최대부하를 인위적으로 제한하는 부하관리로서 주로 직접부하제어를 이용하여 수요설비를 제어한다. 이 방법은 최대부하를 경감시킴으로써 공급설비의 건설을 줄이거나 뒤로 미룰 수 있게 하여 설비투자비를 절감시킬 수 있다.

② **심야부하 창출** : 기조부하용 원자력 발전설비의 발전비율이 높은 우리나라에서는 심야부하인 경부하 시간대의 부하를 증대시킨다는 것은 매우 중요한 부하관리이다.

축열식 전기온수기, 축열식 냉난방기기들의 에너지 저장기술, 축전지의 활용 등을 심야부하로 유도할 수 있다. 이 방법은 경부하시의 발전비용이 비교적 저렴하여, 이 심야의 시간대의 요금을 할인해주고 있으므로, 이로 인하여 증대되는 부하에 의하여 평균요금을 저하시키며, 연료대치효과를 가져올 수 있다.

③ **최대부하 이동** : 최대부하 시간대의 부하를 경부하 시간대로 이동시키는 관리로서 축열식 온수기, 축열식 냉난방기 및 양수펌프 및 수용가의 부하 이동을 이용한다. 이 방법은 최대부하 억제와 심야부하 창출에 의한 효과를 동시에 얻을 수 있고 부하율 향상에 의한 부하 평준화와 설비이용률 향상으로 손실전력 감소에도 효과적이다.

④ **전략적 소비절약** : 전반적으로 전력소비를 절감시키는 것이지만 최대부하를 더 많이 절감 시키는 것으로서 건축물의 단열과 일기의 고려 및 기기의 효율개선 등이 포함된다.

⑤ **전략적 부하증대** : 경부하 시간대의 부하증가를 포함하여 전반적으로 판매전략을 증가시키는 것으로, 경쟁연료와의 시장점유율의 증대와 전화사업 등으로 부하를 성장시킨다.

⑥ **가변부하 조성** : 수용가에게 주어지는 여러 가지 인센티브에 따라 부하형성을 가변시킬 수 있는 것으로서 수용가의 부하제어장치 또는 중앙의 에너지 관리 시스템을 이용하여 공급중단 또는 부하삭감을 한다.

(7) Cogeneration System의 적용

가장 적극적인 Peak 차단 방법으로 폐열의 이용률을 높이고, 발전단가가 낮아야 만족하는 조건이 있으나, 수전설비 용량이 큰 대형빌딩, 초고층 복합건물 등에는 유효하다.

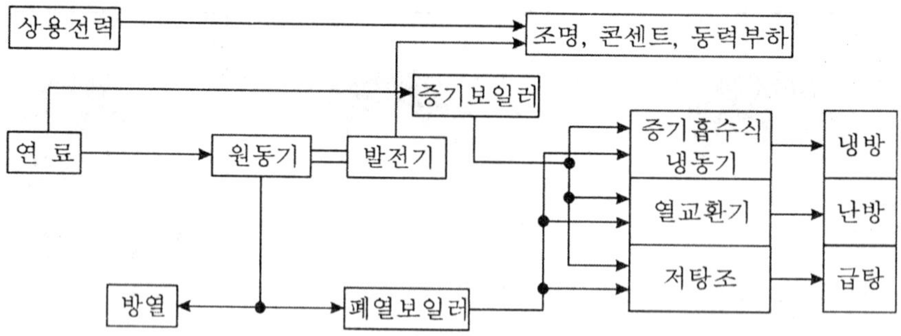

그림 1-6 Cogeneration System의 구성

2 동력설비 에너지절약

(1) 고효율전동기의 채용

전동기의 손실은 고정손, 부하손, 표유부하손, 기타 손실 등으로 분류되며, 고정손(기계손, 철손), 부하손(동손)이 대부분이다.

$$\text{전동기 효율} = \frac{\text{출력}}{\text{입력}} \times 100[\%] = \frac{\text{입력} - \text{전손실}}{\text{입력}} \times 100[\%] \qquad (1\text{-}1)$$

에서 고효율전동기는 전동기의 손실을 절감하여 고효율화하고 있으며 궁극적으로 동손의 절감, 철손의 절감, 기계손의 절감하는 방안으로 철손과 동손의 절감을 위한 역률의 개선, 부하율의 최적화, 공회전 방지, 전원안정화, 배전방식의 최적화 등이 요구되고 있다.

(2) VVVF 운전방식의 채용

VVVF(Variable Voltage Variable Frequency)는 가변전압 가변주파수 장치라 한다.

국내 총 1차 에너지의 30[%]를 전력용으로 소비하고 있으며 그 전력량의 70[%]를 전동기에서 소비하고 있으므로 이러한 전동기에 대하여 에너지 절약측면에서 전동기 운전 방식의 VVVF운전방식이 많이 적용되고 있다.

(3) 진상용 콘덴서의 채용

진상용 콘덴서의 채용은 유도전동기, 용접기 등과 같은 부하의 무효전력을 보상함으로써 선로 및 기기의 손실을 저감시킬 목적으로 채용되고 있으며 부하의 역율개선은 에너지 절약 대책의 일환으로 수전점과 부하측에서 이루어진다.

(4) 빙축열 시스템

빙축열 시스템은 심야시간(22 : 00~08 : 00)대의 저렴한 잉여전력으로 냉동기를 가동하여 물(현열)을 얼음(잠열)으로 얼려 축열조에 저장하였다가 이를 전력소비율이 많은 주간 냉방시간에 녹여 이용함으로써 주간 최대부하시에 냉방전력 사용을 최소화할 수 있는 새로운 냉방시스템이다.

(5) 히트펌프의 채용

히트펌프는 여름철에는 냉동기, 겨울철에는 난방기로서 동일기기로 사용된다.

더욱이 기계실 면적의 절감, 또한 전력의 연간 부하율을 높이므로, 현재 중규모 빌딩에서는 열회수 히트펌프가 채택되고 있으며, 전자는 자연에너지를 이용하고, 후자는 건물 내의 발생열을 회수하여 에너지 절약을 기하고 있다.

[3] 간선설비의 에너지 절약

① 간선경로의 단축
② 400[V]급 배전방식의 채용
③ 간선 굵기, 전압강하의 검토

[4] 조명설비의 에너지 절약

① 조명기구의 적정 선정 및 적정 배치
② 고효율 광원의 채용
③ 고효율 조명기구 및 고효율 안정기의 채용
④ 조명율, 보수율의 향상
⑤ 공조 조명 설비의 적용
⑥ 조명선로의 적정 전압 유지
⑦ 조명 제어의 컴퓨터 제어 시스템 적용
⑧ 유도등의 적정 점멸
⑨ 실내 반사율 개선
⑩ 자연주광의 적정 이용

연 습 문 제

1. 룸 에어콘의 심벌을 그리시오.(5점)

[답] RC

2. 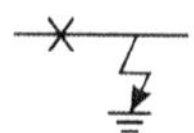 심벌의 명칭은?(4점)

[답] 1선단선 지락

3. ————의 심벌 명칭은?(4점)

[답] 천장 은폐 배선

4. 옥내 배선용 그림 기호 중 콘센트 심벌에 대한 다음 각 물음에 답하시오.(9점)

가. 다음 심벌을 구분이 되도록 설명하시오.

①  ②  ③  ④ 3 ⑤ 3P

나. 15A 의 잘못된 부분을 고쳐서 그리시오.

[답] 가. ① 벽붙이 콘센트 ② 천장붙이 콘센트 ③ 바닥붙이 콘센트
④ 3구형 콘센트 ⑤ 3극 콘센트
나.  (※ 15[A] 이하는 방기하지 않는다.)

5.  심벌에 대한 명칭은?(5점)

[답] 제2종 재해 방지 회로용 분전반

6. 다음은 전기 배선용 심벌을 나타낸 것이다. 각각의 명칭을 기입하시오.(5점)

①  ②  ③ G ④  ⑤ — — — —

[답] ① 조광기(15[A]용) ② 셀렉터 스위치 ③ 누전 경보기 ④ 리모콘 릴레이
⑤ 천장 은폐 배선

7. 그림은 점멸기의 심벌이다. 각 심벌의 용도, 형태 등을 구분하여 설명하시오.

① $●_{L}$　　② $●_{WP}$　　③ $●_{4}$　　④ ○●　　⑤ ●

[답] ① 파일럿 램프 내장 스위치 ② 방수형 스위치 ③ 4로 스위치
④ 따로 놓여진 파일럿 램프 스위치 ⑤ 스위치

8. 점멸기의 그림기호에 대한 각 물음에 답하시오.(8점)

(참고 : 점멸기의 그림 기호 : ●)

가. 용량 몇 [A]이상은 전류치를 방기하는가?

나. ① $●_{2p}$ ② $●_{4}$ 은 어떻게 구분하는지 설명하시오.

다. ① 방수형과 ② 방폭형은 어떤 문자를 방기하는가?

[답] 가. 15[A] 나. ① 2극 스위치 ② 4로 스위치 다. ① WP ② EX

9. -⊠- 심벌의 명칭은?(5점)

[답] 철탑

10. 그림은 옥내 배선용 콘센트의 심벌이다. 각 콘센트를 구분하여 설명하시오.(8점)

① 　② 　③ H　④ 2　⑤ EL

[답] ① 천장 부착용 콘센트 ② 바닥 부착용 콘센트 ③ 의료용 콘센트
④ 2구용 콘센트 ⑤ 누전 차단기부 콘센트

11. 다음 옥내 배선용 심벌(symbol)에 대해 명칭을 쓰시오.(4점)

① 　② 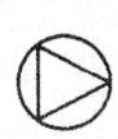　③ 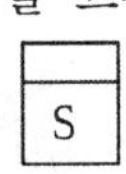

④ 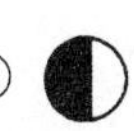

[답] ① 수동 교환대 ② 스피커 ③ 연기 감지기 ④ 표시등

12. 천장 은폐배선에 있어서 22[mm²]의 비닐절연전선 3본은 후강 전선관 36[mm]를 이용하고자 한다. 이러한 뜻이 포함된 배선용 심벌을 표시하시오.(5점)

[답] 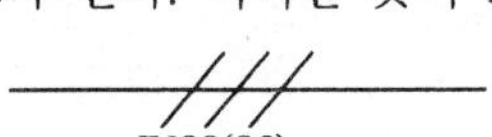

IV22(36)

13. -------------- 심벌의 명칭은?(5점)

[답] 천장은폐배선

14. 배전반, 분전반 및 제어반의 그림 기호는 □이다. 이것을 각 종류별로 구별하는 경우

에 그림 기호를 그리시오.(6점)

[답]   

배전반 분전반 제어반

15. 가.  로 표시되는 등은 어떤 등인가.

나. HID등을 ① ○$_{H400}$ ② ○$_{M400}$ ③ ○$_{N400}$ 표시하였을 때 각 등의 명칭은 무엇인가?

다. 콘센트 그림기호는  이다.

① 천정에 부착하는 경우의 그림기호는?

② 바닥에 부착하는 경우의 그림기호는?

라. 다음 그림기호를 구분하여 설명하시오.

①  2 ②  3P

[답] 가. 옥외용

나. ① 400[W] 수은등 ② 400[W] 메탈 할라이트 ③ 400[W] 나트륨등

다. ①  ② 

라. ① 2구 이상인 콘센트 ② 3극 이상인 콘센트

16.  심벌의 명칭은?(3점)

[답] 누름 버튼 스위치 (벽붙이)

17. 바닥면 노출배선을 표시하는 심벌을 그리시오.(5점)

[답]

18.  심벌의 명칭은?(10점)

[답] 분전반

제 2 장

배선의 원칙과 기본사항

2.1 전압

2.1.1 전압의 종류

전압은 다음과 같이 저압, 고압 및 특별 고압의 3가지로 구분하고 있다.

① 저압 : 직류 750[V] 이하의 전압, 교류 600[V] 이하의 전압

② 고압 : 직류 750[V]를 넘고 7,000[V] 이하의 전압, 교류 600[V]를 넘고 7,000[V] 이하의 전압

③ 특별고압 : 직류, 교류 모두 7,000[V]를 넘는 전압

표 2-1 배전 방식과 공칭전압

구 분	표준공칭 전압[V]	배전방식별 전압[V]				회로최고 전압[V]
		단상 2선식	단상 3선식	3상 3선식	3상 4선식	
저 압	110	110	110	-	-	-
	220	220	220	220	120/208	-
	380	220	-	380	220/380	-
	(440) ㈜	-	(440)	-	-	-
고 압	6,600	6,600	-	6,600	-	7,200
특고압	22,900	13,200	-	-	13,200/22,900	25,800

㈜ 부득이한 경우 이외에는 사용하지 않는 전압임.

공칭전압에 대하여 유지하여야 하는 전압은 220[V]±13[V] 이내, 380[V]±38[V] 이내이며 주파수는 60[Hz]±0.2[Hz]이다.

2.1.2 전압강하

전기회로에 전류가 흐르면 직류회로인 경우 전선의 저항과 전류의 곱에 상당하는 전압강하가 나타나고, 교류회로인 경우 저항 이외에 리액턴스에 의한 전압강하(voltage drop)를 고려하여야 한다.

전압강하가 발생되면 전원전압보다 부하측 전압이 낮아져 전등은 광속이 줄고 전동기는 토크가 적어지는 등의 문제점이 발생된다.

1 전압강하 기본식

그림 2-1과 같은 1상분의 기본회로에서 전선의 길이가 짧은 단거리 선로이고 선로정수가 집중 임피던스로 되어 있다고 보면 그림 2-2에서 실제로는 $\phi_r \fallingdotseq \phi_s$라 하면 전선 1가닥의 전압 강하율를 나타내는 식은 다음과 같다.

$$e = E_s - E_r = I(R\cos\phi_r + X\sin\phi_r)[\text{V}] \tag{2-1}$$

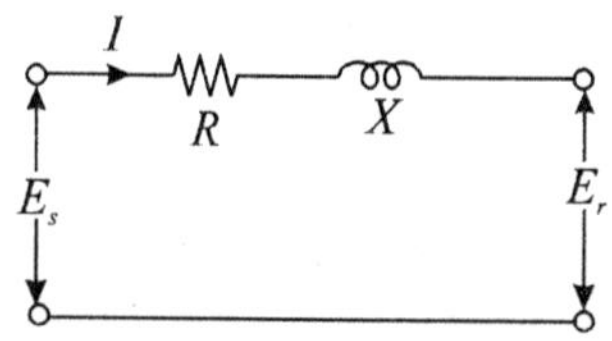

그림 2-1 기본회로

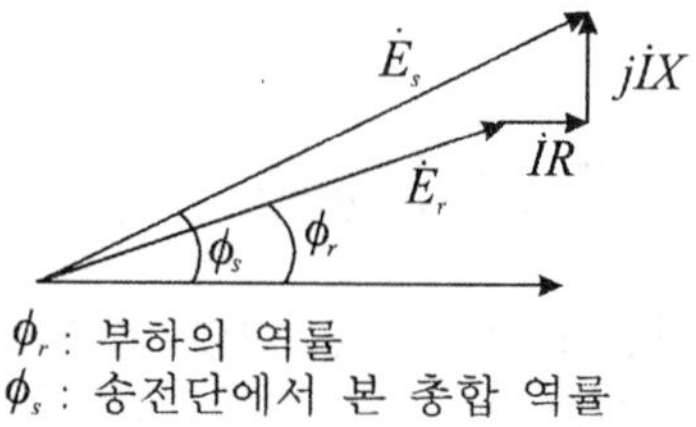

그림 2-2 벡터도

그림 2-1에서 E_s는 송전단 전압, R은 전선 1가닥의 저항, E_r은 수전단 전압, X는 전선 1가닥의 리액턴스, I는 선전류를 나타낸다.

(1) 단상 2선식

단상 2선식의 경우 전압강하는 다음과 같이 표현한다.

$$e = E_s - E_r = (R \cdot I) \times 2 = \frac{1}{58} \times \frac{100}{97} \times \frac{L}{A} \times I \times 2 \fallingdotseq \frac{35.6 \times L \times I}{1{,}000A}[\text{V}] \tag{2-2}$$

여기서, e : 전압강하[V], A : 도체 단면적[mm²], L : 선로길이[m], 표준연동의 고유저항은 20[℃]에서 1/58[Ω/m-mm²], 동선의 도전율은 97[%]로 본다.

(2) 3상 3선식

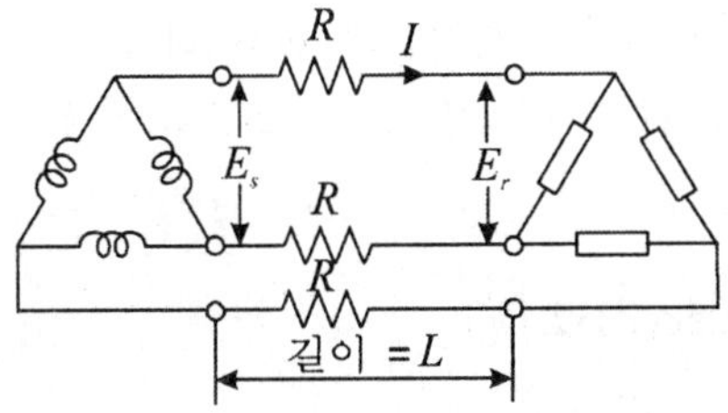

그림 2-3 3상 3선식 회로

3상 3선식의 경우 전압강하는 다음과 같이 표현한다.

$$e = E_s - E_r = (R \cdot I) \times \sqrt{3} = \frac{1}{58} \times \frac{100}{97} \times \frac{L}{A} \times I \times \sqrt{3} \fallingdotseq \frac{30.8 \times L \times I}{1,000A} [V] \quad (2\text{-}3)$$

(3) 단상 3선식 또는 3상 4선식

그림 2-4와 같이 부하가 평형되어 중성선에는 전류가 흐르지 않는다고 가정하여 계산하면 다음과 같다.

$$e' = E_s - E_r = (R \cdot I) \fallingdotseq \frac{17.8 \times L \times I}{1,000A} [V] \quad (2\text{-}4)$$

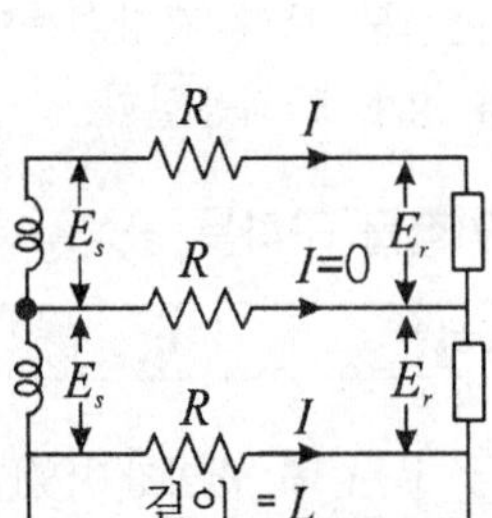

(a) 단상 3선식

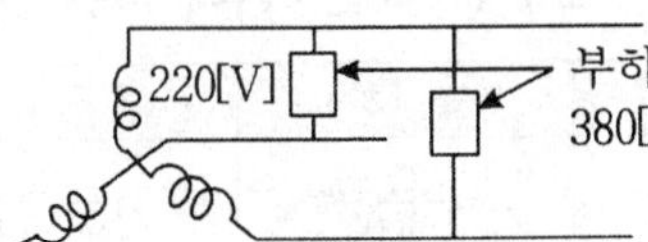

(b) 3상 4선식

그림 2-4 단상 3선식 및 3상 4선식회로

식 (2-4)에서 e'는 중성선과 외측선 또는 각 상의 1선과의 전압강하이며 지금까지의 계산한 경우의 전압강하 및 전선의 단면적을 구하는 식을 하나의 표로 표현하면 표 2-3과 같다.

(4) 전압강하의 계산 및 전선의 최대길이

(가) 전선의 길이가 길고 대전류의 경우

다음의 전압강하 계산은 도체의 저항성분에 비해 리액턴스 성분이 큰 전로인 송배전선로에 적용하며, 배전방식에 따른 계수 K_w는 표 2-2를 적용하고 전압강하 계산은 다음과 같다.

$$e = K_w I(R\cos\theta + X\sin\theta) \times L\,[\mathrm{V}]$$

단, e : 전압강하[V], K_w : 배선방식의 계수, I : 부하전류[A]

R : 전선 1[km]당의 교류저항[Ω/km], X : 전선 1[km]당의 리액턴스[Ω/km]

$\cos\theta$: 부하측 역률, L : 선로길이[km]

표 2-2 배선방식에 따른 계수(K_w)

배선방식	K_w	대상
$1\phi\ 2W$ 및 직류 2선식	2	선간
$3\phi\ 3W$	$\sqrt{3}$	선간
$1\phi\ 3W$ 및 $3\phi\ 4W$	1	대지간

(나) 전선의 길이가 짧고, 전선이 가는 경우

이 경우는 표피효과, 근접효과 및 도체저항 증가분이나 리액턴스분을 무시해도 지장이 없을 때 표 2-3을 적용한다. 다시말해 전선이 가늘어 리액턴스분 보다 저항성분이 대부분이고 이때 표피효과, 근접효과 등이 미미한 구내 전기설비의 경우에 적용한다.

표 2-3 배선방식에 따른 전압강하 및 전선 단면적을 구하는 공식

배선방식	전압강하[V]	전선 단면적[mm²]	대상 전압강하	비 고
$1\phi\ 2W$	$e=\dfrac{35.6LI}{1000A}$	$A=\dfrac{35.6LI}{1000e}$	선간(2선)	단, e : 전압강하[V] I : 부하전류[A], L : 선로길이[m], A : 전선의 단면적[mm²]
$3\phi\ 3W$	$e=\dfrac{30.8LI}{1000A}$	$A=\dfrac{30.8LI}{1000e}$	선간(2선)	
$1\phi\ 3W$ 및 $3\phi\ 4W$	$e=\dfrac{17.8LI}{1000A}$	$A=\dfrac{17.8LI}{1000e}$	대지간(1선)	

상기 (1)과 (2)의 계산식은 연동선을 기준으로 한 것이며, 다른 도체 사용시 도체의 종류에 따라 식의 적용계수가 달라질 수 있고 절연재료에 따라서 또한 계수가 증감할 수 있다.

(다) 전선 최대 길이

다음에 설명하는 전선의 최대 길이는 전선에 흘릴 수 있는 정격전류를 구하고, 표 2-3에서 표시하는 배선방식의 종류에 따라 산정식을 이용하면 전선의 최대 길이를 계산할 수 있다. 표 2-4, 2-5, 2-6은 전압강하를 배선방식에 따라 1[V]를 기준으로 계산하여 작성하였다. 이 표는 공사방법에 따라 산정하지 않고 단지 도체의 전압강하만을 고려하여 전선의 최대 길이를 계산하였으므로, 반드시 전선의 허용전류를 고려하여 전선의 굵기를 선정한 후에 전선의 최대 길이를 산정해야 한다. 즉, 전선의 허용전류와 허용전압강하 이 두 가지 고려대상이 모두 만족해야만 한다는 것이다.

표 2-4 단상 2선식(전압강하 1[V] 동선)

전류[A]	연선[mm²]																		
	1.5	2.5	4	6	10	16	25	35	50	70	95	120	150	185	244	300	400	500	630
	전선 최대 길이[m]																		
1	42.1	70.2	112.4	168.5	280.9	449.4	702.2	983.1	1404.5	1966.3	2668.5	3370.8	4213.5	5196.6	6853.9	8427.0	11236.0	14044.9	17696.6
2	21.1	35.1	56.2	84.3	140.4	224.7	351.1	491.6	702.2	983.1	1334.3	1685.4	2106.7	2598.3	3427.0	4213.5	5618.0	7022.5	8848.3
3	14.0	23.4	37.5	56.2	93.6	149.8	234.1	327.7	468.2	655.4	889.5	1123.6	1404.5	1732.2	2284.6	2809.0	3745.3	4681.6	5898.9
4	10.5	17.6	28.1	42.1	70.2	112.4	175.6	245.8	351.1	491.6	667.1	842.7	1053.4	1299.2	1713.5	2106.7	2809.0	3511.2	4424.2
5	8.4	14.0	22.5	33.7	56.2	89.9	140.4	196.6	280.9	393.3	533.7	674.2	842.7	1039.3	1370.8	1685.4	2247.2	2809.0	3539.3
6	7.0	11.7	18.7	28.1	46.8	74.9	117.0	163.9	234.1	327.7	444.8	561.8	702.2	866.1	1142.3	1404.5	1872.7	2340.8	2949.4
7	6.0	10.0	16.1	24.1	40.1	64.2	100.3	140.4	200.6	280.9	381.2	481.5	601.9	742.4	979.1	1203.9	1605.1	2006.4	2528.1
8	5.3	8.8	14.0	21.1	35.1	56.2	87.8	122.9	175.6	245.8	333.6	421.3	526.7	649.6	856.7	1053.4	1404.5	1755.6	2212.1
9	4.7	7.8	12.5	18.7	31.2	49.9	78.0	109.2	156.1	218.5	296.5	374.5	468.2	577.4	761.5	936.3	1248.4	1560.5	1966.3
12	3.5	5.9	9.4	14.0	23.4	37.5	58.5	81.9	117.0	163.9	222.4	280.9	351.1	433.1	571.2	702.2	936.3	1170.4	1474.7
14	3.0	5.0	8.0	12.0	20.1	32.1	50.2	70.2	100.3	140.4	190.6	240.8	301.0	371.2	489.6	601.9	802.6	1003.2	1264.0
15	2.8	4.7	7.5	11.2	18.7	30.0	46.8	65.5	93.6	131.1	177.9	224.7	280.9	346.4	456.9	561.8	749.1	936.3	1179.8
16	2.6	4.4	7.0	10.5	17.6	28.1	43.9	61.4	87.8	122.9	166.8	210.7	263.3	324.8	428.4	526.7	702.2	877.8	1106.0
18	2.3	3.9	6.2	9.4	15.6	25.0	39.0	54.6	78.0	109.2	148.3	187.3	234.1	288.7	380.8	468.2	624.2	780.3	983.1
25	1.7	2.8	4.5	6.7	11.2	18.0	28.1	39.3	56.2	78.7	106.7	134.8	168.5	207.9	274.2	337.1	449.4	561.8	707.9
35	1.2	2.0	3.2	4.8	8.0	12.8	20.1	28.1	40.1	56.2	76.2	96.3	120.4	148.5	195.8	240.8	321.0	401.3	505.6
45	0.9	1.6	2.5	3.7	6.2	10.0	15.6	21.8	31.2	43.7	59.3	74.9	93.6	115.5	152.3	187.3	249.7	312.1	393.3

비고 ① 전압강하가 2[V] 또는 3[V]의 경우에 전선의 길이는 각각 이 표의 2배 또는 3배가 된다. 다른 경우에도 이 예에 따른다.

② 전류가 20[A] 또는 200[A] 경우의 전선 길이는 각각 이 표의 2[A] 경우의 1/10 또는 1/100이 된다.

③ 전선의 최대 길이는 역률을 1로 계산한 것임. 따라서 역률이 다를 경우는 이 보다 큰 전선의 굵기를 선정해야 한다.

④ 실제 전선의 굵기 선정시는 간선 또는 분기선의 정격전류를 산정하고, 이 정격전류 이상의 전선 굵기를 선정하여야 한다.

⑤ 이 표는 평형부하의 경우를 기준으로 작성되었으며, 역률은 1로 계산한 것이다.

표 2-5 3상 3선식(전압강하 1[V] 동선)

전류(A)	연선[mm²]																		
	1.5	2.5	4	6	10	16	25	35	50	70	95	120	150	185	244	300	400	500	630
	전선 최대 길이[m]																		
1	48.7	81.2	129.9	194.8	324.7	519.5	811.7	1136.4	1623.4	2272.7	3084.4	3896.1	4870.1	6006.5	7922.1	9740.3	12987.0	16233.8	20454.5
2	24.4	40.6	64.9	97.4	162.3	259.7	405.8	568.2	811.7	1136.4	1542.2	1948.1	2435.1	3003.2	3961.0	4870.1	6493.5	8116.9	10227.3
3	16.2	27.1	43.3	64.9	108.2	173.2	270.6	378.8	541.1	757.6	1028.1	1298.7	1623.4	2002.2	2640.7	3246.8	4329.0	5411.3	6818.2
4	12.2	20.3	32.5	48.7	81.2	129.9	202.9	284.1	405.8	568.2	771.1	974.0	1217.5	1501.6	1980.5	2435.1	3246.8	4058.4	5113.6
5	9.7	16.2	26.0	39.0	64.9	103.9	162.3	227.3	324.7	454.5	616.9	779.2	974.0	1201.3	1584.4	1948.1	2597.4	3246.8	4090.9
6	8.1	13.5	21.6	32.5	54.1	86.6	135.3	189.4	270.6	378.8	514.1	649.4	811.7	1001.1	1320.3	1623.4	2164.5	2705.6	3409.1
7	7.0	11.6	18.6	27.8	46.4	74.2	116.0	162.3	231.9	324.7	440.6	556.6	695.7	858.1	1131.7	1391.5	1855.3	2319.1	2922.1
8	6.1	10.1	16.2	24.4	40.6	64.9	101.5	142.0	202.9	284.1	385.6	487.0	608.8	750.8	990.3	1217.5	1623.4	2029.2	2556.8
9	5.4	9.0	14.4	21.6	36.1	57.7	90.2	126.3	180.4	252.5	342.7	432.9	541.1	667.4	880.2	1082.3	1443.0	1803.8	2272.7
12	4.1	6.8	10.8	16.2	27.1	43.3	67.6	94.7	135.3	189.4	257.0	324.7	405.8	500.5	660.2	811.7	1082.3	1352.8	1704.5
14	3.5	5.8	9.3	13.9	23.2	37.1	58.0	81.2	116.0	162.3	220.3	278.3	347.9	429.0	565.9	695.7	927.6	1159.6	1461.0
15	3.2	5.4	8.7	13.0	21.6	34.6	54.1	75.8	108.2	151.5	205.6	259.7	324.7	400.4	528.1	649.4	865.8	1082.3	1363.6
16	3.0	5.1	8.1	12.2	20.3	32.5	50.7	71.0	101.5	142.0	192.8	243.5	304.4	375.4	495.1	608.8	811.7	1014.6	1278.4
18	2.7	4.5	7.2	10.8	18.0	28.9	45.1	63.1	90.2	126.3	171.4	216.5	270.6	333.7	440.1	541.1	721.5	901.9	1136.4
25	1.9	3.2	5.2	7.8	13.0	20.8	32.5	45.5	64.9	90.9	123.4	155.8	194.8	240.3	316.9	389.6	519.5	649.4	818.2
35	1.4	2.3	3.7	5.6	9.3	14.8	23.2	32.5	46.4	64.9	88.1	111.3	139.1	171.6	226.3	278.3	371.1	463.8	584.4
45	1.1	1.8	2.9	4.3	7.2	11.5	18.0	25.3	36.1	50.5	68.5	86.6	108.2	133.5	176.0	216.5	288.6	360.8	454.5

비고 ① 전압강하가 2[V] 또는 3[V]의 경우에 전선의 길이는 각각 이 표의 2배 또는 3배가 된다. 다른 경우에도 이 예에 따른다.

② 전류가 20[A] 또는 200[A] 경우의 전선 길이는 각각 이 표의 2[A] 경우의 1/10 또는 1/100이 된다.

③ 전선의 최대 길이는 역률을 1로 계산한 것임. 따라서 역률이 다를 경우는 이 보다 큰 전선의 굵기를 선정해야 한다.

④ 실제 전선의 굵기 선정시는 간선 또는 분기선의 정격전류를 산정하고, 이 정격전류 이상의 전선 굵기를 선정하여야 한다.

⑤ 이 표는 평형부하의 경우를 기준으로 작성되었으며, 역률은 1로 계산한 것이다.

표 2-6 단상 3선식, 3상 4선식(전압강하 1[V] 동선)

전류 [A]	연선[mm²]																		
	1.5	2.5	4	6	10	16	25	35	50	70	95	120	150	185	244	300	400	500	630
	전선 최대 길이[m]																		
1	84.3	140.4	224.7	337.1	561.8	898.9	1404.5	1966.3	2809.0	3932.6	5337.1	6741.6	8427.0	10393.3	13707.9	16853.9	22471.9	28089.9	35393.3
2	42.1	70.2	112.4	168.5	280.9	449.4	702.2	983.1	1404.5	1966.3	2668.5	3370.8	4213.5	5196.6	6853.9	8427.0	11236.0	14044.9	17696.6
3	28.1	46.8	74.9	112.4	187.3	299.6	468.2	655.4	936.3	1310.9	1779.0	2247.2	2809.0	3464.4	4569.3	5618.0	7490.6	9363.3	11797.8
4	21.1	35.1	56.2	84.3	140.4	224.7	351.1	491.6	702.2	983.1	1334.3	1685.4	2106.7	2598.3	3427.0	4213.5	5618.0	7022.5	8848.3
5	16.9	28.1	44.9	67.4	112.4	179.8	280.9	393.3	561.8	786.5	1067.4	1348.3	1685.4	2078.7	2741.6	3370.8	4494.4	5618.0	7078.7
6	14.0	23.4	37.5	56.2	93.6	149.8	234.1	327.7	468.2	655.4	889.5	1123.6	1404.5	1732.2	2284.6	2809.0	3745.3	4681.6	5898.9
7	12.0	20.1	32.1	48.2	80.3	128.4	200.6	280.9	401.3	561.8	762.4	963.1	1203.9	1484.8	1958.3	2407.7	3210.3	4012.8	5056.2
8	10.5	17.6	28.1	42.1	70.2	112.4	175.6	245.8	351.1	491.6	667.1	842.7	1053.4	1299.2	1713.5	2106.7	2809.0	3511.2	4424.2
9	9.4	15.6	25.0	37.5	62.4	99.9	156.1	218.5	312.1	437.0	593.0	749.1	936.3	1154.8	1523.1	1872.7	2496.9	3121.1	3932.6
12	7.0	11.7	18.7	28.1	46.8	74.9	117.0	163.9	234.1	327.7	444.8	561.8	702.2	866.1	1142.3	1404.5	1872.7	2340.8	2949.4
14	6.0	10.0	16.1	24.1	40.1	64.2	100.3	140.4	200.6	280.9	381.2	481.5	601.9	742.4	979.1	1203.9	1605.1	2006.4	2528.1
15	5.6	9.4	15.0	22.5	37.5	59.9	93.6	131.1	187.3	262.2	355.8	449.4	561.8	692.9	913.9	1123.6	1498.1	1872.7	2359.6
16	5.3	8.8	14.0	21.1	35.1	56.2	87.8	122.9	175.6	245.8	333.6	421.3	526.7	649.6	856.7	1053.4	1404.5	1755.6	2212.1
18	4.7	7.8	12.5	18.7	31.2	49.9	78.0	109.2	156.1	218.5	296.5	374.5	468.2	577.4	761.5	936.3	1248.4	1560.5	1966.3
25	3.4	5.6	9.0	13.5	22.5	36.0	56.2	78.7	112.4	157.3	213.5	269.7	337.1	415.7	548.3	674.2	898.9	1123.6	1415.7
35	2.4	4.0	6.4	9.6	16.1	25.7	40.1	56.2	80.3	112.4	152.5	192.6	240.8	297.0	391.7	481.5	642.1	802.6	1011.2
45	1.9	3.1	5.0	7.5	12.5	20.0	31.2	43.7	62.4	87.4	118.6	149.8	187.3	231.0	304.6	374.5	499.4	624.2	786.5

비고 ① 전압강하가 2[V] 또는 3[V]의 경우에 전선의 길이는 각각 이 표의 2배 또는 3배가 된다. 다른 경우에도 이 예에 따른다.

② 전류가 20[A] 또는 200[A] 경우의 전선 길이는 각각 이 표의 2[A] 경우의 1/10 또는 1/100이 된다.

③ 전선의 최대 길이는 역률을 1로 계산한 것임. 따라서 역률이 다를 경우는 이 보다 큰 전선의 굵기를 선정해야 한다.

④ 실제 전선의 굵기 선정시는 간선 또는 분기선의 정격전류를 산정하고, 이 정격전류 이상의 전선 굵기를 선정하여야 한다.

⑤ 이 표는 평형부하의 경우를 기준으로 작성되었으며, 역률은 1로 계산한 것이다.

[2] 허용 전압강하

전압강하와 수전단 전압의 비를 백분율로 표시한 것을 전압강하율이라 하며 E_s : 송전단 전압[V], E_r : 수전단 전압[V]이라고 하면 전압 강하율은 다음과 같다.

$$\text{전압강하율} = \frac{E_s - E_r}{E_r} \times 100[\%] = \frac{\text{전압 강하}}{\text{수전단 전압}} \times 100[\%] \quad (2\text{-}5)$$

내선규정에 따르면 저압배선 중의 전압강하는 간선 및 분기회로에서 각각 표준전압의 2[%] 이하로 하는 것을 원칙으로 하며 수용가내에 시설한 변압기에 의하여 공급되는 경우에는 간선의 전압강하를 3[%] 이하로 할 수 있다.

또한 공급 변압기의 2차측 단자(전기 사업자로부터 전기를 공급받고 있을 경우에는 인입선 접속점)에서 가장 먼 곳의 부하에 이르는 전선의 길이가 60[m]를 초과하는 경우에 전압강하는 위의 규정에 관계없이 부하전류로 계산하여 표 2-7에 따를 수 있다.

표 2-7 길이가 60[m]를 초과하는 경우의 전압강하

공급 변압기의 2차측 단자 또는 인입선 접속점에서 최원단의 부하까지의 전선길이[m]	전압강하[%]	
	사용장소 안에 시설한 전용 변압기에서 공급하는 경우	전기 사업자로부터 저압으로 전기를 공급받는 경우
120[m] 이하	5[%] 이하	4[%] 이하
200[m] 이하	6[%] 이하	5[%] 이하
200[m]을 넘는것	7[%] 이하	6[%] 이하

예제 단상 2선식 교류 배전선에서 전선 1조의 저항은 0.15[Ω], 리액턴스는 0.25[Ω]이다. 부하가 100[V], 3[kW], 역률 1.0일 때에 공급점의 전압은 얼마인가?

풀이 식 (2-1)에 의하여

$$E_s = E_r + 2I(R\cos\phi_r + X\sin\phi_r) = 100 + 2\times\frac{3000}{100}\times(0.15\times1+0.25\times0) = 109[V]$$

[답] 109[V]

예제 3상 3선식 저압 배전선로에서 전원으로부터 부하점까지의 거리가 45[m]이고, 부하의 최대 사용전류는 150[A]이다. 부하점의 전압강하를 4[V]로 하자면 전선의 최소굵기 [mm^2]는?

풀이 식 (2-3)에 의하여

$$A = \frac{30.8\times L\times I}{1000\times e} = \frac{30.8\times45\times150}{1000\times4} = 51.975[mm^2]$$

[답] 계산 단면적이 51.975[mm^2]이므로 51.975[mm^2] 이상의 규격전선으로는 70[mm^2]를 적용한다.

2.1.3 설비의 불평형률

전기 설비에서 부하의 불평형이 이루어지면 변압기 내부의 순환전류에 의하여 온도 상승 및 열화로 인하여 변압기의 수명이 단축된다.

[1] 단상 3선식

단상 3선식에서 중성선과 각 전압측 전선 사이의 부하는 평형이 원칙이나 부득이한 경우는 설비 불평형률을 40[%] 이하로 제한하고 있다.

$$\text{설비 불평형률} = \frac{\left(\begin{array}{c}\text{중성선과 각 전압측 전선간에 접속되는}\\ \text{부하설비용량[kVA]의 차}\end{array}\right)}{\text{총 부하설비용량[kVA]의 1/2}} \times 100[\%] \qquad (2\text{-}6)$$

그러나 5[kW] 정도 이하의 수용가에 있어서 소수의 전열 기구류를 사용하는 경우는 위 제한을 초과할 수 있다.

예제 그림 2-5와 같은 단상 3선식 100/200[V] 수전인 경우 설비 불평형률을 구하고 설비가 양호하게 되었는지 여부를 판단하시오. 단, Ⓗ는 전열기 부하이고, Ⓜ은 전동기 부하임.

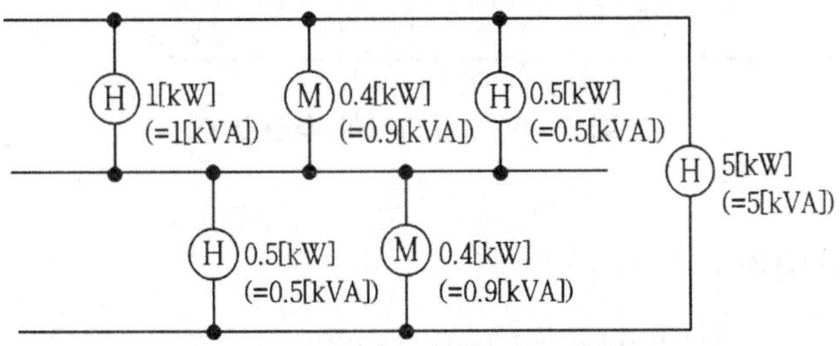

그림 2-5 단상 3선식 수전의 예

풀이 식 (2-6)을 대입하면

$$\text{설비 불평형율} = \frac{\{(1+0.9+0.5)-(0.9+0.5)\}}{\{(1/2)\times(1+0.9+0.5+0.5+0.9+5)\}} \times 100 = 22.73[\%]$$

[답] 22.73[%]이므로 양호

2 3상 3선식 또는 3상 4선식

저압, 고압 및 특별 고압 수전의 3상 3선식 또는 3상 4선식에서 불평형 부하의 제한은 단상 접속 부하로 계산하여 설비 불평형률을 30[%] 이하로 하는 것을 원칙으로 한다. 다만, 다음과 같은 경우에는 이 제한을 따르지 않을 수 있다.

① 저압 수전에서 전용 변압기 등으로 수전하는 경우
② 고압 및 특별고압 수전에서 100[kVA] 이하의 단상 부하인 경우
③ 특별고압 및 고압 수전에서 단상부하 용량의 최대와 최소의 차가 100[kVA] 이하인 경우
④ 특별고압 수전에서 100[kVA] 이하의 단상 변압기 2대로 역 V결선하는 경우

$$\text{설비 불평형률} = \frac{\left(\frac{\text{각 전선간에 접속되는 단상부하}}{\text{총설비용량[kVA]의 최대와 최소의 차}}\right)}{\text{총 부하설비용량[kVA]의 1/3}} \times 100[\%] \quad (2\text{-}7)$$

예제 그림 2-6과 같은 3상 3선식 200[V] 수전의 경우 설비 불평형률을 구하여라.

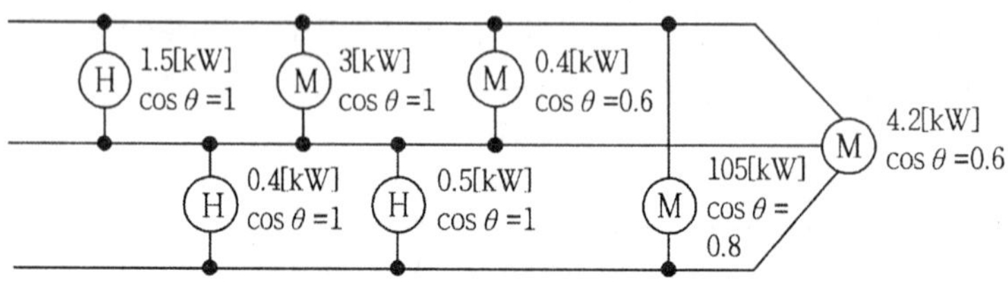

그림 2-6 3상 3선식 수전의 예

풀이 식 (2-7)에 대입하면

$$\text{설비 불평형률} = \frac{\left(1.5+3+\frac{0.4}{0.6}\right)-(0.4+0.5)}{\left(1.5+3+\frac{0.4}{0.6}+0.4+0.5+\frac{1.5}{0.8}+\frac{4.2}{0.6}\right)\div 3} \times 100 = 85.7[\%]$$

[답] 85.7[%]

2.2 허용전류

전선 및 케이블의 허용전류는 그 종류, 도체의 굵기, 사용조건 등에 의하여 결정되며 전선의 온도가 어느 일정한 값 이상 상승하면 절연체의 열화(劣化) 및 화재의 원인이 되고 전선의 수명을 단축시킴으로 법규로 전선의 허용전류를 규제하고 있다.

2.2.1 KSC IEC 전선의 허용전류와 공사방법

다음의 각 항의 적용범위는 공칭전압 AC 1,000[V], DC 1,500[V] 이하의 비외장형 케이블과 절연전선에 적용하며 외장형 단심케이블에는 적용하지 않는다. 단, 외장형 단심케이블을 사용하는 경우는 이 규격에 나타낸 허용전류를 상당히 감소시켜야 하며, 이조는 한 통로 금속덕트 내의 비외장형 단심케이블에 적용할 수 있다.

1 절연물의 허용온도

절연전선 또는 케이블의 허용온도는 절연물의 허용온도에서 결정되므로, 정상 사용 상태에서 허용전류는 표 2-8의 최대 허용온도 이하이어야 한다.

표 2-8 절연물의 최대 허용온도

절연물 종류	허용온도 [℃]	비 고
1. 염화비닐(PVC)	70	도체
2. 가교폴리에틸렌(XLPE)과 에틸렌프로필렌고무혼합물(EPR)	90	
3. 무기물(PVC 피복 또는 나도체가 인체 접촉 우려가 있는 것)	70	시스
4. 무기물(접촉하지 않고 가연성 물질과 접촉할 우려가 없는 나도체)	105	

[2] 주위온도 및 보정계수

① 다음의 주위온도는 절연전선 및 케이블이 무부하일 경우 주위온도를 기준으로 한 것이다.

㉠ 공기 중의 케이블 및 절연전선은 공사방법과 상관없이 : 30[℃]

㉡ 매설케이블은 토양에 직접 또는 지중 덕트내에 설치시 : 20[℃]

② 공기 중의 케이블 및 절연전선에 주위온도가 30[℃]와 다른 경우는 표 2-9를 적용하며, 지중에 시설하는 경우는 표 2-10을 적용한다.

표 2-9 A.52-14 주위의 대기온도가 30[℃] 이외인 경우의 보정계수

주위온도 [℃]	절연체의 종류			
	PVC	XLPE 또는 EPR	무기절연: PVC 피복 또는 노출로 접촉할 우려가 있는 것(70[℃])	무기절연: 접촉할 우려가 없는 것 (105[℃])
10	1.22	1.15	1.26	1.14
15	1.17	1.12	1.20	1.11
20	1.12	1.08	1.14	1.07
25	1.06	1.04	1.07	1.04
35	0.94	0.96	0.93	0.96
40	0.87	0.91	0.85	0.92
45	0.79	0.87	0.87	0.88
50	0.71	0.82	0.67	0.84
55	0.61	0.76	0.57	0.80
60	0.50	0.71	0.45	0.75
65		0.65		0.70
70		0.58		0.65
75		0.50		0.60
80		0.41		0.54
85				0.47
90				0.40
95				0.32

표 2-10 A.52-15 주위의 지중온도가 20[℃] 이외인 경우 보정계수

지중온도 [℃]	절연체 종류	
	PVC	XLPE 또는 EPR
10	1.10	1.07
15	1.05	1.04
25	0.95	0.96
30	0.89	0.93
35	0.84	0.89
40	0.77	0.85
45	0.71	0.80
50	0.63	0.76
55	0.55	0.71
60	0.45	0.65
65		0.60
70		0.53
75		0.46
80		0.38

표 2-11 A.52-16 토양의 열 저항률이 2.5[K · m/W] 이외인 경우의 보정계수
(참조방법 D의 허용전류(A)에 적용한다.)

열 저항률 [K · m/W]	1	1.5	2	2.5	3
보정계수	1.18	1.1	1.05	1	0.96

비고 ① 표에 나타낸 보정계수는 표 A.52-2~A.52-5에 제시된 전선의 굵기 및 설치형태의 범위에 대한 평균값이다. 보정계수의 정확도는 ±5[%] 오차 범위 내에 있다.

② 보정계수는 매설된 덕트에 공사한 케이블에 적용할 수 있으며 지중에 직접 공사한 케이블의 경우에는 2.5[K · m/W]보다 작은 열 저항률에 대한 보정계수는 높게 된다. 좀 더 정확한 값이 필요한 경우 IEC 60287에서 규정하는 계산방법으로 계산한다.

③ 보정계수는 매설깊이가 0.8[m]인 덕트에 적용할 수 있다.

표 2-12 A.52-18 지중에 직접 시설한 복수의 케이블에 대한 보정계수
(표 A.52-2~A.52-5의 공사방법 D 단심 또는 다심케이블)

회로수	케이블간 간격(a)*				
	0(케이블 접촉)	1케이블의 직경	0.125[m]	0.25[m]	0.5[m]
2	0.75	0.80	0.85	0.90	0.90
3	0.65	0.70	0.75	0.80	0.85
4	0.60	0.60	0.70	0.75	0.80
5	0.55	0.55	0.65	0.70	0.80
6	0.50	0.55	0.60	0.70	0.80

* 다심 케이블

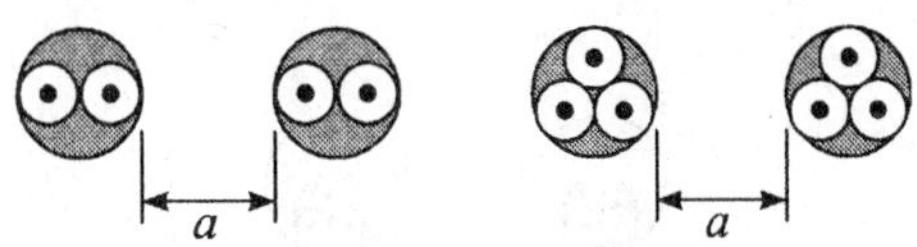

* 단심 케이블

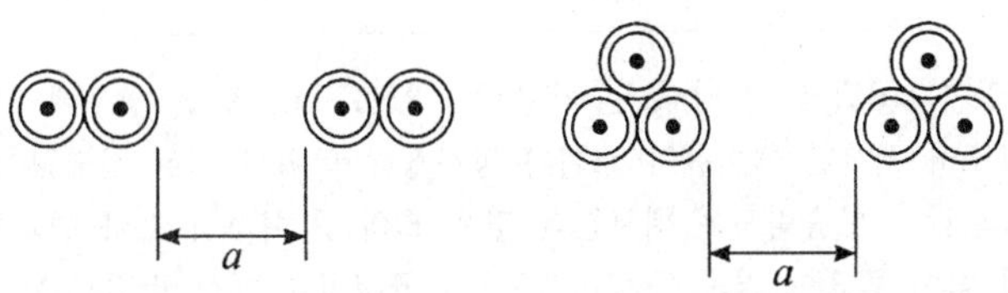

비고 이 값은 매설깊이가 0.7[m] 토양의 열 저항률이 2.5[K · m/W]인 경우에 적용한다. 이 값은 표 A.52-2~A.52-5에 제시된 케이블의 크기와 공사 형태 범위에 대한 평균값이다.
평균을 구해 그 값을 반올림하여 대부분의 경우 ±10[%] 이하의 오차 결과를 얻을 수 있다.
(좀 더 정확한 값이 필요한 경우 IEC 60287-2-1에서 규정하는 계산방법으로 계산한다.)

표 2-13 A.52-19 지중 덕트 내에 시설한 복수의 케이블에 대한 보정계수
(표 A52.2~A52.5의 공사방법D)

A. 1통로 덕트 내의 다심케이블

케이블 수	덕트의 간격(a)*			
	0(덕트접촉)	0.25[m]	0.5[m]	1.0[m]
2	0.85	0.90	0.95	0.95
3	0.75	0.85	0.90	0.95
4	0.70	0.80	0.85	0.90
5	0.65	0.80	0.85	0.90
6	0.60	0.80	0.80	0.90

* 다심케이블

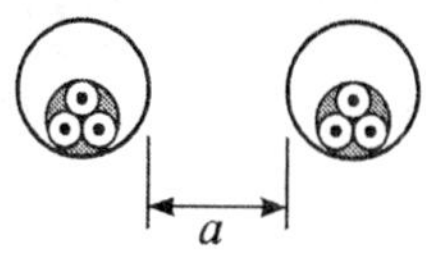

비고 이 값은 매설깊이가 0.7[m], 토양의 열 저항률이 2.5[K · m/W]인 경우에 적용한다. 이 값은 표 A.52-2~A.52-5에 제시된 케이블의 크기와 공사형태 범위에 대한 평균값이다.
평균을 구해 그 값을 반올림하여 대부분의 경우 ±10[%] 이하의 오차 결과를 얻을 수 있다.
(좀 더 정확한 값이 필요한 경우 IEC 60287에서 규정하는 계산 방법으로 계산한다.)

B. 1통로 덕트 내의 단심케이블

단심케이블 2개 또는 3개로 구성된 회로의 수	덕트의 간격(a)			
	0(덕트접촉)	0.25[m]	0.5[m]	1.0[m]
2	0.80	0.90	0.90	0.95
3	0.70	0.80	0.85	0.90
4	0.65	0.75	0.80	0.90
5	0.60	0.70	0.80	0.90
6	0.60	0.70	0.80	0.90

* 단심 케이블

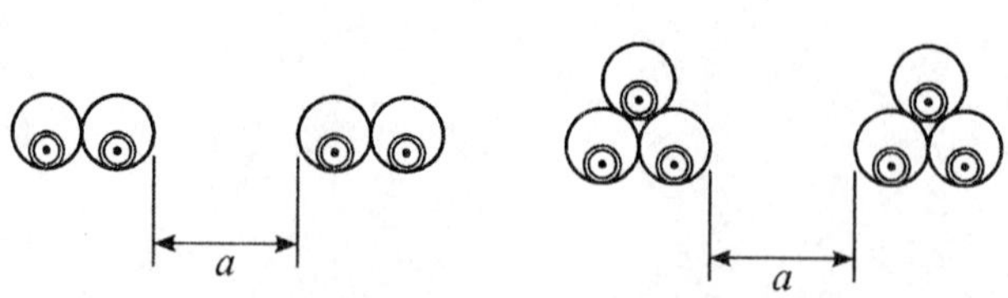

비고 이 값은 매설깊이가 0.7[m], 토양의 열 저항률이 2.5[K · m/W]인 경우에 적용한다. 이 값은 표 A.52-2~A.52-5에 제시된 케이블의 크기와 공사 형태 범위에 대한 평균값이다.
평균을 구해 그 값을 반올림하여 대부분의 경우 ±10[%] 이하의 오차 결과를 얻을 수 있다.
(좀 더 정확한 값이 필요한 경우 IEC 60287에서 규정하는 계산방법으로 계산한다.)

3 케이블 집합감소계수

(1) 동일굵기의 그룹

동일한 최대 운전온도를 갖는 절연전선이나 케이블의 그룹에는 집합감소계수를 적용하여야 한다. 다만, 케이블은 동일회로 면에서 단심 3개와 3심 1개를 동일하게 취급한다.

(가) 적용방법

① 2개의 절연전선이나 2개의 단심케이블 또는 한개의 2심 케이블

② 3개의 절연전선이나 3개의 단심케이블 또는 한개의 3심 케이블

그룹보정계수는 모든 전선이 부하율 100[%]로 연속해서 정상운전 상태로 계산하였으며, 설비의 운전조건을 고려 부하가 100[%] 미만인 경우는 이 보정계수를 더 크게 할 수 있다.

(2) 다른 굵기를 포함한 그룹

다른 크기의 동등한 부하 절연전선이나 케이블을 포함한 그룹에 대한 감소계수 계산은 그룹 전체수와 크기 혼합에 의한다. 감소계수의 적용은 각 그룹별로 계산하여야 한다.

(3) 그룹감소계수

(가) 전선관, 케이블 트렁킹 또는 케이블 덕트의 그룹

전선관, 케이블 트렁킹 또는 케이블 덕트에서 서로 다른 크기의 절연전선이나 케이블이 포함된 케이블인 경우에 그 안전한 쪽의 그룹감소계수는 다음과 같다.

$$F=\frac{1}{\sqrt{n}}$$

단, F : 그룹감소계수, n : 그룹 내의 다심케이블 또는 회로수

다만, 이 식으로 구한 집합감소계수는 작은 굵기를 갖는 전선이나 케이블의 과부하 위험을 줄일 수 있으나, 큰 굵기를 갖는 전선이나 케이블에서는 비효율적이다. 비효율성은 동일굵기의 케이블이나 절연전선을 사용하면 피할 수 있다.

(나) 트레이 그룹

한 그룹에 다른 굵기의 절연전선 또는 케이블이 포함되어 있는 경우는 가는 전선이나 케이블의 부하전류에 주의해야 한다.

(다) 공사방법

단심 또는 다심케이블을 벽면 사이의 틈이 케이블 지름의 0.3배 이하가 되도록 벽면에 공사한 케이블이 석조면에 고정 또는 매입된 경우는 허용전류가 커질 수 있다. 표 2-14에서 천장 아래의 케이블 정격은 공기의 자유방류 감소 때문에 벽에 대한 값에서 약간 줄어든다.

표 2-14 A.52-17 복수회로 또는 다심케이블 복수의 집합에 대한 감소계수
(A.52-2~A.52-13의 허용전류를 이용)

<table>
<tr><th rowspan="2">케이블 밀착설치</th><th colspan="12">회로 또는 다심 케이블의 수</th><th rowspan="2">허용전류 표 이용</th></tr>
<tr><th>1</th><th>2</th><th>3</th><th>4</th><th>5</th><th>6</th><th>7</th><th>8</th><th>9</th><th>12</th><th>16</th><th>20</th></tr>
<tr><td>1. 기중이나 벽면에 묶거나 매설 또는 수납</td><td>1.00</td><td>0.80</td><td>0.70</td><td>0.65</td><td>0.60</td><td>0.57</td><td>0.54</td><td>0.52</td><td>0.50</td><td>0.45</td><td>0.41</td><td>0.38</td><td>52-C1~52-C12 방법 A~F</td></tr>
<tr><td>2. 벽 또는 막힘형 트레이의 단일층</td><td>1.00</td><td>0.85</td><td>0.79</td><td>0.75</td><td>0.73</td><td>0.72</td><td>0.72</td><td>0.71</td><td>0.70</td><td rowspan="4" colspan="3">9조 이상의 회로는 감소 계수는 없음</td><td rowspan="2">52-C1~52-C16 방법 C</td></tr>
<tr><td>3. 목재 천장면 아래에 직접 고정한 단일층</td><td>0.95</td><td>0.81</td><td>0.72</td><td>0.68</td><td>0.66</td><td>0.64</td><td>0.63</td><td>0.62</td><td>0.61</td></tr>
<tr><td>4. 환기형 수평 또는 수직 트레이의 단일층</td><td>1.00</td><td>0.88</td><td>0.82</td><td>0.77</td><td>0.75</td><td>0.73</td><td>0.73</td><td>0.72</td><td>0.72</td><td rowspan="2">52-C7~52-C12 방법 E, F</td></tr>
<tr><td>5. 사다리 지지대 또는 클리트의 단일층</td><td>1.00</td><td>0.87</td><td>0.82</td><td>0.80</td><td>0.80</td><td>0.79</td><td>0.79</td><td>0.78</td><td>0.78</td></tr>
</table>

비고 ① 이러한 계수는 동일하게 부하가 걸린 동일 집합에 속한 케이블에 적용할 수 있다.
② 인접 케이블간의 수평간격이 그 외경의 2배를 초과할 경우, 감소계수를 적용하지 않음.
③ 동일한 계수 적용 : 같은 회로의 단심 케이블 2개 또는 3개, 다심 케이블
④ 하나의 계통이 2심과 3심 케이블로 구성된 경우에 전체 케이블 수는 회로수와 같은 것으로 간주하고, 그 보정계수를 2심 케이블에는 2개의 부하전선에 대한 표를, 3심 케이블에는 3개의 부하전선에 대한 표로 적용한다.
⑤ 집합이 n개 단심 케이블로 구성된 경우에는 2개 부하전선은 $n/2$ 회로로 하고, 3개 부하전선은 $n/3$ 회로로 간주한다.
⑥ 이 표에 나타낸 값은 표 A.52-2~A.52-13에 제시된 전선의 굵기와 공사 형태 범위에 대한 평균값이다. 보정계수의 정확도는 ±5[%] 오차 범위 내에 있다.
⑦ 특수 공사 및 이 표에 나타내지 않은 다른 공사방법인 경우에는 특수한 경우에 대비해 계산한 계수를 사용하는 것이 바람직하며 A.52-20~A.52-21을 참조한다.

4 저압 전선의 허용전류

(1) 저압전선(IEC와 KS)의 공칭단면적 호환표

KS전선과 KSC IEC 전선의 상호 호환은 표 2-15에서 표시한 단락시 허용전류를 고려하여 케이블의 단면적을 적용하여야 한다.

표 2-15 IEC와 KS에서 규정하는 가교폴리에틸렌절연 비닐시스케이블의 도체 공칭 단면적 호환표

IEC에서 규정하는 가교폴리에틸렌 절연 비닐시스 케이블(XLPE 절연케이블)		KS C 3611에서 규정하는 가교폴리에틸렌 절연 비닐시스 케이블(CV 케이블)의 상응도체 공칭단면적[mm^2]	
도체 공칭 단면적 [mm^2]	단락허용 $I^2t(kA^2 \cdot s)$ (θ_i=90[℃], k=143)	도체 공칭 단면적 [mm^2]	단락허용 $I^2t(kA^2 \cdot s)$ (θ_i=90[℃], k=143)
1.5	(0.046) [214.5]	2	
2.5	(0.128) [357.5]	3.5	
4	(0.327) [572.0]	5.5	
6	(0.736) [858.0]	8	
10	(2.045) [1.430.0]	14	
16	(5.235) [2,288.0]	22	
25	(12.781) [3,575.0]	38	
35	(25.050) [5,005.0]	38	
50	(51.123) [7,150.0]	60	
70	(100.200) [10,010.0]	100	
95	(184.552) [13,585.0]	100	
120	(294.466) [17,160.0]	150	
150	※(460.103) [21,450.0]	150	(404.01) [20,100.0]
185	(699.867) [26,455.0]	200	
240	(1,177.862) [34,320.0]	250	
300	(1,840.410) [42,900.0]	325	
400	※(3,271.840) [57,200.0]	400	(2,872.96) [53,600.0]
500	※(5,112.250) [71,500.0]	500	(4,489) [67,000.0]
630	(8,116.208) [90.090.0]	800	

비고 ① IEC에서 규정하는 가교폴리에틸렌절연 비닐시스케이블을 KS에서 규정하는 가교폴리에틸렌절연 비닐시스케이블로 대체하는 경우 위 표의 도체 공칭 단면적의 것으로 설계할 것. 또한 위 표에서 ※표시를 한 도체 공칭 단면적의 케이블은 단락시 허용전류가 IEC에 의한 계산값 보다 적으므로 이에 상응하는 것을 적용할 것.

② 단락시 허용전류 계산 간략식은 다음에 의할 것.

$$I = \frac{kA}{\sqrt{t}} \text{[A]}$$

단, I : 단락시 허용전류[A]

k : 고체재료 저항률, 온도계수와 열용량에 따라 당해 초기온도와 최종온도를 고려한 계수(IEC규격은 k=143, KS규격 k=143 적용)

A : 도체의 단면적[mm^2], t : 단락지속시간(여기서는 지속시간을 1초로 하여 계산)

③ 단락허용 I^2t에서 [ ]는 케이블의 단락시 허용전류 I[A]를 표시하고 있다.

(2) 계산 조건 및 계수

① 전선 허용전류 계산에 대한 공사 방법의 구분은 표 2-16과 같으며, 일반적으로 많이 사용되는 조건으로 상정하였다.

표 2-16 A.52-1 허용전류표를 기초로 한 공사방법 목록

공사방법			표의 세로줄						
			단일 회로에 대한 허용전류용량					주위온도계수	집합감소계수
			PVC 절연		XLPE/EPR		무기절연		
			심선의 개수						
			2	3	2	3	1,2,3		
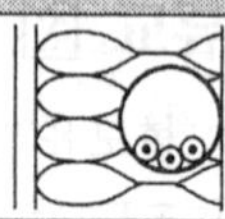 방	단열 벽내의 전선관에 공사한 절연전선 또는 단심케이블	A1	A.52-2 no.2	A.52-4 no.2	A.52-3 no.2	A.52-5 no.2	-	A.52-14	A.52-17
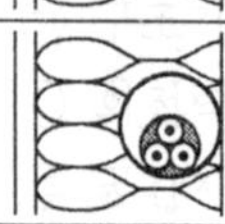 방	단열 벽내의 전선관에 공사한 다심케이블	A2	A.52-2 no.3	A.52-4 no.3	A.52-3 no.3	A.52-5 no.3			
	목재 벽면의 전선관에 공사한 절연전선 또는 케이블	B1	A.52-2 no.4	A.52-4 no.4	A.52-3 no.4	A.52-5 no.4			
	목재 벽면의 전선관에 공사한 다심케이블	B2	A.52-2 no.5	A.52-4 no.5	A.52-3 no.5	A.52-5 no.5			
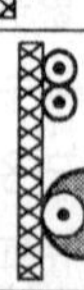	목재 벽면의 단심 또는 다심케이블	C	A.52-2 no.6	A.52-4 no.6	A.52-3 no.6	A.52-5 no.6	70[℃]시스 A.52-6 105[℃]시스 A.52-7		
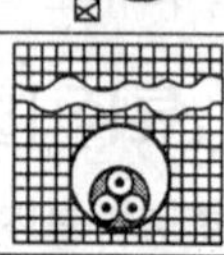	지중의 덕트내에 공사한 다심케이블	D	A.52-2 no.7	A.52-4 no.7	A.52-3 no.7	A.52-5 no.7		A.52-15	
 벽과의 이격거리는 케이블 지름의 0.3배 이상이어야 함.	기중의 다심케이블	E	동 A.52-10 알루미늄 A.52-11		동 A.52-12 알루미늄 A.52-13		70[℃]시스 A.52-8 105[℃]시스 A.52-9	A.52-14	
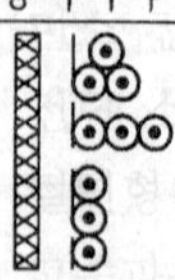 벽과의 이격거리는 케이블 하나 지름 이상이어야 함.	단심 케이블로 자유공기와 접촉	F							

비고 표의 내용에서 각종 표의 no는 내선규정의 부록에서 표의 번호를 나타내는 것임.

단, ① 벽 내부 전선관의 절연전선 및 내열절연전선(A1)

② 벽 내부 전선관의 다심케이블(A2)

③ 벽면 노출 전선관의 절연전선(B1)

④ 벽면 노출 전선관의 절연전선(B2)

⑤ 케이블트레이 위의 다심케이블(E)

⑥ 케이블트레이 위의 단심케이블(F, G)

(3) 허용전류 계산 간략화

표 2-17 공사방법에 따른 허용전류표(동도체)

공사방법	절연체의 종류와 부하 도체의 수																
	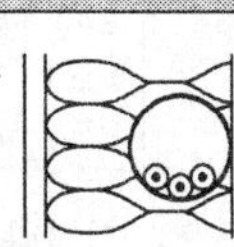				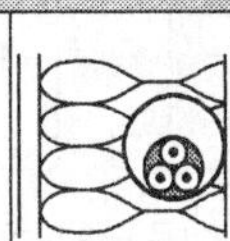										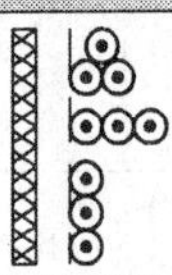		
A1	PVC 2본	PVC 3본	XLPE 2본	XLPE 3본													
A2					XLPE 2본	XLPE 3본											
B1							PVC 2본	PVC 3본	XLPE 2본	XLPE 3본							
B2											XLPE 2본	XLPE 3본					
E													XLPE 2C	XLPE 3C			
F															XLPE 2본	XLPE 3본(3각형)	XLPE 3본
단면적																	
1.5	14.5	13.5	19	17	18.5	16.5	17.5	15.5	23	20	22	19.5	26	23			
2.5	19.5	18	26	23	25	22	24	21	31	28	30	26	36	32			
4	26	24	35	31	33	30	32	28	42	37	40	35	49	42			
6	34	31	45	40	42	38	41	36	54	48	51	44	63	54			
10	46	42	61	54	57	51	57	50	75	66	69	60	86	75			
16	61	56	81	73	76	68	76	68	100	88	91	80	115	100			
25	80	73	106	95	99	89	101	89	133	117	119	105	149	127	161	135	141

공사 방법	절연체의 종류와 부하 도체의 수																
	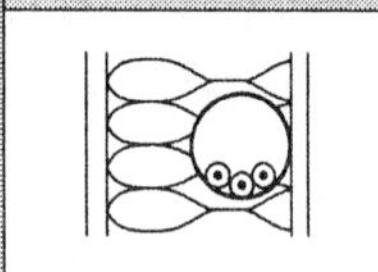				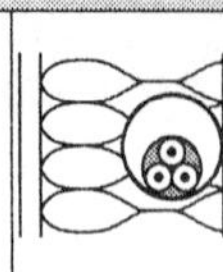		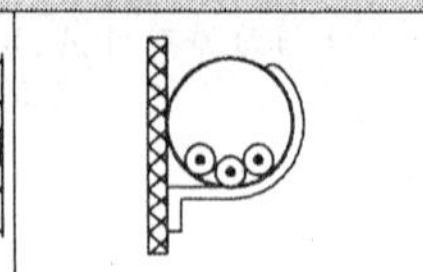				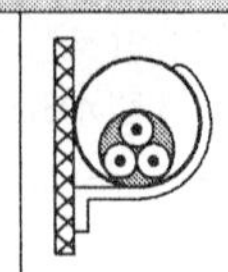		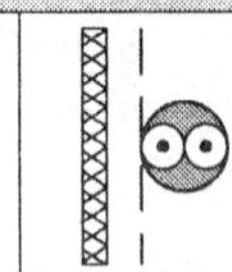		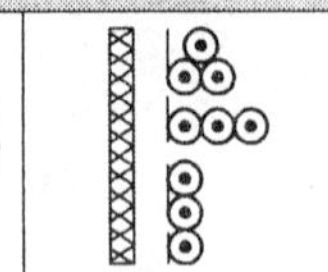		
35	99	89	131	117	121	109	125	110	164	144	146	128	185	158	200	169	176
50	119	108	158	141	145	130	151	134	198	175	175	154	225	192	242	207	216
70	151	136	200	179	183	164	192	171	253	222	221	194	289	246	310	268	279
95	182	164	241	216	220	197	232	207	306	269	265	233	352	298	377	328	342
120	210	188	278	249	253	227	269	239	354	312	305	268	410	346	437	383	400
150	240	216	318	285	290	259							473	399	504	444	464
185	273	245	362	324	329	295							542	456	575	510	533
240	321	286	424	380	386	346							641	538	679	607	634
300	367	328	486	435	442	396							741	621	783	703	736
400															940	823	868
500															1083	946	998
630															1254	1088	1151

비고 이 표의 도체온도는 PVC는 70[℃] XLPE는 90[℃]이고, 기준 주위온도는 30[℃]이다.

(4) 케이블의 집합 보정계수는 표 2-14를 참조하고, 하나의 전선관, 트레이 등에 다수의 전선(절연전선 및 케이블)이 설치된 경우에는 회로수 또는 다심케이블의 조수를 상정하여 적용한다. 단, 접지선은 회로에 포함하지 않는다.

(5) 전선의 허용전류

도체의 허용전류는 절연물의 종류, 주위온도 및 전기공사방법 등에 따라 많은 차이가 있으므로 전선 및 케이블의 허용전류산정시 충분한 검토가 필요하며, 그 전로중의 가장 열방산이 곤란한 장소를 기준으로 도체의 굵기를 선정해야 한다. 아래 각각의 표에서 표시한 2본 회로는 단상, 3본회로는 삼상을 의미한다. 그리고, 중성선이나 접지선이 같이 포설되는 경우는 이를 제외한 전선을 기준으로 단상과 삼상을 표시한다.

(가) 전선의 전선관 매입 공사시 허용전류

① PVC절연(IV)전선을 전선관에 넣어 단열벽 내 매입하는 경우(공사조건: A1)의 허용전류를 계산하면 표 2-18과 같다. 단, 도체온도는 70[℃], 주위온도는 30[℃]를 기준으로 한 값이다.

표 2-18 PVC절연(IV)전선 허용전류계산 기준표(A1)

단면적 [mm²]	부하 도체의 수									
	2본					3본				
	1회로	2회로	3회로	4회로	5회로	1회로	2회로	3회로	4회로	5회로
1.5	14.5	11.6	8.1	9.4	7.0	13.5	10.8	9.5	8.8	8.1
2.5	19.5	15.6	13.7	12.7	11.7	18	14.4	12.6	11.7	10.8
4	26	20.8	18.2	16.9	15.6	24	19.2	16.8	15.6	14.4
6	34	27.2	23.8	22.1	20.4	31	24.8	21.7	20.2	18.6
10	46	36.8	32.2	29.9	27.6	42	33.6	29.4	27.3	25.2
16	61	48.8	42.7	39.7	36.6	56	44.8	39.2	36.4	33.6
25	80	64	56	52	48	73	58.4	51.1	47.5	43.8
35	99	79.2	69.3	64.4	59.4	89	71.2	62.3	57.9	53.4
50	119	95.2	83.3	77.4	71.4	108	86.4	75.6	70.2	64.8
70	151	120.8	105.7	98.15	90.6	136	108.8	95.2	88.4	81.6
95	182	145.6	127.4	118.3	109.2	164	131.2	114.8	106.6	98.4
120	210	168	147	136.5	126	188	150.4	131.6	122.2	112.8
150	240	192	168	156	144	216	172.8	151.2	140.4	129.6
185	273	218.4	191.1	177.5	163.8	245	196	171.5	159.3	147
240	321	256.8	224.7	208.7	192.6	286	228.8	200.2	185.9	171.6
300	367	293.6	256.9	238.6	220.2	328	262.4	229.6	213.2	196.8

비고 ① 도체온도는 70[℃], 주위온도는 30[℃] 기준값임.
② 2본회로는 단상, 3본회로는 삼상을 의미하는 것임.

② 내열성 PVC절연(HIV)전선을 전선관에 넣어 단열벽 내에 매입하는 경우(공사조건 : A1)의 허용전류를 계산하면 표 2-19와 같다. 다만, 내열성 PVC절연전선은 도체온도가 90[℃]이므로 XLPE와 동일하게 본다. 단, 도체온도는 90[℃], 주위온도는 30[℃]를 기준한 값이다.

표 2-19 내열 PVC절연(HIV)전선 허용전류계산 기준표(A1)

단면적 [mm²]	부하 도체의 수									
	2본					3본				
	1회로	2회로	3회로	4회로	5회로	1회로	2회로	3회로	4회로	5회로
1.5	19	15.2	13.3	12.4	11.4	17	13.6	11.9	11.1	10.2
2.5	26	20.8	18.2	16.9	15.6	23	18.4	16.1	15	13.8
4	35	28	24.5	22.8	21	31	24.8	21.7	20.2	18.6
6	45	36	31.5	29.3	27	40	32	28	26	24
10	61	48.8	42.7	39.7	36.6	54	43.2	30.2	35.1	32.4
16	81	64.8	56.7	52.7	48.6	73	58.4	51.1	47.5	43.8
25	106	84.8	74.2	68.9	63.6	95	76	66.5	61.8	57

단면적 [mm²]	부하 도체의 수									
	2본					3본				
	1회로	2회로	3회로	4회로	5회로	1회로	2회로	3회로	4회로	5회로
35	131	104.8	91.7	85.2	78.6	117	93.6	81.9	76.1	70.2
50	158	126.4	110.6	102.7	94.8	141	112.8	98.7	91.7	84.6
70	200	160	140	130	120	179	143.2	125.3	116.4	107.4
95	241	192.8	168.7	156.7	144.6	216	172.8	151.2	140.4	129.6
120	278	222.4	194.6	180.7	166.8	249	199.2	174.3	161.9	149.4
150	318	254.4	222.6	206.7	190.8	285	228	199.5	185.3	171
185	362	289.6	253.4	235.3	217.2	324	259.2	226.8	210.6	194.4
240	424	339.2	296.8	275.6	254.4	380	304	266	247	228
300	486	388.8	340.2	315.9	291.6	435	348	304.5	282.75	261

비고 ① 도체온도는 90[℃], 주위온도는 30[℃] 기준값임.
② 2본회로는 단상, 3본회로는 삼상을 의미하는 것임.

③ XLPE절연전선(CV Cable)을 전선관에 넣어 단열벽 내에 매입하는 경우(공사조건 : A2)의 허용전류를 계산하면 표 2-20과 같다. 단, 도체온도는 90[℃], 주위온도는 30[℃]를 기준한 값이다.

표 2-20 XLPE절연전선(CV Cable) 허용전류계산 기준표(A2)

단면적 [mm²]	부하 도체의 수 (단심의 경우 회로수)								
	2C×1	2C×2	2C×3	2C×4	3C×1	3C×2	3C×3	3C×4	3C×5
1.5	18.5	14.8	13	12	16.5	13.2	11.6	10.7	9.9
2.5	25	20	17.5	16.3	22	17.6	15.4	14.3	13.2
4	33	26.4	23.1	21.5	30	24	21	19.5	18
6	42	33.6	29.4	27.3	38	30.4	26.6	24.7	22.8
10	57	45.6	39.9	37.1	51	40.8	35.7	33.2	30.6
16	76	60.8	53.2	49.4	68	54.4	47.6	44.2	40.8
25	99	79.2	69.3	64.4	89	71.2	62.3	57.9	53.4
35	121	96.8	84.7	78.7	109	87.2	76.3	70.9	65.4
50	145	116	101.5	94.3	130	104	91	84.5	78
70	183	146.4	128.1	119	164	131.2	114.8	106.6	98.4
95	220	176	154	143	197	157.6	137.9	128.1	118.2
120	253	202.4	177.1	164.5	227	181.6	158.9	147.6	136.2
150	290	232	203	188.5	259	207.2	181.3	168.4	155.4
185	329	263.2	230.3	213.9	295	235	206.5	191.8	177
240	386	308.8	270.2	250.9	346	276.8	242.2	224.9	207.6
300	442	353.6	309.4	287.3	396	316.8	277.2	257.4	237.6

비고 ① 도체온도는 90[℃], 주위온도는 30[℃] 기준값임.
② 4C의 경우라도, 심선 1개가 중성선인 경우 3상회로는 3C로 간주함.

(나) 전선의 전선관 노출 공사시 허용전류

① PVC절연(IV)전선을 전선관에 넣어 노출공사하는 경우의 허용전류를 계산하면 표 2-21과 같다. 단, 도체온도는 70[℃], 주위온도는 30[℃]를 기준한 값이다.

표 2-21 PVC절연(IV)전선 허용전류계산 기준표(B1)

단면적 [mm²]	부하 도체의 수									
	2본					3본				
	1회로	2회로	3회로	4회로	5회로	1회로	2회로	3회로	4회로	5회로
1.5	17.5	14	12.3	11.4	10.5	15.5	12.4	10.9	10.1	9.3
2.5	24	19.2	16.8	15.6	14.4	21	16.8	14.7	13.7	12.6
4	32	25.6	22.4	20.8	19.2	28	22.4	19.6	18.2	16.8
6	41	32.8	28.7	26.7	24.6	36	28.8	25.2	23.4	21.6
10	57	45.6	39.9	37.1	34.2	50	40	35	32.5	30
16	76	60.8	53.2	49.4	45.6	68	54.4	47.6	44.2	40.8
25	101	80.8	70.7	65.7	60.6	89	71.2	62.3	57.9	53.4
35	125	100	87.5	81.3	75	110	88	77	71.5	66
50	151	120.8	105.7	98.2	90.6	134	107.2	93.8	87.1	80.4
70	192	153.6	134.4	124.8	115.2	171	136.8	119.7	111.2	102.6
95	232	185.6	162.4	150.8	139.2	207	165.6	144.9	134.6	124.2
120	269	215.2	188.3	174.9	161.4	239	191.2	167.3	155.4	143.4

비고 ① 도체온도는 70[℃], 주위온도는 30[℃] 기준값임.
② 2본회로는 단상, 3본회로는 삼상을 의미하는 것임.

② 내열성 PVC절연(HIV)전선을 전선관에 넣어 노출공사하는 경우(공사조건 : B1)의 허용전류를 계산하면 표 2-22와 같다. 다만, 내열성 PVC절연전선은 도체온도가 90[℃]이므로 XLPE와 동일하게 본다. 단, 도체온도는 90[℃], 주위온도는 30[℃]를 기준한 값이다.

표 2-22 내열성 PVC절연(HIV)전선 허용전류계산 기준표(B1)

단면적 [mm²]	부하 도체의 수									
	2본					3본				
	1회로	2회로	3회로	4회로	5회로	1회로	2회로	3회로	4회로	5회로
1.5	23	18.4	16.1	15	13.8	20	16	14	13	12
2.5	31	24.8	21.7	20.2	18.6	28	22.4	19.6	18.2	16.8
4	42	33.6	29.4	27.3	25.2	37	29.6	25.9	24.1	22.2
6	54	43.2	37.8	39.1	32.4	48	38.4	33.6	31.2	28.8
10	75	60	52.5	48.8	45	66	52.8	46.2	42.9	39.6
16	100	80	70	65	60	88	70.4	61.2	57.2	52.8
25	133	106.4	93.1	86.5	79.8	117	93.6	81.9	76.1	70.2

단면적 [mm²]	부하 도체의 수									
	2본					3본				
	1회로	2회로	3회로	4회로	5회로	1회로	2회로	3회로	4회로	5회로
35	164	131.2	114.8	106.6	98.4	144	115.2	100.8	93.6	86.4
50	198	158.4	138.6	128.7	118.8	175	140	122.5	113.8	105
70	253	202.4	177.1	164.5	151.8	222	177.6	155.4	144.3	133.2
95	306	244.8	214.2	198.9	183.6	269	215.2	188.4	174.9	161.4
120	354	283.2	247.8	230.1	212.4	312	249.6	218.4	202.8	187.2

비고 ① 도체온도는 90[℃], 주위온도는 30[℃] 기준값임.
② 2본회로는 단상, 3본회로는 삼상을 의미하는 것임.

③ XLPE절연전선(CV)을 전선관에 넣어 노출공사하는 경우(공사조건: B2)의 허용전류를 계산하면 표 2-23과 같다. 단, 도체온도는 90[℃], 주위온도는 30[℃]를 기준한 값이다.

표 2-23 XLPE절연전선(CV Cable) 허용전류계산 기준표(B2)

단면적 [mm²]	부하 도체의 수(단심의 경우 회로수)								
	2C×1	2C×2	2C×3	2C×4	3C×1	3C×2	3C×3	3C×4	3C×5
1.5	22	17.6	15.4	14.3	19.5	15.6	13.7	12.7	11.7
2.5	30	24	21	19.5	26	20.8	18.2	16.9	15.6
4	40	32	28	26	35	28	24.5	22.8	21
6	51	40.8	35.7	33.2	44	35.2	30.8	28.6	26.4
10	69	55.2	48.3	44.9	60	48	42	39	36
16	91	72.8	63.7	59.2	80	64	56	52	48
25	119	95.2	83.3	77.4	105	84	73.5	68.3	63
35	146	116.8	102.2	94.9	128	102.4	89.6	83.2	76.8
50	175	140	122.5	113.8	154	123.2	107.8	100.1	92.4
70	221	176.8	154.7	143.7	194	155.2	135.8	126.1	116.4
95	265	212	185.9	172.3	233	186.4	163.1	151.5	139.8
120	305	244	213.5	198.3	268	214.4	187.6	174.2	160.8

비고 ① 도체온도는 90[℃], 주위온도는 30[℃] 기준값임.
② 4C의 경우에도 심선 1개가 중성선인 경우 3상회로는 3C와 같이 간주함.

(다) 통풍형 트레이 공사시 허용전류

① 다심(2C, 3C)형 XLPE절연전선(CV)을 통풍형 트레이 공사하는 경우(공사조건 : E)의 허용전류를 계산하면 표 2-24와 같다. 단, 도체온도는 90[℃], 주위온도는 30[℃]를 기준한 값이다.

표 2-24 다심형 XLPE절연전선(CV) 허용전류(E)

단면적 $[mm^2]$	부하 도체의 수(다심형의 수량)									
	2C×1	2C×2	2C×3	2C×4	2C×5	3C×1	3C×2	3C×3	3C×4	3C×5
1.5	26	22.9	21.3	20	19.5	23	20.2	18.9	17.7	17.3
2.5	36	28.8	29.5	27.7	27	32	28.2	26.2	24.6	24
4	49	43.1	40.2	37.7	36.8	42	37	34.4	32.3	31.5
6	63	55.4	51.7	48.5	47.3	54	47.5	44.3	41.6	40.5
10	86	75.7	70.5	66.2	64.5	75	66	61.5	57.8	56.3
16	115	101.2	94.3	88.6	86.3	100	88	82	77	75
25	149	131.2	122.2	114.7	111.8	127	111.8	104.1	97.8	95.3
35	185	162.8	151.7	142.5	138.8	158	139	129.6	121.7	118.5
50	225	198	184.5	173.3	168.8	192	169	157.4	147.8	144
70	289	254.3	237	222.5	216.8	246	216.5	201.7	189.4	184.5
95	352	309.8	288.6	271	264	298	262.2	244.4	229.5	223.5
120	410	360.8	336.2	315.7	307.5	346	304.5	283.7	266.4	259.5
150	473	416.2	387.9	364.2	354.8	399	351.2	327.2	307.2	299.3
185	542	477	444.4	417.3	406.5	456	401.3	373.9	351.1	342
240	641	564.1	525.6	493.6	480.8	538	473.4	441.2	414.2	403.5
300	741	652.1	607.6	570.6	555.8	621	551.8	509.2	478.2	465.8

비고 ① 도체온도는 90[℃], 주위온도는 30[℃] 기준값임.
② 4C의 경우, 심선 1개가 중성선인 경우 3상회로는 3C와 같이 간주함.

② 단심형 XLPE절연전선(CV)을 통풍형 트레이 공사하는 경우(공사조건 : F)의 허용전류를 계산하면 표 2-25와 같다. 단, 도체온도는 90[℃], 주위온도는 30[℃]를 기준한 값이다.

표 2-25 단심형 XLPE절연전선(CV) 허용전류(F)

단면적 $[mm^2]$	부하 도체의 수(평형 밀착시공)									
	2본×1	2본×2	2본×3	2본×4	2본×5	3본×1	3본×2	3본×3	3본×4	3본×5
25	161	141	132	124	120.8	141	124.1	115.6	108.6	105.8
35	200	176	164	154	150	176	154.9	144.3	135.5	132
50	242	212.9	198.4	186.3	181.5	216	190.1	177.1	166.3	162
70	310	273	254.2	238.7	232.5	279	245.5	228.8	214.8	209.3
95	377	331.8	309.1	290.3	282.8	342	301	280.4	263.3	256.5
120	437	3846	358.3	336.5	327.8	400	352	328	308	300
150	504	443.5	413.3	388.1	378	464	408.3	380.5	357.3	348
185	575	506	471.5	442.8	431.3	533	469	437.1	410.4	399.8
240	679	594.9	554.3	522.8	509.3	634	557.9	519.9	488.2	475.5
300	783	689	642.1	602.9	587.3	736	647.7	603.5	566.7	552
400	940	827.2	770.8	723.8	705	868	763.8	711.8	668.4	651
500	1083	953	888.1	833.9	812.3	998	878.2	818.4	768.5	748.5
630	1254	1103.5	1028.3	965.6	940.5	1151	1012.9	943.8	886.3	863.3

비고 ① 도체온도는 90[℃], 주위온도는 30[℃] 기준값임.

② 1회로가 2본(단상)인 것과 3본(삼상)인 것의 예이다.

③ 단심형 XLPE 절연전선(CV Cable)을 삼각 배열하여 통풍형 트레이 공사하는 경우(공사조건 : E)의 허용전류를 계산하면 표 2-26과 같다. 단, 도체온도는 90[℃], 주위온도는 30[℃]를 기준한 값이다.

표 2-26 단심형 XLPE절연전선(CV) 허용전류(F)

단면적 [mm²]	부하 도체의 수(삼각배열 시공)								
	2본×1	2본×2	2본×3	2본×4	3본×1	3본×2	3본×3	3본×4	3본×5
25	135	118.8	110.7	104	101.3	98.6	98.6	97.2	7.2
35	169	148.7	138.6	130.1	126.8	123.4	123.4	121.7	121.7
50	207	182.2	169.7	159.4	155.3	151.1	151.1	149	149
70	268	235.8	219.8	206.4	201	195.6	195.6	193	193
95	328	288.6	269	252.6	246	239.4	239.4	236.2	236.2
120	383	337	314.1	294.9	287.3	279.6	279.6	275.8	275.8
150	444	390.7	364.1	341.9	333	324.1	24.1	319.7	319.7
185	510	448.8	418.2	392.7	382.5	372.3	372.3	367.2	367.2
240	607	534.2	497.7	467.4	459.3	443.1	443.1	437	437
300	703	618.6	576.5	541.3	527.3	513.2	513.2	506.2	506.2
400	823	724.2	674.9	633.7	617.3	600.8	600.8	592.6	592.6
500	946	832.5	775.7	728.4	709.5	690.6	690.6	681.1	681.1
630	1088	957.4	892.2	837.8	816	794.2	794.2	783.4	783.4

비고 도체온도는 90[℃], 주위온도는 30[℃] 기준값임.

(라) 사다리형 트레이 공사시 허용전류

① 다심(2C, 3C)형 XLPE절연전선(CV Cable)을 사다리형 트레이 공사하는 경우(공사조건 : E)의 허용전류를 계산하면 표 2-27과 같다. 단, 도체온도는 90[℃], 주위온도는 30[℃]를 기준한 값이다.

표 2-27 다심형 XLPE절연전선(CV) 허용전류(E)

단면적 [mm²]	부하 도체의 수(다심형의 수량)								
	2C×1	2C×2	2C×3	2C×4	3C×1	3C×2	3C×3	3C×4	3C×5
1.5	26	22.6	21.3	20.8	20.8	23	20	18.9	18.4
2.5	36	31.3	29.5	28.8	28.8	32	27.8	26.2	25.6
4	49	42.6	40.2	39.2	39.2	42	36.5	34.4	33.6
6	63	54.8	51.7	50.4	50.4	54	47	44.3	43.2
10	86	74.8	70.5	68.8	68.8	75	65.3	61.5	60
16	115	100.1	94.3	92	92	100	87	82	80
25	149	129.6	122.2	119.2	119.2	127	110.5	104.1	101.6

단면적 [mm²]	부하 도체의 수(다심형의 수량)								
	2C×1	2C×2	2C×3	2C×4	3C×1	3C×2	3C×3	3C×4	3C×5
35	185	161	151.7	148	148	158	137.5	129.6	126.4
50	225	196.8	184.5	180	180	192	167	157.4	153.6
70	289	251.4	237	231.2	231.2	246	214	201.7	196.8
95	352	306.2	288.6	281.6	281.6	298	259.3	244.4	238.4
120	410	356.7	336.2	328	328	346	301	283.7	276.8
150	473	411.5	387.9	378.4	378.4	399	347.1	327.2	319.2
185	542	471.5	444.4	433.6	433.6	456	396.7	373.9	364.8
240	641	557.7	525.6	512.8	512.8	538	468.1	441.2	430.4
300	741	644.7	607.6	592.8	592.8	621	540.3	509.2	496.8

비고 ① 도체온도 90[℃], 주위온도 30[℃]는 기준값임.
② 4C의 경우, 심선 1개가 중성선인 경우 3상회로는 3C와 같다.

② 단심형 XLPE절연전선(CV Cable)을 사다리형 트레이 공사하는 경우(공사조건 : F)의 허용전류를 계산하면 표 2-28과 같다. 단, 도체온도는 90[℃], 주위온도는 30[℃]를 기준한 값이다.

표 2-28 단심형 XLPE절연전선(CV) 허용전류(F)

단면적 [mm²]	부하 도체의 수(평형 밀착시공)								
	2본×1	2본×2	2본×3	2본×4	3본×1	3본×2	3본×3	3본×4	3본×5
25	161	140.1	132	128.8	128.8	141	122.7	115.6	112.8
35	200	174	164	160	160	176	153.1	144.3	140.8
50	242	210.5	198.4	193.6	193.6	216	187.9	177.1	172.8
70	310	269.7	254.2	248	248	279	242.7	228.8	223.2
95	377	328	309.1	301.6	301.6	342	297.5	280.4	273.6
120	437	380.2	358.3	349.6	349.6	400	348	328	320
150	504	438.5	413.3	403.2	403.2	464	403.7	380.5	371.2
185	575	500.1	471.5	460	460	533	463.7	437.1	426.4
240	679	590.7	556.8	543.2	543.2	634	551.6	519.9	507.2
300	783	681.2	642	626.4	626.4	736	640.3	603.5	588.8
400	940	817.8	770.8	752	752	868	755.2	711.8	694.4
500	1083	942..2	888.1	866.4	866.4	998	868.3	818.4	798.4
630	1254	1091	1028.3	1003.2	1003.2	1151	1001.4	943.8	920.8

비고 ① 도체온도는 90[℃], 주위온도는 30[℃] 기준값임.
② 1회로가 2본(단상)인 것과 3본(삼상)인 것의 구분임.

③ 단심형 XLPE절연전선(CV Cable)을 삼각 배열하여 사다리형 트레이 공사하는 경우(공사조건 : E)의 허용전류를 계산하면 표 2-29와 같다. 단, 도체온도는 90[℃], 주위온도는 30[℃]를 기준한 값이다.

표 2-29 단심형 XLPE절연전선(CV Cable) 허용전류계산 기준표(F)

단면적 [mm²]	부하 도체의 수(삼각배열 시공)								
	3본×1	3본×2	3본×3	3본×4	3본×5	3본×6	3본×7	3본×8	3본×9
25	135	117.5	110.7	108	108	106.7	06.7	105.3	105.3
35	169	147	138.6	135.2	135.2	133.5	133.5	131.8	131.8
50	207	180.1	169.7	165.6	165.6	163.5	163.5	161.5	161.5
70	268	233.2	219.8	214.4	214.4	211.7	211.7	209	209
95	328	285.4	269	262.4	262.4	259.1	259.1	255.8	255.8
120	383	333.2	314.1	306.4	306.4	302.6	302.6	298.7	298.7
150	444	386.3	364.1	355.2	355.2	350.8	350.8	346.3	346.3
185	510	443.7	418.2	408	408	402.9	402.9	397.8	397.8
240	607	528.1	497.7	485.6	485.6	479.5	479.5	473.5	473.5
300	703	611.6	576.5	562.4	562.4	555.4	555.4	548.3	548.3
400	823	716	647.9	658.4	658.4	650.2	650.2	641.9	641.9
500	946	823	775.7	756.8	756.8	747.3	747.3	737.9	737.9
630	1088	946.6	892.2	870.4	870.4	859.5	859.5	848.6	848.6

비고 도체온도는 90[℃], 주위온도는 30[℃] 기준값임.

5 고압케이블의 허용전류

고압케이블의 허용전류는 신 규격(KSC IEC 60502-2)에 의해 제조, 유통, 시설되고 있으나 케이블의 허용전류는 검토 중에 있어 현재까지 기존의 허용전류표를 참고하여 사용하고 있다.

(1) 계산 조건

표 2-36, 표 2-37, 표 2-38에서 표시하는 허용전류는 다음과 같은 조건으로 계산한 값이므로 케이블의 포설방법이 다음의 조건 이외에는 각각의 보정계수 표 2-30, 표 2-31, 표 2-32, 표 2-33, 표 2-34, 표 2-35를 적용하여야 한다.

① 포설회선수 : 1회선
② 전기방식 : AC 3상 60[Hz]
③ 토양의 열저항(지중의 경우) : 100[℃ · cm/W]
④ 도체 중심간 거리(단심케이블) : 케이블 외경(d), 케이블 외경(d)×2, 케이블 외경(d)×3
⑤ 포설깊이(지중의 경우) : 1,400[mm]
⑥ 기저온도 : 기중은 40[℃], 지중은 25[℃]
⑦ 도체온도 : 90[℃]

(2) 보정계수

표 2-30 포설 깊이에 따른 보정계수(지중포설)

포설 깊이[m]	보정계수
0.5~0.7	1.09
0.71~0.9	1.05
0.91~1.1	1.03
1.11~1.3	1.01
1.31~1.5	1.00

표 2-31 주위온도에 따른 보정계수(지중포설)

주위온도[℃]	10	15	20	25	30	35	40	45
보정계수	1.11	1.08	1.04	1.00	0.96	0.91	0.87	0.83

표 2-32 토양 열저항에 따른 보정계수(지중포설)

토양 열저항[℃ · cm/W]	70	100	120	150	200	250	300	350
보정계수	1.14	1.00	0.93	0.84	0.74	0.67	0.61	0.55

표 2-33 트랜치(Trench)내 수평배열시 다회선 포설에 따른 보정계수(지중포설)

케이블 이격거리	동일 트렌치내 케이블 회선수						
	2	3	4	5	6	8	10
이격거리 없음	0.79	0.69	0.63	0.58	0.55	0.50	0.46
7[cm]	0.85	0.75	0.68	0.64	0.60	0.56	0.53
25[cm]	0.87	0.79	0.75	0.72	0.69	0.66	0.64

표 2-34 지중관로 포설시의 보정계수(지중포설)

케이블 이격거리	동일 트렌치내 케이블 회선수							
	1	2	3	4	5	6	8	10
이격거리 없음	0.80	0.75	0.65	0.60	0.60	0.55	0.55	0.50
7[cm]	-	0.75	0.70	0.65	0.60	0.60	0.55	0.55
25[cm]	-	0.75	0.70	0.70	0.70	0.65	0.65	0.65

표 2-35 주위온도에 따른 보정계수(기중포설)

주위온도[℃]	20	25	30	35	40	45	50
보정계수	1.18	1.14	1.10	1.05	1.00	0.95	0.90

(3) 고압 가교폴리에틸렌절연 비닐시스케이블의 허용전류

표 2-36 3.3[kV], 6.6[kV] CV케이블의 허용전류값[A]

공칭단면 [mm²]	허용전류[A]								
	공기중 또는 암거포설			직접매설			관로포설		
	단심	3심	트리플렉스	단심	3심	트리플렉스	단심	3심	트리플렉스
	3조 포설 $S=2d$	1조 포설	1조포설	3조포설 $S=2d$	1조 포설	1조 포설	4공 중 3공포설	4공 중 4공포설	4공 중 4공포설
8	78	61	-	82	70	-	76	49	-
14	105	83	-	110	90	-	100	66	-
22	140	105	120	140	120	135	130	84	98
38	195	145	170	190	160	180	180	110	120
60	260	195	225	250	210	235	235	140	160
100	355	265	310	330	280	310	310	190	210
150	455	345	405	415	350	390	390	235	260
200	540	415	485	485	405	450	455	275	305
250	615	470	560	545	455	510	515	310	345
325	720	550	660	630	525	585	595	360	400
400	810	-	750	705	-	650	665	-	445
500	935	-	855	790	-	725	745	-	495
600	1040	-	950	865	-	785	825	-	545
800	1295	-	-	1045	-	-	990	-	-
1000	1480	-	-	1170	-	-	1105	-	-

(4) 특별고압케이블의 허용전류

표 2-37 22[kV] 가교 폴리에틸렌절연 비닐시스케이블(CV)의 허용전류값[A]

공칭단면적 [mm²]	허용전류[A]					
	기중포설			지중포설		
	단심	3심	트리플렉스	단심	3심	트리플렉스
60	255	200	235	245	205	175
100	345	270	325	325	275	230
150	440	350	415	410	345	305
200	525	415	495	480	400	385
250	605	470	570	540	450	450
325	710	555	670	625	520	505
400	805	-	-	695	-	585
500	920	-	-	785	-	-
600	1,020	-	-	855	-	-
800	1,200	-	-	985	-	-
1,000	1,440	-	-	1,160	-	-
1,200	1,610	-	-	1,275	-	-

표 2-38 22.9[kV] 가교 폴리에틸렌절연 비닐외장 동심중성선 케이블(CN-CV)의 허용전류값[A]

공칭단면적 [mm²]	허용전류[A]			
	기중포설		지중포설	
	수평배열	삼각배열	수평배열	삼각배열
60	265	249	268	257
100	352	337	346	340
150	432	428	414	421
200	493	503	460	486
250	540	564	493	535
325	595	637	531	592
400	650	700	571	638
500	710	757	609	675
600	761	798	641	695

2.3 전로의 절연

2.3.1 전로의 절연 목적

전로의 전선 상호간 및 전로와 대지가 충분히 절연되어 있지 않으면 누설전류에 의한 화재발생 또는 감전 사고, 전력손실의 장해가 발생하므로 전로는 대지로부터 절연하여 사용하는 것이 원칙이다.

그러나 전로의 절연 목적과는 달리 보안상, 구조상 절연할 수 없는 경우 그림 2-7과 같이 전로의 절연원칙에서 제외하고 있다.

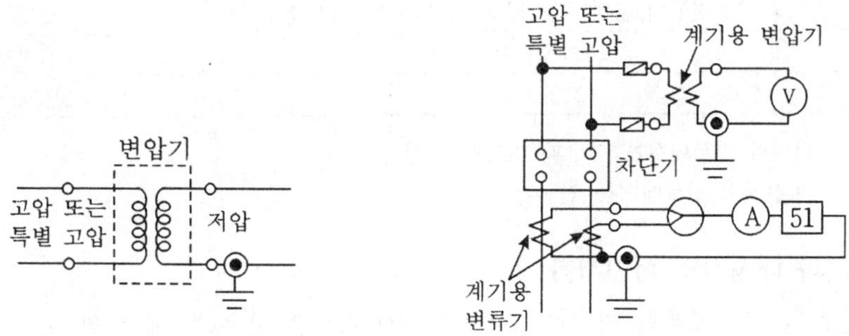

(a) 변압기 2차측 접지점 (b) 계기용 변성기의 접지점

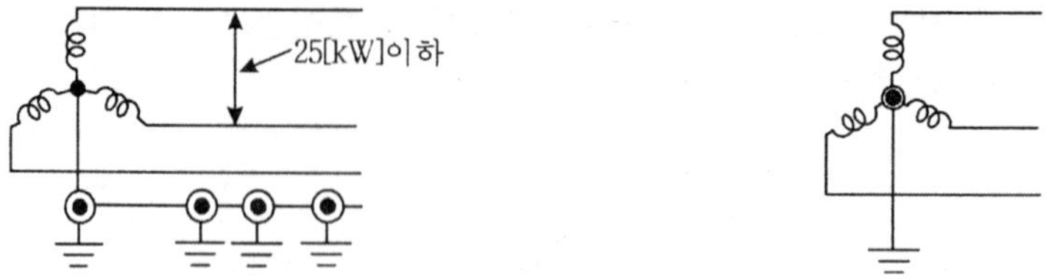

(c) 다중접지 중성선의 접지점 (d) 중성점의 접지점

그림 2-7 전로 절연 원칙 예외 장소의 보기

2.3.2 전로의 절연저항 및 절연내력

전기설비기술기준에서는 정상적인 전로의 절연유지를 위하여 절연내력(絶緣耐力)시험과 절연저항 측정 두 가지 방법이 있다.

[1] 전로의 절연저항

옥내배선의 저압 전로의 전선 상호간 및 전로와 대지간의 절연저항은 인입구 장치, 간선용 또는 분기용으로 시설하는 개폐기 또는 과전류 차단기로 구분할 수 있는 전로마다 표 2-39에 나타내는 값 이상이어야 한다.

표 2-39 전로의 절연저항값

전로의 사용 전압의 구분		절연 저항값
400[V] 미만	대지전압(접지식 전로에서 전선과 대지간의 전압, 비접지식 전로는 전선간의 전압)이 150[V] 이하의 경우	0.1[MΩ]
	대지전압이 150[V]를 넘고 300[V] 이하인 경우 (전압측 전선과 중성선 또는 대지간의 절연저항)	0.2[MΩ]
	사용전압이 300[V]를 넘고 400[V] 미만인 경우	0.3[MΩ]
400[V] 이상		0.4[MΩ]
고압 전로		3[MΩ] 이상

㈜ 대지전압 : 접지식 전로에서는 전선과 대지간의 전압
비접지식 전로에서는 전선간의 전압

(1) 전선과 대지간의 절연저항

저압전선로 중 절연부분의 전선과 대지간의 절연저항은 사용전압에 대한 누설전류가 최대 공급전류의 1/2000을 넘지 않도록 유지하여야 한다. 이것을 식으로 표시하면 식 (2-8)과 같이 된다.

$$\text{절연저항} \geq \frac{\text{사용전압} \times 2000}{\text{최대공급전류}} [\Omega] \tag{2-8}$$

(2) 고압 혹은 특고압용 기기의 절연 저항값

· 정지기

$$R = \frac{\text{수전전압 [V]}}{\text{수전용량 [kW]} + 1000} [\text{M}\Omega] \tag{2-9}$$

· 회전기

$$R = \frac{\text{수전전압 [V]}}{\text{수전용량 [kW]} + 2000} + 0.5[\text{M}\Omega] \tag{2-10}$$

예제 사용 전압 380[V]의 3상 3선식 전선로(최대공급 전류 500[A]의 1선과 대지 간에 필요한 절연 저항값)의 최소값을 구하여라.

풀이 $\text{절연저항} \geq \frac{380 \times 2000}{500} = 1,520[\Omega]$

예제 사용전압 220[V] 최대 공급 전류가 50[A]인 단상 2선식 가공 전선로에서 2선을 합한 것과 대지 간의 절연 저항은 얼마인가?

풀이 $\text{누설전류} = \frac{\text{최대공급전류}}{2,000}[\text{A}]$

$$\text{절연 저항} = \frac{\text{사용전압}}{2 \times I_t} = \frac{220}{2 \times \frac{50}{2,000}} = 4,400[\Omega]$$

2 절연내력

전기공작물의 절연성을 판정하는 방법으로 절연내력시험이 사용되고 있다. 일반적으로 고압 또는 특별고압의 전로, 회전기 및 정류기, 변압기의 절연내력 시험은 정해진 시험전압을 10분간 가했을 때 이상 여부를 확인하는 방법이다.

(1) 고압 및 특별고압 전로의 절연내력 시험전압

절연내력 시험은 표 2-40에서 정한 시험전압을 전로와 대지간에 10분간 연속적으로 인가하여 이에 견디어야 한다. 다만, 전선에 케이블을 사용할 때 표에서 정한 시험전압 2배의 직류전압을 연속적으로 10분간 가하여 절연내력을 시험한다.

표 2-40 고압 및 특별고압 전로기기등의 절연내력 시험전압

구분	전로의 종류(최대 사용 전압으로 구분)	시험 전압	최저 시험 전압
1	7[kV] 이하의 전로	최대사용전압×1.5	500[V]
2	7[kV]를 넘고 25[kV] 이하의 중성선 다중 접지식 전로	최대사용전압×0.92	
3	7[kV]를 넘고 60[kV] 이하인 전로(2란 제외)	최대사용전압×1.25	10.5[kV]
4	60[kV]를 넘는 중성점 비접지식 전로(PT 접속 포함)	최대사용전압×1.25	
5	60[kV]를 넘는 중성점 접지식 전로(PT를 사용하여 접지하는 것 및 6란과 7란의 것은 제외)	최대사용전압×1.1	75[kV]
6	60[kV]를 넘고 170[kV] 이하의 중성점 직접 접지식 전로	최대사용전압×0.72	
7	170[kV]를 넘는 중성점 직접 접지식 전로	최대사용전압×0.64	

표 2-41 공칭전압과 최대사용전압

공칭전압[kV]	최대사용전압[kV]	
	JEC 기준	IEC 기준
3.3	3.45	3.6
6.6	6.9	7.2
22.9	24.2	25.8
154 345 765	161 360 800	

주 송배전계통에서 전압을 표준화하여 정한 것을 표준화전압이라 하고 계통에서 사용하는 표준전압에는 공칭전압과 최고전압으로 구분

공칭전압 : 계통을 대표하는 선간전압

최대사용전압 : 계통에서 발생하는 최고의 선간전압으로 염해대책

1선지락 등으로 인한 내부이상전압, 코로나장애, 정전유도 등을 고려할 때 표준이 되는 전압이며 500[kV] 미만일 때 최대사용전압은 다음과 같다.

$$최대사용전압 = 공칭전압 \times \frac{1.15}{1.1}$$

예제 22.9[kV] 전로의 교류와 직류 전압을 인가할때의 절연내력시험전압을 구하시오.

풀이 22.9[kV]의 최대사용전압은 24.2[kV]이므로

① 교류 전압을 인가하는 경우

$24.2 \times 0.92 = 22.264$[kV]

② 케이블의 경우 직류전압을 가할때

$24.2 \times 0.92 \times 2 = 44.528$[kV]

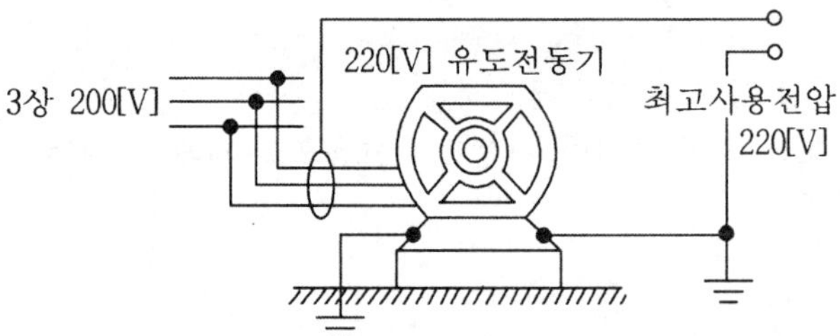

시험전압 500[V]
230[V]×1.5[배]=345[V]
345[V]는 500[V] 미만이므로
500[V]내압 시험을 한다.

공칭 전압[V]	최고 전압[V]	시험 전압[V]
100,200	115,230	500
415	477.3	716

그림 2-8 저압기기의 절연 내력 시험

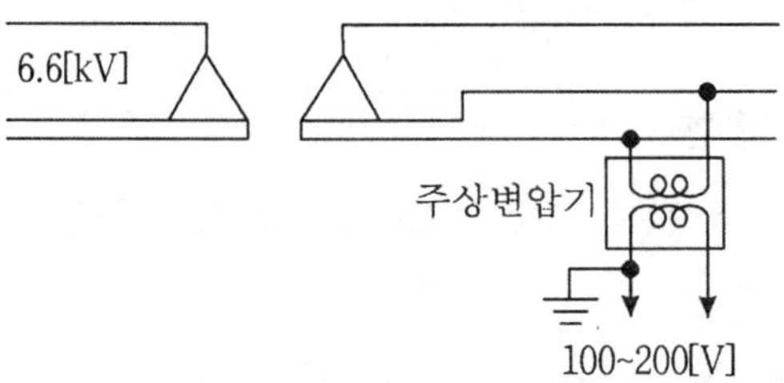

시험전압
6,600[V]의 최고사용전압이
6,900[V]이므로
6,900[V]×1.5[배]=10,350[V]

그림 2-9 고압전로의 절연 내력 시험

(2) 회전기 및 정류기의 절연내력

회전기 및 정류기 등의 절연 내력은 표 2-42와 같은 시험 전압과 시험 방법으로 연속 10분간 가하여 절연 내력 시험을 하였을 때 견디는 것이어야 한다.

표 2-42 회전기 및 정류기의 내압시험 전압

기구의 종류	시험할 곳		시험 전압	최저시험전압
발전기, 전동기 등의 회전기	권선과 대지사이	7,000[V] 이하의 것	1.5×최대사용전압	500[V]
		7,000[V]를 넘는 것	1.25×최대사용전압	10,500[V]
회전 변류기	권선과 대지사이(직류측)		1×최대사용전압의 교류전압	500[V]
수은 정류기	주 양극과 외함사이(직류측)		2×최대사용전압의 교류전압	500[V]
	음극 및 외함과 대지사이(직류측)		1×최대사용전압의 교류전압	
기타의 정류기	충전부분과 외함사이(직류측)		1×최대사용전압의 교류전압	500[V]

2.4 전로의 보호장치

저압전로에 접속되는 조명, 동력, 전열 등에 전기를 공급하는 경우 사람과 가축에 대한 감전이나 기계기구에 손상을 주지 않도록 하기 위하여 전선로 보호용으로 개폐기, 과전류 차단기, 누전차단기 등을 시설하여야 한다.

2.4.1 저압개폐기

수용가의 인입구, 전동기의 기동 및 정지 등 전로를 제어하는 장소, 고장이나 수리 점검 등 전로를 차단할 필요가 있는 곳에 사용되는 것으로 커버나이프스위치, 전자개폐기, 배선용 차단기 등이 있다.

1 개폐기를 필요로 하는 장소

저압개폐기는 저압전로 중 다음 각호에 명시하는 개소 또는 별도로 정하는 개소에 시설하여야 한다.

① 부하전류를 개폐할 필요가 있는 개소

② 인입구 기타 고장, 점검, 측정, 수리 등에 있어서 개로할 필요가 있는 개소

③ 퓨즈의 전원측(이 경우 개폐기는 퓨즈에 근접하여 설치할 것) 다만, 분기회로용 과전류 차단기 이후의 퓨즈가 플러그퓨즈와 같이 퓨즈교환시에 충전부에 접촉될 우려가 없을 경우에는 이 개폐기를 생략해도 무방하다.

㊟ 분전반의 주개폐기(인입구 장치가 되는 것은 제외한다)는 특히 필요한 경우 이외에는 시설하지 아니하여도 된다.

㊟ 상기 내용을 도시하면 그림 2-10과 같다.

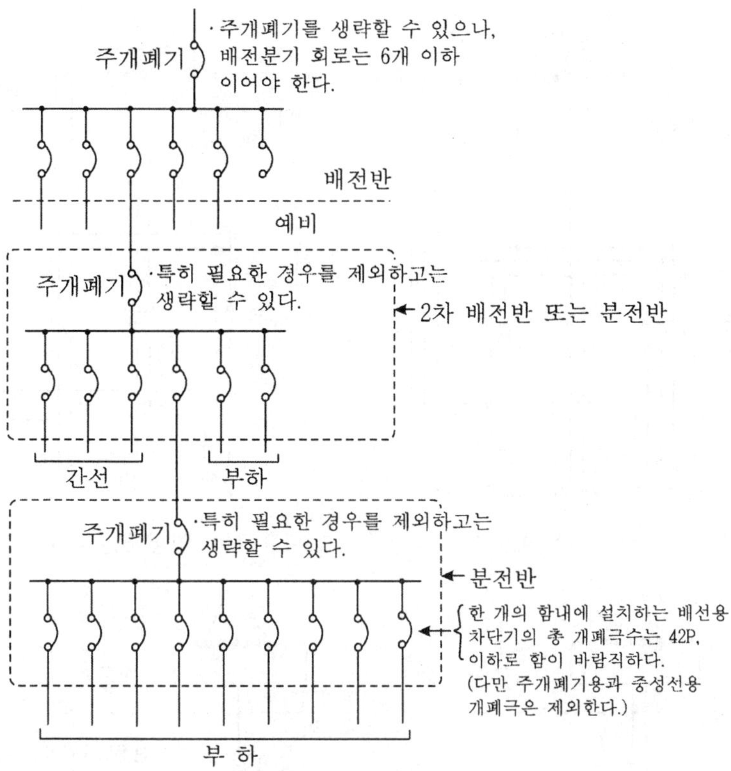

그림 2-10

2 개폐기를 생략할 수 있는 장소

저압전로 중에 개폐기를 시설하는 경우에는 부하의 종별 및 용량에 적합한 크기의 것을 각극(제어회로 등에 시설하는 조작용 개폐기는 제외한다.)에 설치하며 전원공급계통으로부터 모든 비접지 전선을 동시에 개폐할 수 있도록 시설하여야 한다. 다만, 중선선 등 접지된 전선의 개폐를 다음에 의하는 경우에는 그러하지 아니한다.

① 전원공급계통으로부터 중성선 등 접지된 전선을 동시에 개폐하지 아니하는 경우에는 모든 접지된 전선을 압착단자등을 사용하여 단자판 또는 버스(Bus)에 전기적으로 완전하게 접속하고 중선선 등의 접지측 전선을 필요시 쉽게 분리할 수 있도록 시설하는 경우[이하 이를 중성선 접속단자(SN : Solid Neutral)라 한다.]

주 상기 내용을 도시하면 그림 2-11과 같다.

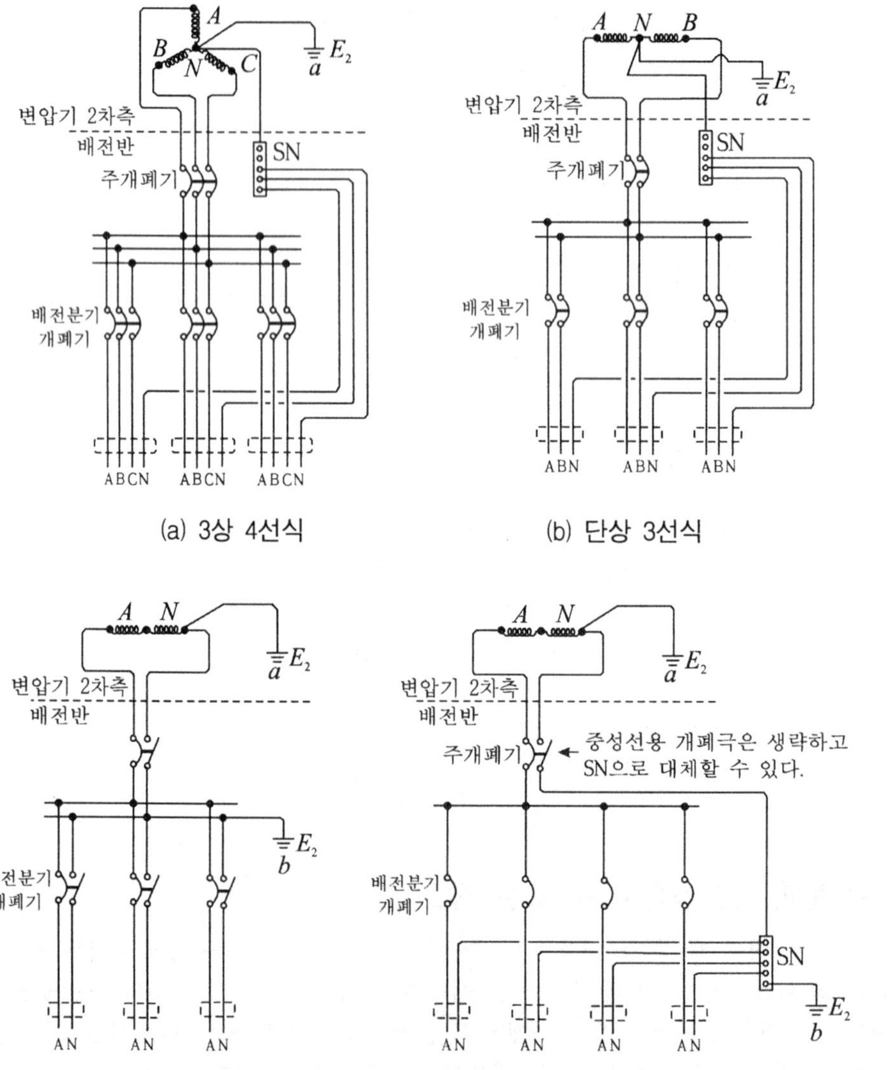

(a) 3상 4선식 (b) 단상 3선식

(c) 단상 2선식-1 (d) 단상 2선식-2

그림 2-11 개폐기를 생략할 수 있는 경우의 설명도(고압수전의 경우)

주 ① 배전반에서 주개폐기를 생략할 수 있으나, 배전분기 개폐기는 6개회로 이하로 시설하여야 한다.

② 주개폐기로 누전 차단기를 사용하는 경우 누전 검지장치에 중성선도 함께 관통시켜야 한다.

③ 중성선 접속단자(SN)에 접속하는 모든 전선은 개별로 접속하여야 하고 쉽게 분리할 수 있어야 한다.

④ 중성선등 접지된 전선에 개폐기를 시설하는 경우에는 다른극과 동시에 개폐가 되어야 하고 어떠한 과전류장치도 시설하여서는 아니된다.

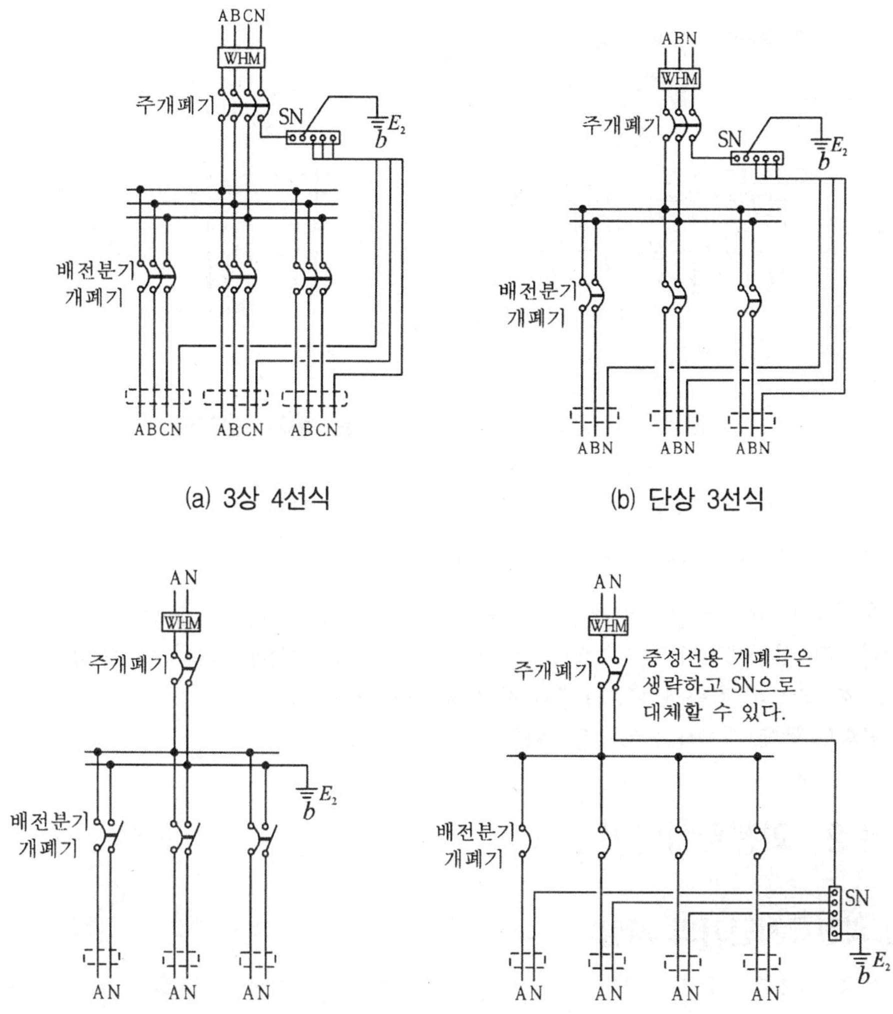

(a) 3상 4선식　(b) 단상 3선식

(c) 단상 2선식-1　(d) 단상 2선식-2

그림 2-12 개폐기를 생략할 수 있는 경우의 설명도(저압수전의 경우)

주 ① 주개폐기로 누전 차단기를 사용하는 경우 누전 검지장치에 중성선도 함께 관통시켜야 한다.
② 중성선 접속단자(SN)에 접속하는 모든 전선은 개별로 접속하여야 하고 쉽게 분리할 수 있어야 한다.

② 수용장소의 인입구에서 접지공사를 시행한 저압전로 또는 변압기의 중성점 또는 그의 중성선상의 1단자에 접지공사를 시행한 저압전로(누전 차단기를 시설하지 아니한 경우는 접지저항치가 3[Ω] 이하의 것을 한한다)에 접속하는 옥내배선의 중성선 또는 접지측 전선에 접속하는 분기회로로써 개폐기의 시설개소에서 중성선 또는 접지측 전선에 전기적으로 완전하게 접속하고 또는 중성선 또는 접지측 전선에서 쉽게 분리할 수 있는 경우

㊟ 상기 내용을 도시하면 그림 2-13과 같다.

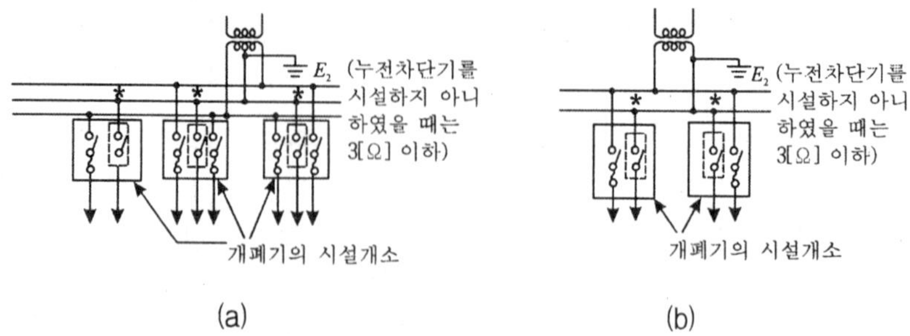

그림 2-13 개폐기를 생략할 수 있는 경우의 설명도

비고 ① * 표시부분을 중성선 또는 접지측 전선으로부터 쉽게 분리할 수 있도록 시설할 것.
② ─o⌒o─ 는 생략할 수 있는 계폐기를 표시함.

③ 사용전압이 400[V] 미만의 저압 2선식 전로에 시설하는 저압용 개폐기로서 간선에 시설하는 것. 분기개폐기(① 및 ②에 해당하는 것은 제외한다)에 시설하는 것 또는 크레인 또는 호이스트의 접촉전선의 규정에 따라 시설한 것 이외의 것.
④ 제어회로 등에 시설하는 조작용 개폐기의 1극

2.4.2 과전류차단기

1 과전류차단기의 시설

전선 및 기계기구를 보호하기 위한 목적으로 전로 중 필요한 개소에는 과전류차단기를 시설하여야 한다.

㊟ ① "필요한 개소"라 함은 인입구, 간선의 전원측, 분기점 등의 보호상 또는 보안상 필요가 있는개소를 말한다.
② 개폐기와 과전류차단기를 겸하는 배선용차단기를 시설하는 경우에는 절연저항을 쉽게 측정할 수 있도록 시설할 것. 다만, 배선용차단기의 구조에는 측정구멍을 설치하는 등 절연저항을 쉽게 측정할 수 있도록 되어 있는 경우에는 그러하지 아니하다.

2 배선용차단기의 규격

과전류차단기 시설의 규정에 따라 과전류차단기로서 저압전로에 사용되는 배선용차단기는 다음 각호에 적합하여야 한다.

① 정격전류 1배의 전류로는 자동적으로 동작하지 아니할 것.
② 정격전류의 구분에 따라 정격전류의 1.25배 및 2배의 전류가 통과하였을 경우에는 표 2-43에 명시한 시간내에 자동적으로 동작할 것.

표 2-43 배선용차단기의 특징

정격전류의 구분	시 간	
	정격전류 1.25배의 전류가 흐를 때(分)	정격전류 2배의 전류가 흐를 때(分)
30[A] 이하	60	2
30[A] 초과 50[A] 이하	60	4
50[A] 초과 100[A] 이하	120	6
100[A] 초과 225[A] 이하	120	8
225[A] 초과 400[A] 이하	120	10
400[A] 초과 600[A] 이하	120	12
600[A] 초과 800[A] 이하	120	14
800[A] 초과 1000[A] 이하	120	16
1000[A] 초과 1200[A] 이하	120	18
1200[A] 초과 1600[A] 이하	120	20
1600[A] 초과 2000[A] 이하	120	22
2000[A] 초과	120	24

[3] 과전류차단기의 차단용량

저압전로에 시설하는 과전류차단기(퓨즈와 배선용차단기를 조합하여 한개의 과전류차단기로서 사용하는 것을 포함한다)는 전로 중 이를 시설하는 곳을 통과하는 단락전류를 차단하는 능력을 가지는 것이어야 한다. 다만 그 곳을 통과하는 최대단락전류가 10,000[A]를 초과할 경우에 과류차단기로서 10,000[A] 이상의 단락전류를 차단하는 능력을 가지는 배선용차단기를 시설하고 그곳으로부터 전원측의 전로에 배선용차단기의 단락전류를 차단하는 능력을 초과하여 최대단락전류 이하의 단락전류를 배선용차단기 보다 빠르게 또는 동시에 차단하는 능력을 가지는 과전류차단기를 시설할 경우에는 그러하지 아니하다.

주 ① 단선의 내용에 의하여 시설되는 것은 예를 들어 빌딩내 전기실 등의 저압측 전로의 단락전류가 수만 암페어 또는 수십만 암페어일 때 여기에 당해 최대단락전류 이상의 전력용퓨즈를 시설하고 이 전로의 다른 곳에 시설하는 배선용차단기에 10,000[A] 이상의 차단용량이 있는 것을 설치할 때 등임.

② 주차단기 및 분기차단기의 차단전류 선정예시

[4] 전선을 보호하는 과전류차단기의 시설

옥내전로의 각 부분의 전선은 다음 각호에 의하여 과부하전류 및 단락전류로부터 보호하여야 한다.

① 간선은 인입구장치의 과전류차단기 또는 간선의 전원측에 시설된 과전류차단기로 간선의 과부하전류 및 단락전류로부터 보호할 것. 다만, 다음의 경우는 단락전류에 대하여만 보호하고 과부하전류에 대한 보호는 생략할 수 있다.

㉠ 저압전선을 분기하는 경우의 과전류차단기 시설의 규정에 따라 허용전류가 큰 간선으로부터 분기되는 허용전류가 적은 전선

㉡ 전동기회로에만 사용되는 전선

② 분기회로의 배선은 분기과전류차단기로 그 전로에 흐르는 과부하전류 및 단락전류로부터 보호할 것. 다만, 다음의 경우는 단락전류에 대하여만 보호하고 과부하전류에 대한 보호는 생략할 수 있다.

㉠ 하나의 틀어서 끼우는 접속기, 하나의 소켓, 혹은 하나의 콘센트에서 분기점에 이르는 길이 3[m] 이하의 전선

㉡ 전동기회로에만 사용하는 전선

㉢ 저압간선을 분기하는 경우의 과전류차단기 시설의 규정에 따라 시설되는 간선과의 분기점에서 분기 과전류차단기에 이르는 전선

③ 분기회로에 접속되는 코드 및 캡타이어케이블(어느 것이나 전구선 또는 이동전선으로 사용되는 경우에 한한다)은 분기과전류차단기를 사용하여 단락전류로부터 보호할 것.

5 전압간선을 분기하는 경우의 과전류차단기의 시설

① 저압간선에서 다른 저압간선을 분기하는 경우에는 그 접속개소에 가는 간선을 단락전류로부터 보호하기 위하여 전선을 보호하는 과전류차단기의 정격전류에 따르는 과전류차단기를 시설하여야 한다.

다만, 다음 각 호의 경우에는 과전류차단기를 생략할 수 있다.

㉠ 전선을 보호하는 과전류차단기의 정격전류 및 전선을 보호하는 배선용 차단기의 과전류소자 및 개폐부의 수에서 가는간선이 굵은간선에 직접 접속되어 있는 과전류차단기로 보호될 수 있는 경우

㉡ 가는간선의 허용전류가 굵은간선에 직접 접속되어 있는 과전류차단기의 정격전류의 55[%] 이상일 경우

㉢ 굵은 간선 또는 ㉡의 가는간선에 접속하는 길이 8[m] 이하의 가는간선으로서, 당해 가는간선의 허용전류가 굵은간선에 직접 접속되어 있는 과전류차단기의 정격전류의 35[%] 이상일 경우

㉣ 굵은 간선 또는 ㉡이나 ㉢의 가는간선에 접속하는 길이 3[m] 이하의 가는간선으로서 당해 가는간선의 부하측에 다른 간선을 접속하지 아니하는 경우

㈜ 단선에서 말하는 간선의 접속개소에서의 과전류차단기의 시설이 생략되는 경우는 그림 2-14와 같다.

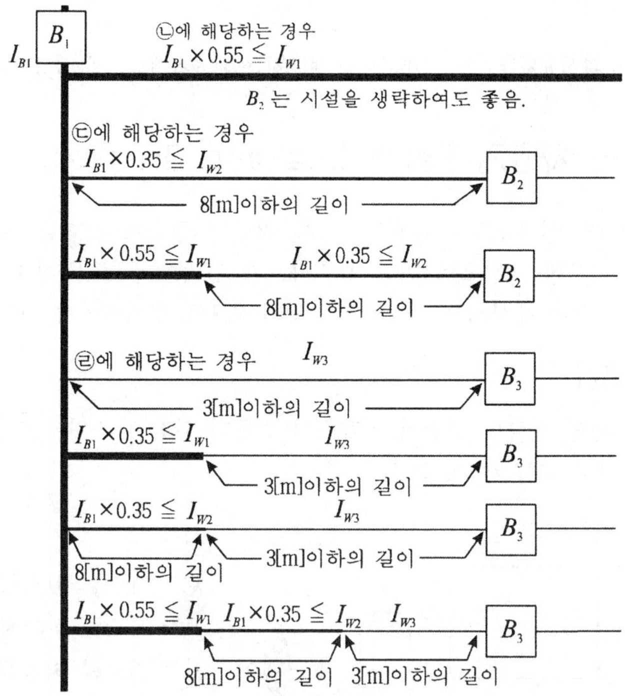

그림 2-14 저압간선의 과전류차단기의 시설

비고 기호의 뜻은 다음과 같다.

① I_{W1} : ㉡에 규정하는 가는 간선의 허용전류

② I_{W2} : ㉢에 규정하는 가는 간선의 허용전류

③ I_{W3} : ㉣에 규정하는 가는 간선의 허용전류

④ B_1 : 굵은 간선을 보호하는 과전류차단기

⑤ B_2 : 가는 간선을 보호하는 과전류차단기 또는 분기회로를 보호하는 과전류차단기

⑥ B_3 : 분기회로를 보호하는 과전류차단기

⑦ I_{B1} : 굵은 간선을 보호하는 과전류차단기의 정격전류

② 전항의 규정은 버스덕트 배선에서 버스덕트에 접속하는 버스덕트 이외의 배선인 경우에도 준용한다.

6 기계기구를 보호하는 과전류차단기의 정격전류

50[A]를 초과하는 분기회로(전동기회로를 제외한다)에서 기계기구를 보호하는 과전류차단기의 정격은 다음 각 호에 의하는 것을 원칙으로 한다.

① 퓨즈를 사용하는 경우에는 기계기구의 정격전류의 100[%] 이상, 150[%] 이하의 것일 것.

② 배선용차단기를 사용하는 경우에는 기계기구의 정격전류의 130[%] 이상, 180[%] 이하

의 것일 것.

㊟ 전선을 보호하는 과전류차단기는 기계기구를 보호하는 과전류차단기와 공용할 수 있다.

2.4.3 누전 차단기(Earth Leakage Breaker)

누전(漏電)차단기는 사용전압이 600[V] 이하 저압의 금속제 외함을 가지는 기계기구에 전기를 공급하는 전로에 누전으로 인한 감전사고와 전기화재 등을 방지하기 위하여 사용되는 차단기로서 누전이 예상되는 전로에서는 필수적으로 설치하여야 한다.

1 설치 필요성

그림 2-15에서 전동기 M의 절연이 열화되어 전동기 외함에 전위가 생겼다면 그 대지전압 V_g는 다음과 같이 구할 수 있다.

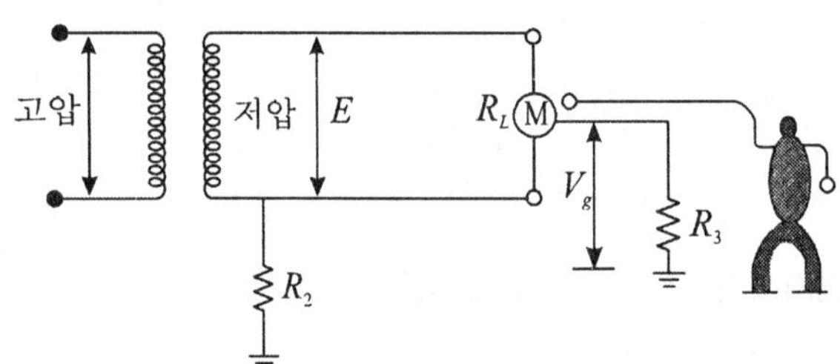

R_2 : 제 2종 접지저항[Ω]
R_3 : 제 3종 접지저항[Ω]
R_L : 전로의 저항[Ω]
E : 2차 전압[V]
V_g : 지락사고점의 대지전압[V]

그림 2-15 동력선로의 지락시 등가회로

$$V_g = \frac{R_3}{R_2 + R_3 + R_L} \times E \quad (2\text{-}11)$$

R_L은 극히 적은 값이며 R_2, R_3에 비하여 무시할 수 있는 정도로 적으므로

$$V_g = \frac{R_3}{R_2 + R_3} \times E \quad (2\text{-}12)$$

악조건의 인체저항은 1,000[Ω](접촉전압 300[V] 점의 인체저항 최저값)으로서 허용 인체통과전류를 30[mA]라고 가정하면 V_g의 허용 접촉전압이 30[mA] × 1,000[Ω]=30[V]를 넘으면 안된다.

저압의 최대 대지전압으로서 E=300[V]라고 한다면 식 (2-13)이 성립된다.

$$\frac{R_2}{R_3} = 9 \quad (2\text{-}13)$$

여기서 식 (2-13)을 보면 $R_2 > R_3$로 되어야 할 필요가 있으며 R_2와 R_3의 관계가 통상의 경우와 역으로 되어 있다.

$R_3 = \frac{R_2}{9}$[Ω]의 접지저항값이 필요하며 실질적으로 $R_3 = \frac{R_2}{9}$의 값을 얻기가 어려우므로 R_3의 값을 100[Ω]으로 제한하는 반면에 전로에 지기가 발생하였을 경우 0.05초 이내에 차단할 수 있는 누전차단기를 설치하여 감전재해 및 누전에 따른 전기화재 방지를 목적으로 설치한다.

2 구조 및 종류

(1) 누전차단기의 구조

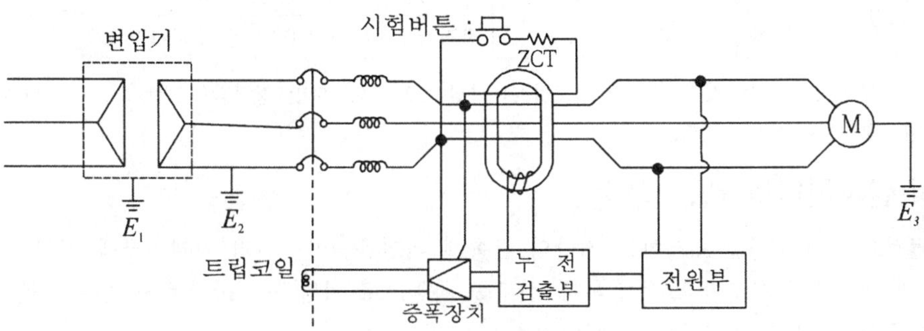

그림 2-16 누전차단기의 구조

① 소호장치 : 전류를 차단할 때 아크를 소호하는 장치
② 과전류 트립장치 : 회로에 과전류가 흐를 경우 검출하여 차단하는 장치
③ 누전 트립장치 : 지락이 발생한 경우 지락전류가 흘러 ZCT를 통과하는 불평형 부하 전류를 검출하여 트립코일을 여자시켜 차단하는 장치
④ 개폐기구 : 개폐를 행하는 레버 기계장치
⑤ 시험버튼 : 누전차단기의 차단 성능을 확인, 점검할 수 있는 시험장치

(2) 동작특성

① 지락
　㉠ 지락이 발생하면 영상변류기의 2차측에 전압이 유기된다.
　㉡ 유기된 전압은 미소하므로 전압을 증폭한다.
　㉢ 증폭된 전압은 사이리스터를 구동시키고 사이리스터와 직렬로 연결된 전자장치를 여자하여 기구부를 차단시킨다.

② 과부하 및 단락
　㉠ 내장된 기계장치를 이용하여 과부하 및 단락사고를 검출하여 차단한다.

표 2-44 누전차단기의 종류 및 정격감도전류

구 분		정격 감도 전류[mA]	동 작 시 간
고감도형	고 속 형	5, 10, 15, 30	정격감도전류에서 0.1초 이내, 인체감전보호형은 0.03초 이내
	시 연 형		정격감도전류에서 0.1초를 초과하고 2초 이내
	반한시형		정격감도전류에서 0.2초를 초과하고 1초 이내 정격감도전류×1.4에서 0.1초과하고 0.5초 이내 정격감도전류×4.4에서 0.05초 이내
중감도형	고 속 형	50, 100, 200, 500, 1000	정격감도전류에서 0.1초 이내
	시 연 형		정격감도전류에서 0.1초를 초과하고 2초 이내
저감도형	고 속 형	3000, 5000, 10000, 20000	정격감도전류에서 0.1초 이내
	시 연 형		정격감도전류에서 0.1초를 초과하고 2초 이내

㊟ 정격 부동작 전류는 정격감도전류의 50[%] 이상으로 한다. 다만 정격감도전류가 100[mA] 이하인 것은 60[%] 이상으로 한다.

[3] 설치하여야 하는 장소

① 법적요건 : 60[V]를 초과하는 저압의 금속제 외함을 갖는 전기 기계기구에 전기를 공급하는 전로에서 사고가 발생했을 때 선로를 자동으로 차단하는 장치를 시설해야 한다.

② 의무장소 : 반드시 설치해야 하는 장소

㉠ 특고압, 고압선로 변압기에 결합되는 대지전압 300[V]를 초과하는 저압전로

㉡ 전로의 대지전압이 150[V]를 넘고 300[V] 이하인 저압전로

㉢ 화약고 내의 전기 공작물에 전기를 공급하는 경우

㉣ floor heating 및 load heating 등으로 난방 또는 결빙 방지를 위한 발열선시설의 경우

㉤ 전기온실에 전기를 공급하는 경우

㉥ 풀장, 수중조명 등 기타 이에 준하는 시설에 절연변압기를 시설하여 전기를 공급하는 경우 절연 변압기의 2차측 선로의 전압이 30[V]를 초과하는 경우

③ 권장되는 장소

㉠ 습기가 많은 장소

㉡ 옥외 시설 선로를 사람이 닿기 쉬운장소에 시설하는 경우

㉢ 건축공사 등에 사용되는 가설전기

㉣ 아케이트의 조명설비

㉤ 가공 전식에 전기를 공급하는 경우

④ 누전차단기를 누전 경보기로 대치하는 장소

㉠ 고압, 저압 선로의 정지가 공공의 안전 확보에 지장을 초래하는 경우

㉡ 계통이 매우긴 저압 선로, 회로차단이 위험한 상태가 되는 선로

[4] 시설방법

① 누전차단기는 다음 각 호에 의하여 시설하여야 한다.

㉠ 누전차단기 등의 시설장소는 당해 기계기구에 내장되는 경우를 제외하고는, 배전반 또는 분전반내에 설치하는 것을 원칙으로 한다.
다만, 당해 전로가 보호되는 경우에 한하여 다음 그림에 따를 수 있다.

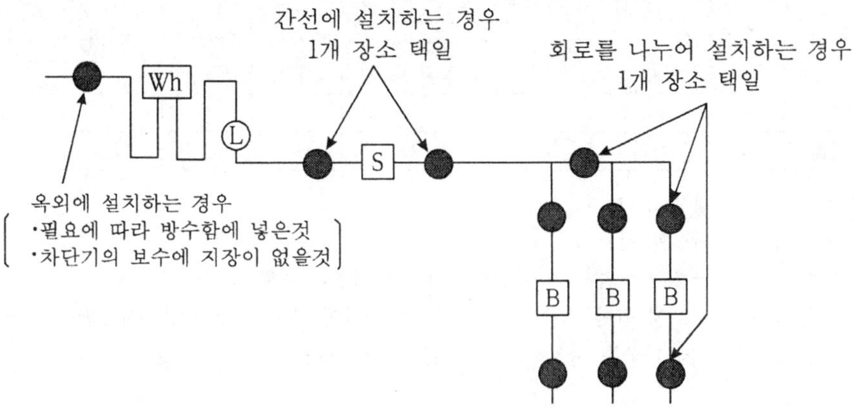

그림 2-17 누전차단기의 설치장소 예시

비고 ① ─●─는 누전차단기 설치장소를 표시함.
② 분전반의 분기회로수가 7회로 이상의 경우에, 누전차단기를 인입개폐기로 겸용할 경우에는 과전류차단기가 붙은 것이어야 한다.

㉡ 누전차단기 등의 정격전류 용량은 당해 전로의 부하전류치 이상의 전류치를 가지는 것일 것.

㉢ 누전차단기 등의 정격감도전류는 정상의 사용상태에서 불필요하게 동작하지 아니하도록 설정할 것.

㉣ 전류동작형에 사용하는 영상변류기를 옥외전로에 설치할 경우는 방수형 변류기를 사용하거나 또는 방수함 등의 속에 넣어 시설할 것.

㉤ 차단장치 또는 경보장치에 조작전원을 필요로 하는 경우에는 전용회로를 두고 또한 이것에 설치하는 개폐기(15[A] 퓨즈를 장치한 것 또는 20[A] 이하의 배전용차단기를 사용하는 것)는『누전차단기용』『누전경보기용』이라고 적색으로 기재하여 표시할 것.

② 누전차단기 등은 기계기구에 내장되는 경우를 제외하고, 다음 각 호의 1에 해당하는 장소에는 시설해서는 아니 된다.
다만, 해당 장소에 대한 대책이 충분히 시행된 경우에는 그러하지 아니하다.

㉠ 온도가 높은 장소

㉡ 습기가 많은 장소
㉢ 물기가 있는 장소
㉣ 특히 진동이 많은 장소
㉤ 점검이 쉽지 않은 장소

표 2-45 누전 차단기의 일반적인 시설 예(내선규정에서)

기계기구의 시설장소 / 전로의 대지 전압	옥 내		옥 측		옥 외	물기가 있는 장소
	건조한 장소	습기가 많은 장소	우선내 (雨線內)	우선외 (雨線外)		
150[V] 이하	-	-	-	□	□	○
150[V]를 초과 300[V] 이하	△	○	-	○	○	○

㈜ 기호의 의미는 다음과 같다.

○ : 누전 차단기를 시설할 것.

△ : 주택에 기계 기구를 시설하는 경우에는 누전 차단기를 시설할 것.

□ : 주택구내 또는 도로에 접한 면에 룸에어컨디셔너, 아이스박스, 쇼케이스, 자동판매기 등 전동기를 부품으로 한 기계 기구를 시설하는 경우에는 누전 차단기를 시설할 것.

연 습 문 제

1. 그림과 같은 단상 3선식 수전인 경우 다음 각 물음에 답하시오.(9점)

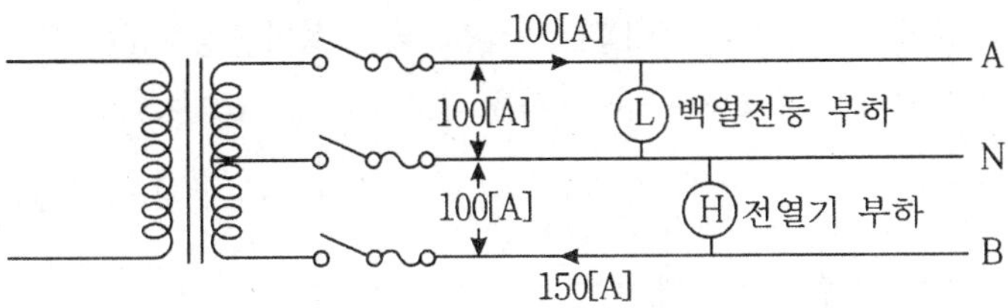

가. 2차측이 폐로되어 있다고 할 때 설비불평형율은 몇 [%]인가?

나. 변압기 2차측에서 부하전단까지 누락되거나 잘못된 부분이 3가지 있다. 이것을 지적하고 옳은 방법을 설명하시오.(누락은 접지에 대한 것임)

[답] 가. $\%U = \dfrac{150-100}{\frac{1}{2}(100+150)} \times 100 = 40[\%]$

나. ① 중성선 : 제2종 접지공사를 하여야 함.

② 중성선 과전류 차단기는 생략하고 동선으로 직결.

③ 개폐기는 3극 동시 개폐

2. 주위온도 30[℃] 이하에서 금속관 배선한 8[mm²] IV전선(허용온도 60[℃])의 허용전류는 42[A]이다. 같은 조건과 같은 굵기의 HIV전선(허용온도 75[℃])으로 바꿀 경우 허용전류는?(4점)

[답] 허용전류 감소 계수 : $K=\sqrt{\dfrac{75-30}{30}}=1.22 \quad \therefore\ I=42\times1.22=51.24=51[A]$

3. 분전반에서 50[m]의 거리에 4[kW]의 교류단상 200[V] 전열기를 설치하여 전압 강하를 2[%] 이내가 되도록 하기 위한 적합한 전선의 굵기를 계산하시오.(4점)

[답] 부하전류 : $I=\dfrac{4\times10^3}{200}=20[A]$

전선의 단면적 $A=\dfrac{35.6LI}{1000e}=\dfrac{35.6\times50\times20}{1000\times(200\times0.02)}=8.9[mm^2]$

따라서 공칭단면적은 10[mm²]가 적당하다.

4. 기계기구 및 전선을 보호하기 위하여 필요한 곳에는 과전류차단기를 시설하여야 하는데 과전류차단기의 시설을 제한하고 있는 곳이 있다. 이 과전류차단기의 시설제한 개소를 3가지 쓰시오.(5점)

[답] ① 접지공사의 접지선
② 다선식 전로의 중성선
③ 저압 가공 전선로의 접지측 전선

5. 다음 그림과 같이 3상 3선식 200[V] 수전인 경우 설비불평형율은 얼마인가?(5점)(단, 여기서 전동기의 수치가 괄호내와 다른 것을 출력[kW]을 입력[kVA]으로 환산하였기 때문이다.)

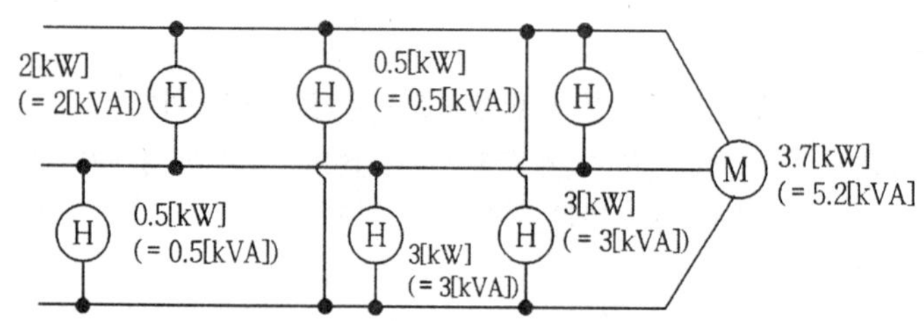

[답] $P_{AB}=2+0.5=2.5$　$P_{BC}=0.5+3=3.5$　$P_{CA}=0.5+3=3.5$

$$\therefore\ \%U=\frac{3.5-2.5}{\frac{1}{3}(2.5+3.5+3.5+5.2)}\times 100=20.408=20.41[\%]$$

6. 3상 3선식 중성점 비접지식 6600[V] 가공전선로가 있다. 이 전선로의 전선 연장이 350[km]이다. 이 전로에 접속된 주상변압기 100[V]측 그 1단자에 제2종 접지공사를 할 때 접지저항값은 얼마 이하로 유지하여야 하는가?(단, 이 전선로는 고저압 혼촉시 2초 이내에 자동차단하는 장치가 없다.)(4점)

$$[답]\ I_g=1+\frac{\frac{V}{3}L-100}{150}=1+\frac{\frac{1}{3}\times\frac{66}{1.1}\times 350-100}{150}=5[A]$$

$$R_2=\frac{150}{5}=30[\Omega]$$

7. 6600[V] 고압가공전선로의 전선연장이 500[km]로 되어 있고 이 전로는 케이블을 사용한 부분이 없으며, 고저압 혼촉시 자동차단장치가 없다. 이 전로의 저압측에 시설한 제2종 접지 저항값은 얼마인가?(5점)

$$[답]\ I_g=1+\frac{\frac{1}{3}\times\frac{6.6}{1.1}\times 500-100}{150}=6.33=7[A]$$

$\therefore\ R_2 = \frac{150}{I_g} = \frac{150}{7} = 21.43[\Omega]$

8. 그림과 같은 100/220[V] 단상 3선식 회로에 있어서 중성선 N에 흐르는 전류는 몇 [A]인가? 또, 배선 설계에 있어서 중선선의 굵기를 결정할 때는 전류를 몇 [A]로 기준하여야 하는가?(4점)

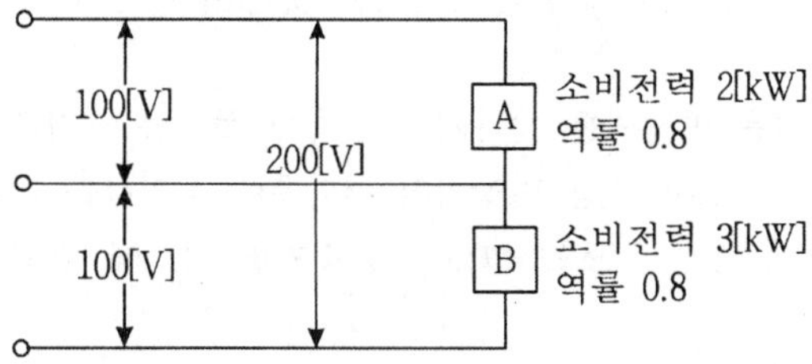

[답] $I_A = \frac{2000}{100\times0.8} = 25$[A], $I_B = \frac{3000}{100\times0.8} = 37.5$[A]

평상시 부하설비 A기와 B기를 동시에 사용할 경우에 중성선에 흐르는 전류 I_N는

$I_N = 37.5 - 25 = 1.25$[A]임.

그러나, 중성선의 굵기를 결정할 때는 최대 불평형 부하와 수용률 및 고조파 포함여부를 고려해야 한다.

중성선 수용률의 적용

최대 불평형 전류	수용률 적용
200[A] 이하	100[%] 적용
200[A] 초과시	70[%] 이상 적용
고조파가 발생하는 장소	전압선과 동일하게 선정하든지 더 굵은 전선을 선정

따라서, 최대 불평형 전류가 37.5[A]이므로, 이를 기준으로 37.5[A] 이상의 허용전류를 흘릴 수 있는 전선을 선정해야 한다.

9. 다음 ( ) 안에 적당한 답을 기입하라.(6점)

저압은 직류에 있어서는 (①)[V] 이하, 교류에 있어서는 (②)[V] 이하인 것을 말하며 고압은 직류에 있어서는 (③)[V]를 교류에 있어서는 (④)[V]를 넘고 (⑤)[V] 이하인 것을 말한다. 또 특별고압은 (⑥)[V]를 초과한 것을 말한다.

[답] ① 750 ② 600 ③ 750 ④ 600 ⑤ 7000 ⑥ 7000

10. 가정용 100[V] 전압을 220[V]로 승압할 경우 저압전선에 나타나는 효과로서 다음 각 물음에 답하시오.(6점)

① 공급능력 증대는 몇 배인가?

② 손실전력의 감소는 몇 [%]인가?

③ 전압강하율의 감소는 몇 [%]인가?

[답] ① 2.2배 ② 79.33[%] ③ 79.33[%]

11. 다음 문제를 읽고 답하시오.(18점)

① 제 2차 접근상태라 함은 가공전선이 시설물의 접근하는 경우에 당해 가공전선이 다른 시설물의 위쪽 또는 옆쪽에서 수평거리로 몇 [m] 미만인 곳에 시설하는 상태를 말하는가?

② 특별고압용의 변전용 변압기를 시가지 저압측에 설치하는 것은?

③ 배전선로의 보안장치로서 주상 변압기의 저압측에 설치하는 것은?

④ 변압기 2차(전압)의 중성점 또는 그 1단자 접지공사는 제 몇종 접지공사로 하여야 하는가?

⑤ IV전선 60[mm^2]의 소선구성은?

⑥ 전기배선용 도식기호중 방수용 스위치의 기호는?

⑦ 수천 옴의 가는 전선의 저항을 측정할 때 적당한 측정방법은?

⑧ 바닥 밑으로 매입 배선할 때 사용하는 박스는?

[답] ① 3[m] ② 1000[KVA] ③ 캣치홀더 ④ 제2종 접지공사 ⑤ 19/2.0 ⑥ wp
⑦ 휘이스톤 브리지 ⑧ 플로우 복스

12. 그림과 같은 평형 3상회로로 운전하는 유도전동기가 있다. 이 회로에 그림과 같이 2개의 전력계 W_1, W_2, 전압계 Ⓥ, 전류계 Ⓐ를 접속한 후 지시값은 $W_1 = 6.4$[kW], $W_2 =$ 2.5[kW], $V = 200$[V], $I = 30$[A]이었다.(9점)

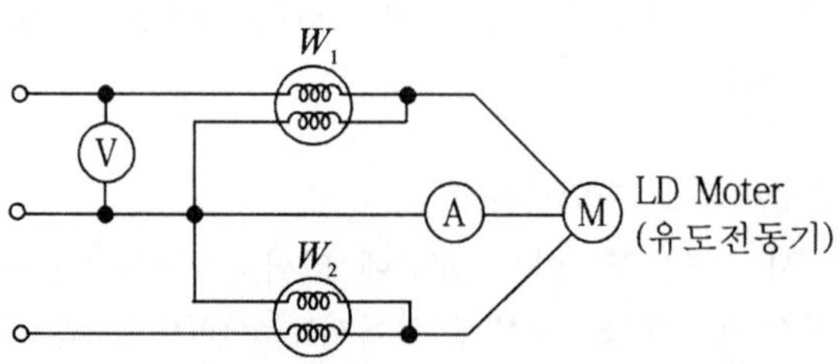

① 이 유도 전동기의 역률은 몇[%]인가?

② 역률을 90[%]로 개선시키려면 콘덴서는 몇 [kVA]가 필요한가?

③ 이 전동기로 만일 매분 20[m]의 속도로 물체를 권상한다면 몇 [ton]까지 작동할까? (단, 종합효율은 80[%]로 한다.)

[답] ① 역률$= \dfrac{W_1 + W_2}{\sqrt{3}VI} \times 100[\%] = \dfrac{6.4 + 2.5}{\sqrt{3200 \times 30 \times 10^{-3}}} \times 100[\%] = 85.642[\%]$

② $Q_0 = P\left(\frac{\sqrt{1-\cos^2\theta_1}}{\cos\theta_1} - \frac{\sqrt{1-\cos^2\theta_2}}{\cos\theta_2}\right)$[kVA]$= 8.9\left(\frac{0.516}{0.856} - \frac{0.435}{0.9}\right) = 1.063$[kVA]

③ 전동기 출력 $P = \frac{WV}{6.12\eta}$[kW]식에서

$W = \frac{6.12\eta P}{V} = \frac{6.12\times0.8\times8.9}{20} = 2.178$[ton]

13. 그림과 같은 3상 3선식 200[V] 수전인 경우의 설비불평형률을 계산하고 규정에 맞는지를 판단하시오.(4점) (단, 전용변압기등으로 수전하는 경우가 아님)

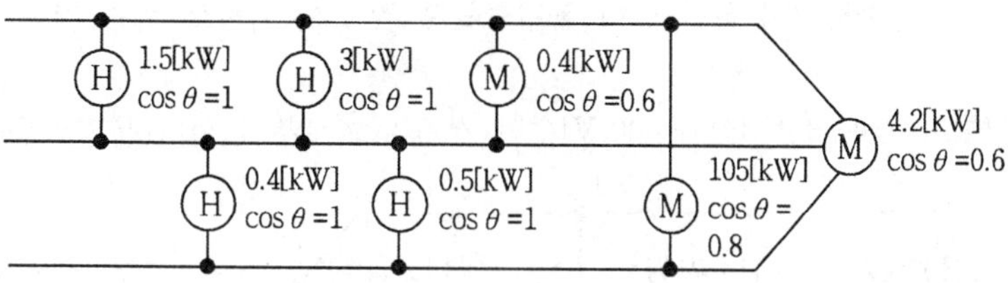

[답] 불평형률$= \frac{\left(1.5+3+\frac{0.4}{0.6}\right)-(0.4+0.5)}{\left(1.5+3+\frac{0.4}{0.6}+0.4+0.5+\frac{1.5}{0.8}+\frac{4.2}{0.6}\right)\times\frac{1}{3}}\times100[\%]=85.7[\%]$

설비의 불평형률 : 85.7[%]

판단 : 30[%]를 초과하였으므로 불량

14. 다음 물음에 답하시오.(12점)

가. 저압옥내배선에 사용되는 연동선의 최소 굵기는?

나. 저압의 범위를 쓰시오.

다. 전선을 금속관공사로 하였을 경우 전류감소계수는?

라. 분기회로 전압강하는 보통 얼마 이하로 하는가?

마. 제3종 접지공사의 접지선 최소 굵기는?

바. 누전사고 방지를 위한 접지공사의 종류는?

사. 수중조명 회로의 대지전압은?

아. 저압 전로에 사용하는 A종 퓨즈는 정격의 몇 배에서 견디어야 하는가?

자. 고감도 누전차단기의 정격감도 전류의 최대값은?

차. 지반이 약한 도로에서 전장 15[m]의 철근콘크리트주를 건주할 때 근입길이는?

카. 주택에 있어서 단위면적(1[m^2])당 표준부하는?

타. 소형 전등수구 또는 콘센트 1개의 예상부하는?

[답] 가. 2.5[mm^2] 나. 직류 : 750[V] 이하, 교류 : 600[V] 이하

다.

전선수	3 이하	4	5~6	7~15	16~40	41~60	61 이상
전류감소계수	0.7	0.63	0.56	0.49	0.43	0.39	0.34

라. 2[%] 마. 2.5[mm^2] 바. 제3종 접지공사 사. 150[V] 아. 1.1배
자. 30[mA] 차. 2.5[m] 카. 30[VA/m^2] 타. 150[VA]

15. 설비 불평형률에 대한 다음 각 물음에 답하시오.(6점)

(단, 전동기의 출력 [kW]를 입력 [kVA]로 환산하면 5.2[kVA]이다.)

가. 저압, 고압 및 특별고압 수전의 3상 3선식 또는 3상 4선식에서 불평형 부하의 한도는 단상 접속부하로 계산하여 설비 불평형률은 몇 [%] 이하로 하는 것을 원칙으로 하는가?

나. 아래 그림과 같은 3상 3선식 440[V]수전 경우의 예로부터 설비 불평형률을 구하시오.

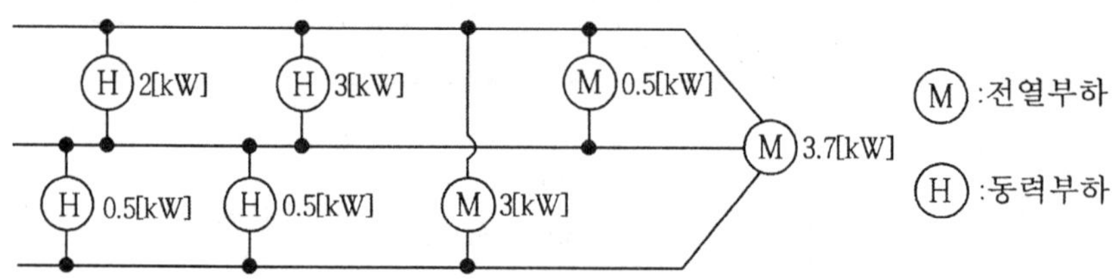

[답] 가. 30[%]

나. $$\text{불평형률} = \frac{(2+3+0.5)-(0.5+0.5)}{(2+3+0.5+0.5+0.5+3+5.2)\times\frac{1}{3}} \times 100 = 91.83[\%]$$

16. 저압전로중에 개폐기를 시설하는 경우에는 부하용량에 적합한 크기의 개폐기를 각 극에 설치하여야 한다. 그러나 분기개폐기에는 생략하여도 되는 경우가 있다. 다음 도면에서 생략하여도 되는 부분은 어느 개소인지를 모두 지적(영문 표기)하시오.(4점)

가.

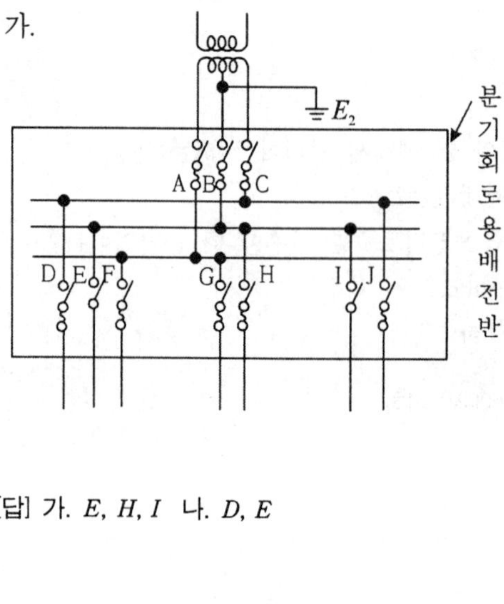

나.

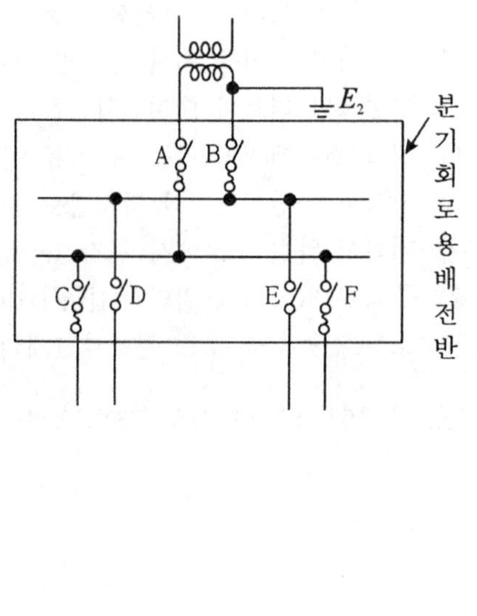

[답] 가. E, H, I 나. D, E

제 3 장

수변전설비

3.1 수변전설비의 개요

전력을 공급하는 전력회사의 시설에는 발전소, 송배전 선로 및 변전소가 있으며 여기서 변전소는 구외로부터 공급받은 전기를 구내의 변압기 등에 의하여 승압 또는 강압시켜 다시 구외로 전송하는 것을 말한다. 이에 대하여 수용가의 구내에 전력을 수전하고 변전 설비를 시설하여 구내에만 배전하고 구외로 전송하지 않는 설비를 **수변전설비** 또는 **자가용 수변전설비**라 한다.

자가용 수변전설비는 전력회사의 변전소에서 배전선로를 통하여 공급받는 설비로서 보통 154[kV], 22.9[kV](22[kV])급 자가용 변전설비를 말한다. 이는 수용가의 소유이며 부하에 알맞게 전압을 강압하여 사용하고 현재 설비용량 100[kW] 이상시 설치하고 있다.

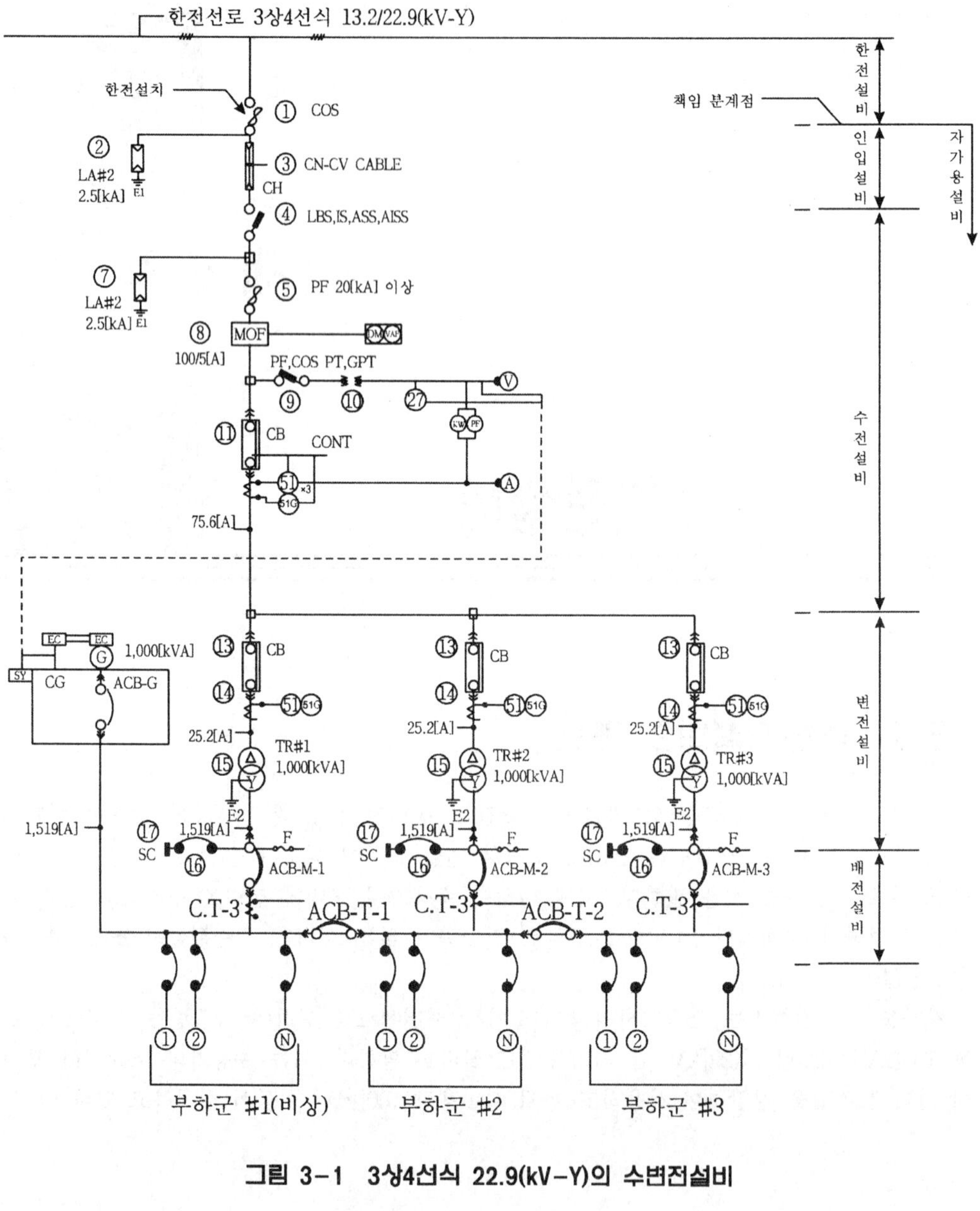

그림 3-1 3상4선식 22.9(kV-Y)의 수변전설비

3.1.1 자가용 수변전설비

1 설비의 분류

(1) 시설장소에 따른 분류

① 옥외 수변전설비 : 일반적으로 주 변압기, 개폐장치 등의 고전압설비는 옥외에 설치하고 배전반, 축전지 등의 제어용 기기는 옥내에 설치하는 방식이다. 공장, 플랜트 등의 변전실 등에 주로 사용하고 있다.

② 옥내 수변전설비 : 주 변압기, 개폐장치 등의 고전압 설비, 배전반, 축전지 등의 제어용 기기를 옥내에 설치하는 설비로서 빌딩, 공장 등에서 주로 사용하고 있다.

(2) 수전 전압에 의한 분류

① 저압 수전설비 : 220[V], 380[V]의 전압으로 수전하여 500[kW] 미만의 수용가에 사용하는 방식이다.

② 특고압 수변전설비 : 수전전압이 22.9[kV], 154[kV], 345[kV]인 특고압으로 수전하는 변전설비이다.

(3) 수전 방식에 따른 분류

① 1회선 방식 : 부하가 간단하고 소규모 용량에 사용되는 방식

② 2회선 방식 : 평상시에는 전력회사의 본선으로 수전을 하다가 본선의 사고 또는 정전시에는 예비회선으로 수전하는 방식

(4) 수변전 기기의 조립방식에 따른 분류

① 자립개방형 설비 : 차단기, 변압기, 배전반, 고압 및 특고압 모선, 애자류 등을 프레임에 조립하여 사용하는 설비로서 공장에서 많이 사용된다.

② 폐쇄형 설비 : 차단기, 변압기, 배전반, 고압 및 특고압 모선, 애자류 등을 전부 금속제함에 넣은 설비이며 빌딩과 인텔리전트 빌딩에 많이 채택되고 있다.
최근에는 안정성, 신뢰성 등을 고려하여 GIS가 많이 사용되고 있다.

③ 자립, 폐쇄형을 병행한 설비방식 : 차단기 등을 폐쇄형으로 하고 변압기군, 콘덴서군을 프레임으로 한 변전설비이다.(공장에서 많이 사용)

(5) 수변전 기기의 절연유의 사용에 따른 분류

① 건식 설비 : 절연유를 쓰지 않는 기기를 채택한 설비

② 유입식 설비 : 유입 기기를 사용한 설비

③ 병용식 설비 : 건식기기와 유입기기를 조합한 설비

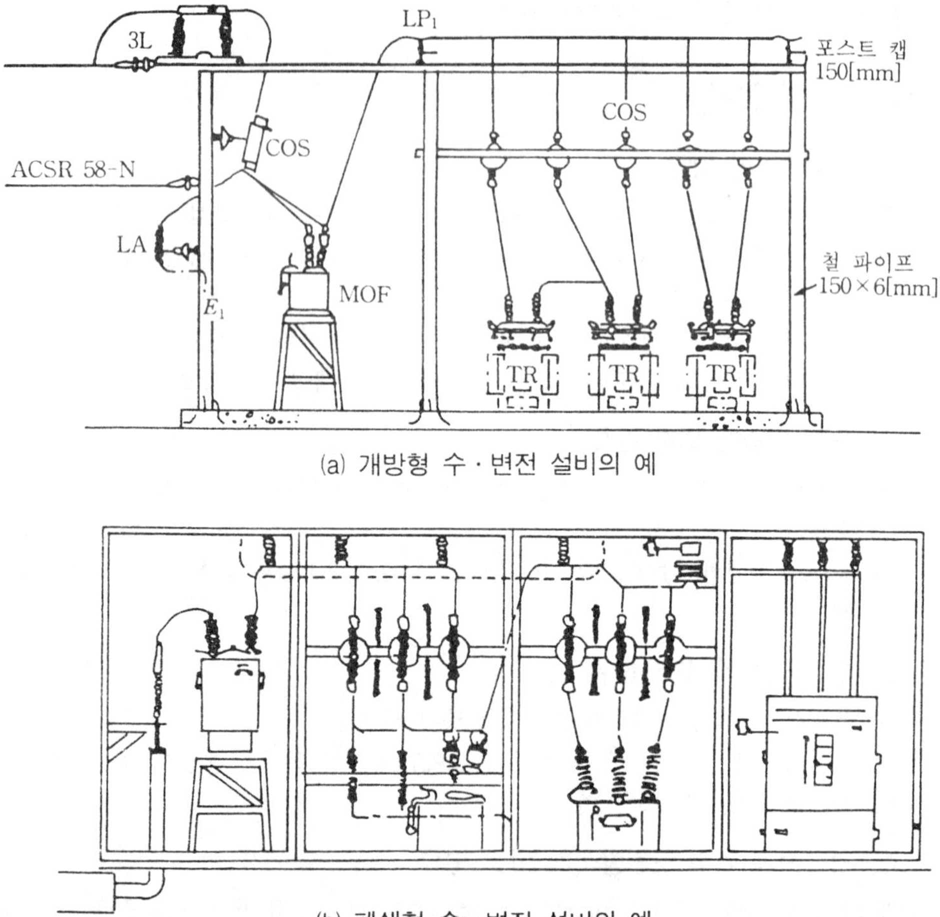

(a) 개방형 수·변전 설비의 예

(b) 폐쇄형 수·변전 설비의 예

그림 3-2 수변전설비의 폐쇄형과 개방형

[2] 자가용 수변전설비의 구비조건

자가용 수변전설비는 여러 종류의 기기로 구성되며, 부하설비에 양질의 전기를 안전하고 확실하게 공급하며 다음의 조건을 구비하여야 한다.

① 건물의 사용 목적에 적합해야 한다.

② 설비의 신뢰도를 유지하고 운전 보수에 불편이 없는 범위 내에서 경제적인 설비이어야 한다.

③ 전기설비로 인한 감전 및 화재의 위험성이 없도록 안전한 설비이어야 한다.

④ 기기는 성능이 좋고 신뢰도가 높으며 수명이 긴 것을 사용하도록 한다.

⑤ 수변전설비의 소요 높이 및 면적을 절감하기 위하여 기기는 작고 가벼운 것으로 한다.

⑥ 기기 배치를 합리적으로 하여 조작이 잘못되는 일이 없도록 하며, 운전 보수가 쉽고 기기의 반·출입이 용이하여야 한다.

⑦ 건설비, 운전·유지비가 저렴할 것.

3.2 수변전설비의 기본계획

자가용 수변전설비는 공장이나 공장등의 조명, 전열 및 동력등 부하설비에 전력을 공급하기 위하여 외부의 전력회사로 부터 전력을 공급받아 부하에 공급하거나 정전시 혹은 비상시에 예비전원설비로부터 부하에 전력을 공급하는 설비로써 건축물의 기본설계 단계에서 사업주, 건축설계자, 설비설계자 등과 협의하여 건축물의 신뢰성, 안전성, 경제성 등을 고려하여 기본계획을 세워야 한다.

3.2.1 전원설비

[1] 설계순서

전원설비의 설계의 순서는 다음과 같다.

① 지역 및 주변상황을 파악하는 사전조사를 시행한다.
② 일반 전기사업자와 수전전압을 결정하고 수전방식, 인입경로, 변전방식을 결정하는 수변전 시스템을 결정한다.
③ 사용되는 기기를 조사하여 배전전압을 결정한다. 이때에 특별한 사양의 기기 이외는 표준전압을 적용해야 한다.
④ 주회로 접속방식과 변전 설비용량은 각종 Factor를 추정하여 산정한다.
⑤ 제어 및 보호방식을 선정하고 허용되는 용량, 사용전압, 차단용량 등을 고려한 각종 기기를 결정한다.

이렇게 모든 시스템이 결정되면 건축설계자 및 기계설비 설계자와 협의하여 변전실의 위치, 면적, 환기요건 등을 결정해야 한다. 이러한 절차가 끝난 후 설계도를 작성한다.

[2] 사전조사

사전조사는 기획단계 또는 기본설계단계에서 실시하며 지적도면을 이용한 조사 및 지세, 홍수위, 도로상황, 송선전로, 배전선로 상황, 통신선로상황 등을 직접현장에서 조사한다.

[3] 수전전압

전력회사로부터 공급되는 전압은 수용가의 규모, 지리적 조건, 전력회사의 배전설비 현황 등에 따라 다르다. 수전전압은 대부분이 22.9[kV] 다중 접지식 3상 4선식의 특별고압으로 되어 있으나 실제로는 수전지점과 수전용량 및 사용조건 등에 따라 한국전력공사의 공급전압이 정하여지기 때문에 직접 협의하여 결정하도록 하여야 한다.

(1) 수전전압의 분류

① 저압 : 220[V], 380[V]

② 특별고압 : 22,900[V], 154,000[V], 345,000[V]

(2) 공급전압의 결정

(가) 계약전력 500[kW] 미만

① 교류 단상 또는 3상 220[V], 380[V] 중 한국전력회사에서 적당하다고 결정한 한가지 전기공급방식 및 공급전압으로 한다.
다만, 수용가가 희망하는 경우에 고압 및 특별고압 중 전력회사가 적당하다고 인정하는 한 가지로 공급 가능하다.

② 지중전선로인 경우는 계약 전력 150[kW]까지 ①과 같다.

(나) 계약전력 500[kW] 이상

계약전력이 500[kW] 이상인 경우는 고압 이상으로 공급하도록 되어 있으나 최근 우리나라의 배전선로가 특별고압 22[kV]급 (22.9[kV])으로 공급되고 있으므로 보통 특별고압으로 수전하고 있다.

공급전압은 22.9[kV], 154[kV], 345[kV] 중 하나를 택하도록 되어 있으나 대부분 다음과 같이 용량에 따라서 공급하고 있다.

① 500[kW] 이하 : 전력회사에서 고압 공급이 가능할 경우 고압 수전으로 하나 최근에는 고압수전보다 특별고압 13.2/22.9[kV]를 많이 사용한다. (고압의 경우 3.3[kV], 6.6[kV])

② 500[kW] 초과 : 특별 고압 수전으로 해야 한다.

㉠ 전압 22[kV](22.9[kV]) : 용량 20[MVA] 이하로 공급.

㉡ 전압 154[kV] : 용량 40[MVA]를 넘고 400[MVA] 미만의 경우 공급.

㉢ 전압 345[kV] : 용량 400[MVA] 이상에서 공급.

4 수전방식

수전방식 선정시 검토사항은 다음과 같다.

① 건물의 용도 및 부하의 중요도를 고려한다.

② 예비전원설비(자가발전설비, 무정전 전원장치)의 유 · 무를 고려한다.

③ 전원의 공급 신뢰도(정전의 회수 및 시간)를 고려한다.

④ 경제성을 고려한다.

(1) 1회선 수전방식

소규모, 중규모 빌딩에 널리 사용되며 간단하고 경제적이나 정전에 대한 대책이 없다.

(2) 평행 2회선 수전방식

한쪽 배전선사고에 대비할 수 있고 신뢰성이 높고 투자비가 많고, 보호계전방식이 복잡하다.

(3) 예비회선 수전방식

2곳의 변전소로부터 수전하며 점검 또는 정전시에는 예비회선으로 절체가 되어 전원공급이 가능하다. 신뢰성이 높은 반면 건설비, 유지비가 많이 든다.

(4) Loop회선 수전방식

부하 밀도가 크고 공급신뢰도가 높게 요구되는 장소에 적용하며 전압변동이 적고 경제적이나 인근에 Loop 수용가가 없는 경우 채택이 곤란하다.

(5) Spot-Network방식

여러가지 수전방식중에서 가장 신뢰성이 높으며 설비비가 가장 많이 들고, 정전시간이 거의 없어 중요한 시설에 사용된다.

그림 3-3은 여러가지 형태의 수전방식을 나타낸 것이며, 특징은 표 3-1과 같다.

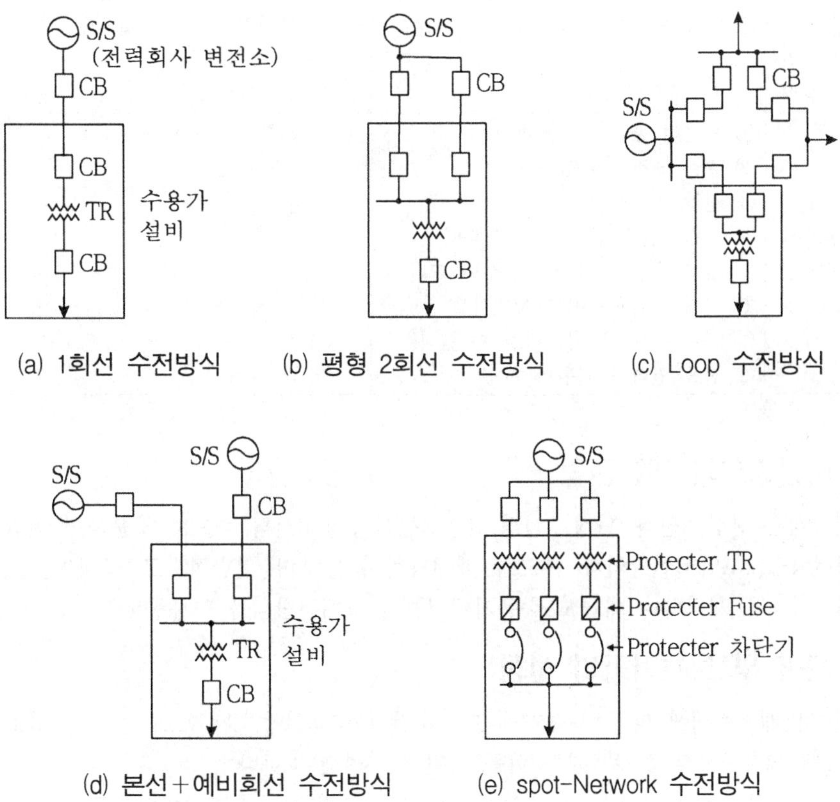

그림 3-3 수전방식의 예

표 3-1 수전방식의 비교

<table>
<tr><th colspan="2">명 칭</th><th>장 점</th><th>단 점</th></tr>
<tr><td colspan="2">1회선 수전 방식</td><td>① 간단하며 경제적이다.</td><td>① 주로 소규모 용량에 많이 쓰인다.
② 선로 및 수전용 차단기 사고에 대비책이 없음</td></tr>
<tr><td rowspan="3">2회선 수전 방식</td><td>루프 수전 방식</td><td>① 임의의 배전선 또는 타 건물 사고에 의하여 Loop가 개로 될 뿐이며 정전은 되지 않는다.
② 전압 변동율이 적다.</td><td>① Loop회로에 걸리는 용량은 전 부하(타 건물 포함)을 고려하여야 한다.
② 수전 방식이 복잡하다.
③ 회로상의 사고복귀에 시간이 걸림</td></tr>
<tr><td>평행 2회선 수전 방식</td><td>① 어느 한쪽의 수전선 사고에 대해서도 무정전 수전이 된다.
② 단독 수전이 가능하다.</td><td>① 수전선 보호장치와 2회선 평행 수전 장치가 필요하다.
② 1회선 분에 대한 시설비 투자비가 든다.</td></tr>
<tr><td>예비선 수전 방식</td><td>① 선로사고에 대비할 수 있다.
② 단독 수전이 가능하다.</td><td>① 실질적으로 1회선 수전이라 할 수 있으며 무정전 절체가 필요한 경우 절체용 차단기가 필요함.
② 1회선 분에 대한 시설비 더 증가</td></tr>
<tr><td colspan="2">스폿네트워크 수전</td><td>① 무정전 공급이 가능하다.
② 효율 운전이 가능하다.
③ 전압 변동율이 적다.
④ 전력손실을 감소할 수 있다.
⑤ 부하 증가에 대한 적응성이 크다.
⑥ 기기의 이용율이 향상된다.
⑦ 2차 변전소를 감소시킬 수 있다.
⑧ 전등 전력의 일원화 가능</td><td>① 시설 투자액이 비싸다.</td></tr>
</table>

5 배전방식과 배전전압

배전방식은 단상 2선식, 단상 3선식, 3상 3선식, 3상 4선식 등으로 구분되며 전압에 따라 저압배전방식, 고압배전방식과 특고압 배전방식이 있으며 일반적으로 구내의 전압으로는 저압배전방식을 채택하나 대규모 수용가에서는 고압배전방식을 사용한다.

6 제어 및 보호기기의 선정

수전 및 배전방식에 따라 차단기와 보호계전기등의 선정 및 회로구성, 보호협조 사항들이 다르게 적용됨으로 설계시에는 이를 사전에 고려해야 한다.

차단기의 선정은 시설장소, 경제성 등에 따라 결정되나 특고압차단기로는 GCB, VCB, OCB 등이 사용되고 고압차단기로는 VCB, OCB, MBB, 저압차단기로는 ACB, MCCB 등이 사용된다.

7 부하 설비 용량의 추정

부하 설비 용량의 추정은 설계 계획시나 기본계획을 하는데 중요한 사항으로 설계시 부하의 내용을 정확히 알수 없으며 최대 사용시간 또한 알수 없으므로 건축물의 종류별, 용도별, 면적별 또는 사무실 등급이나 IBS화 등급에 따라 부하설비용량을 추정하여 수용률, 부등율, 부하율 등을 적정 적용하여 변전설비 용량을 산정하는 기초로써 부하설비 용량을 추정해야 한다.

(1) 부하 설비 용량 추정

(가) 부하설비 용량을 알고 있는 경우

① 전등 부하의 경우 : 백열전등은 전구수(W)를 소비전력용량으로 산정하고 방전등 계열은 전구수(W)에 따라 다소의 차이는 있으나 정격 소비전력에 대하여 역율 및 효율을 감안 1.25~1.3배 범위의 입력용량으로 환산한다.

표 3-2 조명 부하의 입력환산표

부하 설비	입력 환산 용량
백열전구, 할로겐 전구	소비전력 용량×1.0
형광등 나트륨등 메탈 할라이드등 수은등	정격용량×1.25

② 동력 부하의 경우 : 전동기의 경우 전동기의 정격 용량에 역율, 효율 등을 고려하여 입력 용량을 환산하여 일반적으로 정격용량의 1.25~1.8배 적용하고, 내선규정에는 전동기의 정격용량에 대하여 역율, 효율 등을 고려한 규약전류에 의해 환산된 용량을 적용한다.(내선규정 전동기 용량에 따른 규약전류표 참조).

③ 부하설비용량은 환산된 설비용량의 총합계[VA]에 수용율, 부등율, 부하율 등을 적정 적용하여 계산한다.

(나) 부하 설비 용량을 모르고 있는 경우

설비의 규모와 용도에 따라 과거의 실적을 토대로하여 각 부하마다 설비용량을 추정하여 단위 면적당 부하밀도에 연면적을 곱하여 구한다.

$$\text{부하설비용량[VA]} = \text{부하밀도}[VA/m^2] \times \text{연면적}[m^2]$$

① 건축물의 종류에 따른 부하밀도

표 3-3 일반 건축물의 부하밀도 단위 : [VA/m²]

용도	전등	일반 동력	냉방 동력	합계
사무실	37	60	37	134
백화점(상점)	60	45	55	160
호텔	30	30	30	100
주택	25	20	25	70
학교	25	15	20	60
종합병원	45	65	50	160
연구소	60	100	50	210
극장	45	45	50	130
공공건물	30	40	30	100

② 사무실 건물의 부하밀도

표 3-4 IBS 빌딩의 부하밀도 단위 : [VA/m²]

부하 종별	0등급	1등급	2등급	3등급
전등 전열	32	35	27	34
OA용 기기	–	–	34	36
일반 동력	38	45	45	45
냉방 동력	40	43	43	43
OA 동력	–	2	8	8
합 계	110	125	157	166

③ 건축물 면적별 부하밀도

표 3-5 단위 : [VA/m²]

건물 면적	조명	일반동력	냉방동력	합계
500[m²] 이하	27	30	33	90
20,000[m²] 이하	30	33	37	100
20,000[m²] 이상	32	38	40	110

(2) 부하 설비 용량 결정

(가) 부하 설비 용량

① 부하 설비 용량은 부하 밀도에 대한 표준부하, 부분부하, 가산부하 등을 고려하여 결정한다.

② 부하설비 용량

$$P_S = PA + QB + C[\mathrm{VA}] \tag{3-1}$$

여기서, P, Q : 건물의 연면적

A : 표준부하 밀도[VA/m²]

B : 부분부하 밀도[VA/m^2]

C : 가산부하[VA]

(나) 표준부하

표 3-6

건물 종류	부하 밀도
공장, 공회장, 사원, 교회, 극장, 영화관	10[VA/m^2]
기숙사, 여관, 호텔, 병원, 음식점, 다방	20[VA/m^2]
주택, 아파트, 사무실, 은행, 백화점, 상점	30[VA/m^2]

(다) 부분부하

표 3-7 부분부하

건물 부분	부하 밀도
계단, 복도, 낭하, 창고	5[VA/m^2]
강당, 관람석	10[VA/m^2]

(라) 가산부하

① 주택, 아파트의 가산부하 : 세대당 500~1000[VA]

② 상점 진열장 : 길이 1[m]마다 300[VA]

③ 옥외 광고등, 전광사인, 무대조명, 특수전등 등

8 변압기 용량의 결정

부하의 설비용량이 결정되면 각 부하별로 수용율, 부하율, 부등율을 고려하여 최대수용전력을 산출하고 부하의 역율과 장래 부하증가를 고려하여 변압기 총 용량을 결정한다.

변압기 총용량이 결정되면 부하의 전기방식에 따라 변압기 1대당의 용량과 대수 및 변압기 Bank의 구성을 결정한다.

(1) 변압기 용량 결정시 고려사항

① 부하조사

② 급전방식과 변압기대수

③ 전압변동, 전압강하, 순시 정전시 대책

④ 변압기 발열량 파악 및 냉각 방식

⑤ 단락보호방식

⑥ 단락전류 추정 및 차단기 용량선정

⑦ 부하 밸런스 시간정격 및 과부하율

⑧ 접지 보호, Surge보호, 여자돌입 전류, 플리커 대책

(2) 수용율, 부하율, 부등율의 적정적용

(가) 수용율

수용장소에 설치된 총 설비용량에 대하여 실제 사용하고 있는 부하의 최대수요전력과의 비율을 백분율로 표시한 것이다.

$$\text{수용율} = \frac{\text{최대 수요 전력 합계 [kVA]}}{\text{총 부하설비 용량 합계 [kVA]}} \times 100[\%] \tag{3-2}$$

(나) 부하율

부하율은 전기설비가 어느 정도 유효하게 사용하고 있는가를 나타내는 척도이고 어떤 기간 중에 최대수요전력과 그 기간 중에 평균전력과의 비율을 백분율로 표시한 것이다.

$$\text{부하율} = \frac{\text{부하의 평균 전력 [kVA]}}{\text{최대수요전력 [kVA]}} \times 100[\%] \tag{3-3}$$

부하율은 기준에 따라 일부하율, 월부하율, 년부하율 등으로 나타내며 부하율이 클수록 전기설비가 유효하게 사용하고 있음을 나타낸다.

(다) 부등율

수용가의 설비부하는 각 부하의 부하특성에 따라 최대 수용전력 발생 시각이 다르게 나타나므로 부등율을 고려하여 변압기용량을 적정용량으로 낮추는 효과를 갖게 된다.

$$\text{부등율} = \frac{\text{각 부하의 최대수요전력의 합 [kVA]}}{\text{어떤 시간에의 최대수요전력의 합 [kVA]}} \tag{3-4}$$

부등율은 항상 1보다 크게 된다.

(라) 수용율, 부등율, 부하율과의 관계

$$\boxed{\text{부등율}} = \frac{\text{부하 각개 최대 수요전력의 합}}{\text{합성 최대 수요전력}}$$

↑

$$\boxed{\text{수용율}} = \frac{\text{최대수요전력}}{\text{총 설비 용량}} \times 100$$

↓

$$\boxed{\text{부하율}} = \frac{\text{부하의 평균전력}}{\text{최대수요부하}} \times 100 = \frac{\text{부하의 평균전력}}{\text{총설비용량}} \times \frac{\text{부등율}}{\text{수용율}}$$

↓

$$\boxed{\text{최대부하}} = \text{부하 설비의 합계} \times \frac{\text{수용율}}{\text{부등율}}$$

(3) 변압기 용량의 결정

(가) 변압기 용량

각 부하 설비용량의 합계에 수용율, 부등율, 장래 부하증설을 고려한 예비율을 적정적용하여 계산한 것이다.

$$\text{변압기 용량} = \frac{\sum(\text{부하 종류별 합계} \times \text{수용율})}{\text{부등율}} \times \text{예비율} \quad (3\text{-}5)$$

(나) 변압기 대수 결정

변압기의 대수는 다음 사항을 고려하여 적용한다.

① 변압기 총 용량이 500[kVA]를 초과하는 경우에는 조명용과 동력용으로 구분하여 설치
② 계절성 부하가 있는 경우 별도의 Bank를 구성하여 계약전력 및 변압기 손실을 감소
③ 비상부하용으로 비상 발전기와의 연계에 따른 변압기 Bank를 분리
④ 첨두부하의 Peak-cut용으로 Bank분리 또는 상용 발전기를 도입하는 방안 등의 구성을 검토
⑤ 변압기의 Bank를 2Bank 이상 구성시에 Bank용량을 갖게하여 유지보수에 용이하도록 구성

(4) Factor적용의 예

직강방식을 적용하였을 경우 변압기는 수용율만을 적용한다. 단, 2차측의 간선이 복잡한 용도로 구분되었을 경우에는 부등율을 적용할 수 있다.

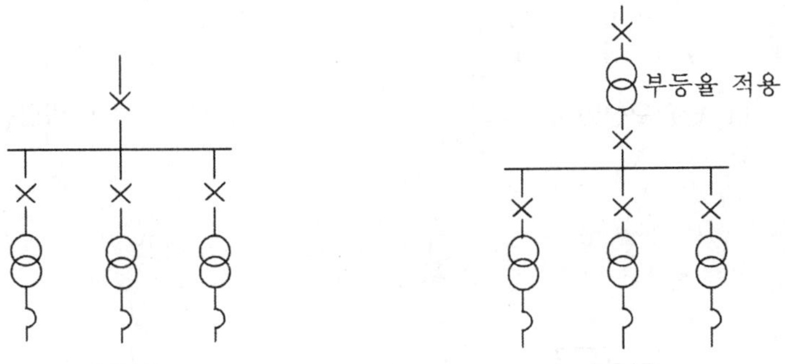

그림 3-4 부등율의 적용 예

9 모선의 구성방식

모선의 구성은 단일모선, 복수모선방식(이중・삼중)이 있으나 일반적인 건물 시설인 경우에는 단일모선 방식을 중요부하 시설일 경우에는 복수모선 방식을 사용하고 있다.

최근에는 모선사고에 대한 우려가 적어 단일모선방식으로 이중모선방식의 효과를 얻을 수 있는 섹션구분 단일모선방식(일명 : 타이스위치방식)을 많이 채택하고 있다.

(1) 단일 모선방식

독립적으로 타 뱅크에 영향이 없고 사고시에는 급전이 중단되어 폐쇄형이나 절연모선

사용 등으로 사고확율을 최소화하여야 한다.

(2) 섹션구분 단일모선방식(타이스위치방식)

급전에 융통성이 도모되는 방식으로 사고시에나 shut-down 운전에 대처될 수 있는 방안이다. 변압기를 병렬로 운전할 경우 캐스캐이딩 현상이 발생할 수 있다.

(3) 이중모선방식

이중모선방식은 사고에 의한 급전중단을 최소화하고 중요부하가 있을 경우 선정한다. 정기점검이나 작업을 무정전으로 시행할 수 있으나, 설비 구성시 고가이다.

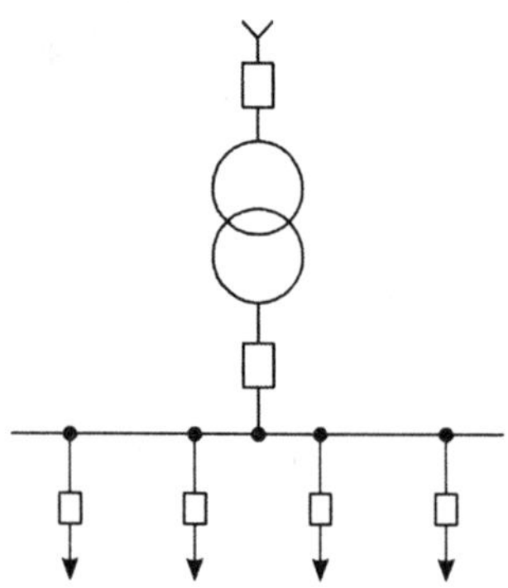

(a) 단일모선방식

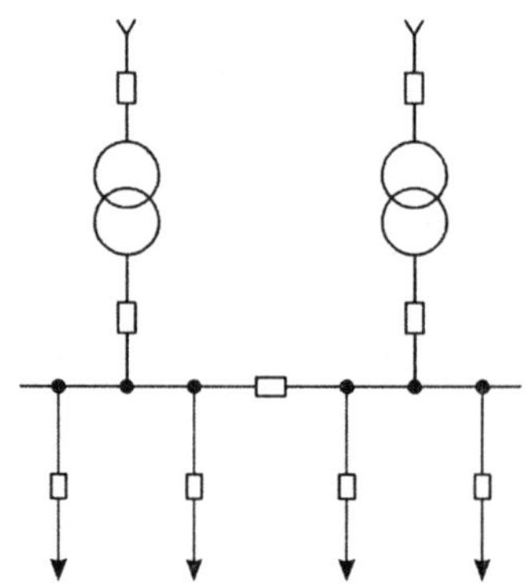

(b) 섹션구분 단일모선방식

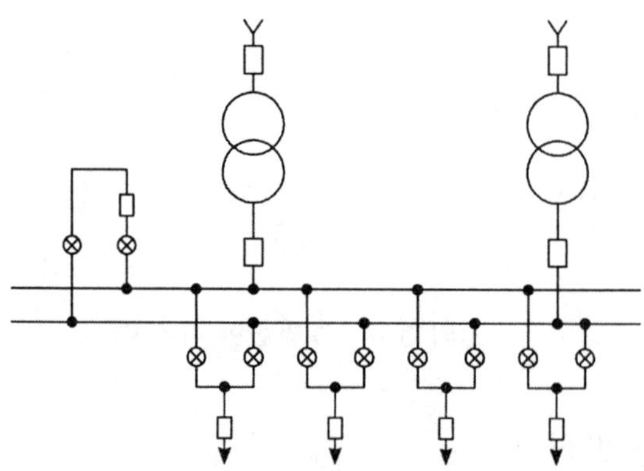

(c) 이중모선방식

그림 3-5 모선의 구성 방식

3.2.2 변전실의 위치 및 면적의 산정방법

건물 내에 변전실을 설치하는 경우 위치의 선정 및 면적산정은 설계시의 중요성 뿐만 아니라 전기시설의 유지, 개보수, 증설 또는 철거시 매우 중요하다. 따라서 설계시에 항상 유의하여 이를 반영하여야 한다.

1 변전실의 위치

변전실의 위치 선정에 대한 고려사항은 전기적인 사항, 재해에 관한 사항, 환경에 관련된 사항, 경제성등이 있다.

(1) 전기적인 사항

① 부하의 중심에 있어야 한다.
② 수전 및 배전에 유리해야 한다.
③ 장래의 용량 증설이나 크기의 확장성이 좋은 곳을 선정하여야 한다.

(2) 재해에 관한 사항

① 위험물 저장소나 폭발물 저장소 부근 등 화재의 우려가 없는곳
② 부식성 가스의 침입이나 염해의 우려가 없는 곳
③ 홍수시 침수의 우려가 없는 곳 등

(3) 환경에 관한 고려사항

① 환기가 잘되어야 한다.
② 기기의 반입이나 반출이 용이한 곳

(4) 경제성

설비비용, 간선비용, 재해, 환경적 측면에 소요비용 등을 고려하여 종합적인 경제성을 검토한다.

2 변전실의 면적

변전실의 면적은 수전전압, 전압의 강압방식, 특고압 배전반, 고압 배전반, 저압 배전반 등의 수량, 변압기의 수량, 보수 및 감시에 필요한 넓이를 포함한 기기의 배치 상태, 장래 증설에 대한 여유율을 고려해야 한다.

계획이나 기본설계시 변전실 면적의 추정방법은 다음과 같은 방식의 계산식을 사용한다.

① 제 1 방법

$$A = K \times (\text{변압기용량[kVA]})^{0.7} [\text{m}^2] \tag{3-6}$$

여기서, K : 1.7(특고압/고압인 경우),
K : 1.4 (특고압/저압(380[V])인 경우)
K : 0.98(고압/저압인 경우),
보통 감시실을 포함한 경우

② 제 2 방법

$$A = 3.3 \times \sqrt{\text{변압기용량}[\text{kVA}]} \times \alpha [\text{m}^2] \quad (3\text{-}7)$$

여기서, α : 2.66(연면적 6,000[m^2] 미만)
: 3.55(연면적 10,000[m^2] 미만)
: 4.30(연면적 10,000[m^2] 이상 큐비클식)
: 5.50(연면적 10,000[m^2] 이상 형식구분 없을 때)

③ 제 3 방법

$$A = 2.15 \times [\text{설비용량}(\text{kVA})]^{0.52} [\text{m}^2] \quad (3\text{-}8)$$

[3] 변전실의 높이

① 고압 3.3[kV]나 6.6[kV] 변전소는 보 밑에서 3.0[m] 이상
② 특고압 22[kV]나 22.9[kV] 변전소는 보 밑에서 4.5[m] 이상을 확보하는 것이 바람직하다.

[4] 변전실 넓이에 영향을 주는 요소

변전실의 넓이는 수전설비용량과 변압기 용량이 가장 큰 영향을 주며 면적에 영향을 주는 요소는 다음과 같다.

① 수전 전압
② 변압기 용량 및 수량
③ 수전 전압 강압방식(2단 강압방식, 1단 강압방식)
④ 콘덴서의 용량 및 수량
⑤ 고압 및 특고압의 큐비클과 고압 분전반의 수량
⑥ 저압반의 수량
⑦ 기기의 형식
⑧ 기기의 배치
⑨ 보수감시에 필요한 넓이

[5] 감시제어실의 넓이

고압 및 특고압 변전설비에서 종합감시 제어방식이 채용될 경우 고압전기실 외에 감시실이 필요하다. 또한 축전지실, 발전기실과의 관계도 고려하여 넓이와 위치를 검토하여야 한다.

[6] 샤프트를 결정하는 방법

설비용량이 커지면 전선 굵기 및 수량이 증가되어 이를 부설하기 위한 샤프트(Electric Pipe Shaft : EPS)가 필요하게 된다. 샤프트의 크기, 위치 등을 결정할 때에는 다음 사항을

고려한다.

(1) 샤프트를 결정할 때 주의 사항

① 변전실에서 샤프트까지의 수평설치 및 각 층의 수평설치는 가급적 적게 한다.

② 보수용 점검구 또는 점검문을 설치한다.

③ 사람이 들어가는 샤프트에는 사람을 위한 공간으로서 폭 600[mm] 정도의 공간을 확보하고 분전반 등 점검조작의 빈도가 큰 것은 입구 가까이에 설치한다.
(분전반을 수용할 때에는 1.5×2.5[m], 수용하지 않을 때는 1.3×1.5[m]의 크기가 적당하다.)

④ 연면적 1,000[m^2], 3층 이상 되는 건물에는 샤프트를 설치한다.

⑤ IBS 빌딩에서는 샤프트를 크게 한다.

⑥ 간선 뿐만 아니라 약전, 다른 설비 배관도 고려하여 충분한 공간을 확보할 것.

3.3 수변전설비의 기기

수변전설비 기기의 선정은 전기설비기술기준 등 전기관련 법규·규정 뿐 아니라 소방법 또는 건축법 등을 기초로 하여 선정하여야 한다.

표 3-8 수변전 설비기기의 구성도

구성블럭	구성기기	비고
인입관계	단로기(인입용, 피뢰기용) 피뢰기(보안장치) · 지중 : CN-CV-W 또는 TR CNCV-W 케이블 · 건물 구내 또는 공동구 : FR CNCV-W 케이블(22.9[KVY] 계통) 자동고장 구분개폐기(ASS)	책임분계점, 재산한계점(수급 지점)은 전력회사와 협의한다.
고압 및 특고압수전반	차단기(반부착, 수동조작의 경우) 조작개폐기(차단기원반조작의 경우) 계량장치(계기, 변성기) 표시장치(개폐, 고장, 램프식) 보호장치(과전류, 부족전압, 접지 및 방향성) 피뢰기(이상전압 보호장치)	차단기는 변전설비의 심장부에 해당하고 회로의 단락사고, 과부하, 접지사고의 경우에 아주 짧은 시간에 차단하며 또 평상시는 부하 전류의 개폐를 한다.
고압 및 특고압분기반	위와 같다.	차단기의 정격차단전류의 선정에 주의를 요한다.
고압 및 특고압개폐기	전력퓨즈(한류형 PF) 고압 및 특고압 컷 아웃 스위치(COS) 유입개폐기(OS)	전력퓨즈와 COS의 사용법에 유의한다.
변압기	변압기 (단상, 3상, 유입, 몰드, 가스절연, 아몰퍼스)	변전설비의 주체를 이루고 자가용에서는 고압에서 저압으로 변성하는 장치이다.
콘덴서	콘덴서, 방전코일, 직렬리액터, 차단기	역률개선용 접지용 콘덴서
배선용 차단기	계량장치(계기, 변성기) 저압배선용 차단기(MCCB) 나이프스위치(KS) 누전차단기(ELB)	저압간선회로의 제어감시 보호를 한다.
부하(전등, 동력 외)	전등분전반, 동력조작반 부하설비(전등, 전동기, 전력장치)	

3.3.1 변압기

변압기(Transformer)는 수전 전압을 부하설비의 운전에 적합한 전압으로 변환하는 중요한 기능을 갖고 있다. 변압기의 종류는 유입변압기, 건식변압기, 몰드변압기, 아몰퍼스변압기, 가스절연변압기 등으로 분류된다.

[1] 변압기의 종류

변압기는 용도, 구조 등에 따라서 다음과 같이 분류할 수 있다.

표 3-9 변압기의 종류

구 분	종 류
절연방식에 의한 분류	유입변압기, 건식변압기, 몰드변압기, 가스절연변압기
절연종별에 의한 분류 (최고허용온도)	Y종(90[℃]), A종(105[℃]), E종(120[℃]), B종(130[℃]), F종(155[℃]), H종(180[℃]), C종(200[℃] 220[℃], 250[℃])
냉각방식에 의한 분류	유입자냉식, 유입풍냉식, 유입수냉식, 송유자냉식, 송유풍냉식, 송유수냉식, 건식자냉식, 건식풍냉식
권선의 개수에 의한 분류	단권변압기, 2권선변압기, 다권선변압기
내부구조에 의한 분류	내철형, 외철형
사용전압에 의한 분류	A종 : 발전기전압에서 고압 또는 특고압으로 승압하는 변압기 B종 : 특고압에서 다른 특고압으로 승압하는 변압기 C종 : 특고압 또는 고압에서 다른 고압으로 강압하는 변압기 D종 : 고압에서 저압으로 강압하는 변압기 기타 저압에서 다른 저압으로 강압하는 것
상수에 의한 분류	단상변압기, 3상변압기
용도에 의한 분류	전력용변압기, 배전용변압기, 전기로용변압기, 정류기용변압기, 시험용변압기, 기타
탭절환방식에 의한 분류	무전압탭절체기, 부하시 탭절체기

(1) 유입변압기

철심에 감은 코일을 절연유로 절연한 것으로 A종 절연 변압기로서 100[kVA] 이하의 주상변압기에서 1,500[MVA]의 대용량까지 제작되며 신뢰성이 높고 가격이 싸며 용량과 전압의 제한이 적어 널리 사용하고 있다.

(가) 변압기 냉각방식

변압기의 냉각방식으로는 건식자냉식, 건식풍냉식, 유입자냉식, 유입풍냉식, 유입수냉식, 송유자냉식, 송유풍냉식, 송유수냉식 등이 있으며 이들을 간단히 설명하면 아래와 같다.

① 건식자냉식 : 자연 통풍에 의해 냉각되는 방식으로 소용량의 변압기에 많이 적용됨.
② 건식풍냉식 : 권선하부에 풍도(風道)를 설치하여 송풍기로 바람을 불어넣어 방열효과를 향상시킨 것으로 500[kVA] 이상에 채용하면 경제적이다.
③ 유입자냉식
㉠ 권선 철심의 발생열은 대류(對流)에 의하여 기름에 전해지고 다시 탱크 벽에 전달되어 탱크벽 외부표면에 방사와 공기의 대류에 의하여 방열한다.
㉡ 보수가 간단하여 널리 사용됨
④ 유입풍냉식
㉠ 유입자냉식의 방열기에 송풍기로 바람을 보내어 방열효과를 증가시킨 것.
㉡ 기설자냉식 변압기에 송풍기를 부착하여 풍냉식으로 개조하면 약 20~30[%] 정도의 용량 증가 가능
⑤ 유입수냉식

㉠ 냉각관을 탱크상부의 내벽을 따라 배치하고 펌프로 물을 순환시켜 기름을 냉각하는 방식

㉡ 냉각수질이 좋지 못하면 물때가 끼거나 관의 부식으로 보수하기가 어렵다.

⑥ 송유자냉식 : 방열기 탱크를 별도로 설치하여 탱크본체와 방열기 탱크 사이의 접속관로에 송유펌프로 냉각시킨다.

(2) 건식변압기

코일을 유리섬유 등의 내열성이 높은 절연물을 내열 니스 처리한 변압기로 H종 절연변압기이다. 이 변압기는 절연, 열화가 적고 변압기에 사고가 생긴 경우에도 유입변압기와 달리 폭발, 화재 등의 위험이 없으나 현재는 거의 사용하지 않고 있다.

【장점】 ① 전혀 기름을 사용하지 않으므로 화재의 위험성이 없다.
② 내습성, 내약품성이 우수하다.
③ 기름이 없기 때문에 보수, 점검이 용이하다.
④ 유입식에 비해서 소형, 경량이다.
⑤ 큐비클 내에 설치하기 좋으므로 미관상 좋다.

【단점】 ① 유입식에 비해 값이 비싸다.
② 설치시 흡습(吸濕)에 의한 절연 저하 및 환기 조건에 특히 유의해야 한다.
③ 건식 변압기의 용량은 주로 중용량 이하에 적합하며 소음이 크다.
④ 권선이 공기 중에 노출되어 있어 옥외나 먼지가 많은 곳에는 적합하지 않다.

(3) 몰드변압기

고압 및 저압권선을 모두 에폭시로 몰드한 고체절연 방식을 채택하여 난연성, 절연의 신뢰성, 보수 및 점검이 용이, 에너지 절약 등의 특징이 있어 많이 채택되고 있으나 가격이 비싸다.

몰드변압기를 채택하여 VCB와 연결하여 사용할 때에는 VCB개폐시 발생하는 서지에 대한 대책으로 서지 옵서버(SA : surge absorber)를 설치하여야 한다.

(가) Mold 변압기의 특징(유입변압기와의 비교시)

① 난연성 : 에폭시 수지에 무기물의 충진제가 혼입되어 있어 자기소화성이 있으며 외부의 불꽃에 의하여 착화하지 않음

② 절연의 신뢰성 향상 : 내(耐) Corona 특성, 임펄스 특성이 좋아 신뢰도 향상

③ 소형, 경량 : 철심이 Compact화 되어 면적이 축소되고 가볍다.

④ 무부하 손실이 적어 에너지 절약효과가 있으며 운전경비가 절감된다.

⑤ 유지보수 및 점검 용이

㉠ 절연유 여과 및 교체가 없다.

㉡ 장기간 운전정지후 재 사용시 건조작업간단

㉢ 먼지, 습기에 의한 절연내력 영향을 받지 않음

⑥ 단시간 과부하 내량이 크다.

⑦ 소음이 적고 무공해운전
⑧ Surge에 대한 대책을 수립하여야 한다.

사용장소는 건축전기설비, 병원, 지하상가나 주택이 근접하여 있는 공장이나 화학 플랜트 등의 특수 공장과 같이 재해가 인명에 직접 영향을 끼치는 장소에 좋으며, 특히 에너지 절약 측면에서 적합하다.

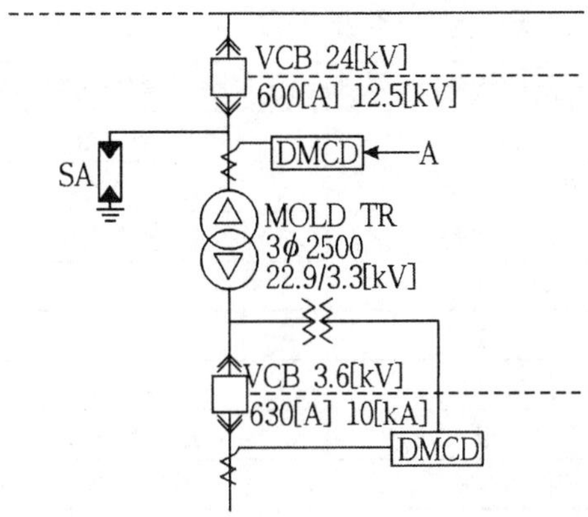

그림 3-6

(4) 아몰퍼스변압기

아몰퍼스변압기는 1978년 미국에서 최초로 시험 제작되었고 철심의 자성소재에 아몰퍼스 금속을 적용하여 그 우수한 자기특성에 의해 규소강판을 사용하고 있는 변압기에 비해서 철손을 1/3~1/4로 저감시킬 수 있다.

아몰퍼스 합금은 원자배열에 규칙성이 없으며 자속이 통과할 때 에너지 손실이 적고 판두께는 약 0.03[mm]로 현행 규소 강판에 비하여 약 1/10로 와전류손도 절감되고 무부하손이 약 70~80[%]로 대폭 감소한다.

한편 자구세분화(磁區細分化)된 규소강판은 자구의 세분화를 위해 슬러지를 첨가해 히스테리시스손을 줄인다. 동시에 판두께를 현행의 0.35[mm] 또는 0.30[mm]~0.23[mm]까지 얇게하여 와전류손을 줄여 무부하손을 20~30[%] 절감하고 있다.

현재의 변압기와 아몰퍼스변압기의 특성 비교는 표 3-10과 같다.

표 3-10 아몰퍼스변압기 특성 비교

구 분	25년전 변압기	현재 변압기	아몰퍼스변압기
부하손	101	100	67
무부하손	213	100	17
전체손실	135	100	51

㈜ 현행변압기를 100으로 했을 때의 지수

철손을 대폭 저감시킬수 있는 아몰퍼스 변압기는 부하율이 낮은 장소에 설치되는 변압기로 적합하다. 배전용 주상변압기는 도시부의 상업지역에서는 주야 비교적 높은 부하율로 운전되지만 일반 주택지역에서는 주간부하율은 비교적 높고 심야 부하율은 상당히 낮아 1일 평균 부하율은 낮다. 그러므로 아몰퍼스 변압기의 대부분은 주상변압기에 적용되고 있다.

또한, 다른 적용 예로는 아몰퍼스 재료는 와전류손이 적기 때문에 고주파에서도 우수한 자기 특성을 갖기 때문에 효율향상과 소형화가 기대되는 고주파 변압기도 개발되고 있다.

표 3-11 각종 변압기의 특성 비교

<table>
<tr><th colspan="2">구 분</th><th>유입식변압기</th><th>H종 건식변압기</th><th>몰드변압기</th></tr>
<tr><td colspan="2">연 소 성</td><td>가 연 성</td><td>난 연 성</td><td>난 연 성</td></tr>
<tr><td colspan="2">폭 발 성</td><td>가 능</td><td>불 가</td><td>불 가</td></tr>
<tr><td colspan="2">내 습 성</td><td>개방형의 경우 수분을 흡수</td><td>수분을 흡수함</td><td>수분을 흡수치 않음</td></tr>
<tr><td colspan="2">소 음</td><td>적 다</td><td>크 다</td><td>적 다</td></tr>
<tr><td colspan="2">전 력 손 실</td><td>보 통</td><td>크 다</td><td>적 다</td></tr>
<tr><td colspan="2">단 락 강 도</td><td>강 하 다</td><td>강 하 다</td><td>매우 강하다</td></tr>
<tr><td colspan="2">절 연 특 성</td><td>안 정</td><td>불 안 정</td><td>안 정</td></tr>
<tr><td colspan="2">내 진 성</td><td>강 하 다</td><td>강 하 다</td><td>매우 강하다</td></tr>
<tr><td colspan="2">크 기</td><td>크 다</td><td>보 통</td><td>작 다</td></tr>
<tr><td colspan="2">중 량</td><td>크 다</td><td>보 통</td><td>적 다</td></tr>
<tr><td rowspan="2">보수
및
점검</td><td>점 검</td><td>① 질소가스누설점검
② 브리자 흡습제 점검
③ 유면계 누유점검
④ 온도계 감시</td><td>① 외관점검
② 온도계 감시
③ 풍냉식인 경우 : 냉각팬 흡기구 점검</td><td>① 자냉식 : 외관점검
② 풍냉식의 경우 : 냉각팬 흡기구 점검</td></tr>
<tr><td>보 수</td><td>정기적으로
① 절연유의 특성 체크
② 절연유의 여과
③ 내부 본체 인양 후 점검</td><td>정기적으로
① 진공소제기에 의한 청소
② 운전 재개 직전 외관을 세밀히 조사
③ 건조 필요</td><td>정기적으로
① 걸레, 진공청소기 등에 의한 청소
② 외관을 세밀히 점검</td></tr>
<tr><td rowspan="2">부대
시설</td><td>소화
시설</td><td>필 요 함(대규모)</td><td>유입변압기보다 소규모</td><td>건식변압기보다 소규모</td></tr>
<tr><td>보수
점검용</td><td>여과설비 및 절연유
보관 탱크</td><td>코일청소</td><td>코일청소</td></tr>
<tr><td>크기 및
중량 비
교(1500
[kVA])</td><td>설치
면적
부피
중량</td><td>1.0
1.0
1.0</td><td>0.84
0.67
0.96</td><td>0.67
0.44
0.87</td></tr>
</table>

(5) 가스절연변압기

가스절연변압기는 SF_6가스를 사용하여 불연성이고 안정성이 높으며 건식변압기보다 높은 절연계급까지 실용화되고 있어 22[kV]급 5,000[kVA] 이상의 변압기에 적용하고 있다.

장점으로는 유입변압기와 전기적 특성이 같고 오일리스화, 방재화 등을 들 수 있다.

(a) 유입 변압기

(b) 몰드 변압기

(c) 건식 변압기

(d) SF_6 가스 절연변압기

그림 3-7 각종 변압기의 외형

2 변압기의 정격

(1) 용량

단상변압기와 3상변압기의 표준용량은 표 3-12와 같이 정하며 이 중에서 선정하는 것이 바람직하다. 또 용량을 결정할 때는 기본적으로 부하용량과 장래의 계획을 고려하고 1차/2차 개폐장치의 정격(전류와 차단용량)과의 협조 그리고 1뱅크에 고장이 생겼을 때에 예비용량의 필요성 등을 종합적으로 검토할 필요가 있다.

표 3-12 (Ⅰ) 단상변압기 표준용량[kVA]

1	15	150
2	20	200
3	30	300
5	50	500
7.5	75	750
10	100	1,000

표 3-12 (Ⅱ) 3상 변압기 표준용량[kVA]

	15	150	1,500	15,000	(120,000)
					150,000
	20	200	2,000	20,000	(180,000)
					200,000
					250,000
3	30	300	3,000	30,000	300,000
			4,500	45,000	
5	50	500		(50,000)	
			6,000	60,000	
7.5	75	750	7,500		
				90,000	
10	100	1,000	10,000	100,000	

주 ( )안은 준표준.

3 변압기의 결선

(1) 단상과 3상

현재 동력용으로는 3상 변압기를 많이 사용하고 용량이 동일한 변압기를 3상과 단상으로 나누어 비교하면 표 3-13과 같으며 일반적으로 50[kVA] 이하는 단상 변압기를 100[kVA] 이상은 3상 변압기를 많이 사용하고 있다.

표 3-13 3상과 단상의 비교

종 별	설치바닥면적	가 격	고장이 났을 때	운 반
3 상	소 (1 대)	저가	운전 불능	형상 · 중량 큼. 불편함
단 상	대 (3 대)	고가	V결선으로 운전가능	단체(單體)로서 중량 작음. 편리함

수전설비 용량이 산정되면 부하의 상황, 변전실의 넓이, 배전방식에 따라서 부하 종별마다 변압기의 대수 및 결선 방식이 결정된다.

(2) 결선의 종류

① 단상 변압기 3대로 3상 전압으로 변환하는 방법에는 △-△ 결선, Y-Y 결선, △-Y결선, Y-△ 결선이 있다.

② 단상 변압기 2대로 3상 전압으로 변환시키는 방법에는 V-V 결선이 있다.

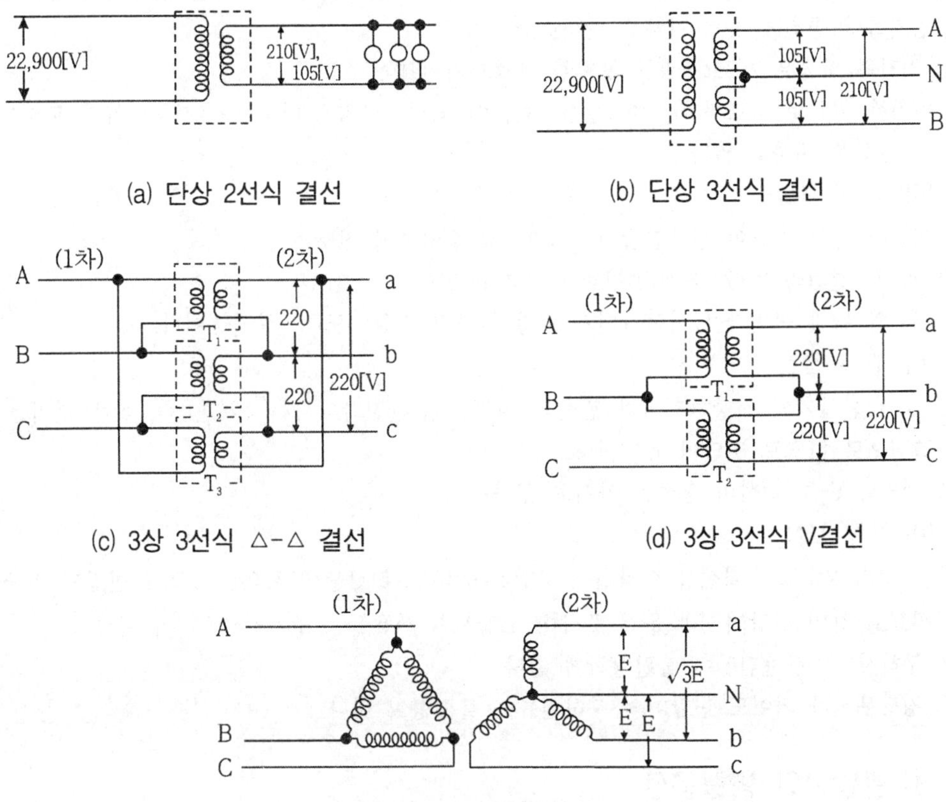

(a) 단상 2선식 결선 (b) 단상 3선식 결선

(c) 3상 3선식 △-△ 결선 (d) 3상 3선식 V결선

(e) 3상 4선식 결선

그림 3-8 변압기의 결선 방식

(3) 결선 방식별 특징

(가) △-△ 결선

① 제3고조파 전류가 △결선 내를 순환하므로 정현파 교류 전압을 유기하여 기전력이 왜곡을 일으키지 않아 유도장애가 없다.

② 1상분이 고장나면 나머지 2대로 V결선 할 수 있다. (부하를 $1/\sqrt{3}$로 줄여서 공급 가능)

③ 각 변압기의 상전류가 선전류의 $1/\sqrt{3}$이 되어 대전류에 적당하다.

④ 중성점을 접지 할 수 없으므로 고장 전류가 적고 지락 사고의 검출이 곤란하다.

⑤ 변압비가 다른 것을 결선하면 순환 전류가 흐른다.

⑥ 각 상의 권선 임피던스가 다르면 3상 부하가 평행 되어도 변압기의 부하전류는 불평형

이 된다.

(나) Y-Y 결선

① 중성점을 접지 할 수 있으므로 단(段)절연방식을 채택할 수 있다.

② 상전압이 선간전압의 $1/\sqrt{3}$이 되어 고전압의 결선에 적합하다.

③ 제3고조파 여자전류의 통로가 없으므로 유도 기전력이 제3고조파를 함유하여 중성점을 접지하면 통신에 유도 장해를 준다.

④ 기전력 파형은 제3고조파를 포함한 왜형파가 된다.

이러한 이유로 고조파를 많이 발생하는 인버터나 컨버터, 대용량의 전등변압기 부하에는 이 결선을 피하고 있다.

(다) △-Y 결선

① 2차 권선의 전압이 선간전압의 $1/\sqrt{3}$이고 승압용에 적당하다.

② △-△ 결선과 Y-Y 결선의 장점을 가지고 있다.

③ 30°의 위상 변위가 있어서 1대가 고장이 나면 전원 공급이 불가능이다.

(라) Y-△ 결선

① 강압 변압기에 적당하고 1차 권선의 전압은 선간전압의 $1/\sqrt{3}$이다. 즉, 높은 전압을 Y 결선으로 하므로 절연이 유리하다.

② △-△, Y-Y 결선의 장점을 가지고 있다.

(마) V-V 결선

① 변압기 2대로 V결선시 이용률은 $\sqrt{3}/2=0.866$으로 3상 부하의 $\sqrt{3}$배의 변압기 용량이 필요로 하며 변압기 3대 운전 중 1대 고장시의 이용율은 $\sqrt{3}/3=0.577$이 된다.

② 부하시 두 단자전압이 불평형하게 된다.

③ 평형부하가 되어도 변압기의 부하전류는 불평형이 된다.

4 변압기의 병렬운전

변압기 부하의 증가 또는 경제적인 운전이라는 점에서 여러 대의 변압기를 병렬로 운전할 경우가 있다. 병렬운전에 필요한 조건으로서는 각 변압기가 자기의 용량에 비례하는 부하를 분담하고 순환전류를 사용상 지장이 없을 정도로 제한해야 한다.

(1) 변압기 병렬운전

(가) 병렬운전 조건

① 변압기의 1차전압, 2차전압이 같을 것.

② 임피던스 전압이 같고 저항과 리액턴스비가 같을 것.

③ 단상일 경우 극성이 같고 3상인 경우 각 변위와 상회전이 같을 것.

④ 2대 변압기의 용량차가 3 : 1이내에서 운전

(나) 임피던스 전압이 다른 경우의 병렬운전

① 임피던스 전압이 낮은 쪽이 과부하가 된다. 즉 $\%Z$가 낮은 쪽이 과부하가 된다.

② 리액턴스 비가 같지 않을 경우 부하역율에 따라 리액턴스가 낮은 쪽이 과부하가 된다.

③ $\%Z$가 다른 경우의 부하분담.

두대 변압기의 정격용량을 P_1, P_2, 분담전력을 P_a, P_b, 분담전류를 I_1, I_2

$\%Z$를 Z_1, Z_2, 부하 P_l에서 $Z_1 > Z_2$라고 하면

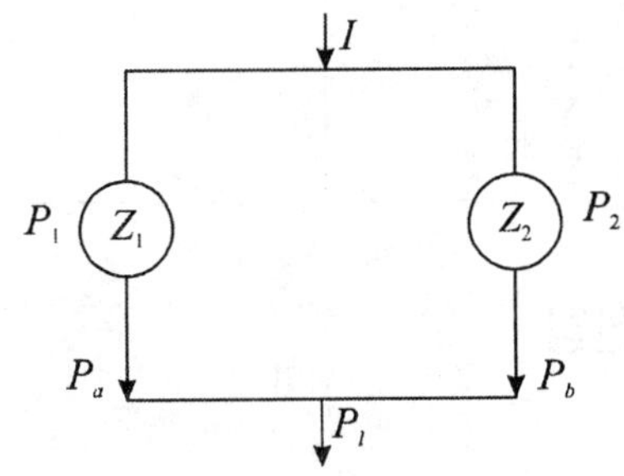

그림 3-9

$$\text{부하분담전류 } I_1 = \frac{\frac{P_1}{Z_1}}{\frac{P_1}{Z_1} + \frac{P_2}{Z_2}} \times I \tag{3-9}$$

$$I_2 = \frac{\frac{P_2}{Z_2}}{\frac{P_1}{Z_1} + \frac{P_2}{Z_2}} \times I \tag{3-10}$$

$$\text{분담전력 } P_a = \frac{\frac{P_1}{Z_1}}{\frac{P_1}{Z_1} + \frac{P_2}{Z_2}} \times P_l \tag{3-11}$$

$$P_b = \frac{\frac{P_2}{Z_2}}{\frac{P_1}{Z_1} + \frac{P_2}{Z_2}} \times P_l \tag{3-12}$$

표 3-14 병렬운전이 가능한 결선

병렬 운전이 가능한 결선		불가능한 결선	
A 변압기	*B* 변압기	*A* 변압기	*B* 변압기
△ - △	△ -△	△ - △	△ - Y
Y - Y	Y - Y	Y - △	Y - Y
△ - Y	△ - Y		
Y - △	Y - △		
△ - △	Y - Y		
△ - Y	Y - △		

5 변압기의 구성과 선정

(1) 변압기의 구성

변압기의 구성을 결정하기 전에 다음 사항을 검토하여야 한다.

· 변압기의 상수
· 변압기의 회로 수(뱅크 수)
· 변압기 회로의 결선방식

(가) 변압기의 상수

최근 3상 변압기가 절연 설계 기술의 향상, 절연유 열화 방지, 방식의 진보, 품질향상 등으로 관리 및 신뢰도가 높아 많이 사용되고 있다.

단상 변압기와 3상 변압기의 경제성 및 사고시 확보율의 비교는 표 3-15에 나타내었다.

표 3-15 변압기 구성의 비교표

변압기의 구성		가 격[%]	변압기 1대 사고시의 확보 전력
상 수	용량[kVA] × 대수		
3상	100×1	100	0
	50×2	120~150	50
	75×2	160~190	75
	100×2	200	
단상	33×3	130~160	57.7
	33×4	170~200	100

주 ① 변압기는 무전압 탭전환기 있음.
② 1차 전압은 66, 77[kV]급과 22, 33[kV]급.
③ 100[%] 용량을 5~20[MVA](66, 77[kV]급)과 2~10[MVA](22, 33[kV]급)로 상정.

(나) 변압기의 회로수(뱅크 수)

뱅크 수의 결정은 신뢰성과 경제성을 고려하면 변압기 용량이 적은 경우에는 1대의 용량을 크게하고, 대용량의 경우에는 기기 정격전류 증가 및 단락전류가 증대되므로 뱅크 수를 증가시킨다.

① 1,500[kVA] 미만 : 1뱅크 구성이 적당하다.

② 1,500~3,000[kVA] : 1~2뱅크 구성.

빌딩에서 냉방용 부하가 전부하의 50[%] 정도인 때가 많으므로 냉방기간 이외에는 운전 손실을 절감하기 위해서 2뱅크 구성이 바람직하다.

③ 3,000[kVA] 이상 : 2뱅크 구성이 바람직하다.

상기 내용과 같이 변압기 뱅크수를 늘리는 문제는 중요하며 최근에는 빙축열시스템 적용이 급격히 늘어나고 있으므로 별도의 변압기 구성이 필요하다.

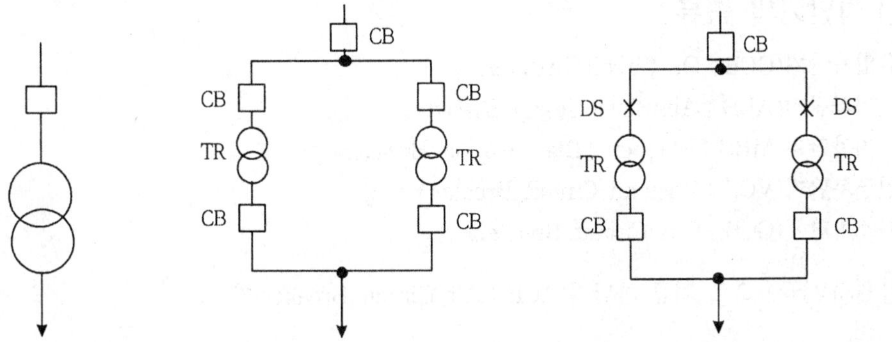

(a) 1뱅크 방식 (b) 2뱅크 1차 CB 2차 CB방식 (c) 2뱅크 1차 DS 2차 CB 방식

그림 3-10 변압기의 뱅크 구성

(2) 변압기의 용량 선정

변압기를 선정하려면 변압기의 권선 온도에서 결정되는 열적 조건을 만족함과 동시에 부하설비의 크기와 종류, 운전조건 및 공급방식 등의 관련사항을 검토하여야 한다.

수전변압기 용량에 따라 최대계약전력이 결정되므로 기본전력요금에 영향을 주며 각종 손실과 경제적인 면을 고려하여 신중하게 검토해서 결정하여야 한다.

① 변압기 선정 : 부하의 용량, 종류 등을 고려하여 다음의 시항을 검토한다.

㉠ 용량

㉡ 상수

㉢ 유입식 또는 건식

㉣ % 임피던스

3.3.2 차단기

차단기(CB : circuit breaker)는 회로의 부하전류를 개폐 또는 차단기의 부하측에서 단락사고 및 지락사고가 발생시 각종 계전기와 조합으로 신속히 회로를 차단하여 사고점으로부터 계통을 분리하여 회로에 접속된 전기기기 및 전선류를 보호하고 안전성을 유지하는 장치로서 요구되는 기능은 다음과 같다.

① 부하전류의 개폐
② 고장전류, 특히 단락전류와 같은 대전류의 통전 또는 차단
③ 과부하 전류의 안전하고 확실한 차단

[1] 차단기의 종류

① 유입차단기(OCB : Oil Circuit Breaker)
② 공기차단기(ABB : Air Blast Circuit Breaker)
③ 자기차단기(MBB : Magnetic Blast Circuit Breaker)
④ 진공차단기(VCB : Vacuum Circuit Breaker)
⑤ 가스차단기(GCB : Gas Circuit Breaker)

참고 600[V]급용으로 기중 차단기(ACB : Air Circuit Breaker)가 있음.

표 3-16 차단기의 종류별 특징

구 분	OCB	ABB	MBB	VCB	GCB
소호방식	오일분사	압축공기로 불어서 소호	아크의 자계 작용 이용	진공중의 아크확산	SF_6가스확산
정격전압[kV]	12~300	12~36	12	12~36	12~550
차단시간대[Hz]	8, 5	5, 3	8, 5	5, 3	5, 3
단락전류	대전류 차단	대전류 차단	대전류 차단	소(중)전류 차단	대전류차단
이상전압발생	있음	있음	있음	있음(보호장치필요)	없음
연소성	가연성	난연성	난연성	불연성	불연성
보수·점검	간단	간단(콤프레샤 보수필요)	간단(소호실의 흡습에 주의)	극히 간단	간단
Surge 전압	약간높다	낮다	낮다	매우높다(보호장치필요)	낮다
기계적수명	10,000회	10,000회	10,000회	50,000회	50,000회
경제성	염가	중간	중간	고가	고가

(1) 공기차단기

공기차단기(ABB 또는 ABCB : air blast circuit breaker)는 개방할 때 접촉자가 떨어지면서 발생하는 아크를 강력한 압축공기 10~30[kg/cm² · g]를 불어 소호하는 방식이다.

유입차단기처럼 전류의 크기에 의해 소호능력이 변하지 않고 일정한 소호능력을 갖고 있고, 대전류차단용량을 필요로 하는 설비에 사용되고 특징은 다음과 같다.

① 유입 차단기에 비해 화재의 위험성이 적고 차단 능력이 뛰어남.
② 유지 보수가 용이하다.
③ 별도의 압축 공기를 위한 콤퓨레샤 등 부대 설비가 필요하다.
④ 대용량의 차단기로서 널리 사용.
⑤ 전기로 등 개폐 빈도가 심한 장소에 많이 사용.

(2) 자기차단기

자기(磁氣)차단기(MBB 또는 MBCB : magnetic blast circuit breaker)는 아크와 직각으로 자계를 주어 아크를 소호실로 흡입하여 아크 전압을 증대시키고, 냉각하여 소호작용을 하도록 된 구조의 차단기이다. 3.3~6.6[kV]의 전압회로에 많이 사용되고 특징은 다음과 같다.

① 자기차단기는 화재의 염려가 없다.
② 절연유를 사용하지 않아 열화가 없어 보수가 간단
③ 소호능력 면에서 특고압에 적당하지 않다.

(3) 진공차단기

진공차단기(VCB : vacuum circuit breaker)는 진공에서의 높은 절연내력과 아크 생성물이 고진공 용기 내에서 급속한 확산을 이용하여 소호하는 구조로서 최근에 많이 사용되며 특징은 다음과 같다.

① 매우 높은 절연내력과 소형, 경량이다.
② 차단시간(3~5cycle)이 짧고 개 · 폐 수명이 길다.
③ 기름을 사용하지 않아 화재의 위험이 없다.
④ 차단성능은 우수하나 동작시 높은 서지전압을 발생시키는 결점이 있다.
⑤ 안전성이 높아 방재 겸용으로 사용이 가능하다.
⑥ 보수점검이 용이하다.

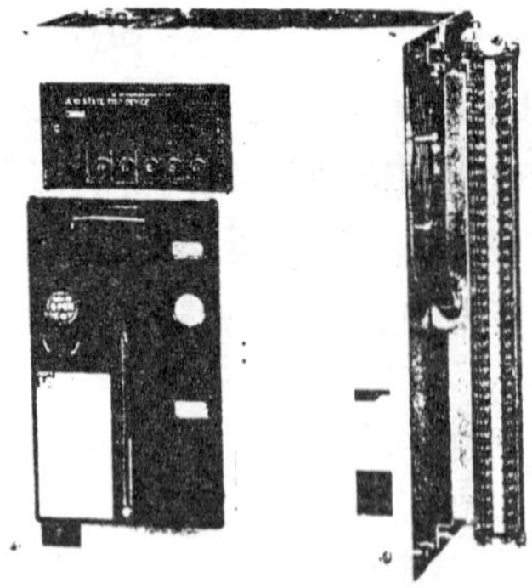

(a) ACB

(b) VCB

(c) ACB

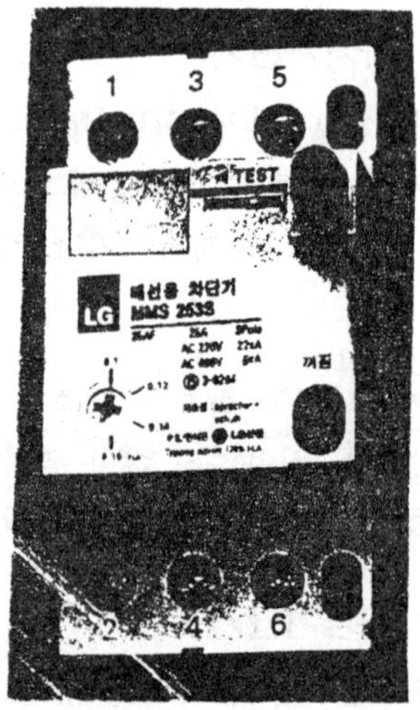

(d) MCCB

그림 3-11 각종 차단기

(4) 유입차단기

유입차단기(OCB : oil circuit breaker)는 기름차단기라고도 하며 전로 개폐시 발생되는 아크를 절연유의 소호작용에 의하여 소호하는 구조로 된 특징은 다음과 같다.

① 다른 종류의 차단기에 비해 차단 성능 및 보수 면에서 불리하다.
② 가격이 저렴하고 광범위한 전압 범위에서 사용할 수 있다.
③ 소·중 용량 차단기로서 널리 사용.
④ 화재의 위험과 설치면적이 크다.

(5) 가스차단기

가스차단기(GCB : gas circuit breaker)는 절연강도와 소호능력이 뛰어난 불활성 가스인

SF_6가스(6불화 유황)를 이용한 차단기로서 개폐시에 발생한 아크를 SF_6 가스를 분사하여 소호(공기의 약 100배)하는 방식이다.

SF_6가스는 동일한 압력에서 공기의 2.5~3.5배의 절연내력이 있으며, 가스압력 3~4[kg/cm²]에서는 절연유 이상으로 되며 무취, 무해, 무독, 불연성, 비폭발성의 성질을 가지고 있고 특징은 다음과 같다.

① 보수 점검 회수가 적고 차단성능이 우수하다.
② 개폐시 소음이 작고, 가격이 고가이다.
③ 설치 면적이 적어 대부분 초고압 계통의 차단기로 많이 사용된다.
④ 화재의 위험이 없다.
⑤ 고가이며 설치면적이 작다.

(6) 기중차단기

기중차단기(ACB : air circuit breaker)는 자연공기 내에서 회로를 차단할 때 접촉자가 떨어지면서 자연소호에 의한 소호방식을 가지는 차단기로서 교류 600[V] 이하 또는 직류 차단기로 많이 사용된다.

2 차단기의 정격

(1) 정격전압

차단기의 정격전압(rated voltage)은 차단기에 인가하여 사용할 수 있는 회로의 최대허용전압을 말하며, 일반적으로 정격전압은 3상 선간전압으로 표시하고 표 3-17과 같다.

표 3-17 차단기의 정격전압

공칭 전압[kV]	정격 전압[kV]	비 고
3.3	3.6	KS
6.6	7.2	KS
22[kV]-Δ 22.9[kV]-Y	24 25.8	KS ESB
66	72.5	KS
154	170	KS
345	362	KS

차단기의 정격전압은 다음 식으로 나타낼 수 있다.

$$\text{정격전압} = \text{공칭전압} \times \frac{1.2}{1.1} \text{[kV]} \tag{3-13}$$

예제 22[kV]의 정격전압은?

풀이 22×1.2/1.1=24[kV]

그러므로 공칭전압 22[kV]급 정격전압은 24[kV]이나 22.9[kVY] 계통은 한국전력공사 표준(ESB)에 의하여 25.8[kV]로 규정하고 있다.

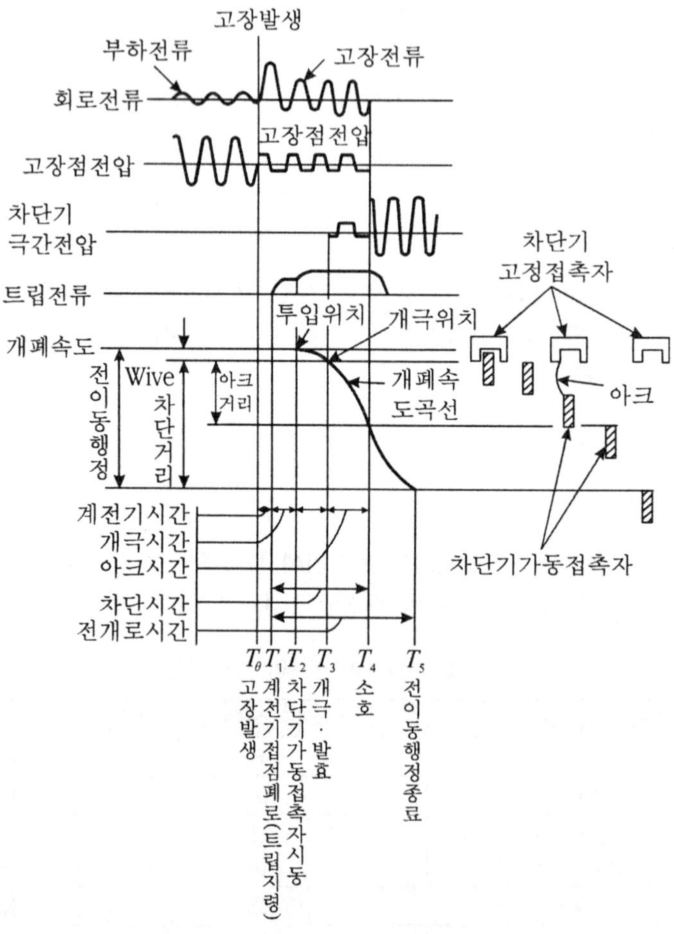

그림 3-12 차단기의 차단동작 과정

(2) 정격전류

차단기의 정격전류(rated current)는 정격전압 및 정격주파수에서 규정의 온도상승 한도를 초과하지 않고 연속적으로 통전할 수 있는 전류의 한도를 말한다.

일반회로에서 회로전류의 120[%] 이상의 정격전류를 갖는 차단기를 특히 콘덴서용 차단기는 콘덴서군 전류의 150[%] 이상의 정격전류를 갖는 차단기를 선정하는 것이 바람직하다.

3상의 경우 정격전류는 다음과 같이 구한다.

$$I_n = \frac{P}{\sqrt{3}\,V\cos\theta}\,[\mathrm{A}] \tag{3-14}$$

여기서, P : 설비용량[kW], V : 정격전압[kV], $\cos\theta$: 역률

(3) 정격차단전류

차단기의 정격전류에 해당하는 회복전압 재기전압 등의 규정조건에서 규정된 동작책무 및 동작상태를 수행할 수 있는 지역율 차단 전류의 한도를 말한다.

표 3-18 정격차단전류

공칭전압	정격전압	정격차단전류
6.6[kV]	7.2[kV]	12.5[kA]
22.9[kV]	25.8[kV]	12.5[kA] 25[kA]
66[kV]	72.5[kV]	20[kA]
154[kV]	170[kV]	40[kA]

(4) 차단기 용량 선정

① 차단기 용량 $Q = \sqrt{3} \times$ 정격전압 $\times$ 정격차단전류

$$= \sqrt{3} \times V \times I_S \times 10^{-3}[\mathrm{MVA}]$$

$$= \frac{100}{\%Z} \times P_n[\mathrm{MVA}] \tag{3-15}$$

② 변압기용 차단기 용량 $Q_t = \frac{100}{\%Z} \times P_r[\mathrm{MVA}]$ (3-16)

여기서, P_r : 변압기용량[MVA], P_n : 기준용량[MVA]

(5) 정격차단시간

정격차단시간은 차단기가 트립지령을 받고부터 즉, 보호계전기의 접점이 닫혀진 후 부터 트립장치가 동작하여 전류차단이 완료할 때 까지의 시간을 의미한다.

정격차단시간은 정격주파수를 기준으로 하여 사이클 수로 나타내며 고압차단기기에 있어서는 5사이클 및 8사이클이 표준으로 되어 있는데 수전용 차단기로 사용하는 전력회사와의 협조로 정격차단시간 5사이클의 것을 사용할 필요가 있다.

(6) 표준동작책무

차단기가 1회 또는 2회 이상의 차단동작을 규정의 시간간격을 두고 반복해서 행하는 일련의 동작을 나타내는 책무를 말한다.

① A Type : O-1분-CO-3분-CO : 특고에적용
② B Type : CO-15초-CO : 7.2[kV]적용, 콘덴서, 리엑터용
③ M Type : O-2분-CO : 수동식
④ R Type : O- t초-CO-1분-CO : 고속도재폐로 방식
㈜ O : open, C : close

(7) 정격 개극시간

무부하시에 정격 트립전압 및 정격 조작 입력으로 트립하는 경우에 개극시간을 말한다.

(8) 정격 투입조작 전압, 정격트립 전압

정격 투입조작 전압은 직류 투입이나 교류 투입 모두 100[V] 또는 200[V]로 되어 있으며, 직류이면 85[%]에서 110[%] 사이의 변동에 대해서 성능을 보장하는 것이 보통이다.

정격 트립(trip) 전압도 위와 같으나, 직류이면 60[%]~125[%] 사이에서 성능을 보증하고 있다.

3 차단기의 투입 및 트립 방식

(1) 차단기의 투입방식

차단기의 투입방식에는 수동투입방식과 전기투입방식이 있으며 솔레노이드, 전동기에 의해 투입되는 전기조작 방식이 많이 사용되고, 조작 전원은 직류 또는 교류를 사용하고 대부분 직류에 의한 방식을 사용한다.

① 수동조작 : 수동직접조작

② 동력조작
- 전기조작 : 전자(電磁)조작, 전동기 조작
- 스프링 조작 : 전동 스프링 조작, 전자 스프링 조작, 수동 스프링 조작
- 압축공기조작
- 유압조작

조작시의 안전을 확보할 목적으로 정격차단전류가 8[kA] 이상인 차단기는 가급적 동력조작방식으로 하며 전기조작방식의 경우 조작전원은 원칙적으로 직류전원으로 하고 있다.

(2) 차단기의 트립방식

차단기의 트립방식을 선정할 때는 보호하여야 할 대상 및 트립전원을 명확히 하여야 하고 트립방식에는 다음과 같은 방식이 있다.

① 변류기의 2차 전류를 이용하는 트립 방식 : CT의 2차 전류가 정해진 값보다 초과되었을 때 트립 동작을 하는 방식이다. 이 경우 트립 장치는 일정한 한시특성이 있어야 한다.

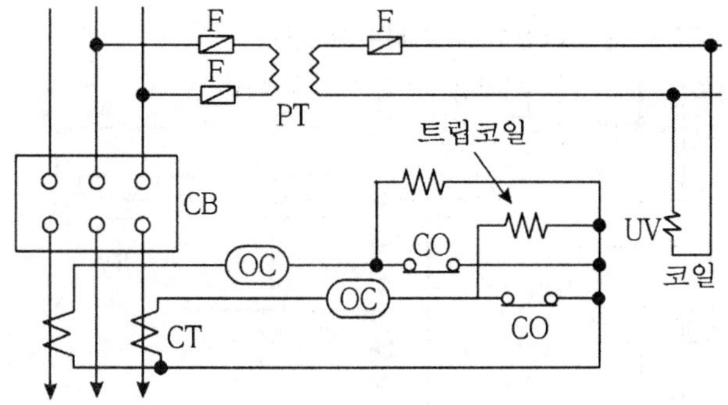

그림 3-13 변류기 2차전류를 이용한 트립 회로의 예

② 부족전압 트립 방식 : PT의 2차 전압을 항상 트립코일에 인가해 두고 1차측 전압이 정해진 값 이하로 떨어졌을 때에 트립하는 방식이다.

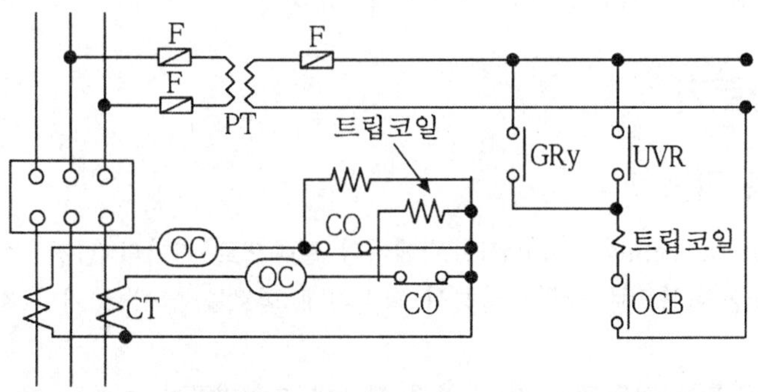

그림 3-14 변류기 2차전류 트립과 전압부족 트립 회로의 예

③ 전압 트립 방식 : 상시 개로형 조작방식으로 트립전원을 축전지 전원으로 공급한다.

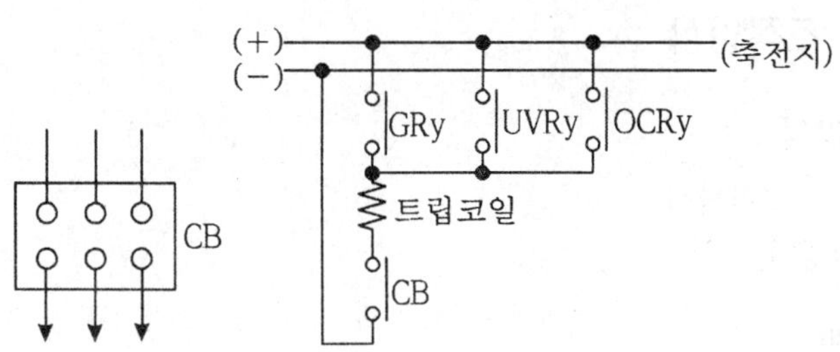

그림 3-15 전압 트립 회로의 예

④ 콘덴서 트립 방식 : PT의 2차측에 정류기를 부설하여 콘덴서를 충전하고 이를 트립코일을 통해서 방전시켜 차단하는 방식이다. 1차측이 무전압으로 되어도 콘덴서의 단자전압

은 일정한 시간 정해진 전압이상을 유지하여야 한다.

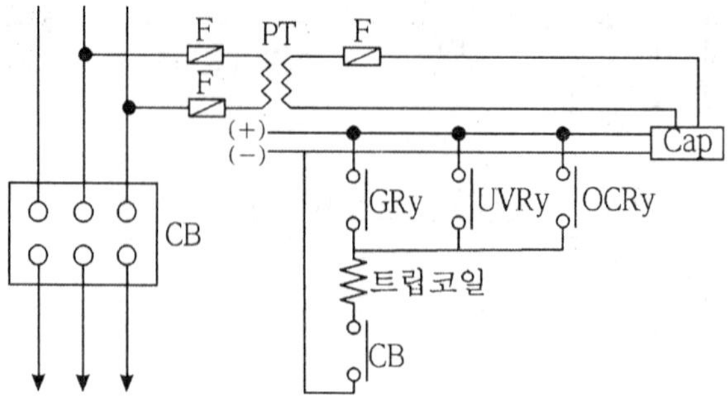

그림 3-16 콘덴서 트립 회로의 예

OCB : 유입 차단기, UVRy : 부족전압 계전기 접점, PT : 계기용 변압기,
GRy : 접지 계전기 접점, CT : 계기용 변류기, Cap : 콘덴서 트립 전원장치,
F : 퓨즈, OC : 과전류 계전기, OCRy : 과전류 계전기 접점

3.3.3 단로기

1 단로기의 기능

단로기(DS : disconnecting switch)는 개폐기의 일종으로 기기의 점검, 측정, 시험 및 수리를 할 때 기기를 활선으로부터 분리하여 확실하게 회로를 열어 놓거나 회로변경을 위하여 설치한다.

단로기는 부하전류를 차단할 능력이 없기 때문에 부하전류가 흐르는 상태에서 차단하면 매우 위험하다. 따라서, 단로기는 차단기를 열고 나서 개폐할 필요가 있다.

① 변압기, 차단기 등의 보수 점검을 위해 설치하는 회로 분리용
② 전력계통 변환을 위한 회로 분리용

2 단로기의 조작방식

(1) 수동조작방식

① 후크봉, 디스콘봉 조작방식
② 원방 수동 조작방식

(2) 동력조작방식

① 전기조작방식
　㉠ 전자조작방식
　㉡ 전동조작방식
② 압축공기조작방식

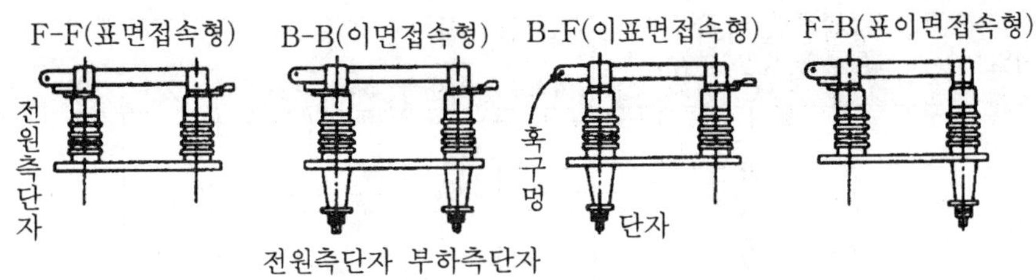

(a) 종류

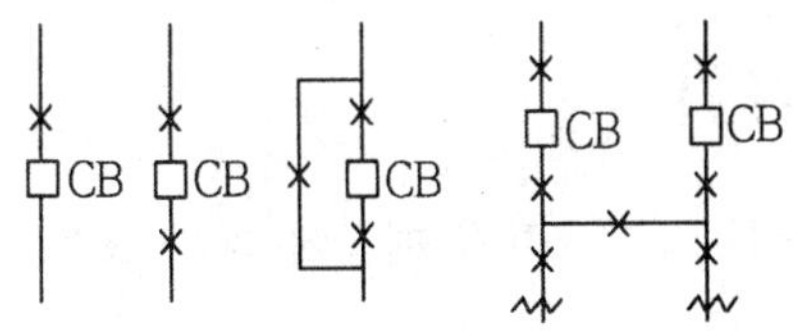

(b) 설치위치

그림 3-17 단로기의 종류 및 설치위치

3 단로기의 정격

① 정격전압 : 회로전압의 상한을 나타내며 다음과 같이 구한다.

$$정격전압 = 공칭전압 \times \frac{1.2}{1.1} [kV] \tag{3-17}$$

② 정격전류 : 단로기에 연속하여 통전할 수 있는 전류의 상한을 나타낸다.

③ 정격단시간전류 : 사용회로의 단시간전류(단락전류)가 1초간 또는 2초간 통전되어도 이상을 일으키지 않는 단락전류의 상한을 나타낸다.

표 3-19 정격전류의 표준값

정격전압[kV]	정격 단시간 전류[kA]	정격 전류[A]						
		400	600	800	1200	2000	3000	4000
3.6	16		◎					
	25		◎		◎			
	40				◎	◎	◎	
7.2	12.5	◎	◎		◎			
	20		◎		◎			
	31.5				◎	◎	◎	
	40					◎	◎	◎

정격전압[kV]	정격 단시간 전류[kA]	정격 전류[A]						
		400	600	800	1200	2000	3000	4000
24	12.5		◎					
	20		◎	◎				
	25		◎	◎	◎	◎		
	40				◎	◎		
	50							◎
	63				◎	◎		◎

3.3.4 계기용 변성기

수변전설비는 고전압, 대전류를 취급하기 때문에 계기 또는 계전기를 특별고압으로부터 보호해야 한다.

이 때 계기용 변성기는 고전압 대전류를 적당한 저전압(110[V]) 저전류(5[A])로 변성하여 계기, 계전기를 주회로로부터 절연하고, 주회로의 전압, 전류를 계기, 계전기의 입력으로 변성하여 주회로의 측정, 보호 범위를 확대하고 계기 및 계전기의 소형화, 표준화 및 계측과 보호의 집중화를 목적으로 사용된다.

계기용 변성기에는 계기용 변압기, 계기용 변류기, 영상 변류기 등이 있다.

1 계기용 변류기

계기용 변류기(CT : current transformer)는 고압회로의 대전류를 저압의 소전류로 변성하기 위하여 회로에 직렬로 접속하여 사용하며 배전반의 전류계, 전력계, 차단기 트립코일의 전원으로 사용한다.

그림 3-18은 계기용 변류기의 외관, 심벌을 나타낸 것이다.

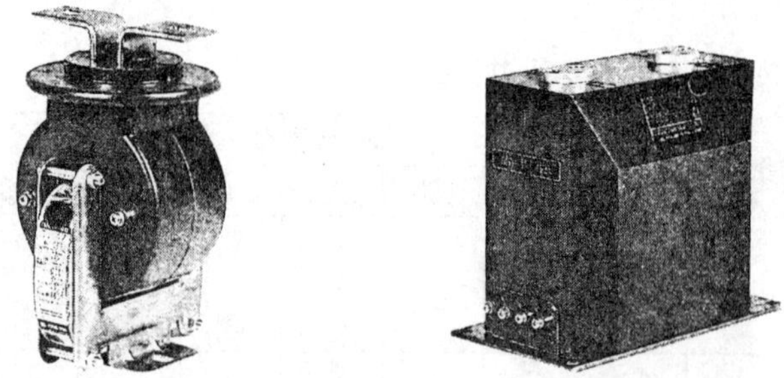

(a) 외형

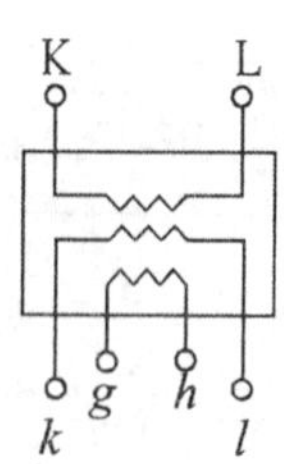

(b) 결선도

그림 3-18 계기용 변류기

(1) 변류기의 권선구조에 따른 분류

① 권선형 변류기 : 1차 전류가 비교적 작은 변류기에 적합(1000[A] 이하)
② 봉형 변류기 : 1차 전류가 큰 변류기에 적합한 구조
③ 관통형 변류기
④ 3차 권선부 변류기
⑤ 다중 철심형 변류기

(2) 용도

① 고압회로의 대전류를 소전류로 변성
② 배전반의 전류계, 전력계 및 CB의 트립코일(TC) 전원으로 사용
③ 주요 부하로는 OCR, 지락과전류계전기 등의 보호계전기, 전류계, 전력계 등이 있다.

(3) 정격

(가) 정격 1차 전류

① 정격 1차 전류는 그 회로의 최대 부하전류를 계산하여 그 값에 여유를 주어 결정
② 수용가 인입회로나 전력용 변압기의 경우 최대 부하전류의 125~150[%]로 선정
③ 전동기 부하는 최대 부하전류의 200~250[%]로 선정

(나) 정격 2차 전류 : 5[A], 1[A], 0.1[A]

① 일반적인 계기, 보호계전기는 5[A], 디지털 계전기는 0.5[A] 또는 1[A]
② CT 2차에 직렬접속되는 부하는 정격 입력전류와 일치시켜야 한다.
③ 원방 계측의 경우 2차 배선의 부담 때문에 1[A], 0.1[A] 정격이 바람직하다.

(다) 정격 3차 전류

다중접지 또는 직접접지 계통의 영상전류를 얻기 위해 사용

① CT 정격 1차 전류가 300[A] 초과할 때 3차 권선부 CT 사용
② 정격 1차 전류가 300[A] 이하에서는 Y회로의 잔류회로 이용, 300[A] 초과에서는 3차 영상분을 이용 지락 영상전류를 검출

참고 정격 1차 전류가 300[A]을 초과하면 잔류회로로는 충분한 영상전류가 얻어지지 않기 때문에 3차 영상분로 권선사용(JEC 190규정→400[A] 이하 3차 권선분로 접속)

(4) 정격부담

변류기의 정격부담이란 변류기의 2차 단자간에 접속된 부하가 2차 전류에서 소비하는 피상전력을 말한다.

변류기의 정격부담보다 변류기의 사용부담이 클 경우에는 변류기의 오차가 증가하고 과전류 특성도 나빠진다. 따라서 변류기의 부하로 보호계전기가 연결되어 있는 경우에는 특히 주의하여야 한다.

$$\text{CT 2차 부담[VA]} = [\text{전선의 전기저항} \times (5\text{A})^2] + (\text{계기, 계전기의 소비 부담}) \quad (3\text{-}18)$$

표 3-20 변류기의 정격 부담(단위 : [VA])

계 급	정격 부담						
0.1급	2.5	5	-	15	25	-	-
0.2급	2.5	5	-	15	25	-	-
0.5급	-	-	-	15	25	40	100
1.0급	-	5	10	15	25	40	100
3.0급	-	5	10	15	25	40	100

(5) 정격 과전류 강도

회로에 단락사고 발생시 CT 1차권선에 단락전류가 흘러 권선의 용단, 변형 등이 일어날 수 있으며, CT 1차에 고장전류가 흐를 경우 정격 1차 전류의 몇 배까지 견딜 수 있는가를 정한 것이 정격 과전류 강도라고 한다.

표준은 40배, 75배, 150배, 300배이며 300배 이상은 별도 주문 제작하고 열적 과전류 강도와 기계적 과전류 강도가 있다.

① 열적 과전류 강도 : 전선의 온도 상승으로 인한 용단에 대한 강도. KS에는 표준 지속시간이 1.0초로 되어 있으나 실제로 과전류 통과 시간에 따라 달라진다.

$$S=\frac{S_n}{\sqrt{t}} \tag{3-19}$$

S : 통전시간 t초에 대한 열적 과전류 강도 S_n : 정격 과전류[kA]

t : 고장전류지속시간[sec]

② 기계적 과전류 강도 : 전자력에 의한 권선의 변형에 견디는 강도

$$\text{기계적 과전류 강도} \geq \frac{\text{회로의 최대고장전류}\,(I_s)}{\text{CT 1차 정격전류}\,(I_n)} \tag{3-20}$$

(6) 변류기 선정 순서

최대 부하전류 산출	$I_n = \frac{P}{\sqrt{3}\,V\cos\theta}$
↓	
CT 1차 정격전류	· 최대부하전류에 여유를 두어 결정 · 변압기 1차측 - 최대부하전류의 125~150[%] · 전동기 등의 기동전류를 고려할 경우 200~250[%]
↓	
정격부담 및 오차계급	· 오차계급 - 계기용, 계전기용 - 1.0급 이상 - 전력량계용 - 0.5급 이하
↓	
과전류 정수 결정	· 정격 과전류 정수는 변류기의 과전류 영역에서의 특징을 나타냄 · CT의 정격부담 정격 주파수에서 변성비 오차가 10[%] 일 때 · 1차전류값과 정격1차 전류값의 비로 표시[n] $n>5$, $n>10$, $n>20$의 표준임
↓	
단락보호 검토	

2 계기용 변압기

계기용 변압기(PT : potential transformer)는 특고압회로의 전압을 이에 비례하는 낮은 전압으로 변성하는 것으로 회로에 병렬로 접속하여 사용하며 배전반의 전압계, 전력계, 주파수계, 역률계, 표시등 및 부족 전압 트립 코일(UVC)의 전원으로 사용된다. 그림 3-19는 계기용 변압기의 외관, 심벌 및 원리를 나타낸 것이다.

(a) 외형

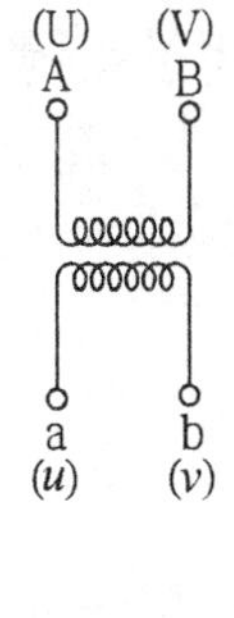

(b) 결선도

그림 3-19 계기용 변압기

표 3-21 계기용 변압기의 정격 부담(단위 : [VA])

계급	정격 부담						
0.1급	10	15	25	-	-	-	-
0.2급	10	15	25	-	-	-	-
0.5급	-	15	-	50	100	200	-
1.0급	-	15	-	50	100	200	500
3.0급	-	15	-	50	100	200	500

3 계기용 변성기함(계기용 변압 변류기)

계기용 변성기함(MOF : metering out fit)는 계기용 변압기와 계기용 변류기를 조합한 것으로 전력사용량을 계량하기 위하여 수전전압, 전류를 계량장치에 적절하도록 변압(PT) 및 변류(CT)시켜서 DM(Maximum Demand Watt-Hour Meter : Demand Meter : 최대수용 전력량계)에 전달하여 주는 장치이다.

표 3-22 계기용 변성기의 계급

계 급	호 칭	주 요 용 도
0.1급 0.2급	표 준 용	계기용 변성기 시험용의 표준기 또는 특별정밀계측용
0.5급 1.0급 3.0급	일 반 계 기 용	정밀계측용 보통계측용, 배전반용 배전반용

주 ① 최대사용전류란 인입 판넬의 경우는 역률을 판정하고(예컨대 85[%]), 규약 전류을 기초로 하여 산출한 부하전류이다.

② 기타의 패널에서는 부하의 수용율이나 계통의 부등율을 고려한 값을 기준으로 한다.

③ 전력회사에 따라서는 변압기의 정격 1차 전류는 최대 사용전류의 200[%] 이하임을 요구하고 있다.

MOF내에는 3-PT, 3-CT가 3상 4선식으로 결선되어 있고 일반의 CT, PT에 비해 정밀도가 높아야 하기 때문에 0.5급을 전기공급규정에서 요구하고 있다. 그림 3-20은 계기용 변성기함의 외관과 결선도를 나타낸 것이다.

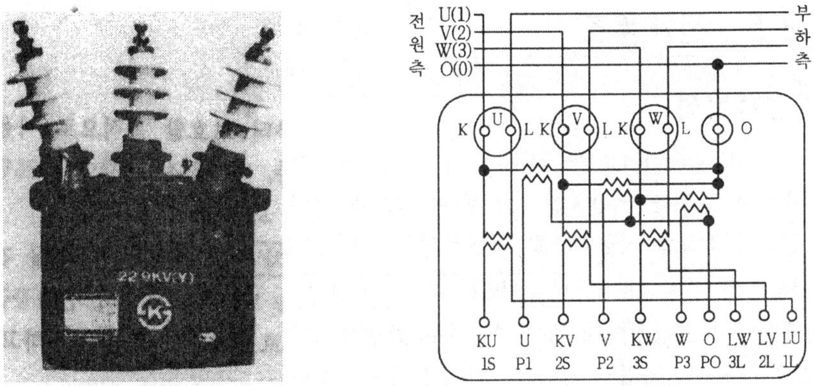

(a) 외형 (b) 결선도

그림 3-20 계기용 변성기함 및 계기 결선도

4 영상변류기

영상변류기(ZCT : zero-phase current transformer)는 지락사고가 발생했을 때 흐르는 영상전류를 검출하여 접지계전기에 의하여 차단기를 동작시켜 사고의 파급을 방지한다.

영상변류기는 지락계전기와 조합하여 사용하는 것으로 부착하는 위치는 고압전로에 지락이 생겼을 때 전로를 자동적으로 차단할 수 있도록 전원에 가장 가까운 위치로 한다.

또한 3상 선로의 불평형, 왕복선의 전류차, 접지선의 전류를 검출하여 누전계전기, 접지계전기, 화재경보기의 전원으로 사용한다. 그림 3-21은 영상 변류기의 외관과 결선도를 나타낸 것이다. ZCT의 정격은 200[mA]/1.5[mA]로 정해져 있다.

(a) 외형 (b) 결선도

그림 3-21 영상 변류기

3.3.5 전력퓨즈

1 설치목적

전력퓨즈(Power Fuse)는 전로나 기기를 단락전류로부터 보호할 목적으로 사용하는 것이며 퓨즈의 일부를 구성하는 가용체(可溶體)에 단락전류, 과부하전류 등이 흐르면 주울열로 용단되어 전로를 자동적으로 차단하여 전로나 기기를 보호하는 설비이다.

전력퓨즈는 자체적으로 [변류기] + [과전류계전기] + [차단기]의 3가지 기능을 갖추고 있어 경제적인 보호장치이며, 수전설비에서 발생할 수 있는 단락사고로부터 전력공급 계통을 분리함으로서 전기사업자 설비 및 자가용 수변전설비를 보호할 목적으로 사용하고 있다.

2 종류와 구조

(1) 소호원리에 의한 분류

(가) 한류형 퓨즈

단락전류 차단시에 높은 아크저항을 발생하여 사고전류를 강제적으로 억제하여 차단하는 퓨즈이며 밀폐된 퓨즈통 안에 가용체와 규사 등 입상소호제(粒狀消弧劑)로 채운 구조로서 특징은 다음과 같다.

① 소형으로 차단용량이 크다.
② 한류효과가 크다.
③ 과전압을 발생한다.
④ 최소 차단 전류가 있다.
⑤ 한류퓨즈의 차단시간은 $\frac{1}{4}$사이클이다.
⑥ 전압 0점에서 차단된다.

(나) 비한류형 퓨즈

전류차단시에 소호가스를 아크에 불어내어 전류가 0점에서 극간의 절연내력을 재기전압 이상으로 높여 차단하는 퓨즈를 비한류형 전력퓨즈라 하고 소호가스로는 붕산 혹은 파이버에서의 발생가스를 이용하는 퓨즈이다.

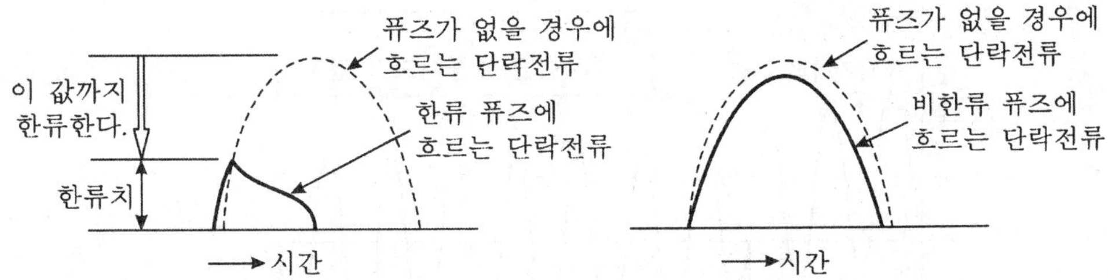

(a) 한류형 전력퓨즈 (b) 비한류형 전력퓨즈

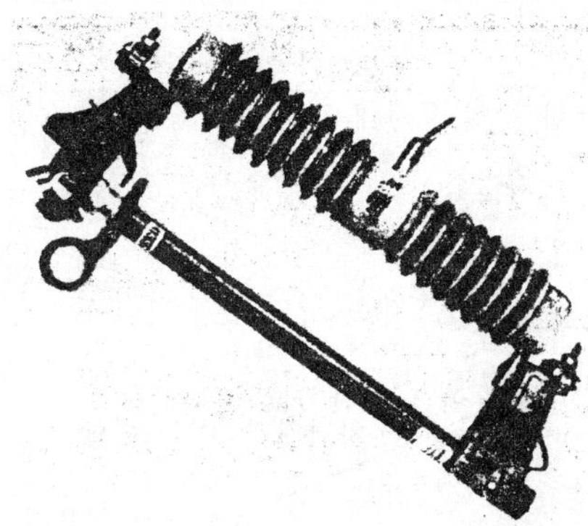

(c) 외형

그림 3-22 단락전류 차단파형과 전력퓨즈의 외형

표 3-23은 한류형과 비한류형 퓨즈의 장단점을 비교한 것이다.

표 3-23 한류형과 비한류형 퓨즈의 장단점

퓨즈의 종류	장 점	단 점
한 류 형	① 소형이며 차단 용량이 크다. ② 한류 효과가 크다.(후비보호에 적합)	① 과전압을 발생한다. ② 최소 차단전류가 있다.
비한류형	① 과전압을 발생하지 않는다. (2중 회로용으로서 최적) ② 녹으면 반드시 차단한다. (과부하 보호 가능)	① 대형 ② 한류효과가 적다.

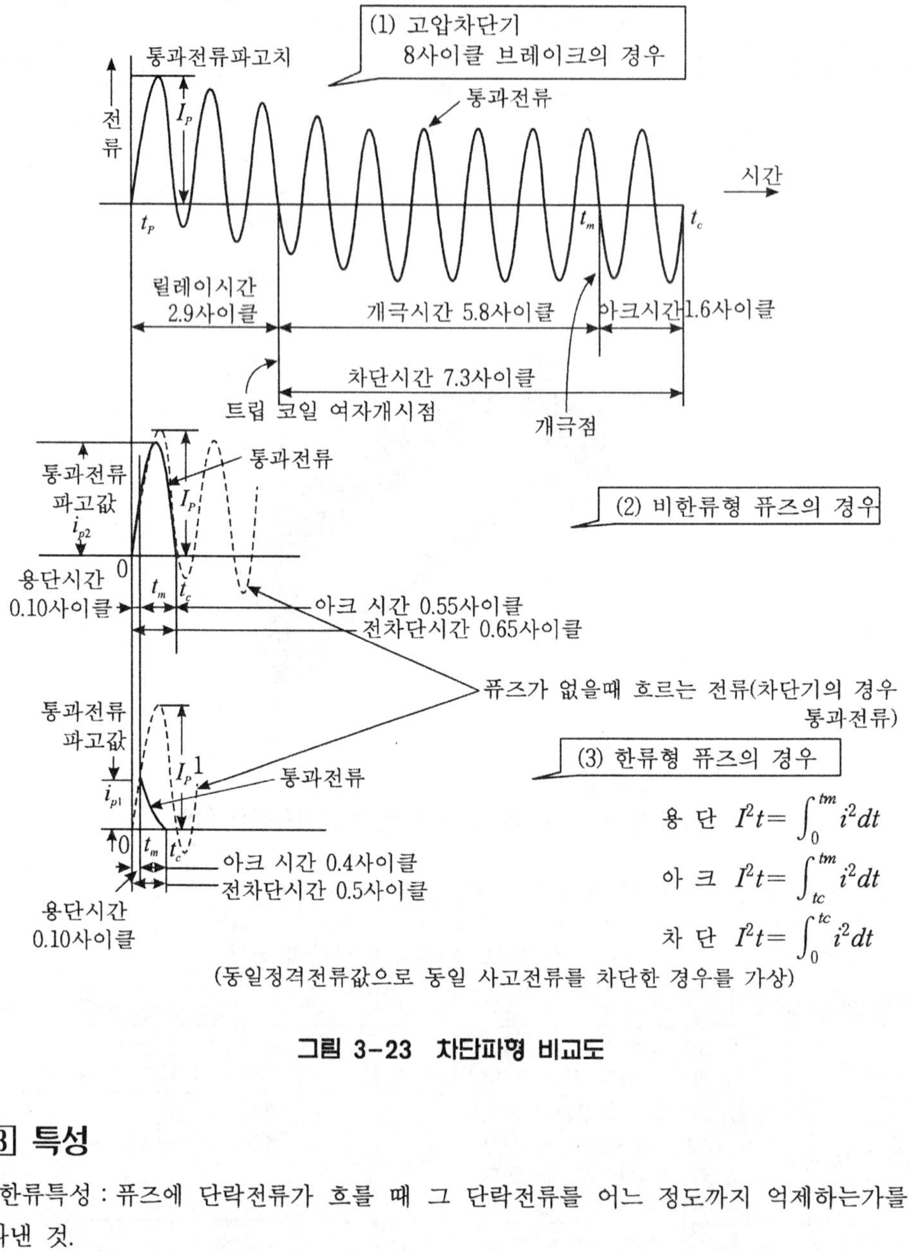

그림 3-23 차단파형 비교도

[3] 특성

① 한류특성 : 퓨즈에 단락전류가 흐를 때 그 단락전류를 어느 정도까지 억제하는가를 나타낸 것.

㉠ 차단기의 경우 : 단락전류가 한류하지 않고 전차단 시간이 10[cycle]

㉡ 한류형 퓨즈 : 처음 반파에서 차단하며 차단 전류 파고값도 대단히 낮다.

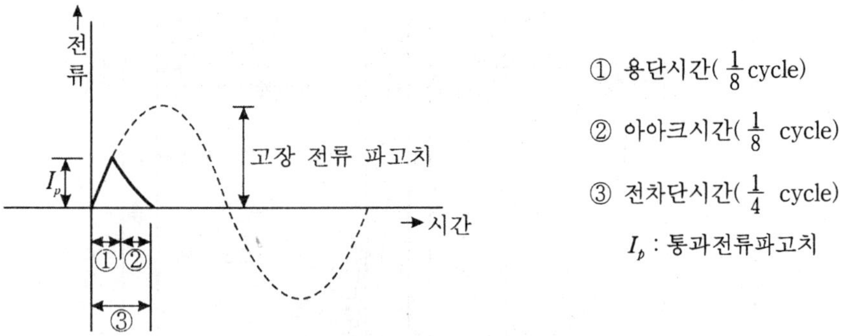

그림 3-24 전력 Fuse의 한류특성곡선

② 허용특성 : 퓨즈에 어느 시간 통전하여도 가용체에 열화를 일으키지 않는(용단 특성에 변화를 일으키지 않는) 전류의 한계와 시간과의 관계를 나타낸 것으로 허용전류시간 특성이라고도 한다.

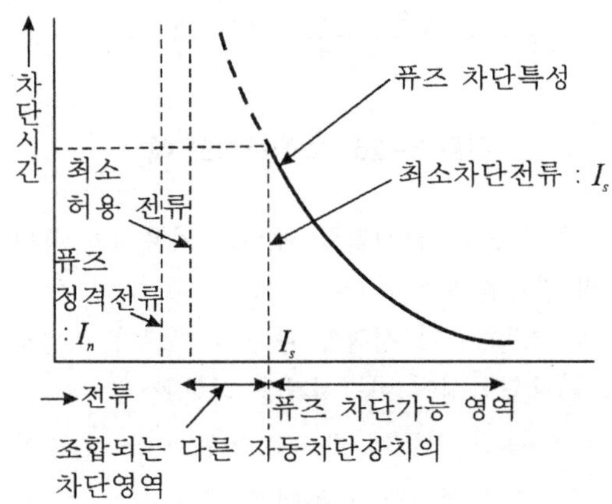

그림 3-25 허용특성의 예

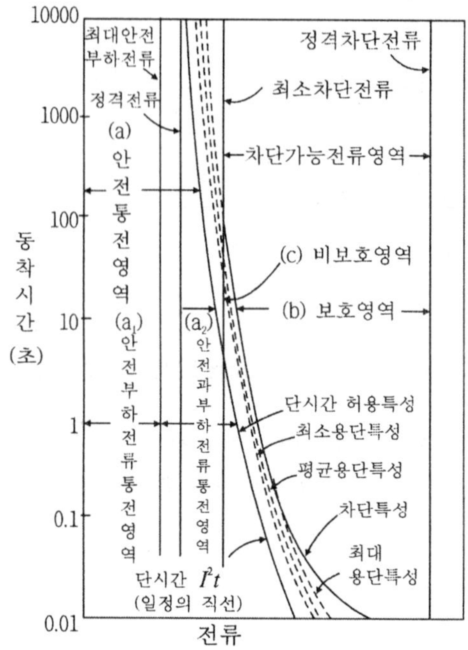

그림 3-26 동작특성의 예

③ 용단특성 : 퓨즈에 과전류가 흐르기 시작할 때부터 가용체가 용단하여 아크가 발생하기까지의 전류와 시간과의 관계를 나타낸 것.

④ 차단특성 : 퓨즈에 과전류가 흐르기 시작할 때부터 아크가 소멸하기까지의 시간과 전류의 관계를 나타낸 것. 즉 용단특성에 아크시간을 더한 것.

⑤ I^2t 특성 : I^2t 특성은 Fuse에 전류가 흐르고 있는 어느 일정기간중 전류 순시치의 2승적분치를 지시하는 것으로 작동 I^2t는 콘덴서 보호 또는 개폐기, 차단기 후비보호에 퓨즈를 사용할 때 열적응력을 검토할 때 사용되는 특성

[4] 최소차단전류

한류형 퓨즈는 큰 전류는 바로 차단하나 용단시간이 긴 소전류 차단은 쉽지 않은 특성이 있다. 최소용단 전류근방에서는 어느 정도 전류값이 커야 차단하게 되는데 이와 같이 차단할 수 있는 최소한도의 전류를 최소차단전류라 말한다.

[5] 특징

전력퓨즈는 차단기와 달라서 선정할 때 장·단점을 잘 비교 검토하여 선정하여야 한다. 예를 들면 과부하를 차단할 필요가 있는 선로나 퓨즈동작 후 재투입을 요구하는 곳 등에는 전력퓨즈 채용을 피하는 것이 좋으며 표 3-24에서 장·단점 비교를 나타내고 있다.

표 3-24 전력퓨즈의 장 · 단점

장 점	단 점
① 가격이 싸다. ② 소형 경량이다. ③ 릴레이나 변성기가 필요 없다. ④ 밀폐형 퓨즈는 차단시에 무소음 무방출이다. ⑤ 소형으로 큰 차단용량을 갖는다. ⑥ 보수가 간단하다. ⑦ 고속도 차단한다. ⑧ 한류형 퓨즈는 한류효과가 대단히 크다. ⑨ 차지하는 공간이 적고 장치 전체가 싼 값에 소형으로 처리된다. ⑩ 후비보호가 완벽하다.	① 재투입을 할 수 없다. ② 과도전류로 용단하기 쉽다. ③ 동작시간-전류특성을 계전기처럼 자유로이 조정 할 수 없다. ④ 한류형 퓨즈에는 녹아도 차단하지 못하는 전류범위를 갖는 것이 있다. ⑤ 비보호영역이 있으며, 사용 중에 열화하여 동작하면 결상을 일으킬 염려가 있다. ⑥ 한류형은 차단시에 과전압을 발생한다. ⑦ 고 임피던스 접지계통의 접지보호는 할 수 없다.

6 정격전압

3상 회로에서 사용 가능한 전압한도를 표시하는 것으로서 선로의 공칭전압에 대해 다음과 같이 나타내고 있다.

$$\text{정격전압} = \text{공칭전압} \times \frac{1.2}{1.1}\,[\text{V}] \tag{3-21}$$

전력퓨즈의 정격전압은 선로의 계통이 접지, 비접지에 무관하고 계통 최대 선간전압에 의해 선정하게 되어 있다.

예제 공칭전압이 6.6[kV]인 선로의 정격전압은?

풀이 $\text{정격전압} = 6.6 \times \frac{1.2}{1.1} = 7.2[\text{kV}]$

즉 전선로의 공칭전압은 6.6[kV]이며 퓨즈의 정격전압은 7.2[kV]이다. 이외에 13.2/22.9[kV-Y]에서는 설계전압이 25.8[kV]로 되어 있다.

7 정격전류

전력퓨즈가 온도상승 한도를 넘지 않고 연속으로 흘려 보낼 수 있는 전류값이며 실효값 [A]으로 표시한다.

내선규정에 의해 정격전류를 산출하고 일반적으로 전부하전류의 2배(자가용설비에서는 1.5배 추천)를 사용한다.

표 3-25 전력퓨즈의 정격전류 표준값

정격 전류의 표준값
1, 2, 3, 5, 7, 10, 15, 20, 25, 30, 40, 50, 65, 80, 100, 125, 150, 200, 250, 300, 400

예제 변압기 합계용량이 500[kVA]이고 전압이 22.9[kV]인 경우 전력퓨즈의 용량은?

풀이 $I = \frac{600}{\sqrt{3} \times 22.9} = 15.12[A]$

정격전류는 15.12×2는 30.26이나 30[A]를 채택한다.

[8] 전력퓨즈의 정격 차단 용량

① 퓨즈가 차단할 수 있는 단락전류의 최대전류값[A, kA]으로 표시한다.

② 퓨즈는 고속도 차단을 하여 차단 전류에는 과도현상에서 발생하는 직류분이 포함되는데, 차단용량을 표시하는 경우 이러한 직류분을 포함시킨 비대칭 실효값으로 나타내지 않고 교류분만의 대칭 실효값만을 나타낸다.

③ 대칭값과 비대칭값의 배율은 선로역율이 나쁠수록 크지만 퓨즈는 일반적으로 비대칭값/대칭값=1.6정도로 적용하고 있다.

표 3-26 전력퓨즈의 정격표준치

정격전압[kV]	정격전류[A]	정격주파수[Hz]	정격차단전류[kA]
3.6	1(1.5), 2, 3, 5, 7, 10, 15, 20, 25, 30, 40, 50, (60)65(75), 80, 100, 125, 150, 200, 250, 300, 400	60[Hz]	16, 25, 40
7.2			12.5, 20, 31.5, 40
12			12.5, 25, 40, 50, 80
24(25.8)			12.5, 20, 25, 40, 50
36			8, 12.5, 16.5, 25
72			4, 8, 12.5, 20, 31.5
84			3.15, 6.3, 10, 12.5, 20

주 ( )의 값을 JEC 2330에 추가 표시된 값임.

3.3.6 전력용 콘덴서

[1] 설치하는 이유

전력용 콘덴서(SC : static capacitor)는 빌딩이나 공장 등의 전력부하 중에서 백열전등이나 전열부하는 역율이 좋으나 방전등, 용접기, 전동기 등의 동력설비회로는 역률이 60~80[%]로서 부하설비의 합성역율은 저하되고 전압변동 및 전력손실이 증가된다.

부하와 병렬로 콘덴서를 접속하면 진상전류가 흘러 역율을 개선하고 이때 사용되는 것을 진상용 콘덴서라고도 부르며 역률 개선은 동력부하를 대상으로 하며 역률이 낮으면 전력손실, 전압강하, 수변전설비의 대형화, 전력요금의 할증 등 계통에서 악영향을 미치고 있다.

[2] 용량 계산

(1) 계산에 의한 소요 콘덴서 용량의 산출법

일반적으로 전력부하는 저항 R과 유도리액턴스 X_L로 구성되어 전압과 전류는 $\cos\theta$만큼의 위상차를 나타내며, 이를 역률이라 한다.

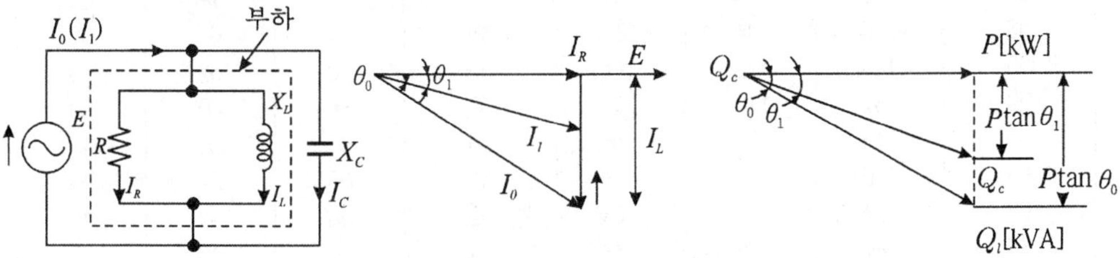

(a) 회로도 (b) 전류벡터도 (c) 콘덴서용량 벡터도

그림 3-27 역율개선의 원리도

그림 3-27 (a)와 같이 부하와 병렬로 전력용 콘덴서에 의한 용량리액턴스 X_C를 접속하면, X_C에 흐르는 전류 I_C는 전압 E보다 90° 앞선 위상이 된다.

그림 (b)와 같이 역률 $\cos\theta_0$가 $\cos\theta_1$으로 되어 전력용 콘덴서를 설치하기 전보다 역률이 1에 가까워진다. 이 효과를 역률 개선 효과로 볼 수 있다.

그림 (c)에서 콘덴서 용량 Q_c를 구하면

$$Q_c = P(\tan\theta_0 - \tan\theta_1)[\text{kVA}] \qquad (3\text{-}22)$$

또는

$$Q_c = P\left(\sqrt{\frac{1}{\cos^2\theta_0} - 1} - \sqrt{\frac{1}{\cos^2\theta_1} - 1}\right)[\text{kVA}] \qquad (3\text{-}23)$$

여기서, P[kW] : 부하의 용량, $\cos\theta_0$: 개선 전 역율, $\cos\theta_1$: 개선 후 역율,
Q_c[kVA] : 소요콘덴서 용량

(2) 콘덴서 용량표에 의한 방법

콘덴서 용량의 산출에는 [kVA]부하를 기준으로 하는 경우와 [kW]를 기준으로 하는 경우가 있다.

표 3-27 콘덴서 용량을 구하는 표(콘덴서 용량을 부하 용량의 백분비로 표시함)

A. kW부하를 기준으로 하는 경우 kW부하×표의 %=콘덴서 용량[kVA]				B. kVA부하를 기준으로 하는 경우 kVA부하×표의 %=콘덴서 용량[kVA]			
최초의 역률[%]	개선 후의 역률[%]			최초의 역률[%]	개선 후의 역률[%]		
	95	90	85		95	90	85
40	196	181	167	40	79	72	67
42	183	168	154	42	77	71	65
46	160	144	131	46	74	67	60
50	140	125	111	50	70	62	56
52	131	116	102	52	68	60	53
56	115	99	86	56	64	56	48
60	110	85	71	60	60	51	43
62	94	78	65	62	58	49	40
64	87	72	58	64	56	46	37
66	81	65	52	66	54	43	34
68	75	59	46	68	51	40	31
69	72	57	43	69	50	39	30
70	69	54	40	70	49	38	29
72	64	48	34	72	46	35	25
74	58	42	29	74	43	32	22
76	53	37	24	76	40	28	18
78	47	32	18	78	37	25	14
80	42	27	13	80	34	21	10
82	37	21	8	82	30	18	7
84	32	16	3	84	27	14	3
86	27	11		86	23	10	
88	21	6		88	19	5	
90	16			90	14		
94	3			94	3		

변압기 용량에 따른 콘덴서의 용량을 구하는 경우에는 표 3-28을 적용한다.

표 3-28 수전 변압기 용량의 경우

변압기 용량[kVA]	콘덴서 용량[kVA]
500[kVA] 이하	변압기 용량×5[%]로 콘덴서 용량 결정
500~2,000[kVA]의 경우	변압기 용량×4[%]로 콘덴서 용량 결정
2,000[kVA] 이상	변압기 용량×3[%]로 콘덴서 용량 결정

예제 $P=1000$[kW], $\cos\theta=0.8$인 부하를 $\cos\theta_1=0.95$로 개선하는데 필요한 콘덴서 용량을 구하시오.

풀이 $Q_c=1,000\left(\sqrt{\frac{1}{(0.8)^2}-1}-\sqrt{\frac{1}{(0.95)^2}-1}\right)=1,000\times0.421=421[\text{kVA}]$

표준용량의 콘덴서를 선정한다면 500[kVA]의 콘덴서를 선정하여야 한다.

예제 그림 3-28과 같이 부하 변동이 있는 공장에서 부하 역률을 95[%]로 개선하는데 필요한 콘덴서의 용량과 군(群) 분할을 결정하라.

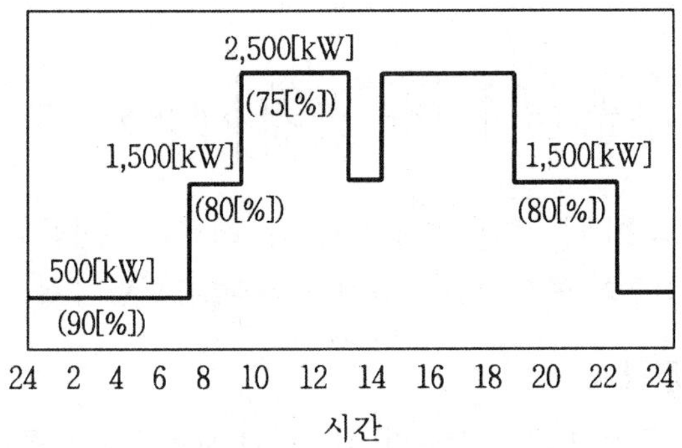

그림 3-28 부하 변동

풀이 ① 500[kW] 부하일 때는 PF=0.9이므로 식 (3-11)로부터 Q_c=75[kVA]

② 1,500[kW] 부하일 때는 PF=0.8이므로 식 (3-11)로부터 Q_c=632[kVA]

③ 2,500[kW] 부하일 때는 PF=0.75이므로 식 (3-11)로부터 Q_c=1,383[kVA]

위 계산으로부터 75[kVA], 650[kVA], 1400[kVA] 콘덴서 설비가 필요하다. 이러한 부하의 경우는 200[kVA] 1군을 고정으로 하고 600[kVA]×2군을 가변군(可變群)으로 하여 500[kW] 부하에서는 200[kVA]만을 사용하고 1500[kW]일 때는 600[kVA] 1군을 자동 투입하고 2500[kW] 부하에서는 다시 600[kVA] 1군을 자동 투입하면 전 부하에 대해서 PF=0.95 이상으로 유지할 수 있다. 이와 같은 설비 구성으로 하는 것이 콘덴서 단위를 통일하는 견지에서 바람직하다. 부하가 시간 단위로 크게 변동하는 경우에는 콘덴서를 몇 군으로 분할하고, 부하 변동에 따라 자동 또는 수동으로 개폐하여 조정하도록 한다. 또한 군 분할에 있어서는 설비비와 보수 점검을 고려해서 군의 수는 최소한으로 하는 것이 경제적이다.

예제 부하 100[kVA], 처음 역률 60[%]를 90[%]로 개선하는데 필요한 콘덴서 용량을 구하시오.

풀이 용량 산출시는 표 3-27 B를 이용 60[%]의 수평란과 희망 역율을 90[%] 수직란과 교차점 51[%]를 채용한다.

$$\therefore\ Q_c = 100\times 0.51 = 51[\text{kVA}] \qquad ①$$

표준용량의 콘덴서를 설치하려면 75[kVA]를 선정한다. 이것을 계산법으로 산출하면

$$Q_c = 1000\times\left(\sqrt{\frac{1}{0.6^2}-1}-\sqrt{\frac{1}{0.9^2}-1}\right) = 51[\text{kVA}] \qquad ②$$

표에 의한 ①과 계산에 의한 ②가 같음을 알 수 있다.

3 전력용 콘덴서의 설치 효과

(1) 변압기 동손의 경감

변압기의 손실 중 동손이 차지하는 비율은 75[%]라고 하면, 동손의 저감량 W_t은 다음과 같다.

$$W_t = \left[\frac{100}{\eta} - 1\right] \times \frac{75}{100}\left[\frac{P}{P_t}\right]^2 \times \left[1 - \frac{\cos^2\theta_0}{\cos^2\theta_1}\right] \times P_t \,[\mathrm{kW}] \qquad (3\text{-}24)$$

여기서, η : 변압기 효율[%], P : 부하용량[kVA], $\cos\theta_0$: 개선전의 역률,
$\cos\theta_1$: 개선후의 역률, P_t : 변압기 정격용량[kVA]

(2) 선로손실의 경감

역율을 개선하면 선로에 흐르는 전류가 감소하기 때문에 선로손실이 감소되며 그 손실 저감량 W_t는 다음 식으로 구해진다.

$$W_t = \left(\frac{P}{E}\right)^2 \times R \times \left[\frac{1}{\cos^2\theta_0} - \frac{1}{\cos^2\theta_1}\right] \times 10^{-3} [\mathrm{kW}] \qquad (3\text{-}25)$$

여기서, P : 부하의 유효전력[kW], E : 회로전압[kV], R : 선로 1상분의 저항[Ω]
$\cos\theta_0$: 개선전의 역률, $\cos\theta_1$: 개선후의 역률

(3) 설비 용량의 여유도 향상

전력용 콘덴서 Q_c를 설치하여 역률 $\cos\theta_0$에서 $\cos\theta_1$로 개선하였을 경우 전원으로부터 공급되는 파상 전력은 P_0에서 P_1으로 감소하게 된다.

이것을 역률개선에 의한 부하전류가 감소하는 결과로 나타내며, 같은 설비에서 $(P_0 - P_1)$의 설비여력이 있는 것을 뜻한다.

이 설비여력 P는 다음 식으로 구해진다.

$$P_0^2 = P_1^2 + P^2 - 2P_1 \cdot P\cos(180° - \theta_0 + \theta_1) \qquad (3\text{-}26)$$

$$P = -P_1 \cdot \cos(\theta_0 - \theta_1) + \sqrt{P_1^2 \cdot \cos(\theta_0 - \cos\theta_1) - (P_1^2 - P_0^2)} \qquad (3\text{-}27)$$

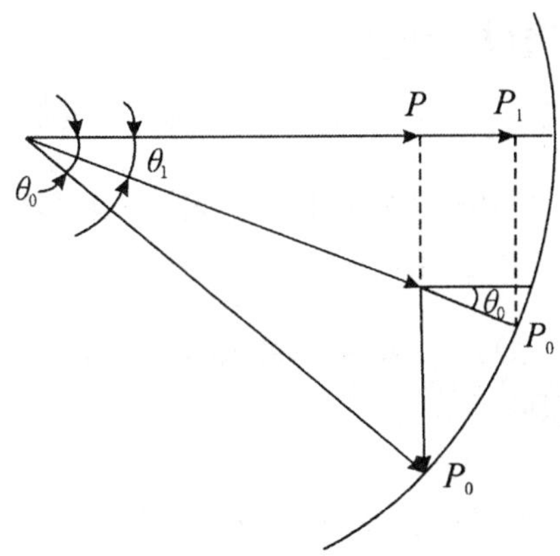

그림 3-29 설비여유 증가의 벡터도

(4) 전압강하의 개선

역률을 개선하면 선로전류가 감소하고 선로의 리액턴스분에 의한 전압강하가 보상된다.

$$\Delta E_l = I_1(R\cos\theta_1 + X\sin\theta_1) - I_2(R\cos\theta_2 + X\sin\theta_2) \qquad (3\text{-}28)$$

여기서, ΔE_l : 전압강하 개선량[V], I_1 : 개선전의 선로 전류[A], I_2 : 개선후의 선로 전류[A], R : 선로의 저항[Ω], X : 선로의 리액턴스[Ω], $\cos\theta_1$: 개선 전의 역률, $\cos\theta_2$: 개선후의 역률, $\sin\theta_1$: 개선전의 무효율, $\sin\theta_2$: 개선후의 무효율

(5) 전력요금의 경감

전기요금은 계약전력[kW]으로 정하는 기본요금과 사용전력량[kW]으로 정하는 전력요금으로 구성된다.

$$\text{전기요금(원)} = \text{기본요금} + \text{전력량 요금} \qquad (3\text{-}29)$$

$$\text{기본요금(원)} = \text{계약전력[kW]} \times \left(1 + \frac{90 - \text{역율[\%]}}{100}\right) \times \text{전력단가[원/kW]} \qquad (3\text{-}30)$$

$$\text{전력량요금(원)} = \text{사용 전력량[kWh]} \times \text{전력단가[원/kWh]} \qquad (3\text{-}31)$$

전기공급규정에 따르면 역율이 90[%]에 미달하는 경우에는 매 1[%]에 대하여 기본 요금의 1[%]씩을 추가한다. 이러한 추가 전력요금은 전력용 콘덴서를 설치함으로써 경감할 수 있다. 무효 전력량계를 설치한 수용가에서 역율이 90[%]를 초과하는 경우에는 95[%]까지의 초과하는 매 1[%]에 대하여 기본요금의 1[%]씩을 감액한다.

4 설치방법과 제어방식

(1) 설치방법

전력용 콘덴서를 설치할 적합한 장소의 선정방법은 수용가의 구내계통, 부하조건에 따라 설치 효과, 보수, 점검, 경제성등을 검토하여야 한다.

① 수전단 모선에 설치하는 방법 : 그림 3-30의 (a)와 같이 수전단 모선 중앙에 설치할 경우 다음과 같은 특징이 있다.
   ㉠ 관리가 용이하고 경제적이다.
   ㉡ 무효전력에 신속하게 대처할 수 있어 전력요금 등에 대한 절감효과를 가져올 수 있다.
   ㉢ 선로의 개선효과는 기대할 수 없다.

② 수전단 모선과 부하측에 분산 설치하는 방법 : 그림 3-30의 (b)와 같이 수전단 모선 중앙에 부하와 병행하여 설치하는 방법으로 수전단 모선에 설치하는 방법보다 개선 효과가 크다.

③ 부하측에 분산하여 설치하는 방법
   ㉠ 가장 이상적이고 효과적인 역율개선 방법이다.
   ㉡ 설치면적과 설치비용이 많이 든다.

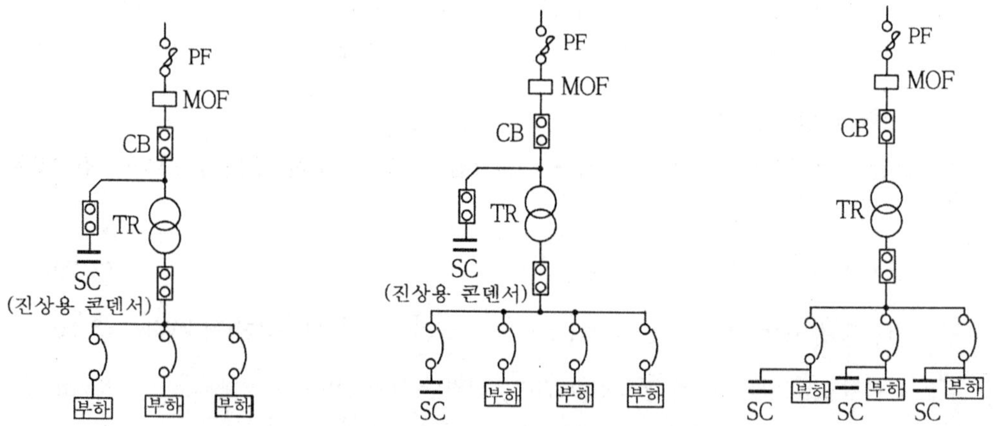

(a) 수전단 모선에 설치 (b) 수전단 모선과 부하측에 분산 설치 (c) 부하측에 분산 설치

그림 3-30 콘덴서의 설치 방법

(2) 자동제어 방식

전력용 콘덴서를 설치하여 항상 높은 역률을 유지하고 전기설비를 효율적으로 이용하려면, 부하의 변동에 맞춰 필요한 용량만 공급하도록 콘덴서를 제어해야 한다.

① 특정 부하 개폐 신호에 의한 제어
② 프로그램에 의한 제어
③ 수전점 무효전력에 의한 제어
④ 모선전압에 의한 제어
⑤ 부하전류에 의한 제어
⑥ 수전점 역율에 의한 제어

표 3-29 자동제어 방식의 종류와 특징

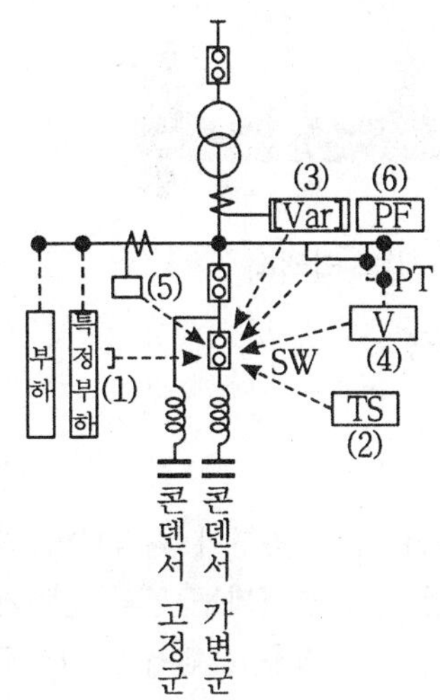

회 로 도	자동제어 방식	적 용	특 징
	(1) 특정 부하의 개폐 신호에 의한 제어	변동하는 특정 부하 이외의 부하 무효전력이 거의 일정한 곳	개폐기의 접점만으로 간단히 제어할 수 있어 가장 설치비가 적다.
	(2) 프로그램에 의한 제어	하루의 부하변동이 거의 없는 곳	다음으로 설치비가 적게 든다. 타이어 조정과 조합 등으로 기능의 변환이 가능하다.
	(3) 수전점 무효 전력에 의한 제어	모든 변동 부하	부하 변동의 종류를 가리지 않고 적용 가능하며, 순간적인 부하 변동에만 주의하면 된다.
	(4) 모선 전압 제어에 의한 제어	전원 임피던스가 크고 전압변동이 큰 계통	역률개선보다도 전압강하 억제를 목적으로 한것이며 전력회사에서 많이 채용하는 방식이다.
	(5) 부하 전류에 의한 제어	전류의 크기와 무효전력의 관계가 일정한 곳	부하의 CT 2차 전류만으로 적용이 가능하여 조작이 간단하다.
	(6) 수전점 역률에 의한 제어	모든 변동 부하	같은 역률이라도 부하의 크기에 따라 무효전력이 다르므로 일반적인 수용가에선 채용되고 있지 않다.

㈜ 콘덴서 설치에 따른 효과는 그 설치 위치에서 전원측에 나타나므로 수용가 측에서의 효과는 부하 말단에 설치할수록 좋아지므로 자동제어방식의 결정을 복합적으로 결정되어야 한다.

5 부속기기

전력용 콘덴서의 부속기기는 방전장치와 직렬 리액터가 있다.

(1) 방전장치

전력용 콘덴서를 회로로부터 개방하였을 때 잔류전하 때문에 콘덴서의 점검이나 취급에 있어서 위험하다. 이 잔류전하를 단시간에 방전시키는 방전장치를 시설하여야 한다.

① 방전코일(DC : discharging coil) : 대용량에 사용.
② 방전저항 : 소용량의 군에서 사용.

방전코일은 콘덴서의 잔류전하를 5초 이내에 50[V] 이하로 방전시킬 수 있는 용량이어야 하며 방전저항은 5분 이내에 방전시켜야 한다.

(a) 방전코일

(b) 직렬 리액터

그림 3-31 방전코일 및 직렬 리액터

(2) 직렬 리액터

회로에서 대용량의 전력용 콘덴서를 설치하면 고조파 전류가 흘러 파형이 왜곡되어 전동기, 변압기 등의 소음 증대, 계전기의 오동작 또는 기기의 손실이 증대되는 등의 장해가 발생될 수 있다. 이러한 전압파형의 찌그러짐을 개선할 목적으로 전력용 콘덴서와 직렬로 직렬 리액터(SR : series reactor)를 사용한다.

직렬 리액터의 용량은 전력용 콘덴서 용량의 6[%]가 표준정격이며, 뱅크용량이 300[kVA] 이상일 때 설치한다. 100[kVA] 이하인 소용량군에서는 경제적인 이유 때문에 직렬 리액터를 설치하지 않는 수가 있으나, 회로의 고조파 현상에서 볼 때는 시설함이 좋다.

(가) 설치목적

① 제5고조파 제거
② 돌입전류 방지
③ 계통의 과전압 억제
④ 고조파에 의한 계전기 오동작 방지

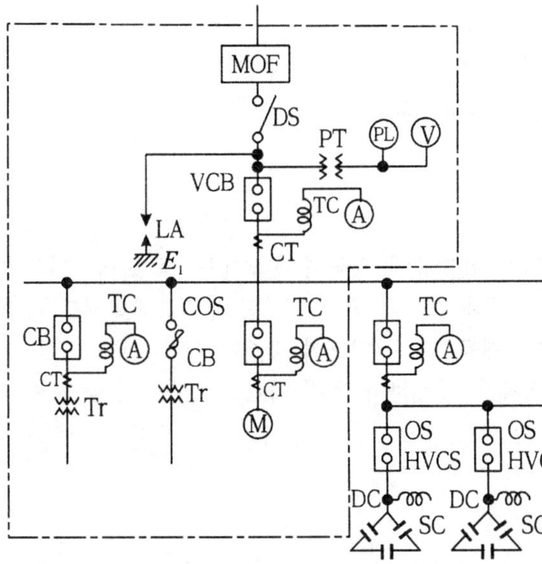

(a) 콘덴서 총 용량이 600[kVA] 초과의 경우

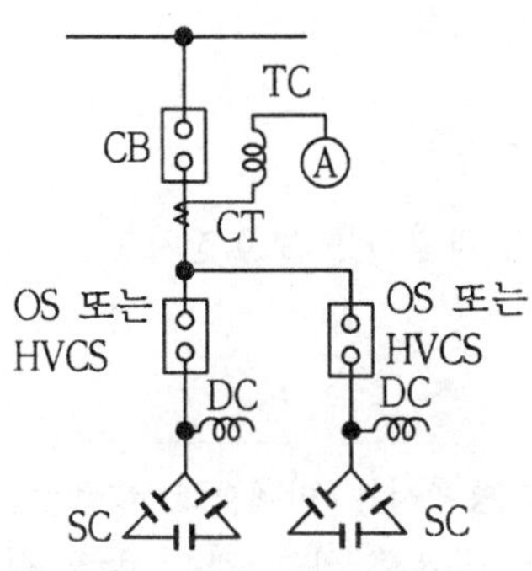

(b) 콘덴서 총 용량이 300[kVA] 초과 600[kVA] 이하의 경우

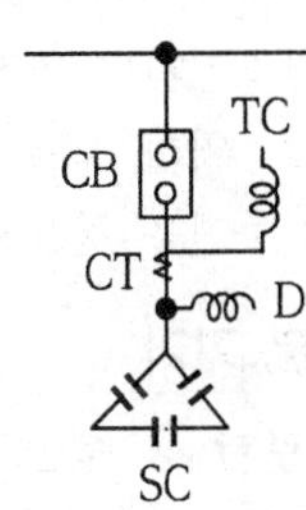

(c) 콘덴서 총 용량이 300[kVA]의 경우 전류계를 생략할 때

그림 3-32 전력용 콘덴서 접속도

㈜ 콘덴서의 용량이 100[kVA] 이하인 경우에는 CB 대신 OS 또는 유사한 것(인터럽터 스위치 등)을, 50[kVA] 미만의 경우에는 COS(직결로 함)을 사용할 수 있다.

(나) 용량 계산

$$n\omega L - \frac{1}{n\omega C} = 0$$

5고조파인 경우

$$\omega L = \frac{1}{25} \cdot \frac{1}{\omega C}$$

이론상 4[%]이나 실제로는 6[%] 적용한다.

3.3.7 배전반

배전반은 보드에 부착된 각종 계기류에 의하여 전력계통 및 전력기기의 상태를 감시하고 제어반의 제어 스위치에 의하여 기기를 현장조작 및 원격조작하기도 하며 램프의 표시 상태에 의하여 개폐기의 개폐상태를 알 수 있으며 각종 릴레이(relay, 보호 계전기)에 의하여 기기 및 전선로의 이상 상태를 검출하여 선택 차단 및 경보 등을 하는 기능을 가지고 있다.

1 배전반의 구성요소

배전반에 부설하는 기기는 감시제어용 기기와 주회로용 기기로 나누어진다.

(1) 감시제어용 기기

① 계기 : 전력회로, 기기의 상태를 감시 및 계측
② 표시등 : 차단기, 개폐기의 개폐 상태 확인
③ 조작개폐기 : 기기의 조작용
④ 보호계전기 : 기기, 회로의 이상 상태의 검출, 선택, 차단하는 보호장치
⑤ 경보장치 : 누전을 경보하는 것(ELD)

(2) 주회로 기기

차단기, 단로기 등 수동조작 방식의 차단기는 개방형에서는 반(盤)에 직접 설치한다. 일반적인 경우 배전반에서의 기기 배치는 상시 감시를 필요로 하는 것은 반의 상부에 상시 감시가 필요하지 않은 것은 반의 하부에 설치한다.

(3) 배전반의 재료

배전반의 재료로서는 강판, 대리석, 아스베스토, 페놀수지 적층판 등이 있으나 현재는 가볍고 튼튼하며 조립이 쉬운 강판을 사용하는 경우가 많다. 강판제 배전반은 다음과 같은 장점이 있다.

① 가볍고 기계적 강도가 크다.
② 안전하다.
③ 가공이 쉽다.
④ 재료 구입이 쉽다.
⑤ 미적이며 합리적인 설계를 할 수 있다.

2 배전반의 분류

(1) 형태에 의한 분류

배전반은 모양에 따라서 수직형, 벤치형, 데스크형, 특수형으로 분류된다.

① 수직형
   ㉠ 자립형(큐비클형) : 폐쇄된 철판함속에 차단기, 변성기, 단로기, 조작용 스위치 등을 장치하고 있다.

② 벤치형 : 수직자립형과 데스크형을 하나로 조합한 것으로 조작용스위치, 신호등, 계기류의 수가 많은 것에 적합하다.

③ 데스크형 : 제어용, 수직자립형과 조합해서 사용하는 일이 많다.

④ 특수형 : 사용목적에 따라서 여러 형태로 특수하게 제작된 것이다.

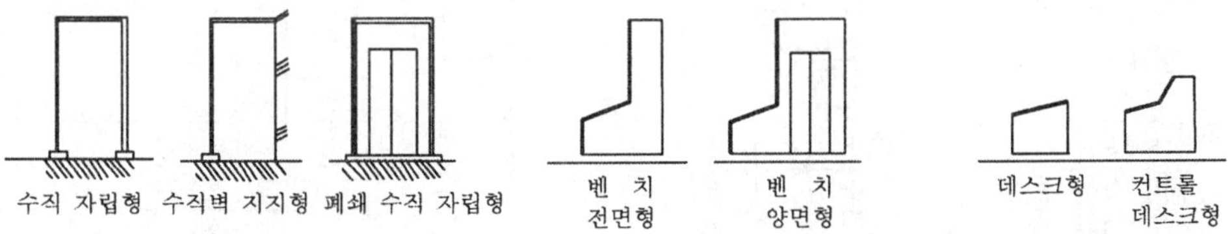

(a) 수직형 배전반 (b) 벤치형 배전반 (c) 데스크형 배전반

그림 3-33 배전반의 구조에 의한 분류(굵은 선은 감시면)

3 고압 큐비클

(1) 고압 큐비클의 특징

고압 큐비클식은 종래의 개방형 수전방식에 비하여 다음과 같은 특징이 있다.

① 설비의 설치면적이 적게 든다.

② 전용의 설치면적이 필요 없고 지하실, 옥상 또는 구내의 일부 등에 간단히 설치할 수 있다.

③ 내부의 기기장치를 간소화할 수 있어 점검, 보수가 용이하며 신뢰성이 높다.

(2) 고압 큐비클의 종류

고압 큐비클의 종류는 주차단장치에 따라 구분되며 표 3-30과 같다.

표 3-30 큐비클의 종류

형	식	수전설비용량	주 차 단 기	콘덴서 용량
CB형	옥내용	1000[kVA] 이하	차단기(CB)를 사용한 것.	300[kVA] 이하
	옥외용			
PF-CB형	옥내용	500[kVA] 이하	한류형 전력퓨즈(PF)와 CB를 조합하여 사용한 것.	300[kVA] 이하
	옥외용			
PF-S형	옥내용	300[kVA] 이하	PF와 고압개폐기를 조합하여 사용한 것.	100[kVA] 이하
	옥외용			

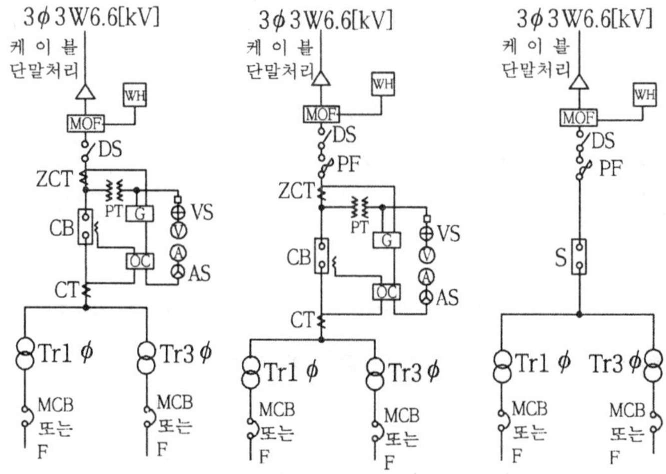

[비고]
차단기(CB)가 자동연결 기구의 단로부를 구비하고 있으며 단로기의 위치에 설치하는 경우에는 DS를 생략할 수 있다.

[비고]
PF에 단로형 전략 퓨즈를 사용하는 경우에는 DS를 생략할 수 있다.

[비고]
PF에 단로형 전력 퓨즈를 사용하는 경우에는 DS를 생략할 수 있다.

범 례	
약호	명 칭
MOF	전력수급용 변성기
WH	전력수급용 계량장치
DS	단로기(고압 컷 아웃을 포함)
PF	전력퓨즈
CB	차단기
S	고압 개폐기
ZCT	영상 변류기
G	고압 지락 계전 장치
OC	과전류 계전기
CT	변류기
PT	계기용 변압기
V	전압계
A	전류계
VS	전압계 전환 스위치
AS	전류계 전환 스위치
Tr	변압기
MCB	배선용 차단기
F	퓨즈

(a) CB형 (b) PF · CB형 (c) PF · S형

그림 3-34 큐비클식 고압수전설비의 단선접속도

(a) 수배전반
(Switchgear Panel)

(b) MCC반
(Motor Control Center)

그림 3-35 큐비클식 고압수전설비의 외형

3.3.8 보호계전기

보호계전기는 전력계통, 전기기기의 사고가 발생하였을 때 이상상태를 신속히 검출하고 회로를 분리하여 사람의 안전, 설비의 손상방지 및 다른 전력계통에 사고의 파급을 막고 전력공급의 안정과 신뢰도를 향상을 목적으로 설치하는 기기이다.

이러한 보호계전기는 전기설비의 과전류, 과전압, 부족전압, 지락, 결상 등으로부터 보호하기 위하여 차단기를 차단하며 확실성, 신속성, 선택성의 기능이 요구된다.

보호계전 시스템의 구성은 다음과 같다.

① 검출부 : PT, CT, GPT, ZCT 등이 있고, 회로의 전압 및 전류를 검출한다.
② 판정부 : 보호 계전기, 검출부로부터 신호를 받아 크기, 시간적 변화, 상호의 위상관계 등에 따라 동작여부와 필요동작 시간을 판정하여 동작부에 지령한다.
③ 동작부 : 검출과 판정을 거쳐 설정된 지시값에 도달할 경우 판정부의 지령에 따라 전로를 차단하여 사고 부분을 분리한다.

표 3-31 유도형, 정지형, 디지털형 보호계전기의 비교

분류 / 비교항목		아날로그형		디지털형
		유도형	정지형	
동작원리		계전기 입력에 의한 전자력을 기계적 구동력 또는 변위로 변환해 접점개폐로 출력하는 것. 전자흡인형과 전자유도형의 2종류가 있으며 전자흡인형은 전자석에 철심이 흡인되는 응동(應動)을 이용한 것이며 전자유도형은 유도전동기와 같은 전자유도력 원리를 이용한 것이다.	입력된 전기량을 트랜지스터나 IC회로 등으로 크기나 위상비교를 하여 그 결과를 출력하는 것.	디지털형은 판정부에 CPU를 사용하고 있으며 입력된 아날로그의 전기량을 아날로그/디지털 변환기(A/D)로 디지털 신호로 변환해 디지털 연산처리로 입력 레벨을 구해 정정된 구동값과 비교해 동작을 판정한다.
보호특성		기계적 원리이기 때문에 특성선택은 계전기가 중요하다. 동작감도 고속화에도 한도가 있다.	전자형보다 고감도로 고속화가 가능하다. 복잡한 반한시(反限時), 정한시(定限時)특성 등을 선택가능한 기종도 있다.	고속, 안정 복수의 보호특성을 내장해 이들을 용이하게 선택가능
고조파 직류분에 대한 안정성		본질적으로 고조파 직류분에 영향은 잘 받지 않는다.	원리상 영향은 받기 쉬우나 고성능 아날로그 필터를 이용해 대책을 취한다.	디지털 필터를 이용해 기본파 이외의 성분을 제거한다. 항상 안정된 특성을 얻을 수 있다.
입력용량	변성기 부담	기계적 가동부를 지니고 있어 저부담화에도 한도가 있다.	전자회로 증폭작용을 이용하고 있어 큰폭의 작은 부담이 가능하다.	정지형과 동일, 부담도 거의 정지형과 동일
	제어용 전원	보호계전기 장치에는 필요하지 않다.	전자회로를 사용하고 있어 회로 제어 전원을 필요로 한다.	정지형과 동일, 필요용량도 거의 정지형과 동일
신뢰도·안정도		기계적 가동부를 사용하고 있어 진동에 대해 불필요한 동작을 할 경우가 있다.	먼지, 진동에 대해서는 강하지만 사용부품이 많은 만큼 신뢰도가 약간 떨어진다.	자기감시 기능을 지닌다. 디지털 연산부의 경년열화에 의한 오차는 없다.
장치 소형화		소형화에도 한도가 있다.	보호목적에 따라 다르지만 전자형의 약 1/2이하	정지형에 비교해 질량, 외형 치수 모두 약 30 [%] 정도 소형화를 실현

[1] 과전류계전기

과전류계전기(OCR : over current relay)는 변류기의 2차측에 접속되어 변류기로부터 부하측에 단락사고, 과부하 사고가 발생하였을 때 과전류를 검출하여 계전기의 정정 전류값을 초과할 때 차단기를 동작시키는 계전기이다.

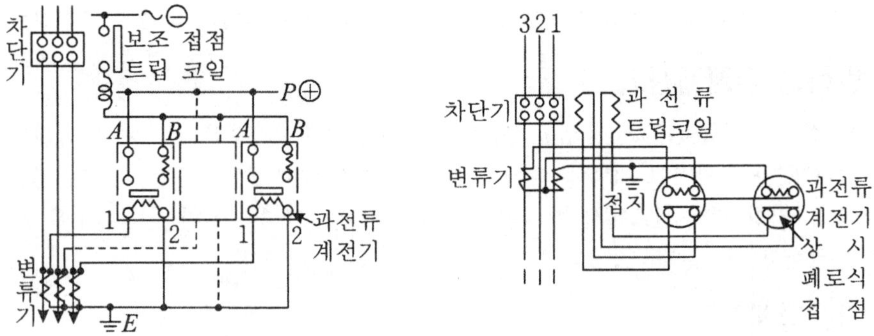

(a) 상시 개로식 (b) 상시 폐로식

그림 3-36 과전류계전기의 접속

상시 폐로형 계전기는 상시 개로형과는 달리 트립 전류회로에 직류전원 대신 변류기(CT) 2차 전류를 그대로 이용한 계전기이다. 과전류계전기의 정격은 표 3-32와 같다.

표 3-32 과전류계전기의 정격

정격전류	5[A]
설정범위	한시요소 3, 4, 5, 6, 8[A] 순시요소 30, 40, 60, 80[A]
동작특성	한시요소 설정치에 대해서 오차는 ±10[%] 순시요소 설정치에 대해서 오차는 ±15[%]

예제 22.9[kV-Y] 수전설비의 부하전류가 30[A]이면 CT는 60/5[A]의 변류기를 통하여 과전류계전기를 시설하였다. 120[%]의 과부하에서 차단기를 동작시키자면 과전류계전기의 전류 탭은 몇[A]로 설정하여야 하는가?

풀이 과전류계전기의 전류 탭을 최대전류의 120[%]로 설정하므로

$$30 \times 1.2 \times \frac{5}{60} = 3[A]$$

2 접지계전기

변전설비에 사용되는 접지계전기(GR : ground relay)는 기기의 내부 또는 회로에 지락사고가 생긴 경우 영상전압과 대지 충전전류에 의하여 검출된 영상전류의 크기가 어떤 일정한 값에 도달하면 차단기를 동작시켜 사고회로를 개방 또는 경보신호를 내도록 하는 계전기이다.

[접지계전기] 110[V]

정격동작전류 설정값 200[mA]

전류설정장치 1000[mA] 이하로 하고, 200, 400, 600[mA]의 3점은 반드시 마련한다.

③ 방향성 접지계전기

방향성 접지계전기(SGR : selecting ground relay)는 비접지방식 선로에서 과전압 지락 계전기(OVGR)와 조합하여 지락에 의한 고장 전류를 GPT와 ZCT 등을 이용해 검출된 이상 접지전류를 한 방향(선로에서 대지쪽으로 흐르는 전류방향)으로만 동작하도록 한 접지 계전기를 말한다.

④ 과전압계전기

과전압계전기(OVR : over voltage relay)는 배전선로에서 이상전압이나 과전압 내습시 PT에서 검출된 과전압에 의해 동작되며 정격전압(PT의 2차 전압)의 130[%]에서 정정하고 전력회사 규정에서는 PT 2차 전압을 110[V]로 보고 계전기의 전압 탭을 AC 135~150[V] 범위내의 전압을 조정할 수 있는 전압 탭 하나는 반드시 구비하도록 하고 220[V]인 경우는 정정 범위가 120~160[V]이다.

표 3-33 과전압계전기의 정격

정격 전압	110[V], 220[V]
설정 범위	90-100-110-120-130-140-150[V] (110[V]) 180-200-220-240-260-280-300[V] (200[V])

⑤ 부족전압계전기(UVR : under voltage relay)

부족전압계전기(UVR : under voltage relay)는 배전선로에서 순간정전이나 단락사고 등에 의한 전압 강하시 PT에서 이상 저전압을 검출하여 동작되며 정격전압(PT의 2차 전압)의 80 [%]에서 정정하고, 전력회사 규정에서 PT 2차 전압을 110[V]로 보고 계전기의 전압탭을 AC 60~80[V] 범위내의 전압을 조정할 수 있는 전압탭을 하나는 구비하도록 하고 있다.

표 3-34 부족전압계전기의 정격

정격 전압	110[V], 220[V]
설정 범위	90-100-110-120-130-140-150[V] (110[V]) 180-200-220-240-260-280-300[V] (200[V])

⑥ 전력계전기

전력계전기(Power Reay)선로의 전력 또는 무효전력, 역전력을 검출하여 동작하는 계전기이다.

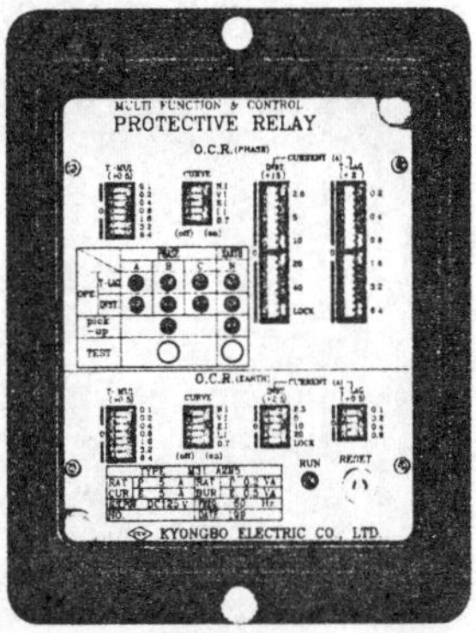

(a) OCR

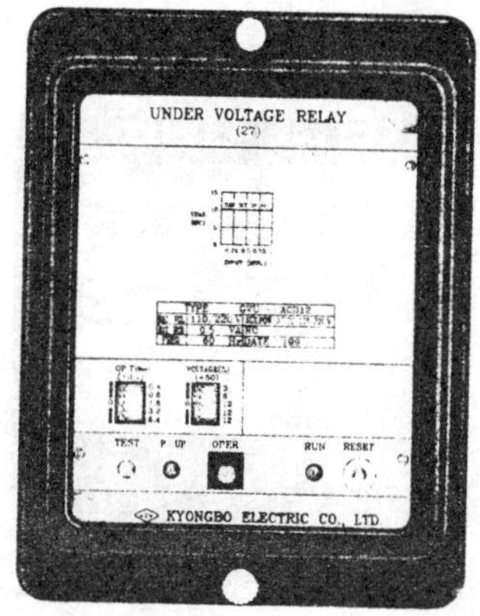

(b) UVR

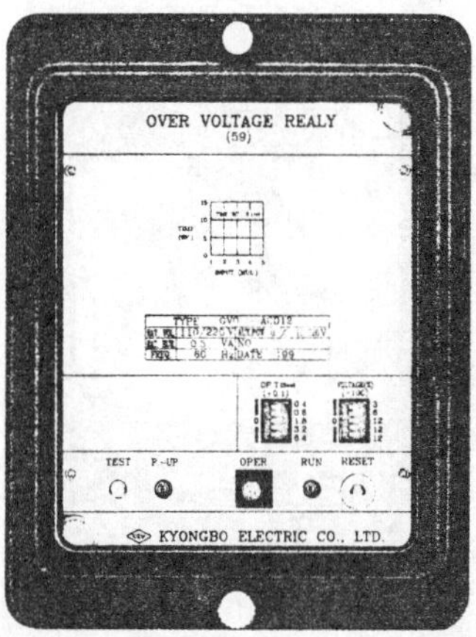

(c) OVR

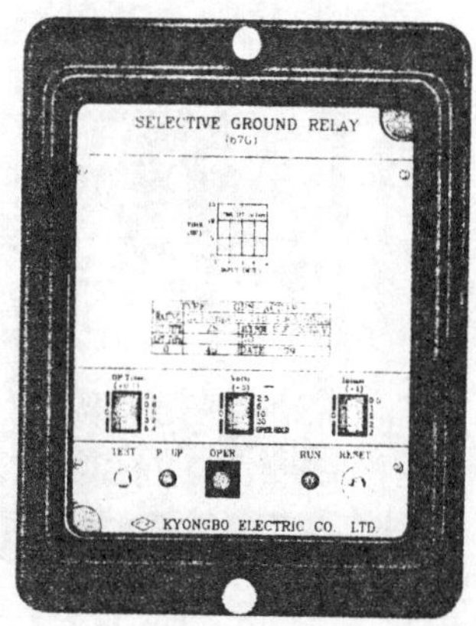

(d) SGR

[전자식]

(a) OCR

(b) OCGR

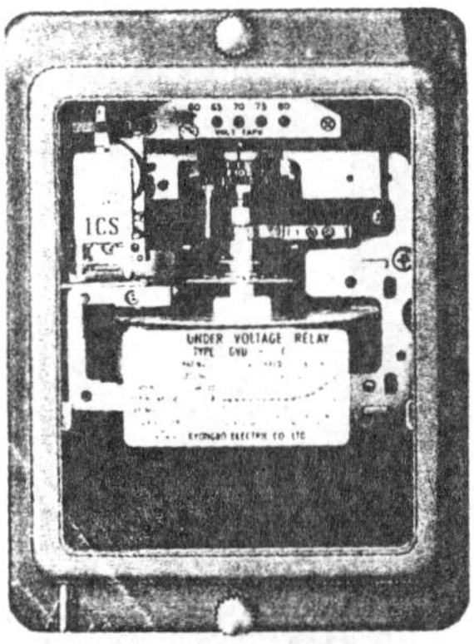

(c) UVR

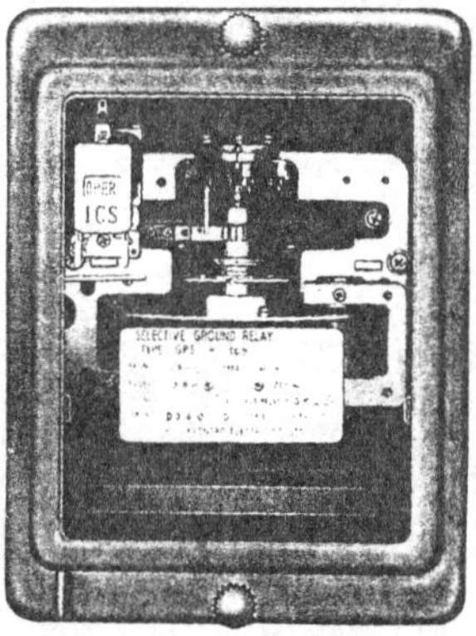

(d) SGR

[유도형]

그림 3-37 각종 계전기

7 비율차동계전기

비율차동계전기(Differential Relay : Diff. R)는 변압기나 조상기의 내부고장시 1차와 2차의 전류비 차이로 동작하는 계전기로 5,000[kVA] 이상의 대용량 변압기에 채용된다.

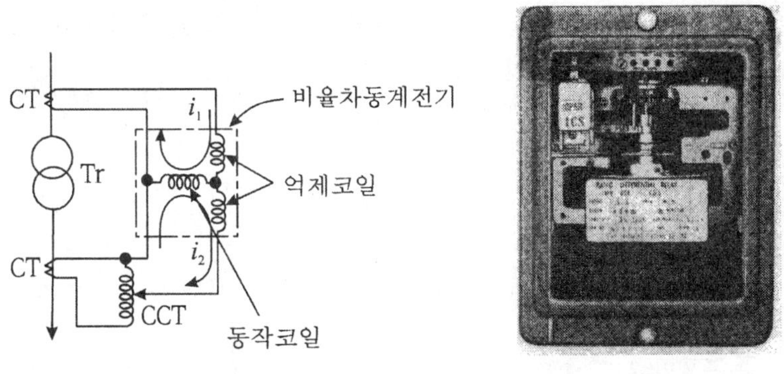

(a) 접속도 (b) 외형

그림 3-38 비율차동계전기의 접속도 및 외형

8 보호계전기의 적용

(1) 적용시 고려사항

① 대상설비의 위치
② 대상설비의 종류
③ 대상설비의 계통에서 중요도
④ 대상설비의 계통적 상호협조

(2) 적용의 원칙

① 사고범위의 국한과 공급의 확보(선택성)
② 보호의 중첩과 협조(신뢰성)
③ 후비보호 기능의 구비(후비성)
④ 재폐로에 의한 계통 및 공급의 안정화(안전성)

표 3-35 보호계전기 사용 기준

사고별 \ 설비명	수 전 단	주변압기	배 전 선	전력콘덴서
과 전 류		OCR	OCR	OCR
과 전 압			OVR	OVR
저 전 압	OCR		UVR	UVR
접 지			GR(SGR, DGR)	
변압기내부		Diff. R		

(3) 보호계전기의 보호 협조

보호계전기의 선정·정정·운용은 국부적인 원인 해결만을 고려하여서는 안되며 자기선로의 영향을 최대한으로 줄여 선택차단하고 다른 선로에 영향을 주지 않도록 협조 설치하는 것이 보호계전기 선정시 가장 중요한 사항이다.

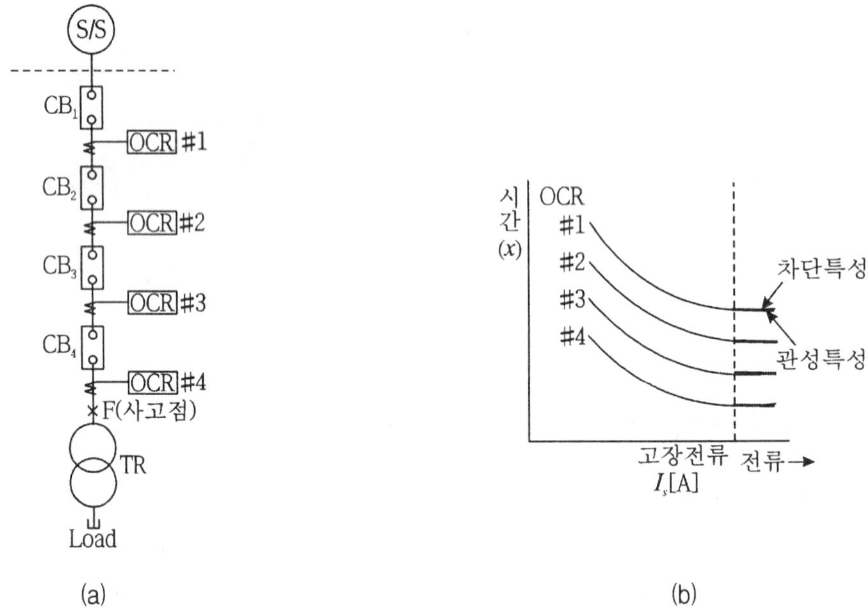

그림 3-39 보호협조방식(반한시의 경우)

3.3.9 개폐기

1 자동 고장 구분개폐기

우리나라의 배전 전압은 대부분이 22.9[kV-Y]의 3상 4선식 다중접지 방식이며 지락시 지락전류가 너무 커서 단락사고 때와 같이 한국전력공사의 배전선로에 설치된 Recloser나 한국전력공사에 설치된 차단기가 동작하여 한 수용가의 사고가 많은 수용가에 피해를 주는 결과를 가져오고 있다.

따라서 자동고장구분개폐기(ASS : automatic section switch)는 수용가 구내에 지락사고, 단락사고시 즉시 회로를 분리하여 사고의 파급을 방지하고 구내설비의 피해를 최소화하기 위하여 사용되며, 수전용량이 300[kVA]를 초과 1,000[kVA] 이하인 경우와 간이 수전설비인 경우 인입구 개폐기로서 자동고장구분 개폐기를 설치하도록 의무화하고 있다.

(1) 특 징

① 전력회사 변전소의 차단기나 선로의 리클로저(recloser)와 협조하여 1회 순간 정전 후 고장구간을 자동 분리한다.

② 차단능력은 900[A]이며 800[A] 미만의 과부하 및 이상전류에 대해서도 차단되어 과부

하 보호기능도 가지고 있다.

③ 개방방식은 자동 및 수동 개방이며 투입은 수동 방식이다.

④ 개폐조작은 스프링의 힘에 의해서 작동되어 동작이 확실하고 신속하다.

⑤ 고장전류 발생시 무전압 상태에서 개방되어 안전도가 높다.

(2) 시 설

① 보안상의 책임 분계점에는 보수 및 점검시 전로를 구분하기 위한 구분개폐기를 시설하여야 한다. 다만, 전기사업자가 자가용 인입선 전용의 분기개폐기를 시설하는 경우에는 보안상의 책임분계점의 근접된 곳에 구분개폐기를 시설할 수 있다.

② 구분개폐기는 부하전류를 개폐할 수 있어야 한다. 다만, 전기사업자가 자가용 인입선 전용의 분기개폐기를 시설하는 경우에는 단로기를 옥내 또는 금속제 함에 넣어 옥외에 시설하는 외에 이것을 조작할 때 부하전류의 유무가 확인될 수 있도록 시설하는 경우에는 구분개폐기로서 단로기를 사용할 수 있다.

㈜ 구분개폐기로서 옥내에 시설하는 단로기는 인입구에서 전선의 길이 4[m] 이내의 곳에 설치하는 것이 바람직하다.

(a) 부하개폐기 (b) 선로개폐기

그림 3-40 부하개폐기 및 선로개폐기

[2] 부하개폐기

부하개폐기(LBS : load breaking switch)는 수변전 설비의 인입구 개폐기로 많이 사용되며 전력퓨즈의 용단시 결상을 방지할 목적으로 채용되고 있다.

이 개폐기는 전력퓨즈가 용단될 때 전력퓨즈에 내장된 동작표시장치가 돌출하면서 트립장치가 작동하여 스프링의 힘에 의하여 가동 부하접점을 자동 개방시키도록 되어 있다.

이 개폐기는 전력퓨즈와 같은 장소에서 단락사고 방지용으로 많이 사용되며 3상 부하의 결상 방지용으로 기계적인 부분을 결합한 개폐기이므로 전력퓨즈와 같이 취급한다.

3 선로개폐기

선로개폐기(LS : line switch)는 보안상 책임 분계점에서 보수 점검시 전로 개폐를 위하여 설치하며 반드시 무부하 상태에서 개폐하여야 하며 단로기와 비슷한 용도로 사용한다.

구조는 1개의 수직 파이프에 3개의 선로를 동시에 연동 조작하는 수평 연결봉과 연결되어 지상에서 개폐할 수 있도록 연결시키게 되어 있다.

24[kV] 400[A], 800[A] 정격이 있으나 고장이 많고 사고가 많아 현재는 IS와 LBS로 대체되어 거의 사용치 않고 있다.

4 기중부하개폐기

기중부하개폐기(IS : interrupter switch)는 개폐시 아크가 소호통안에서 발생하도록 하여 아크를 소호한다. 이 개폐기에는 더블 방식과 싱글 방식이 있으며 수동 원방으로 조작하는 개폐기이다.

기중부하개폐기의 설치는 주상, 프레임 또는 큐비클에 설치하며 이격거리를 충분히 확보하고 조작시에는 직접 눈으로 확인한 후에 작업을 하여야 한다.

① 22.9[kV] 선로에 주로 사용(25.8[kV], 600A, 25[kA] 정격)
② 한전재산분기점에 COS 대신 사용(3,000[kVA] 이상 ~ 7,000[kVA] 이하)
자가용수전설비에서는 300[kVA] 이하 인입구 개폐기로 사용

5 컷아웃 스위치

컷 아웃 스위치(COS : cut out switch)는 주로 변압기의 1차측의 각 상에 설치하여 변압기의 보호와 개폐를 위하여 단극으로 제작되었으며 내부의 퓨즈가 용단되면 스위치의 덮개가 중력에 의하여 스스로 개방되어 멀리서도 퓨즈의 용단 여부를 쉽게 눈으로 식별할 수 있게 한 것이다.

COS내에 동선을 사용시 DS로 사용하며 수전용량 3,000[kVA] 이하 한전 책임분기점에 설치한다.

① 변압기에 사용할 때 6.6(3.3)[kV]는 150[kVA] 이하, 22.9[kV]에는 300[kVA] 이하에 사용한다.
② 차단용량은 최소 10[kA] 이상을 선정한다.

표 3-36 컷아웃용 퓨즈

정격 전압[kV]	7.2, 25
정격 전류[A]	1, 2, 3, 5, 7, 10, 15, 20, 25, 30, 50, 75, 100

(1) 고압 컷아웃 스위치

고압 컷아웃 스위치는 변압기의 1차측 개폐기 또는 50[kV] 이하의 콘덴서용 개폐기로 사용하고, 한류퓨즈를 붙여서 변압기의 과부하 보호장치로 사용되고 있다.

(2) 특별 고압 컷아웃 스위치

특별 고압 컷아웃 스위치는 자기제 외면(원통형)에 퓨즈를 장치하는 구조로 되어 있다.

표 3-37 특별 고압 컷아웃 스위치의 정격

정격 전압	정격 전류	정격 차단 전류		정격 주파수
		비대칭 실효값	대칭 실효값	
25[kV]	100[A]	6,000[A]	4,000[A]	60[Hz]
		10,000[A]	7,100[A]	
		12,000[A]	8,000[A]	

표 3-38 차단기, 개폐기, 단로기, 퓨즈의 기능

기구명칭	무부하	정상전류			이상전류		
	개	통전	개	폐	통전	투입	차단
차단기	○	○	○	○	○	○	○
퓨 즈	○	○	×	×	×	×	○
단로기	○	○	△	○	○	×	×
개폐기	○	○	○	○	○	△	×

○ : 동작 × : 부동작 △ : 때에 따라 동작

(a) 기중 부하 개폐기

(b) COS

그림 3-41 기중 부하개폐기 및 COS

3.3.10 피뢰기

피뢰기(lightning arrester : LA)는 전력설비의 기기를 낙뢰 또는 이상전압으로부터 보호하는 장치이다. 피뢰기의 특성은 단자전압이 이상전압의 침입으로 방전개시 전압 이상으로 상승시 신속히 동작하여 정격(제한)전압 이하로 이상전압을 억제하는 기능과 이상전압을 방전한 후 자동적으로 회복(속류차단)시키는 기능을 가지고 있다.

[1] 구비조건

① 이상전압의 침입에 대하여 신속하게 방전특성을 가질 것.
② 방전 후 이상전류 통전시 단자전압을 정격(제한)전압 이하로 억제할 것.
③ 이상전압 처리 후 속류를 차단하여 자동회복하는 능력을 가질 것.
④ 반복동작에 대하여 특성이 변화하지 않을 것 등이다.

[2] 종류 및 동작특성

(1) 피뢰기의 종류

갭저항기, 밸브형(Valve Type), 밸브저항형(Valve Resistance Type), 갭레스형(Gapless type)이 있으며 갭레스형이 많이 사용된다.

(가) 갭형 피뢰기

① 특성요소
㉠ SiC(탄산규소입자)를 각종 결합체와 혼합하여 고온 소성하고 비저항 특성을 갖는다.
㉡ 큰 방전전류에서는 저 저항값이 되어 제한전압을 낮게 억제하고, 낮은 전압은 고 저항값으로 속류 등을 차단하여 직렬갭에 의한 차단을 도와준다.
② 직렬갭(주갭)
㉠ 정상전압에서는 절연상태를 유지하고 이상 과전압은 대지로 방전한다.
㉡ 이상 과전압 흡수 및 속류을 차단한다.

(나) 갭레스형 피뢰기(Gap Resistance Type)

금속산화물(ZnO) 특성요소의 뛰어난 비직선 저항곡선을 이용하여 특성요소만으로 제작한 피뢰기이며 특징은 다음과 같다.

① 방전갭(직렬갭)이 없으므로 구조가 간단하다.
② 소형경량이며 가격이 가장 싸다.
③ 소손 위험이 적고 반복되는 서지에 대하여도 뛰어난 성능을 기대할 수 있다.
④ 속류가 없어 빈번한 작동에 잘 견디며 특성요소의 변화가 적다.
⑤ 직렬갭이 없이 특성요소만으로 절연되어 있어 특성요소 사고시 지락사고가 된다.

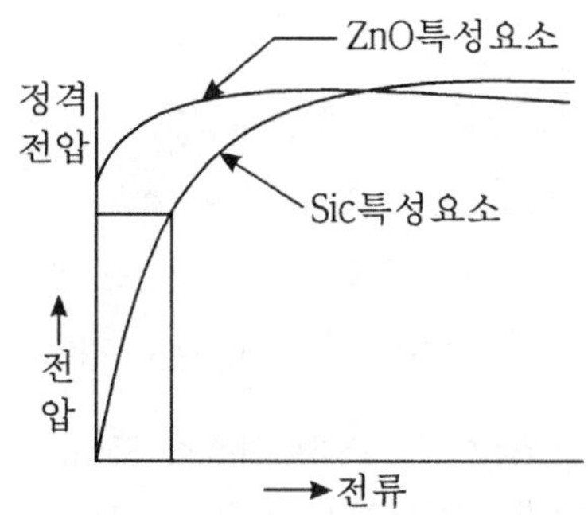

그림 3-42 특성요소별 V-I곡선

(2) 동작특성

① 상용주파전압에 뇌전압이 겹쳐 파고값이 피뢰기의 뇌임펄스 방전개시전압에 도달하면 피뢰기가 방전하여 전압이 내려간다.
② 동시에 피뢰기에는 방전전류가 흐르며 제한전압으로 억제한다.
③ 서지전압이 소멸된 후에도 피뢰기는 도통상태에 있어 속류가 흐르나 처음의 전류영점에서 속류를 차단하고 원상태로 회복한다.
④ 이러한 제반 동작이 반 Cycle이라는 짧은 시간에 이루어진다.

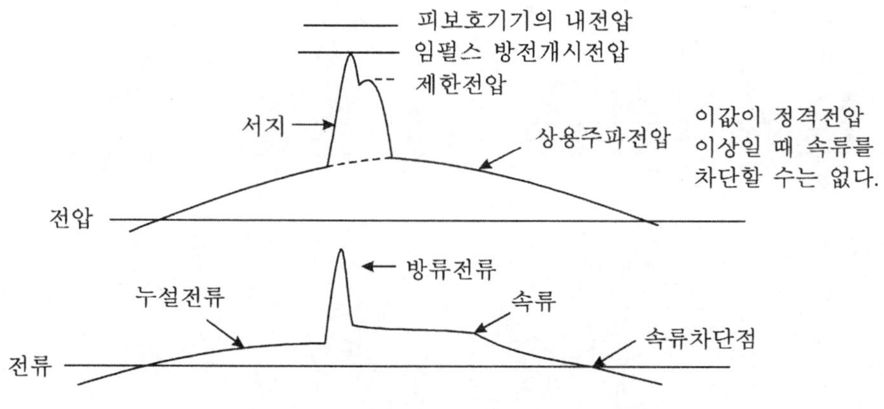

그림 3-43 피뢰기의 전압-전류 동작특성

3 설치위치 및 장소

(1) 설치위치

피뢰기가 기기와 같은 곳에 설치되어 있으면 기기에 걸리는 전압은 피뢰기 단자전압과 같지만 거리가 멀리 떨어져 있으면 침입 파형이나 기기의 배치에 따라 피뢰기의 제한전압보다 크게 된다.

$$V_t = V_p + \frac{2Ul}{V} \tag{3-32}$$

여기서, V_t : 기기에 걸리는 전압, V_p : 피뢰기 제한전압, l : 피뢰기와의 거리

U : 침입파의 파두준도(차폐선로 : 500[kV/ μs], 일반선로 : 200[kV/ μs])

V : 서지의 전파속도(가공선로 : 300[m/ μs], 케이블 150[m/ μs])

① 내선규정 : 22.9[kV]에는 20[m] 이내. 154[kV]에는 65[m] 이내에 설치한다.
② 가공선로와 케이블 접속점(가공선로말단), PF나 COS 전단에 설치하는 것이 바람직하다.

(2) 설치장소

① 발전소, 변전소 또는 이에 준하는 장소의 가공전선 인입구 및 인출구
② 고압 가공 전선로로부터 공급을 받는 수용장소의 인입구
③ 특별고압 가공전선로부터 공급을 받는 수용장소의 인입구
④ 가공선과 지중선과의 접속 개소
⑤ 리클로져, 섹셔날라이져, 차단기, 구분개폐기 등의 개폐장치의 전원측 및 부하측의 각상

4 구성

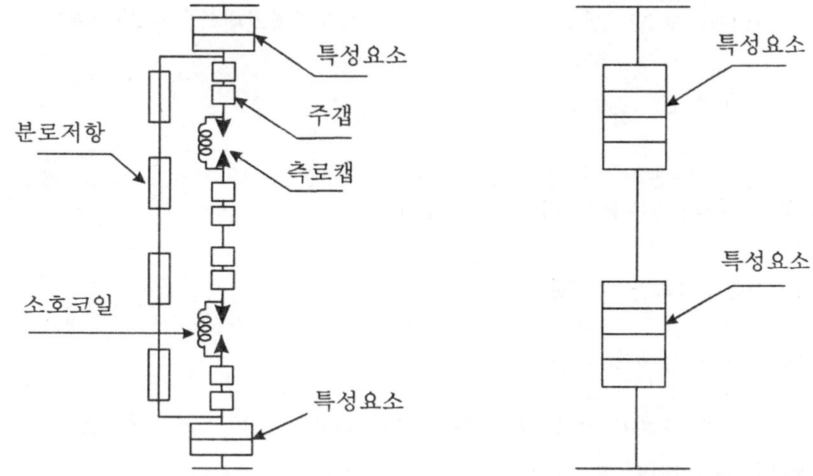

(a) 갭형 (b) 갭레스형

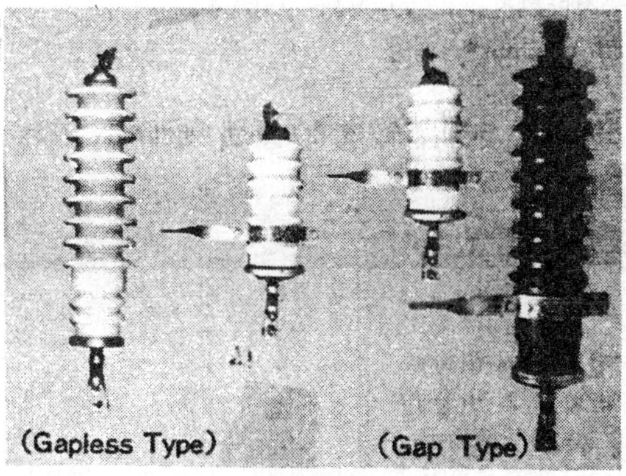

(c) 외형

그림 3-44 피뢰기의 구조 및 외형

5 피뢰기의 접지

전기설비기준에서는 피뢰기에 제1종 접지공사를 하고 접지저항값은 10[Ω] 이하로 규정하고 있다. 그리고 접지선은 22[mm^2] 이상의 연동선을 사용하여야 한다.

피뢰기가 동작할 때 기기에 가해지는 전압은 피뢰기의 제한전압+접지저항값 × 방전전류가 되므로 피뢰기의 보호효과를 크게 하기 위하여 피뢰기의 접지 저항값은 가능한 한 낮게 하는 것이 바람직하다.

6 정격전압

피뢰기의 정격전압이란 그 전압을 선로단자와 접지단자에 인가한 상태에서 소정의 단위 동작책무를 소정의 횟수로 반복 수행할 수 있는 상용주파최대허용전압의 최고한도를 말한다.

① 비유효접지계통

$$\text{피뢰기 정격전압} = \text{공칭전압} \times \frac{1.4}{1.1}[\text{kV}] \qquad (3\text{-}33)$$

② 유효접지계통 : 피뢰기 정격전압

$$E_R = \alpha\beta \times V_m = kV_m[\text{kV}] \qquad (3\text{-}34)$$

여기서, α : 접지계수(0.6~0.8), β : 여유도(110~115[%]), V_m : 최고허용전압[kV]

③ 공칭전압을 [kV]라 할 때

- 직접 접지계 : 0.8[kV]~1.0[kV]
- 소호리액터, 저항접지계 : 1.4[kV]~1.6[kV]

예 22.9[kV]×0.8=18.32[kV]≒18[kV] 사용

표 3-39 피뢰기의 정격전압과 최대유효 이격거리

전력계통		피뢰기 정격전압[kV]		유효 이격 거리[m]
전압[kV]	중성점 접지방식	변전소	배전선로	
345	유효접지	288		85
154	유효접지	138		65
66	PC접지 또는 비접지	75		45
22	PC접지 또는 비접지	24		20
22.9	3상 4선식 다중접지	21	18	20
11.4	3상 4선식 다중접지	12	9	20
5.7	3상 4선식 다중접지	7.5	7.5	20
6.6	비접지	7.5	7.5	—
3.3	비접지	7.5	7.5(4.2)	—

* PC : 소호리액터

7 공칭방전전류

공칭방전전류란 피뢰기의 보호성능 및 회복성능을 표현하기 위해 사용하는 방전전류의 규정치이며 10,000[A], 5,000[A], 2,500[A]의 3종류가 있고 이들의 설치장소별 피뢰기 공칭방전전류는 표 3-40과 같다.

표 3-40 설치장소별 피뢰기 공칭방전전류

공칭방전전류	설치장소	적 용 조 건
10,000[A]	발전소	전 발전소
	변전소	· 154[kV] 이상 전력계통 · 66[kV] 이상 변전소, bank용량이 3,000[kVA]를 초과하거나 특히 중요한 곳 · 장거리 송전선 케이블(배전 feedeR인출용 단거리 케이블은 제외) 및 정전 축전기 bank를 개폐하는 곳
5,000[A]	변전소	66[kV] 이하 계통, bank용량이 3,000[kVA] 이하인 곳
2,500[A]	선로 변전소	배전선로, 일반수용가

8 접지선 굵기

$$S = \frac{\sqrt{t}}{282} \times I_s [\text{mm}^2] \qquad (3\text{-}35)$$

여기서, S : 접지선 굵기[mm²], t : 고장계속시간(22[kV], 급선로에서 1.1적용), I_s : 고장전류[A]

예제 수전차단용량이 520[MVA]이고 22.9[kV]에 설치되는 피뢰기인 경우 접지선의 굵기를 구하시오.

풀이 $I_s = \frac{520 \times 1,000}{\sqrt{3} \times 22.9[\text{kV}]} = 13,110[\text{A}]$

$S = \frac{\sqrt{1.1}}{282} \times 13,110 ≒ 48.75[\text{mm}^2]$

즉, 접지선을 50[mm²] 굵기의 전선을 적용한다.

9 피뢰기 설계 순서

1. 설치 장소의 최대 상용주파 대지전압의 결정 → 계통의 공칭전압
2. 피뢰기의 방전전류 크기 및 파형의 추정 → 피뢰기 설치장소에 따라 10[kA], 5[kA], 2.5[kA]
3. 피보호기기의 충격절연 내력 결정 → 보호기기의 절연레벨 BIL 결정
4. 피뢰기의 정격전압, 공칭 방전 전류의 결정
5. 피뢰기의 보호레벨의 결정
6. 피뢰기 설치 → 피보호기기의 최대 설치 거리
7. 피보호기기의 전압의 검토 → $V_t = V_p + \frac{2ul}{V}$

3.3.11 계기류

주로 수전반 및 고압용 배전반에 사용되는 계기는 전압계, 전류계, 전력계, 역률계, 주파수계 등이 있으며 각 상의 전압과 전류 지시값을 절환 할 수 있는 전압계용 절환 스위치(VS)와 전류계용 절환 스위치(AS)가 있다.

또, 전원의 상태나 스위치의 개폐 상태를 쉽게 알 수 있도록 하기 위한 표시등 및 신호등이 있다.

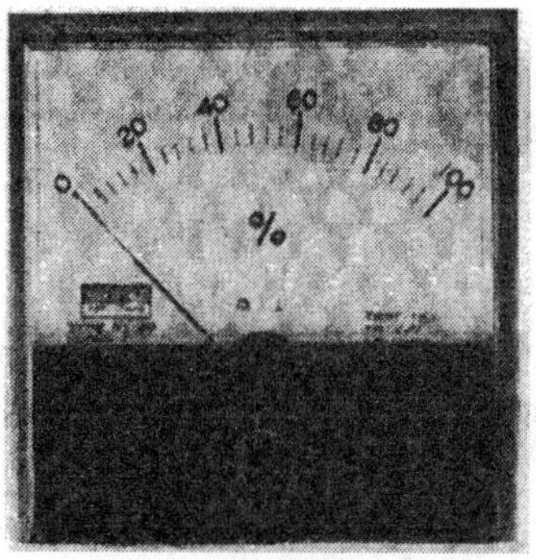

(a) 역률계

(b) 레벨계

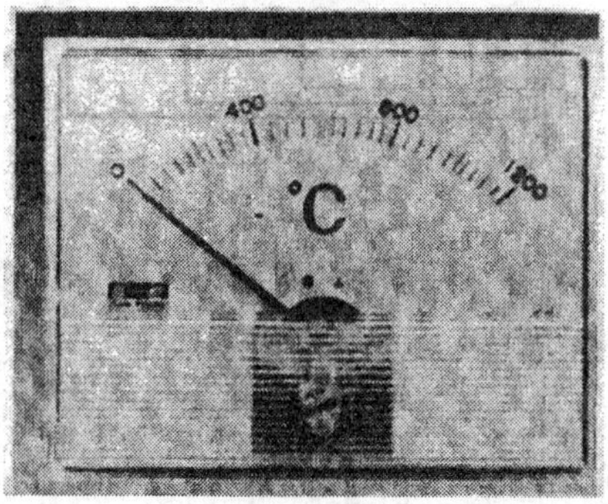

(c) 온도계

(d) 속도계

그림 3-45 계기류

연 습 문 제

1. 변압기 고장을 검출하기 위하여 비율차동계전기를 설치하고자 한다. 변압기는 1차 △, 2차 Y결선이다. CT와 비율차동계전기(DFR)의 결선을 그림에서 완성하시오.(5점)

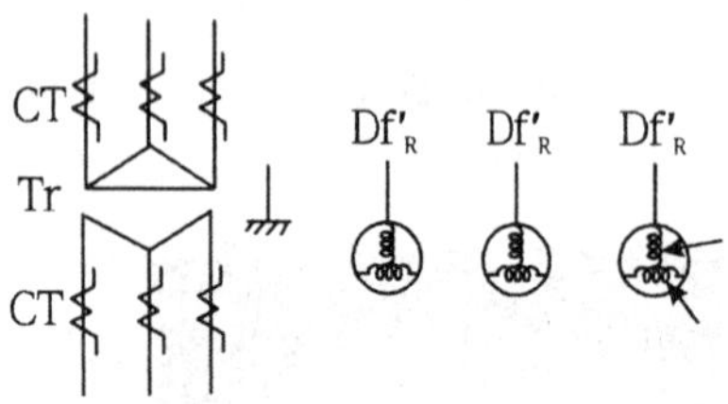

[답]

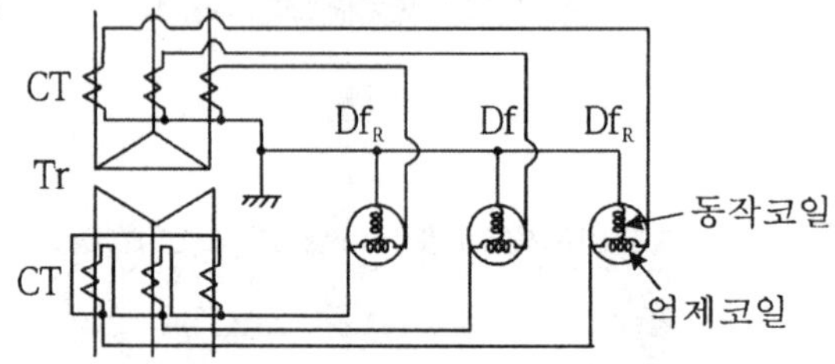

2. 22.9[kV] 특고압 배선전에서 단상 변압기 3개를 사용하여 3상 440[V]의 전동기에 공급하려고 할 때 변압기 2차측 결선방법은 무슨 결선으로 하는가?(5점)

[답] △결선

※ 우리나라 모두 주상변압기 2차 권선은 110[V]이므로 직렬 접속하여 2차를 △결선하면 440[V]를 얻을 수 있다.

3. 계기용 변압기와 변류기를 부속하는 3상 3선식 110[V], 5[A] 전력량계를 결선하시오.(7점)

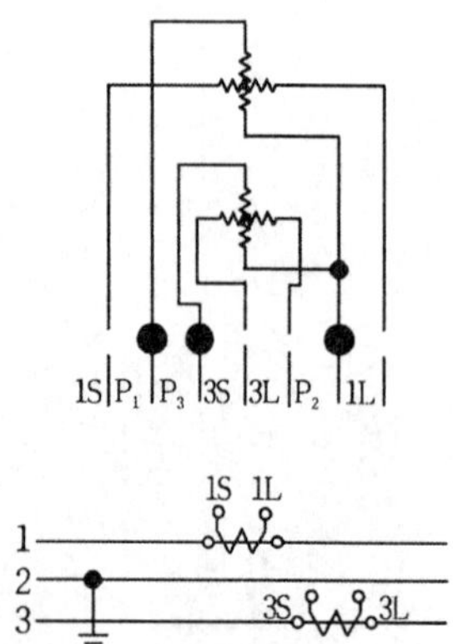

[답]

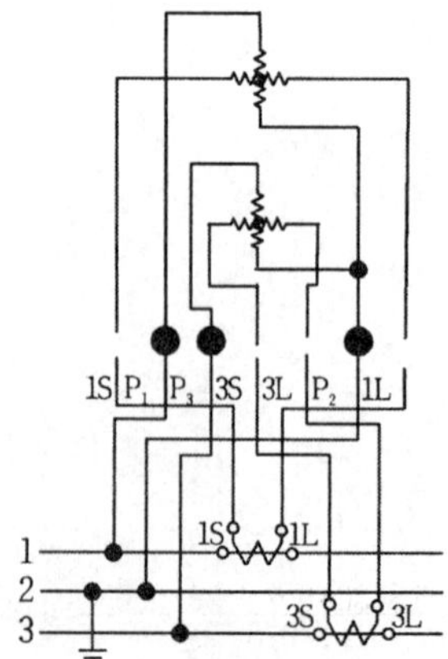

4. 3상 3선식 6[kV] 수전점에서 50/5[A] CT 2대, 6600/110[V] PT 2대를 사용하여 CT

및 2차측에서 측정한 전력이 500[W]라면 수전한 전력은 몇 [kW]인가? (4점) (단, CT 및 PT의 전력손실은 무시한다)

[답] 수전전력 $P_0 = \alpha \times \beta \times P$이므로 $P_0 = \frac{6600}{110} \times \frac{50}{5} \times 0.5 = 300$[kW]

5. 13,200/22,900[V] 3상 4선식으로 수전하여 수전용량이 750[kVA]라 할 때 이 인입구에 MOF를 시설하는 경우에 MOF의 적당한 변류비를 산출하여 표준규격을 결정하시오.(8점) (단, 변류비는 정격 1차 전류를 구하여 1.5배의 값으로 변류비를 결정한다.)

[답] $I = \frac{750}{\sqrt{3} \times 22.9} = 18.9 \times 1.5 = 28.36$

PT : $\frac{2290}{\sqrt{3}} \Big/ \frac{190}{\sqrt{3}}$, CT : 30/5

6. 평형 3상 회로의 전류를 측정하고자 변류비 100/5인 변류기를 그림과 같이 사용했을 때 전류계의 지시치가 8.66[A]이었다면 변류기 1차측 전류[A]는 얼마인가?(5점)

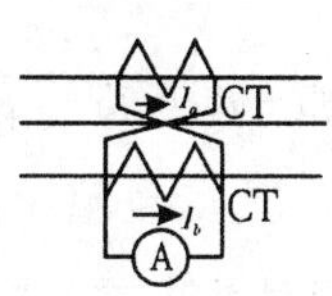

[답] 전류는 √3배 더 지시하므로

$I = \frac{100}{5} \times \frac{8.66}{\sqrt{3}} = 100$[A]

7. 그림과 같이 부하 설비에 공급할 변압기 용량은 몇 [kVA] 인가?(5점) (단, 부등률 1.1, 종합 부하역률 80[%]이다.)

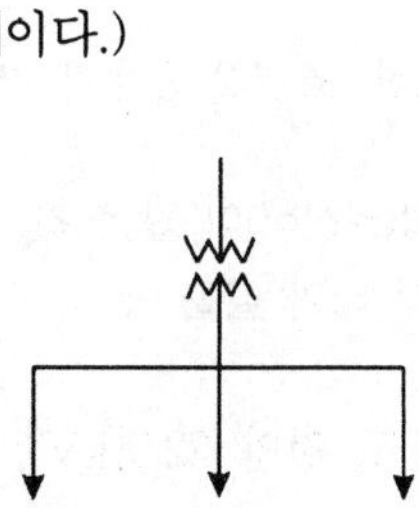

부하설비	20[kW]	30[kW]	20[kW]
수용율	50[%]	70[%]	65[%]

[답] $P_t = \frac{20 \times 0.5 + 30 \times 0.7 + 20 \times 0.65}{1.1 \times 0.8} = 50$[kVA]

8. 그림과 같이 단상 변압기 3대가 있는 미완성 회로도가 있다. 이것을 1차 Y, 2차 △ 결선 하시오.(6점)

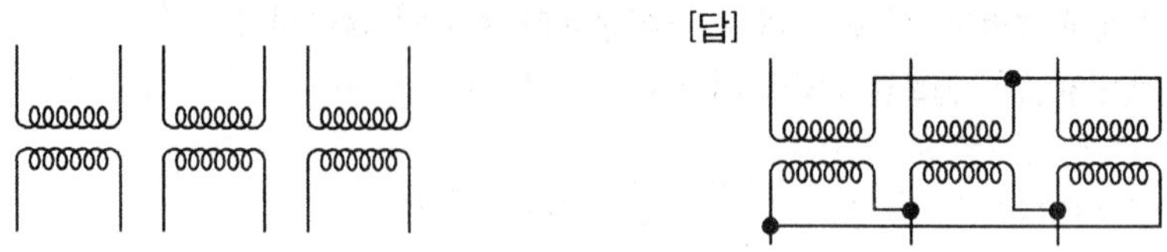

9. 그림과 같이 부하설비 및 수용률이 각각 A, B, C에 설비될 경우, 이곳에 공급할 변압기 Tr의 용량을 계산하여 표준용량으로 결정하시오.(단, 부등률은 1.1, 종합역률은 80[%]로 한다.)(5점)

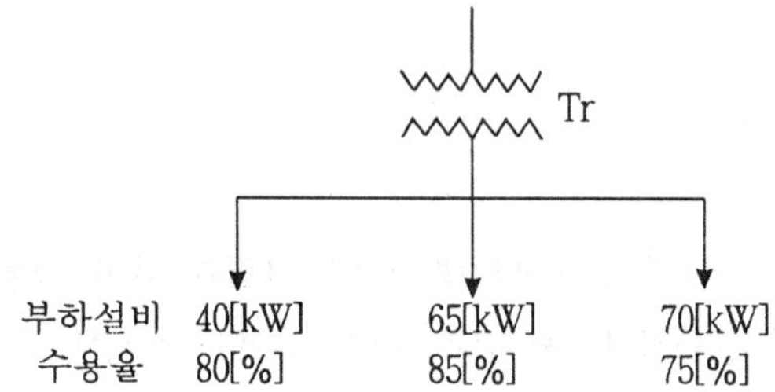

변압기 표준 용량표[kVA]						
50	100	150	200	250	300	500

[답] 변압기 용량 $P_t = \dfrac{40\times0.8+65\times0.85+70\times0.75}{1.1\times0.8} = 158.8 = 200$[kVA]

10. 20[kW], 30[kW], 20[kW]인 부하설비의 수용률이 각각 50[%], 75[%], 60[%]이다. 이것에 공급할 변압기의 표준용량을 구하시오.(5점) (단, 부등률은 1.1, 총합부하의 역률은 81[%]이다.)

[답] PT$= \dfrac{20\times0.5+30\times0.75+20\times0.6}{0.81\times1.1} = 49.9 = 50$[kVA]

11. 변압기의 병렬운전에 필요한 조건을 3가지 쓰시오.(6점)

[답] ① 극성이 같을 것 ② 전압(권선비)이 같을 것
③ [%] 임피던스, 전압강하의 비가 같을 것

12. 수전용량 3상 500[kVA]이고, 전압 22.9[kV], 전원 역률 90[%]인 경우 정격 전류는 최소 어떤 값을 표준으로 선정하는가?(5점)

[답] $I = \dfrac{500}{\sqrt{3}\times22.9} = 12.63$[A]

13. 보기의 결선 내용들은 어떤 결선방법인가?

비고

· 상전압이 선간전압의 0.577이 되어 고전압의 결선에 적합하다.

- 변압비, 권선 임피던스가 서로 틀려서 순환전류가 흐르지 않는다.
- 제3고조파 전류의 통로가 없으므로 유도기전력이 제3고조파를 함유하며 중성점을 접지하면 통신선에 유도장해를 준다.
- 기전력 파형은 제3고조파를 포함한 왜형파가 된다.
- 중성점을 접지할 수 있으므로 단절연 변압기를 채택할 수 있다.

[답] Y-Y결선

14. 대용량 변압기의 이상이나 고장 등을 확인 또는 감시할 수 있는 변압기 보호장치를 5가지만 쓰시오.(5점)

[답] ① 유온계 ② 충격압력계전기 ③ 브흐홀쯔 계전기 ④ 비율차동계전기
⑤ 방압장치

15. 변전설비에서 변압기 사용전 검사항목을 전기설비검사 기준에 의해 아는 대로 쓰시오.(5점)

[답] 외관검사, 접지저항측정, 절연저항측정, 절연내력시험, 보호장치설치 및 동작 상태, 절연유 내압시험 및 산가측정

16. 용량 100[kVA], 3,300/115[V]인 3상 변압기의 철손은 1[kW], 전부하 동손은 1.25[kW]이다. 매일 무부하로 18시간, 역률 100[%]의 1/2 부하로 4시간 역률 80 [%]의 전부하로 2시간 운전할 때 전일효율은 몇 [%]가 되는가?

[답] $\eta = \dfrac{\text{출력량}}{(\text{출력} + \text{동손} + \text{철손})\text{량}} \times 100$

출력 $P = (100 \times 1 \times 4) + (100 \times 0.8 \times 2) = 360$[kWH]

동선 $P_C = 1.25[\,(1/2)2 \times 4 + 2] = 3.75$[kWH]

철손 $P_i = 1 \times 24 = 24$[kWH]

효율 $\eta = \dfrac{360}{360 + 3.75 + 24} \times 100[\%]$

17. 1차 전압 6,600[V], 2차 전압 220[V], 주파수 60[Hz], 1차 권수 1,200[회]의 변압기가 있다. 최대 자속[Wb]은?

[답] $E = 4.44 f N \Phi_m$

$\therefore\ \Phi_m = \dfrac{6600}{4.44 \times 60 \times 1200} = 0.0206$

18. 그림은 3상 4선식 중성점 다중접지방식이 22.9[kV]-Y 배전 선로에서 수전하기 위한 단선결선도이다. 다음 물음에 답하시오.(10점)

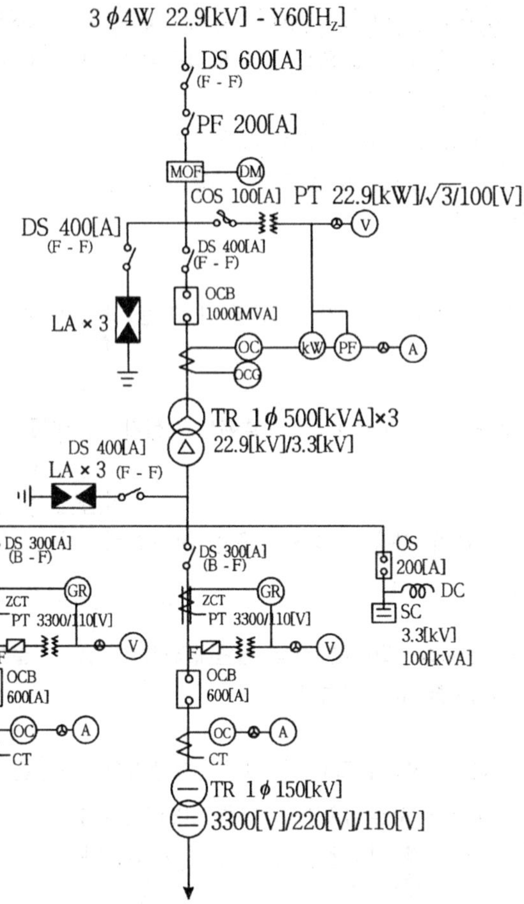

① MOF에 연결되어 있는 DM은 무엇인지 명칭을 정확히 쓰시오.

② DS의 정격전압은 몇 [kV]인가?

③ LA의 정격전압은 몇 [kV]인가?

④ ①의 PF의 퓨즈를 변압기 전부하 전류의 2배로 선정한다면 퓨즈의 용량 [A]은?(단, 평균 역률은 90[%]로 가정)

⑤ 계기용 변압·변류기 [MOF]의 변류비는?
(단, 평균 역률은 90[%]로 가정한다. 전류의 과전류를 150[%]로 하고 전압 변동은 고려 하지 않는다.)

⑥ OCGR의 정확한 명칭은?

⑦ 변압기와 피뢰기의 최대 유효 이격 거리[m]는?

⑧ 변압기 Y-△접속의 복선도를 그리시오.

⑨ 계기용 변압·변류기의 복선도를 그리시오.

⑩ 절환 스위치(AS)의 용도는?

[답] ① 최대 수용 전력계 ② 25.8[kV] ③ 18[kV]

④ 1 ϕ 3[W] 변압기 $I_1 = \frac{300}{22.9} = 13.1$[A], 3 ϕ 3W변압기 $I_3 = \frac{500 \times 3}{\sqrt{3} \times 22.9}$
$= 37.82$[A]
PF $= (13.1 + 37.82) \times 2 = 101.84 = 100$[A]

⑤ 변류비 $= (13.1 + 37.82) \times 1.5 = 76.38 \quad \therefore \frac{75}{5}$

⑥ 지락 과전류 계전기

⑦ 20

⑧

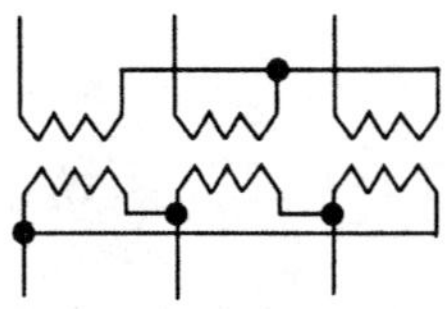

⑨

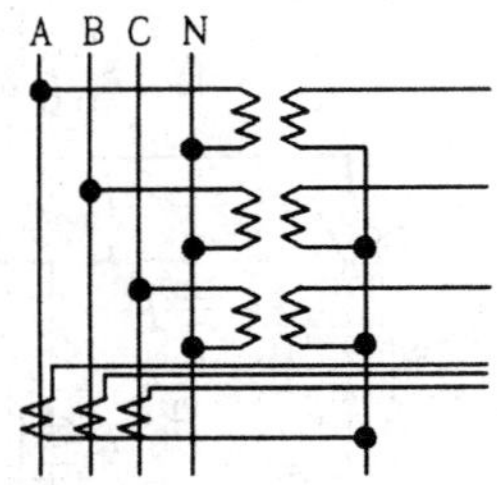

⑩ 1대의 전류계로 3상 전류를 측정하기 위한 절환 개폐장치

19. 그림의 미완성 도면을 보고 다음 각 물음에 답하시오.(19점)

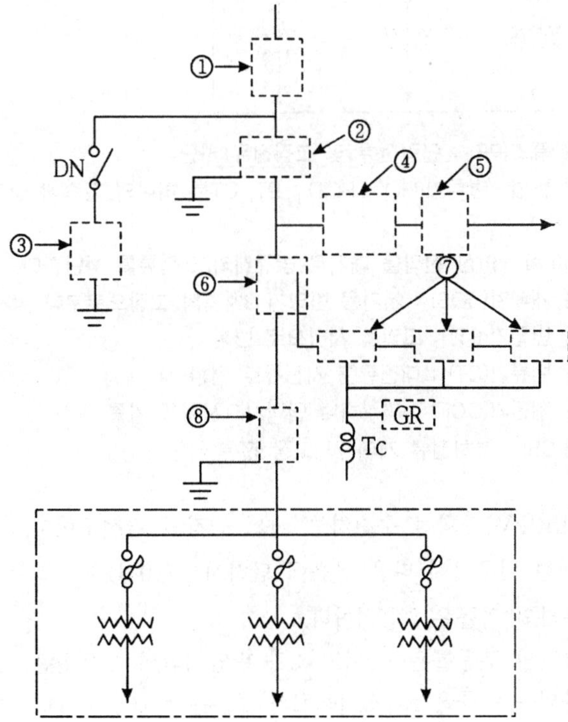

가. 주어진 단선 결선도에서 점선으로 표시한 ①~⑧까지의 기기에 대하여 표준 심벌을 사용하여 단선 결선도를 완성하고 접지 표시된 3개소에 접지종별을 제1종접지는 E_1 제2종접지는 E_2으로 표시하시오.(단, 전력용 콘덴서는 방전 코일이 내장된 것이다.)

나. 주어진 단선도의 ①~⑧까지의 기기의 약호와 명칭의 표를 작성하고 그의 용도 또는 역할에 대하여 간단히 설명하시오.

[답] (가)

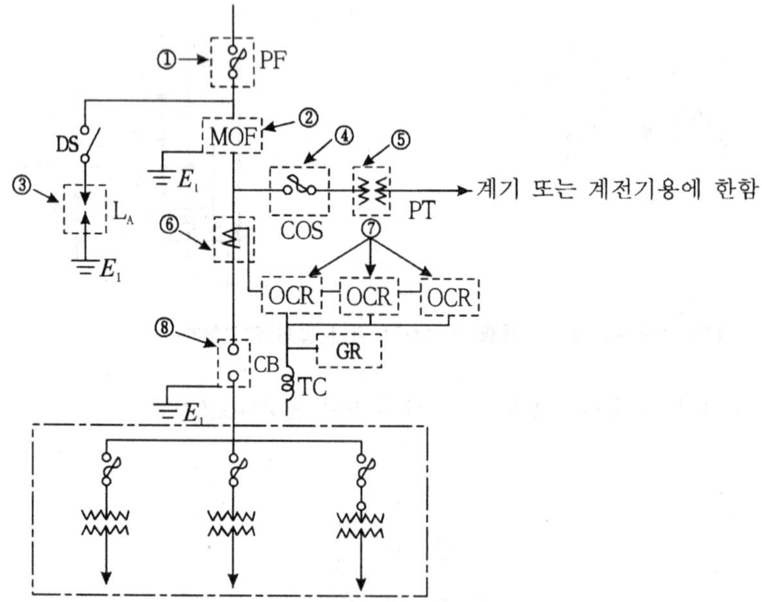

(나) ① 전력용 퓨즈(PF) : 단락전류 및 고장전류 차단

② 계기용 변압·변류기(MOF, PCT) : PT, CT를 하나의 함속에 넣어 전력량 측정

③ 피뢰기(LA) : 이상 전압을 대지로 방류시키고 속류를 차단한다.

④ 고압용 개폐기(COS) : 계기용 변압기 2차측의 고장으로부터 방지

⑤ 계기용 변압기(PT) : 고압을 저압으로 변환

⑥ 계기용 변류기(CT) : 대전류를 저전류로 변환

⑦ 과전류 계전기(OCR) : 과부하나 단락사고시 차단기를 동작

⑧ 차단기(CB) : 부하전류 개폐 및 고장 전류 차단.

20. 다음 도면은 154[kV] 2회선 수전하는 어느 공장의 단선도이다. 다음 조건에 따라 주어진 자료를 최대한 이용하여 다음 물음에 답하시오.(10점)

조건

- 모든 부하의 역률은 80[%]이다.
- 각 부하간의 부등률은 1.2이고, 2차 변압기간의 부등율은 1.1이다.
- 각 부하의 수용률은 No.A, No.B가 80[%], No.C, No.D가 85[%], No.E, No.F가 90[%]이다.

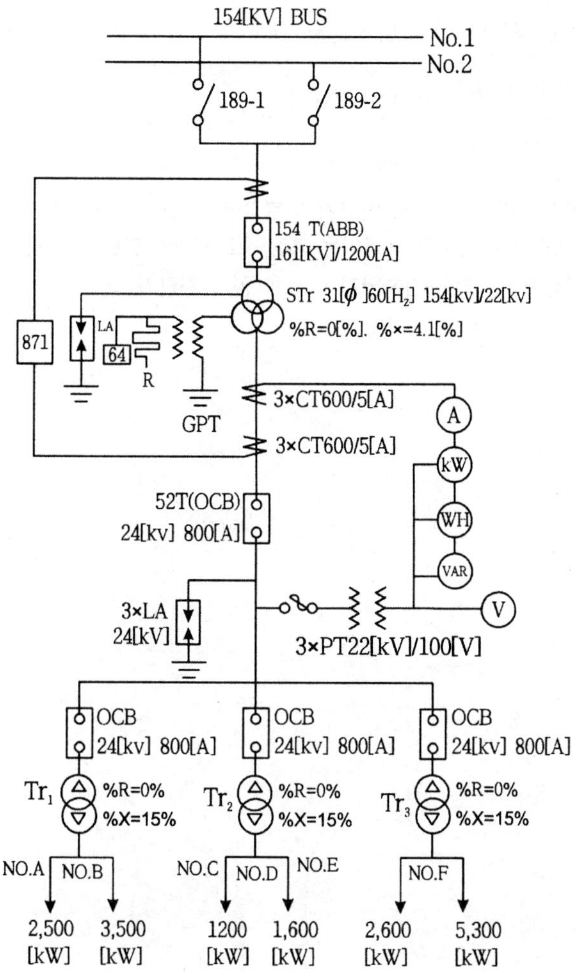

[물음]

① 변압기 Tr_1의 용량[kVA]를 구하시오.

② 변압기 Tr_2의 용량[kVA]를 구하시오.

③ 변압기 Tr_3의 용량[kVA]를 구하시오.

④ 87T의 명칭은?

⑤ 87T의 기능은?

⑥ 64의 명칭은?

⑦ 64의 기능은?

⑧ G.P.T의 명칭은?

⑨ OCB의 명칭은?

⑩ ABB의 명칭은?

[답] ① $Tr_1 = \frac{(2500+3500)\times 0.8}{1.2\times 0.8} = 5000$[kVA]

② $Tr_2 = \frac{(1200+1600)\times 0.85}{1.2\times 0.8} = 2479.17$[kVA]

③ $Tr_3 = \frac{(2600+5300)\times 0.9}{1.2\times 0.8} = 7406.25$[kVA]

④ 차동계전기(주변압기용)　⑤ 변압기 내부고장시 동작　⑥ 지락 과전압 계전기

⑦ 영상전압이 계통에 나타나면 동작되는 계전기로 지락사고 또는 결상 사고시 동작한다.

⑧ 영상 접지 변압기　⑨ 유입차단기　⑩ 공기 차단기

제 4 장

예비전원설비

빌딩, 공장 등의 전기설비는 전력회사로부터 공급받고 있는 상용전원(常用電源)이 정전되었을 때 미치는 영향은 대단히 커 최소한의 보안전력을 확보하기 위하여 예비전원으로 자가용 발전설비나 축전지 설비가 필요하다. 또한 소방법, 건축법에 예비전원의 설비를 의무화하고 있으며 예비전원은 다음의 것을 총칭한다.

① 수용장소에 시설하고 상용전원이 정전시 비상용 예비전원, 보안용전원, 업무용전원을 말한다.
② 소방설비 등의 전원으로 상용전원의 정전시 사용하는 비상전원
③ 비상 조명장치, 배연(排煙)설비, 비상 인입구의 등화, 비상 배수설비, 비상 엘리베이터, 방화 셔터 등의 전원으로 상용 전원의 정전시 사용하는 전원

4.1 예비전원설비

예비전원설비에서 적용하는 주요 용어의 정의는 다음과 같다.

① 자가발전설비 : 사용목적에 따라 상용과 비상용으로 구분하며 상용 자가발전설비는 상용전원과 병렬 운전하며 비상용 자가발전설비는 상용전원이 차단된 경우에만 사용하는 것으로 내연기관 또는 가스터빈에 의하여 발전기를 구동하여 부하에 전력을 공급하는 장치로 원동기, 발전기 및 부속장치로 구성된다.
② 직류전원설비 : 수변전 설비의 조작용 전원, 비상 조명의 예비전원 등으로 사용되며 정류장치 및 축전지 설비로 구성된다.

③ 무정전전원설비 : 일반적으로 UPS(Uninterruptible Power Supply System)라고 부르며 정류기, 인버터(inverter), 축전지, 절체스위치 등으로 구성된다.

4.1.1 법규에 의한 전원

예비전원설비는 건축법에 의한 예비전원, 소방법에 의한 비상전원으로 그 기능을 충분히 발휘할 수 있어야 한다.

1 예비전원이 필요한 장소

① 은행, 사무실, 빌딩 : 전산실, 손님 대기실, 현금취급장소, 엘리베이터, OA기기 등.
② 백화점 : 금전출납기, 매장의 조명, 냉동설비, 엘리베이터, OA기기 등.
③ 공장 : 정전에 의하여 생산품의 품질 또는 생산설비에 중대한 영향을 미치는 공장
④ 병원 : 수술실 기기 및 조명, 병실, 복도, 주방, 엘리베이터, OA기기
⑤ 대극장 : 복도, 스피커 회로, 관객실
⑥ 무선수신소 및 중계소, 방송국, 신문사
⑦ 지역적으로 상용전원의 공급을 받을 수 없는 장소
⑧ 외부전원의 사고에 의한 정전 또는 계획정전의 경우의 비상전원
⑨ 피크부하 때의 보조발전용으로 사용 할 경우
⑩ 전산센터나 사무용 기기(OA)가 집중적으로 설치 운용되는 장소
⑪ 고층빌딩, 초고층빌딩, IBS 등의 대형 건축물
⑫ 기타 건축주가 요구하는 곳

2 법적 근거

자가 발전기에 접속된 부하에 따라 각 부하의 설치목적, 사용시간 등을 고려하여 적절한 자가발전설비의 방식, 용량을 선정하여야 한다.

① 방재 설비 부하(발전기 등의 부하로서 법규(소방법, 건축법)로 정해져 있는 설비)
② 보안용 부하(기계장치의 유지 및 건축물의 유지에 필연적으로 부가하는 설비)
③ 사업 활동상 필요한 부하(전산기, 레지스터, 에스컬레이터 등으로 정전시에도 필요로 하는 설비)
④ 기타

표 4-1 소방법에 따라 설치되는 예비전원설비

소방용 설비의 종류	비상전원종류	사용시간	비고
옥내소화전설비	①	20분	① 자동절환되는 비상전원, 축전지설비 ② 자동절환되는 비상전원, 축전지설비, 가동펌프에 연결된 내연기관 설치 ③ 축전지 설비
스프링쿨러설비	②	20분	
물분무소화설비	②	20분	
포말소화설비	②	20분	

소방용 설비의 종류	비상전원종류	사용시간	비고
비상콘센트설비	①	20분	① 자동절환되는 비상전원, 축전지설비 ② 자동절환되는 비상전원, 축전지설비, 가동펌프에 연결된 내연기관 설치 ③ 축전지 설비
자동화재탐지설비	①	10분	
유도등설비	③	20분	
비상경보설비	①	10분	

표 4-2 건축법에 규정된 예비전원설비

방재 피난 설비	예비전원 종류	사용시간	비고
비상용조명장치	①	20분	① 자동충전장치가 있는 축전지 ② 축전지와 자동 절체되는 예비전원 ③ 예비전원(정전시 60초이내 자동절환)
자동방화셔터	①	30분	
배연설비	②	20분	
비상용 승강기	③	2시간	

4.2 자가발전설비

일반적으로 발전기는 기동하는데 일정한 시간을 요하므로 순시동력을 위해 축전지설비로 하나 많은 전등을 장시간 동안 점등할 경우에는 축전지로 점등한 후 발전기 출력으로 대체한다.

4.2.1 자가발전장치의 분류

발전기의 종류는 디젤 발전기, GAS 터빈발전기 등이 있으며 디젤 발전기가 주로 사용되었으나 최근에는 고품질의 전원을 요구하는 병원, 전산센터, 반도체 공장 등에서 GAS 터빈발전기의 사용이 증가하고 있다.

[1] 사용 목적에 따른 분류

① 비상용 발전기 : 전력회사로부터 공급되는 상용전원이 정전된 경우 비상용 전원을 필요로 하는 중요시설에 전원을 공급하기 위한 발전장치를 말한다.

② 상용(常用)발전기 : 평상시 및 비상시 전원을 자체 발전설비로 상시전원을 공급하는 발전설비을 말한다.(예 프랜트설비용)

③ 열병합(Co-Generation) 발전기 : 전기 에너지와 열 에너지를 함께 사용할 수 있는 발전장치가 있는 발전설비를 말한다.

④ 피크컷(Peak Cut)용 발전기 : 첨두부하를 대비하여 전력을 분담토록 설치하는 발전기를 말한다.

[2] 엔진구동 방법에 의한 분류

① 디이젤 엔진 : 일반적으로 중규모의 용량에 많이 사용

② 가솔린 엔진 : 소용량으로서 단위 발전기 엔진으로 사용

③ 가스터빈 엔진 : 중요한 부하에 적용하는 엔진이며 가격이 다소 비싸지만 기능이 우수하고 대용량에 적용

[3] 설치하는 방법에 따른 분류

① 고정식 : 발전기실내에 발전장치를 배치하여 빌딩, 공장, 상하수도, 방송통신설비 등의 보안 및 비상용 전력의 공급장치로 사용되며 대부분 냉각수 설비 및 기초설비가 필요하여 고정형으로 설치한다.

② 이동식 : 토목, 건축 도로공사, 방송중계차 등의 임시전력이 필요한 장소의 전원으로 사용되며 200[kVA] 미만의 소용량 발전기에 사용한다.

[4] 회전수에 의한 분류

(1) 고속형

회전수가 1,200[rpm] 이상으로 몸체가 적어 가격, 설치면적이 적어지는 이점이 있으나 소음·진동이 커지는 단점이 있다.

(2) 저속형

회전수가 900[rpm] 이하로 소음, 진동이 적고 전압안정도가 좋으나 가격이 비싸고 설치면적이 커진다.

4.2.2 발전기의 정격 및 성능

[1] 발전기의 정격

① 정격출력
② 정격전압
③ 정격주파수
④ 상수 및 선수
⑤ 역률
⑥ 연속정격
⑦ 회전속도
⑧ 절연종류 등

[2] 발전기의 성능

① 발전기의 정격에서 역률은 80[%](지상) 이상으로 한다.

② 과전류 내력은 정격전류의 150[%]를 15초간 흘려도 이상이 없어야 한다.

③ 발전기는 단락전류에 견딘 후 사용에 지장이 없어야 한다.

④ 과속도 내력은 무부하시 정격속도의 120[%]로 2분간 운전하여도 기계적으로 이상이 없어야 한다.

⑤ 발전기 단자간 전압파형의 왜형율은 무부하 정격전압에 있어서 10[%]를 넘지 않는 것으로 한다. 다만, 100[kVA] 이하의 발전기는 그러하지 아니하다.

⑥ 전압변동 특성은 다음의 각 호에 적합하여야 한다.

㉠ 종합 전압 변동율은 ±2.5[%]를 넘지 않아야 한다. 다만, 비상용 발전기의 경우에는 변동의 한도를 ±3.5[%]로 하여도 된다.

㉡ 최대 전압강하 특성은 최대 전압 강하율 30[%] 이내로 하고, 2초 이내에 최종 정상 전압의 3[%] 이내로 복귀하여야 한다.

⑦ 발전기는 역상분 전류 15[%]의 불평형 부하에 견디어야 한다.

⑧ 발전기는 정격회전속도에서 단자전압이 정격값의 5[%] 범위에서 변화하여도 정격출력에 동일한 부하에 사용하여도 실용상 지장이 없어야 한다.

⑨ 발전기 각부의 온도상승한도, 절연저항, 내전압 등의 특성과 여자장치의 특성은 관계 규격 및 특기시방에 의한다.

4.2.3 자가발전설비의 구성

자가용 발전설비는 다음과 같은 장치로 구성되어 있다.

(1) 디이젤 기관

기관 본체, 조속기(調速機), 계측장치(회전계, 유압계, 수온계, 유온계 등), 시동장치 및 정지장치, 방진장치가 부착되어 있다.

(2) 배전반

발전기반, 자동제어반, 여자장치반, 보조기기반, 지시계기 등

(3) 기관 시동 관계

① 공기식 : 공기 압축기, 제어반, 공기조(air tank)

② 전기식 : 시동용 축전지, 충전기

(4) 부속 장치 관계

① 연료 관계 : 연료 저유 탱크, 연료 이송펌프, 제어반

② 윤활유 관계 : 윤활유 탱크

③ 냉각수 관계 : 감압 수조

④ 배기 관계 : 소음기

⑤ 전기 관계 : 배관, 배선

(5) 계기 장치

① 회전계

② 윤활유 압력계

③ 윤활유 온도계

④ 기동 온도계(공냉식 디젤 기관의 경우)
⑤ 냉각수 온도계(무냉식 디젤 기관의 경우)
⑥ 배기 온도계(360[PS]을 넘는 디젤 기관의 경우)
⑦ 전기식 회전계(가스터빈의 경우)
⑧ 배기가스 온도계 또는 터빈 입구 가스온도계(가스터빈의 경우)
⑨ 공기압축기의 토출 압력계(가스터빈의 경우)

(6) 기타

① 배관 피트 : 급수, 배수, 연료유, 윤활유, 공기 배관용 및 배선용
② 점검용 체인블록 및 I비임
③ 환기설비

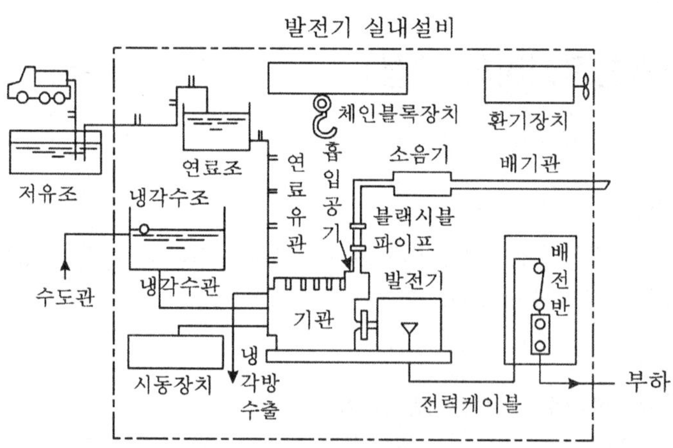

그림 4-1 디이젤 발전장치 개략도

4.2.4 내연기관

[1] 구 조

① 디젤기관은 단동 4사이클 또는 2사이클의 디젤기관으로 하고, 가스터빈은 단순 개방사이클 가스터빈으로 한다.
② 기계측에서 용이하게 수동 운전, 정지를 행할 수 있는 구조로 한다. 다만, 가스터빈에 대해서는 배전반에서 운전 조작할 수 있는 구조로 하여도 된다.

[2] 기동장치 및 정지장치

(1) 기동방식

① 전기기동방식 : 축전지(DC 24[V]) 전원에 의하여 구동모터와 피니언 기어를 연결하여

기동하는 방식으로 원동기의 기동용 기어와 맞물림의 어긋남 방지장치를 가진 것으로 한다.

② 공기기동방식 : 공기탱크에 의하여 기동용 조작밸브를 통해 원동기내 배관에 접속하여 압축공기를 실린더내 또는 에어모터에 유입시켜 원동기를 기동하는 방식이다.

(2) 정지방식

연료 차단식 또는 흡입공기 차단식 등이 있으며 가스터빈의 경우는 연료 차단식으로 한다.

3 내연기관 출력

엔진의 출력을 결정할 때 다음 조건을 충족하여야 한다.

① 전부하에서 운전이 가능할 것.

② 유도전동기가 시동할 때 과부하에 견딜 수 있을 것.

조건 ①은 부하의 운전 입력을 발전기 효율로 나누면 된다. 엔진출력은 보통 마력(PS)으로 표시하며 1[kW]=1.36[PS]이므로

$$\text{엔진출력} = \frac{\text{전부하 운전입력[kW]}}{\text{발전기효율}} \times 1.36[\text{PS}] \qquad (4\text{-}1)$$

조건 ②는 전동기를 기동할 때 엔진에 가해지는 부하 P를 말하며 다음과 같다.

$$P = \frac{P_0 + Q\cos\phi}{\eta'} \times 1.36[\text{PS}] \qquad (4\text{-}2)$$

여기서, P_0 : 이미 운전 중에 있는 초기 부하[kW], Q : 전동기의 기동[kVA],
$\cos\phi$: 전동기 기동전류의 역율, η': 전동기 기동시의 발전기 효율

그러나 전동기의 기동전류가 흐르는 시간은 수초~수십초 정도이다. 엔진은 이 정도의 시간이면 110~120[%] 정도의 과부하에 견딜 수 있다. 따라서 이러한 단시간에 대한 엔진의 과부하 내량을 K라 하면

$$\text{엔진출력} > \frac{P_0 + Q\cos\phi}{\eta' \times K} \times 1.36[\text{PS}] \qquad (4\text{-}3)$$

이상의 설명에서 엔진의 출력은 식 (4-1)과 (4-3)으로 계산한 값 중 큰 값을 채택하여야 한다.

참고로 발전기의 용량과 정격부하에서의 효율 η사이의 대략적인 관계를 표시하면 그림 4-2와 같다.

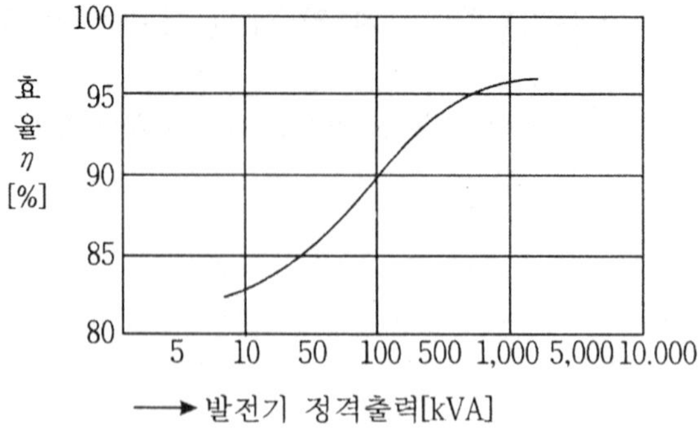

그림 4-2 발전기 출력과 효율과의 관계

예제 발전기용량 2,000[kVA], 효율 95[%], 역율 80[%]일 때 엔진출력[PS]을 구하라.

풀이 $$엔진출력[PS]=\frac{발전기용량\times 역율}{발전기효율}\times 1.36=\frac{2000\times 0.8}{0.95}\times 1.36$$

$$=2,290[PS]$$

4.2.5 발전기 용량의 산정

발전기 용량의 산정에는 일반부하에 해당되는 식과 소방용 및 비상부하에 해당되는 식으로 분류된다.

1 일반 부하의 발전기 용량의 산정방법

소방용과 관계없는 공장이나 창고 등에 적용할 경우 발전기 용량은 다음의 (1), (2)에서 큰값을 선택한다.

(1) 발전기에 걸리는 부하의 합계로부터 계산하는 방법

$$발전기\ 용량[kVA]=부하\ 설비\ 합계\times 수용율\times 여유율 \tag{4-4}$$

① 동력 부하의 수용율

- 용량이 최대인 전동기 1대 100[%]
- 나머지 전동기 용량 합계 80[%]

② 전등부하의 수용율

- 발전기 회로에 접속되는 모든 부하 100[%]

(2) 부하 중 가장 큰 유도전동기의 시동시의 용량으로부터 구하는 방법

$$\text{발전기 용량[kVA]} \geq \left(\frac{1}{\text{허용전압강하}} - 1\right) \times xd'' \times \text{시동[kVA]} \tag{4-5}$$

여기서, xd'' : 발전기의 과도 리액턴스(불분명한 경우 0.2~0.25 적용)
　허용전압강하 : 0.2~0.25 적용
　시동[kVA] : 2대 이상이 동시에 시동할 경우 2대의 기동력[kVA]을 더한 값과 1대의 기동[kVA]의 경우와 비교하여 큰 값을 취한다.

$$\text{시동[kVA]} = \sqrt{3} \times \text{정격전압} \times \text{시동전류} \times \frac{1}{1,000} \tag{4-6}$$

[2] 소방용 비상부하에 해당되는 발전기 용량의 산정방법

소방 비상부하용 발전기의 출력 용량은 다음과 같이 3가지로 계산한다.

① 정격 운전상태에서 부하설비에 급전하는데 필요한 용량(PG_1)
② 부하 중 최대 기동[kVA]를 가지는 전동기를 기동할 때의 허용전압강하를 고려한 용량 (PG_2)
③ 부하 중(기동[kW]－입력[kW])의 값이 최대로 되는 전동기 군을 최후에 기동할 때 용량(PG_3)

이 3가지 방법 중에서 가장 큰 값으로 발전기의 용량을 산정한다.

① PG_1 : 비상부하로 분류된 발전기 부하에 전력을 공급하여 부하설비의 가동에 필요한 발전기 용량[kVA]

$$PG_1 = \frac{\sum P_L}{\eta_L \times P_F} \times \alpha \text{[kVA]} \tag{4-7}$$

여기서, $\sum P_L$: 부하의 출력합계[kW], η_L : 부하의 종합효율, P_F : 부하의 종합역율, α : 부하율, 수요율을 고려한 계수이며 전동기 부하인 특성이 불분명할 때는 $\eta_L = 0.85$, $P_F = 0.8$, $\alpha = 1.0$으로 한다.

② PG_2 : 부하 중 최대의 기동[kVA]를 가지는 전동기를 기동할 때 허용전압 강하를 고려한 경우의 발전기 용량 산정식

$$PG_2 = P_m \times \beta \times C \times X_d' \times \frac{100 - \Delta V}{\Delta V} \text{[kVA]} \tag{4-8}$$

여기서, P_m : 부하전동기 또는 전동기군의 기동[kVA](출력[kW]× β× C)의 값이 최대인

전동기 출력[kW], β : 전동기의 출력 1[kW]당의 기동[kVA](불분명한 경우 7.2적용), C : 기동방식에 따른 계수, X_d' : 발전기 정수(발전기 과도리액턴스이며 불분명한 경우 0.20~0.25 적용), ΔV : P_m[kW]의 발전기를 투입하였을 때의 허용전압 강하율[%](일반적인 경우 0.25이하 비상용 승강기인 경우 0.2이하 적용)

③ PG_3 : 부하 중에서(시동[kW]－입력[kW])의 값이 최대로 되는 전동기군을 최후에 기동할 때 발전기 용량[kW]

$$PG_3 = \left[\frac{(P_L - P_m)\times\alpha}{\eta_L} + P_m \times \beta \times C \times P_{FS} \right] \times \frac{1}{\cos\phi} \text{[kVA]} \qquad (4\text{-}9)$$

여기서, P_L : 부하의 출력합계[kW], P_m : 부하 중에서(기동[kW]－입력[kW])의 값이 최대로 되는 전동기 또는 전동기군의 출력[kW], P_{FS} : P_m[kW]의 전동기의 기동시 역율(불분명할 경우 0.4 적용), η_L : 부하의 종합역율, $\cos\phi$: 발전기 역율(불분명한 경우 0.8 적용), β : 전동기의 출력 1[kW]당의 기동[kVA]

예제 다음과 같은 부하를 운전하는 소방비상 부하용에 해당되는 발전기 용량을 산정하시오.

부 하 표

부 하 명	용 량	비 고
승 강 기	67.0[kW]	
비상콘센트	75.6[kW]	
비 상 등	4.1[kW]	
유 도 등	14.1[kW]	
합 계	203.7[kW]	

단, η_L : 0,85, PF : 0.8, α : 1, β : 7.2, P_{FS} : 0.4, C : 0.67, Xd' : 0.23, $\cos\phi$: 1이다.

풀이 위와 같은 부하 리스트 및 조건일 때 발전기 용량을 계산하면 아래와 같다.

① $PG_1 = \frac{\Sigma P_L}{\eta_L \times PF_L} \times \alpha = \frac{203.7}{0.85 \times 0.8} \times 1 = 299.56\text{[kW]}$

② $PG_2 = 14.1 \times 7.2 \times 0.67 \times 0.23 \times \frac{100 - 25}{25} = 37.5\text{[kW]}$

③ $PG_3 = \left[\frac{(203.7 - 14.1)\times 1}{0.85} \right] + 14.1 \times 7.2 \times 0.67 \times 0.4 = 250\text{[kW]}$

따라서 PG_1, PG_2, PG_3 중 제일 큰 값인 PG_1로 선택하여 300[kW]로 결정한다.

일반적으로 추정부하에 의한 PG_1, PG_2, PG_3를 계산하여 가장 큰 것을 발전기용량으로 산정하고 실시설계에서의 용량산출은 아래와 같이 한다.

$$PG' = P_1 + P_2 + P_3 + P_4 \qquad (4\text{-}10)$$

여기서, P_1 : 전동기 부하입력[kVA], P_2 : 조명 부하입력[kVA], P_3 : 승강기 부하입력[kVA], P_4 : 오수정화 부하입력[kVA]

$$\text{적용 발전기 용량 } PG = \frac{PG' \times \text{역율}}{\text{부등율}} [\text{kW}] \tag{4-11}$$

식 (4-11)에서 역율은 0.9, 부등율은 1.25값을 택한다.

예제 $PG' = 900$, $\cos\phi = 0.9$, 부등율 : 1.25인 경우 발전기 용량을 구하라.

풀이 $PG = \frac{900 \times 0.9}{1.25} = 648[\text{kW}]$

[답] 발전기용량은 3 φ4[W] 380/220[V] 650[KW]로 정한다.

4.2.6 발전기실

1 발전기실의 위치

발전기실을 선정할 때에는 기기의 반입, 반출, 점검, 분해 및 조립 등에 지장을 주지 않고 발전기 운전에 필요한 각종 부속 기기들을 설치할 수 있는 공간을 확보해야 한다.

① 엔진기초는 건물기초와 관계가 없는 장소로 한다.
② 실내환기를 충분히 하여 온도상승을 억제할 수 있는 장소여야 한다.
③ 발전기실의 구조는 중량물의 운반, 설치 및 유지보수가 용이하도록 하여야 한다.
④ 급배기가 용이하고 엔진 및 배기관의 소음, 진동이 주위에 영향을 주지 않는 장소일 것.
⑤ 연료 급유 및 냉각수 공급이 용이한 장소여야 한다.
⑥ 발전기실의 건축구조 및 마감은 전기실의 조건과 같다(수・변전실의 조건 참조).
⑦ 전기실과 가까이 위치될 수 있어야 한다.
⑧ 발전기실의 높이는 기관의 보수, 점검이 용이하도록 보통 4~5[m]를 확보해야 한다.
⑨ 발전기실은 기기와 벽면의 간격을 800~1,000[mm] 이상으로 한다.
⑩ 발전기실의 가로 : 세로의 관계는 1 : 1.5~1 : 2가 되는 것이 비교적 편리하다.

2 발전기실의 면적 및 높이

(1) 발전기실의 면적

$$S \geq 1.7\sqrt{P}\,[\text{m}^2] \tag{4-12}$$

추천값 $S \geq 3\sqrt{P}\,[\text{m}^2]$

여기서, S : 발전기실의 필요면적 [m^2], P : 마력[PS]

(2) 발전기실의 높이

$$H=(8\sim17)D+(4\sim8)D \tag{4-13}$$

여기서, D : 실린더 지름[mm]

$(8\sim17)D$: 실린더 위까지의 엔진의 높이(속도에 따라 결정)

$(4\sim8)D$: 실린더 해체에 필요한 높이(체인 블럭의 유무에 따라 결정되며, 체인 블럭이 없을 경우 4개 정도)

발전기실의 높이는 발전기 높이의 약 2배 정도로 확보한다.

3 발전기실의 기초

발전기 설비의 기초는 자중과 기관운전으로 인한 진동력에 충분히 견디고 특히 운전으로 인한 진동이 다른 기기나 건물에 미치지 않도록 기초의 강도, 장소 및 면적 등을 고려하여 설치하여야 한다.

① 기기의 하중에 대하여 충분한 강도가 있는 것으로 하고, 지지력이 있는 바닥 또는 지반면에 구축한다.
② 기기 설치면은 기기에 적합한 기초볼트를 설치한다. 기초볼트는 충분한 강도를 가지는 것으로 한다.
③ 발전기실 내에 흡음벽을 설치하고, 자세한 사양은 특기시방에 의한다.

$$W=0.2w\sqrt{N}\,[\text{ton}] \tag{4-14}$$

여기서, W : 발전기 기초의 중량[t], w : 발전기의 중량[t], N : 발전기의 회전수[rpm]

예제 엔진출력 400[PS], 실린더 지름 250[mm]일 때 발전기실의 넓이, 높이를 구하라.

풀이 ① 넓이 : $S>1.7\sqrt{P}=1.7\sqrt{400}=34[m^2]$

② 높이 : $H=(8\sim17)D+(4\sim8)D=(8\sim17)\times250+(4\sim8)\times250=3,000\sim6,250[mm]$
$=3.0\sim6.25[m]$

이때 넓이는 40[m^2], 높이는 중간 값인 4.5[m] 정도로 결정한다.

4.2.7 상용전원과 발전기 전원의 절환

상용전원과 예비전원 사이에는 병렬 운전을 하지 않는 것이 원칙이며 수전용 차단기와 예비전원의 차단기는 반드시 전기적·기계적·인터로크(interlock) 장치를 하여야 한다.

발전기용 차단기의 차단용량을 구하는 식은 다음과 같다.

$$\text{차단용량[kVA]} = \frac{\text{발전기 출력 [kW]}}{X_d''} \times 1.25 \qquad (4\text{-}15)$$

여기서, X_d'' : 과도 리액턴스(단독운전의 경우 0.2~0.3 정도)

이 식에 의하여 계산된 값이 변전소의 회로측 차단용량보다 적을 경우 회로측의 차단용량과 같게 한다. 그림 4-3 (a), (b)는 고압회로에서 단모선식의 경우 수전회로와 발전기회로와의 교체의 예이다.

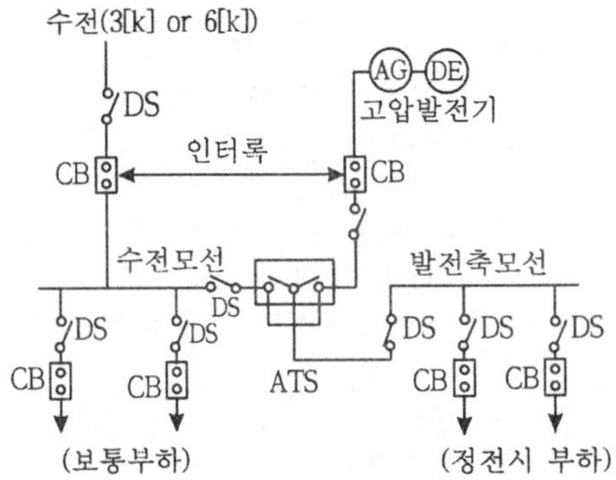

(a) 결선도

(b) ATS 외형

그림 4-3 단모선식 및 ATS의 외형

4.3 축전지설비

축전지는 소방법에 의한 비상전원, 변전기기 및 제어기기의 조작용 릴레이, 감시반 전원으로 사용되고 컴퓨터, 전화교환장치, 비상방송, 전기시계, 화재경보장치 등의 전원으로 사용된다.

4.3.1 축전지의 종류와 용도

축전지의 종류는 연축전지와 알카리 축전지로 분류할 수 있으며 최근에는 에너지 절약 및 심야전력 활용 방안으로 충전에 의한 심야전력 활용을 위하여 전력 저장용 신형전지가 개발 중에 있다.

1 축전지의 종류

납축전지, 알칼리 축전지의 극판 형식과 구조는 표 4-3과 같다.

표 4-3 축전지의 극판 형식과 구조

<table>
<tr><th colspan="2">종 별</th><th colspan="2">납축전지</th><th colspan="2">알칼리 축전지</th></tr>
<tr><th colspan="2">형 식</th><th>클래드식</th><th>페이스트식</th><th>포 켓 식</th><th>소 결 식</th></tr>
<tr><td rowspan="2">극판 구조</td><td>양극판</td><td>납 합금으로 만든 심 금속에 유리섬유 등의 미세한 구멍이 많은 튜브를 삽입하여 그 속에 양극 작용 물질을 채운 것</td><td>납 합금 격자에 양극 작용 물질을 채운 것</td><td>구멍을 뚫은 니켈 도금 강판의 포켓 속에 양극 작용 물질을 채운 것</td><td>니켈을 주성분으로 한 금속 분말을 소결해서 만든 다공성 기판의 가는 구멍 속에 양극 작용 물질을 채운 것</td></tr>
<tr><td>음극판</td><td colspan="2">납 합금으로 된 격자에 음극 작용 물질을 채운 것</td><td>위에서 설명한 포켓 속에 음극 작용 물질을 채운 것</td><td>위에서 설명한 기판 속에 음극작용 물질을 채운 것</td></tr>
<tr><td colspan="2">전지 구조</td><td colspan="2">양, 음극판을 각각 적당한 방 수만큼 조합하고, 또한 두 종의 극판 사이에 세퍼레이터를 넣어 극판군으로 한다. 그리고 전해액과 함께 전해조 속에 넣는다.</td><td colspan="2">양, 음극판을 각각 적당한 방 수만큼 조합하고, 또한 두 종의 극판 사이에 세퍼레이터를 넣어 극판군으로 한다. 그리고 전해액과 함께 전해조 속에 넣는다.</td></tr>
<tr><td colspan="2">형식 기호</td><td>CS
(완만한 방전형)</td><td>HS
(급방전형)</td><td>AL
(완만한 방전형)
AM
(표준형)
AMH
(급방전형)
AH
(초급방전형)</td><td>AH
(표준형)
AHH
(급방전형)</td></tr>
</table>

비고 ① 알칼리 포켓식 AH와 소결식 AH는 방전 특성상 동일하다.
② 형식기호에서 ( )는 특성상 보통 쓰이고 있는 호칭이다.

2 구조에 위한 분류

① 밀폐형(sealed type) : 축전지로부터 산이나 알칼리 가스가 나오지 못하는 구조이며 액의 보충을 필요로 하지 않는 것이다.

② 통풍형(vented type) : 연축전지에서는 배기전에 필터를 시설하여 산무가 나오지 못하게 한 구조의 것을 의미하며, 알칼리 축전지에서는 적당한 방말(防沫)장치를 한 배기전을 시설함으로서 많은 가스가 나오지 못하도록 만든 구조이다.

③ 개방형(opened type) : 통풍형과 같이 산이나 알칼리 가스의 제거 장치가 없는 구조이다.

표 4-4 축전지 특성 비교

구 분		연 축 전 지	알 칼 리 축 전 지
기 전 력		약 2.05 ~ 2.08[V/셀]	1.32[V/셀]
공 칭 전 압		2.0[V/셀]	1.2[V/셀]
셀 수		100[V]에 대해 42~55개	100[V]에 대해 80~85개
최대방전전류		1.5C	포켓 2C, 소결 10C
전기적 강도		과충방전에 약하다.	과충방전에 강하다.
충 전 시 간		길다.	짧다.
온 도 특 성		열등하다.	우수하다.
수 명		10~20년	30년이상
정 격 용 량		10시간 방전	5시간 방전
가 격		싸다.	비싸다.
용 도		장시간, 일정전류 부하에 적당	단시간, 대전류 부하에 적당
작용 물질	양극	이산화 납 P_bO_2	수산화 니켈 NiOH
	음극	납 P_b	카드뮴 Cd
	전해액	황산 H_2SO_4	가성 카리 KOH
반응식	(충전)	$P_bO_2+2H_2SO_4+P_b$	$2Ni(OH)_3+2H_2O+Cd$
	(방전)	$P_bSO_4+2H_2O+P_bSO_4$	$2Ni(OH)_2+Cd(OH)_2$

표 4-5 연 축전지 특성 비교

항 목	고정형 연 축전지	밀폐형 연 축전지
공 칭 전 압	2[V]	2[V], 12[V]
수 량	2[V] : 55 cell	2[V] : 55 cell 12[V] : 9 cell
용 량	15[AH]~4,400[AH]	2[V] : 25[AH]~2,400[AH] 12[V] : 20[AH]~250[AH]
재 질	P_b-S_b	$P_b-Ca+Ti+Al$
전압변동(방전시)	심하다.	적다.
자 기 방 전 율	7~8[%](1개월)	3[%](1개월)
가 스 누 출	가스누출 가능성이 많다. 환기장치 및 내산처리 보완	없음
전 해 액 보 충	4개월~6개월마다 보충	필요 없음
점 검	정기적으로 필요함	필요 없음
수 명	3~4년	3~4년
수 납 공 간	축전지실이 별도로 필요함	Cubicle에 내장하여 배전반과 열반

항 목	고정형 연 축전지	밀폐형 연 축전지
용 도	· 전화교환기 · 등대용전원 · 컴퓨터 · 데이타통신 · 비상전원 · 발전소전원 · 방재 · 기계장비 · 마이크로 웨이브 · 공장자동화 시스템 · 태양전지등 다용도로 쓰임	· 전화교환기 · 컴퓨터 · 비상전원 · 방재 · 공장 자동화 시스템 · 태양 전지 등

4.3.2 축전지의 용량 산출

1 필요한 조건

축전지의 용량을 산출하기 위하여 다음 사항을 고려한다.

① 방전시간 : 예상되는 최대 부하시간으로 한다.(건축법, 소방법에 전원 30분, 발전기 설치시 10분)

② 방전전류 : 방전개시부터 종료시까지 부하전류의 크기와 그 경시변화를 명확하게 해야 한다.

$$방전전류[A] = \frac{부하용량[VA]}{정격전압[V]}$$

③ 예상되는 전지의 최저온도 : 설치장소의 온도조건을 추정하고 전지 온도의 최저 값을 정한다. 실내에 설치하는 경우는 +5[℃], 특히 한냉지는 ±5[℃]로 한다.

④ 허용최저전압 : 부하측의 각 기기에서 요구하는 1셀의 허용 최저전압 중에서 최고의 값에다 축전지와 부하 사이의 접속선에서 발생하는 전압강하를 합한 것으로 다음과 같다. 예를 들면 간선과 분기 회로에서 전압강하를 5[V]라 하면 축전지전압은 85+5=90[V]가 된다. 이 전압이 허용최저전압이다.

표 4-6 셀당의 허용 최저전압

정격전압	100[V]					
허용 최저전압	95[V]		90[V]		85[V]	
종류	납	알칼리	납	알칼리	납	알칼리
셀수	54	86	54	86	54	86
허용 최저전압/셀	1.8	1.10	1.7	1.06	1.6	1.00

$$V = \frac{V_a + V_c}{n} [V/cell] \qquad (4\text{-}16)$$

여기서, V : 허용최저전압[V/cell], V_a : 부하의 허용 최저전압[V], V_c : 축전지와 부하사이의 총전압강하[V], n : 축전지 직렬 접속셀수

⑤ 셀수의 선정 : 셀수는 부하의 최저전압과 최고전압을 고려하여 결정한다.
표준셀수로 연축전지의 경우 54셀, 알칼리 축전지의 경우 86셀로 한다.
이때 정격전압을 보면 2.0×54셀=108[V](연축전지)
1.2×86셀=103[V](알칼리축전지)

⑥ 보수율 : 보수율이란 축전지는 장기간 사용하거나 사용 조건 등이 변경되기 때문에 이 용량 변화를 보상하는 보정치(보통 0.8)를 말한다.

2 용량산출의 일반식

축전지의 용량을 산출하기 위하여 다음의 식을 적용한다.

$$C = \frac{1}{L}[K_1 I_1 + K_2(I_2 - I_1) + K_3(I_3 - I_2) + \cdots\cdots + K_n(I_n - I_{n-1})] \tag{4-17}$$

여기서, C : 25[℃]에서의 정격방전율 환산용량[Ah/cohr], L : 보수율(0.8을 적용), I : 방전전류[A], K : 방전시간 T에 따른 전지의 최저온도 및 허용 최저전압에 의하여 결정되는 용량 환산시간[h], 첨자(Suffix) 1, 2, … n : 방전전류의 변환순으로 번호를 붙인 것임.

그림 4-4에서 시간경과와 함께 방전전류는 감소하고 있으므로 이때 전류가 감소하기 직전까지의 부하특성마다 잘라서 필요한 축전지용량을 구하도록 한다.

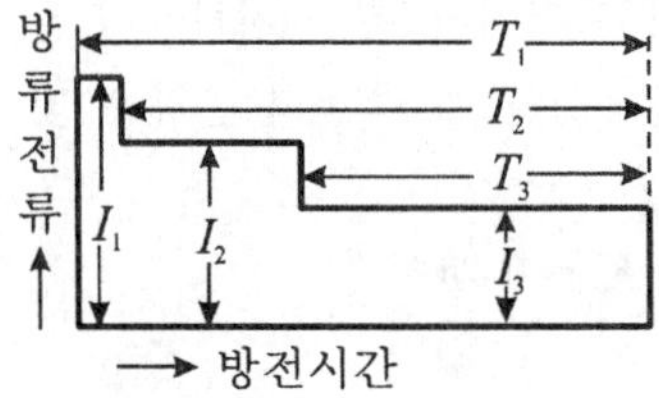

그림 4-4 축전지의 방전패턴 예

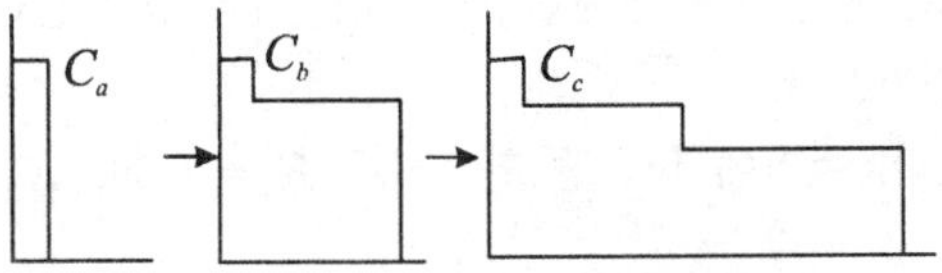

그림 4-5 용량산출순서

그림 4-4를 그림 4-5와 같이 잘라서 구한 용량 C_a, C_b, C_c중 가장 큰 값의 용량이 전체부하에 필요한 환산용량이 된다. 반대로 전류가 시간이 지날수록 증가하는 경우에는 잘라서 계산하지 않고, 전체를 일괄하여 산출할 수 있다.

예제 그림 4-6과 같은 방전특성을 갖는 부하에 필요한 축전지 용량은 몇[AH]인가?

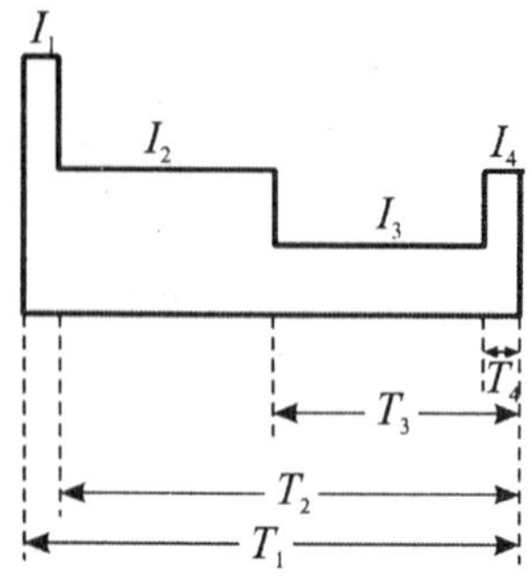

그림 4-6

방전전류[A] : $I_1=500$, $I_2=300$, $I_3=100$, $I_4=200$

방전시간[분] : $T_1=120$, $T_2=119.9$, $T_3=60$, $T_4=1$

용량환산시간 : $K_1=2.19$, $K_2=2.49$, $K_3=1.46$, $K_4=0.57$

보수율은 0.8로 적용한다.

풀이 $C=\frac{1}{L}[K_1I_1+K_2(I_2-I_1)+K_3(I_3-I_2)]$

$=\frac{1}{0.8}[2.49\times500+2.49(300-500)+1.46(100-300)+0.57(200-100)]=640[AH]$

[답] 640[AH]

예제 그림 4-7과 같은 부하특성을 갖는 소결식 알칼리 축전지의 용량 저하율 L은 0.8이고, 최저 축전지 온도가 5[℃], 허용 최저전압 1.06[V/cell]일 때 축전지 용량은 몇 [AH]인가?

(단, 여기에서 용량 환산시간 $K_1=1.38$, $K_2=0.67$, $K_3=0.24$이다.)

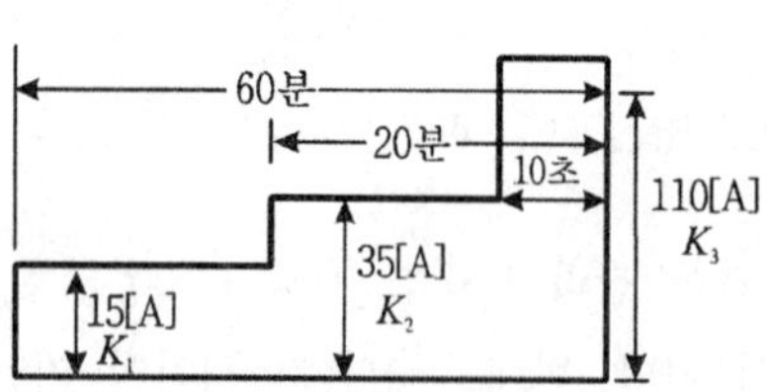

그림 4-7

풀이 $C=\frac{1}{L}[K_1I_1+K_2(I_2-I_1)+K_3(I_3-I_2)]$에서

$$C=\frac{1}{0.8}[1.38\times15+0.67(35-15)+0.24(110-35)]=64.125[Ah]$$

[답] 65[AH]

4.3.3 충전방식

축전지의 충전방식에는 보통충전, 급속충전, 부동충전, 균등충전, 전자동 충전방식 등이 있다.

(1) 보통충전

필요할 때마다 표준 시간율로 소정의 충전을 하는 방식이다.

(2) 급속충전

비교적 단시간에 보통 충전전류의 2~3배의 전류로 충전하는 방식이다.

(3) 부동충전(浮動充電)

정류기에 축전지와 부하를 병렬로 접속하여 축전지의 자기방전을 보충함과 동시에 직류 부하에 대한 전원공급은 충전기가 부담하고, 충전기가 부담하기 어려운 일시적인 대전류 부하(차단기의 투입전류 등)는 축전지로 하여금 부담하도록 하는 방식이다.

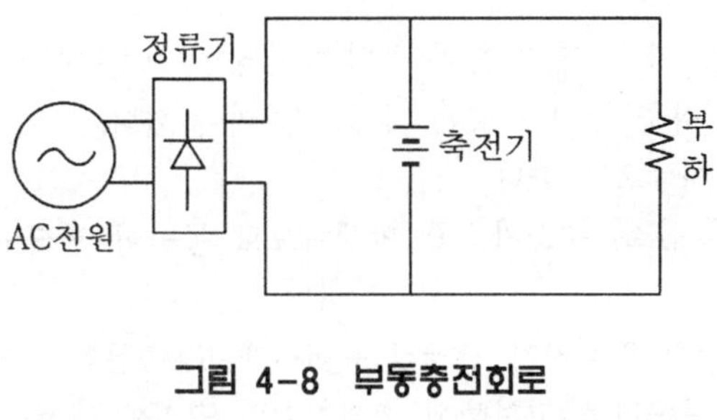

그림 4-8 부동충전회로

일반적으로 거치용 축전지 설비에서 가장 많이 채용되는 방식이며 장점은 다음과 같다.

① 축전지가 항상 완전 충전상태이다.
② 정류기의 용량이 적어도 된다.
③ 축전지의 수명에 좋은 영향을 준다.

(4) 균등충전

부동충전방식에 의하여 사용할 때 각 전해조에서 일어나는 전위차를 보정하기 위하여 1~3개월마다 1회, 정전압(연축전지 2.4~2.5[V]/셀, 알칼리 축전지 1.45~1.5[V]/셀)으로 10~12시간 충전하여 각 전해조의 용량을 균일화하기 위하여 행하는 방식이다.

(5) 세류충전(細流充電)

축전지의 자기 방전을 보충하기 위해 부하를 OFF한 상태에서 미소전류로 충전한다.

· 정전류법(트라클 충전)→일정한 전류를 계속하여 공급
· 정전압법→일정한 전압을 계속하여 공급

(6) 전자동 충전

정전압 충전의 초기에 대전류가 흐르는 결점을 보완하여 일정전류 이상은 흐르지 않도록 자동 전류 제한장치를 부착하여 충전하는 방법이다. 즉 회복 충전시에는 자동 정전류와 정전압 기능을 가지고 충전이 끝나면 자동으로 균등충전으로 변환한다.

4.3.4 축전지실

축전지실은 납 축전지실을 대상으로 하기 때문에 산무에 의한 부식을 방지하기 위해 내산 처리를 하였으나, 현재 납축전지는 실드형, 벤디드형 등은 밀폐화되어서 산무가 발산하지 않고 또 알칼리 축전지는 유해가스를 발산하지 않기 때문에 축전지실은 필요 없게 되었다. 따라서 큐비클식으로는 변전실, 기계실 등에 다른 기기와 같은 실내에 설치하고 있다.

축전지실을 설치할 경우에는 다음의 사항에 주의할 필요가 있다.

① 축전지에 대한 유해한 가스, 먼지 등이 침입하지 않는 장소이어야 한다.
② 진동이 많고, 온도가 아주 높거나 낮은 곳은 피하여야 한다.
③ 천장 높이는 2.6[m] 이상으로 한다.
④ 납축전지는 충전중에 산소, 수소가스를 발생하므로 통풍이 잘되도록 배기구 또는 환기설비를 필요로 한다.
⑤ 축전지의 배열은 개개의 축전지가 가급적 용이하게 또 충분히 점검할 수 있도록 한다.
⑥ 반입을 위한 통로와 보수면을 고려해서 축전지실의 크기를 결정한다.
⑦ 축전지실의 배선은 비닐전선을 사용한다.
⑧ 기타 법령에 적합하도록 한다.

4.4 직류전원설비

직류전원장치는 수·변전설비의 조작용, 비상용 조명장치 등의 예비전원으로 사용하며 정류기의 반과 축전지를 별도 시설 한 것 또는 정류장치와 축전지를 하나의 반에 수납한 큐비클식 직류전원장치가 있다.

직류전원장치는 보수점검에 편리하도록 시설하며 국부적인 온도상승이나 직사광을 피하도록 시설하며 장치로부터의 발열량을 검토하여 환기설비 또는 공조설비를 갖추어야 한다.

비상용 및 컴퓨터용과 같은 중요한 설비기기에 공급하기 위한 배선은 내화전선을 사용

하여야 한다.

4.4.1 정류기

정류기(Rectifier)는 교류전원을 직류전원으로 변환하는 장치이며 정류방식에는 여러 가지가 있으나 가장 좋은 정류효율은 3상 전파정류 방식이다.

정류방식	정류회로	출력파형
단상반파정류	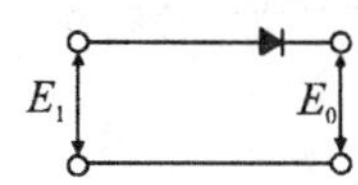	 $E_0=0.45E_1$
단상전파정류	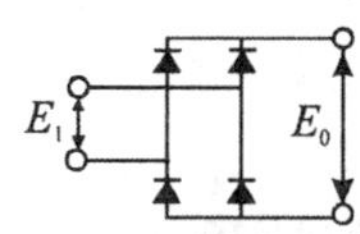	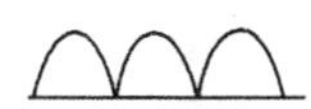 $E_0=0.9E_1$
3상반파정류	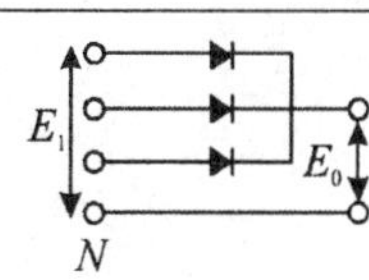	 $E_0=1.17E_1$
3상전파정류	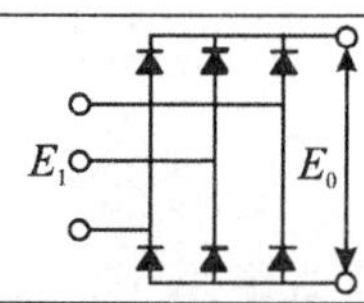	 $E_0=1.35E_1$

그림 4-9 정류방식

정류기 용량을 구하는 식은 다음과 같다.

$$P=\frac{(I_L+I_c)\times V}{\cos\theta\times\eta\times10^3}\,[\text{kVA}] \tag{4-18}$$

$$I=\frac{(I_L+I_c)\times V}{\sqrt{3}\times E\times\cos\theta\times\eta}\,[\text{A}] \tag{4-19}$$

여기서, P : 정류기 교류측 입력용량[kVA], I : 정류기 교류측 입력전류[A], I_L : 정류기 직류측 부하전류[A], I_c : 정류기 직류측 축전지 충전전류[A], V : 정류기 직류측 전압[V], E : 정류기 교류측 전압[V], $\cos\theta$: 정류기 역율[%], η : 정류기 효율[%]

1 정류기의 차단기 설치

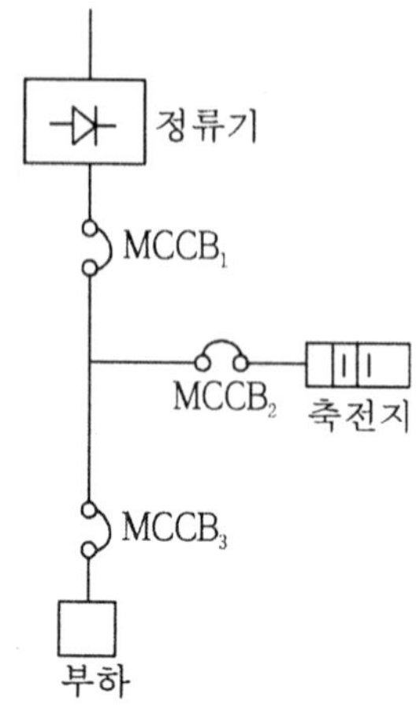

그림 4-10

· $MCCB_{123}$의 용량이 같아야 한다.
· $MCCB_1 = MCCB_2 = MCCB_3$

4.5 무정전 전원장치

최근에 급격히 발전하고 있는 사무 자동화기기(OA)나 공장 자동화기기(FA)에 이용되는 컴퓨터나, 마이크로프로세서를 내장한 장비들은 전압 변동에 민감하게 반응하며 자가용 변전설비에서 수용가까지의 선로의 거리와 수용가 상호간의 간섭, 계약용량 초과사용, 피크 시간에 의한 전압강하, 각 수용가 자체의 노이즈 발생 등으로 인하여 양질의 전력을 공급해도 첨단장비에 공급되는 전원에는 문제가 있어 양질의 전원을 필요로 하는 설비에는 UPS를 사용하고 있다.

4.5.1 무정전 전원설비

무정전 전원장치 또는 무정전 전원시스템(UPS : Uninterruptible Power Supply)은 교류의 정전 또는 입력전원에서 이상상태가 발생하여도 정상적인 전원을 부하측에 공급하는 설비로서 정류기, 인버터, 축전지, 절환스위치로 구성되며 컴퓨터, 전자교환기, 전력공급의 집중감시제어반, 각종 플랜트 계기 등에 사용되고 있다.

1 무정전 전원장치의 구성

(1) UPS의 기본 구성도

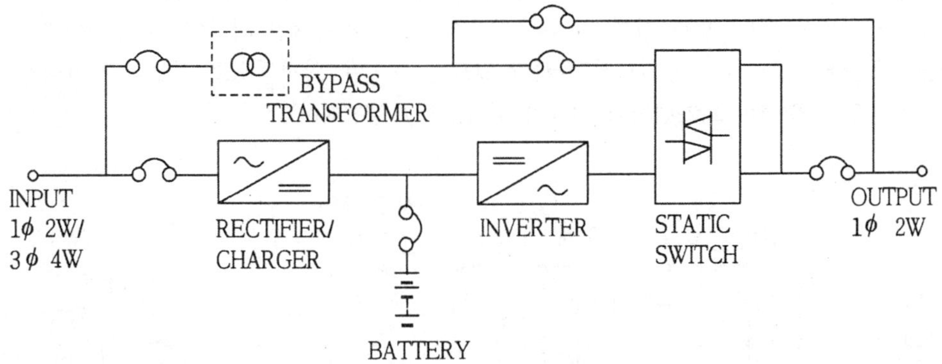

그림 4-11 UPS의 기본 구성도

① 정류기(컨버터, 충전기) : 전력공사의 교류전원이나 발전기의 전원을 공급받아 직류전원으로 바꾸어 주는 동시에 축전지를 충전한다.

② 인버터 : 직류전원을 교류전원으로 바꾸어주는 장치

③ 동기절환 스위치 : 인버터의 과부하 및 이상시 예비 상용전원으로(bypass line)절체시켜 주는 장치

④ 축전지 : 정전시 인버터에 직류전원을 공급하여 부하에 일정 시간동안 무정전으로 전원을 공급하는데 필요한 장치

2 전원장치의 분류

(1) CVCF

CVCF(Constant Voltage Constant Frequency)는 일정전압, 일정 주파수를 발생하는 교류전원장치로서 양질의 전력을 부하에 공급할 수 있는 교류전원 시스템이다. 구성요소는 UPS의 기본구성에서 축전지 설비와 전환 스위치를 생략한 것이 된다.

CVCF는 정전에 대한 백업 기능이 없고 사용전원에 전압변동이나 주파수변동이 발생되어도 부하에는 항상 안정된 교류전력을 공급할 수 있는 특징을 갖는다.

(2) VVVF

VVVF(Variable Voltage Variable Frequency)는 CVCF와 마찬가지로 컨버터와 인버터에 의해 가변전압, 가변주파수의 교류전력을 발생하는 교류전원장치이다.

VVVF는 주파수 제어에 의한 유도전동기의 속도제어에 많이 사용되며 유도전동기의 회전속도 N은 모터의 극수 P, 주파수 f, 슬립 S로 하면 다음 식으로 표시된다.

$$N = \frac{120 \times f}{p} \times (1 - s) \tag{4-20}$$

속도제어는 P, S 및 f의 어느 것 하나를 변화시킴으로써 가능하지만 극수 P의 변화에서는 연속적인 속도제어는 불가능하며 고효율로 속도를 제어하기 위해서는 주파수 f를 변화시키는 방법이 된다. 또한 상대 기기를 정상적으로 운전하려면 회전이 변해도 상대 기계가 필요로 하는 토크를 전동기로서 출력할 필요가 있으며, 일반적으로 전동기에 가해진 주파수와 전압은 일정비로 가변시킬 필요가 있다.(V/f 일정제어).

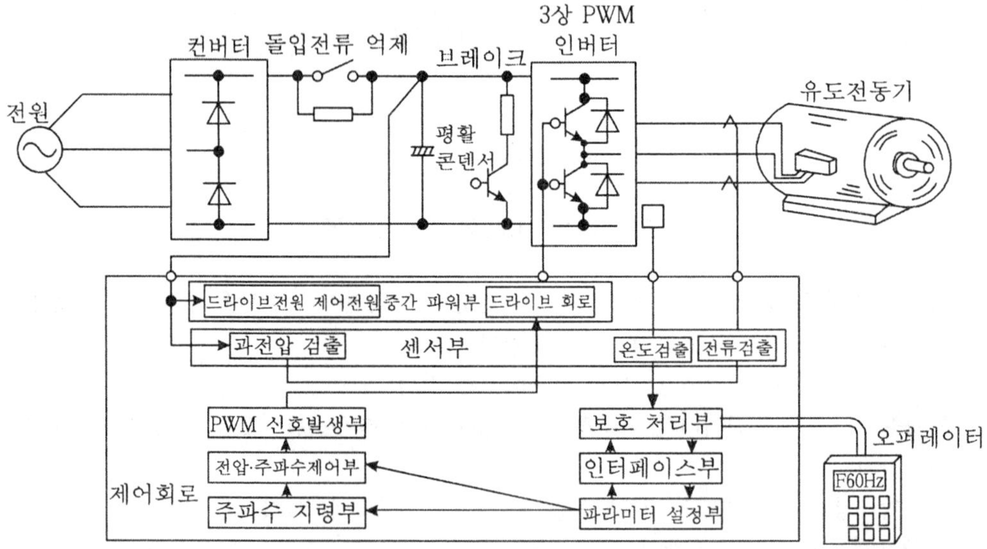

그림 4-12 VVVF의 구성도

그림 4-12는 범용형 VVVF의 대표적인 구성 예이다. VVVF는 컨버터와 평활 콘덴서 및 인버터로 구성되며 전원주파수에 관계없이 저속에서부터 고속까지 광범위하게 전동기의 속도를 가변할 수 있다. 필요에 따라 컨버터와 인버터 사이의 직류회로에는 전원 투입시에 평활 컨버터에 돌입되는 과대한 전류를 억제하기 위한 저항과 릴레이 및 감속시에 직류측으로 귀환(회생)되는 에너지에 의해 직류 전압이 과대하게 되는 것을 막기 위해 브레이크용 저항과 트랜지스터로 제동회로를 만들 수 있다.

① PAM 제어와 PWM제어 : 대부분의 VVVF에서는 다이오드로 컨버터를 구성하여 일정한 직류전압을 만들고, 인버터에서 PWM(Pulse Width Modulation)제어로 정현파에 가까운 파형을 출력하고 있다. 특수한 예로서 트랜지스터나 사이리스터로 구성된 컨버터로 직류전압을 가변하고, 인버터로 주파수와 전압을 제어하는 PAM(Pulse Amplitude Mod-ulation) 제어방식이 있으며 그림 4-13에 PWM 제어와 PAM 제어의 특징를 표현하고

있다.

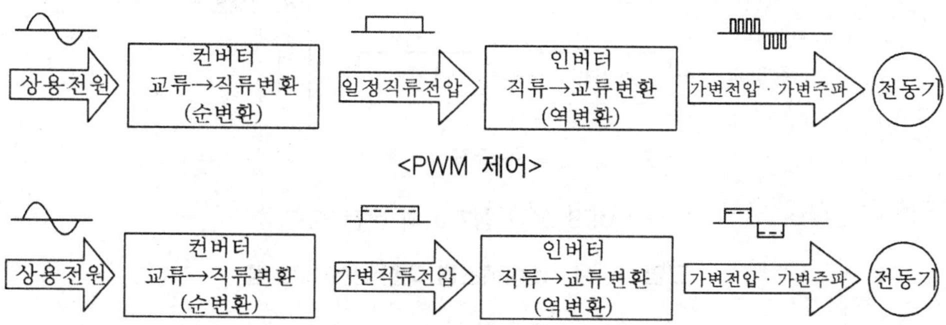

<PAM 제어>

그림 4-13 PWM 제어와 PAM 제어

3 UPS 및 CVCF의 운전모드

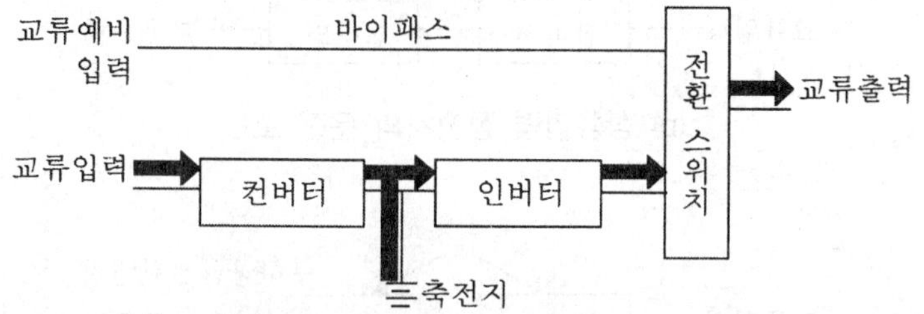

(a) 상용입력 확보시의 운전 모드

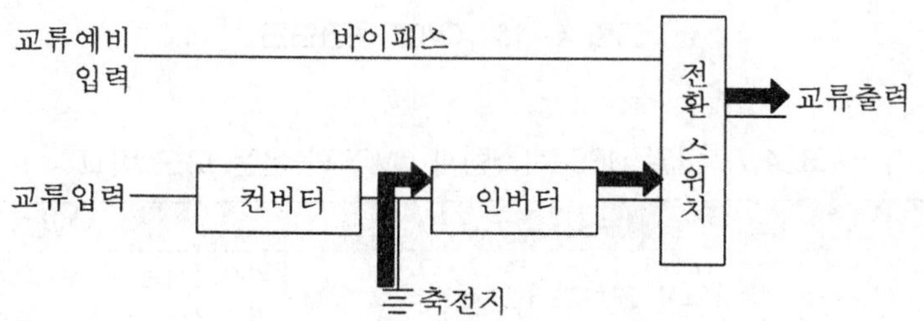

(b) 상용입력 정전시의 운전 모드

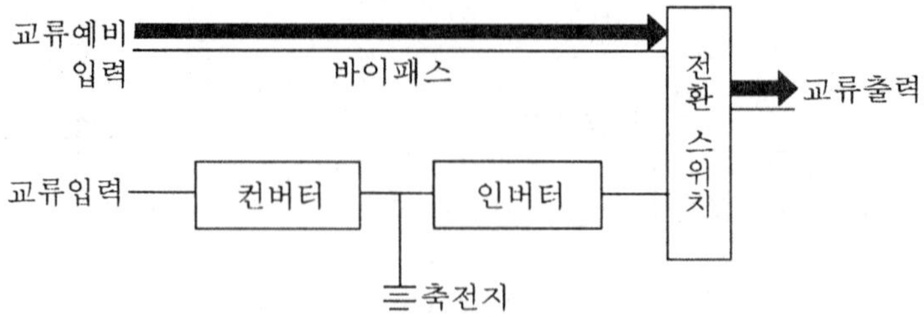

(c) UPS 고장 정지시의 운전 모드

그림 4-14 바이패스를 가진 UPS 시스템

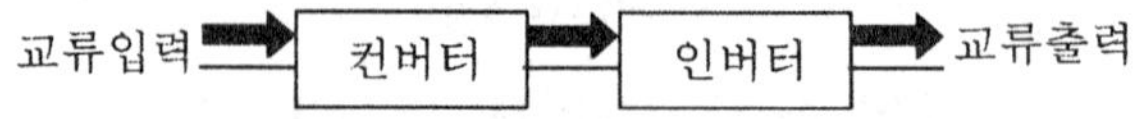

(a) 상용입력 확보시의 운전 모드

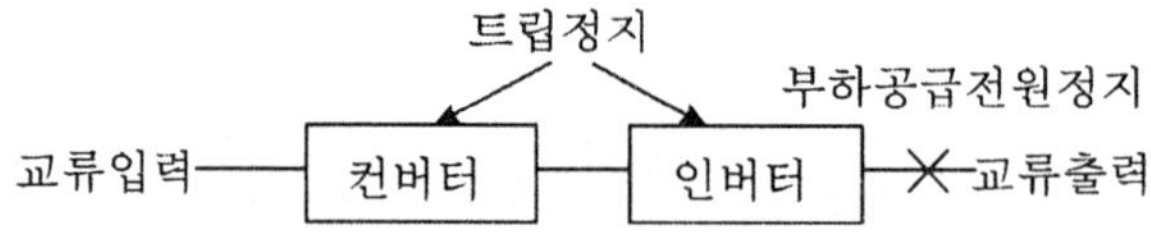

(b) 상용입력 정전시의 운전 모드

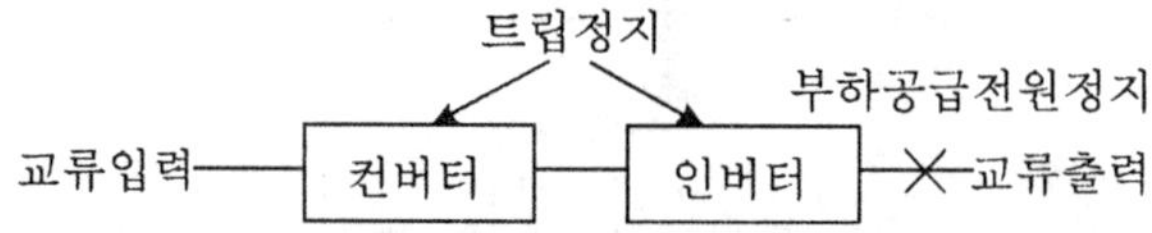

(c) CVCF 고장시의 운전모드

그림 4-15 CVCF 운전모드

표 4-7 단일 UPS 시스템과 CVCF의 운전 모드 비교

운전모드	UPS	CVCF
상용입력 확립시의 운전모드	평상시에는 사용교류 입력전력은 컨버터로 일단 직류전력으로 순변환하고 인버터는 이 직류전력을 정전압 정주파의 안정된 교류 전력으로 역변환하여 부하에 공급한다. 아울러 컨버터는 정전시의 백업용으로서 만들어진 축전지를 상시 충전한다. 따라서 컨버터는 축전지를 일정전압으로 충전하기 위한 정전압 제어기능을 가진다.	평상시에는 사용 교류입력 전력을 컨버터로 일단 직류전력으로 순변환하고 인버터에 공급한다. 인버터는 이 직류전력을 정전압 정주파의 안정된 교류전력으로 역변환하여 부하에 공급한다.

운전모드	UPS	CVCF
사용입력 정전시의 운전모드	상용 교류입력 전력이 만일 정전되면, 축전지에 축적되어 있던 직류전력을 인버터에서 교류로 역변환함으로써, 부하에는 순단하는 일없이 안정된 교류전력을 계속적으로 공급한다.	CVCF는 축전지를 구성하고 있지 않기 때문에 만일 사용교류 입력전원이 순시 전압강하나 정전이 발생한 경우 CVCF는 트립정지된다. 이때 부하의 급전은 끊어진다.
UPS 고장시의 운전모드	바이패스 회로 및 인버터의 출력과 바이패스 회로를 전환하기 위한 전환 스위치는 정류기, 인버터 및 축전지의 보수점검 또는 만일의 사태에 대해서도 부하에 급전을 계속하기 위한 회로이며, 시스템의 공급신뢰도를 높이는데 상당히 중요한 회로이다. 전환 스위치는 UPS로부터 바이패스 및 바이패스로부터 UPS의 전환시 어느 경우에도 부하에 영향을 주지 않게(전원을 순단시키지 않게) 한다는 목적에서 상시 상용 동기무순단 전환방식이 채용되고 있다.	CVCF는 표준적으로는 바이패스 회로를 구성하고 있지 않기 때문에 만일 CVCF가 고장정지된 경우에는 트립정지가 되며 이때 부하로의 급전은 끊어진다. 단 옵션으로서 UPS와 마찬가지로 바이패스회로 및 전환 스위치를 구성하여 같은 기능을 갖게 하는 것은 가능하다.

4 각종 전원장치의 비교

전원장치는 목적에 따라 다음의 3 종류로 분류된다.

① 자동전압조절장치(AVR : Automatic Voltage Regulator) : 전압을 일정하게 유지하는 장치

② 정전압 정주파수 전원장치(CVCF : Constant Voltage Constant Frequency) : 전압 및 주파수를 일정하게 유지하는 장치, 주파수 변환장치(FC : Frequency Changer)도 포함된다.

③ 무정전 전원장치(UPS : Uninterruptible Power Supply) : CVCF장치에 축전지를 결합한 장치로 CVCF의 기능에 교류입력 정전시에도 전력을 공급할 수 있는 기능을 가진 장치.

정전압 정주파수장치, 무정전 전원장치의 장단점을 비교하면 표 4-8과 같다.

표 4-8 각종전원장치의 비교

기 능	방 식	장 점	단 점
자동전압조절장치 (AVR)	유도전압 조정기 (IVR)	· 가격이 싸다. · 대용량기(선로용량수 1,000[kVA]까지 제작할 수 있다.	· 기계적 기구가 많다. · 다빈도로 사용하면 수명이 짧다. · 보수가 필요 (30~60초/전범위)
	정지형 자동전압 조정기	· 속응속도가 빠르다. (0.1~0.5초) · 마모부품 없이 장수명 · 방수가 불필요	· IVR에 비해 고가이다.

기 능	방 식	장 점	단 점
정전압정주파수장치(CVCF) 주파수변환장치(FC)	회전형 CVCF	· 서지내량(과부하 내량)이 크다. · 입력전원의 순시 정전에 강하다.	· 효율이 낮다. · 주파수 정밀도 저하. · 응답속도가 늦다. · 진동 소음이 크다. · 보수, 분해수리가 필요하다.
	정지형 CVCF	· 효율이 높다. · 주파수 정도가 높다. · 응답속도가 빠르다. · 진동, 소음이 낮다. · 보수가 간단.	· 서지 내량(과부하 내량)이 저하
무정전전원장치(UPS)	회전형 CVCF+축전지	(회전형 CVCF와 같다.)	좌동
	정지형 CVCF+축전지	(정지형 CVCF와 같다.)	좌동

5 UPS의 설치시 주의사항

(1) UPS실의 환기, 공조

UPS장치의 주위온도는 일반 전기기기처럼 40[℃] 이하로 되어 있는데, UPS자체에서 발열하므로 충분히 환기할 필요가 있다. 또 이 장치는 반도체 부품으로 구성되어 있어 신뢰성면에는 공조설비를 설치하고 주위온도 30[℃] 이하에서 사용하는 것이 바람직하다.

(2) 축전지실

축전지를 가대에 탑재하는 경우는 축전지 전용실을 설치할 필요가 있고, 축전지를 큐비클에 수납하는 경우에는 축전지실이 필요 없다.

(3) 출력측의 배선

UPS 출력전압은 100[V] 또는 200[V]급이므로, 부하기기까지의 배선에 의한 전압강하에는 충분히 주의할 필요가 있다. 특히 400[Hz] 전원의 경우 전압강하는 50~60[Hz]의 몇배가 되므로, 배선연장이 20~30[m] 이상의 경우에는 3상 동축 케이블 등을 사용해 전압강하를 줄일 필요가 있다.

4.5.2 정격과 특성

① 입력전압 및 정격주파수
② 출력전압 및 정격주파수
③ 사용정격
  ㉠ 연속동작형 : 100[%] 연속사용 가능
  ㉡ 대기동작형 : 정해진 축전지 정격 유지 시간내에서 연속사용 가능
④ 전기적 성능 사항

㉠ 교류 입력전압의 허용 변동범위 : ±10[%]
㉡ 교류 입력주파수의 허용 변동범위 : ±10[%]
㉢ 교류출력 전압안정도 : ±2[%] 이내

⑤ 교류 출력주파수 안정도(비동기시) : ±0.3[Hz] 이내
⑥ 교류 출력 파형 왜율 : 5[%] 이내
⑦ 과부하내량 시험 120[%] 부하로 10분간

표 4-9 무정전 전원장치-UPS장치의 표준 시방 예

<table>
<tr><th colspan="3">항 목</th><th>표 준 시 방</th></tr>
<tr><td colspan="3">설 치 환 경</td><td>옥내, 1000[m] 이하, 0~40[℃], 85[%] 이하</td></tr>
<tr><td rowspan="5">교류입력</td><td colspan="2">상수</td><td>3상 3선식</td></tr>
<tr><td colspan="2">정격전압</td><td>200, 220, 400, 440, (3[K], 6[K])</td></tr>
<tr><td colspan="2">정격주파수</td><td>50 또는 60[Hz]</td></tr>
<tr><td colspan="2">전압변동범위</td><td>정격전압(10[%])</td></tr>
<tr><td colspan="2">주파수변동범위</td><td>정격주파수(5[%])</td></tr>
<tr><td rowspan="4">직류입력</td><td colspan="2">전압</td><td>100[V]/200[V] 300[V]/400[V]</td></tr>
<tr><td colspan="2">전압변동범위</td><td>85~140[V]/160~240[V] 223~340[V]/320~480[V]</td></tr>
<tr><td rowspan="2">축전지 직렬수</td><td>납</td><td>52~56셀/98~104셀 132~140셀/190~200셀</td></tr>
<tr><td>알칼리</td><td>82~88셀/152~160셀 203~223셀/302~320셀</td></tr>
<tr><td rowspan="12">교류출력</td><td colspan="2">정격출력용량</td><td>3~20[kVA]/20~75[kVA] 20~100[kVA]/125~500[kVA]</td></tr>
<tr><td colspan="2">전기방식</td><td>단상 3상</td></tr>
<tr><td colspan="2">정격전압</td><td>100[V], 200[V], 220[V], 380[V], 400[V], 440[V]</td></tr>
<tr><td colspan="2">전압조정범위</td><td>정격전압(5[%])</td></tr>
<tr><td colspan="2">정격주파수</td><td>50[Hz], 60[Hz], 415[Hz]</td></tr>
<tr><td colspan="2">정격역률</td><td>지연 0.9 또는 0.85</td></tr>
<tr><td colspan="2">정격의 종류</td><td>100[%] 연속</td></tr>
<tr><td colspan="2">전압정도(정상)</td><td>정격전압(2[%] 1.5[%])</td></tr>
<tr><td colspan="2">과도전압변동</td><td>정격전압(10[%] 8[%]) ① 50[%]부하급변시
② 교류입력(10[%] 급변시) ③ 정전-복전시</td></tr>
<tr><td colspan="2">전압불평형율</td><td>3[%] 이내(불평형부하 30[%]내에서)</td></tr>
<tr><td colspan="2">주파수정밀도</td><td>정격주파수(0.5[%] 0.01[%])</td></tr>
<tr><td colspan="2">파형 변동율</td><td>5[%] 이하(직선성 부하에서)</td></tr>
</table>

표 4-10 UPS, CVCF, VVVF장치의 특성비교

<table>
<tr><th colspan="2">항 목</th><th>UPS</th><th>CVCF</th><th colspan="3">VVVF</th></tr>
<tr><td colspan="2">영어명칭</td><td>Uninterruptible Power Supply</td><td>Constant Voltage Constant Frequency</td><td colspan="3">Variable Voltage Variable Frequency</td></tr>
<tr><td colspan="2">명 칭</td><td>무정전 전원장치</td><td>정전압 정주파 전원장치</td><td colspan="3">가변전압 가변주파수</td></tr>
<tr><td colspan="2">주회로 방식</td><td>전압형 인버터</td><td>전압형 인버터</td><td>전류형 인버터</td><td colspan="2">전압형 인버터</td></tr>
<tr><td rowspan="2">스위칭방식</td><td>컨버터</td><td>PWM 제어</td><td>PWM 제어</td><td>점호 위상제어</td><td>제어 하지 않음</td><td>제어 하지 않음</td></tr>
<tr><td>인버터</td><td>PWM 제어</td><td>PWM 제어</td><td>PWM 제어</td><td>PWM 제어</td><td>고캐리어 주파수 PWM제어</td></tr>
<tr><td rowspan="2">주회로 디바이스</td><td>컨버터</td><td>IGBT</td><td>IGBT</td><td>사이리스터</td><td>다이오드</td><td>다이오드</td></tr>
<tr><td>인버터</td><td>IGBT</td><td>IGBT</td><td>트랜지스터</td><td>트랜지스터</td><td>IGBT</td></tr>
<tr><td rowspan="3">출력 전원</td><td>무정전</td><td>○</td><td>×</td><td colspan="3">×</td></tr>
<tr><td>정전압 정주파수</td><td>○</td><td>○</td><td colspan="3">×</td></tr>
<tr><td>가변전압 가변주파수</td><td>×</td><td>×</td><td colspan="3">○</td></tr>
<tr><td colspan="2">특 징</td><td>· 상용입력 전원이 정전 또는 순시 전압 강하가 일어나도 부하에는 연속적으로 전력이 공급가능
· 출력전원은 항상 정전압 정주파수의 안정된 전력
· 입력전류를 정현파로 제어
· 입력역률은 1.0으로 제어하고, 최소한의 입력용량
· 100[%] 정류기 부하라도 적은 전압 파형 일그러짐
· 100[%] 불평형 부하라도 높은 전압 정밀도</td><td>· 순시전원은 항상 정전압 정주파수의 안정된 전력
· 입력전류를 정현파로 제어
· 입력역률을 1.0으로 제어하고, 최소한의 입력용량
· 100[%] 정류기 부하라도 적은 전압 파형 일그러짐
· 100[%] 불평형 부하라도 높은 전압 정밀도</td><td>전류형 인버터
· 전류형이기 때문에 토크 특성에 우수하여 제어응답성이 양호
· 다중화에 의해 용량화가 가능
· 출력전류가 방형파에 가깝기 때문에 토크 맥동이 큼
· 전동기와 인버터의 임피던스 정합필요</td><td colspan="2">전압형 인버터
· 컨버터
· 출력전류가 정현파에 까깝기 때문에 토크맥동이 없이 윤활한 운전특성
· 범용 전동기와의 조합에 최적</td></tr>
</table>

항 목	UPS	CVCF	VVVF	
주요 부하	전력공급의 연속성이 아래에 기술된 경우 이용된다. · 컨버터 · 방송통신설비 · 제어 관리시스템 · 프랜트계장장비 · 공장	UPS와 마찬가지인 부하가 전력의 질만 요구되어 질(전력공급의 연속성은 요구되어지지 않는)경우에 이용된다.	75[kW]급 이상의 전동기	300[kW]급 까지의 전기

* IGBT(Insulated Gate Bipolar Transistor)

연 습 문 제

1. 그림과 같은 방전시설을 갖는 부하에 대한 다음 각 물음에 답하시오.(9점)

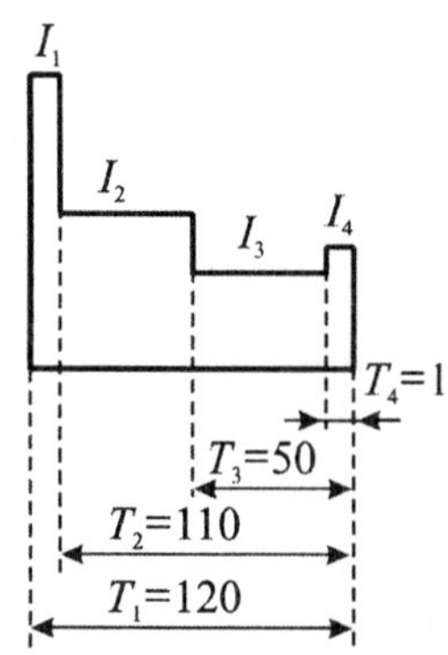

가. 위와 같은 방전특성을 갖는 축전지 용량은 몇 [Ah]인가?

나. 납 축전지의 접지 방전은 몇 시간으로 하는가?

다. 축전지의 전압을 납 축전지에서는 1단위당 몇 [V]인가?

라. 예비비전원으로 시설하는 축전지로부터 부하에 이르는 전로에는 개폐기 및 무엇을 설치하는가? 단, 방전전류는 $I_1=500$, $I_2=300$, $I_3=80$, $I_4=100$[A]이고, 용량 환산시간 $K_1=2.49$, $K_2=2.49$, $K_3=1.46$, $K_4=0.57$이며, 보수율 0.8을 적용한다.

[답] 가. $C=\frac{1}{0.8}[2.49\times500+2.49(300-500)+1.46(80-300)+0.57(100-80)]$

$=546.5$[Ah]

나. 10시간

다. 2[V]

라. 과전류 차단기

2. 축전지에 대한 다음 각 물음에 답하시오.(6점)

가. 축전기의 과방전 및 설치 상태 설페이션 현상 등이 발생했을 때 기능 회복을 위하여 실시하는 충전방식은?

나. 축전지의 공칭전압은 2.0[V]이다. 알칼리 축전지는 몇 [V]인가?

[답] 가. 회복충전　　나. 1.2[V]

3. 축전기의 부동충전에 대해서 간단히 설명하시오.(4점)

[답] 축전지의 자기방전을 보충함과 동시에 사용부하에 대한 전력공급은 충전기가 부담토록 하되 충전기가 부담하기 어려운 일시적인 대전류 부하는 축전지가 부담토록 하는 방식

4. 축전기가 다음과 같은 현상일 때 그 추정 원인을 쓰시오.(9점)

- 극판이 백색으로 되거나 백색반점이 생긴다.
- 비중이 저하하고 충전용량이 감소한다.
- 충전시 전압상승이 빠르고 다량으로 가스가 발생한다.

[답] 설페이션 현상

5. 예비전원설비에 대한 다음 각 물음에 답하시오.(12점)

가. 연 축전지의 전해액이 변색되며, 충전하지 않고 방치된 상태에서도 다량으로 가스가 발생되고 있다. 어떤 원인의 고장이라고 추정되는가?

나. 거치용 축전설비에서 가장 많이 사용되는 충전방식으로 자기방전을 보충함과 동시에 상용 부하에 대한 전력공급은 충전기가 부담하도록 하되 충전기가 부담하기 어려운 일시적인 대전류 부하는 축전지가 부담하게 하는 충전방식은?

다. 연 축전지와 알칼리 축전지의 공칭전압은 몇[V]인가?

라. 축전지용량을 구하는 식

$C=\frac{1}{L}\ [K_1I_1+K_2(I_2-I_1)+K_3(I_3-I_2)\cdots\cdots]$에서 L은 보통 0.8을 적용한다.

이 L을 무엇이라고 하는가?

[답] 가. 불순물의 혼입 또는 비중과다로 인한 극판의 만곡으로 단락

나. 부동 충전방식

다. 연 축전지 2[V/cell], 알칼리 축전지 : 1.2[V/cell]

라. 보수율

6. 축전지의 충전방식 4가지를 쓰시오.

[답] ① 초기충전 방식 ② 부동충전 방식 ③ 균등충전 방식 ④ 회복충전 방식

7. 건축법과 소방법에 따라서 시설하는 예비전원이 자가용 발전장치인 경우에 정전 후 몇 초 이내에 전압을 확립하여 부하에 전력을 공급하여야 하는가?

[답] 10초

8. 충전기를 갖춘 축전지와 자가용 발전장치를 병용하는 경우에 자가용 발전설비가 비상시에 몇 초 이내에 기동하여 30분 이상 안정된 전원을 공급할 수 있어야 하는가?

[답] 45초

9. 빌딩에서 예비용 자가발전용량은 수전설비용량의 약 몇 [%] 정도가 적당한가?

[답] 20[%]

10. 1,000[kVA]의 디젤 발전기가 엔진 정격출력 P=1,200[P.S], 연료소비율 b= 175[gr/PS · h], 과급기의 과잉률 E=2.5, 공기밀도 ρ=1, 165, 실내온도 30[℃]라 할 때에 환기량 Q[m^3/min]을 구하여라. 단, 소수점 둘째 자리에서 반올림 할 것.

[답] 105.2[m^2/min]

11. 자동화재탐지설비, 비상경보설비 유도등의 비상전원에 사용하는 축전지는 몇 분 이상의 방전 능력이 있어야 하는가?

[답] 20분

12. 부하의 허용 최저전압이 95[V], 축전지와 부하사이 접속선의 전압강하가 3[V]일 때 직렬로 접속한 축전지의 개수가 50개라면 축전지 한 개의 허용 최저전압은 몇 [V]인가?

[답] 1.96[V]

13. 예비전원으로 시설하는 저압의 발전기에서 부하에 이르는 전로에서는 발전기에 가까운(쉽게 점검하고 개폐할 수 있는) 곳에 설치해야 하는 기기 4가지를 들어라.

[답] ① 개폐기 ② 과전류 차단기 ③ 전압계 ④ 전류계

14. 다음은 UPS 설비의 블록다이아그램이다. 도면을 보고 물음에 답하시오.(10점)

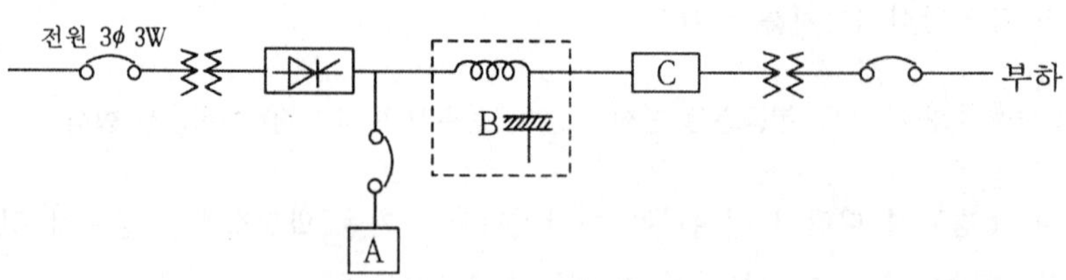

가. UPS의 기능을 2가지로 요약하여 설명하시오.
나. A는 무슨 부분인가?
다. B는 무슨 역할을 하는 회로인가?
라. C 부분은 무슨 회로 부분이며, 역할은 무엇인가?

[답] 가. ① 무정전 전원 공급 기능

② 정전압 정주파수 공급 기능

나. 축전지

다. 필터(Filiter)회로로써 고조파 방지 및 정류 평활화를 도와준다.

라. 인버터(Inverter)회로로써 직류를 교류로 다시 변환시킨다.

제 5 장

배전설비

5.1 배전방식

전기 사업법 시행규칙에 의하면 [배전선로라는 것은 발전 변전소 또는 송전선로와 수용설비 사이 또는 수용설비 상호간의 전선로 및 이것에 부속하는 개폐소, 그 밖의 전기 공작물을 말한다.]로 정의하고 있지만 일반적으로 배전선로란 배전용 변전소에서 수용가 인입구에 이르기까지의 부분을 말한다. 배전설비는 송전설비에 비해서 개개의 설비는 소규모이지만, 수많은 수용가로 분기하여 있고, 광범위하게 분포해 있는 특징이다.

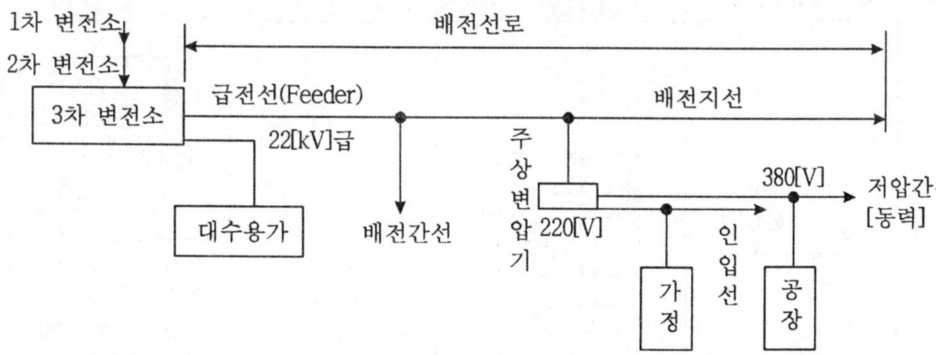

그림 5-1 배전계통 구성도

5.1.1 배전방식의 종류

일반 건축물에서 사용되는 저압 간선의 배전방식을 어떤 방식으로 채용하는가는 대상 건물의 규모, 사용설비, 경제성 등을 충분히 고려하여 결정한다.

배전방식은 그림 5-2와 같이 단상 2선식, 단상 3선식, 3상 3선식, 3상 4선식이 사용되고 있다.

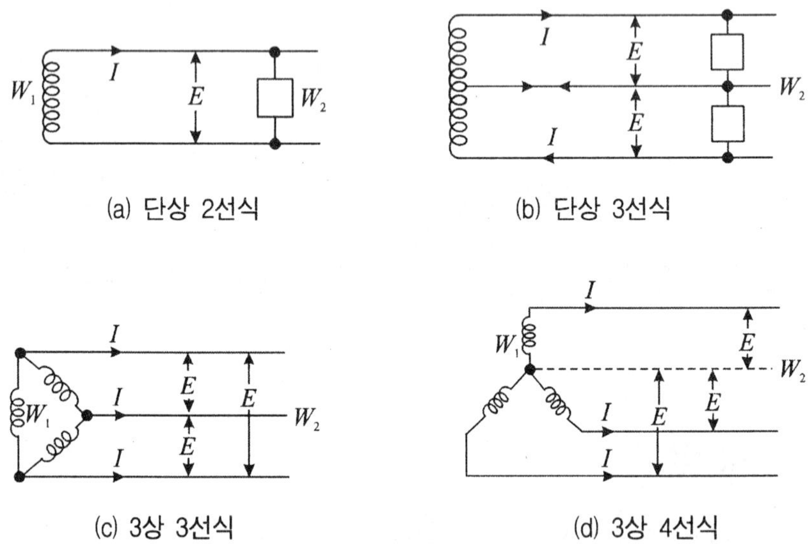

그림 5-2 배전방식의 종류

표 5-1 전등 수용가에 대한 배전 방식의 비교

구분	단상 2선식 220[V] (*A*)	단상 3선식 110/220[V] (*B*)	*A*+*B*	3상 4선식 220/380[V]
공급 방법	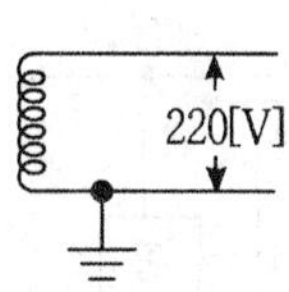	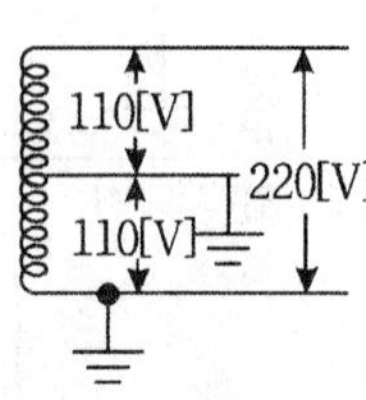	*A*+*B* · 병행운용	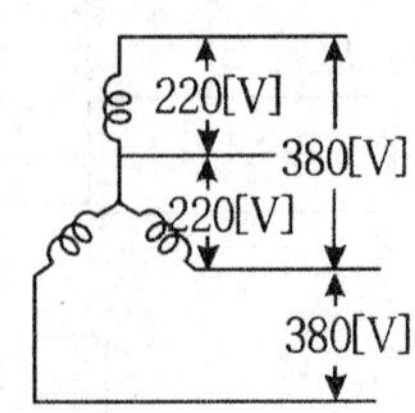 · 동력 부하와 공용 · 동력 수용 또는 특수한 경우는 단상 공급 방식 보완 운용

구분	단상 2선식 220[V] (A)	단상 3선식 110/220[V] (B)	$A+B$	3상 4선식 220/380[V]
장점	· 부하 불평형 없음 · 저압 선로가 단순함	· 경제적 배선 방식-전선 소요량 및 전력 손실 감소 · 장경간 공급 가능	· $A+B$	· 공급 능력 최대 · 경제적 배전 방식 · 배전 설비의 단순화
단점	· 전선 소요량 증가 · 전력 손실 증가 · 장경간 공급 곤란 · 대용량 공급 불가	· 부하 불평형 문제 발생 · 중성선 단선시 이상 전압 유입으로 기기 소손 사고 발생	· $A+B$	· 부하 불평형 발생 · 동력 부하 기동시 플리커 발생 우려 · 중성선 단선시 이상 전압 유입
비고	· 소용량 단경간 부하에 적합	· 아파트 등 부하 밀집 지역에 유리 · 220[V] 승압 과도 조치용	· 단상 2선식-소용량 부하 및 단경간 공급 · 단상 3선식-대용량 부하 및 장경간 부하 공급	· 동력과 전등 부하 공동범위 검토 필요 · 부하 불평형 방지 대책 검토 · 중성선 단선 방지 마련

5.2 간선

전등, 콘센트, 전동기 등의 설비에 전기를 공급하기 위하여 일정한 구역으로 묶어 큰 용량의 배선으로 배전하고 이 큰 용량의 배전선을 간선(幹線 : Feeder)이라고 한다.

일반적으로 인입점, 수변전 설비 등의 전원측에서 전등분전반, 동력제어반까지의 전로를 간선이라고 부르며 간선설비로는 조명기구, 사무기기, 공기 조화기, 펌프 등의 부하에 전기를 공급하는 전력 간선과 통신·정보 등을 전송하는 통신간선이 있으며 보통 간선설비라 하는 경우는 전력 간선을 말한다.

전력공급 신뢰도의 면에서 간선은 전원설비 다음으로 중요한 위치를 차지하므로 간선을 결정할 때는 다음 사항을 고려하여야 한다.

① 전선의 허용전류
② 전선의 허용전압강하
③ 전선의 기계적 강도

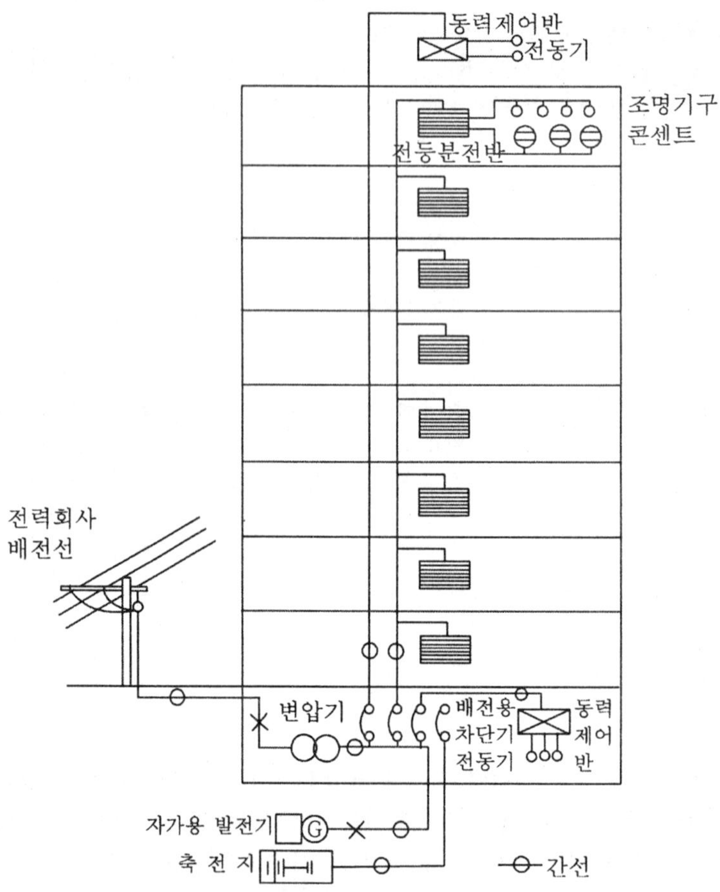

그림 5-3 간선의 구조

5.2.1 간선의 종류

간선은 사용목적과 배선방식에 따라 분류한다.

1 사용 목적에 따른 분류

- 간선
  - 전등간선
    - 상용 전등간선 : 일반 전등
    - 비상용 전등간선 : 화재시 또는 정전시 점등되는 전등
  - 동력간선
    - 상용 동력간선 : 오·배수 펌프, 반송설비 등의 일반동력
    - 비상용 동력간선 : 정전시나 화재시 운전되는 비상동력
  - 특수간선
    - 전산 기기용 간선
    - 기타 특수용 간선

(1) 전등간선

전등간선이란 조명기구, 콘센트, 사무용 기기 등에 전력을 공급하는 간선으로 전력회사에서 항시 급전되는 것(상용 전등간선)과 비상시에 발전기에서 급전되는 것(비상용 전등간선)이 있다.

(2) 동력간선

동력간선이란 보일러나 냉동기의 열원 기기, 공기 조화기, 급·배기 팬, 급·배수 펌프, 엘리베이터, 에스컬레이터 등의 기기에 전력을 공급하는 간선으로 상용 동력간선과 비상용 동력간선이 있다.

(3) 특수간선

특수간선이란 중요도가 높은 특수기기 및 장비, 건물에 전력을 공급하는 것으로서 전산기용 간선, 의료기용 간선 등이 이에 해당되며 기능의 다양화와 복잡한 부하 특성을 고려한 간선을 말한다.

[2] 배전방식에 의한 분류

간선에 어느 배선방식을 채택할 것인가는 한 계통에 접속되는 부하의 용량과 간선의 전압, 시설장소 등에 따라 다음과 같이 결정한다.

- 간선
  - 저압 간선
    - 단상 2선식(110[V], 220[V]) : 전등간선
    - 단상 3선식(110/220[V]) : 전등간선
    - 3상 3선식(220[V], 380[V], 440[V]) : 동력간선
    - 3상 4선식(120/208[V], 220/380[V], 254/440[V]) : 전등동력 공용간선
    - 직류(100[V]) : 비상등에 주로 사용
  - 고압 간선
    - 3상 3선식(3.3[kV], 6.6[kV]비접지식) : 한 건물내에 2개소 이상의 변전소를 접속하는 1차측 간선으로 사용
    - 대용량 전동기의 전원으로 사용.
  - 특별고압간선
    - 3상 4선식 11.4[kV], 22.9[kV]다중 접지식) : 대규모 건물과 초고층 빌딩의 경우 채택
    - 3상 3선식 : 22[kV]급(비접지 방식)

표 5-2 일정 전력 송전에 필요로 하는 동량 및 전력손

전기 방식	전압 [V]	일정 전압 강하에 대하여		안전 전류에 대하여	
		동량 [%]	전력손 [%]	동량 [%]	전력손 [%]
단상 2선식	110	100	100	100	100
단상 3선식		37.5		53	71
3상 3선식		75		66	114
3상 4선식		33.3		38	87

주 ① 회로 리액턴스에 의한 전압 강하는 무시한다.
② 전선의 허용전류는 도체 단면적의 2/3승에 비례하는 것으로 한다.
③ 다선식 방식에서는 모든 부하가 평형하고 중성선의 굵기는 양측과 같은 굵기로 한다.

(1) 간선의 재료

- 간선
  - 저압 간선
    - 절연 전선(금속관, 금속덕트)
    - 케이블(금속덕트, 케이블 래크)
    - 버스 덕트
    - 나도체(동관, 알루미늄)
  - 고압, 특별 고압 간선
    - 케이블
    - 버스 덕트

버스 덕트는 도체와 덕트부분(Housing)의 재료에 따라 알루미늄도체 銅 덕트(Al-Fe), 알루미늄도체 알루미늄덕트(Al-Al), 동도체 동덕트(Cu-Cu), 및 동도체 알루미늄덕트(Cu-Al)의 4종이 있다.

알루미늄도체는 가볍고 또한 알루미늄과 동과의 접속기술이 발달된 관계로 접속이 용이해서 Al-Fe 버스 덕트가 많이 사용된다.

각 도체간에 컴파운드를 넣는 절연 버스 덕트는 부피가 작아지는 관계로 샤프트의 면적을 작게 할 수 있는 이점이 있다.

3 배선방식에 의한 분류

분전반이 2개소 이상 있는 곳에서는 배선방식에 따라 그림 5-4에서와 같이 (a), (b)나무가지식, (c), (d)는 나무가지식과 평행식 병용, (e)는 평행식이 있다.

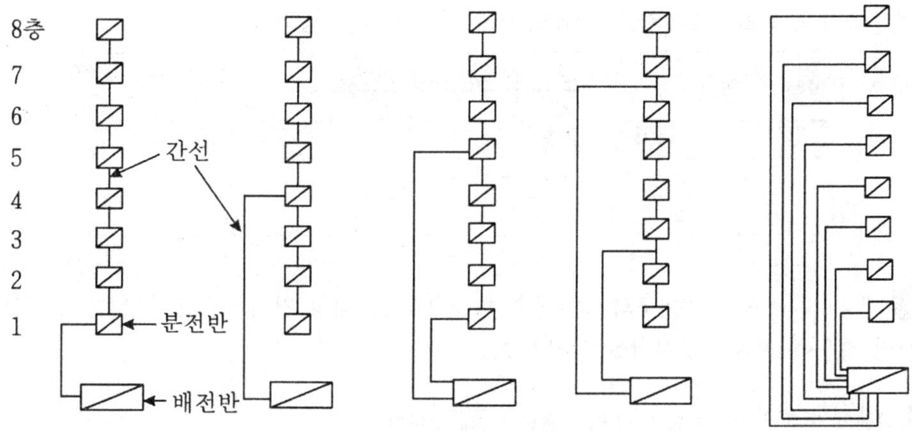

(a) 나무가지식 (b) 나무가지식 (c) 나무가지평행식 (d) 나무가지평행식 (e) 평행식

그림 5-4 간선의 배선방식

(1) 나무가지식

1개의 간선이 각각의 분전반을 거치며 부하가 감소됨에 따라 간선의 굵기도 감소되므로 굵기가 변경되는 접속점에는 보안장치가 필요하다. 이 방식은 소규모 건물에 적당하다.

(2) 나무가지식과 평행식의 병용식

부하가 집중되어 있는 중심 부근에 분전반을 설치하고 분전반에서 각 부하에 배선하며 일반적으로 병용식이 많이 사용되고 있다.

(3) 평행식

큰 용량의 부하 또는 분산되어 있는 부하에 대하여 단독회선으로 배선하는 것이다. 배전반으로부터 각 분전반마다 단독으로 배선되므로 전압강하가 평균화되고, 사고의 경우 파급되는 범위는 적지만 배선의 혼잡과 설비비가 많아지며 일반적으로 대규모 건물에 적합하다.

전압강하만을 생각하면 평행식이 유리하고 공장 등에서 종합 부하의 수용률을 생각할 경우에는 평행식보다 병용식이 유리하다. 일반적으로 (c)의 방식이 경제적이다.

5.2.2 간선의 굵기와 수용율

1 간선의 수용율

(1) 일반적인 경우

간선의 굵기는 전압강하 조건과 저압옥내간선에서 사용되는 전기 기계기구의 정격전류의 합계 이상의 허용전류값이 비교하여 큰값을 선택한다.

전등 및 소형 전기기계 기구의 용량합계가 10[kVA]를 넘는 것은 그 넘는 용량에 대하여 표 5-3의 수용율을 적용할 수 있다.

표 5-3 간선의 수용률

건물의 종류	수용률[%]
주택, 기숙사, 여관, 호텔, 병원, 창고	50
학교, 사무실, 은행	70

예제 전등 및 소형 전기기구의 설비용량이 30[kVA], 대형 전기기구 5[kVA]를 설비한 여관인 경우에 최대 사용부하를 구하시오.

풀이 건물의 종류가 여관이므로 적용 수용률은 50[%]이다.

최대 사용부하 $P = 10 + (30[\text{kVA}] - 10[\text{kVA}]) \times 0.5[\text{kVA}] + 5[\text{kVA}] = 25[\text{kVA}]$

즉, 설비용량은 35[kVA]이지만 최대 사용부하는 25[kVA]로 할 수 있다.

(2) 일반 주택의 간선

일반 주택의 간선(인입선 접속점에서 인입구 장치까지의 배선율 포함.) 굵기는 위의 (1)에 관계없이 표 5-4에 표시한 값 이상으로 하는 것을 원칙으로 한다.

표 5-4 일반 주택의 간선 굵기

분기 회로수	전선 굵기			
	단상 2선식([110V])		단상 3선식(110/220[V], 220/440[V]) 단상 2선식(220[V])	
	동		동	
	연선[mm²]	단선[mm]	연선[mm²]	단선[mm]
2 이하	5.5	2.6	3.5	2.0
3	8	3.2	5.5	2.6
4	14	-	5.5	2.6
5 또는 6	-	-	8	3.2

2 간선의 굵기 선정순서

(1) 선정순서

① 간선의 분기회로별 최대전류를 산출

$$\text{최대사용전류} = \frac{\text{최대사용전력} \times \text{부하율}}{\text{전압} \times \text{역율}} \tag{5-1}$$

② 간선의 분기회로별 전압강하 한도를 결정→2[%] 이내

③ 전선의 굵기 계산 공식

배전 방식	전선 단면적		비 고
단상 2선식	$S=\frac{2IL}{Ke}$	$A=\frac{35.6IL}{1000e}$	K : 도전율 e : 전압강하 L : 전선길이 I : 전류 e' : 대지간 전압강하
3상 3선식	$S=\frac{\sqrt{3}IL}{Ke'}$	$A=\frac{30.8IL}{1000e'}$	
3상 4선식	$S=\frac{IL}{Ke}$	$A=\frac{17.8IL}{1000e}$	

④ 경제적 굵기를 고려.

(2) 전선의 최소 굵기

① 저압간선 : 1.6[mm] 연동선 사용

② 고압간선 : 38[mm^2] 이상(6.6[kV]), 100[mm^2] 이상(22.9[kV] 이상)

3 간선 계통수의 결정

전등 또는 동력부하를 얼마의 간선으로 하느냐 또는 건물 전체를 몇 회로의 간선으로 하느냐 하는 것은 건물의 규모나 용도, 간선방식에 따라 검토할 기본적 사항은 다음과 같다.

(1) 전등간선

① 하나의 간선전류가 400[A] 이상인 대용량 저압간선은 버스덕트와 절연전선과의 경제성 및 향후 부하증설을 상호 비교한다.

② 간선전류는 300[A] 정도(전선의 굵기 200[mm^2]) 이하로 분할한다.

③ 네온전원 또는 비교적 대용량의 옥외 광고용 전원은 옥내용 조명전원과 구별한다.

④ 발전기설비가 있을 때에는 상용과 비상용으로 구분한다.

(2) 동력 간선

① 동력의 용도(건물에 부대하는 동력, 위생용 동력, 공기조화 및 환기용 동력, 공장 기계용 동력)에 따라 나눈다.

② 간선전류는 300[A] 정도(전선의 굵기 200[mm^2]) 이하로 분할한다.

③ 승강기용 동력(엘리베이터, 에스컬레이터 등)에는 다른 용도의 부하를 접속시키지 않는다.

④ 발전기 설비가 있을 때에는 상용동력과 비상용동력(엘리베이터의 일부, 소방용펌프, 환기용 송풍기의 일부 등)으로 나눈다.

(3) 공동주택간선

① 룸 쿨러 등 전기 사용기기를 사용할 수 있도록 3상 4선식으로 한다.

② 전선관 등은 장래에 증설을 대비하여 여유를 둔다.

5.2.3 간선의 보호

간선의 사고를 미연에 방지하기 위하여 과부하전류, 지락전류, 단락전류 등에 대한 보호 장치를 설치하도록 전기설비기술기준에서는 규제하고 있다.

[1] 과전류에 대한 보호

각 전선의 전원측에는 그 간선을 과전류로부터 보호하기 위한 과전류 차단기를 설치하여야 한다.

표 5-5 간선의 굵기와 과전류 차단기의 용량

<table>
<tr><th colspan="3">부하의 종류 I_r : 전동기 이외
I_m : 전동기</th><th>간선의 허용전류 (I_w)</th><th>MCCB의 정격전류 (I_b)</th></tr>
<tr><td>간선</td><td>전동기 등이 없는 경우</td><td>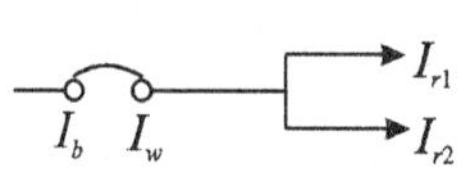</td><td>$I_w \geq \sum I_r$</td><td>$I_b \leq I_w$</td></tr>
<tr><td rowspan="3">간선</td><td rowspan="3">전동기 등이 있는 경우</td><td>$\sum I_m \leq \sum I_r$일 경우
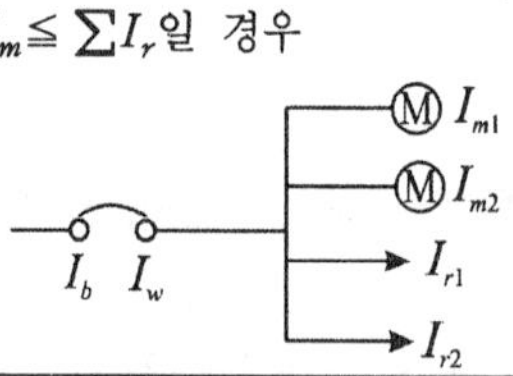</td><td>$I_w \geq \sum I_m + \sum I_r$</td><td rowspan="3">$I_b \leq 3\sum I_m + \sum I_r$
또는
$I_b \leq 2.5 I_w$
단, $I_w > 100$ 일 때 그 값이 MCCB의 표준 정격에 해당하지 않는 경우는 직근상위의 정격으로 하여도 좋다.</td></tr>
<tr><td>$\sum I_m > \sum I_r$일 경우
$\sum I_m \leq 50A$일 경우
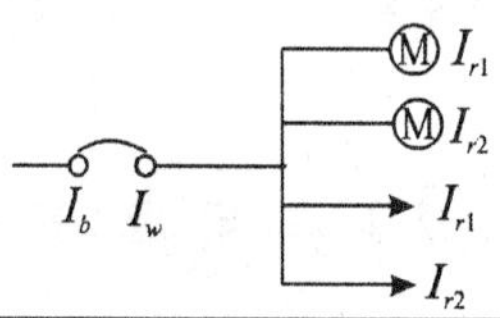</td><td>$I_w \geq 1.25\sum I_m + \sum I_r$</td></tr>
<tr><td>$\sum I_m > \sum I_r$일 경우
$\sum I_m > 50A$일 경우
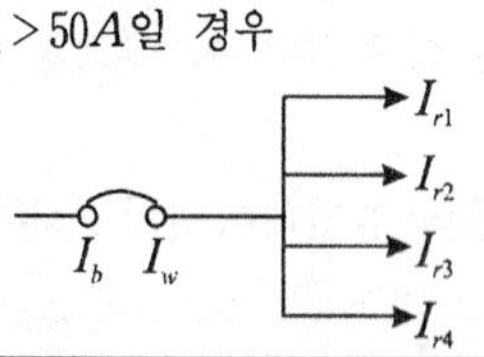</td><td>$I_w \geq 1.1\sum I_m + \sum I_r$</td></tr>
</table>

이 때, 과전류 차단기의 정격전류는 간선으로 사용되는 절연전선, 케이블 또는 버스 덕트 등의 허용 전류값보다 적은 것을 사용하여야 한다.

그러나 동력간선 또는 공용간선에서 전동기가 접속되어 있는 경우에는 기동전류를 보상하기 위하여 과전류 차단기의 정격전류는 전동기 정격전류 합계의 3배에 전동기 이외의 부하전류를 합한 값과 간선의 허용전류를 2.5배 한 값 중에서 적은 쪽의 값으로 한다. 이 관계를 정리한 것이 표 5-5이다.

② 지락보호

간선에 지락 발생시 자동적으로 전로를 차단하기 위하여 지락차단장치를 설치하여야 한다. 지락차단장치는 보통 지락계전기를 사용하여 수전용 차단기 또는 각 변압기용 차단기를 차단하도록 하고 있다.

그러나 규모가 큰 건물에서 간선이 400[V]급의 대용량으로 되는 경우 건물 전체를 한 계통으로 하면 지락사고 때 건물 전체가 정전되므로 어느 정도 적은 범위로 나누어 지락차단장치를 설치하는 경우도 있다. 또한 비상조명, 비상엘리베이터, 유도등 등이 접속되어 있는 간선에는 지락차단 장치 대신 경보장치를 설치하는 경우도 있다.

③ 단락보호

간선으로 사용하는 절연전선, 케이블 또는 버스덕트 자체가 단락된 단락 경우에 단락전류를 차단하기 위한 과전류 차단기를 설치하여야 하며 일반적으로 변압기의 1차측과 2차측에 각각 설치하고 있다.

변압기의 용량이 크게 되면 간선도 400[V]급의 저임피던스 버스덕트를 사용하는 수가 많아 이와 같은 전선에서는 단락전류도 대단히 커진다.

또한 한 곳의 고장에도 정전범위가 커지므로 단락보호 방식을 결정할 때에는 신중히 검토하여야 한다.

5.3 간선의 고조파 전류

간선에는 고조파의 발생원이 많이 존재하는데 이 중 고조파의 발생량이 크고 계통에 악영향을 주는 것으로는 대형아크로, 대용량 전력변환장치 등이 있다.

이러한 고조파는 전원의 질을 저하시키고 과열 및 이상상태를 발생시키는 원인이 되며, 고조파의 영향은 심각한 상태로 선로나 배선에는 부하의 정상 전류 이외에도 반드시 고조파 전류를 고려해야 한다.

5.3.1 고조파 전류의 발생 원인

고조파 전류의 발생은 대부분 전력전자소자(Power Electronics : Diode, SCR 등)를 사용하는 전기기기에서 발생된다. 그 종류를 살펴보면 다음과 같다.

① 전력변환장치(인버터, 컨버터, UPS, CVCF, VVVF 등)
② 아크로, 전기로 등
③ 형광등
④ 회전기기

⑤ 변압기
⑥ 과도현상에 의한 것 등이다.

③~⑥은 발생 고조파 크기가 적고 순간적인 것이 많아 크게 문제가 되지 않으나 ①~②의 고조파 발생원인은 지속적이고 고조파 전류 성분이 크기 때문에 다른 기기나 선로에 미치는 영향이 대단히 크다.

5.3.2 고조파 전류의 형태

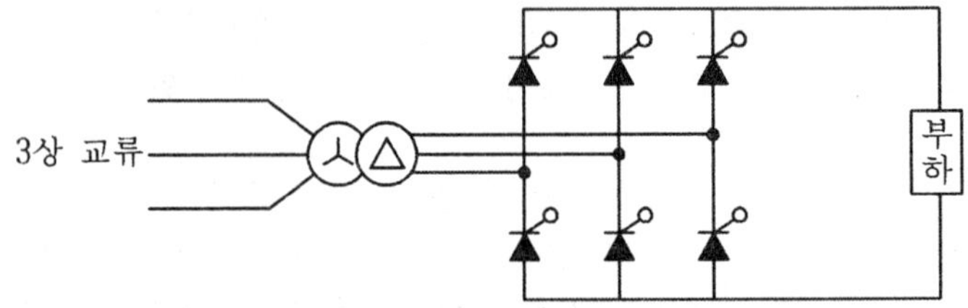

그림 5-5 정류기의 결선 예

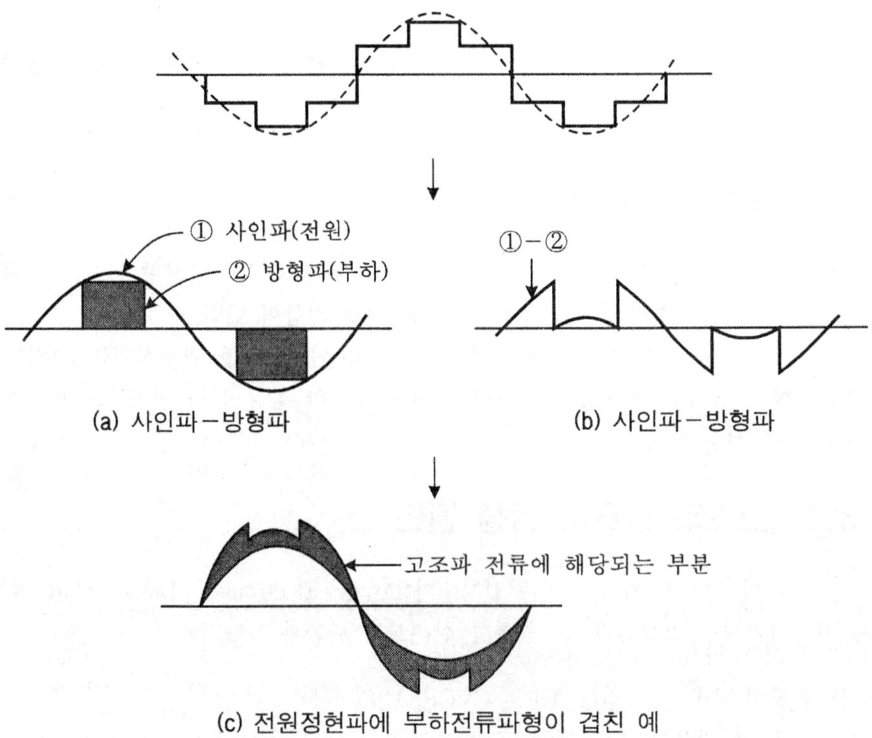

그림 5-6 사이리스터 부하전류파형의 예

가장 일반적으로 사용되는 3상 순브리지(6펄스변환기)의 정류회로를 예를 들면, 그림 5-6에서 보는 바와 같이 상용 주파수인 정현파(sin파) 전류를 전원계통에 흘리려는 것에 대하여 부하(사이리스터 부하)가 방형파 전류가 필요한 경우, 그림 5-6 (a)와 같이 사인파에 방형파의 차이에 상당하는 전류는 (b)에 가서 전원측으로 흘러들어 (c)와 같이 전원측 정현파와 합성이 되어 고조파 전류의 형태를 이루게 된다.

5.3.3 고조파 정의 및 이론

고조파란 기본파 이외의 파형으로서 기본주파수의 정수배 주파수를 갖는 전압, 전류를 말하며 제 n조파라는 것은 기본파의 n배 주파수라고 정의할 수 있다. 따라서 왜형파는 하나의 기본파와 그 정수배 주파수를 갖는 고조파로 분해할 수 있고, 주기적으로 반복하는 임의의 왜형파를 Sine 및 Cosine 항을 갖는 기본파와 그의 충분한 수의 고조파의 합으로 표현할 수 있다. 이러한 고조파는 다음의 식과 같이 표현된다.

$$f(t) = a_0 + \sum_{n=1}^{\infty} a_n \sin n\omega t + \sum_{n=1}^{\infty} b_n \cos n\omega t \tag{5-2}$$

여기서 a_0는 왜형파 교류의 직류분을 나타내며, $a_1 \sin \omega t$ 및 $b_1 \cos \omega t$ 항은 왜형파 $f(t)$의 기본파라고 한다. 이러한 왜형파의 질을 나타내는 수치로는 보통 종합 전압왜형율(THD : Total Harmonic Distortion) 및 고조파 함유율(HF : Harmonic Factor)로 나타내며 종합 전압왜형율은 기본파 전압 실효치에 대한 전체 고조파 전압 실효치의 비율로 식 (5-3)과 같다.

$$THD = \frac{\sqrt{V_2^2 + V_3^2 + V_4^2 + \cdots + V_n^2}}{V_1} \tag{5-3}$$

단, V_1 : 기본파 전압의 실효치, V_n : 제 n차 고조파 전압의 실효치이며 고조파 함유율은 어떤 차수의 고조파 성분 실효치와 기본파 성분 실효치에 대한 비율로 식 (5-4)와 같다.

$$HF = \frac{V_n}{V_1} \times 100[\%] \tag{5-4}$$

전력변환장치 중 가장 대표적인 고조파 주 발생원은 위상제어 정류기, 인버터 전력변환기기가 있다.

일반적으로 6펄스 변환장치를 기준으로 교류전압을 가한 경우 발생하는 고조파는 퓨리에 급수에 의하여 다음과 같이 표현된다.

$$I = \frac{2\sqrt{3}}{\pi} I_d \left[\sin \omega t - \frac{1}{5} \sin 5\omega t + \frac{1}{7} \sin 7\omega t - \frac{1}{11} \sin 11\omega t + \frac{1}{13} \sin 13\omega t \cdots \right] \tag{5-5}$$

식 (5-5)에서 I_d : 직류측 부하전류이고 ω : 교류측 전원 각주파수이며, 식 (5-6)에서 보는 바와 같이 6펄스 변환장치에서는 5, 7, 11, 13 ⋯ 차수의 고조파가 발생됨을 알 수 있다.

즉 브리지 회로의 고조파 발생차수 n은 다음과 같다.

$$n = kp \pm 1 (k = 1, 2, 3 \cdots) \tag{5-6}$$

여기서 p는 펄스의 수이고 k는 양의 정수이다. p를 6으로 하면 5, 7, 11, 13, 17, 19차 ⋯ 의 고조파가 발생된다.

5.3.4 고조파에 의한 영향 및 대책

[1] 고조파 영향

고조파에 의한 장해는 전력 계통에 사이리스터 응용기기 등의 고조파 발생원이 급증한데 그 원인이 있으며 기기에 대하여 직접적인 영향을 준다. 이때 선로나 간선에 고조파 전류가 유입되었을 때 장해는 다음과 같다.

① 통신선에 미치는 유도장해 및 잡음
② 전력용 콘덴서 회로의 과전류에 의한 콘덴서, 직렬 리액터의 과열 및 파괴, 이상 음의 발생
③ 발전기, 변압기의 손실 증가에 따른 잡음, 진동, 과열
④ 지중 송전선의 송전용량의 저하
⑤ 형광등의 잡음 방지용 커패시터 또는 안정기의 과열, 소손
⑥ 정지형 보호계전기의 오동작 및 계기류의 오차 증대
⑦ 싸이리스터 장치의 제어 불안정
⑧ 고차 고조파에 기인하는 유도잡음으로 인한 라디오, 텔레비젼 시청 곤란.

[2] 고조파 저감대책

고조파 장해의 대책은 고조파 장해를 발생시키는 측에서의 대책(고조파 저감 대책)과 고조파 장해를 받는 측에서의 대책으로 크게 분류할 수 있다. 고조파 문제는 고조파 발생원의 크기와 전원 계통의 고조파 내량을 고려하게 되는데 고조파 발생량의 저감과 전원계통 고조파 내량의 증가(임피던스 변경)가 기본적인 방지대책이며, 고조파 저감대책으로는 다음과 같다.

① 변환기의 다수 펄스화
② 교류 리액터 설치
③ 전원단락 용량의 증대
④ 고조파 부하용 변압기 및 배전선의 분리 전용화
⑤ 필터설치

[3] 간선 설계시 유의사항

간선이나 선로에 고조파 전류를 발생시키는 부하 종류 및 특징을 갖는 경우 설계시 다음과 같은 사항을 고려하여야 한다.

① 간선의 굵기 선정시 고조파 전류분을 고려하여 충분한 굵기를 선정하여야 한다.
② 간선의 1차 차단기나 변압기 등의 용량 등을 선정하는 경우에도 고조파 전류분을 추가 적용시켜야 한다.
③ 전원의 파형이 고조파 전류에 의하여 변형되어 정확히 규명할 수 없는 과열, 진동원인이 될 수 있으므로 이점을 고려하여야 한다.

5.4 분전반

분전반(Pannel Board)은 배전반(Switch Board)으로부터 각 간선에서 배선을 분기하는 개소에 설치하여 분기회로용 개폐기와 자동차단기를 조합한 것이다. 분전반은 강판제 캐비넷제가 많이 사용되고 주개폐기나 각 분기 회로용 개폐기는 나이프 스위치나 MCCB가 사용된다.

대규모 건물에서는 분전반의 수를 많이 하고 분기회로의 길이를 짧게 하여 사고범위를 축소시키고 공사를 유리하게 한다.

분전반을 설치할 경우 고려하여야 할 사항은 다음과 같다.

① 분전반의 설치는 가능한 한 부하의 중심부에 설치한다.
미관을 고려하여 복도 등에 위치를 정하고 대형 빌딩의 경우 각 층의 전기샤프트에 설치한다.
② 분전반 1면으로 전력을 공급하는 범위는 1,000[m^2] 정도로 하고 1개의 분전반에 넣을 수 있는 분기개폐기의 수는 예비회로를 포함하여 40회로(단 2P의 것은 20회로로 계산한다), 예비 회로는 당초 사용회로의 30[%] 정도로 한다.
③ 일반적으로 1층에 분전반을 적어도 1개씩 설치하고 가능하면 분기회로의 길이는 20~30[m] 이하가 되도록 위치를 선정하는 것이 바람직하다.
④ 매입형 분전반일 때는 분전반이 벽속에 충분히 매입되도록 벽 두께를 잘 검토하며 벽에 잘 지지되도록 적당한 조영재를 설치하여야 한다.
⑤ 분전반은 보수 점검이 용이하고 부근에 가구나 기타 물건 등이 놓이지 않는 장소를 선정하여 설치하여야 한다.
⑥ 분전반을 설치하는 예는 그림 5-8과 같으나 대부분 (a) 방식을 택하며 분전반을 1개 이상 나란히 설치할 경우 간격을 약 60[mm] 이상 띄운다.
⑦ 하나의 분전반 내에 사용전압이 각기 다른 개폐기를 시설할 경우 오접속에 의한 사고를 방지하기 위하여 반드시 주 개폐기의 색깔을 다르게 하거나 중간에 칸막이를 설치하여야 한다.

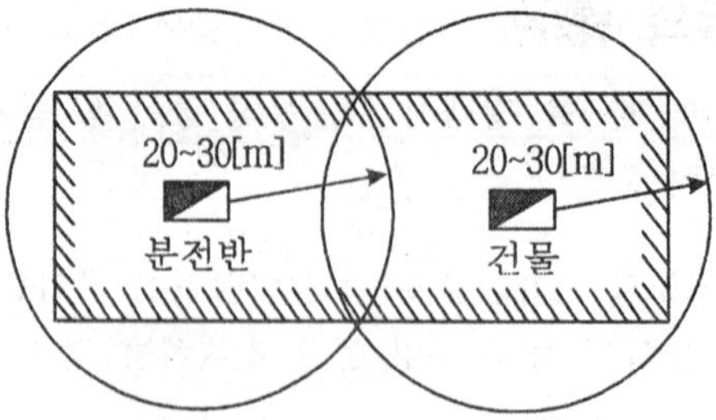

그림 5-7 분전반의 적정 공급범위

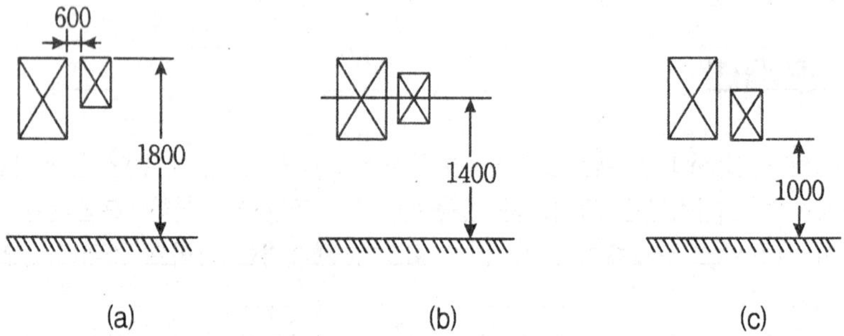

그림 5-8 분전반 및 설치높이

5.5 분기회로

저압 옥내간선으로부터 분기(分岐)하여 분기 과전류보호기를 거쳐 전등 또는 콘센트와 같은 전기기기에 이르는 배선을 분기회로(Branch Circuit)라 한다.

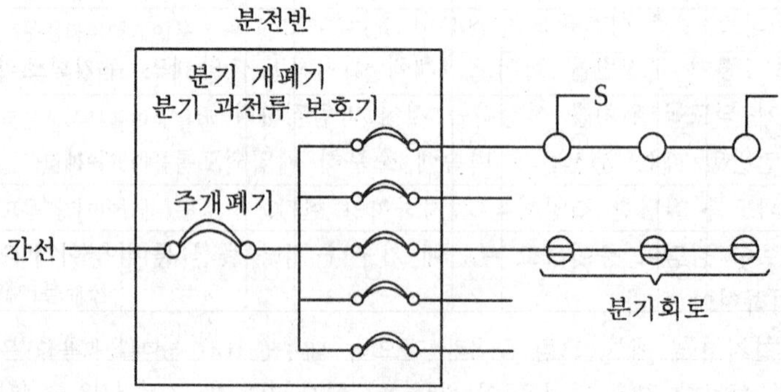

그림 5-9 분기회로

전기기기를 안전하게 사용하고 또한 고장 발생시 파급되는 범위를 가능한 한 축소하고 신속한 복귀를 위하여 모든 부하는 분기회로에서 사용되어야 한다.

5.5.1 분기회로의 종류

분기회로의 종류는 회로를 보호하는 분기 과전류 차단기의 정격전류에 따라 분류된다.

표 5-6 분기회로의 종류

분기회로의 종류	분기 과전류 차단기의 정격 전류
15[A] 분기회로	15[A]
20[A] 배선용 차단기 분기회로	20[A](배선용 차단기에 한한다)
20[A] 분기회로	20[A](퓨즈에 한한다)
30[A] 분기회로	30[A]
50[A] 분기회로	50[A]
50[A]를 초과하는 분기회로	배선의 허용전류 이하

표 5-7 간선의 허용전류 및 MCCB의 정격전류 산정

		부하의 종류 I_r : 전동기 이외 I_m : 전동기	간선의 허용전류 (I_w)	MCCB의 정격전류 (I_b)
분기	50A를 넘는 기기의 경우	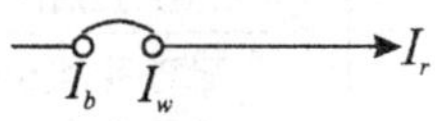	$I_w \geq I_r$	$I_b \leq I_r$ 단, 그 값이 MCCB의 표준정격 직상근도 상관없다.
		$I_m \leq 50A$일 경우 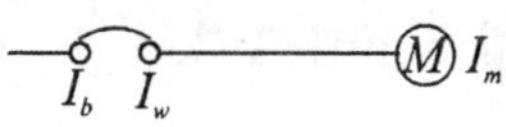	$I_w \leq 1.25I_m$	$I_b \leq 1.25I_w$ 단 $I_w > 100A$일 때 그 값이 MCCB의 표준정격에 해당하지 않는 경우는 직근상위 정격도 가능하다.
		$I_m > 50A$일 경우 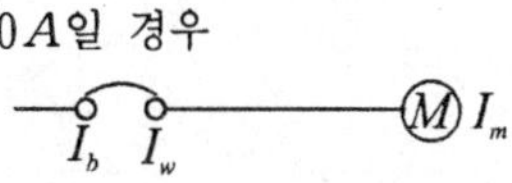	$I_w \geq 1.1I_m$	
	50A 이하의 기기의 경우	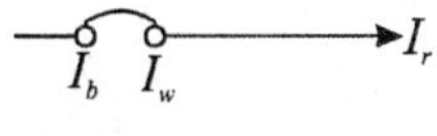	전선크기 $\geq 1.6\phi$	$I_b \leq 20A$
			전선크기 $\geq 2.6\phi$	$I_b \leq 30A$
			전선크기 $\geq 14[mm^2]$	$I_b \leq 50A$

5.5.2 전선 및 보호장치

1 분기회로의 전선 굵기

조명기구 15[A]나 콘센트의 회로(15[A] 또는 20[A])에서 사용하는 전선의 최소 굵기는 2.5[mm^2]로 되어 있으나 이는 전압강하를 고려하지 않은 경우로서 분기회로에 전압강하를 2[%] 이내로 해야 하므로 전압강하 측면을 고려할 경우와 회로의 길이가 길 경우 이 점을 고려하여 굵기를 결정하여야 한다.

표 5-8 분기회로 전선의 굵기

분기회로의 종류	분기회로 일반	분기점에서 하나의 수구에 이르는 부분(길이 3[m] 이하일 때에 한함.)
	동선	동선
15[A] (20[A] 배선용 차단기)	단면적 2.5[mm^2] (MI 1.0[mm^2])	-
20[A]	단면적 4[mm^2] (MI 1.5[mm^2])	단면적 2.5[mm^2] (MI 1.0[mm^2])
30[A]	단면적 6[mm^2] (MI 2.5[mm^2])	단면적 2.5[mm^2] (MI 1.0[mm^2])
40[A]	단면적 10[mm^2] (MI 6[mm^2])	단면적 4[mm^2] (MI 1.5[mm^2])
50[A]	단면적 16[mm^2] (MI 10[mm^2])	단면적 4[mm^2] (MI 1.5[mm^2])

전압강하를 고려한 전선 굵기를 적용한 예는 그림 5-10과 같다.

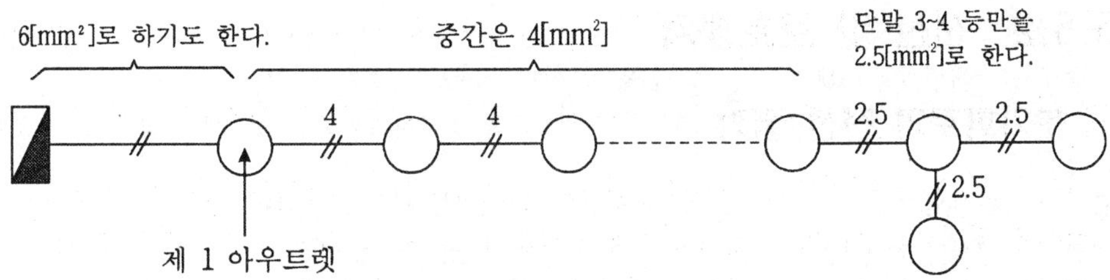

그림 5-10 전선 굵기의 적용 예

[2] 분기회로수

사용전압 220[V]의 15[A], 20[A](배선용 차단기에 한함) 분기 회로수는 부하용량의 산정에 따른 설비 부하용량(전등 및 소형 전기기계기구에 한함)을 3,300 [VA]로 나눈값(사용전압이 110[V]인 경우에는 1,650[VA]로 나눈 값)을 원칙으로 한다. 이때 계산상의 결과가 소수점 이하값을 갖는 경우는 절상한다.

예제 다음과 같은 점포와 주택이 같이 있고 내부설치 조건을 가진 건물의 분기회로수를 100[V]와 220[V]로 나누어 계산하여라.

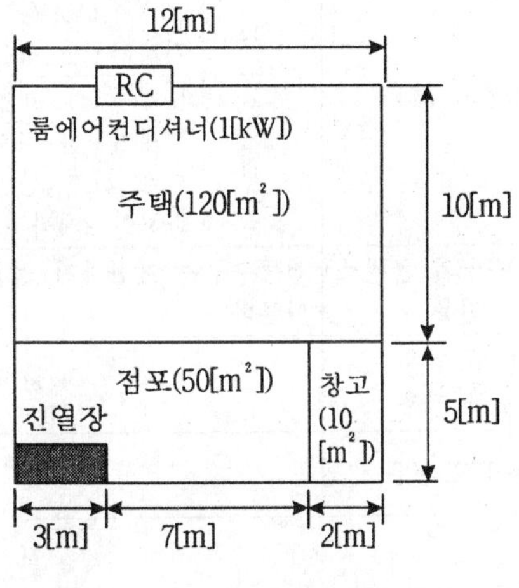

그림 5-11 주택의 면적구성 예

- 진열장 폭 3[m]에 대한 가산 [VA] : 900[VA]로 본다.
- 주택에 대한 가산 [VA] : 1000[VA]로 본다.

풀이 먼저 부하설비용량을 구한다.

$P_1A_1 + P_2A_2 + QB + C_1 + C_2$에서

$=120[m^2]\times30[VA/m^2]+50[m^2]\times30[VA/m^2]+10[m^2]\times5[VA/m^2]+1000[VA]+900[VA]$

$=7050[VA]$

① 사용전압 100[V]를 사용하는 경우 : 분기회로 총 설비부하 7050[VA]를 1500[VA]로 나누어 회로수를 구하면 7050/1500=4.7, 소수점을 절상하여 5회로로 한다.
여기에 1[kW] 룸에어컨디셔너가 설치되어 있으므로 별도의 1회로를 추가하면 합계 6회로로 산정한다.

② 사용전압 200[V]를 사용하는 경우 : 분기회로 총 설비부하 7050[VA]를 3300[VA]로 나누어 회로수를 구하면 7050/3300=2.14, 소수점을 절상하여 3회로로 한다.
여기서 1[kW] 룸에어컨디셔너가 설치되어 있으므로 별도의 1회로를 추가하면 합계 4회로로 산정한다.

3 분기회로의 최대 수구수

분기회로 최대 수구수는 표 5-9와 같으나 전등회로의 경우 접속개수에 제한이 없으나 부하전류 합계가 15[A]의 경우 80[%] 정도로 하고 일반 콘센트 전용회로는 일반 사무실 빌딩의 경우 7~8개에 1회로를 선정한다.

표 5-9 분기회로의 최대 수구수

분기 회로의 종류	수구의 종류	최대 수구수	
15[A] 분기 회로 20[A] 배선용 차단기 분기 회로	전등 수구 전용	제한하지 않음	
	콘센트 전용	주택 및 아파트	제한하지 않음. 다만, 정격 소비 전력 2[kW](110[V]는 1[kW])를 넘는 대형 전기 기계기구를 사용하는 콘센트는 1개로 함
		기타	10개 이하, 미장원, 세탁소 등에서 사무용 기계기구를 사용하는 콘센트는 1개를 원칙으로 하고 동일 실내에 시설하는 경우에 한하여 2개까지로 함
	전등 수구와 콘센트 전용	전등수구는 제한하지 않음. 콘센트는 콘센트 전용에 따른다.	
20[A] 분기 회로 30[A] 분기 회로 40[A] 분기 회로 50[A] 분기 회로	대형 전등 수구 전용	제한하지 않음	
	콘센트 전용	2개 이하	

4 분기회로의 개폐기 및 과전류 보호기

분기회로에는 이것을 보호하기 위한 분기 과전류 보호기(퓨즈 또는 차단기)와 개폐기를 간선과의 분기점에서 적절한 개소에 설치해야만 된다.

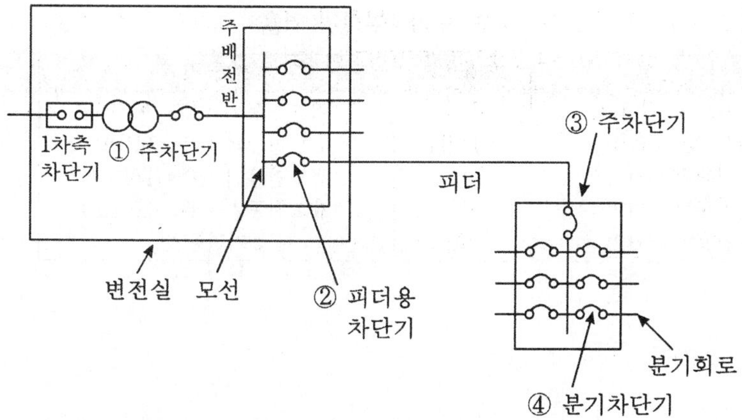

그림 5-12 분기회로의 개폐기 및 과전류보호기

5.5.3 분기회로 구성시 고려사항

① 전등과 콘센트는 별개의 분기회로로 구분하는 것을 원칙으로 한다.
(단, 규모가 아주 작은 주택의 경우는 예외)

② 분기회로 전선의 길이는 전압강하와 시공을 고려하여 약 30[m] 이하로 하고 분기회로 전선의 굵기도 8[mm^2] 이하의 것을 사용한다. 전선관의 굵기 또한 28[mm] 이하를 사용하는 것이 합리적이다.

③ 임대건물이나 정확한 부하산정의 예상이 안될 경우 사무실, 상점, 큰 건물에서는 보통 36[m^2](6[m] × 6[m])마다 1회로로 구분하고 복도나 계단은 70[m^2]마다 1회로로 적용시킨다.

④ 같은 스위치로서 점멸되는 전등은 같은 회로로 한다.

⑤ 같은 방, 같은 방향의 수구는 될 수 있는 대로 같은 회로로 한다.

⑥ 복도, 계단 등은 가능한 한 같은 회로로 한다.

⑦ 습기가 있는 장소의 수구는 될 수 있는 대로 별도의 회로로 한다.

⑧ 분기회로는 별도의 분기 개폐기를 시설하여 사고를 축소시킨다.

1 최대전류의 산출

간선의 굵기 및 분기회로수를 결정하려면 수용가의 최대전류를 산출하여야 한다.

교류에서는 전력=전압×전류×역율이므로 수용가의 시설전력 및 역율을 알아야 비로서 최대사용전류를 산출할 수 있다.

즉, 전류=전력/(전압×역율)이며 같은 전력이라도 역율이 적은 것은 많은 전류가 흐르게 되며 발전기, 변압기, 개폐기 등에 용량이 큰 것을 사용하며, 송배전선과 옥내배선도 굵은 것으로 설계하여야 한다. 각종 부하의 역율을 표 5-10에 표시하였다.

표 5-10 부하의 역율

부하의 종류	역율[%]	부하의 종류	역율[%]
백열전구 및 전열기	100	유도전동기 (7.7~25HP)	86
형광등 및 수은등	50~95	유도전동기 (30~50HP)	89
유도전동기 (1HP)	67	유도전동기 (60~125HP)	92
유도전동기 (3HP)	80	유도전동기 (150~200HP)	93
유도전동기 (5HP)	83	동기전동기	80~100

연 습 문 제

1. 그림과 같이 변압기가 설치되어 있다. 도면의 조건을 이용하여 다음 각 물음에 답하시오.(12점)

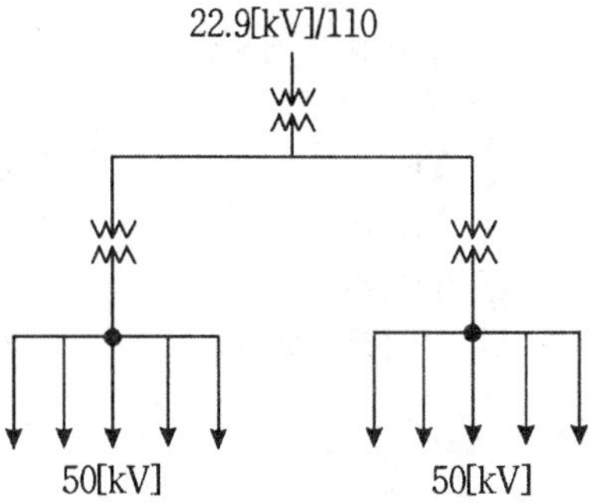

[조건]

① 각수용가의 수용률 0.6
② 수용가 상호간의 부등률 1.2
③ 변압기의 상호간의 부등률 1.2
④ 부하의 역률은 1로 한다.
⑤ 변압기 표준용량

TR 표준용량[kVA]							
5	10	15	20	25	50	75	100

가. A군에 필요한 변압기 용량을 계산하여 구하시오.
나. B군에 필요한 변압기 용량을 계산하여 구하시오.
다. 고압전선에 걸리는 최대부하를 표준변압기 용량을 이용하여 구하시오.

[답] 가. $P_A = \frac{40 \times 0.6}{1.2} = 20[\text{kVA}]$

나. $P_B = \frac{50 \times 0.6}{1.2} = 25[\text{kVA}]$

다. $P = \frac{20+25}{1.2} = 37.5[\text{kVA}]$

2. 그림과 같이 50[kW], 30[kW], 15[kW], 25[kW]의 부하설비에 수용률이 각각 50[%], 65[%], 75[%], 60[%]라 할 경우 변압기 용량을 결정하시오.(단, 부등률은 1.2, 종합부하 역율은 80[%]로 한다.)(4점)

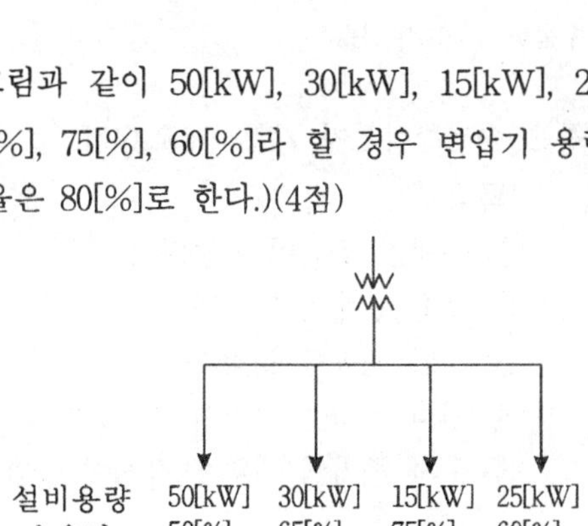

변압기 표준용량표[kVA]					
25	30	50	100	150	200

[답] 변압기 용량 $P_T = \dfrac{\sum(P_s \times F_{de})}{F_{di} \times \cos\theta}$ [kVA]

여기서 P_s : 설비용량, F_{de} : 수용률, F_{di} : 부등률, $\cos\theta$: 부하역률

$P_T = \dfrac{50\times5.0+30\times0.65+15\times0.75+25\times0.6}{1.2\times0.8} = 73.69$[kVA]

표에서 75[kVA]가 적당하다.

3. 다음 그림과 같은 변전설비에서 주변압기 용량을 구하고, 수용률, 부등률, 부하률의 적용장소를 쓰시오.(12점)

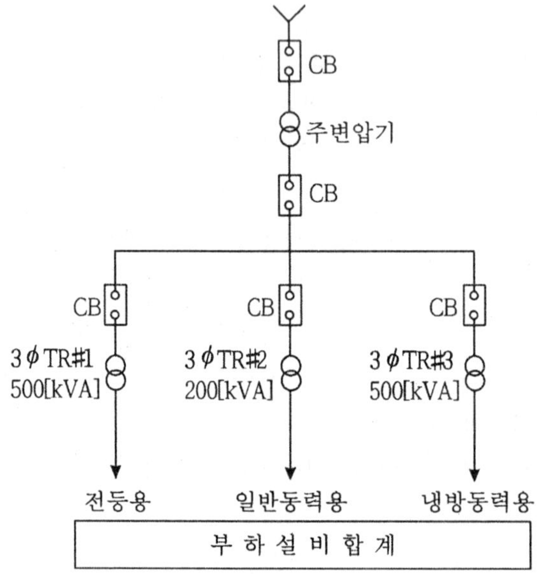

① 주변압기 용량[kVA]는?
② 주변압기 : 적용
③ TR #1 : 적용
④ TR #2 : 적용
⑤ TR #3 : 적용
⑥ 부하설비합계 : 적용

[답] ① $P_T = \dfrac{\sum 설비용량\times수용률}{부등률\times부하역률} = \dfrac{500+200+500}{1.2} = 1000$[kVA]

② 부등률 ③ 수용률 ④ 수용률 ⑤ 수용률 ⑥ 부하률

4. 수전방식에서 다음 그림 및 특징을 보고 무슨 수전방식인지 기입하시오.(4점)

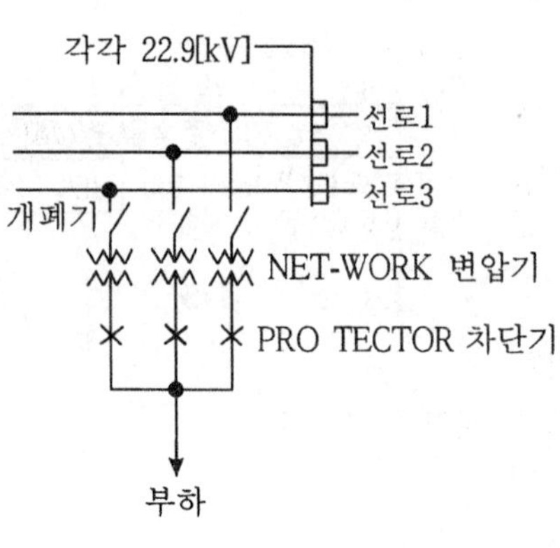

[특징]
① 무정전 공급이 가능하다.
② 효율 운전이 가능하다.
③ 전압 변동률이 적다.
④ 전력 손실을 감소할 수 있다.
⑤ 부하 증가에 대한 적응성이 크다.

[답] 스포트 네트워크 배전방식

5. 그림의 결선에서 $\sum I_M > \sum I_H$, $\sum I_M \leq 50$[A]일 때 간선의 굵기를 결정하는 I_0의 값은?(5점)(단, I_M은 전동기에 흐르는 전류, I_H은 전열기에 흐르는 전류)

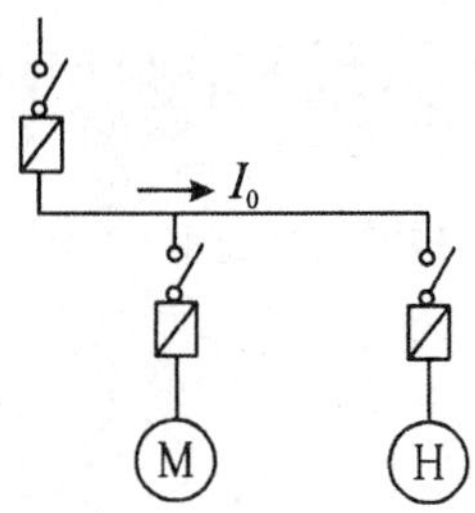

[답] $I_0 \geq 1.25\, I_M + I_H$

6. 38[mm²]의 저압 옥내 간선에 이것보다 가는 전선을 그림에서 $a-b$와 같이 접속하는 경우 NFB를 생략하고자 할 때 가는 간선의 최소 굵기는 몇 [mm²]인가?(5점) (단, 전선의 허용전류는 표와 같다.)

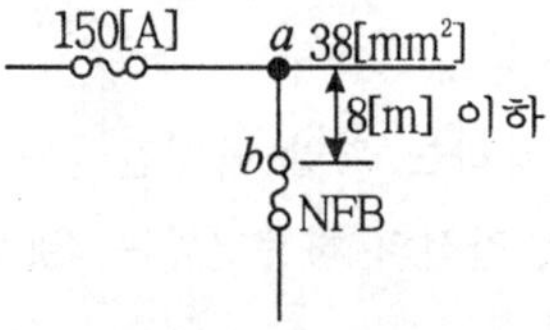

공칭단면적[mm²]	허용전류[A]
2.0	27
3.5	37
5.5	49
8.0	61

[답] 분기회로에 흐르는 전류가 간선 차단기 용량의 35[%] 이상 55[%] 미만인 경우 분기회로의 차단기는 8[mm] 이하에 시설할 수 있다.
분기회로의 최소전류=150×0.35=52.5[A] 따라서 위 표에서 8[mm²]의 선정

7. 그림과 같은 100/200[V] 단상 3선식 회로를 보고 다음 각 물음에 답하시오.(10점)

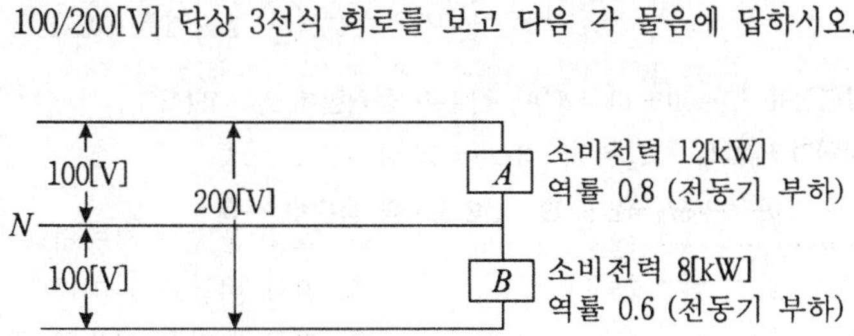

가. 중성선 N에 흐르는 전류는 몇 [A]인가?

나. 중성선의 굵기를 정하는 전류는 몇 [A]인가?

다. 부하는 전압 전동기이다. 이 전동기는 제 몇종 절연을 하는가?
(단, 이 전동기의 허용온도는 105[℃]라고 한다.)

라. A 전동기의 용량으로 양수를 한다면 양정 10[m], 펌프 효율 80[%] 정도에서 매분당 양수량은 몇 [m^3]이 될까? (단, 여유계수는 1.1로 한다.)

[답] 가. $I_A = \frac{12 \times 10^3}{0.8 \times 100} = 150[A]$ $I_B = \frac{8 \times 10^3}{100 \times 0.8} = 100[A]$ $I_N = 150 - 100 = 50[A]$

나. 150[A]　　　　　다. A종 절연

라. $P = \frac{9.8HQ}{\eta}$ 에서 $Q = \frac{P\eta}{9.8H} = \frac{12 \times 0.8}{9.8 \times 10} \times \frac{1}{11} \times 60 = 5.34[m^3/min]$

8. 부하율(load factor)을 간단히 설명하시오.(5점)

[답] 부하율 $= \frac{\text{평균전력}}{\text{최대수용전력}} \times 100$

9. 3상 3선식 380[V]로 수전하는 수용가의 부하전력이 75[kW], 부하역률이 85[%], 구내 배전선의 긍장이 200[m]이며, 배선에서 전압 강하를 6[V]까지 허용하는 경우 구내 배선의 굵기를 구하시오.(4점) (단, 이때 배선의 굵기는 전선의 공칭단면적으로 표시하시오.)

[답] 3상 전류 $I = \frac{75}{\sqrt{3} \times 0.38 \times 0.85} = 134.06[A]$

∴ 전선굵기 $A = \frac{30.8LI}{1000e} = \frac{30.8 \times 200 \times 134.06}{1000 \times 6} = 137.64 = 150[mm^2]$

10. 그림과 같은 전동기 M과 전열기 H에 공급하는 저압 옥내간선을 보호하는 과전류 차단기의 정격전류 최대값은 몇 [A]인가? (단, 간선의 허용전류는 49[A], 수용률은 100[%]이며 기동계급은 표시가 없다고 본다.)(4점)

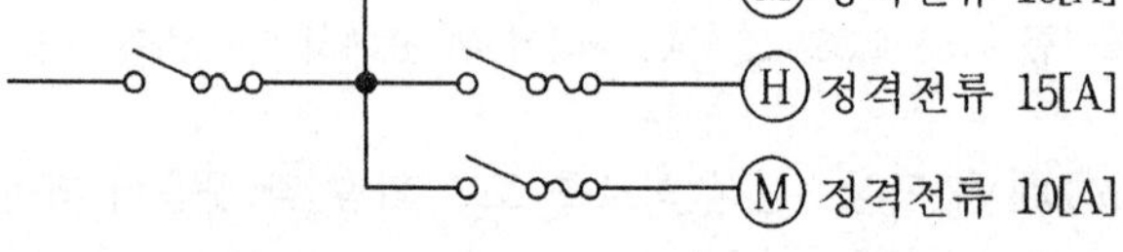

[답] 전동기 정격전류 $I_M = 10 + 10 = 20[A]$, 전열기 정격전류 $I_H = 15[A]$

과전류 차단기 $F_0 \leq I_H + 3I_M = 15 + 3 \times 20 = 75[A]$

$F_0 \leq 2.5I_0 = 2.5 \times 49 = 122.5[A]$중 적은쪽 선택

제 6 장

조명설비

모든 건축물에 필요한 전등설비는 명시조건을 만족하여야 함은 물론 건물내 각 작업장의 환경과 조화를 이루고 사용하기 쉽고 안전하며 경제적이어야 한다. 전등설비에 콘센트 설비까지 합친 것을 보통 조명설비라고 한다

최근에는 건물이 고급화와 대형화로 조명에 필요한 소비전력이 날로 증가하고 있으며 광원인 백열등이나 형광등도 새로운 것이 개발됨에 따라 각종 새 광원이 보급되고 있는 실정이다. 따라서 조명방법도 다양한 기술을 도입하여 조명효과를 향상시키고자 노력하고 있다.

조명설비의 조명목적은 2가지로 분류되는데 첫째는 명시를 중요시하는 것이고 두번째는 분위기를 중요시하는 것이다.

6.1 조명의 기초

그림 6-1에서 볼 수 있는 바와 같이 태양이나 전구의 방사는 여러 가지 빛이 연속으로 되어 있는 연속스펙트럼(continuous spectrum)이고, 수은등, 네온사인, 나트륨 등의 방전등으로부터 발산하는 빛은 선스펙트럼(line spectrum)이며, 형광등의 스펙트럼은 다수의 휘선(輝線)이 모여서 띠모양을 이루는 밴드스펙트럼(band spectrum)으로 되어 있다. 이것은 원자가 자유로운 상태인 기체상태에서는 선스펙트럼, 약간 부자유로운 상태인 고온가스에서는 밴드스펙트럼, 더욱 부자유로운 상태인 고체상태에서는 연속스펙트럼을 발산한다고 볼 수 있다.

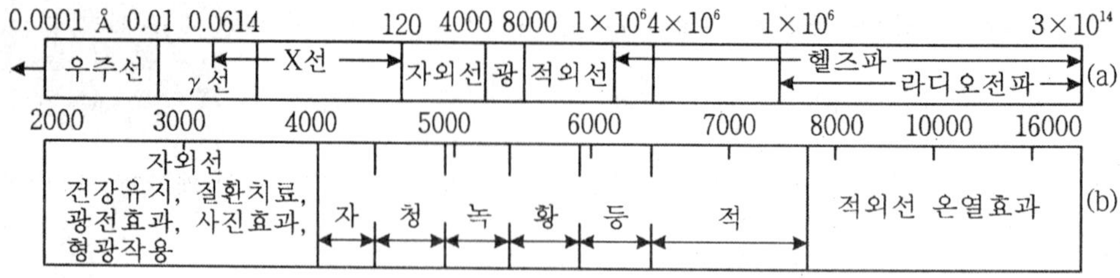

그림 6-1 전자파의 파장과 그의 효과

6.1.1 조명용어

밝기의 정도를 나타내든가 빛의 양을 취급하기 위해 다음과 같은 조명의 용어가 사용된다.

1 방사속

전자파로 전달되는 에너지를 방사(放射)라 하고 단위시간에 어떤 면을 통과하는 방사에너지의 양을 방사속(radiant flux)이라 하며 단위는 와트[Watt]이고 기호는 Φ로 표시한다.

2 광속

광속(luminous flux)은 광량이 어느 면을 단위 시간내에 통과하는 비율이며 방사속 중에서 가시범위의 방사속을 눈의 감도를 기준으로 하여 측정한 것을 말하고 단위는 루멘(lumen)이고 기호는 F로 표시한다.

$$F=\frac{dQ}{dt},\ dQ=F\cdot dt \tag{6-1}$$

표 6-1 각종 광원의 광속

광 원	광 속[lm]	광 원	광 속[lm]
태양	4.3×10^{28}	형광등 40[W]	3,000
달	8×10^{16}	형광등 110[W]	8,700
백열전구	1,520	수은등 400[W]	21,000

3 광량

광량은 광속의 시간적분이며, 단위는 루멘-시[lumen-hour]로 나타낸다. 이 때 시간을 dt[h]동안 통과한 광량을 dQ[lm·h]라 하면 다음과 같이 구할 수 있다.

$$Q=\int_0^t F\cdot dt[\mathrm{lm\cdot h}] \tag{6-2}$$

따라서 시간 t[h]동안 통과한 광량이 Q[lm · h], 평균광속 F[lm]일 때 평균 광량 Q는

$$Q = F \cdot t \text{ [lm · h]} \tag{6-3}$$

이 광량은 전구가 전 수명 중에 방사한 빛의 총량이며, 조명경제 등의 계산에 사용된다.

4 광도

광원이 갖는 빛의 강도를 **광도**(luminous intensity)라고 하며 단위는 칸델라(candela, cd)로 표시하며, 점 광원에서 어떤 방향의 광도를 구하려면 미소 입체각 $d\omega$ 내에 포함되는 광속 dF가 있으면 그 광원의 화살표로 표시된 방향의 광도 I는 다음과 같이 구할 수 있다.

$$I = \frac{dF}{d\omega} \text{ [cd]}, \quad dF = I \cdot d\omega \tag{6-4}$$

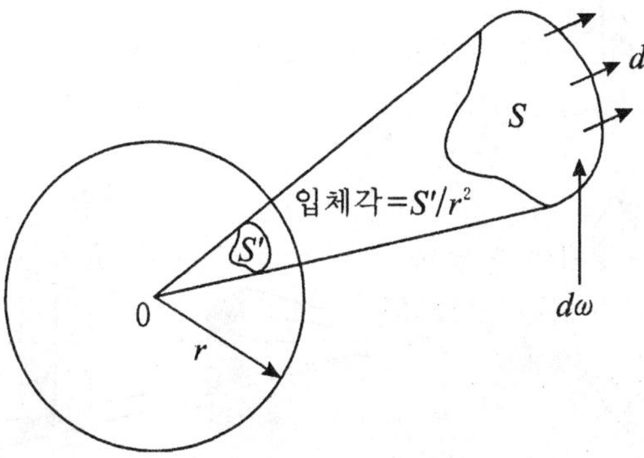

그림 6-2 입체각 밀도

만약 점광원으로부터 모든 방향으로 균등하게 광속이 발산될 때 광도는 다음과 같이 구할 수 있다.

$$I = \frac{F}{4\pi} \text{ [cd]} \tag{6-5}$$

5 조도

광원이 어떤 장소를 비추면 그 장소는 어떤 밝기를 갖게 되며 어떤 면에 투사되는 입사광속의 면적당 밀도를 조도(Intensity of Illumination)라 한다.

만약 면적 A[m²]에 투사되는 광속이 F[lm]가 균등하게 투사된다면 그 면의 평균조도 E는

$$E = \frac{F}{A}\,[\mathrm{lm/m^2 = lux}] \tag{6-6}$$

조도의 단위를 정리하면

1[lx]=1[lm/m²]이고, 1[lm/cm²]로 표시되는 단위를 포트(phot : ph)라 하며 1[ph]=100×100[lux]이다.

표 6-2 조도표

장 소	조 도[lx]	장 소	조 도[lx]
직사일광의 지면 위(여름)	100,000	맑은 날의 북쪽 창가	2,000
약간 흐린 날의 지면 위	30,000~50,000	밝은 방(맑은 날)	200~500
몹시 흐린 날 지면위	10,000~20,000	독서에 적당한 밝음	200~500
청공광 지면위	10,000	1[cd] 점광원으로부터 1[m]	1.0
만월의 지면위	0.2	1[cd] 점광원으로부터 1[km]	10^{-6}

(1) 거리 역 제곱의 법칙

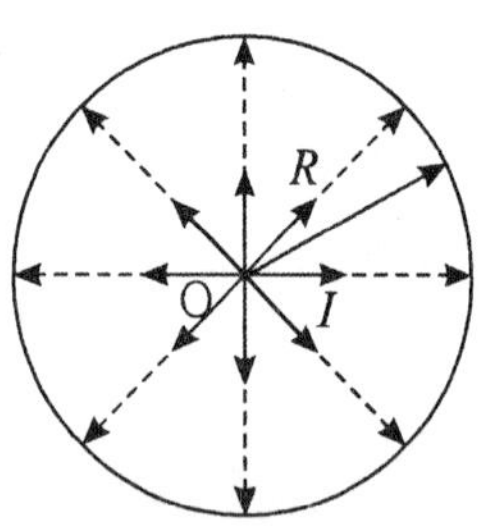

(a) 광속의 발산

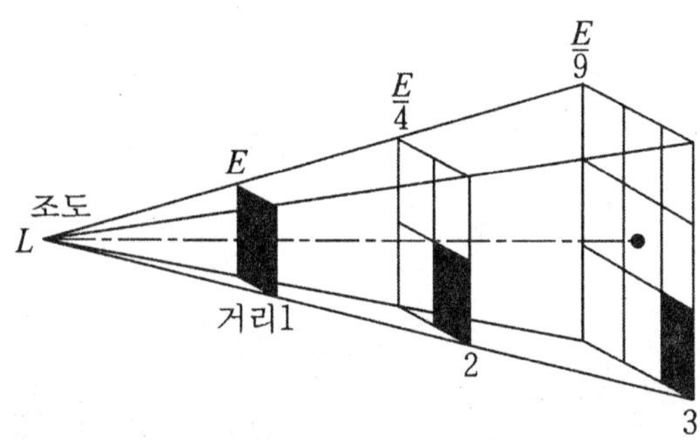

(b) 조도와 거리와의 관계

그림 6-3 조도와 거리의 관계

그림 6-3의 (a)와 같이 광도 I[cd]인 균등한 점광원을 반지름 R[m]의 구의 중심에 놓았을 때, 광원은 광속을 고르게 발산하므로 구면상의 입사광속은 고르고, 조도도 균일하다. 표면적 A, 구면내의 모든 점의 조도 E[lx]는 다음과 같다.

$$E = \frac{F}{A} = \frac{4\pi I}{4\pi R^2} = \frac{I}{R^2}\,[\mathrm{lx}] \tag{6-7}$$

이와 같은 관계식을 거리의 역 제곱의 법칙(inverse square law)이라 하며 광원이 점광원이 아니거나 R이 너무 작으면 이 법칙이 적용되지 않으며 광원에 가까우면 밝고 멀어지면 어두워진다.

(2) 입사각 코사인의 법칙

점광원과 피조면은 그림 6-4와 같이 광속이 어떤 각도를 가지고 피조면에 입사하고 있을 때 그 피조면의 조도를 구하여 보자.

광속 F와 직교하는 피조면의 면적을 $A[\mathrm{m}^2]$라고 할 때 그 피조면의 조도 $E_n[\mathrm{lx}]$는

$$E_n = \frac{F}{A}\,[\mathrm{lx}] \tag{6-8}$$

이다. 여기서, $A[\mathrm{m}^2]$는 광선에 대해 수직인 면이다.

광선의 방향에 대하여 피조면이 법선의 방향과 θ의 각을 이루는 평면 A'를 생각하면 그 면적은 $A' = \dfrac{A}{\cos\theta}[\mathrm{m}^2]$이며, 이 피조면의 전면에 균등하게 $F[\mathrm{lm}]$인 광속이 투사되므로 A'면 위의 조도 $E'[\mathrm{lx}]$는 다음과 같다.

$$E' = \frac{F}{A'} = \frac{F}{A}\cos\theta = E_n\cos\theta \tag{6-9}$$

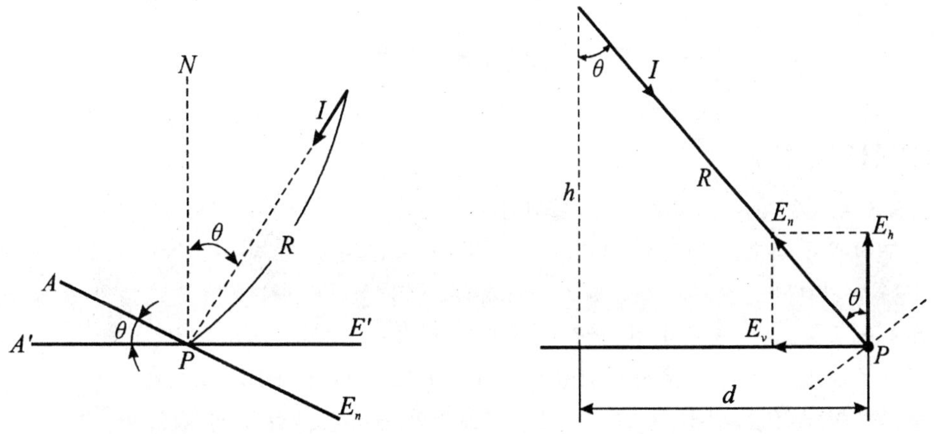

(a) 점광원과 피조면의 관계 (b) 벡터도

그림 6-4 조도

즉 광속과 θ의 각도를 가지고 교차하는 피조면의 조도는 직교하는 피조면의 조도의 $\cos\theta$배이다. 이 법칙을 입사각의 코사인 법칙(cosine law of incident angle)이라고 한다.

그림 6-4의 (a)와 같이 피조면에 따라 조도는 법선조도 E_n(normal illumination), 수평면 조도 E_h(horizontal illumination), 수직면 조도 E_v(vertical illumination) 등이 있다. 이들의 관계식은 다음과 같다.

$$\text{법선조도}\quad E_n = \frac{I}{R^2} \tag{6-10}$$

수평면 조도 $E_h = E_n \cos\theta = \frac{I}{R^2}\cos\theta$ (6-11)

수직면 조도 $E_v = E_n \sin\theta = \frac{I}{R^2}\sin\theta$ (6-12)

(3) 조도 균일도

조도 균일도란 작업면상의 최소조도 E_{min}과 평균조도 E_{av}와의 비 E_{min}/E_{av} 또는 최소조도와 최대조도와의 비 E_{min}/E_{max}로 표현된다.

예제 최대 광도(광측광도)가 1,500[cd]이고 연직 배광곡선이 원형인 점광원이 있다. 이 광원은 바닥면에서 6[m] 높이에 설치할 경우 등 직하에서 4.5[m] 되는 점의 법선조도, 수평조도 및 연직선 조도를 구하여라.

풀이 법선조도 $E_n = \frac{I}{l^2} = \frac{I}{h^2+d^2} = \frac{1500}{6^2+4.5^2} = 26.67[\text{lx}]$

수평 조도 $E_h = E_n \cos\theta = 26.67 \times \frac{6}{\sqrt{6^2+4.5^2}} = 21.34[\text{lx}]$

연직선 조도 $E_v = E_n \sin\theta = 26.67 \times \frac{4.5}{\sqrt{6^2+4.5^2}} = 16[\text{lx}]$

[6] 휘도

광원을 볼 때 같은 광도를 가진 광원에서도 그 광도가 큰 면적에서 나오는 경우보다도 작은 면적에서 나오는 경우가 더 밝게 보인다. 이유는 광원이 빛나는 정도가 크기 때문이다. 광원이 빛나는 정도를 **휘도**(輝度 : brightness)라 한다. 광원의 어떤 방향의 휘도는 그 방향의 광도를 그 방향에서 본 광원의 외관상 면적으로 나눈 값이 되고, 단위는 (nit ; nt) 및 스틸브(stilb ; sb)를 사용하며 I[nt]=1[cd/m²]이고, 1[sb]=1[cd/ cm²]이다.

광원의 어느 방향의 광도를 I, 그 방향의 보임의 면적을 A라 하면 휘도 B는

$$B = \frac{I}{A}[\text{nt}] \tag{6-13}$$

표 6-3 각종 광원의 최대 휘도

광 원	휘 도	광 원	휘 도
태양	1.6×10^9	우유 빛 글로브	
달	3,400	형광등	1,000~3,000
맑은 하늘	8,000	수은등	6,000~10,000
무광전구	280,000	나트륨등 200[W]	80,000

휘도가 높은 광원이 눈에 들어오면 눈부심이 일어나고, 시선에 가까울수록 보는데 지장

을 준다.

눈부심은 주위의 밝음에도 관계가 있으며, 비교적 낮은 휘도라도 주위가 어두우면 눈부심을 일으킨다. 일반적인 경우, 광원을 보는 시간이 짧으면 0.5[Sb] 이하, 장시간 주시하는 경우는 0.2[Sb] 이하이면 눈부심은 그다지 문제가 되지 않는다.

어느 방향에서 보아도 휘도가 같은 표면을 완전확산면(perfect diffusion surface)이라 하며 유백색 산화마그네슘, 양질의 젖빛 유리면, 맑은 청공 등이 이에 가깝다. 각종 광원의 휘도의 예는 표 6-3과 같다.

[7] 광속발산도

물건이 보이는 것은 그 물건으로부터 방사된 광속이 눈에 들어오기 때문이며 밝기는 그 물체가 눈의 방향으로 방사되는 광속밀도의 크기에 따라 다르다. 어떤 물체의 표면에서 방사된 광속밀도를 그 점의 **광속발산도**(Illuminance emittance)라 하고, 단위는 래드럭스(rad-lux ; rlx) 또는 아포스틸브(apostilb ; asb)로 표시하고 1[rlx]=1[asb]=1[lm/m²]이다.

임의의 점의 둘레의 면적이 S[m²]이고, 발산 광속의 분포가 균일할 때 그 점의 광속발산도 M는

$$M=\frac{F}{S}\,[\mathrm{lm/m^3}] \tag{6-14}$$

[8] 발광효율

광원으로부터 어느 방향의 방사속 $\varPhi$[W]가 발산되면 이 중에서 F[lm]의 광속만을 육안으로 느끼게 된다. **발광효율**이라 함은 방사속에 대한 광속의 비율을 말한다.

$$\varepsilon=\frac{F}{\varPhi}\,[\mathrm{lm/W}] \tag{6-15}$$

예로서 2,200[°K]의 텅스텐의 발광효율은 6[lm/W]이고, 최대시감도를 갖는 파장 555[nm]는 680[lm/W]이다.

[9] 전등효율

전등효율이라 함은 전 소비전력 P에 대한 전 발산광속 F의 비율을 말한다.

$$\eta=\frac{F}{P}\,[\mathrm{lm/W}] \tag{6-16}$$

일반적으로 전등효율은 발광효율보다 적다.

표 6-4 조명단위

측 정 량	기 호	정 의	단 위	단위의 읽기
광 속	F	$680\int \Phi e(\lambda)V(\lambda)d\lambda$	[lm]	루멘
광 도	I	$\frac{dF}{d\omega}$	[lm/sr]=[cd]	캔들
조 도	E	$\frac{dF}{dA}$	[lm/m²]=[lx]	룩스
휘 도	L	$\frac{dI}{dS'}$	[cd/m²]=[nit] [cd/cm²]=[stib]	니트, 스틸브
광속발산도	M	$\frac{dF}{dS,}\ \rho E$	[lm/m²]=[rlx]	래드럭스

10 연색성

빛의 분광 특성이 가장 정확한 색깔을 보게 하는데 미치는 효과를 연색성(演色性 : color rendition)이라 하며 같은 색상이라도 태양 빛 아래서 본 것보다 형광등 밑에서 본 색상이 조금 다르게 보인다. 이런 것을 연색성이 떨어진다고 말한다.

표 6-5 램프의 연색성과 용도(CIE)와의 관계

연색성 그룹	연색평가수 R_a의 범위	광원색의 느낌	사 용 예
1	$R_a \geq 85$	서늘하다	직물공장, 인쇄공장, 도장공장
		중간	병원, 점포
		따뜻하다	주택, 호텔, 레스토랑
2	$70 \leq R_a \leq 85$	서늘하다	학교, 사무실, 미세한 작업공장
		중간	(온난한 기후에서)학교, 사무실, 백화점
		따뜻하다	(추운 기후에서)학교, 사무실, 백화점
3	$R_a < 70$ 일반 옥내의 작업에 충분한 연색성 램프	—	연색성이 별로 중요하지 않은 옥내
S(특별)	특수한 연색성	—	특별한 용도

(1) 평균 연색 평가수 (R_a)

연색성의 평가 방법에서는 KSA 007-80(광원의 연색성 평가방법)이 있고 적, 황, 녹, 청 등의 8가지 색에 대해서 표준광과 물체색깔의 평균적인 색상차이를 평균 연색 평가수 (R_a)라 한다.

일반적으로 이 R_a값이 100에 가까운 정도를 연색성이 좋다고 한다.

(2) 특수 연색 평가수

높은 채도 색, 나뭇잎의 녹색, 사람의 피부색 등 7가지 색상에 대해서 각각 색 차이를 표시한 것을 특수 연색 평가수 ($R_9 \sim R_{15}$)라 한다.

11 색온도

흑체(백금)를 고온으로 가열하면 빛의 색깔은 적색→분홍색→백색→청백색→청색→백색의 상태로 변화한다. 색온도(color temperature)란 표준 흑체를 가열 했을 때 흑체의 광색이 광원의 광색과 같을 때 그 흑체의 온도를 가지고 그 광원의 광색을 표시하며 이를 색온도라 한다.

표 6-6 각종 광원의 색온도

광원의 종류	색온도[K]	광원의 종류	색온도[K]
지표상에서 본 태양	5,450	할로겐 전구(500[W])	3,060
지표상에서 본 만월	4,125	형광램프(온백색)	3,500
푸른 하늘(오전 9시)	12,000	형광램프(백색)	4,500
구름이 낀 하늘	7,000	형광램프(주광색)	6,500
촛 불	1,930	고압수은램프(400[W])	5,600
백열전구(60[W])	2,830	형광수은램프(400[W])	4,600
백열전구(100[W])	3,080		

각종 광원의 광색은 색온도로 표시하며 그 단위는 켈빈 절대온도[°K]이며, 여기서 켈빈은 열역학적 온도의 단위로 물의 삼중점의 열역학적 온도의 1/273.16이다. 섭씨 0[℃]는 273.16[K]이며, 온도 차이를 나타낼 때는 1[℃]와 1[K]가 같다.

12 시감도

380~760[nm]의 범위의 전자파만이 인간의 눈에 보이나 400[nm](자색)이라든지 700[nm](적색)이라든지 하는 끝부분은 잘 보이지 않고 가운데 주변의 555[nm](황·녹색)근처가 제일 잘 보인다. 이것을 시감도(luminous efficiency)라 한다.

파장 555[nm]에서 최대의 시감도(視感度)를 가지므로 이것을 1로 하고 다른 파장에 대해 시감도의 비를 비시감도라고 하며 이것을 곡선으로 표시한 것이 비시감도 곡선이다.

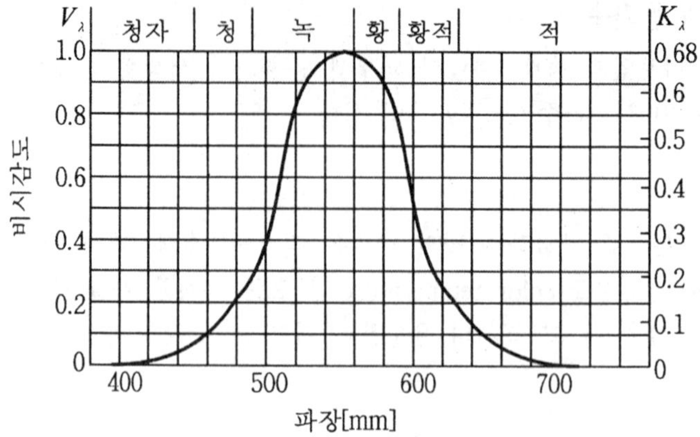

그림 6-5 비시감도 곡선

13 순응

눈에 들어오는 빛이 소량의 경우, 눈의 감도는 대단히 커지고 반대의 경우 감광도는 떨어진다. 이 현상을 눈의 순응(Adaptation)이라 하며, 밝은 곳으로 나갔을 경우의 순응을 명순응, 어두운 곳에서의 순응을 암순응이라 한다.

그림 6-6에서와 같이 명순응으로 되는 시간은 1~2분 정도이고, 암순응으로 되는 시간은 약 30분 정도 걸린다.

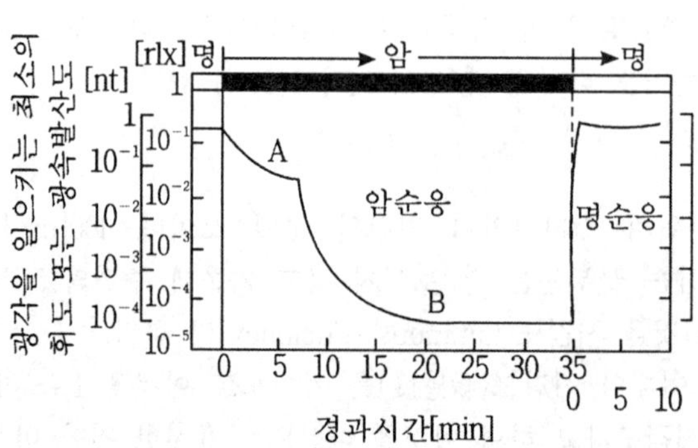

그림 6-6 명순응과 암순응

또한 밝은 곳에서 같은 밝음으로 보이고 있는 적색이나 청색은 조도를 점차 떨어뜨리면 적색은 어둡게, 청색은 밝게 보인다. 그림 6-7에서 나타내는 바와 같이 명순응된 눈의 최대 비시감도는 555[nm]이고, 암순응된 눈의 최대시감도는 510[nm]이며, 짧은 파장쪽으로 다가선다. 이 현상은 퍼킨제효과(Purkinje-effect)라 한다.

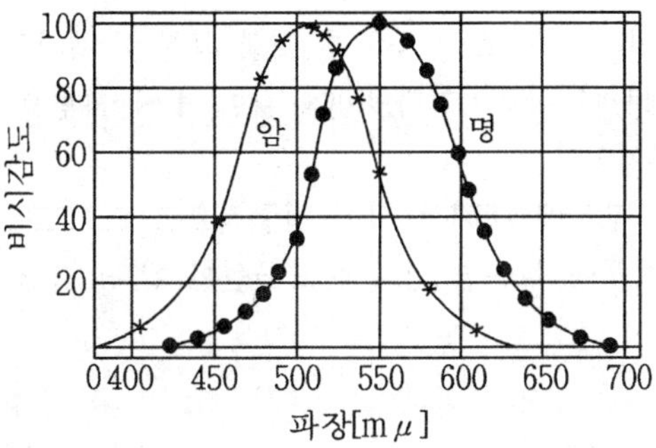

그림 6-7 퍼킨제 효과

14 배광곡선

배광곡선이란 광원 또는 조명기구를 중심으로 각 방향의 광도 변화의 분포 상태를 함수로 표시한 것을 배광곡선이라 하고 배광곡선에는 두 가지가 있다. 백열전등이나 수은등과 같은 점광원에 대한 것이고, 또 하나는 형광등과 같은 발광 면적이 큰 것에 대한 것이다.

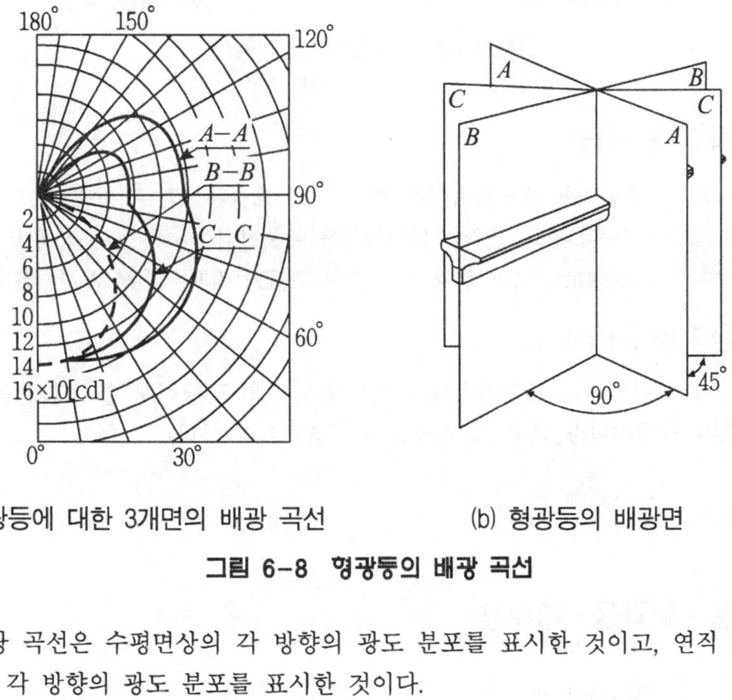

(a) 형광등에 대한 3개면의 배광 곡선 (b) 형광등의 배광면

그림 6-8 형광등의 배광 곡선

수평 배광 곡선은 수평면상의 각 방향의 광도 분포를 표시한 것이고, 연직 배광 곡선은 연직면상의 각 방향의 광도 분포를 표시한 것이다.

점광원의 경우에는 중심에 대해서 대칭적인 배광이 되지만, 형광등에서는 그림 6-8에서와 같이 축 방향(길이의 방향)과 연직 평면 B–B, 램프의 중앙점을 지나 이에 직각인 연직 평면 A–A, 이것과 45° 각도로 교차하는 연직 평면 C–C 등의 3평년에 의한 배광 입체 단면 형상으로 표시된다. 일반적으로 배광 곡선은 A–A 배광 곡선을 사용한다.

백열전구를 전구 자체만의 상태로 점등하면 소켓 부분을 제외하고는 광속이 거의 전공간에 발산하는 상태로 배광이 이루어진다. 이와 같이 빛이 사방으로 분포한 상태하에서는 빛의 효과적인 이용이 적어진다.

따라서, 작업에 필요한 부분에 대해서 빛이 집중적으로 모이도록 조명기구를 만들면 빛은 기구에 반사되어 그 기구에 특유한 빛의 분포곡선이 된다. 그림 6-9는 점광원의 배광곡선을 나타낸 그림이다.

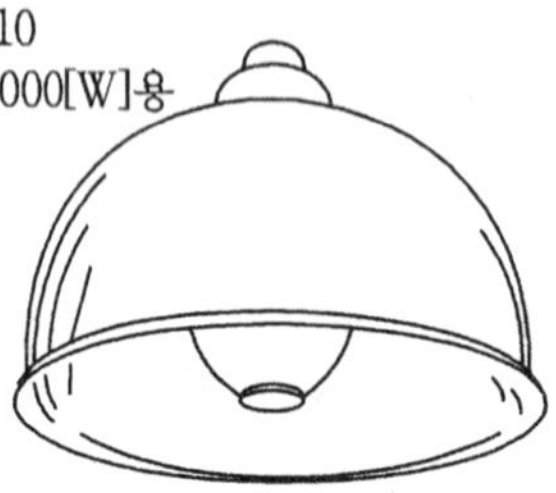

(a) 점광원

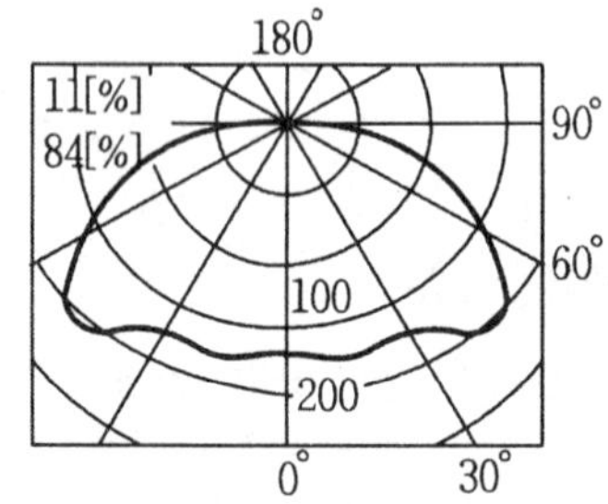

(b) 배광 곡선

그림 6-9 점광원의 배광 곡선

⑮ 램프광속과 효율

램프에서 나오는 전광속을 램프광속이라 한다. 램프효율은 램프광속을 램프가 소비하는 전력으로 나눈 값으로 나타내고, 단위는 [lm/W]를 이용한다. 예를 들면 400[W] 형광 수은 램프는 램프광속이 22,000[lm] 이어서 램프 효율은 22,000/400=55[lm/W]가 된다.

⑯ 기구광속과 기구효율

조명기구 속에 들어있던 램프광속내에서 반사경과 유리구 등에서 흡수되지 않아 외부로 나오는 광속을 기구광속이라 하고 그 비율을 기구효율이라 한다.

$$\text{기구효율} = \frac{\text{기구광속}}{\text{램프광속}} \times 100[\%] \tag{6-17}$$

⑰ 반사율 · 투과율 · 흡수율

$$\text{반사율 } \rho = \frac{\text{반사광속}}{\text{입사광속}} \times 100[\%] \tag{6-18}$$

$$\text{투과율 } \tau = \frac{\text{투과광속}}{\text{입사광속}} \times 100[\%] \tag{6-19}$$

$$흡수율\ \alpha = \frac{흡수광속}{입사광속} \times 100[\%] \tag{6-20}$$

$$\rho + \tau + \alpha = 1 \tag{6-21}$$

6.1.2 명시론

실제적인 조명은 빛의 발생, 제어, 빛과 조명과의 특성이 서로 유기적으로 연관되어 있다.

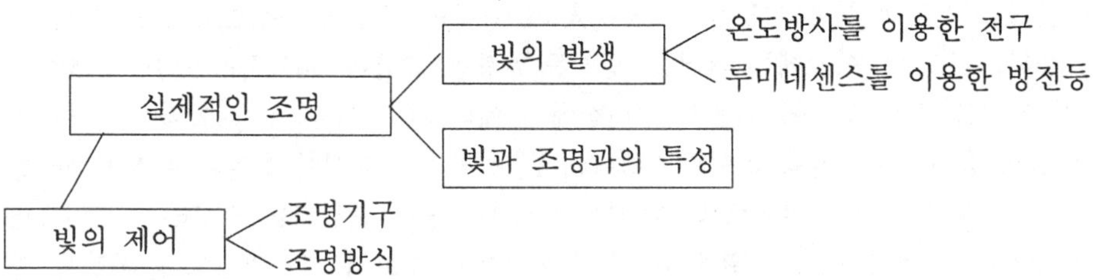

빛의 발생은 계속 발전하고 연구중에 있으며 빛의 제어부분 또한 조명기구의 개선과 조명방식의 개선으로 그 발전 한계에 달해 있다.

빛과 조명과의 특성은 인간과 조명과의 관계을 연구하는 학문으로 시각, 명시, 심리 생리적인 특성을 이해하고 활용해야만이 비로서 그 기능을 발휘하는 분야이다.

명시론은 크게 (물체의 보임 / 눈부심 / 광속의 분포 / 편한시각의 평가) 라는 측면에서 고찰해야 한다.

6.2 광원(light sourcess)

광원은 자연광원과 인공광원으로 분류할 수 있다.

1 자연광원

태양에 의한 주광(晝光)은 자연계에서의 적응으로 가장 자연스러우며 건강한 빛이다. 주광은 태양의 직사 광선뿐만 아니라 청공광 즉, 대기중의 공기나 수증기 등에 의하여 산란된 빛이 더해진 것으로 그의 양은 직사광의 25[%] 정도이다.

태양으로부터 지구에 도달하는 파장은 290~35,000[nm]이며, 자외선 5[%], 가시광선 50[%], 적외선 45[%] 정도로 구성되어 있다. 따라서 태양이 방사하는 광속은 4.3×10^{28}[lm], 광도는 3.4×10^{27}[cd], 휘도는 2.24×10^{9}[nit]이다.

주광하에서 정원에 자라고 있는 화초를 볼 때는 색의 아름다움을 느낄 수 있으나 야간에는 색을 구별하기가 힘들어 조명을 해 놓고 보면 색을 구별 할 수 있으며 조명으로 사용한 광원의 종류에 따라 주간에 보는 것과는 다르게 느끼는 수가 있다.

주광하에서 화초의 색을 구별할 수 있는 것은 태양광선에는 7종의 색이 있는 관계로 파장을 달리하는 빛들이 적, 청, 녹, 황색 등에 반사하여 눈에 들어오기 때문이다. 그런데 이러한 색은 혼색하면 색이 없는 백색광(white light)이 얻어진다. 즉, 태양광선은 백색광으로 불리고 있으며 조명계에서는 인공적으로 태양광선에 근사한 빛을 얻고자 노력하고 있다.

조명에 있어서의 궁극적인 목표는 밝기를 조금이라도 태양광선에 가깝게 하는데 있으며 또한 빛의 성질도 가급적 태양광에 흡사한 광원을 얻는데 있다.

태양광선 중 가시광선 부분인 3,800~7,600[Å]의 파장의 빛을 인공적으로 만든 것이 광원으로 이용되고 있으며, 이중에는 백열등, 방전등(형광등, 수은등, 나트륨등 등)이 있다.

한편, 빛 자체를 직접 조명에 이용하는 대신에 빛에너지를 이용하는 것으로는 블랙라이트, 적외선램프 등이 있다. 블랙 라이트는 3.600[Å] 전후의 자외선이 물질에 투사될 때 발생하는 형광작용을 이용하는 것으로서, 계기반 조명이나 특수 분위기를 요구하는 무대조명 등에서 사용한다. 적외선 램프는 열에너지를 이용하는 것으로서 가시광선보다 파장이 긴 8,000~10,000[Å]을 이용한 것이다.

2 인공광원

표 6-7 발광원리에 따른 광원의 분류

<table>
<tr><th>구 분</th><th colspan="3">등의 종류</th></tr>
<tr><td>온도복사에 의한 백열발광</td><td colspan="3">백열등, 특수등, 할로겐등</td></tr>
<tr><td>온도방사에 의한 연소발광</td><td colspan="3">섬광전구</td></tr>
<tr><td rowspan="4">루미네센스에 의한 방전 발광</td><td>저압방전등</td><td colspan="2">형광등(저압수은등), 저압나트륨등</td></tr>
<tr><td rowspan="2">고압방전등</td><td>고압수은등</td><td>수은등, 형광수은등, 메탈할라이드등</td></tr>
<tr><td>고압나트륨등</td><td></td></tr>
<tr><td>초고압 방전등</td><td>크세논등, 초고압 수은등</td><td></td></tr>
<tr><td>일렉트로 루미네센스에 의한 전계발광</td><td colspan="3">EL램프</td></tr>
<tr><td>유도방사에 의한 레이져 발광</td><td colspan="3">레이져</td></tr>
</table>

3 발광 현상

(1) 발광의 종류

조명에 필요한 빛을 발생시키는 방법에는 온도복사(temperature radiation)와 루미네선스(luminescense)에 의한 방법이 있다.

(2) 온도복사

물체에 열을 가하여 온도를 높이면 빛을 발산하여 복사현상을 일으킨다. 처음에는 적외선을 복사하고, 400~450[℃]에서 암적색(dull red)을 볼 수 있으며, 더욱 온도를 높여 500[℃] 이상으로 하면 빛을 발산하기 시작하고, 더욱더 온도를 높이면 등색, 황색을 거쳐 백색으로 된다. 이 상태를 백열(incandescence)상태라고 하며, 여러 가지 파장의 전파가 복사된다. 이것을 온도복사라고 부른다.

(3) 루미네선스

백열전구와 같이 물체의 온도를 높여서 빛을 발생시키는 온도복사 이외의 모든 발광을 루미네선스(luminescence)라고 한다. 루미네선스는 자극을 받은 원자, 분자 또는 이온이 그 에너지를 방출함에 따라 발광하는 현상을 말하고, 냉광(cold light)이라고도 한다.

루미네선스는 발광의 지속시간에 따라 형광(fluorescence)과 인광(phosphorescence)으로 분류된다. 형광은 자극이 작용하는 동안만 발광을 계속하고 자극이 사라지면 곧 발광을 멈추는 것을 말하며, 인광은 자극이 없어진 후에도 수분 이상 수일 또는 그 이상 에너지를 축적하여 발광을 지속하는 것을 말한다.

4 온도복사에 관한 법칙

(1) 스테판 볼츠만의 법칙

온도 T[°K]의 흑체의 단위 표면적으로부터 단위시간에 복사되는 전복사에너지 W는 그 절대온도 T의 4제곱에 비례한다. 이것을 스테판 볼츠만의 법칙(Stefan-Boltzmann's law)이라 한다.

$$W = \alpha T^4 \, [\mathrm{W/m^2}] \tag{6-22}$$

여기서, α는 스테판 볼츠만의 상수로서 $\alpha = 5.6696 \times 10^{-8} \, [\mathrm{W/m^2 \cdot {}^\circ K^4}]$이다.

예제 온도가 2000[°K]가 되는 흑체의 전복사에너지는 1,000[°K]일 때 값의 몇 배가 되는가?

풀이 흑체의 단위 표면적으로부터 단위 시간에 복사되는 에너지 W는 그 절대 온도 T[°K]의 4승에 비례한다.(스테판 볼츠만의 법칙)

따라서 온도가 2배인 경우에 전복사에너지는 $2^4 = 16$배가 된다.

(2) 윈의 변위법칙

그림 6-10과 같이 흑체의 온도복사는 그 온도에 따라 복사스펙트럼의 상태가 달라진다. 즉, 흑체에서 최대 복사에너지의 파장 λ_m은 절대온도 T[°K]에 반비례한다. 이것을 윈의 변위법칙(Wien's displacement law)이라고 한다.

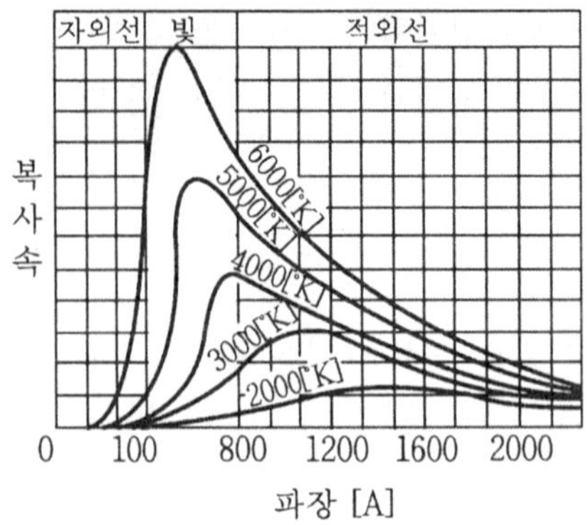

그림 6-10 흑체의 온도복사 특성곡선

$$\lambda_m = \frac{b}{t}[\mu] \tag{6-23}$$

여기서, b는 상수로서 2896[$\mu \cdot {}^\circ$K]이다.

예제 3,300[°K]에서 흑체의 최대 파장 [μ]은?

풀이 윈의 변위법칙에 의하여 최대 스펙트럼 복사발산도를 발생하는 파장은 $\lambda_m = \frac{b}{T}$이고, $b=2896$ [$\mu \cdot {}^\circ$K], $T=3300$ [°K]이므로

$\therefore\ \lambda_m = \frac{2896}{T} = \frac{2896}{3300} = 0.878[\mu]$

(3) 플랑크의 복사법칙

절대온도 T[°K], 임의의 파장 $\lambda[\mu]$에 있어서의 스펙트럼 복사속의 발산도 P_λ는 다음과 같다.

$$P_\lambda = \frac{c_1}{\lambda^5} \cdot \frac{1}{e^{c_2/\lambda T} - 1}\ [\mathrm{W/m^2} \cdot \mu] \tag{6-24}$$

이것을 플랑크의 복사법칙(plank's radiation law)이라고 한다.

여기서 c_1 및 c_2는 플랑크의 정수로서 $c_1 = 2\pi hc^2 = 3.7415 \times 10^{-16}$ [W · m²], $c_2 = 14388 \times 10^{-2}$ [$\mu \cdot {}^\circ$K]이며, e는 자연대수의 밑으로 $e = 2.71828$이다.

6.2.1 백열전구(incandescent lamp)

1 백열 전구의 구조

진공관 유리구내에 필라멘트를 설치하고 봉입한 다음 전류를 인가하면 필라멘트는 고온

방사에 의하여 발광한다. 용량이 30[W] 이하는 진공전구이고 30[W] 이상은 텅스텐 필라멘트의 증발을 억제하기 위해서 아르곤과 질소를 혼합한 가스를 넣은 전구로 한다.

(1) 유리구(bulb)

유리구는 보통 연질의 소다석회유리를 사용하고 있으나, 고용량전구에는 높은 온도에 견딜 수 있는 경질유리인 붕규산유리가 사용된다.

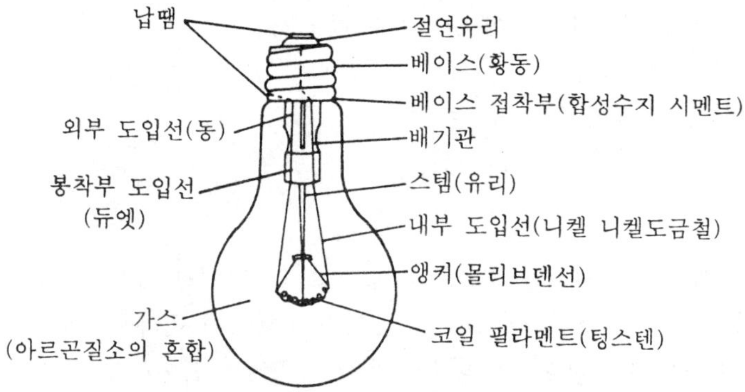

그림 6-11 백열전구의 각 부분의 명칭

(2) 베이스(base)

베이스는 전구에 전류를 도입하는 단자를 말하며, 동(銅)을 주성분으로 하는 동-아연계 합금이다.

(3) 도입선(leading wire)

도입선(leading wire)은 베이스 단자와 필라멘트를 전기적으로 연결하는 것이며, 외부도입선, 봉함부도입선 및 내부도입선의 세 가지 부분으로 되어 있다. 외부도입선으로는 주로 구리선이 사용되고, 내부도입선으로는 진공전구에서는 구리를 사용하고 가스입전구에서는 니켈 또는 니켈도금한 철선이 사용된다.

봉함부에서는 도입선이 유리를 관통하므로, 공기가 새지 않도록 유리와 거의 일치하는 팽창계수를 갖는 듀밋선(dumet wire)이 사용된다.

(4) 앵커(anchor)

앵커(anchor)는 필라멘트가 움직이지 않도록 지지하는 것으로서, 그 지지점의 온도를 낮추지 않고, 높은 온도에서도 인장강도가 변하지 않으며 유리와 잘 밀착되는 몰리브덴선(molybdenum wire)을 사용한다.

(5) 필라멘트(filament)

백열전구는 필라멘트에 전류를 통해서, 고온으로 가열하여 온도복사에 의한 발광 원리를 이용한 것이다. 백열전구는 온도가 높을수록 발광효율이 좋으므로 가급적이면 온도를 높게 할 필요가 있다. 이와 같은 요구에 따라서 필라멘트 재료의 구비조건은 다음과 같다.

① 융해점이 높을 것.
② 고유저항이 클 것.
③ 높은 온도에서의 증발(승화)이 적을 것.
④ 점화온도에서 주위의 것과 화합하지 않을 것.
⑤ 가는 선으로서의 가공이 용이할 것.
⑥ 고온으로 되어도 기계적 강도가 감소하지 않을 것.
⑦ 선 팽창계수가 적을 것.
⑧ 전기저항의 온도계수가 양수(+)일 것.
⑨ 재료가 풍부하고, 가격이 염가일 것.

(6) 봉입가스

1913년 이전까지 백열전구는 가스를 봉입하고 않고 진공 상태로 직선형의 필라멘트를 사용하여 점등하였다. 백열전구의 효율을 높이기 위해서는 필라멘트의 온도를 높여 주어야 하지만, 온도를 높이면 필라멘트의 증발에 의하여 수명이 짧아지게 된다.

따라서, 유리구내를 진공으로 하고 고온에서도 텅스텐과 화합하지 않는 불활성가스를 봉입하여, 가스의 압력을 높이면 텅스텐의 증발이 억제되어 필라멘트의 수명이 길어지게 되며 효율이 높아지므로, 30[W] 이상의 전구에는 가스를 봉입한다.(표 6-8)

표 6-8 주입가스 압력과 텅스텐의 증발비

주입 가스의 압력[mmHg]	증발비[%]
진공	1
10	1/10
100	1/50
1,000	1/100

(7) 게터(getter)

유리구 내부에는 미량의 산소가 잔재해 있으므로 점등할 때 고온에서 필라멘트가 산화될 수 있으며, 이로 인해 유리구 내부가 검게 그을리고 필라멘트가 가늘어지게 되어 전등효율이 감소하는 흑화(blackening) 현상을 초래하게 된다. 따라서, 게터(getter)를 필라멘트나 스템(stem)에 도포하여 점등시 전구내에 잔재하는 산소와 결합하게 함으로써 진공도를 상승시켜(약 10^{-5}[mmHg]) 필라멘트의 산화를 억제하고 있다.

2 백열전구의 특성

(1) 동정(performance)

제작된 전구를 처음 점등하면 일시적으로 광속과 전류 등이 변화하고 그 후에 서서히 일정하게 된다. 이와 같이 새로 제작된 전구를 약 1시간 동안 점등하여 특성을 일정하게 하는 조작을 **에이징**(aging)이라고 하며 에이징 후에 측정한 전구의 특성을 **초특성**이라 한다. 또 에이징이 끝난 전구는 사용함에 따라 필라멘트가 승화하여 점차 가늘어지므로 점차 그의 저항은 증가하고 전류나 광속은 감소한다. 이와 같이 변화하여 가는 과정을 **동정**(performance)이라 하고, 이 변화를 곡선으로 그린 것을 **동정곡선**(performance curve)이라 한다.

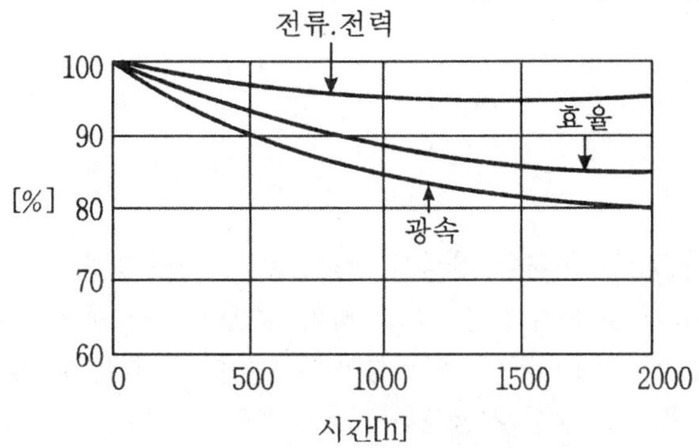

그림 6-12 백열전구의 동정특정곡선

(2) 전압특성

백열전구의 전압을 변화시키면 필라멘트의 온도가 변화하고, 따라서 저항값이 변화하여 전류, 전력, 광속, 효율, 수명 등이 변화한다. 이와 같은 전압의 변화에 대한 특성을 전압특성 (電壓特性)이라고 한다.

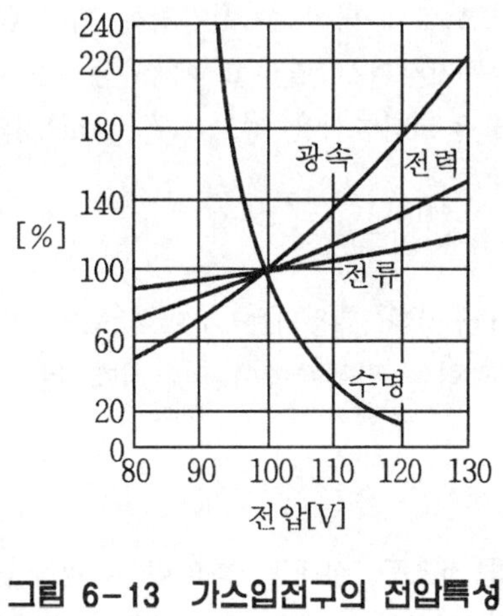

그림 6-13 가스입전구의 전압특성

3 백열전구의 특징

① 연색성이 좋고 따스한 광색이다.
② 점광원에 가깝고 빛의 집광이 용이하다.
③ 조광을 연속적으로 할 수 있다.
④ 점등이 간단하고 바로 점등되어 밝아진다.
⑤ 광속 저하가 적다.
⑥ 효율이 낮고 수명이 비교적 짧다.
⑦ 열선방사가 많다.

4 특수전구

(1) 주광전구

보통전구는 주광(晝光)에 비하여 황색이 강하므로, 유리에 산화코발트 및 산화구리를 가하여 엷은 청색으로 한 것을 주광전구라고 하며, 주광전구는 광색이 좋고 색온도가 높다. 빛의 흡수는 30~40[%] 정도이지만, 연색성이 우수하여 백화점 등 상가의 의류진열대 또는 그림을 취급하는 전시실 등에 사용된다.

(2) 투광용전구

빛을 소요방향으로 집중시키기 위한 투광용 전구는 투광기에 의한 광속의 이용도를 높이기 위하여 필라멘트를 가급적 적게 집합시키고, 빛의 중심을 반사경의 초점에 일치하도록 만든 것이다.

(3) 사진전구와 섬광전구

스튜디오용의 사진전구는 유리구의 내면에 확산성 자연도료를 바르고, 와트수가 낮은 유리구에 와트수가 높은 전구의 필라멘트의 길이를 짧게 하여 넣은 것으로서 색온도를 3000~3500[°K]로 높여 주고 있으므로 수명이 수 시간밖에 되지 않는다.

사진기의 셔터와 섬광을 동기시켜서 촬영할 때 사용하는 섬광전구는 점화용의 텅스텐 필라멘트에 알루미늄선 또는 알루미늄막을 넣고, 170[mmHg]의 압력으로 산소를 봉입하였다.

(4) 영사용 전구

영화의 영사용(projector lamp)에 사용되는 것으로 코일 필라멘트를 단일평면에 배치하여 반사경과 볼록렌즈로서 강력한 평행광속이 얻어지게 된 것으로 영사막면의 조도가 높아진다.

(5) 자동차용 전구

자동차용 전구는 자동차의 전조등, 실내등, 파일럿등, 미등(tail lamp)에 사용되며 필라멘트는 내진형으로 하고, 특히 전조등 사용은 필라멘트가 정초점형으로 되어 있다. 효율은 12~15[lm/W]로서 수명은 100시간 정도이다.

(6) 적외선 전구

적외선에 의한 가열, 건조 등은 공업의 여러 분야에서 널리 이용되고 있으며, 이러한 목적에 사용되는 것이 적외선 전구이다.

(7) 할로겐 전구

할로겐 전구는 미량의 할로겐 물질을 함유한 불활성 가스를 봉입해서 할로겐 물질의 화학반응을 응용한 가스입 텅스텐 전구이다.

요오드 등 할로겐은 낮은 온도에서는 텅스텐과 결합하고 높은 온도에서는 분해하는 성질이 있다. 전구내에 소량의 할로겐을 넣으면 이것이 증발하여 확산되며, 필라멘트로 부터 증발된 텅스텐이 관 벽에 가까이 간 것과 결합하여 할로겐화 텅스텐으로 된다. 이것은 투명하고 증발하기 쉬운 것으로서 필라멘트에 가까이 가면 고온으로 인해 분해되고 텅스텐은 필라멘트로 되돌아가며 할로겐은 확산한다. 이 할로겐이 관 벽에 가면 또 다시 텅스텐을 잡아서 필라멘트로 되돌려 주는 **할로겐 사이클**을 이룬다. 이것으로 인해 전구는 수명이 길어질 뿐만 아니라 수명이 끝날 때까지 필라멘트는 덜 가늘어지고 유리구의 흑화도 적으며, 따라서 광속의 저하나 색온도의 저하가 극히 적다. 흑화가 적으므로 유리구가 적어도 되며 보통의 백열전구에 비하여 체적은 수 10분의 1로도 충분하다.

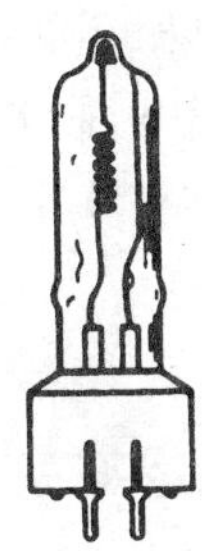

(a) P형 할로겐 전구

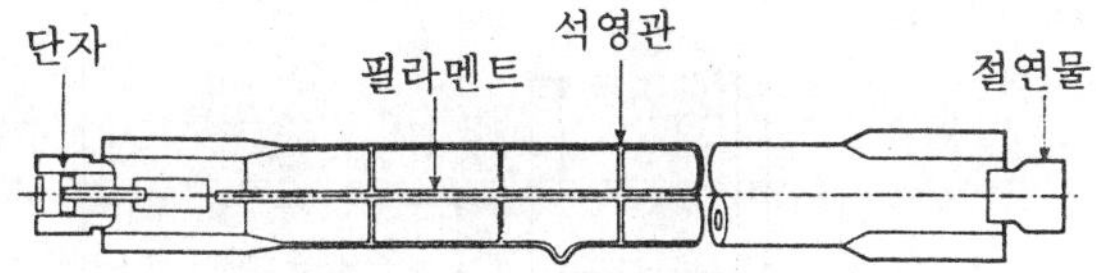

(b) 일반조명용 할로겐 전구

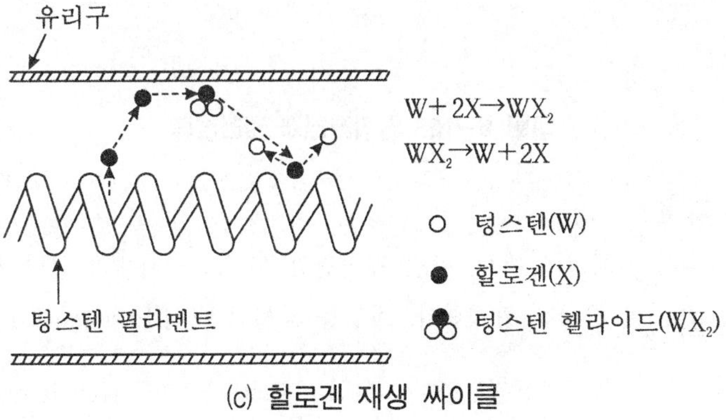

(c) 할로겐 재생 싸이클

그림 6-14 할로겐 전구

할로겐 전구에는 그림 6-14와 같이 소형 유리구(mini bulb)를 사용한 소형할로겐 전구와 일반 조명용인 관형이 있으며, 용도에는 일반 조명용, 스튜디오용, 영사기·광학기용, 자동차용, 비행장용 등이 있다. 최근에 점차로 용도개발이 진척되고 있으며, 새로운 품종이 제품화되고 있다. 유리구 (bulb)는 매우 적고 고온으로 되도록 만들어지므로 석영 또는 경질유리가 사용되며, 봉입하는 할로겐 가스에는 요오드(I_2), 브롬(Br_2), 염소(Cl_2)의 단체 또는 화합물이 쓰인다.

6.2.2 방전등

1 방전 이론

(1) 방전

방전등은 기체 중의 방전현상을 이용한 광원으로 탄소 아크등이나 지르코늄 방전등과 같이 주로 고온도의 전극에서 발생하는 빛을 이용한 것이다.

그림 6-15 (a)와 같이 기체 중에 두 개의 평행판 전극을 맞대어 놓고 직류전압을 가하면 전류가 흐른다. 처음에는 OA와 같이 전류는 전압에 비례하여 증가하며, 그 경사는 이온 및 전자의 양과 이동에 따라 다르다. 다시 전압을 올리면 AB와 같이 전류는 포화가 되며, 이것은 공급원에서 주어지는 이온이 모두 운반되는 것을 의미한다. 전압을 다시 올리면 전류는 BC와 같이 급격히 증가한다. 이것은 기체 중의 전자가 충돌에 의하여 원자(atom)를 전리하는데 충분한 에너지를 갖고 있음을 의미한다. 이와 같이 하여 방전(放電)이 개시된다.

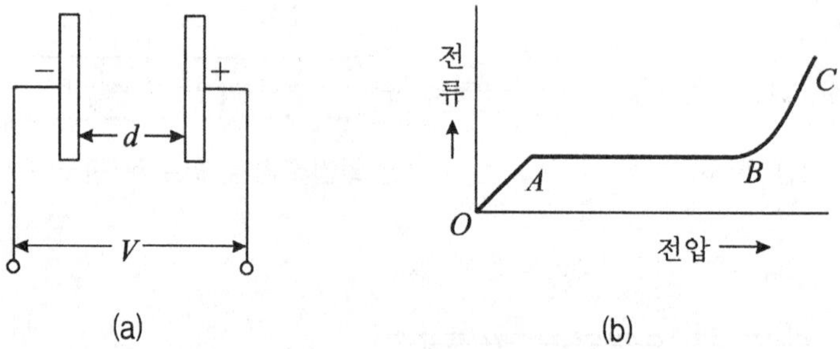

그림 6-15 인가전압과 방전전류

(2) 파센의 법칙

일정한 전극금속과 기체 사이에서, 방전 개시전압 V_s[V]는 기체의 압력 P[mmHg]와 전극 사이의 거리 d[m]의 곱에만 관계한다. 이것을 파센의 법칙(Paschen's law)이라고 부른다.

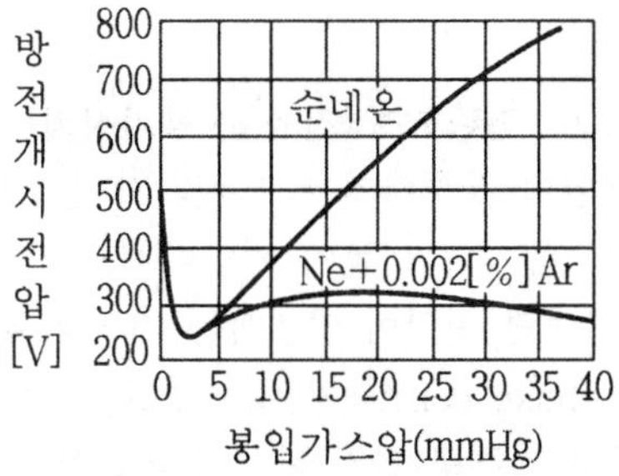

그림 6-16 네온과 아르곤의 혼합기체의 방전개시전압

(3) 페닝효과

수은이나 불활성 가스와 같이 준안정 상태를 형성하는 기체에 극히 적은 양의 다른 기체를 혼합하였을 경우, 혼합기체의 전리전압(ionization voltage)이 원기체의 준안정 상태에서의 여기전압(excitation voltage)보다 낮은 경우에는 방전전압(放電電壓)이 매우 낮아지게 된다. 이와 같은 현상을 페닝효과(Penning effect)라 한다.

① 전리전압 : 전자가 원자로부터 완전히 분리되는데 필요로 하는 에너지에 대응하는 전압
② 여기전압 : 원자의 맨 바깥쪽에 있는 전자(전자)는 외부로부터 에너지를 가하면 에너지 준위(level)가 높은 전자궤도로 옮아간다. 이 상태로 된 원자나 분자를 여기 상태에 있다고 하며, 여기상태로 올리는데 요하는 에너지에 대응하는 전압을 여기전압이라고 한다. 여기상태에서 10^{-8}[s] 정도의 매우 짧은 시간에 원래의 상태로 되돌아가는데, 이 때 일정한 파장이 전자파를 방사한다.

2 방전 특성

방전의 형식에는 글로우방전(glow discharge)과 아크방전(arc discharge)의 두 종류가 있으며, 이 중 어느 형식의 방전이 발생하는가는 조건에 따라서 달라진다. 글로우방전은 비교적 저기압 중에서 방전전류가 적은 경우에 발생하나 전류가 증가하면 결국 아크방전으로 이행하게 된다.

(1) 글로우 방전

가늘고 긴 저기압(低氣壓) 방전관에 저항 또는 임피던스를 질렬로 접속하여 전류를 통하면 저압 가스방전이 발생한다. 방전전류가 작을 경우에는 글로우(glow)방전이 발생한다.

(2) 아크 방전

글로우 방전의 상태에서 전류를 증가시키면 양(+)이온의 음극면에 대한 충돌작용이 더욱 강하게 되므로, 음극면에 국부적으로 고온이 되어 열전자방출이 왕성하게 된다. 이로 인하여 옴극에서의 전압강하가 감소하고, 전극 사이의 전압도 감소한다. 이와 같이 되면 양광주는 강렬한 빛을 발광하게 되고, 이 상태를 아크방전(arc discharge)이라 한다.

(3) 안정기

글로우방전에서 아크방전으로 전환하여 전류를 증가시키면 전압은 급속하게 감소한다. 금속체에 있어서는 당연히 전압이 상승하지만, 기체내의 방전인 경우에는 반대로 감소하는 것이다. 금속체와 같이 전류의 증가와 더불어 전압이 상승하는 것을 **정특성**(正特性), 기체내의 방전과 같이 전류가 증가하면 전압이 감소하는 것을 **부특성**(負特性)이라 한다.

교류회로에서는 쵸크 코일(choke coil)을 써서 저항을 쓰는 경우의 손실을 방지할 수 있다. 이와 같이 방전등에 있어서 전류의 안정을 얻기 위하여 접속하는 저항 또는 초크 코일을 **안정기**(ballast)라 한다.

변압기의 2차측에 방전등을 접속하는 경우에는 누설리액턴스를 크게 설계한 누설변압기를 사용하면, 이것이 안정기가 되므로 따로 저항이나 초크코일을 쓸 필요가 없다.

3 아크등

두 개의 탄소막대 전극의 끝을 접촉하여, 그 사이에 전류를 흘리면서 전극을 서서히 떨어뜨리면 두 전극 사이에 아크가 발생하며, 이 원리를 이용하여 등(lamp)으로 제작한 것이 **탄소 아크등**(carbon arc lamp)이다. 다른 광원보다 높은 휘도와 광도를 얻을 수 있으므로 청사진굽기와 영사용으로 사용된다.

탄소 아크등에는 순탄소 아크등, 발염 아크등 및 고휘도 아크등이 있다.

탄소 아크등의 장·단점은 다음과 같다.

【장점】 ① 광원이 작다.
② 휘도가 높다.
③ 광도가 크다.
④ 효율이 높다.
⑤ 자외선이 많다.

【단점】 ① 전류특성이 부특성이므로 안전장치를 필요로 한다.
② 기동장치 및 전극조정장치를 필요로 한다.
③ 전극이 소모한다.
④ 연소물질을 만든다.
⑤ 빛(光)이 움직인다.
⑥ 소음을 발생한다.

4 방전등의 종류 및 특성

방전등에는 수은등, 나트륨등, 메탈 할라이드등, 크세논등, 지르코늄등과 클로우방전을 이용한 네온관등, 네온전구등이 있으며, 특히 고압 수은등, 메탈 할라이드등 및 고압 나트륨등을 **고휘도방전등**(High Intensity Discharge Lamp : HID등)이라고 한다.

① 고휘도 방전등(HID등) : 고휘도 방전등은 발광관의 관벽부하가 3[W/cm²] 이상의 것을 말하며, 고압 수은등, 메탈 할라이드등, 고압 나트륨등, 형광 수은등, 저압 나트륨등이 있

으며 널리 사용되고 있는 것은 고압 수은등, 메탈 할라이드등, 고압 나트륨등이다.

(1) 수은등

수은등(mercury vapour lamp)은 유리관내에 봉입된 수은증기 중의 방전을 이용한 것이다. 상온의 수은증기압은 대단히 얕으므로 기동을 용이하게 하기 위하여 미량의 아르곤가스를 봉입한다. 방전이 시작되면 수은이 서서히 증발하여 적당한 압력으로 된다. 일반적으로 수은증기압이 상승함에 따라 아크는 관의 중심에 가늘게 모여 관전압, 휘도, 효율 등이 높아진다.

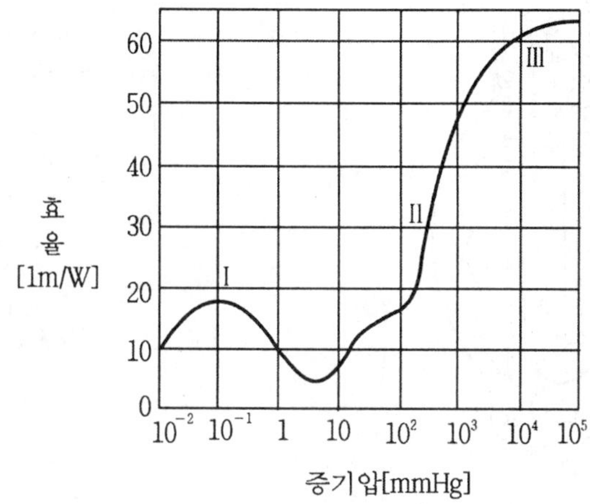

Ⅰ. 저압 수은등 Ⅱ. 고압수은등 Ⅲ. 초고압 수은등

그림 6-17 수은등의 증기압과 효율의 관계

(가) 저압 수은등

수은을 봉입한 가늘고 긴 유리관의 양단에 전극을 설치한 방전관으로서, 열음극이나 냉음극을 사용하기도 하고, 한쪽 전극에 수은류의 음극을 설치한 것도 있다.

수은증기압이 0.01~10[mmHg] 범위의 것을 저압 수은등(low pressure lamp)이라고 하며, 이 정도의 증기압에 의한 방전에서는 253.7[nm]의 자외선의 많이 발산된다. 저압 수은등을 응용한 것이 살균등과 형광등이다.

(나) 살균등

살균등(germicidal lamp)은 산화물로 피복한 열음극을 사용한 것으로 수은은 상온에서 약 0.001[mmHg]로 봉입되어, 동작시의 증기압 0.01~2[mmHg] 정도로 된다. 방전관내에는 수은 이외에 보조가스인 아르곤이 수[mmHg]로 봉입되어 있다. 입력전력의 약 60[%]가 253.7[nm]의 자외선으로 발산되므로, 자외선 투과 유리관을 사용하면 살균등 또는 태양등으로 된다.

(다) 고압수은등

고압 수은등(high pressure mercury lamp)은 점등시에 수은증기압이 100~760[mmHg]

정도의 것을 말하며, 그림 6-18에 나타낸 바와 같이 발광관의 수은증기압 즉, 온도를 높이기 위하여 2중관으로 되어 있다.

발광관은 점등 중의 온도가 400[℃] 이상으로 높으므로 내열성인 석영 유리로 만들어 1기압 정도의 수은증기와 방전개시를 용이하게 하기 위한 미량(5~6[mmHg])의 아르곤 가스가 봉입되어 있다.

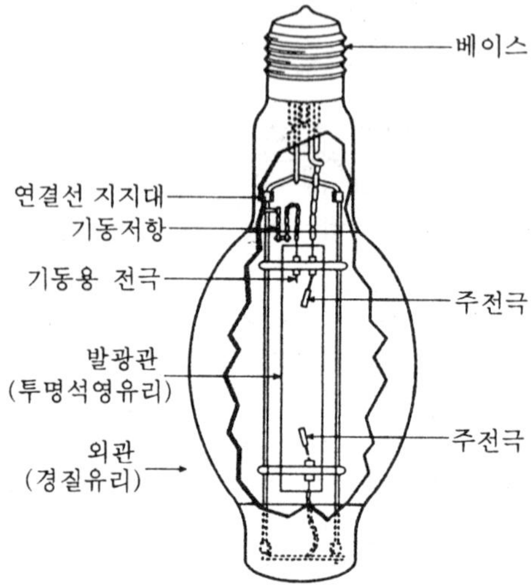

그림 6-18 고압 수은등의 구조

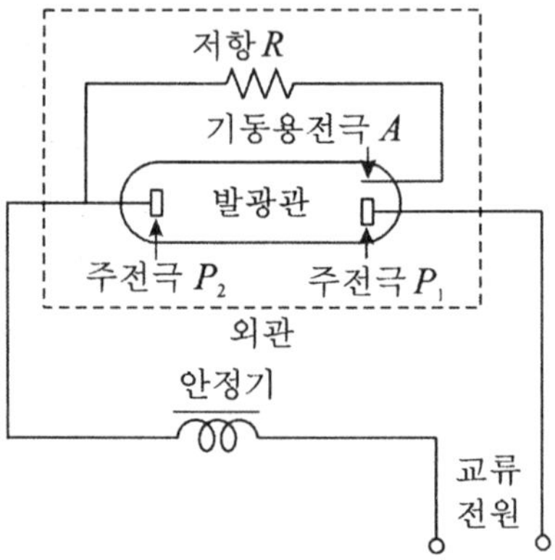

그림 6-19 고압 수은등의 점등회로

고압 수은등의 점등은 보조전극과 그것에 근접한 주전극 사이에 국부적인 방전이 일어나고, 이 방전전류에 의한 열 때문에 수은이 증발하여 발광관 안에 수은증기가 충만하면, 두 주전극 사이로 방전이 옮겨지는 것이다. 주전극에는 산화물이 피복되어 있으며, 그림 6-20에 표시한 바와 같이 점등 후 최대광도에 도달하려면 약 5~8분이 걸리고, 또 정상적으로 점등된 것을 한번 소등하고 다시 스위치를 넣어도 바로 점등되지 않고 약 7~10분 정도의 시간이 소요된다.

고압 수은등의 효율은 50[lm/W] 정도로 높으며, 수명이 3,000~6,000시간으로 되어 도로, 공원, 광장, 경기장 및 대공장의 고천장 조명에 사용되고 있다. 적색이 부족하여 일반조명에 부적당하나 수은등 1, 백열전구 2의 비율로 병용하면 근사한 주광색이 얻어지므로 실내조명에도 사용할 수 있다.

고압 수은등 및 초고압 수은등의 결점은 광색에 적색이 부족한 것이다. 이 결점을 개선하기 위하여 발광관내에 Cd, Zn을 넣거나 또는 외관내벽에 형광물질을 바르는 방법이 사용되고, 이것을 **형광수은등**(fluorescent mercury lamp)이라 부른다. 즉, 형광수은등은 점등 중에 발광관에서 나오는 자외선을 가시광선으로 바꾸는 것이다.

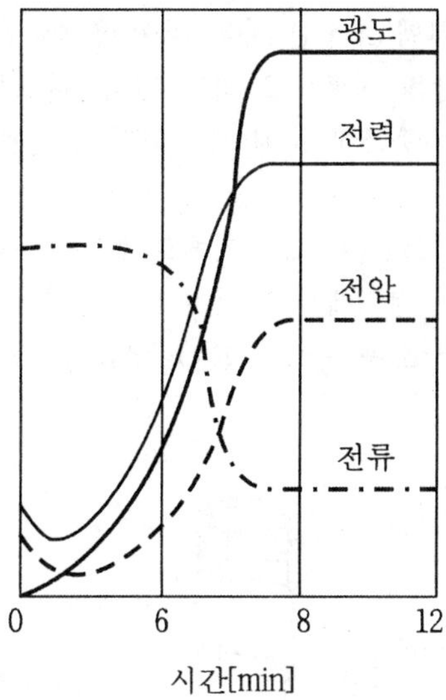

그림 6-20 고압 수은등의 기동특성

고압 수은등은 백열전구와 비교하면, 다음과 같은 특징을 갖고 있다.

① 휘도가 높다(1,000~10,000[cd/cm²]).
② 1등당의 전력 및 광속이 크다.
③ 효율이 높다(40~55[lm/W])
④ 연색성이 나쁘다.
⑤ 기동에서부터 정상상태까지 시간이 걸린다.(5~8분)
⑥ 재점등시에도 시간을 요한다.(7~10분)

(라) 초고압 수은등

고압 수은등의 증기압력을 10~100기압으로 높여 효율을 40~70[lm/W]로 하기 위하여 석영관내에 1~2[cm] 간격의 두 개의 전극과 수은 및 소량의 아르곤가스를 봉입한 발광관을 다시 유리구의 외관으로 덮은 것이다. 중심온도는 8,000~10,000[℃]로 되고, 관벽은 400~600[℃] 정도로서 용량이 작은 것은 공냉식으로 하며, 1[kW] 이상의 용량이 큰 것은 수냉식으로 되어 있다.

초고압 수은등(super-high pressure mercury lamp)은 효율과 광색이 좋고 용량도 크므로 가로조명, 공장조명 등에 사용된다. 대용량 수냉식의 것은 사진제판용으로 사용된다.

(2) 나트륨등

나트륨(naterium) 증기를 통하여 방전할 때 생기는 D선(580~589.6[nm])을 광원으로 이용한 것이 나트륨등(sodium vapour lamp)이다.

그러나 실용상의 효율은 40~70[lm/W] 정도이며, 실용적인 유일한 단색광원이므로 연색성은 매우 나쁘다.

나트륨등의 구조는 그림 6-21에 표시한 바와 같이 열음극을 가지고 있는 발광관에 보온용의 외관을 붙이고, 그의 중간은 진공으로 하고 있다. 나트륨등의 발광효율이 250[℃](나트륨의 증기압 0.0016[mmHg]) 부근에서 최고로 되기 때문에 이러한 보온구조로 만든 것이다.

발광관내에는 소량의 고형 나트륨과 보조 기체로서 아르곤을 1.5[mmHg] 정도 봉입하고 있다. 이 전등은 점등 후 10분 정도에서 방전이 안정된다. 발광관은 나트륨 증기에 견딜 수 있는 특수유리, 즉 SiO_2를 극소량 포함한 B_2O_3, Al_2O_3, Na_2O, CaO를 주성분으로 한 것을 사용한다.

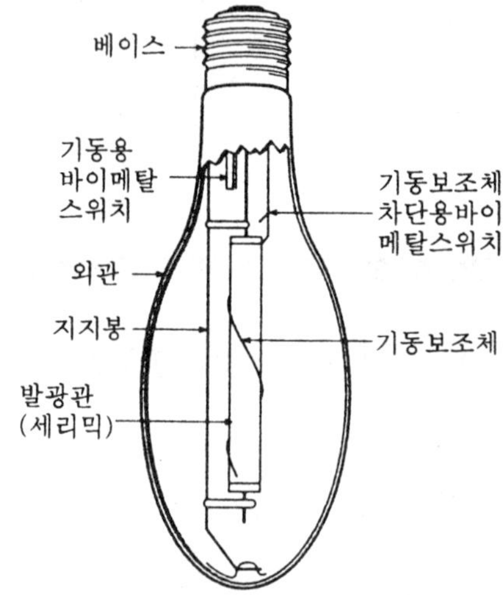

그림 6-21 고압 나트륨등

나트륨등은 색의 식별을 필요로 하는 일반조명으로는 부적당하지만, 휘도가 5~10[cd/cm^2] 정도로 적고, 단색광이므로 유리의 굴절률측정, 평면검사 등의 광학실험용, 주사액의 불순물검사용 등에 이용되고 있으며, 고압나트륨등은 터널내의 배기가스 및 안개등에 대한 투과력이 우수하므로 터널조명, 교량조명, 가로조명(고속도로 인터체인지 등)등에 이용되고 있다.

(3) 메탈 할라이드등

고압수은등의 발광관에 금속 할로겐화금속을 봉입한 전구가 메탈 할라이드등(Metal Halide lamp)이며, 금속원자에 의한 금속특유의 광을 발광하는 것으로 효율과 연색성을 개선하였다. 봉입하는 금속증기의 종류에 따라 각 금속에서 나오는 선 스펙트럼을 이용한 것과 분자(分子) 발광에 의한 연속 스펙트럼을 이용한 고연색성형이 있다. 일반적으로는 효율이 높은 선 스펙트럼형의 것이 쓰이고 있다. 구조는 그림 6-22에 나타낸 것과 같이 고압수은등과 거의 동일하나 기동을 용이하게 하기 위하여 발광관내에 아르곤, 수은 및 할로겐화금속이 봉입되어 있다.

메탈 할라이드등은 연색성이 우수하며, 수은등이나 백열전구보다 전력소모가 적고, 효율이 1.8배 이상 높다. 또한 수명이 길고 광속감소가 적어 높은 광도를 유지할 수 있으며, 기동시에는 약 5~8분의 시간이 소요된다. 발광상태에서 램프를 소등하였을 경우에 재점등을 하려면 약 15분 정도 램프를 냉각시킨 후에 점등해야 램프에 무리가 없다.

주용도는 고압 나트륨등의 용도와 비슷하다. 전원전압변동의 영향을 받기 쉽고, 램프 종류에 따라 광색의 흩어짐이 일어나기 쉬우므로 정격전압의 ±6[%] 이내에서의 사용이 바람직하다. 또 점등방향에 의해서도 광속이 변화하기 쉬우므로 점등방향을 지정한 것이 있다.

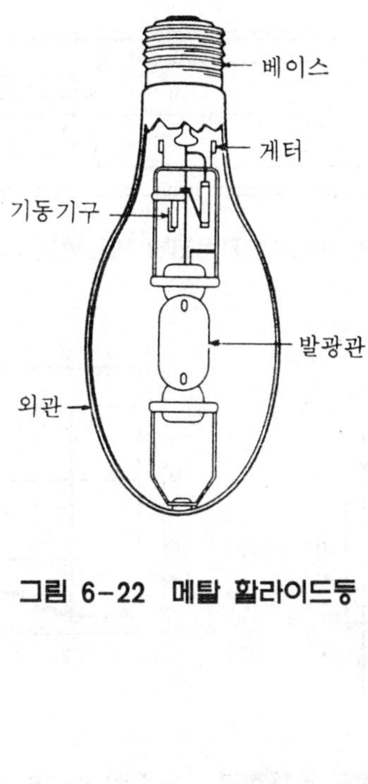

그림 6-22 메탈 할라이드등

(4) 크세논등

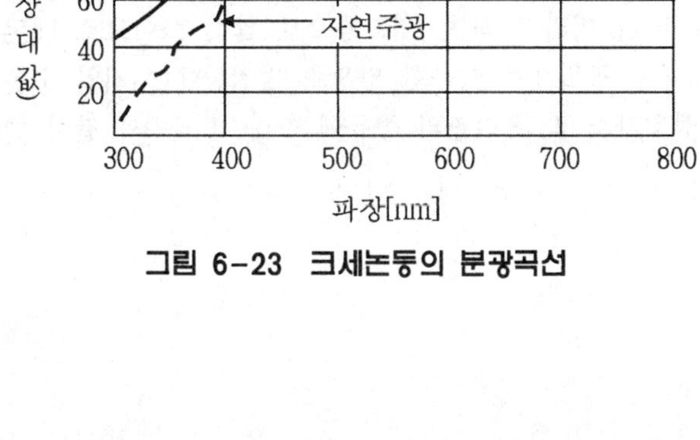

그림 6-23 크세논등의 분광곡선

크세논등(Xenon lamp)은 높은 압력으로 봉입한 크세논 가스 중의 방전을 이용한 램프로서 그림 6-23의 분광곡선에서와 같이 스펙트럼이 자외선 영역에서 가시광선 영역까지 연속적으로 자연주광(自然晝光)의 분포와 비슷하여 연색성이 가장 우수하며, 기동에 시간을 요하지 않고 순시재점등도 가능하다는 것이 특징이다.

(5) 지르코늄 방전등

지르코늄 방전등(Zirconium discharge lamp)은 현재 사용되고 있는 광원 중에서 가장 이상적인 점광원으로 그림 6-24와 같은 구조를 갖고 있다.

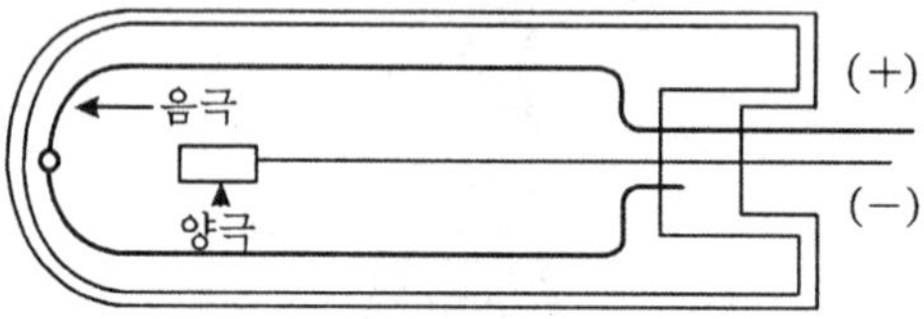

그림 6-24 지르코늄 방전등의 구조

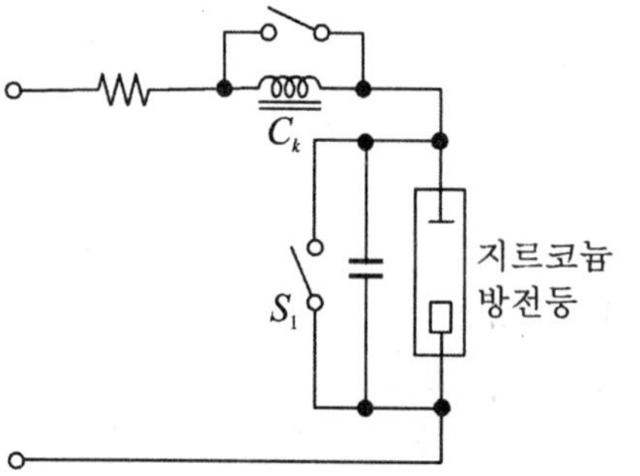

그림 6-25 지르코늄 방전등의 점등회로

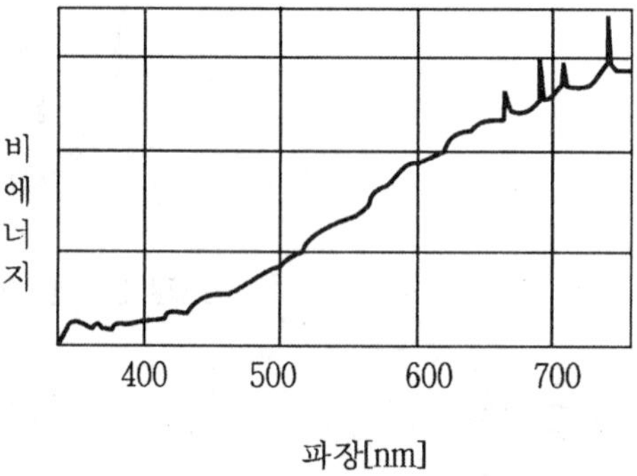

그림 6-26 지르코늄 방전등의 분광곡선

(6) 글로우 방전등

(가) 네온관등

지름 10~20[mm]의 긴 유리관을 진공으로 한 후에 7.5~34[mmHg] 정도의 압력으로 불활성가스 또는 수은을 봉입하고, 고압의 교류를 가하면 양광주가 뚜렷이 빛난다. 이것을 네온관등(neon tube lamp)이라고 하며, 광고용으로 많이 쓰이므로 네온사인(neon sign)이라고도 부른다. 양광주를 광원으로 이용한 양광주 방전등에는 저압 수은등, 형광등, 네온관등이 있다. 광색은 봉입가스 및 유리관의 종류에 따라 표 6-9와 같이 여러 가지 색을 얻을 수 있다.

표 6-9 봉입가스와 광색

봉입가스	유리관색	광 색	봉입가스	유리관색	광 색
네온	투 명	등적색	헬 륨	투 명	백 색
네온	청 색	등 색	헬 륨	황갈색	황갈색
아르곤과 수은	투 명	청 색	아르곤	투 명	고동색
아르곤과 수은	황록색	녹 색			

(나) 네온 전구

그림 6-27과 같이 유리구내에 전극을 2~3[mm] 간격으로 접근하여 장치하고, 네온 또는 아르곤을 수 10[mmHg]의 압력으로 봉입한 것으로 스템 속에 1,500~3,000[Ω]의 안정저항을 직렬로 삽입한 것이다.

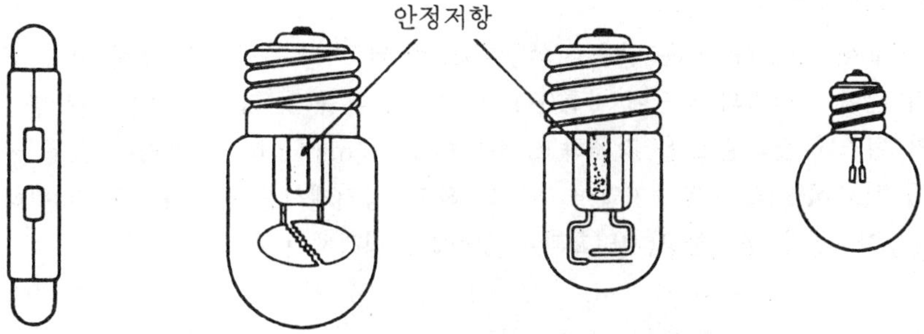

그림 6-27 네온전구

네온전구의 용도는 다음과 같다.

① 소비전력이 적으므로 배전반의 파일럿등이나 종야등에 적합하다.
② 음극만이 빛나므로 직류의 극성판별용에 이용된다.
③ 일정전압에서 점화하므로 검전기, 교류파고치의 측정에 쓰인다.
④ 빛의 관성이 없고, 어느 범위내에서는 전류와 광도가 비례하므로 오실로그래프, 스트로보 스코프용에 이용된다.

(7) EL 램프

투명 전극과 금속전극 사이에 교류전압을 걸면 형광물질에 센 교번자계(交番磁界)가 가하여 짐에 따라 형광물질이 발광하게 된다. 이 빛은 투명전극을 도포한 유리판을 통하여 외부로 방출된다. 이것을 EL 램프(Electro Luminescent lamp)라 한다.

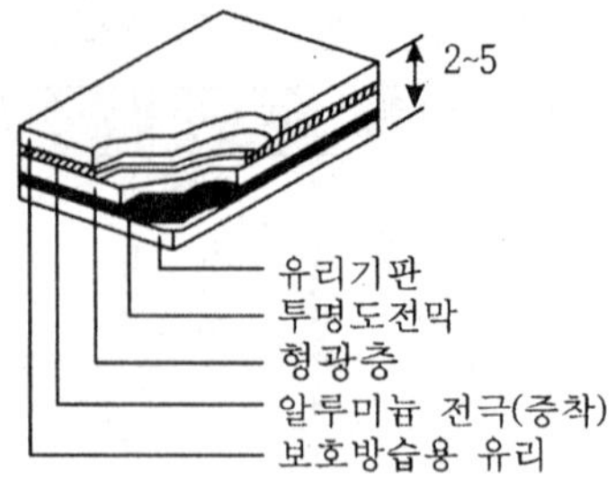

그림 6-28 EL 램프의 구조

5 형광등

(1) 형광등의 구조

형광등(fluorescent lamp)은 열음극(熱陰極)으로 된 저압 수은등의 일종이다. 구조는 그림 6-29와 같이 유리관의 양단에 바륨(Ba) 또는 스트론듐(Sr)의 산화물을 피복한 열음극(2중 코일의 텅스텐 필라멘트)을 장치하고, 관내에 5~6[mmHg]의 소량의 수은을 넣어서 점등 중에 0.01[mmHg]의 수은증기압이 되도록 하고, 방전개시를 용이하게 하기 위하여 5~6[mmHg]의 아르곤을 봉입하고(페닝효과), 관벽에는 형광체가 칠해져 있다.

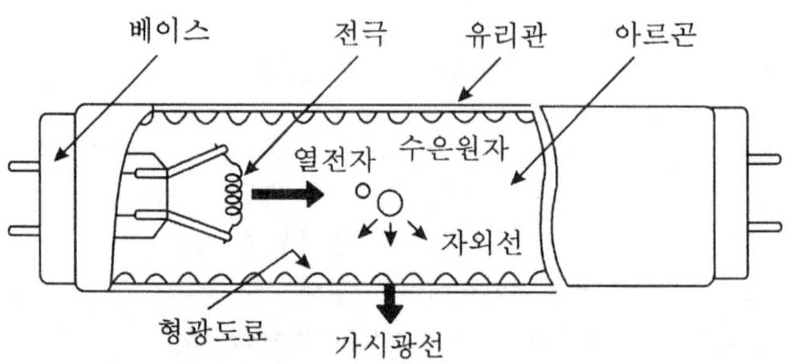

그림 6-29 형광 방전등의 구조

형광등에는 형상(직관, 원형관 등), 크기(watt 수), 점등회로 방식(글로우 스타트형, 래피드스타트형 등), 광색(점등 중의 겉보기 빛깔), 연색성(분광분포), 특수한 용어에 맞추기 위한 형상과 특성 등 많은 요소의 조합에 의한 수많은 품종이 있으므로 각 요소의 의미를 이해하여 두지 않으면 적당한 종류의 램프를 선택하기가 곤란하다. 형광등의 크기에는 4[W]의 작은 것에서부터 220[W]나 되는 초고출력 타입의 것까지 종류가 많다.

(2) 스토크의 법칙

발기파장(형광의 파장)은 여기파장(자극선 파장)보다 항상 길다고 하는 것이 스토크의 법칙이다.

(3) 형광등의 점등회로

형광등의 전극간 전압과 전류와의 관계는 부특성(負特性)이므로 정전압회로로 점등하려면 안정기로서 저항기 또는 리액턴스를 직렬로 삽입하여 안정상태를 유지하여야 한다. 형광등의 점등방법에는 다음의 세 가지 방식이 있다.

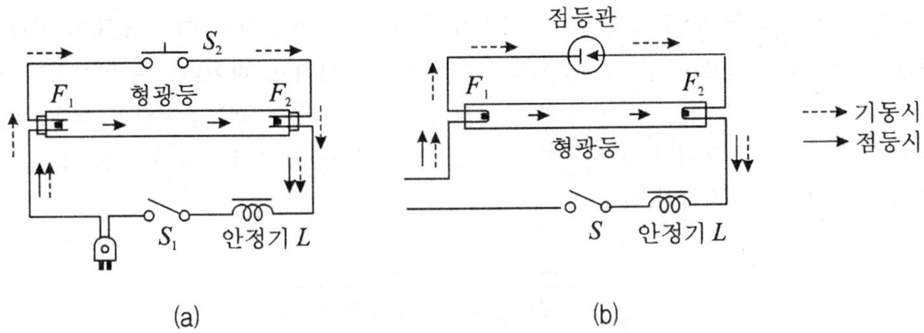

그림 6-30 글로우 스타트 방식

(가) 글로우 스타트 방식

① 수동 기동법(manual starting) : 그림 6-30 (a)와 같은 회로를 만들어 우선 스위치 S_2를 열고 전원스위치 S_1을 닫은 다음에 S_2를 닫으면 정격전류의 약 두 배에 가까운 전류가 흘러서 열음극(필라멘트) F_1, F_2가 충분히 가열되므로, 약 1초 후에 S_2를 열면, 그 순간에 안전기(choke coil) L내에 $L\frac{di}{dt}$의 기전력이 유기되어 열음극 필라멘트 F_1, F_2의 양단에 걸리므로 형광방전관의 주방전이 시작된다. 이 유기 기전력의 크기는 수백 내지 수천[V] 정도로 높은 것이다. 이와 같이 점등하고 나면 관전류는 약 1/2로 안정되어 흐르고, 소등할 때에는 전원스위치 S_1을 열면 된다.

② 점등관 기동법 : 기동을 자동적으로 하기 위하여 그림 6-30 (a)의 스위치 S_2 대신에 점등관(glow starter)을 접속한다.

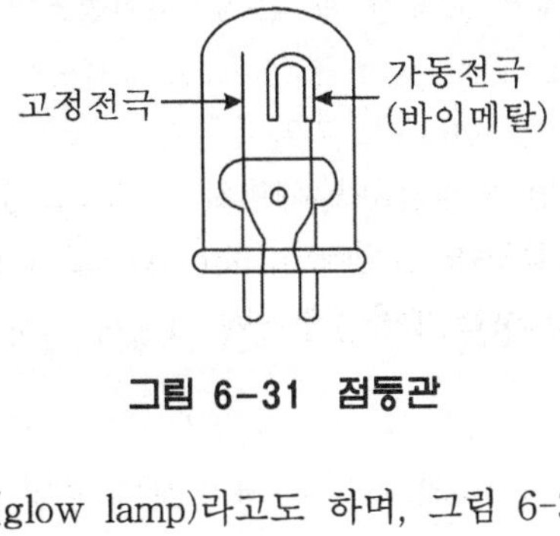

그림 6-31 점등관

이 점등관은 글로우 램프(glow lamp)라고도 하며, 그림 6-31과 같이 한쪽 전극이 바이메탈(bimetal)로 되어 있으며, 관내에 아르곤이 봉입되어 있다. 그림 6-30 (b)에서 전원 스위치 S를 닫으면 전원전압은 F_1, F_2를 통하여 점등관의 양단에 가해지고, 그 때문에 점등관은 글로우 방전을 시작한다.

점등관이 방전하면 그 전극에 열이 생기므로 1~2초간에 바이메탈이 팽창되어 구부러져서 다른 쪽의 고정전극에 접촉한다. 그 때문에 점등관은 단로(短路)되고, 회로에 많은 기동전류가 흘러서 필라멘트 F_1, F_2를 가열하여 열전자가 방출되기 쉬운 형태로 된다. 점등관이 단로되면 글로우 방전은 정지하므로 발열은 없어지고, 바이메탈은 원형으로 되돌아 가므로 접점이 열려진다. 그 순간에 안정기 L에 유기기전력이 유기되어 램프의 전극 사이에 주방전이 시작된다. 과전류가 흐르면 관의 단자전압이 60~70[V] 정도로 낮아지므로 점등관은 재동작하지 않는다.

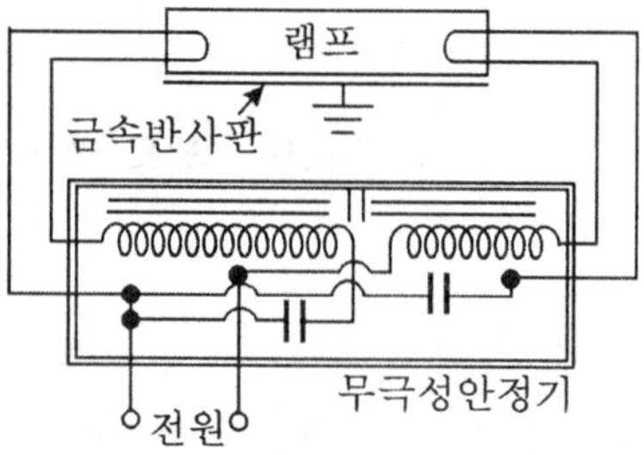

그림 6-32 래피드 스타트 방식

(나) 래피드 스타트 방식

램프의 외관은 보통의 것과 같지만, 전극은 전자 및 이온의 충격에 견딜 수 있어야 하므로 전용 램프를 사용하여야 한다.

래피드 스타트(rapid starter) 방식의 안정기는 글로우 스타트(glow starter)방식의 안정기와 마찬가지로 자기누설변압기이지만, 램프의 필라멘트를 예열하기 위한 코일을 갖고 있으므로 스위치가 들어가면 약 1초 이내에 점등이 되는 방식이다.

(다) 전자 스타트 방식

점등관 대신 반도체 스위치로 교체한 방식으로 사이리스터의 on-off 특성을 이용한 방식이며, 1초 이내에 점등한다.

(라) 순시 시동 방식

형광램프에 고전압을 가하면 필라멘트를 예열하지 않아도 순간적으로 시동시킬 수 있다.

이 방식에 사용되는 형광램프는 슬림라인(Slimline)으로 예열시동형보다 가늘고, 길며, 관 끝에 1개씩의 베이스 핀을 갖는 열음극형이다.

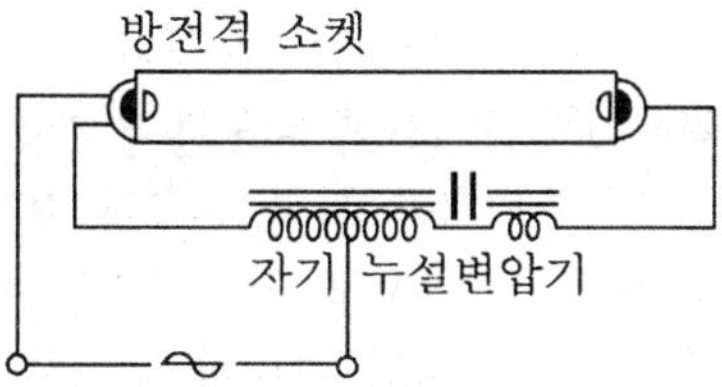

그림 6-33 순시 시동 회로

(4) 형광등의 특성

(가) 효율

형광등을 쓰면 동일한 전력일 경우, 빛으로 되는 복사에너지는 백열전구의 약 두배이며, 열복사 에너지는 약 40[%] 정도로 되기 때문에 서늘한 감을 주게 된다. 또 방전으로 인한 자외선에 의하여 형광물질로부터 형광이 발산되므로 눈부심이 적고, 빛이 부드러우며, 형광물질의 배합으로 높은 효율의 여러가지 광색을 얻을 수 있다.

(나) 동정특성과 수명

그림 6-34와 같이 점등시간에 따라 전류, 전압, 전력 및 효율 등의 관계를 나타내는 곡선을 **동정곡선**(performance curve)이라 한다.

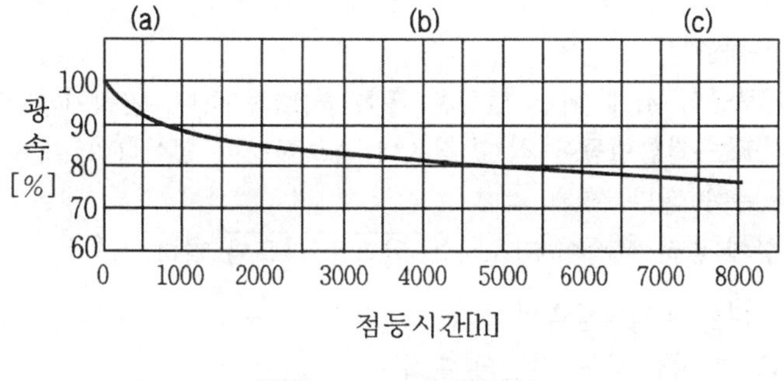

그림 6-34 동정곡선

형광등의 수명은 점등을 시작하여 전광속이 80[%]로 되었을 때까지의 시간과 방전불능으로 되었을 때까지의 시간 중 짧은 것으로 정한다. 표준규격품의 수명은 3,500시간 정도로 되어 있으나 우량품은 7,500시간까지 되는 것도 있다. 형광등은 점등 후 100시간까지는 광속이 급격히 감소하고, 그 후 1,000시간까지는 완만한 감소를 보이고 그 후에는 비교적 안정적이다.

(다) 전압특성

형광등은 정격전압의 ±6[%] 이상이 되면, 전압이 높은 경우나 낮은 경우나 다같이 수명이 짧아진다. 그 원인은 전압이 높아지면 필라멘트가 고온으로 되어 수명이 짧아지고, 전압이 낮아지면 기동시간이 길어지므로 전극물질의 비밀작용(sputtering)과 수은증기압의 과소 등으로 전극이 과열되어 수명이 짧아진다.

(라) 온도특성

형광등은 주위 온도가 20~25[℃]일 때, 가장 알맞는 관벽온도 40~45[℃]가 되도록 설계되어 있다. 그림 6-35와 같이 10[℃] 이하로 되면 급속히 감소하고 방전개시 전압이 높아지므로 점등하기 힘들게 되며, 35[℃] 이상으로 되면 방전개시는 용이하나 광속이 감소하여 어두워진다. 또 형광등은 온도가 저하하면 관내의 수은증기압이 감소하여 광속이 적어지고, 온도가 높아지면 관내의 압력이 증가되어 여기파장(253.7[nm])이 약하게 되므로 이것 역시 광속이 감소하게 된다.

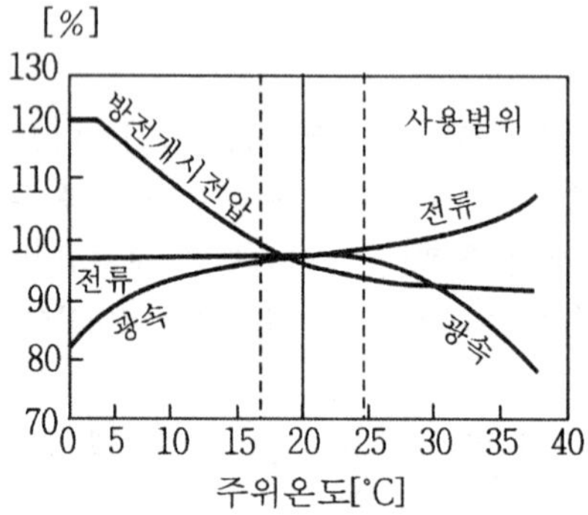

그림 6-35 형광등의 온도 특성

(마) 형광등의 흑화현상

형광등의 양 끝부분이 검게 되는 현상을 흑화(黑化)라 하며, 안정기가 부적당하거나 점멸횟수가 많거나 또는 전압변동이 심한 경우에 흑화현상이 일어나며, 광속이 감소하여 조명에 나쁜 영향에 주게 된다.

형광등을 사용함에 따라 광속이 감소하는 원인은 다음과 같다.

① 전극의 소모에 의한 열전자방출의 감소
② 전극물질의 비말에 의한 램프 양단의 흑화
③ 형광체의 열화

또 방전관 양단에 흑화현상이 생기는 것은 다음과 같이 분류된다.

① 전극에서 5[cm] 정도의 곳에 환상의 흑화를 볼 수 있으며, 이것은 수십 시간 이상 사용하면 나타나는 것이고, 특성에는 별로 영향을 주지 않는다.
② 베이스에 가까운 부분에 짙은 반점이 생긴다. 이것은 기동전류 또는 점등시의 전류가 과대한 경우에 일어난다.
③ 방전관 끝 부분의 넓은 흑화는 관의 수명 말기에 생기며, 이것은 필라멘트 표면에 도포되어 있는 전자방출물질인 바륨이 비산되어 관내벽에 부착한 것이다.

(바) 형광등의 특징

① 수명이 길다 : 형광등의 평균수명은 7,000시간으로 백열전구의 1,000시간에 비하여 매우

길다.

② 희망하는 광색을 얻을 수 있다 : 형광체의 종류에 따라 여러 가지 광색을 얻을 수 있다.

③ 효율이 높다 : 백열전구는 물론 수은등보다 효율이 높다.

④ 휘도가 낮다 : 발광면적이 넓기 때문에 휘도가 낮아 6,000~10,000[cd/m²] 정도이다.

⑤ 열이 거의 발생하지 않는다 : 15[W] 주광색 형광등의 경우 복사열로 되는 에너지는 입력의 약 50[%] 정도이다. 이에 비하여 백열전구는 약 90[%]가 열로 복사된다.

⑥ 전원전압의 변동에 대하여 광속변동이 적다 : 전압변동에 대한 형광등의 광속의 변화는 백열전구의 경우에 비하여 적으며, 전압 1[%]의 변동에 대하여 1~2[%]의 광속이 변화할 뿐이다.

⑦ 기동시간이 길다 : 주위온도가 낮아지면 점등관의 특성이 나빠져서 더욱 긴 시간이 걸린다. 래피드 스타트형이나 슬림라인형은 이 결점을 제거할 수 있다.

표 6-10 각종 램프의 효율

종 류	효율[lm/W]	종 류	효율[lm/W]
백 열 전 구	18	초고압 수은등	40~70
탄소 아크등	20	메탈할라이드등	75
형 광 등	50~80	저압 나트륨등	160
저압 수은등	15	고압 나트륨등	110
고압 수은등	20~50		

⑧ 주위온도의 영향을 받는다 : 주위온도가 20~25[℃]일 경우 효율이 높고, 이보다 온도가 높거나 낮으면 효율은 떨어진다.

⑨ 역률이 낮다 : 안정기로 쵸크코일이 많이 사용되므로 역률이 55~65[%] 정도로 낮다.

⑩ 전원주파수의 변동이 광속과 수명에 영향을 미친다 : 안정기로서 쵸크코일이나 콘덴서를 사용하므로 이것들이 전원주파수의 영향을 받아 형광등의 광속이나 수명에 영향을 미친다.

⑪ 빛의 어른거림이 있다 : 백열전구에 비하여 빛의 어른거림(flicker)이 크다.

⑫ 라디오 장해를 준다 : 형광등에서 방해전파가 나와 라디오에 장해를 준다. 잡음에는 다음 세가지 종류가 있으며, 어느 것이나 수신기에 전달된다.

㉠ 방전등에서 직접수신기의 안테나회로에 들어온다.

㉡ 전원에서 전파의 모양으로 수신기의 안테나회로에 들어온다.

㉢ 기구로부터 전선을 통해서 라디오에 들어온다.

(사) 슬림라인 형광등

슬림라인(slimline)이란 순시기동형 형광방전관으로서 냉음극으로 동작하는 형광등이다. 램프의 지름은 25~38[mm], 길이 100~240[cm]의 가늘고 긴 모양으로 되어 있어, 전극으로는 텅스텐 필라멘트를 사용하며, 그 양단을 단락으로 베이스에는 한 단자만 나와 있다.

슬림라인의 점등회로는 그림 6-36과 같이 누설변압기를 연결하고, 점등전압은 보통 600[V]이다. 전기설비기술기준에 의하여 램프를 떼어내면 자동적으로 전원이 열리게 하기 위하여 인터록(interlock)이 있는 소켓을 사용한다. 슬림라인은 표 6-11과 같이 백색과 주광색이 있으며, 진열장의 조명, 간접조명용에 쓰인다.

표 6-11 슬림라인

형 식	종 별	크기 [W]	길이 [mm]	지름 [mm]	관전류 [A]	정격전압 [V]	휘도 [sb]	전광속 [lm]	평균수명 [h]
FSL-30 D	주광색	30	1,198	25	0.23	600	0.57	1,300	2,000
FSL-30 W	백 색	30	1,198	25	0.23	600	0.66	1,500	2,000

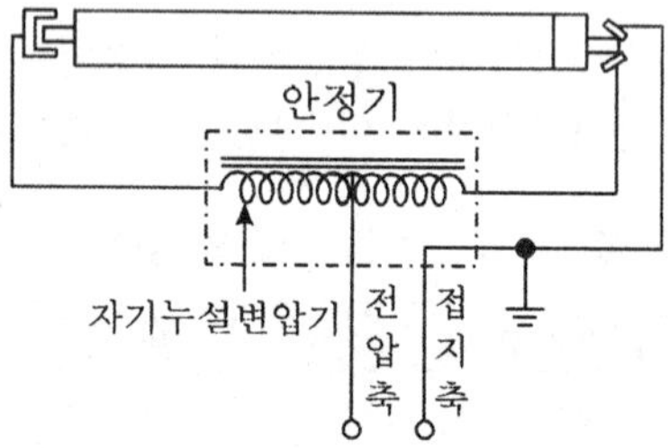

그림 6-36 슬림라인 형광등

(5) 3파장 형광등

가시광선(380~760[nm])을 분광분석해 보면 청자색부터 적색까지 분포되어 있다.

그런데 사람의 눈은 녹색(555[nm])에서 밝기를 감지하는 특성이 가장 높기 때문에 녹색대에 빛을 집중시키면 매우 밝게 느껴지지만 빛의 분포가 한쪽으로 치우쳐서 연색성이 떨어진다. 반대로 연색성을 좋게 하기 위하여 색의 분포를 넓게 하면 밝기가 떨어진다. 사람의 눈은 적, 녹, 청의 파장대에서 색을 가장 잘 느낄 수 있다.

이것을 이용한 것이 3파장 형광등이다.

3파장 형광등의 형광체는 희토류계의 희토류형광체, soandium(so), Yttrium(Y)을 사용하여 방전관의 아아크 방전에 의한 253.7[nm]의 자외선이 희토류형광체를 자극하여 가시부의 형광을 발광하게 된다.

(가) 분광 분포

3파장 형광등과 일반 형광등의 분광 분포도를 비교하면 그림 6-37과 같다.

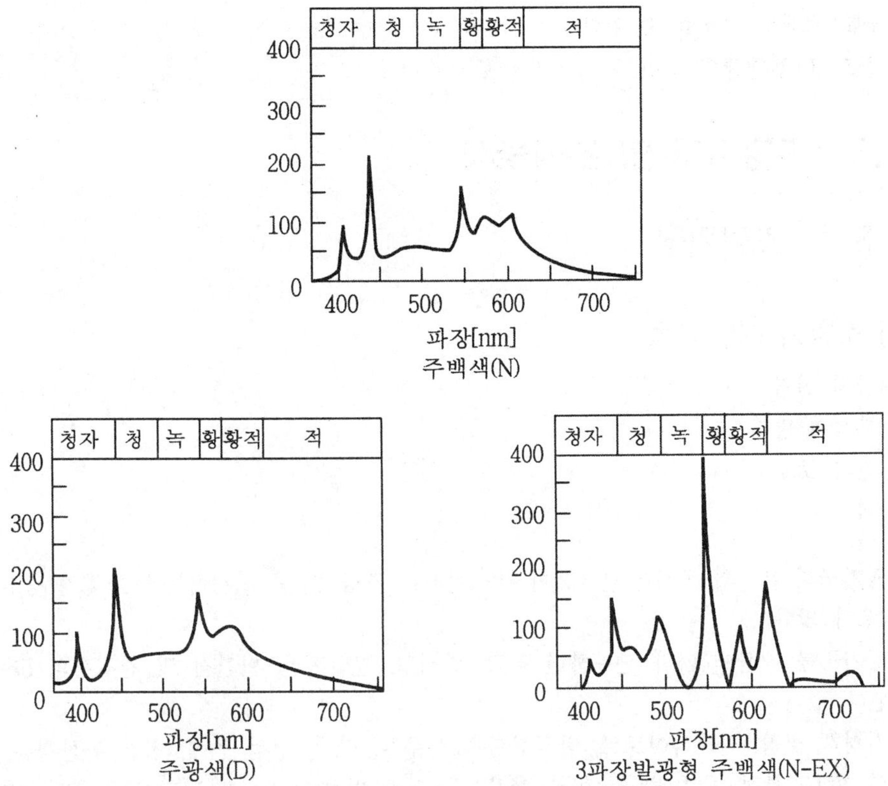

그림 6-37 3파장 형광등과 일반 형광등의 분광분포도 비교

그림에서 보듯이 3파장 형광등의 분광분포가 사람의 눈으로 가장 밝게 느껴지는 녹색 파장대와 적색 파장대가 높게 나타난다.

(나) 일반 형광등과의 특성 비교

구 분	일반 형광등	3파장 형광등
광 속[lm]	1150	1350
효 율[lm/W]	57.2	67.1
연색성 Ra	70	84
기존램프와 호환성	없음	있음

이 외에 3파장 형광등의 특성은 다음과 같다.

① 3파장 등으로 조명할 경우 백색 형광등을 조도 1로 할 때에 비하여 0.7의 조도로 같은 밝기가 된다.
② 물체색을 선명하고 좋게 연색한다.(연색성이 우수하다.)
③ 3파장 형광등은 기존 등과 비교해서 치수, 형상 및 전기적 특성이 동일하므로 기존 등

기구를 그대로 사용할 수 있다.
④ 용도가 다양하다.

6.3 조명기구 및 조명방식

6.3.1 조명기구

1 조명기구의 목적

① 배광의 변경
② 눈부심의 방지
③ 광원의 보호
④ 장식 등

조명기구의 본래의 목적은 ①, ②이지만 실제로 조명기구를 선정하는데는 ④가 중요시되는 경우가 많다.

조명기구를 배광에 따라 분류하면 직접, 반직접, 전반확산, 반간접 및 간접형의 5가지로 분류된다.

직접형은 공장, 다운라이트로, 반직접형은 사무실, 학교, 상점 등에, 전반 확산형은 고급 사무실, 학교, 상점 등에, 반간접형과 간접형은 각각 병실과 침실에 널리 사용되고 있다.

그림 6-38은 각 조명기구의 배광 상태를 표시한 것이다.

조명	직 접	반 직 접	전 반 확 산	반 간 접	간 접
백열등 기구배광	상방 0~10[%]	10~40[%]	40~60[%]	60~90[%]	90~100[%]
	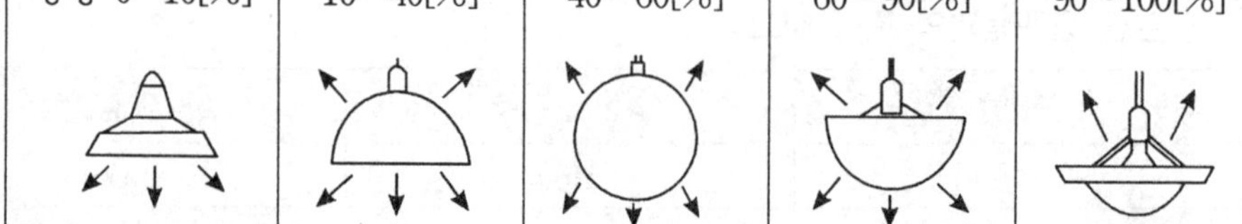				
	하방 100~90[%]	90~60[%]	40~60[%]	40~10[%]	10~0[%]
형광등 기구배광	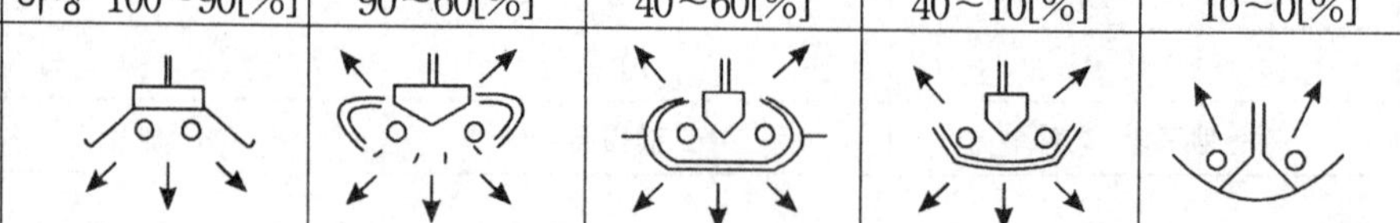				
적용 장소	공 장 다운라이트 천장매입	사 무 실 학 교 상 점	사 무 실 학 교 상 점	병 실 침 실 다방 · 바	병 실 침 실 다방 · 바

그림 6-38 조명기구의 배광과 분류

[2] 조명기구를 용도에 따라서 분류

① 방수형과 방습형 : 물의 침입에 대하여 기능을 보호
② 방폭형 : 폭발의 위험이 있는 장소에서 장시간 점등할 수 있고 기구의 기밀성이 유지되어 있다.
③ 내산·내알칼리형 : 약품에 견딜 수 있는 기구 등

[3] 조명기구를 가설방법에 의한 분류

① 직부형 기구 : 광원의 빛을 직접 볼 수 있기 때문에 매입형보다 눈부심 정도가 심하다. 또한 디자인은 매입형보다 뒤지나 천장면이나 벽면은 밝다.
② 팬던트형 기구 : 기계실 등에서 높은 천장에 파이프나 체인 등으로 기구를 매다는 것으로 파이프 펜던트, 체인 펜던트, 코드 펜던트 등이 있다.
　㉠ 코드 팬던트로서 달아 맬 수 있는 중량은 코드에 걸리는 중량의 총 합계가 3[kg] 이하일 것.
　다만, 충분한 인장강도를 가지는 보강선이 들어 있는 코드를 사용할 경우는 예외.
　㉡ 로제트를 사용할 경우에는 코드 구멍이 수직이 되도록 로제트를 수평으로 부착한다.
　㉢ 코드 팬던트를 고정장치 사용에 따라 시설할 경우 코드와 옥내 배선과의 접속은 천장 안쪽에 부착한 로제트에 의하거나 또는 코드 지지애자를 사용하여 코드와 배선을 직접 접속한다.
③ 반 매입형 기구 : 기구의 절반을 매입하는 형으로 예로서 안정기를 매입하고 램프는 노출시키는 것으로 매입형보다 눈부심 정도는 더하지만 천장면을 밝게 한다.
④ 매입형 기구 : 2중 천장에다 기구를 완전히 매입하는 형으로 직부형 보다 눈부심 정도가 줄어들고 디자인도 좋으나 천장면은 어둡다.
⑤ 벽부형 기구 : 벽부형은 기구를 벽면에 부착하는 것으로 국부조명을 할 경우에 사용하고, 세면대 거울위의 거울 브래킷이 그 예이다.

6.3.2 조명방식

[1] 조명기구의 배치에 의한 분류

① 전반조명(全般照明) : 작업면 전반에 균등한 조도를 갖게 하는 방식으로 램프가 거의 일정한 높이와 간격으로 배치되며, 일반적으로 명시조명을 요구하는 사무실, 학교, 공장 등에 채용된다.
② 국부조명(局部照明) : 작업면의 필요한 개소만을 높은 조도로 조명하는 방식이며 특히 그 장소에 조명기구를 밀집하여 가설 또는 스탠드 등을 사용하는 방식이다.
　이 방식은 국소만을 조명하고 다른 부분은 어두우므로 밝고 어두움의 차이가 크기 때문에 눈부심을 일으키고 눈이 피로하기 쉬운 결점이 있다.

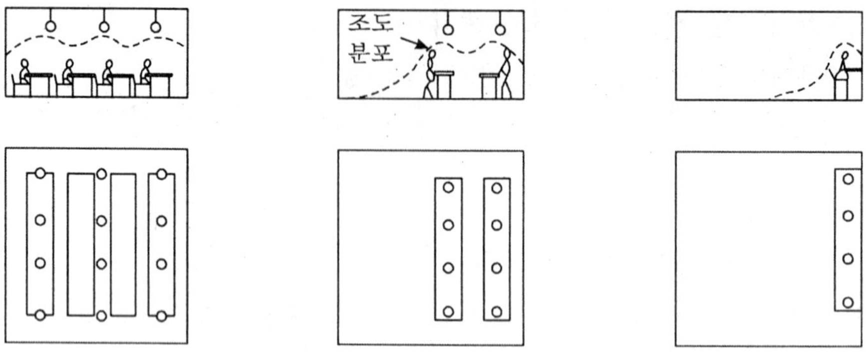

(a) 전반조명 (b) 국부 전반조명 (c) 국부조명

그림 6-39 기구의 배치에 의한 분류

③ 전반·국부 병용조명 : 일반적으로 정밀작업을 하는 장소에서 전반조명에 의하여 시각환경을 좋게 하고, 국부조명을 병용하여 필요한 장소에 높은 조도를 경제적으로 얻는 방식이다. 정밀공장, 타이프실 등에서 채택한다.

[2] 조명기구의 배광에 의한 분류

① 직접조명 : 이 조명방식은 간단하고, 또한 작은 전력으로 고조도를 얻을 수 있는 특징이 있으나 밝고 어두운 차이가 심하여 눈부심을 일으켜서 눈이 피로하기 쉬운 결점이 있다.

② 간접조명 : 이 조명방법은 그늘이 없고 균등한 조도가 얻어져 차분한 분위기를 얻을 수 있는 특징이 있으나 조명율이 대단히 나쁘고 비경제적인 조명이며 건축화 조명에 많이 채택하고 있다.

③ 반간접조명 : 확산조도가 직사조도에 비하여 비교적 많은 조명방식이며 반투명 유리접시형 기구에 전구를 설치한 것이다. 직접조명과 간접조명의 장점을 갖고 결점을 보완한 방식이다.

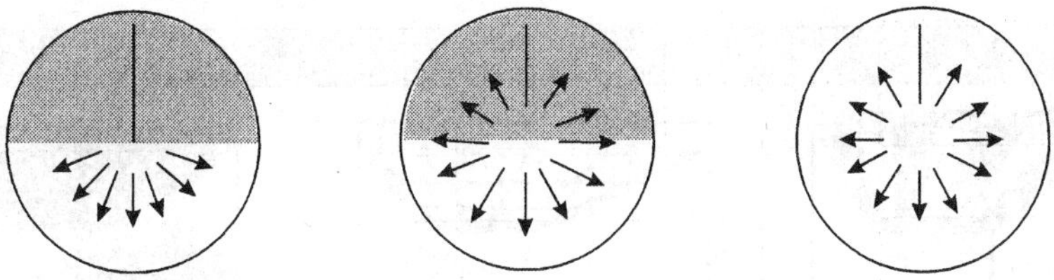

(a) 직접 조명　　(b) 반직접 조명　　(c) 전반 확산 조명

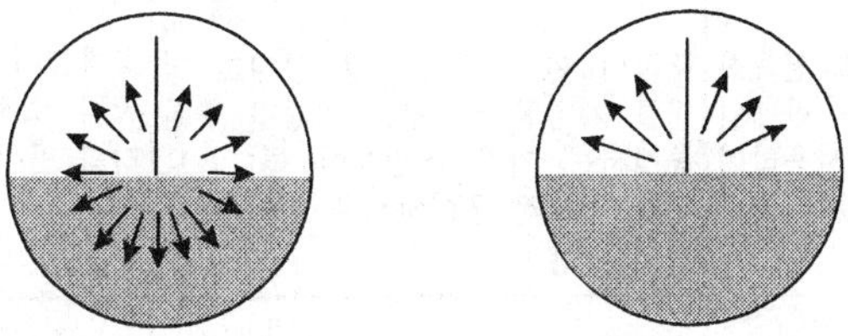

(d) 반간접 조명　　(e) 간접 조명

그림 6-40 조명방식

3 건축화 조명

건축디자인과 조명과의 협조, 조화를 도모하고 있는 건축화 조명을 현대 건축물에서 빼놓을 수 없는 방식으로 매입방법에 따라 여러 가지 방식이 있으며 그림 6-41에 나타내었다.

천장에 매입한 것	천장면을 광원으로 한 것	벽면을 광원으로 하는 것
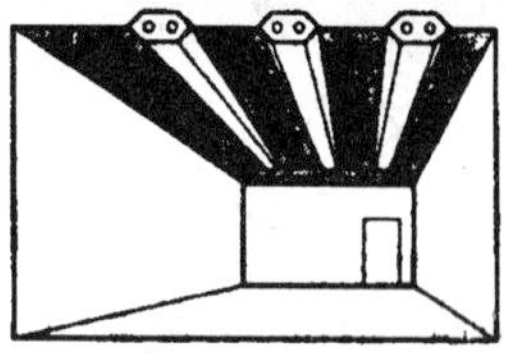 광량(光梁)조명 (반매입 라인라이트) 일종의 라인라이트조명이고, 건축화 조명의 간단한 방법이며, 반매입 하면은 확산플라스틱을 사용하여 천장조명도 밝게 할 수 있어 전반 조명으로 추장된다.	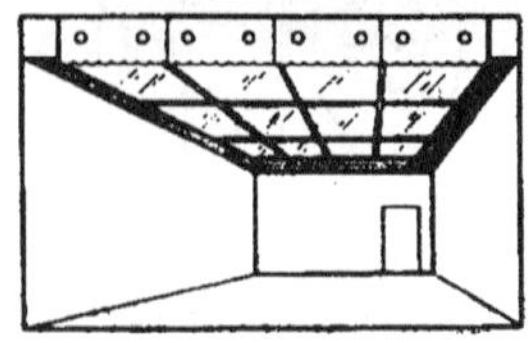 광천장 조명 구름이 낀 날에 가까운 상태로 실내를 재현할 수 있는 천장면 광원 중에서는 가장 조명률이 높다. 보수가 비교적 용이하므로 많이 채용되고 있다.	 코니스조명 (벽면조명) 형광등기구를 벽면 상방 모서리에 숨겨 취부하는 방식으로 기구로부터의 빛이 직접 벽면을 조명한다.
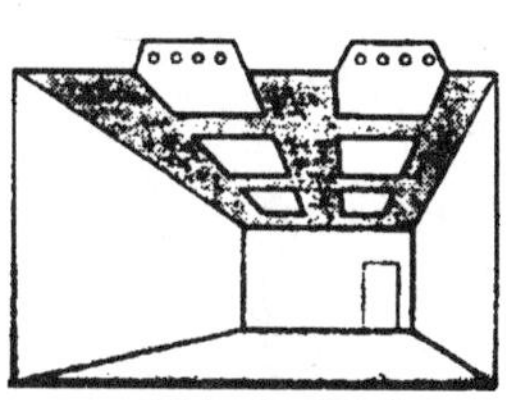 코퍼(coffer)조명 (천장 매입) 천장면에 환형·사각형·기타형상의 기구를 매입할 수 있도록 공작한 후 매입기구를 취부하여 단조함을 깨는 방법이다. 완전매입이면 천장면이 어두워진다.	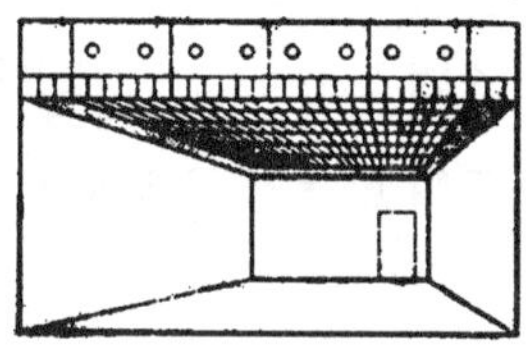 루버(louver)조명 쾌청한 낮과 근사한 주광 상태를 재현한다. 아주 직하로부터 올려다 보지 않는한 광원이 보이지 않는다. 루버가 오손되기 쉽고 보수에 있어 힘이 든다.	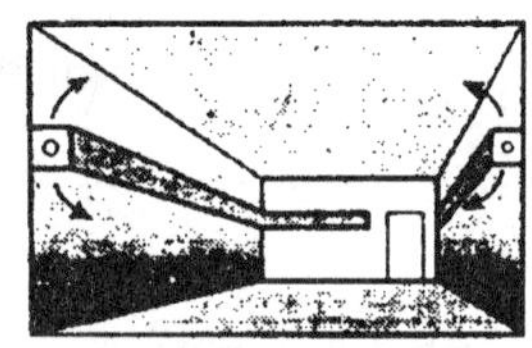 밸런스(balance)조명 형광등 기구를 취부한 후 광원을 나무·금속판 또는 투과율이 낮은 재료로 보이지 않게 한다. 광원으로부터의 직접광은 하방벽의 커튼을, 상방은 천장을 조명하므로 분위기조성에 효과적인 방식이다.
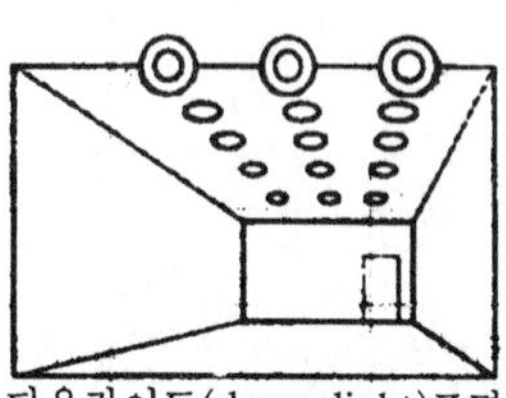 다운라이트(down-light)조명 [핀홀 라이트(pin hole light)] 확산광이 없으며 집광성의 빛을 조사면에 준다. 구름 사이에서 새어 나오는 태양 직사광 또는 밤하늘의 별과 같은 느낌을 준다.	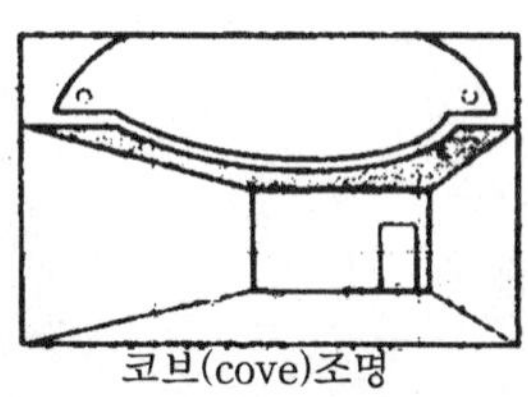 코브(cove)조명 (간접조명) 눈부심이 없고, 조도분포가 균일하며, 그림자가 없다. 고조도를 얻기가 곤란하다.	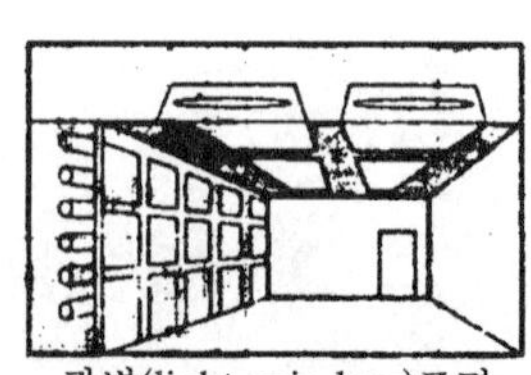 광벽(light window)조명 지하실 또는 자연광이 들어오지 않는 실내의 조명으로 이용해서 주간에 창으로부터 채광하는 것과 같은 느낌을 주는 조명방식이다.

그림 6-41 건축화 조명의 예

6.4 조명계획

6.4.1 조명의 목적

1 명시 조명의 요건

물건이 잘 보이고 장시간에 걸친 시작업(視作業)에 있어 눈의 피로를 느끼지 않게 하는 것이 주목적이다.

(1) 적당한 조도

밝을수록 잘 보이고 조도가 높을수록 시력이 올라가는 것을 알 수 있다. 즉, 시작업에 있어서 필요로 하는 밝음이 있으나, 그 이상은 밝을수록 좋다. 그러나 경제적인 여건 때문에 한계가 있다.

표 6-12 조도기준

작업단계	공장	사무실	병원	학교	주택	호텔·여관	경기장	비고
초정밀 작업 1500-2000-3000	정밀검색, 정밀용접	정밀제도	분만실, 외과수술실, 구급처치실, (응급실)부검	정밀제도 정밀실험 재봉			공식경기	
정밀작업 600-1000-1500	권선, 직물 색상검사, 검사, 수제화작업, 목공예, 마무리, 제분	설계·제도, 도서열람, 타이핑	검사실, 주사, 조제	흑판면, 도서열람, 재봉, 미술, 설계, 제도, 실험실, 정밀공작	공부, 독서(장시간), 재봉	조리실, 회계사무실	일반경기	
보통작업 300-450-600	배선, 일반도장, 용접, 볼링, 압면, 제본, 공구상	일반사무실, 회의실, 서고, 응접실, 강당, 식당, 컴퓨터실	로비, 홀, 진찰실, 처치실	일반교실, 연구실, 서고, 교직원실, 회의실, 실내체육관	조리(부엌), 독서, 세탁, 화장실	로비, 홀, 프론트, 식당, 세탁, 사무실, 현관	레크레이션	
단순작업 150-200-300	절연처리, 목공예, 일반유리제조, 일반직물	욕실, 갱의실, 로비, 홀, 엘리베이터	입원실, 물리치료실, 소독실, 보도, 암실	관리실, 강당, 록커실, 복도, 화장실, 계단	거실, 응접실, 욕실, 서재	바로비, 홀, 엘리베이터, 객실, 응접실, 욕실, 오락실, 화장실		
거친작업 100-125-150	건조	차고, 창고	심양의 병실, 복도	옥외운동장	현관, 복도, 침실, 차고	통로, 비상계단	관람석	

㈜ 조도 기준표에 해당하는 작업 항목이 없을 경우에는 작업의 보기의 난이도, 작업계속시간 등으로부터 유사한 것을 찾아서 적용한다.

(2) 시야 내의 조도차

시야 내에 조도차가 있으면(시야 내의 휘도분포 불균일) 잘 보이지 않을 뿐더러 분위기가 좋지 못하다. 또한 눈의 이동에 따라 눈은 밝기가 다른 곳에 순응해야 하므로 눈의 피로를 초래하고 균일한 조도를 얻으려면 다음 사항에 유의하여야 한다.

① 조명방식과 기구의 선정, 취부 위치를 검토한다.

㉠ 전반조명으로 설계하고 등구의 간격은 작업면에서 광원까지의 높이의 1.5배 이내로 한다.

$$L \leqq 1.5(H-h) \qquad (6\text{-}25)$$

또한 벽에 가장 가까운 위치에 있는 등구는 벽과의 거리를 L_0라고 하면

$$L_0 \leqq H/2 \qquad (6\text{-}26)$$

㉡ 전반조명과 국부조명과의 조도차를 가급적 작게 하고 전반조명의 조도는 국부조명에 의한 조도의 1/10 이상이 되게 한다.

㉢ 수평면의 조도와 연직면의 조도의 차가 일어나지 않도록 천장면에 확산성이 있는 부드러운 느낌의 광원을 사용하든가 또는 측면으로부터의 조명을 병용한다.

② 천장이나 벽을 밝게 한다.

③ 실내의 색채 조절을 잘 한다.

(3) 글레어가 일어나지 않을 것

높은 조도를 얻기 위해서 휘도가 높은 광원을 사용하는 관계로 글레어(glare눈부심)가 일어나면 오히려 조명효과를 저하시키게 된다.

① 글레어는 다음과 같은 3종으로 나눌 수 있다.

㉠ 밝은 광원을 직시함으로서 일어나는 직접 글레어(direct glare)

㉡ 휘도 대비가 원인이 되는 대비 글레어(contrast glare) : 야간에 자동차 헤드라이트를 보면 눈부심을 크게 느끼지만 주간에는 그다지 심하게 느끼지 않는다. 이와 같은 현상은 야간에는 헤드라이트의 휘도와 주위의 어둠이 심하게 대비를 이루고 있기 때문이다.

㉢ 빛을 잘 반사하는 면으로부터 반사된 빛이 눈에 직접 들어오는 관계로 일어나는 반사 글레어(reflected glare)

② 글레어를 방지하는 데는 다음과 같은 세 가지 방법이 있다.

㉠ 휘도가 낮은 광원(형광램프)을 사용 또는 플라스틱 커버가 되어 있는 조명기구를 선정한다.

㉡ 시선을 중심으로 해서 30° 범위 내의 글레어 대역(glare zoon)에는 광원을 두지 않는다. 부득이 글레어 대역 내에 오는 조명기구가 있으면 될 수 있는 한 휘도가 낮은 기

구로 할 필요가 있다. 현재 이 방법으로는 거울(mirror)을 사용하는 방법과 프리즘을 사용하는 방법이 있다.

ⓒ 광원 주위를 밝게 한다.

(4) 적당한 그림자

그림자는 사물을 보는 데 있어 필요한 경우와 필요하지 않은 경우가 있다. 작업하는데 있어 어둠을 주는 그림자는 불필요하지만, 물체 표면상의 요철부에 생기는 그림자는 입체감을 주는 관계로 오히려 필요하다. 따라서 그림자를 잘 이용하면 오히려 좋은 조명을 얻을 수 있다.

작업하는 데 지장을 주는 그림자를 방지하려면 광원의 위치를 바꾼다.

① 광원수를 늘인다.

② 형광램프와 같은 넓은 발광면적을 가지는 광원을 사용한다.

③ 그림자가 없을 때의 밝음에 대해서 10[%] 이상 어두워지면 좋지 않다고 한다. 명암의 대비는 3 : 1 정도가 좋다.

(5) 분광분포

물체의 보임을 좌우하는 요소 중의 하나로 광색을 들 수 있다. 일반적으로 백열 전구에서 나오는 빛 중에는 적색부가 많은 관계로 낮은 조도에서 쾌적감을 느낄 수 있는 반면에 청색광이 많은 형광램프에서는 높은 조도에서 쾌적감을 느낀다. 빛의 색온도가 높을수록 밝고 쾌적한 조명이 얻어진다.

사람의 눈은 태양으로부터의 자연광에 순응되어 왔으므로 인공조명의 광색을 가급적 자연광에 가깝게 시설하면 보기 쉽고 쾌적감을 준다. 또한 열이나 자외선을 포함하지 않는 것이 바람직하다.

(6) 기분(조명까지도 포함한 실내의 마무리 공사)이 좋을 것

명쾌한 기분으로 작업할 수 있는 분위기를 조성하여야 한다. 이러한 분위기는 조명을 포함한 건축 전체의 구성이 크게 영향을 준다. 또한 그 지방의 기후, 풍토, 계절을 인공적으로 쾌적한 환경으로 제어하고, 경우에 따라서는 설계상의 일조 조정이나 광원의 제어 등을 반영시킨 근대적인 건물일 때 완전하고도 쾌적한 조명이라고 할 수 있을 것이다.(맑은 날의 옥외의 감각이 좋다)

(7) 광원, 기구의 위치 및 디자인

조명기구의 디자인이나 배치는 분위기에 크게 영향을 준다. 특히, 점등 중에 있는 조명기구는 눈에 잘 띄는 관계로 디자인이나 색을 보아서 기분이 좋은 것이어야 하고, 건축 디자인과 조화를 잘 이루도록 함이 필요하다.

기구의 디자인은 단순하고 불필요한 장식이 없는 것이 좋다. 또한 기구의 배치는 간단한 기하도형 배열이 좋다.

(8) 경제적이고 보수가 용이할 것

1[W]당 광속이 많은 기구인 동시에 정기적인 청소나 점검, 램프 교환 등이 필요 할 때 손쉽게 작업할 수 있을 것인가를 검토한다.

① 경제적일 것

㉠ 광원, 기구, 배선 및 이러한 취부비(조명설비비)의 금리, 상각비, 제반 세금 등

㉡ 광원의 유지비 (보수비)

㉢ 전력 사용대금

② 다른 설비, 배선과의 관련성이 좋을 것

선정된 기구의 취부작업이 용이하고 공기조화 설비의 흡입, 흡출구, 화재경보기의 감지기, 스피커 등의 다른 설비와의 관계가 적절하여야 한다. 또한 배선하기가 쉽고 점멸이나 조광 등의 제어가 쉬워야 한다.

2 분위기를 중요시하는 조명의 조건

심리적인 분야의 경우 단시간의 작업, 레크레이션 등이 포함된다.

(1) 적당한 조도

경제성이나 조명효과 등을 고려해서 적절한 조도를 결정한다. 기구의 디자인, 배치와 관계가 있으며, 조광, 점멸방법에 따라 빛의 제어를 필요로 할 때가 있다.

(2) 시야 내의 조도차

계획에 따라 명암의 조도배분을 고려한다.

(3) 글레어

때에 따라서는 사람의 주의를 끌 수 있도록 글레어를 필요로 한다. 그러나 불쾌감을 주지 않을 정도에서 명암의 고저를 잘 조합하여야 한다.

(4) 그림자

그림자는 분위기를 만드는데 필요하다. 입체감이나 원근감을 살리려면 때에 따라 2 : 1 이나 7 : 1 또는 그 이상도 사용한다.

(5) 분광분포

광원의 선택에 따라 장소나 시기에 알맞는 심리적 효과를 노릴 수 있다. 이것은 실내의 색체, 광원의 색 등을 고려해서 결정하여야 한다.

(6) 기분

목적에 따라 다른 감각을 필요로 한다.

(7) 광원, 기구의 위치 및 디자인

계획된 미의 배치 및 조합을 필요로 한다.

(8) 경제성

경제성의 한도는 있을 것이나, lux/원 보다는 조명효과의 달성도에 주안점을 두는 경우가 많다.

6.4.2 조명계획의 순서

조명설계를 통해서 실내의 생활이나 실내작업을 보다 기분좋게 능률적으로 할 수 있도록 하려면 조명기구의 배치, 디자인이 건축물의 천장 공간에 미치는 효과를 파악하여야 한다.

건물의 규모, 실의 상태(넓이, 천정높이, 벽의 마무리 공사상황) 건축적 구조, 그 건물에서 하게 될 작업의 성질, 배선이나 기구취부 등의 난이성 등을 조사, 검토함과 동시에 건물주의 의견 등을 수렴하여야 한다. 그리고 다음의 순서에 따라 계획한다.

① 조도의 결정
② 조명방식의 검토
③ 광원의 선정
④ 조명기구의 선정(메이커의 카탈로그, 조명공학의 데이터 북 등)
⑤ ①~④에서 결정된 요소를 토대로 해서 조명계산(광속법)을 하고 등수를 산출한다.
⑥ 등수가 결정되면 기구의 배열, 배치를 결정한다.
⑦ 조도분포, 휘도 등의 재검토
⑧ 점멸방법의 검토
⑨ 스위치, 콘센트류의 배치
⑩ 배선설계

6.4.3 조도계산

실내 전체를 일정한 밝기로 하는 전반조명은 광속법, 국부조명은 축점법을 이용하여 계산한다. 사무실이나 공장 등에는 전반조명이 보편화되어 있으므로 광속법을 이용한 계산방법에 대하여 살펴보기로 하자.

[1] 조도계산에 필요한 요소

조도계산을 하기 전에 건축도면을 입수하여 다음 사항을 검토한다.

(1) 조사사항

① 방의 크기(가로, 세로, 천장의 높이) 및 방의 형상
② 방의 마감상태(천장과 벽, 방바닥 등의 반사율)
③ 보와 기둥의 간격 공조 덕트와 천장 내부의 상태
④ 방의 사용목적과 작업내용 : 영업실, 설계실 등

(2) 결정사항

① 조도(조도기준을 참고)
② 조명방식, 광원, 조명기구 등

2 광속법에 의한 조도계산

조도, 전등의 종류 및 조명기구의 형식이 결정된 후 그 실내에서 필요한 총 광속을 광속법에 따라 결정된다.

$$\text{소요램프수 : } N=\frac{E\times A}{F\times U\times M}[\text{개}] \tag{6-27}$$

$$\text{소요광속 : } N\times F=\frac{E\times A}{M\times U}=\frac{E\times A\times D}{U}[\text{lm}] \tag{6-28}$$

$$\text{소요평균조도 : } E=\frac{N\times F\times U\times M}{A}[\text{lx}] \tag{6-29}$$

여기서, N : 램프의 개수, F : 램프 1개당 광속[lm], E : 평균 수평면 조도[lx],
A : 실면적[m^2], D : 감광보상율, U : 조명율, M : 보수율(유지율),
감광 보상율과 유지율과 관계 : $D\times M=1$

예제 방의 넓이가 100[m^2]이며, 이 방에서 천장의 높이 4.5[m], 조명율 50[%], 감광 보상율 1.3이라 하고, 작업면의 평균 조도를 150[lx]로 할 때 소요 광속은 몇[lm]인가? (4점)

풀이 $NF=\dfrac{EAD}{U}=\dfrac{150\times100\times1.3}{0.5}=39000[\text{lm}]$

(1) 조명율의 결정

조명율(effisiency of illumination)은 광원에서 방사되는 총 광속 중 실제로 작업 면에 도달하는 광속의 비율[%]을 말하는데 이는 실내면(천장, 벽, 방바닥 등)의 반사율 등 기구의 배광 및 방의 크기에 따라 결정된다.

조명율은 조명기구의 형태에 따라 다르므로 표 6-14에 의하여 결정된다.

$$\text{조명율}=\frac{\text{유효광속}}{\text{전광속}}\times100[\%] \tag{6-30}$$

(2) 감광보상율(보수율)의 결정

보수율은 램프의 광속은 점등시간이 경과함에 따라서 감광되므로 이를 참작하고, 또한 먼지 등으로 조명기구의 효율이 낮아지는 것을 고려한 정수를 말한다.

감광의 원인으로는 다음과 같은 것이 있다.

① 점등 중의 광원의 노후화로 인한 광속이 감소(필라멘트 증발, 흑화 등)
② 조명기구에 붙은 먼지, 오물, 반사 면의 화학적 변질에 의한 광속의 흡수율이 증가한다.

③ 공급전압과 광원의 정격 전압의 차이에서 오는 광속이 감소한다.

조명설계를 할 때 이러한 감소를 예상하여 소요광속에 여유를 두는데 그 정도를 **감광보상** 또한 소요 평균조도를 유지하기 위한 조도 저하에 대응하는 계수를 **보수율**(M : mainte-nance factor)이라 한다.

이들의 관계식은 역수 ($D=1/M$)인 관계가 있다.

① 직접조명에서는 $D=1.3$(보통장소), $D=1.5\sim2.0$(먼지, 오물 등이 많은 장소)
② 간접조명에서는 $D=1.5\sim2.0$

(3) 실지수의 결정

방의 크기와 형태는 빛의 이용에 많은 영향을 끼치고 있다. 큰 방은 바닥면에 비하여 빛을 흡수하는 벽면이 적으므로 적은 방보다 효율이 높고, 천장의 높이도 낮은 쪽이 효율이 좋다.

이와 같이 방의 크기, 모양, 광원의 위치 등에 의하여 결정되는 계수를 **실지수**(room index)라고 한다. 실지수(室指數)는 K, 방의 가로 X와 세로 Y 및 광원의 높이 H, Z는 바닥으로부터 천장까지의 거리를 나타낸다.

$$K=\frac{XY}{H(X+Y)} \tag{6-31}$$

실지수를 계산하여 표 6-13에서 그 기호를 결정하던가 또는 X/H와 Y/H를 구분하여 실지수 기호를 그림 6-42에서 결정할 수 있다.

표 6-13 실지수 기호표

기 호	A	B	C	D	E	F	G	H	L	J
실지수	5.0	4.0	3.0	2.5	2.0	1.5	1.25	1.0	0.8	0.6

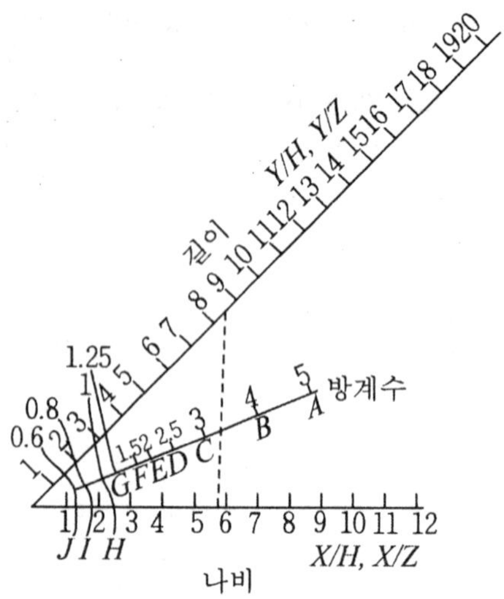

그림 6-42 실지수를 구하는 도표

예제 가로 20[m], 세로 30[m], 층고 2.5[m]인 실내의 조도를 계산하기 위한 실지수는 얼마인가? (단, 작업 면의 높이는 1[m]임.)

풀이 실지수 $G=\frac{X\cdot Y}{H(X+Y)}=\frac{20\times 30}{(2.5-1)(20+30)}=8$

예제 폭 20[m], 길이 30[m], 천장높이 5[m]인 실내에 있는 작업면의 평균조도를 200[lx]로 한 초기 소요 전등수를 구하시오.
(단, 조명율 50[%], 유지율 70[%], 전구 광속 8,000[lm]이다.)

풀이 $N=\frac{200\times 20\times 30}{0.5\times 8000\times 0.7}=42.85$ ∴ 43[등]

[3] 광속발산도의 비(比) 계산

종래의 조명 설계에 의하면 이상으로 일단 조명계산은 끝난 것이 된다. 그러나 조명의 질을 고려한다면 천장, 벽, 방바닥 등의 광속 발산도를 계산하여 작업 대상물과의 광속 발산도를 비교하여 그 차이 정도를 검토하여 볼 필요가 있다.

보통 작업 대상물인 책, 신문 등의 반사율은 거의 $\rho=0.65$인 것을 표준으로 보고 있다. 따라서 작업 대상물의 광속 발산도는 $M_o=E\times\rho$이다. E는 평균 조도로 주어진다.

천장, 벽, 방바닥의 광속발산도를 구하려면, 조도대비표의 조도비표에 평균조도 E를 곱하면 각면의 조도 E_c, E_w, E_f가 구하여 진다. 이 값에 각 면의 반사율 ρ_c, ρ_w, ρ_f을 곱하여 천장, 벽, 방바닥의 광속발산도 M_c, M_w, M_f를 구한다. 이러한 값이 작업대상물의 광속발산도 M_0에 대하여 3~1/3의 범위내에 있으면 좋은 명시조명으로 볼 수 있다.

표 6-14 조명율, 감광보상율 및 등의 가설 간격

배광 / 곡선에 의한분류	등기의 예	감광보상률(D) 보수상태			반사율 천장	0.75			0.50			0.30	
					벽	0.5	0.3	0.1	0.5	0.3	0.1	0.3	0.1
		상	중	하	방지수	조 명 률 U [%]							
간 접	1.	전 구			J	16	13	11	12	10	8	06	05
					I	20	16	15	15	13	11	08	07
					H	23	20	17	17	14	13	10	08
 ↑0.8 ↓0	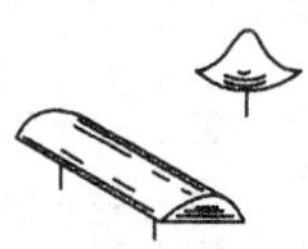	1.5	1.8	2.0	G	28	23	20	20	17	15	11	10
					F	29	26	22	22	19	17	12	11
		형 광 등			E	32	29	26	25	21	19	13	12
					D	36	32	30	26	24	22	15	14
					C	38	35	32	28	25	24	16	15
$S \leq 1.2H$		1.6	2.0	2.4	B	42	39	36	30	29	27	18	17
					A	44	41	39	33	30	29	19	18
반간접	2.	전 구			J	18	14	12	14	11	09	08	07
					I	22	19	17	17	15	13	10	09
					H	26	22	19	20	17	15	12	10
		1.4	1.5	1.8	G	29	25	22	22	19	17	14	12
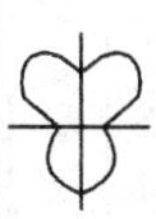 ↑0.70 ↓0.10	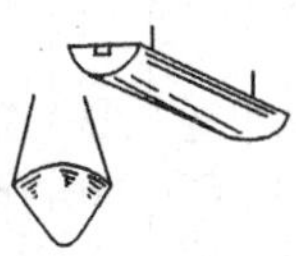				F	32	28	25	24	21	19	15	14
		형 광 등			E	35	32	29	27	24	21	17	15
					D	39	35	32	29	26	24	19	18
					C	42	38	35	31	28	27	20	19
$S \leq 1.2H$		1.6	1.8	2.0	B	46	42	39	34	31	29	22	21
					A	48	44	42	36	33	31	23	22
전반확산	3.	전 구			J	24	19	16	22	18	15	16	14
					I	29	25	22	27	23	20	21	19
					H	33	28	26	30	26	24	24	21
		1.4	1.5	1.7	G	37	32	29	33	29	26	26	24
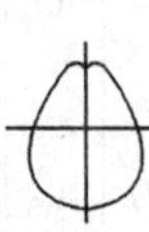 ↑0.10 ↓0.40	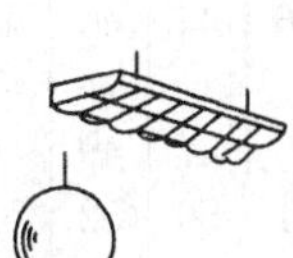				F	40	36	31	36	32	29	29	26
		형 광 등			E	45	40	36	40	36	33	32	29
					D	48	43	39	43	39	36	34	33
					C	51	46	42	45	41	39	37	34
$S \leq 1.2H$		1.4	1.5	1.7	B	55	50	47	49	45	42	40	38
					A	57	53	49	51	47	44	41	40

배광 / 곡선에 의한분류	등기의 예	감광보상률(D) 보수상태			반사율 천장	0.75			0.50			0.30	
					반사율 벽	0.5	0.3	0.1	0.5	0.3	0.1	0.3	0.1
		상	중	하	방지수	조명률 U [%]							
반직접	4.	전구			J	26	22	19	24	21	18	19	17
					I	33	28	26	30	26	24	25	23
					H	46	32	30	33	30	28	28	26
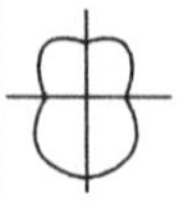 ↑0.25 ↓0.55	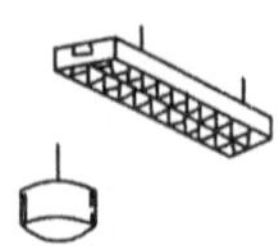	1.3	1.5	1.7	G	30	36	33	36	33	30	30	29
					F	43	39	35	39	35	33	33	31
		형광등			E	47	44	40	43	39	36	36	34
					D	51	47	43	46	42	40	37	37
					C	54	49	45	48	44	42	42	38
$S \leq H$		1.3	1.5	1.8	B	57	53	50	51	47	45	43	41
					A	59	55	52	53	49	47	47	43
직 접	5.	전구			J	34	29	26	34	29	26	29	26
					I	43	38	35	42	37	35	37	34
					H	47	43	40	46	43	40	42	40
 ↑0 ↓0.75	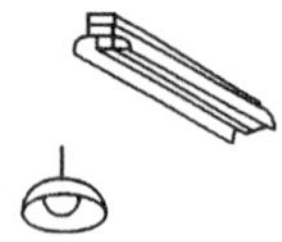	1.3	1.5	1.7	G	50	47	44	49	46	43	45	43
					F	52	50	47	51	49	46	48	46
		형광등			E	58	55	52	57	54	51	53	51
					D	62	58	56	60	59	56	57	56
					C	64	61	58	62	60	58	59	58
$S \leq 1.3H$		1.5	1.7	2.0	B	67	64	62	65	63	61	62	60
					A	68	66	64	66	64	64	64	63
직 접	6.	전구			J	32	29	27	32	29	27	29	27
					I	39	37	35	39	36	35	36	34
					H	42	40	39	41	40	38	40	38
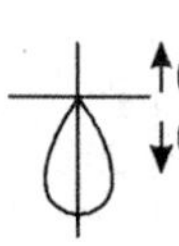 ↑0 ↓0.60		1.4	1.5	1.7	G	45	44	42	44	43	41	42	41
					F	48	46	44	46	44	43	44	43
		형광등			E	50	49	47	49	48	46	47	46
					D	54	51	50	52	51	49	50	49
					C	55	53	51	54	52	51	51	50
$S \leq 0.9H$		1.4	1.6	1.8	B	56	54	54	55	53	52	52	52
					A	58	55	54	56	54	53	54	52

표 6-15 조도비

(a) 천장 E_c/E 천장의 반사율 0.5~0.8

조명방식		직접		간접			전반확산		
벽의 반사율		0.1~0.3		0.5	0.3	0.1	0.5	0.3	0.1
방바닥의 반사율		0.3	0.1	0.1~0.3			0.1~0.3		
방계수	J	0.26	0.24	3.58	4.35	5.18	1.52	1.71	2.12
	I	0.28	0.23	2.60	2.98	3.38	1.29	1.38	1.63
	H	0.26	0.18	2.11	2.32	2.54	1.14	1.18	1.35
	G	0.25	0.16	1.89	2.05	2.20	1.07	1.09	1.12
	F	0.26	0.14	1.70	1.81	1.91	0.99	1.00	1.09
	E	0.26	0.13	1.61	1.70	1.79	0.75	0.96	1.00
	D	0.27	0.13	1.53	1.60	1.66	0.92	0.92	0.92
	C	0.28	0.12	1.48	1.53	1.59	0.89	0.98	0.89
	B	0.28	0.12	1.41	1.49	1.49	0.86	0.86	0.86
	A	0.29	0.11	1.38	1.44	1.44	0.84	0.84	0.84

(b) 벽 Ew/E 천장의 반사율 0.5~0.8
벽의 반사율 0.5~0.8

조명방식		직접 및 간접		전반 확산	
방바닥의 반사율		0.3	0.1	0.3	0.1
방계수	J	0.85	0.83	1.33	1.30
	I	0.76	0.73	1.19	1.15
	H	0.71	0.67	1.10	1.05
	G	0.69	0.64	1.05	1.00
	F	0.68	0.62	1.01	0.96
	E	0.67	0.60	0.99	0.93
	D	0.66	0.59	0.97	0.91
	C	0.66	0.58	0.95	0.89
	B	0.65	0.57	0.93	0.88
	A	0.65	0.57	0.92	0.87

(c) 방바닥 E_f/E 천장의 반사율 0.5~0.8
방바닥의 반사율 0.1~0.3
벽의 반사율 0.1~0.5

조명방식		직접 및 간접	전반 확산
방계수	J	0.66	0.91
	I	0.75	0.92
	H	0.81	0.94
	G	0.85	0.95
	F	0.88	0.96
	E	0.90	0.97
	D	0.92	0.98
	C	0.93	0.98
	B	0.95	0.99
	A	0.96	0.99

예제 12[m]×18[m]인 일반 사무실의 조명 설계를 실시한다. 단, 천장의 높이는 밑바닥으로부터 3.8[m], 그리고 6[m]마다 기둥이 서고, 그 사이에 0.3[m]의 보가 있으며 천장은 6[m]×6[m]의 소간 6개로 나뉘어져 있다. 반사율은 75[%], 벽이 50[%], 밑바닥이 10[%]이다.

풀이 ① 방의 특징

크기 : $X=12$[m], $Y=18$[m], $A=12\times18$[m]$=216$[m^2], $Z=3.8$[m]

반사율 : 천장 75[%], 벽 50[%], 방바닥 10[%]

② 수평면 조도

$E=400$[lx](조도 기준으로부터 500[lx]의 80[%])

③ 등기구

백열 전구로 하면 젖빛 유리 외구(반직접), 형광등으로 하면 40[W], 4 등식 반사갓 붙임(반직접)

④ 광원의 높이

천장이 낮으므로 본 예에서는 천장에 바로 붙이기도 한다. 작업면 밑(바닥 위 0.85 [m])으로부터 3.8−0.85=2.95[m], $H=2.95$[m]≒3[m]

⑤ 광원의 최대 간격

$S \leq H$(반직접) $S \leq 3$[m] $S_o \leq 1.5$[m]

⑥ 실지수

$$\text{실지수} = \frac{XY}{H(X+Y)} = \frac{12 \times 18}{3(12+18)} = 2.4$$

이므로 실지수는 표 6-13으로 부터 D를 얻는다.

⑦ 조명율

표 6-14에서 $P_c=75$[%], $P_w=50$[%], $P_f=10$[%]

실지수 D로 부터 조명률 U는 $U=0.51$

⑧ 감광보상율은 표 6-14에서 $D=1.3$

⑨ 소요광속의 계산

$NF=EAD/U=400 \times 126 \times 1.3/0.51=220,000$[lm]

⑩ 전등의 위치, 등수, 크기의 결정

$S=3$[m], $S_0=1.5$[m], 등수 $N=4 \times 6=24$[개],

$F=220.000/24=9,166$[lm], $F-40W=2,750$[lm]

기구당 램프수=9,166÷2,750=4[개]

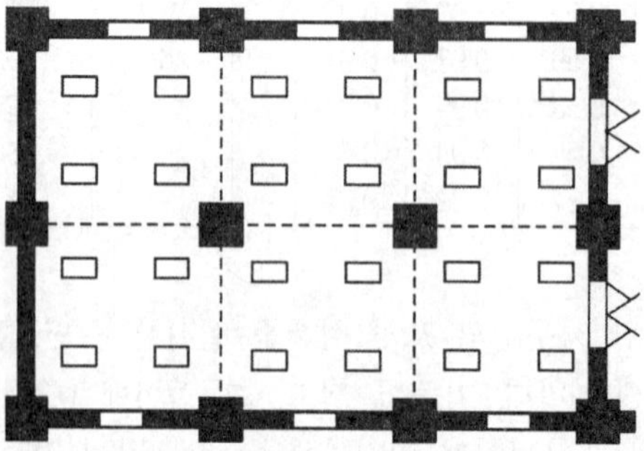

그림 6-43 형광등의 배치

6.4.4 조명기구의 배치

조명계산으로 등수가 구하여지면 그 다음에는 적절히 배치하여 실내 전체 조도차가 없는 조명을 얻도록 한다. 기구의 취부 간격은 카탈로그에 제시된 조명율 표에 따라 최대 설치간격 이내가 되도록 하면 된다. 그리고 눈부심 영향의 유무도 검토하여야 한다.

1 광원의 높이

광원의 높이가 너무 높으면 조명율이 나빠지고 너무 낮으면 조도의 분포가 불균일하게 된다. 그림 6-44는 조명방식에 따른 광원의 높이이다.

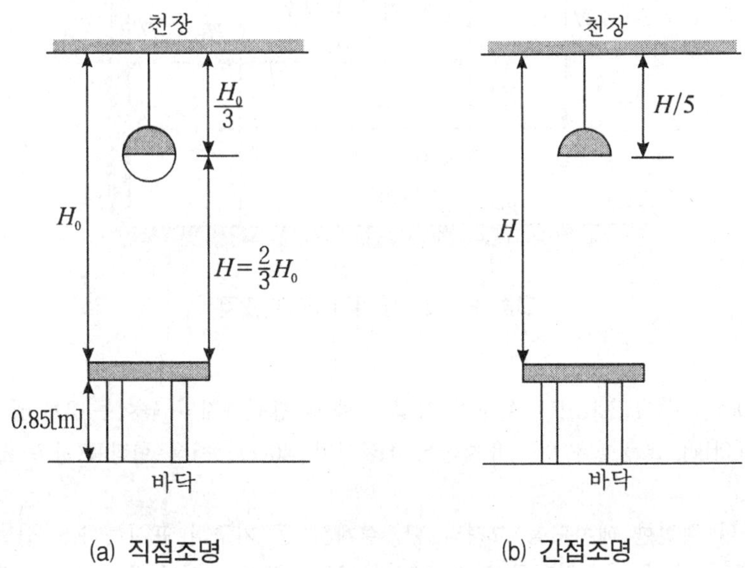

그림 6-44 조명방식에 따른 광원의 높이

2 등기구 배치 간격

조명계산에서 구한 등의 수를 적절히 배치하여 실내 전체가 명도 차가 없는 조명이 되도록 기구를 배치한다. 일반적으로 기구의 간격 S, 벽과 기구 사이의 간격 S_0, 작업면에서 광원까지 높이 H와의 관계는

$$S \leqq 1.5H \tag{6-32}$$

벽과 가장 가까운 기구와의 거리 S_0는

$$S_0 \leqq H/2 \text{(벽 가까이에서 작업을 하지 않는 경우)} \tag{6-33}$$

$$S_0 \leqq H/3 \text{(벽 가까이에서 작업하는 경우)} \tag{6-34}$$

벽 가까이에 있는 기구로부터 벽까지의 거리 S_0와 기구까지의 거리 S와 관계는

$$S_0 = S/2 \tag{6-35}$$

가 되도록 한다. 그림 6-45는 이러한 관계를 표시한 것이다.

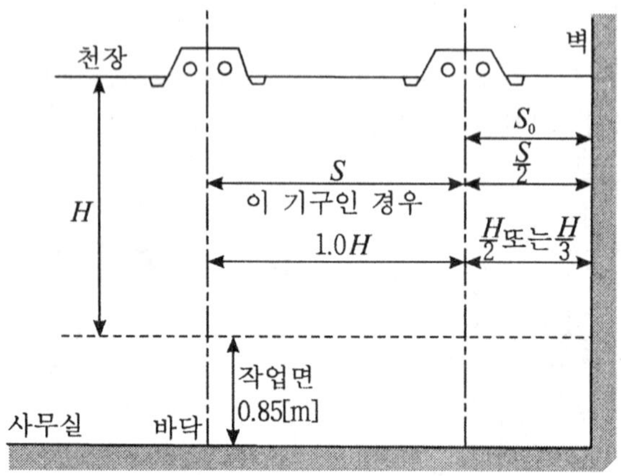

그림 6-45 등기구 배치 관계

예제 폭 10[m], 길이 20[m]인 실내의 작업 면에서 광원까지의 높이는 2.8[m], 실내 평균 조도는 100[lx], 조명률은 0.5, 유지율은 0.67이며, 40[W] 백색 형광등(광속 2,500[lm])을 사용한다.

조명기구의 적절한 배치도를 그려라.(단, 설계시 등 기구의 표시는 KS 심벌을 사용하고, F40[W] 2등을 사용하도록 하며, 배치시 등 기구의 중심과 중심 간 및 등기구 중심과 벽면 간의 치수를 기입하도록 한다.)

풀이 광원 상호간의 간격 : $S \leq 1.5H$(H : 등기구의 높이)

$\therefore\ S \leq 1.5H \leq 1.5 \times 2.8 \leq 4.2$[m]

벽과 광원 사이의 간격

① 벽측을 사용하지 않을 때 : $S_0 \leq \dfrac{H}{2} \leq \dfrac{2.8}{2} \leq 1.4$[m]

② 벽측을 사용할 때 : $S_0 \leq \dfrac{H}{3}$

$$N = \frac{AED}{FU} = \frac{EA}{FUM} = \frac{10 \times 20 \times 100}{2500 \times 0.5 \times 0.67} = 23.88[\text{등}]$$

$\therefore\ N = 24$[등]

(40[W] 형광등 24등의 시설은 F 40[W] 2등용 12등을 시설한다.)

조명 기구 배치도는 그림 6-46과 같다.

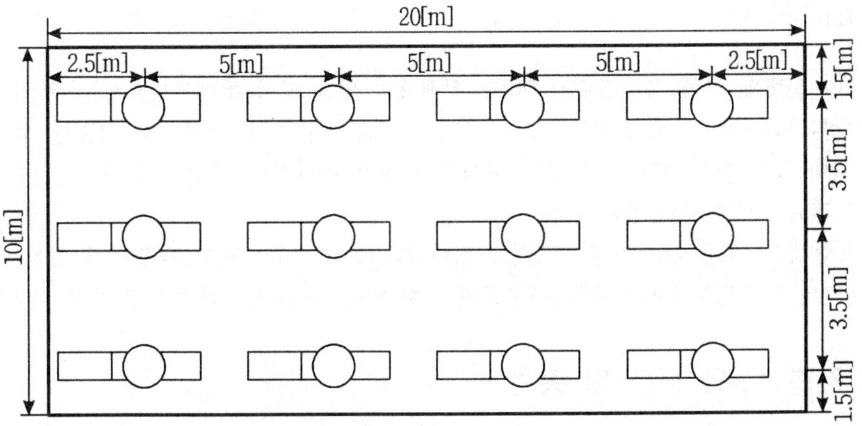

그림 6-46 조명 기구 배치도

6.5 도로조명

도로조명은 도로변과 그 부근에 존재하는 물체에 충분한 빛을 주어 보행자나 차량운전자의 보임을 확실하게 하고 사고·범죄 등에 대한 위험이 없으며 안전하고 쾌적하게 통행하도록 하는 조명설비이며 부수적으로 도로미관향상 및 상업활동에 도움이 되는 조명으로서 도로조명은 다음과 같은 조건을 갖추어야 한다.

① 운전자의 보임의 조건이 좋아야 한다.
② 고른 휘도의 분포가 되어야 한다.
③ 속도에 따른 적정한 조도유지 등을 감안하여야 한다.

1 소요조도의 선정

도로조명의 조도는 차량의 속도가 빠를수록 조도가 높아야 하며 각 도로별 소요조도는 아래와 같다.

표 6-16 각 도로별 소요조도(평균조도)

구 분	적 용 조 도[lx]
고속도로	150
교통량이 많은 일반도로	75
교통량이 적은 일반도로	50
주택가 도로	20~30

2 광원의 선정

도로조명에 사용되는 광원은 광원의 종류, 크기, 효율, 광색, 휘도, 수명 등을 고려하여 설정한다.

① 고압수은램프 : 효율 30~55[1m/W]로 청백색의 빛을 띄며 투광조명으로 사용한다.
② 메탈할라이드램프 : 효율 75~105[1m/W]로 연색성이 좋아 연색성을 필요로 하는 부분에 많이 적용하며 특히 칼라 TV, 비디오 카메라와 매칭이 잘되는 특성이 있어 TV 중계가 많은 장소에 적용한다.
③ 나트륨램프 : 효율 80~150[1m/W]로 뛰어나나 연색성이 나쁘고 광질의 특성상 안개 다발지역의 도로조명용으로 주로 사용되며 공항조명, 터널조명, 악센트 조명에 적용한다.

3 조명기구의 선정 및 종류

도로의 조명기구는 옥내조명기구와는 달리 좁고 긴 면적을 조명하므로 특히 배광에 대한 고려가 필요하여 램프에서 나오는 빛을 도로면에 균일하게 분포시키고 효율이 좋아야 한다. 조명기구 선정시 검토사항으로 기계적 강도 및 미적을 고려하여 결정한다.

(1) 주두형(Pole Head)

① 등주 상단에 직접 조명기구를 설치하는 것으로 조명률이 나쁘다.
② 상점가, 빌딩가, 녹지대, 공원등에 주로 적용한다.

(2) 현수형

등주에 아암(Arm)을 내어 매달리게 하는 것으로 기구 바로 아래가 가장 밝게 된다.(글로브는 주로 플라스틱 제품 사용)

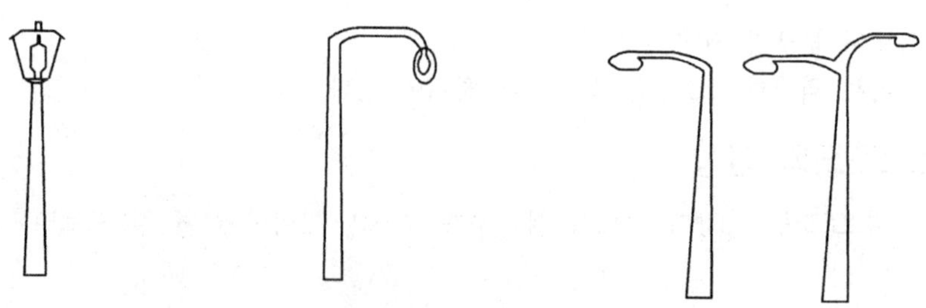

(a) 주두형 (b) 현수형 (c) 하이웨이형

그림 6-47 도로조명기구의 종류

(3) 하이웨이형

등주에 아암(Arm)을 내어 기구를 설치하는 것으로 글로브는 주로 유리제를 사용하며 배광은 가늘고 긴 도로에 적합하고 효율이 좋다.

4 조명기구의 배치방법

(1) 직선도로

편측식, 지그재그식, 마주보기식, 중앙배열식이 있다.

① 편측식 : 폭이 넓은 도로에서는 밝고 어둠의 편차가 심하기 때문에 간이도로나 폭이 좁은 도로(6~8[m] 이하)에 주로 적용한다.
② 지그재그식 : 8~20[m] 정도의 시가지 도로에 적용한다.
③ 마주보기식 : 중요한 도로, 차량의 통행이 많거나 속도가 빠른 도로, 밝게 할 필요가 있는 도로에 적용한다.
④ 중앙배열식 : 중앙분리대가 있는 중요한 도로 차량통행이 많고 속도가 빠른 도로에 적용한다.

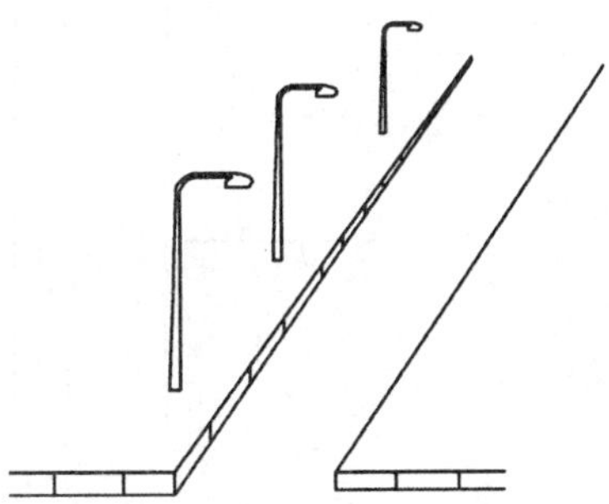
(a) 편측배열

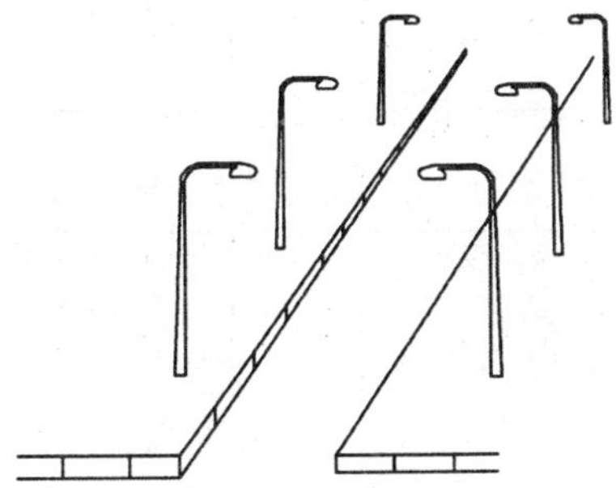
(b) 지그재그배열

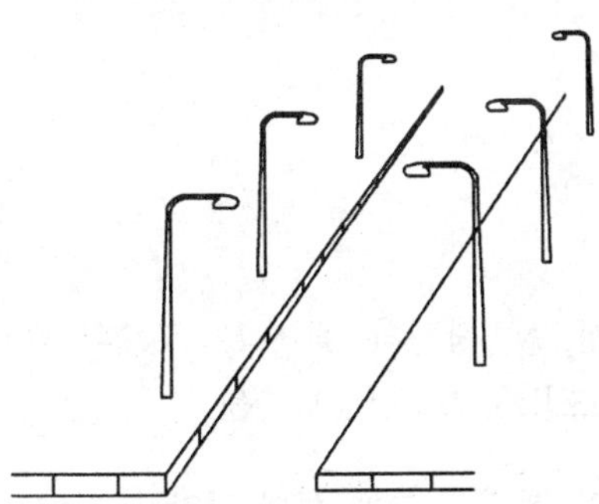
(c) 마주보기배열

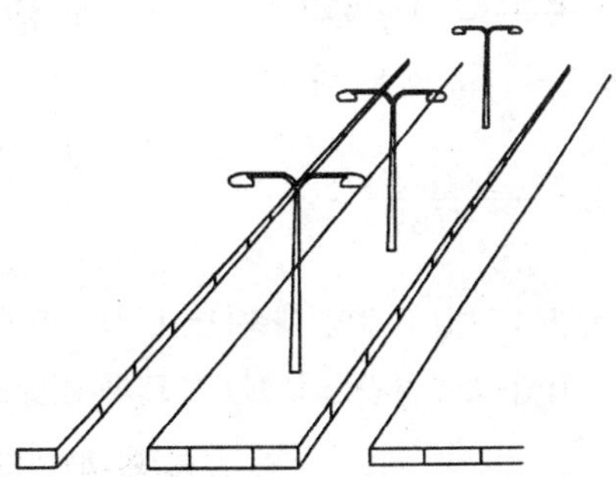
(d) 중앙배열

그림 6-48 도로조명기구의 종류

(2) 곡선도로

곡선의 곡률 반경이 작을수록 조명기구 간격이 좁아지므로 직선배치의 경우보다 설치등수가 많다.

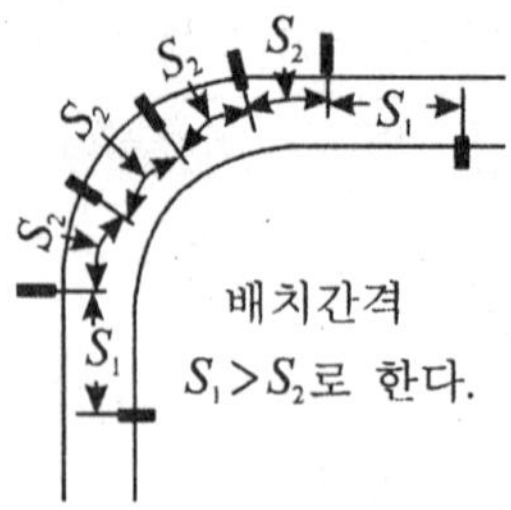

그림 6-49 곡선도로의 가로등 배치간격

(3) 교차로

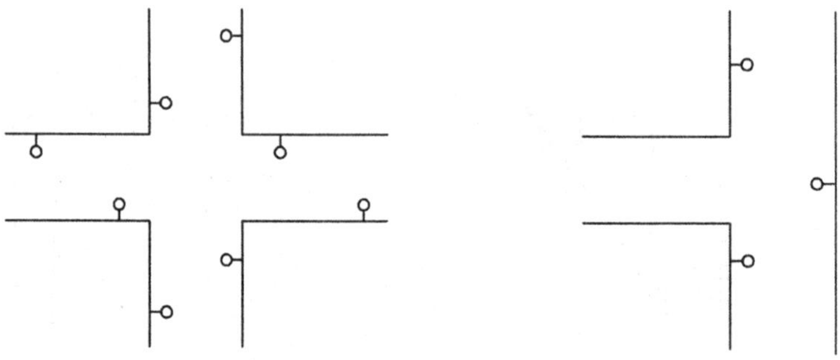

그림 6-50 교차로부근의 가로등 배치(예)

5 도로조명의 계산

도로조명의 계산식은 다음과 같다.

$$F = \frac{E \times B \times S \times D}{UN} \tag{6-36}$$

여기서, F : 광원 1개의 광속[1m], U : 조명률, N : 광원의 개수, B : 도로의 폭 [m], S : 경간[m], E : 도로의 평균조도[lx], D : 감광보상율

그리고 광원의 크기[F]와 경간[S]과의 관계는 광원을 크게 하면 경간이 길어져 기구수가 감소하므로 경제적이나 조도의 얼룩짐이 커지고 균제도가 나쁘며 광원의 용량을 적게 하면 조명의 얼룩짐은 적어지나 기구수의 증가로 건설비가 많이 드는 결점이 있다.

표 6-17 도로별 균제도

구 분	최소조도/평균조도	최소조도/최대조도
고속도로	$\frac{1}{5}$ 이상	$\frac{1}{10}$ 이상
교통량이 많은 일반도로	$\frac{1}{7}$ 이상	$\frac{1}{14}$ 이상
교통량이 적은 일반도로	$\frac{1}{10}$ 이상	$\frac{1}{20}$ 이상

보행자와 차량의 안전과 원활한 소통을 위하고 쾌적한 도시미관향상을 위하여 설치하는 도로조명은 도로의 형태, 도로의 종류, 중요도 등을 감안하여 광원 등기구, 배열방법을 결정하고 조도계산을 정확히 하여 균제도를 높여 조명으로 인한 도로의 얼룩짐(밝고 어둠의 차이)이 없도록 특히 주의하여야 한다.

6.6 터널조명

터널조명의 설치기준은 터널의 길이가 25[m] 미만인 경우는 필요로 하지 않으며 25~50[m] 미만은 야간조명만 필요하고 50[m] 이상인 경우에는 주간조명과 야간조명을 모두 실시하여야 한다. 터널조명은 도로조명의 일부분으로 도로조명의 원칙과 동일하지만 터널만이 가지고 있는 특이한 문제가 있으므로 터널조명설계시에는 이러한 문제들을 해결하여야 한다.

1 터널에서 발생하는 특이한 문제

(1) 터널입구

① Black Hall 효과 : 낮에 조명이 불완전한 터널의 입구에 자동차가 접근하면 터널이 검은 굴, 검은 테두리로 보이는 현상으로 터널의 길이가 긴 경우에 생기는 현상이다.

② Black Frame 효과 : 터널 내의 노면이 상세하게 보이지 않는 현상으로 터널길이가 짧은 터널에서 생기는 현상을 말한다.

③ Black Hall, Black Frame이 생기는 원인 : 터널내부의 휘도가 극단적으로 낮기 때문이다.

④ 휘도 순응의 지연 : 운전자가 터널안에 있는 장애물을 식별하기까지에는 약간의 시간경과가 필요하다.

(2) 터널내부

① 자동차 배기가스에 의한 관찰자의 시계저하 : 터널이 긴 경우 배기가스 축적에 의하여 관찰자의 시계가 저하된다.

② 명암 : 자동차의 유리, 차체, 본네트 등의 명도가 차의 진행과 함께 주기적으로 변동하여 명암을 운전자에게 준다.

(3) 터널출구

① 출구 White Hall 효과 : 낮에 자동차가 터널출구에 접근시 출구가 흰 굴처럼 보이는 현상을 말한다.

② 출구 Black Hall 효과 : 야간에 자동차가 터널출구에 접근시 출구가 검은 굴로 보이는 현상을 말한다.

③ 순응의 지연

6.6.1 터널조명설계

1 사전조사사항

① 터널의 단면, 선형, 차량속도, 환기설비의 유무, 교통량 조사

② 운전자의 위치에서 본 터널입구, 출구 부근의 야외휘도

③ 접속도로의 단면, 차량속도, 노면의 종류, 입구의 시계거리

2 터널의 길이와 조명설비의 종류

표 6-18과 같이 터널의 길이에 따라 시행하여야 할 조명설비가 다르다.

표 6-18 터널 길이별 조명설비의 종류

용 도	종 류	터 널 길 이[m]			
		20미만	20~50미만	50~200 미만	200이상
주 간 용	입구조명 내부조명 출구조명	—	○	○ ○ ○	○ ○ ○
야 간 용	내부조명 출구조명	○	○	○ ○	○ ○
비 상 용	내부조명	—	—	○	○

3 터널입구 조명설계

① Black Hall 효과의 방지 : 터널입구의 어느 정도 길이에는 충분히 높은 휘도 부여

② 휘도 순응의 지연 완화 : Black Hall 효과를 방지하는 조명에 계속하여 서서히 휘도를 감소시켜 터널내부의 조명과 연결

③ 입구조명곡선 : 터널출구가 보이지 않는 경우 명순응에서 암순응으로 급격한 변화가 일어나므로 입구조명은 경계부, 이행부, 완화부, 기본부로 나누어 이에 맞는 조도를 선정한다.

4 주간의 터널내부 조명설계

입구부를 통과하여 정상적인 시각상태에 도달한 후 정상적 조명구간에서의 조명으로

100[lx] 정도가 적당하다.

① 광원 : 주로 나트륨램프를 사용하며 간혹 형광등을 사용하기도 한다.
② 조명기구설치높이 : 노면 · 벽면의 휘도분포, 글레어방지, 조명기구의 오손방지 등을 고려하여 측면에서 설치위치는 높을수록 좋으나 건축한계를 고려하여 4[m] 전후에 설치한다.
③ 설치간격과 배열방식

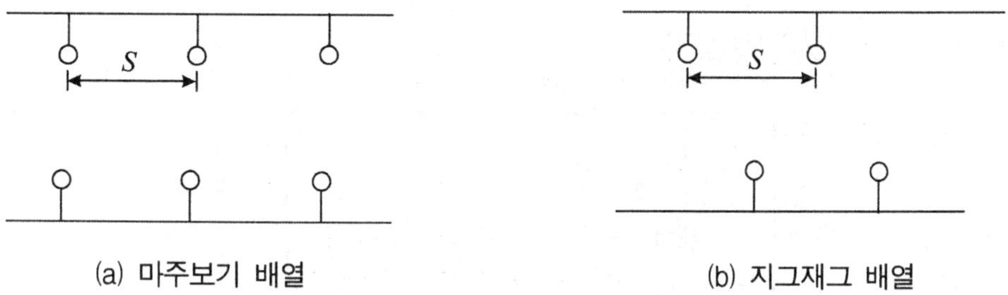

그림 6-51 설치방법

㉠ 대칭식

$S \geq 2.5H$

㉡ 중간배열식, 지그재그식

$S \geq 1.5H$

여기서, S : 설치간격, H : 조명기구 설치높이

④ 노면, 벽면의 휘도 : 가능한 한 높고 균일한 것이 바람직함

5 야간의 내부조명설계

주간의 터널내부 조명설계와 동일하나 운전자의 순응속도가 저조하므로 노면 · 벽면의 휘도는 주간보다 낮추어도 무방하다.

6 출구 조명설계

터널 출구에서 눈의 착각을 일으킬 수 있는 현상을 방지할 수 있는 조명이 필요하다.

터널입구 50~70[m] 전방에 출구부 야외휘도의 $\frac{1}{10}$ 정도가 되도록 한다.

7 비상용 조명설계

정전시, 비상시를 대비하여 전원을 2계통으로 받거나 비상전원 장치를 설치하여 일부분의 광원이라도 점등되도록 계획한다.

연 습 문 제

1. 다음 사무실에 대한 조명을 설계하시오.(14점)

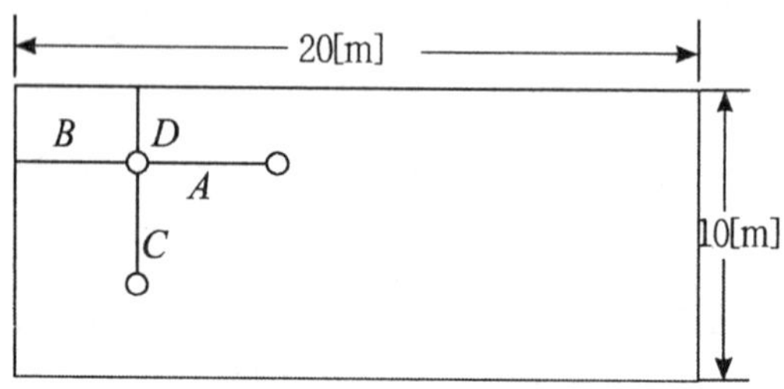

- 조도는 100[lx]로 한다.
- 광속은 형광등 40[W] 사용할 때 2,500[lm]으로 한다.
- 조명률은 0.6으로 한다.
- 감광보상률은 1.2로 한다.
- 건물 천장높이는 3.85[m], 작업면은 0.85[m]로 한다.
- 등기구는 ○로 표시한다.
- 가장 경제적으로 할 것

가. 형광등 등 기구 수량은?

나. 등 기구를 답안지에 배치하시오.

다. 등 기구와 건물 벽간의 간격 (A, B, C, D)은 몇 [m]인가?

라. 60[Hz] 형광 방전등을 50[Hz]에서 사용한다면 광속과 점등시간은 어떻게 되는가?(감소, 증가, 빠름, 늦음으로 표현할 것)

마. 등 간격은 등 높이의 몇 배 이하로 해야 하는가?

[답] 가. $N = \dfrac{EAD}{UF} = \dfrac{100\times20\times10\times1.2}{0.6\times2500} = 16$[등]

나. 등고 $H = 3.85 - 0.85 = 3.0$[m]

등-등 : $S_1 \leqq 1.5\times3 = 4.5$[m]

등-벽 : $S_2 \leqq 0.5H = 0.5\times3 = 4.5$[m]

'나'의 제한 등-등 : $S_1 = 4$[m], 등-벽 : $S_2 = 2$[m]

다. A : 3.6[m] B : 1.0[m] C : 3.5[m] D : 1.5[m]

라. 광속 : 증가, 점등시간 : 늦음

마. 1.5 배

2. 바닥면적이 300[m²]인 사무실의 조도를 250[lx]로 할 경우 광속 2,400[lm], 램프전류 0.4[A], 40[W]인 형광 램프를 사용할 경우 이 사무실에 대한 최소 분기회로는 몇 회로로 산정 하여야 하는가?(5점)

조건 : ① 단상 2선식 100[V]임 ② 감광 보상율 : 1.2 ③ 조명율 : 70[%]

[답] 전등수 $N=\frac{EAD}{UF}$ 에서 $N=\frac{250\times300\times1.2}{0.7\times2400}=53.57=54$[등]

∴ 분기 회로수 $N=\frac{54\times0.4}{15}=1.44=2$[분기회로]

3. HID Lamp의 뜻을 표기하시오. 그 종류를 가장 많이 쓰이는 것 몇 개를 쓰시오.(4점)

[답] 대형 방전램프 또는 고휘도 방전램프 (High Intensity Discharge Lamp).

종류 : 수은등, 메탈할라이트, 나트륨 방전등, 형광 수은램프

4. 그림과 같이 높이 5[m]의 점에 있는 백열 전등에서 광도 12,500[cd]의 빛이 수평거리 7.5[m]의 점 P에 주어지고 있다. 표 1, 표 2를 이용하여 다음 각 물음에 답하시오. (6점)

가. P점의 수평면 조도를 구하시오.

나. P점의 수직면 조도를 구하시오.

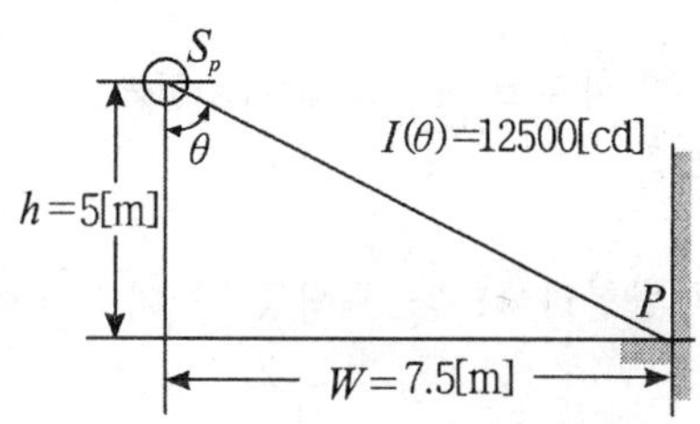

표 1 w/h에서 구한 $\cos^2\theta$의 값

w	0.1h	0.2h	0.3h	0.4h	0.5h	0.6h	0.7h	0.8h	0.9h	1.0h	1.5h	2.0h	3.0h	4.0h	5.0h
$\cos^2\theta\sin\theta$	0.99	.189	.264	.320	.358	.378	.385	.381	.370	.354	.256	.179	.095	.057	.038

표 2 w/h에서 구한 $\cos^3\theta$의 값

w	0.1h	0.2h	0.3h	0.4h	0.5h	0.6h	0.7h	0.8h	0.9h	1.0h	1.5h	2.0h	3.0h	4.0h	5.0h
$\cos^3\theta$	.985	.943	.879	.800	.716	.631	.550	.476	.411	.354	.171	.089	.032	.014	.008

[답] 가. 수평면 조도 $E_h=\frac{I}{r^2}\cos\theta=\frac{I}{h^2}\cos^3\theta$ 이므로 표 2에서

$W=1.5h$ 이므로 $E_h=\frac{12500}{5^2}\times0.71=85.5$[lx]

나. 수직면 조도 $E_v=\frac{I}{r^2}\sin\theta=\frac{I}{h^2}\sin\theta\cdot\cos^2\theta$ 이므로 표 1에서

$$E_v = \frac{12500}{5^2} \times 0.256 = 128[\text{lx}]$$

5. 폭 5[m], 길이 7.5[m], 천장높이 3.5[m]의 방에 형광등 40[W] 4등을 설치하니 평균조도가 100[lx]가 되었다. 조명률 0.5, 40[W] 형광등 1등의 광속이 3,000[lm]일 때 감광보상률 D를 구하시오.(5점)

[답] 전등수 $N = \frac{EAD}{UF}$에서 감광 보상율 $D = \frac{NFU}{EA} = \frac{4 \times 3000 \times 0.5}{5 \times 7.5 \times 100} = 1.6$

6. 모든 작업대(방바닥에서 0.75[m]의 높이)에서 행하여지는 작업장의 가로가 6 [m], 세로가 10[m], 방바닥에서 천장까지의 높이가 3.6[m]인 방에서 조명기구를 천장에 설치하고자 한다. 이 방의 실지수는?(5점)

[답] 등고 $H = 3.6 - 0.75 = 2.85$, 실지수$= \frac{XY}{H(X+Y)} = \frac{6 \times 10}{2.85 \times (6+10)} = 1.32$

7. 일반용 조명기구의 그림기호에 문자와 숫자가 다음과 같이 방기되어 있다. 그 의미를 쓰시오.(5점)

가. H500　　나. N200　　다. F40　　라. X200　　마. M200

[답] 가. 500[W] 수은등　나. 200[W] 나트륨등　다. 40[W] 형광등　라. 200[W] 크세논 램프
마. 200[W] 메탈 할라이트등

8. 수은등, 저압 나트륨등, 메탈할라이드등, 형광등 중 가장 효율이 좋은 전구는 어느 것인가?(5점)

[답] 저압 나트륨 등

9. 바닥면적 200[m²]의 교실에 전 광속 2,500[lm]의 40[W] 형광등을 시설하여 평균조도를 150[lx]로 하자면 설치할 등수는 몇인가?(6점)
(단, 조명율 50[%], 감광보상율 1.25로 하고 기타 사항은 생략한다.)

[답] $N = \frac{EAD}{UF} = \frac{150 \times 200 \times 1.25}{0.5 \times 2500} = 30$[등]

10. 형광등이 백열전구에 비하여 우수한 점을 4가지만 쓰시오.(8점)

[답] ① 효율이 높다. ② 광속이 크다. ③ 수명이 길다.
④ 열을 거의 발산하지 않는다.

11. 바닥면적 30[m²]인 방에 전 광속 2,400[lm]의 40[W] 형광등을 4등 시설하면 평균조도는 얼마나 되는가?(5점) (단, 조명률 65[%], 유지율 0.84로 계산한다.)

[답] $E=\frac{NFU}{AD}=\frac{4\times2400\times0.65}{30\times\frac{1}{0.84}}=174.72$[lx]

12. 대형 방전램프(HID Lamp)의 종류를 5가지 쓰시오.(5점)

[답] ① 수은램프 ② 형광 수은램프 ③ 메탈 할라이드램프
④ 고압 나트륨램프 ⑤ 저압 나트륨램프

13. 가로가 12[m], 세로가 18[m], 방바닥에서 천장까지의 높이가 3.8[m]인 방에서 조명기구를 천장에 직접 설치 하고자 한다. 이방의 실지수를 구하시오.(4점)
(단, 작업이 책상 위에서 행하여지며, 작업 면은 방바닥에서 0.85[m]이다.)

[답] 실지수 $G=\frac{X\cdot Y}{H(X+Y)}=\frac{12\times18}{(3.8-0.85)(12+18)}=2.44$

14. 바닥면적 16[m²]의 방에 전 광속 2,400[lm]의 400[W] 형광등을 2등 설치하면 평균조도는 몇 [lx]가 되는가?(4점) (단, 조명율 65[%], 유지율 0.84로 계산한다.)

[답] $E=\frac{FUN}{AD}=\frac{2\times2400\times0.65\times0.84}{16}=163.8$[lx]

15. 수은등, 저압 나트륨등, 메탈할라이드등, 형광등 중 가장 효율이 좋은 것부터 나열하시오.(5점)

[답] 저압 나트륨등→메탈할라이드등→형광등→수은등

16. 가로 20[m], 세로 30[m], 천장높이 4.5[m]인 사무실에 전등설비를 하고자 한다. 사무실의 실지수를 구하시오. 사무실의 가구 및 전등의 위치는 그림과 같다. (4점)

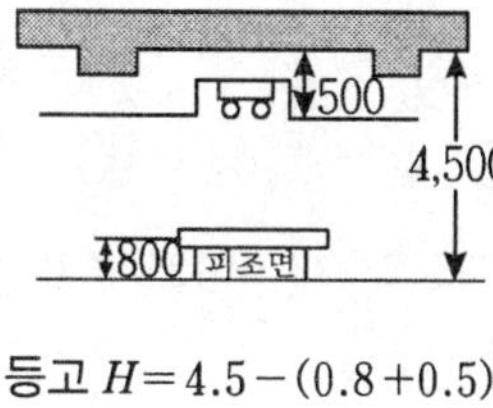

[답] 실지수 $G=\frac{X\cdot Y}{H(X+Y)}$에서 등고 $H=4.5-(0.8+0.5)=3.2$[m]

$G=\frac{20\times30}{3.2(20+30)}=3.75$

17. 균일한 배광을 갖는 광원을 실내 조명에 사용할 경우 그 최대 간격을 결정하시오.(5점) (단, S는 등기구 간격, H는 천장높이)
가. 기구와 기구사이 $S\leq($ $\quad$ $)H$
나. 기구와 벽사이 $S\leq($ $\quad$ $)H$(단, 벽을 사용하지 않을 때)

[답] 가. 1.5 나. 0.5

18. 어느 공장의 구내도로의 폭이 15[m]이며 양쪽에 전등전주를 지그재그로 배치하고 6,300[lm]의 광속을 갖는 300[W]의 백열전구로 도로면의 평균조도가 7[lx]가 되게 하려면 전등전주간의 거리[m]는 얼마로 하여야 하는가?(4점) (단, 감광보상률은 1.25, 보수율은 0.8 그리고 조명률은 15[%]로 본다.)

[답] 총광속 $NF = \frac{EAD}{U}$ 이므로

피조면의 면적 $A = \frac{NFU}{ED} = \frac{NFUM}{E} = \frac{6300 \times 0.15 \times 0.8}{7} = 108[m^2]$

그러므로 전등을 지그재그로 배열하였을 때 피조면의 면적 $A = \frac{1}{2}LB$에서 전등간의 거리를 L[m]라 하면

$L = \frac{2A}{B} = \frac{2 \times 108}{15} = 14.4[m]$

19. 16[mm] 영사기에 75[V], 750[W], 2,100[lm]의 전구를 사용했을 때 영사면의 조도분포(단위[lx])가 그림과 같았다.(4점)

75[m] (세로), 1[m] (가로)

200	240	240	200
230	200	230	230
200	240	240	200

가. 이 전구의 효율은 얼마인가?
나. 이 전구의 광속은 몇 [%]가 영사면에 이용되고 있는가?

[답] 가. 효율 $\eta = \frac{2100}{750} = 2.8[lm/W]$

나. 영사면에 조사된 총 광속 N는

$N = 0.5 \times 0.25 \times 200 \times 5 + 0.25 \times 0.15 \times 230 \times 3 + 0.25 \times 0.15 \times 240 \times 4 = 165.625[lm]$

따라서 영사면에 이용된 광속은

$\%F = \frac{165.625}{2100} \times 100 = 7.886 \fallingdotseq 7.89[\%]$

제 7 장

동력설비

빌딩, 공장, 사무실 등의 건물에 설치되는 공기 조화용의 팬, 선풍기, 냉동기, 냉·온수 펌프, 건축 부대 시설의 엘리베이터, 에스켈레이터 등의 전동기를 필요로 하는 곳에 전력을 공급하는 배선, 감시설비, 제어설비 등을 포함하여 동력설비라고 한다.

이러한 동력설비의 종류와 용량은 건물의 형태, 기능, 사용목적을 고려하여 시설자의 요구와 예산에 알맞는 동력설비를 결정하여야 한다.

7.1 동력설비의 개요

1 동력설비의 종류

동력설비의 종류는 용도에 따른 분류, 운전 기간에 따른 분류, 비상부하에 따른 분류, 공급 전압에 따른 분류 등으로 나눌 수 있다.

표 7-1 동력설비 부하의 종류

분 류	항 목	부 하 의 종 류
용도별	급배수, 소화 동력	급·배수펌프, 양수펌프, 소화펌프, 스프링 쿨러 펌프 등
	공기조화용동력	냉동기, 냉각수 펌프, 쿨링 타워 팬, 공기 조화기 팬, 급·배기 팬, 방열 팬 등
	건축부대 동력	엘리베이터, 에스컬레이터, 카 리프트, 턴 테이블, 셔터 등
	주방용 동력	고속 믹서, 케이크 오븐, 냉동기, 냉장고, 에어콘
	통신기기용 동력	인버터, 직류발전기
	기타	공장동력(크레인 등 각종 동력설비), 의료용 동력(X-선, 전기연료 등), 사무기기용(컴퓨터 등의 전원설비)
운전 기간별	상시 부하	급·배수 소화용 동력, 건축부대 동력, 공조동력용 환풍기, 급·배기 팬 등 사무기계용 동력, 의료용 동력 등
	하기동력 부하	냉동기, 냉동펌프, 냉동수 펌프, 쿨링타워 팬 등 단, 이 부하들도 하기 이외에 운전 할 수 있다.
비상 부하별	상용시 부하	비상시 부하 이외의 부하
	비상시 부하	배연 팬, 소화펌프, 비상 엘리베이터, 배수펌프, 용수펌프 등

2 동력설비의 설계순서

① 각종 동력의 위치, 용량, 치수, 제어방법
② 전원의 종별(간선계통 구분에 따른다)
③ 감시제어 방법의 결정
④ 제어반의 결정
⑤ 분기회로의 결정
⑥ 제어반 일람표, 동력배선도, 제어선 배선도

3 설계에 필요한 사전의 협의사항

(1) 사업주와의 사전 협의사항

① 건물의 관리방법을 확인한다.
② 동력부하의 감시·제어방법 및 감시반 등을 확인한다.

(2) 건축 설계자의 사전 협의사항

① 동력설비 기기의 용량, 위치, 용도를 확인한다.
건축물에 시설된 동력설비(엘리베이터, 에스컬레이터, 자동문, 공기조화동력 등)를 건축설비업자 및 기기 제조회사와 그 용도, 규모, 용량 등을 사전 협의한다.
② 기기의 제어 및 보호방식을 결정한다.

(3) 급·배수, 공기조화설비 설계자와 협의사항

① 급·배수, 소화설비, 공기조화설비의 방식 및 설비의 동작기능에 대한 협의를 한다.

㉠ 수조의 유무
㉡ 옥상 수조의 유무
㉢ 소화전 및 소화 펌프의 유무
㉣ 환기 설비의 유무
㉤ 난방 설비의 유무와 방식
㉥ 냉방 설비의 유무와 방식
㉦ 기타 특수 설비의 유무

② 기기의 배치와 특수설비의 유무 : 기계실에 설치할 각 기기의 배치가 결정되면 전동기의 설치위치를 확인하여 제어반 및 동력 분전반의 위치를 검토한다. 또, 설비공사의 범위에 사용되는 기기류를 확인한다. 냉·난방 설비의 자동제어장치의 위치와 설계 구분에 관해서 설비 설계자와 충분한 사전 협의를 해야 한다.

(4) 공장 동력, 기타 동력 설비 설계자와의 사전 협의사항

① 기기의 용도, 설치 위치, 부하의 확인 : 건물이 공장 시설물인 경우 전압, 주파수, 소요 전력 용량의 내역이나 공급 신뢰도, 각종 제어 신호의 수급 조건 등에 대한 검토가 필요하다.

② 기기의 제어 및 보호 방식의 결정 : 공장 동력기기 및 사무용기기에는 각각 제어기기 및 보호기기가 부속되어 있으나, 없을 때는 서로 협의하여 전기설비로 설계한다.

③ 기기의 동시 사용률의 확인 : 동시에 사용하지 않는 기기를 체크하여 보다 경제적인 설비를 한다.

7.2 동력용 전동기

7.2.1 직류전동기

직류전동기는 직류전원이 필요하고 정류자의 보수 점검은 복잡하나 속도제어 등 자동제어를 쉽게 할 수 있는 이점이 있어 각종 산업의 동력용 전동기, 전기철도 등에 널리 사용된다. 직류전동기를 분류해 보면 다음과 같다.

- 직류전동기
  - 타여자전동기
  - 자여자전동기
    - 직권전동기
    - 분권전동기
    - 복권전동기
      - 화동복권전동기
      - 차동복권전동기

1 구조와 원리

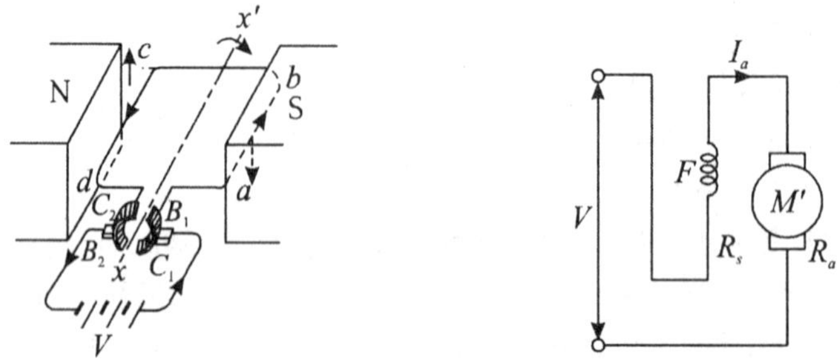

(a) 구조 (b) 회로도

그림 7-1

① 자계내의 전기자 권선에 직류전압을 인가하면 전기자 도체에 전류가 흘러 자속이 발생하고 발생된 자속은 고정자속을 자르게 되므로 전기자 도체가 회전한다.(플래밍의 왼손법칙)

② 전기자 도체가 회전하면 역기전력이 발생하고(플레밍의 오른손 법칙) 단자전압 V을 계속 공급하면 전기자는 계속 회전한다.

③ 인가전압 $V=E+I_a(R_a+R_s)$ ($R_a \gg R_s$이므로)

$$=E+I_aR_a$$

④ 계자전류 $I_a=\dfrac{V-E}{R_a}$

⑤ 역기전력 $E=K_1\phi N$

⑥ 전기자 속도 $N=\dfrac{E}{K_1\phi}=\dfrac{V-I_aR_a}{K_1\phi}$

⑦ 회전자 토크 $T=K_2\phi I_a(N)$

2 종류와 특성

표 7-2

	구 조	특 성	용 도
직 권	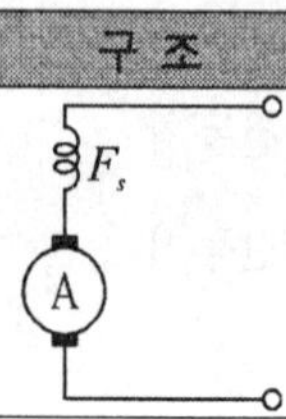	· 기동 토크가 가장 크다. · 정출력형 $\phi=2\pi nT$	· 전차, 자동차 · 크레인

	구 조	특 성	용 도
분 권	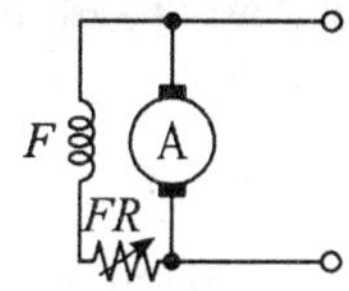	· 기동저항으로 토크를 제한 · 정속도 특성	· 공작기계, 콘베이어 · 재제기
복 권	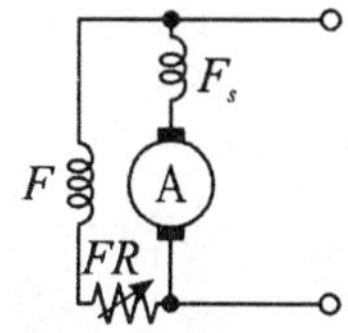	· 정속도 및 속도 변동이 큰곳	· 분쇄기, 절단기 · 권상기 왕복용 펌프
타여자	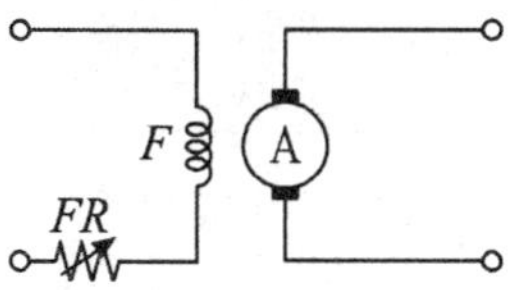	· 세밀하고 광범위한 속도제어	· 대형 압연기 · 고급 승강기

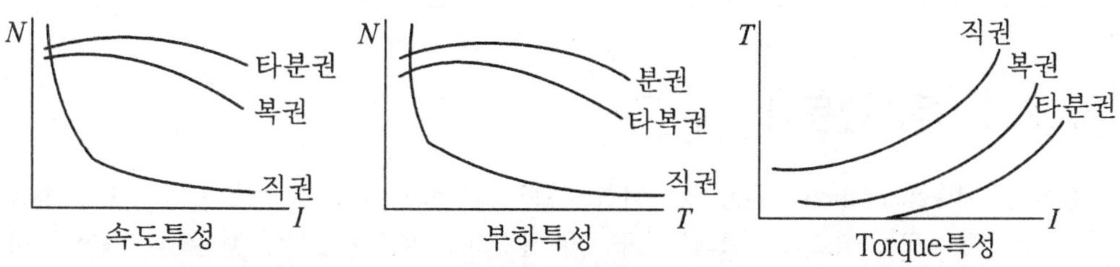

(a) 속도 특성 (b) 부하 특성 (c) 토크 특성

그림 7-2 특성곡선

① 장점

㉠ 속도제어가 간단하다.

㉡ 기동 토크가 크다.

② 단점

㉠ 전원변환 장치가 필요하다.

㉡ 가격이 비싸다.

[3] 속도제어

$$N = \frac{K(V - I_a R_a)}{\phi} [\text{rpm}] \tag{7-1}$$

$$T = K\phi I_a [\text{N} \cdot \text{m}] \tag{7-2}$$

식 (7-2)에서 토크는 부하전류에 비례하며 직류 직권전동기는 자속이 부하전류에 비례하는 것으로 회전수는 부하전류에 반비례하고 토크는 부하전류의 제곱에 비례한다.

식 (7-1)에서 속도를 변화시키기 위해서는 ϕ, V 및 R_a 중 어느 한 사항만 변화시키면 된다. 이 중에서 ϕ(자속)을 변화시키는 계자 제어법, R_a를 변화시키는 저항 제어법, V(단자 전압)를 변화시키는 전압 제어법으로 제어할 수 있다. 표 7-3은 직류전동기의 속도제어 방식의 비교이다.

표 7-3 직류 전동기의 속도 제어 방식

방 식	특 징	속도제어 범위	제어 정밀도	적용 예
계자 제어법	정출력 특성 설비가 싸다.	1 : 4	±3[%]	권추기, 카르노 원심 분리기, 콘크리트 제조기
전압 제어법	정토크 특성 4상한 운전이 가능 속응성이 좋고 설비비가 싸다.	1 : 100	±100[%]	초지기, 압연기 공작 기계 인쇄 기계 압출기
저항 제어법	운전효율이 떨어지고 속도가 불안정하다.			직권전동기에 이용

7.2.2 동기전동기

동기전동기(synchronous motor)는 회전속도가 일정하고 역률이 좋으나 자극을 여자하기 위해 직류전원이 필요하다. 그리고 구조가 복잡하고 보수·점검이 불편하며 가격도 비싸지만 대출력용으로 적합하다.

1 구조 및 원리

구조는 3상권선인 고정자와 자극 NS로 구성된 회전자로 되어 있다. 고정자코일에 3상교류가 흐르면 그림 7-3이 회전하는 것과 같은 회전자계가 생긴다.

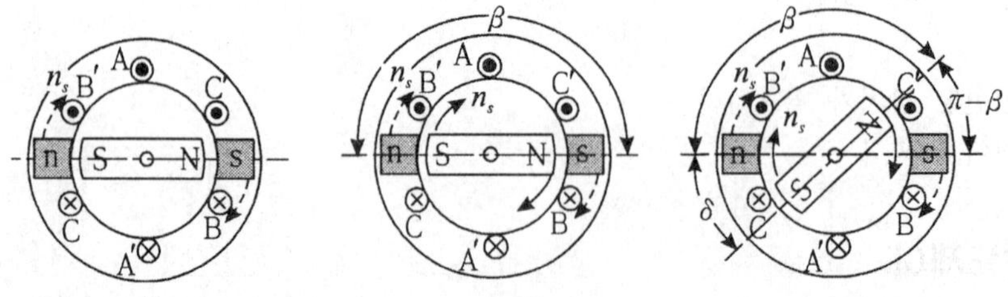

(a) 정지시 (b) 무부하시 (c) 부하시

그림 7-3 동기전동기의 원리

회전자인 자극 NS는 이 회전자계에 흡인된 회전자계를 따라서 돌게 된다. 고정자에 대해서는 유도전동기와 다름이 없으나, 회전자는 돌극형 회전자가 많이 사용되며, 자극을 여자하기 위한 여자코일이 감겨져 있다. 또한 코일에 직류(계자전류)를 흘려 넣기 위해 (+) 및 (−) 2개의 슬립링이 있다.

7.2.3 유도전동기

유도전동기는 전동기 중에서 가격이 싸고 또한 구조가 간단하여 보수와 점검이 용이한 장점이 있는 반면에 회전자계를 만드는 여자전류가 전원측으로부터 흐르는 관계로 역율이 나쁜 결점이 있으나 건축설비에서는 특별한 경우를 제외하고는 가장 많이 사용되고 있으며 유도전동기를 분류하여 보면 다음과 같다.

- 유도전동기
  - 3상유도전동기
    - 농형유도전동기
      - 보통농형
      - 특수농형
        - 2중농형
        - 심구형
    - 권선형유도전동기
  - 단상유도전동기
    - 분상기동형 전동기
    - 콘덴서 기동형 전동기
    - 반발기동형 전동기
    - 세이딩코일형 전동기
    - 모노사이클형 전동기

① 유도전동기의 특성과 용도

표 7-4 3상 유도전동기의 특성과 용도

회전자 종류	기동 토크의 전부하 토크에 대한 [%]	기동 전류의 전부하 전류에 대한 [%]	운전특성	정격출력	주요용도
보통 농형	125[%] 이상	500~800[%]	속도는 거의 일정함. 전부하일 때는 무부하일 때보다 약 5~10[%] 늦다. 속도 조정은 불가능	0.2~3.7[kW]	소용량, 일반적인 용도
특수 농형 1 종	100[%] 이상	600[%]전후	상 동	5.5~37[kW], 11[kW] 이상은 기동기 사용	펌프·송풍기, 콤프레셔 등
특수 농형 2 종	150[%] 이상	600[%]전후	상 동	상 동	권상기·공작기계·엘리베이터 등

회 전 자 종 류	기동 토크의 전부하 토크에 대한 [%]	기동 전류의 전부하 전류에 대한 [%]	운 전 특 성	정 격 출 력	주 요 용 도
권 선 형	기동 전류가 전부하 전류의 150[%]일 때(기동 저항기 등 1노치에서) 전부하 토크의 약 150[%]		회전자 회로에 저항을 삽입함으로써 속도 조정이 가능함	5.5~37[kW], 5.5[kW] 이상은 기동기 사용	송풍기 · 크레인 · 압연기 · 분쇄기 등

일반적으로, 빌딩용에 사용되는 유도전동기는 엘리베이터의 일부(고속용의 직류전동기 채용)를 제외하고는 대부분이 유도전동기(특수 농형 유도전동기)가 채용되고 있다.

표 7-5 단상 유도전동기의 특성과 용도

종 류	기동 토크의 전부하 토크에 대한 [%]	정동 토크의 전부하 토크에 대한 [%]	기동 전류의 전부하 전류에 대한 [%]	운 전 특 성	정격출력	주요용도
분 상 기 동 형	125[%] 이상	175~300 [%]	500[%]전후	역율 · 효율은 다른 전동기보다 약간 적음	0.1~0.4 [kW]	팬 · 세탁기 등
반 발 기 동 형	300[%] 이상	175~300 [%]	300[%]전후	기동토크 큼	0.1~0.75 [kW]	펌프 · 콤프레셔 등
콘 덴 서 기 동 형	250[%] 이상 0.4[kW]의 것은 200[%] 이상	175~300 [%]	400~500[%]	운전 중 콘덴서가 계속 접속되는 것은 역율이 양호함	0.1~0.75 [kW]	냉장고용 콤프레셔 · 펌프 등

2 유도전동기의 속도제어

유도전동기는 부하로 인한 회전속도가 저하되나 일반 특성은 정속도 전동기로서 가격이 저렴하고 보수가 용이하다.

최근 우수한 성능의 반도체 소자가 개발되어 제어기술의 진보와 더불어 직류기와 동등한 정밀도와 제어성능을 가진 유도전동기의 속도제어 방식이 개발되어 실용화되고 있다.

유도전동기의 회전속도 N은

$$N=(1-s)\cdot N_s=(1-s)\cdot \frac{120f}{P}\,[\mathrm{rpm}] \tag{7-3}$$

로서 나타낸다. N_s는 동기속도, P는 극수, f는 주파수[Hz], s는 슬립이다.

따라서, 속도를 변화시키기 위해서는 슬립 S를 바꾸는 방법과, 극수 또는 주파수를 바꾸어 회전속도를 변화하는 방법 등을 생각할 수 있다. 표 7-6은 3상 유도전동기의 속도제어 방식의 비교이다.

표 7-6 3상 유도전동기의 속도제어 방식의 비교

<table>
<tr><th colspan="2">방식</th><th>특성</th><th>속도 제어 범위</th><th>제어 정밀도</th><th>적 용 예</th></tr>
<tr><td colspan="2">2차 저항 제어법</td><td>정토크 특성 감속시 효율이 저렴하고 속도 변동률이 커진다.
설비가 싸다.</td><td>1 : 15</td><td>-</td><td>펌프
송풍기</td></tr>
<tr><td rowspan="2">2차 여자법</td><td>셀비우스법</td><td>정토크 특성, 효율이 좋다.
설비가 고가</td><td>1 : 5</td><td>±1[%]</td><td>펌프
송풍기
콤프레셔</td></tr>
<tr><td>크래머법</td><td>정토크 특성, 효율이 좋다.
설비가 고가</td><td>1 : 2</td><td>±1[%]</td><td>압연기
준설용 펌프</td></tr>
<tr><td colspan="2">1차 전압 제어법</td><td>정토크 특성, 효율이 좋다.
설비가 고가
대용량기에는 적용 곤란</td><td>1 : 10</td><td>±2[%]</td><td>엘리베이터
컨베이어
피더
권취기</td></tr>
<tr><td colspan="2">극수 절환법</td><td>연속 제어에는 불가능
설비가 싸다.</td><td>-</td><td>-</td><td>송풍기의 동력,
절약형 운전등</td></tr>
<tr><td colspan="2">주파수 제어법</td><td>효율 제어 정밀도가 양호
4상한 운전이 가능
설비가 고가</td><td>1 : 100</td><td>±0.5[%]</td><td>펌프, 송풍기
공작 기계
원심 분리기
압출기, 교반기</td></tr>
</table>

(1) VVVF 속도제어 방식

① 속도제어 방식의 원리 : VVVF(Variable Voltage Variable Frequency)란 가변전압 가변주파수 변환장치로 상용전원으로부터 공급된 전압과 주파수를 변환시켜 모터에 공급함으로서 모터의 속도를 제어할 수 있는 정지형 모터 속도제어 장치이다.

② VVVF 속도제어 방식의 종류 : 전압형 인버터와 전류형 인버터가 있으며 전압형 인버터를 많이 적용한다.

③ 변환원리 : $N = \frac{120f}{P}(1-S)$ (7-4)

위 식에서 극 수와 슬립을 일정하게 하면 주파수의 변화에 따라 속도가 변한다.

④ 회로도

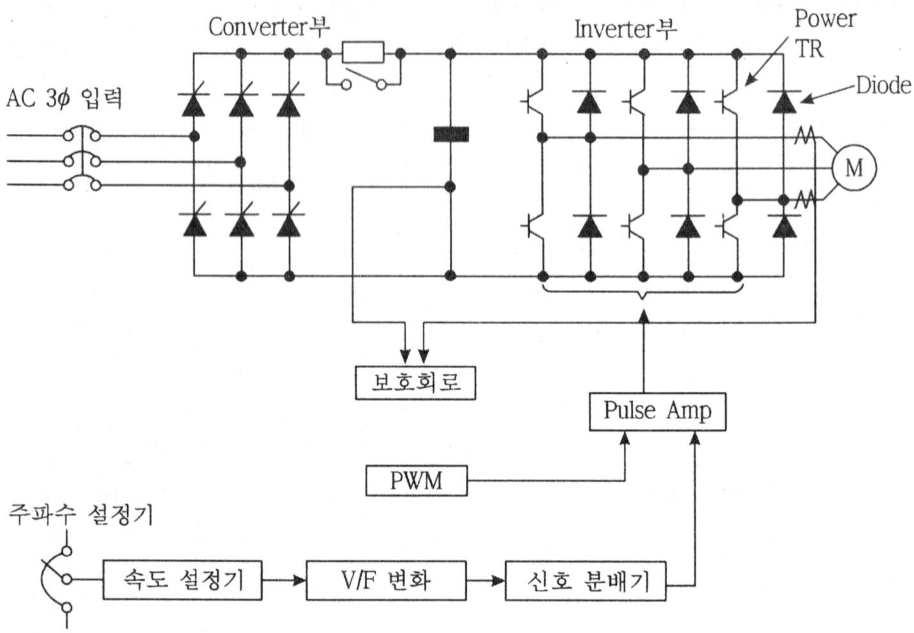

그림 7-4 VVVF 장치 회로도

⑤ VVVF 속도제어 방식 적용의 필요성 : 범용 모터를 그대로 사용할 수 있고 자동제어가 용이할 뿐 아니라 효율이 높고 고속운전이 용이하다.

⑥ 일반 속도제어장치와의 비교

표 7-7 속도제어 장치의 비교

구 분	직류레오너드 방식	VS Motor	VVVF 방식
성 능	· 가장 우수하고 고급 · 높은 정밀도용으로 사용	· 효율이 낮음 · 소용량에만 사용	· 가장 효율이 높음 · 제어성이 뛰어나 직류모터의 영역까지 향후 확대 가능
에너지절약	· 절약효과가 높으나 가격이 비싸 투자시 종합적인 검토가 필요	· 극히 불리	· 절약효과가 높고 특히 제곱 저감 토크 부하에 적용하면 효과적
유 지 보 수	· 브러쉬 등의 보수가 어렵다.	· 용이	· 가장 용이
경 제 성	· 고가	· 저렴	· 고가(점차 저렴화)
기 타	· 소형화, 고급화에 주력하는제품	· 소용량에만 한정하여 사용	· 높은 제어성과 에너지절약 측면에서 가장 기대되는 방식

⑦ VVVF 속도제어 방식 적용에 의한 에너지 절약 : 부하의 특성이 유량의 변화에 따라 제곱저감 토크의 특성을 갖는 부하(팬, 송풍기, 펌프 등)에 특히 에너지 절약 효과 있음

⑧ VVVF 속도제어 방식 적용시 고려사항

㉠ 원심응력의 반복에 따른 피로 증가문제 : 전속도 변화에 따른 샤프트의 기계적응력 검토

㉡ 온도상승문제 : 저속도에서는 냉각효과가 저하되므로 별도의 냉각장치 고려

㉢ Thyristor 전원 사용할 때 맥동 영향

㉣ 전원에 대한 고조파 영향

3 농형 유도전동기의 기동방식

(1) 전전압기동(직입기동) 방식

정지 상태에 있는 전동기에 직접 전원전압을 인가하여 기동하는 방법으로서 가장 간단한 방식이다. 그러나 기동 전류가 5~7배까지 흐르므로 기동시간이 오래 걸린다든지 또는 빈번한 기동일 때는 기동 전류로 인해서 기동코일이 과열되는 수가 있다.

이 방식은 5[kW] 이하의 소용량 농형전동기에 채용되고 전원용량이 적은 경우는 전원의 전압강하가 커지고 배전선에 악영향을 준다. 그림 7-5는 직입기동 방식을 나타낸 그림이다.

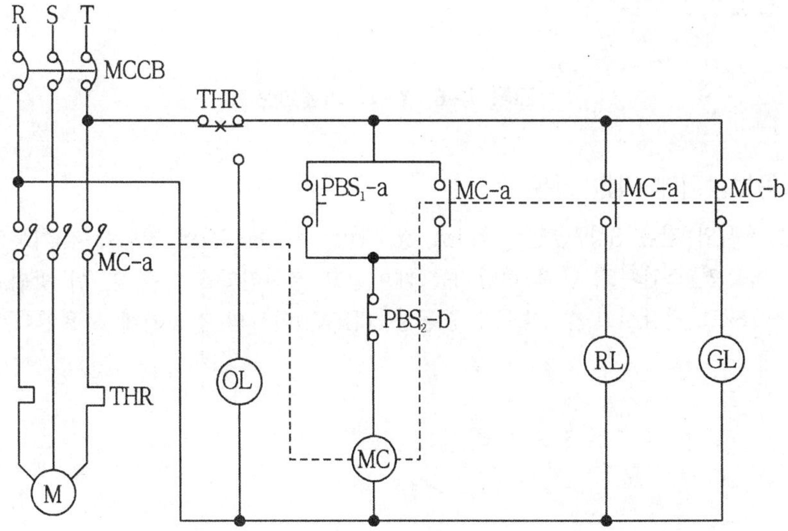

그림 7-5 직입기동 방식

(2) Y-△기동 방식

기동전류를 줄이기 위해서 운전 상태에서 권선접속이 △접속인 전동기를 기동시만 Y접

속으로 하여 상전압을 $1/\sqrt{3}$ 로 감압하여 기동하고 속도가 상승되어 운전속도에 가깝게 도달하였을 때 △접속으로 바꾸어 큰 기동전류를 흘리지 않고서도 기동할 수 있는 방법이다.

일반적으로 이 기동방식은 5.5~37[kW] 정도에서 채용되고 기동전류는 직입기동에 대하여 1/3로 되고 조작이 매우 간단하다.

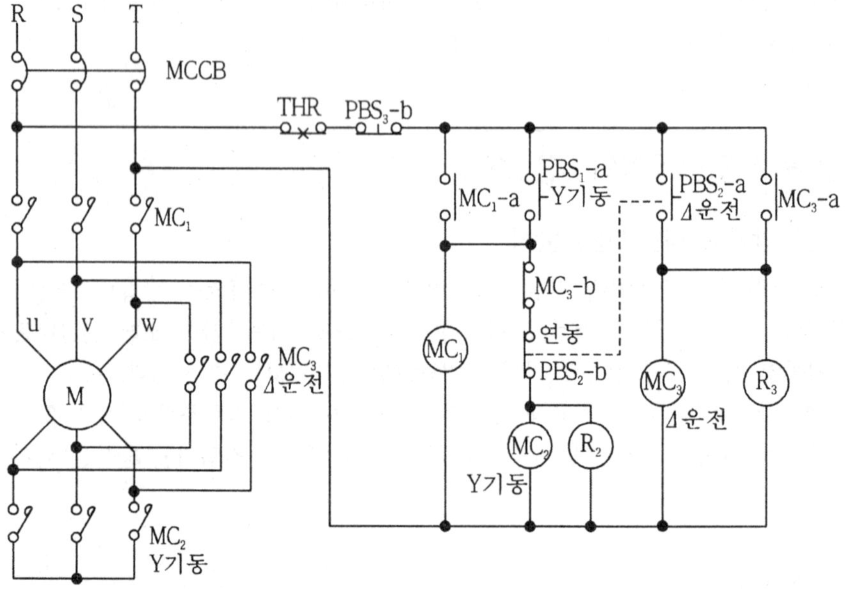

그림 7-6 Y-△ 기동회로

(3) 기동보상기에 의한 기동

그림 7-7에서와 같은 3상 단권변압기로 정격전압 50~80[%]의 전압에서 기동하고 전부하 속도에 이르면 스위치로 단권 변압기를 떼어놓고 전원전압을 가한다. 이 방법은 기동전류를 0.52~0.82로 저감시킬 수 있으며 중용량(30[kW])이상의 전동기에 사용된다.

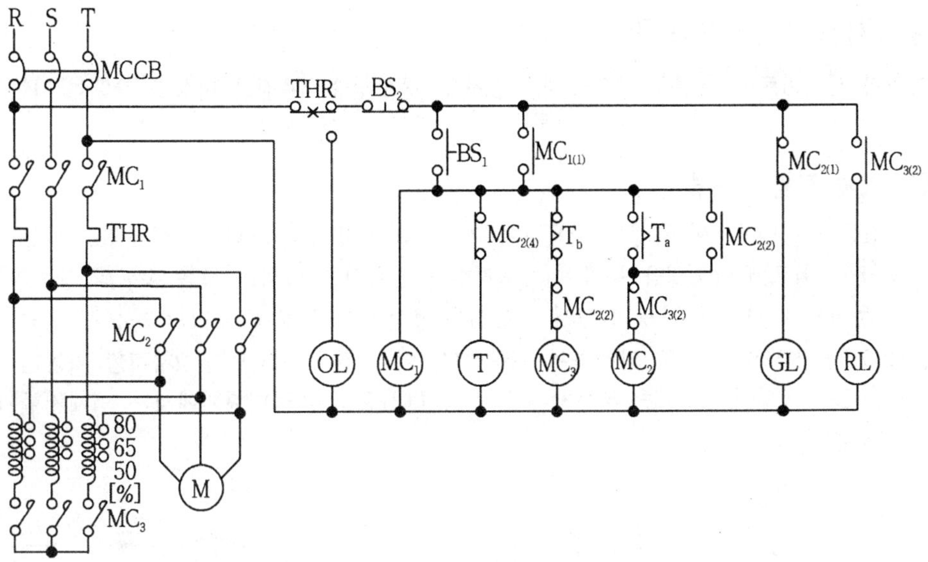

그림 7-7 기동보상기에 의한 기동회로

(4) 리액터 기동

리액터(reactor) 기동방식은 전동기의 전원측에 직렬로 리액터를 삽입하고 리액터에서 발생하는 전압강하를 이용하여 낮은 전압으로 기동하는 방식으로 회전수 상승과 더불어 전동기에 인가전압이 상승하므로 속도 변환할 때의 충격이 적어 방적기계 등에 적합한 기동방식이며 그림 7-8에 나타내었다.

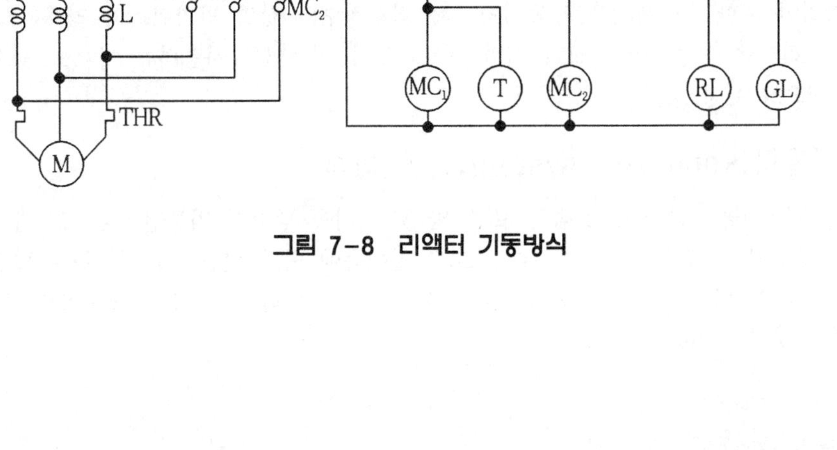

그림 7-8 리액터 기동방식

4 권선형 전동기의 기동

회전자 권선회로에 저항을 접속하여 기동하고, 속도상승 후 점차 저항을 감하여 가는 방법이다.

(1) 2차 저항 기동법

유도전동기의 비례추이 특성을 이용하여 기동하는 방법으로 그림 7-9에서 표시하는바와 같이 회전자 회로에 슬립링을 통하여 가변저항을 접속하고 그의 저항을 속도의 상승과 더불어 순차적으로 바꾸어 적게 하면서 기동하는 방법으로서 보통 토크와 전류는 정격값의 100~150[%] 정도의 범위로 억제하여 기동한다. 이와 같은 기동법을 2차저항 기동법이라고 한다. 2차 삽입저항으로는 금속저항기가 많이 사용되지만 대형기에서는 액체저항기를 많이 사용한다.

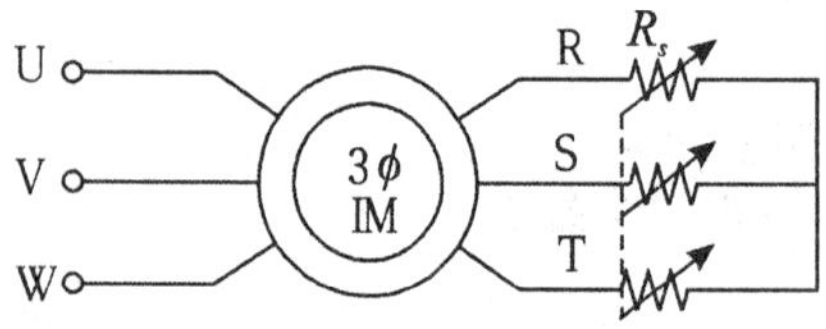

그림 7-9 2차 저항 기동방식

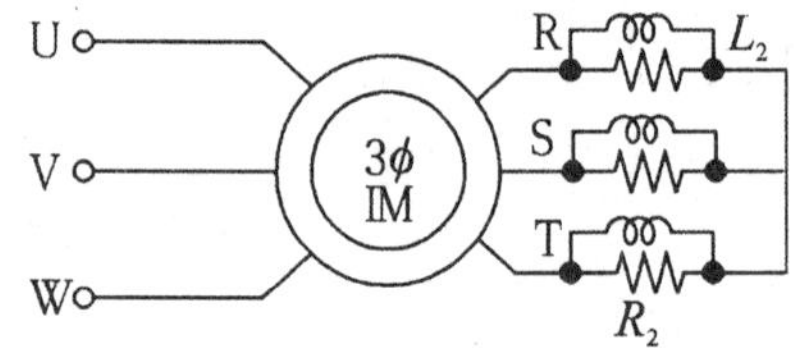

그림 7-10 2차 임피던스 기동방법

(2) 2차 임피던스 기동법

그림 7-10에서 표시하는 바와 같이 회전자 회로에 고정저항 R_2와 리액터 L_2 또는 가포화 리액터의 병렬접속한 것을 삽입하는 방법으로 기동초기의 슬립이 큰 범위에서는 회전자 회로의 주파수가 높기 때문에 리액터의 리액턴스가 크며 대부분의 2차전류는 저항에 흘러서 2차저항 기동의 상태로 기동한다.

속도가 상승됨에 따라서 슬립이 감소하고 2차주파수가 낮아지기 때문에 리액턴스가 적게 되어 2차전류가 리액턴스 쪽으로 많이 흐르게 되며, 동기속도 근처에서는 거의 단락상태에 가깝게 된다. 이 때문에 기동초기에는 저전류 고토크로 기동하고 서서히 2차단락의 상태로 이행하여 비교적 양호한 기동을 할 수 있다.

이 방법에 의한 기동특성은 전동기의 2차 회로정수와 삽입 임피던스의 리액턴스특성에 의존하고 리액터의 선택이 비교적 어려우며 가포화 리액터를 사용하는 방법도 있으나 비교적 대형으로 된다.

5 콘돌퍼(kondorfer system)기동 방식

이 방식은 기동 보상기의 결점을 보완 및 Y-△기동 방식의 기동전류와 토크가 고정되어 있어 조정할 수 없는 점을 개선한 것으로 전원측에 단권 변압기를 설치하여 낮은 전압으로 기동하고, 가속 후 전원 전압으로 변환하는 방식이다. 대용량의 냉동기용 콤퓨레셔 등의 기동 방식에 이용되고 있다.

그림 7-11은 콘돌퍼 기동 방식을 나타낸 그림이다.

	C	S	M
기동보상기	ON	ON	OFF
리액터	ON	OFF	OFF
운전	OFF	OFF	ON

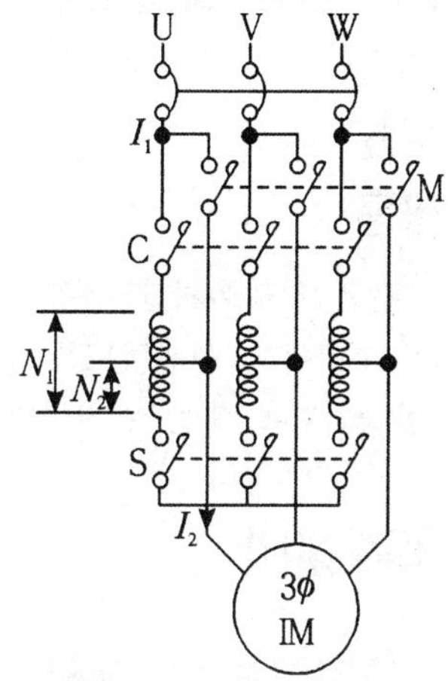

그림 7-11 콘돌퍼 기동 방식

7.2.4 전동기의 제동

전동기로 구동하고 있는 부하를 정지시키는 경우에는 단시간 내에 정지시키지 않으면 안 되는 경우가 있다. 이와 같은 경우에는 회전체가 가지고 있는 운동 에너지를 흡수함으로써 급속히 속도를 저하시키는 것이 필요하며 이런 운전상태를 제동이라 한다.

에너지 흡수 방법에 따라 마찰제동, 발전제동, 역전제동, 회생제동, 와류제동 등이 있다.

[1] 발전제동(다이나믹 제동)

전동기를 제동시키기 위해 공급전원을 끊고 이것을 발전기로 동작시켜 외부의 저항기에 전류를 통해서 운동 에너지를 주울열로 변환시키는 방식이며 직류전동기에서는 계자를 가한 상태로 전기자 권선에 저항기를 접속하면 된다.

그리고 권선형 전동기의 경우에는 1차측을 교류 전원에서 분류하여 직류 전원에 접속하고 2차측을 저항기에 접속하면 된다. 어떠한 경우에도 저항기의 저항값에 의해서 제동 토크와 속도의 관계가 변화하고 또 속도가 낮은 곳에서는 제동 토크가 감소한다.

[2] 회생제동

권상기, 엘리베이터, 기중기 등으로 물건을 내릴 때와 같이 전동기가 가지는 운동 에너지를 발전기로 동작시켜 발생한 전력을 반환하면서 과속을 방지하는 것이다. 회생 제동할 때의 손실이 가장 적고 효율이 높은 제동법이다.

[3] 역전제동

전동기가 회전 중에 역회전 접속으로 전환하여 급속히 감소하고 역방향으로 가속하기 전에 시한 계전기나 역회전 검출 계전기(플러깅 계전기)에 의해서 전원에서 분리하여 정지시키는 방법이다.

[4] 와류제동

발전제동과 같은 원리이지만 전동기 축 끝에 구리판 또는 철판을 붙이고, 이것을 직류 전자석의 자극 사이에서 회전하도록 하여 전자석을 여자하면 금속판 중에 와류가 유기되어 제동력을 발생하도록 하는 방식이다.

7.3 동력설비

7.3.1 동력설비의 구성

고압동력에는 보통 3[kV]의 고압전동기를 사용하므로 수전전압이 6[kV]이면 6[kV]/3[kV]의 변압기로 강압한다. 저압 동력은 220[V], 380[V], 440[V]의 전동기가 사용되고 수·변전실에 설치된 중앙제어센터에서 운전되는 것과 분전반으로부터 직접 전동기 근처의 동력 제어반으로 운전되는 것이 있다.

그림 7-12는 동력설비의 구성을 나타낸 그림이다.

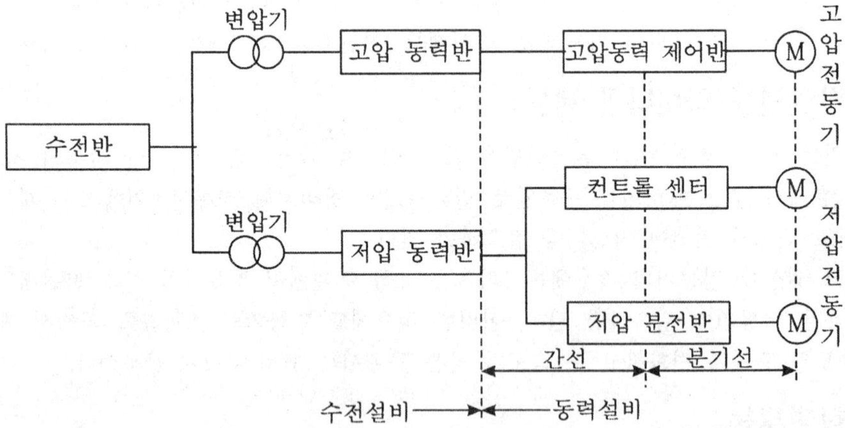

그림 7-12 동력설비의 구성

1 동력간선

2대 이상의 동력회로에 전력을 공급하는 전로를 동력간선이라 하며 간선은 일반동력(난방)과 비상동력으로 구분하고 동력계통은 부하단위(보일러실, 열교환실, 펌프실 등)로 별도 회로를 구성한다.

전동기의 부하는 $3\Phi 3W$ 380[V]공급을 원칙으로 하며 단상부하가 1[kVA] 이상 있는 경우는 $3\Phi 4W$ 380[V]/220[V]로 공급한다. 또한 단상부하가 1[kVA] 미만인 경우는 동력반내 가압기(380[V]/220[V])를 설치하여 전원을 공급하고 소화수 펌프용 배선은 전용회로로 구성한다.

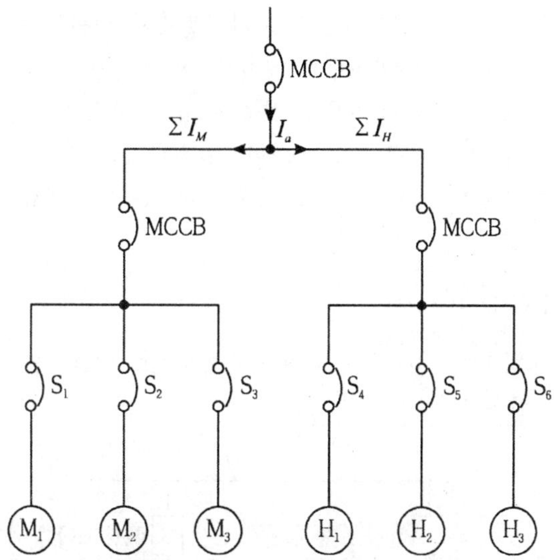

그림 7-13 동력 간선의 분류

내선규정에 따르면 간선의 굵기, 개폐기 용량 및 과전류 보호기 용량의 결정방법은 다음과 같다.

① 간선에 접속하는 전동기의 정격전류의 합계가 50[A] 이하일 경우에는 정격전류 합계의 1.25배 이상을 선정한다.
② 간선에 접속하는 전동기의 정격전류의 합계가 50[A]를 초과하는 경우에는 정격전류의 1.1배 이상을 선정한다.
③ ①, ②항에서 전동기의 정격전류 합계로서 220[V] 3상 유도전동기에 대해서는 정격출력 [kW]당 4[A]로 할 수 있다.
④ ①항의 경우 수용률, 역률 등을 추정할 수 있는 경우에는 이것들에 의하여 적절히 산출된 부하 전류값 이상의 허용전류를 가지는 전선을 사용할 수 있다.

⑤ 간선을 보호하는 과전류 보호기의 정격은 그 간선에 연결된 전동기 및 최대 용량의 전동기 정격 전류의 3배에 나머지 전동기의 정격 전류 합계를 가산한 값으로 하여야 한다.
⑥ 간선에 붙이는 개폐기의 정격보다 적어서는 안 된다.

2 동력 분기회로

(1) 분기회로의 시설

전동기는 1대마다 전용의 분기회로를 시설하여야 한다. 다만, 다음 각호에 해당할 경우에는 그러하지 아니하다.

① 15[A] 분기회로 또는 20[A] 배선용차단기 분기회로에서 사용하는 경우

주 15[V] 분기회로 또는 20[A] 배선용차단기 분기회로에 시설하는 전동기 정격전류의 합계는 4[kW] 이하(200[V]급인 경우는 2[kW] 이하)로 하는 것이 바람직하다.

② 2대 이상의 전동기로서 각각 과부하보호장치를 설치하였을 경우

주 이 호의 적용은 가급적 단일제조장치의 유니트 등에 한정하는 것이 바람직하다.

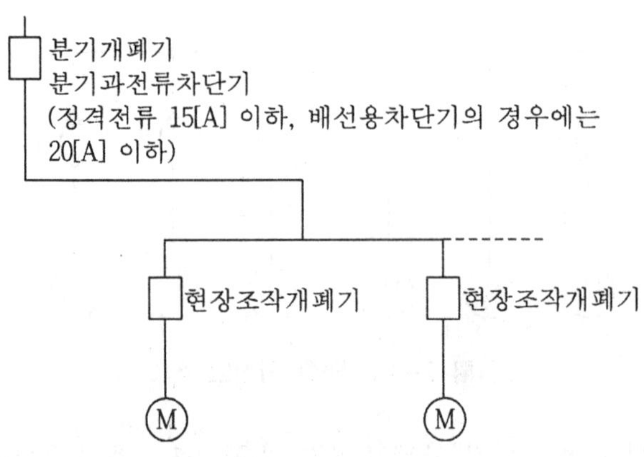

그림 7-14 과전류차단기의 정격전류가 15[A](배선용차단기의 경우에는 20[A])인 분기회로의 예

③ 공작기계, 크레인 등에 2대 이상의 전동기를 일조(一組)의 장치로 하여 시설하고, 이것을 자동제어 또는 취급자가 제어하여 운전할 경우 또는 2대 이상의 전동기의 출력축이 기계적으로 상호 접속되어 단독으로 운전할 수 없는 경우

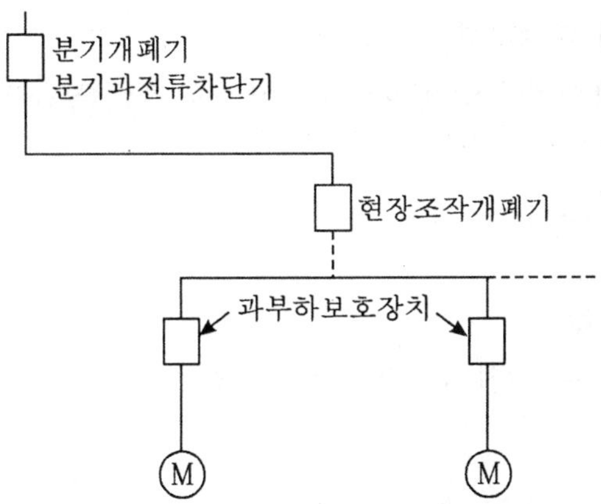

그림 7-15 2대 이상의 전동기에 각각 과부하보호장치를 설치하였을 경우의 예

[3] 동력설비의 배선

① 사용전선은 IV전선으로 하고 소화수 펌프는 HIV전선을 사용한다.
② 간선의 배선은 CV케이블을 사용한다.
③ 전동기에 공급하는 분기회로의 전선 굵기는 다음에 의한다.
 ㉠ 정격 전류가 50[A] 이하일 경우는 1.25배 이상의 허용 전류를 가지는 것.
 ㉡ 정격 전류가 50[A]를 초과할 경우는 1.1배 이상의 허용 전류를 가지는 것.
 ㉢ 전동기 회로의 최소 굵기는 2.0[mm] 이상으로 한다.
④ 간선의 굵기가 500[mm^2] 초과하는 경우는 회로를 분리하여 각각 별도회로를 배선한다.

[4] 동력설비의 배관

① 전동기 배관은 강관으로 행거 노출 시설한다.
② 전동기의 배관은 개별 배관한다. 다만, 2대중 1대가 예비이고 용량이 10[HP] 이하인 경우는 2대를 1개 배관으로 한다. 또한, 수위 조절용 제어선은 기존 배관을 이용한다.
③ 배관이 전동기 2대를 고용하는 경우는 조인트 박스를 설치하여 가요 전선관으로 기기 접속함까지 배관한다. 다만, 전동기가 1대인 경우 조인트박스를 사용하지 않는다.
④ 급배기 팬 등이 1/4[HP] 이상은 노출 배관하고 기타 소형기계 기구는 콘센트 마감토록 매입 배관한다.
⑤ 배관은 2[m] 간격으로 행거로 지지한다.
⑥ 조인트박스는 0.5[m] 높이에 적절히 고정한다.

7.3.2 전동기의 선정

[1] 전동기의 선정 방법

전동기를 선정하는데 있어서 될 수 있는 한 전동력을 합리적으로 이용하기 위해서는 용도에 적합한 전동기를 선정하여야 한다.

(1) 전동기 선정시 고려사항

전동기는 산업현장에서 중요한 기기이므로, 부하의 특성, 부하의 운전조건에 따라서 다음과 같은 사항을 고려하여야 한다.

① 부하기기의 특성에 적합할 것
② 사용조건을 고려할 것
③ 환경조건을 고려할 것
④ 신뢰도 및 유지, 보수의 난이도에 따라 고려할 것

(2) 전동기의 선정

① 부하의 토크-속도 특성에 적당할 것.
② 용도에 알맞은 기계적 형식일 것.
③ 운전형식에 적당한 정격 및 냉각방식일 것.
④ 사용장소의 상황에 알맞은 보호방식일 것.
⑤ 고장이 적고 신뢰도가 높으며 운전비가 싼 것일 것.
⑥ 표준 규격품이고 신뢰성이 있을 것.

2 전동기의 용량 산정

전동기에 대한 배선을 하려면 먼저 전동기의 용량[kW]을 알 필요가 있다. 이 용량의 산정은 일반적인 경우 기계설비를 담당하는 측에서 산정하는 것이 관례이다. 그러나 그 산정의 기준은 다음의 근거에 의해서 산정한다.

(1) 펌프용 전동기

$$P = \frac{0.163 \times Q \times H \times r(1+\alpha)}{\eta} \text{ [kW]} \qquad (7\text{-}5)$$

여기서, P : 전동기의 용량[kW], Q : 양수량[m³/min], H : 전 양정[m], r : 물의 비중(상온에서 1), α : 여유도(0.05~0.2), η : 펌프 효율(0.3~0.8)

(2) 송풍기용 전동기

$$P = \frac{Q \times H \times (1+\alpha)}{6120 \times \eta} \text{ [kW]} \qquad (7\text{-}6)$$

여기서, P : 전동기의 용량[kW], Q : 풍량[m/min], H : 풍압[mmHg], α : 여유도(0.1~0.5), η : 송풍기의 효율(0.3~0.7)

(3) 엘리베이터용 전동기

$$P = \frac{L \times V \times \beta}{6120 \times \eta} \text{ [kW]} \qquad (7\text{-}7)$$

여기서, P : 전동기의 용량[kW], L : 적재 하중[kg], V : 엘리베이터의 정격속도 [m/min], β : 추의 계수(0.4~0.6), η : 권상기의 효율(0.3~0.6)

(4) 권상기용 전동기

$$P = \frac{9.8L \times V}{\eta}[\text{kW}] \tag{7-8}$$

여기서, P : 전동기의 용량[kW], L : 권상 하중[T], V : 권상 속도[m/s], η : 권상기 효율

7.3.3 전동기의 보호

1 사용 환경에 따른 보호

전동기는 사용목적에 따라 각각 다른 장소에 사용되므로 장소와 조건에 맞는 동시에 안전하고 합리적인 구조이어야 한다.

그리고 폭발성 가스 속에서 사용되어도 충분한 특수 구조로 된 방폭형(기호는 E), 부식성 가스 또는 증기 속에서의 사용에 견딜 수 있도록 가스 또는 증기의 종류 농도 등에 따라서 적절한 처치를 한 방식형(기호는 C), 또한 옥외형의 경우는 W를 JP와 숫자 기호 사이에 삽입한다.

2 과부하 보호

과전류 차단기는 전로의 단락 보호장치이므로 기동 전류에서는 동작하지 않는 여유를 가지고 있기 때문에 전동기의 과부하, 결상 등의 보호는 할 수 없다.

전동기 보호에 관해서는 전기설비기술기준에서는 다음과 같이 규정되어 있다.

전동기의 소손을 방지하기 위하여 다음의 경우를 제외하고는 전동기용 퓨즈, 열동 계전기, 전동기 보호용 배선용 차단기, 유도형 계전기, 정지형 계전기 등의 전동기용 과부하 보호 장치를 사용하여 자동적으로 회로를 차단하거나 경보를 내는 장치를 사용하여야 한다.

① 전동기 자체에 유효한 과부하 소손 방지 장치가 있는 경우
② 전동기 권선의 임피던스가 높고 기동 불능시에도 전동기가 소손될 우려가 없는 경우(일반적으로 35[W] 정도 이하의 교류 전동기가 이에 상당한다.)
③ 전동기의 출력이 4[kW] 이하이고 그 운전상태를 취급자가 전류계 등으로 항상 감시할 수 있을 경우
④ 일반 공작 기계용 전동기 또는 호이스트 등과 같이 취급자가 상주하여 운전할 경우
⑤ 부하의 성질상 전동기가 과부하로 될 우려가 없을 경우
⑥ 단상 전동기로서 15[A] 분기회로(배선용 차단기는 20[A])에서 사용할 경우
⑦ 전동기의 출력이 0.2[kW] 이하일 경우

또 3상 4선식 저압 전로에 연결되어 사용하는 3상 전동기의 과부하 보호용으로는 전자 개폐기의 저압측 단자극에 과부하 보호용 열동계전기가 설치되어 있는 것을 사용하는 것이 바람직하다.

7.4 동력설비의 응용

7.4.1 공기조화용 동력설비

1 공기조화용 동력설비구성

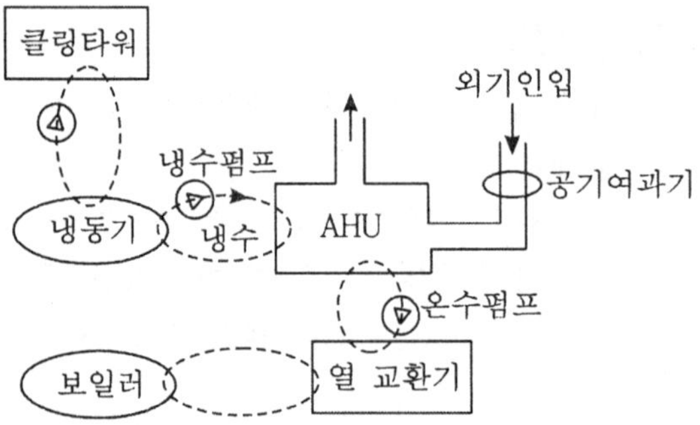

그림 7-16 공기조화용 설비의 구성

① 냉매를 제공하는 터보 냉동기와 흡수식 냉동기
② 빙축 열조용 동력
③ 응축된 냉각수를 순환하는 순환 펌프와 냉각탑(cooling tower)의 펌프
④ 공기 조화의 송풍기 등

공기조화인 경우는 공기의 온·습도를 조절하는 것으로 공기냉각기, 공기가열기, 가습기, 공기 여과기로 구성된다. 이들의 종류로는 에어 핸들링 유닛(AHU : air handling unit), 팬코일 유닛(FCU : fan coil unit), 인덕션 유닛(induction unit), 패키지형 공기 조화기(package air conditioner) 등이 있다.

1 냉동톤(1RT)=3320[kcal/h]
1 미국냉동톤(1USRT)=3024[kcal/h]

2 공기조화설비의 종류

공기조화설비의 기본구성은 단일 덕트 방식, 코일 유닛 방식, 냉매 방식으로 나눌 수 있다.

(1) 단일 덕트 방식

1 개소에서 쾌적 상태로 조정된 공기를 덕트를 통하여 실내로 보내는 방식이다.

(2) 팬 코일 유닛(FCU : fan coil unit : 전수 방식) 방식

실내에 설치되어 있는 팬 코일 유닛에 냉수 또는 온수를 보내고 신선한 외부 공기를 별도로 조정하여 냉각 또는 가열하는 방식이다.

(3) 냉매 방식

열 교환기를 실내와 실외로 분리하여 놓고 쌍방을 냉매 배관에 의하여 결합하여 결합하고, 열 반송을 냉매에 의하여 행하는 방식이다.

7.4.2 급 · 배수 설비

급 · 배수 설비 동력은 펌프 구동용으로 사용되고, 근래에 와서는 기술의 급진적인 발전으로 급 · 배수 설비 시설이 날로 향상되고 있다.

빌딩의 급 · 배수 및 위생 시설의 기본 구성은 그림 7-17과 같이 수도관으로부터 수돗물을 먼저 저수조에 저장하고, 급수 펌프로 옥상 수조(고가 탱크)에 공급한다.

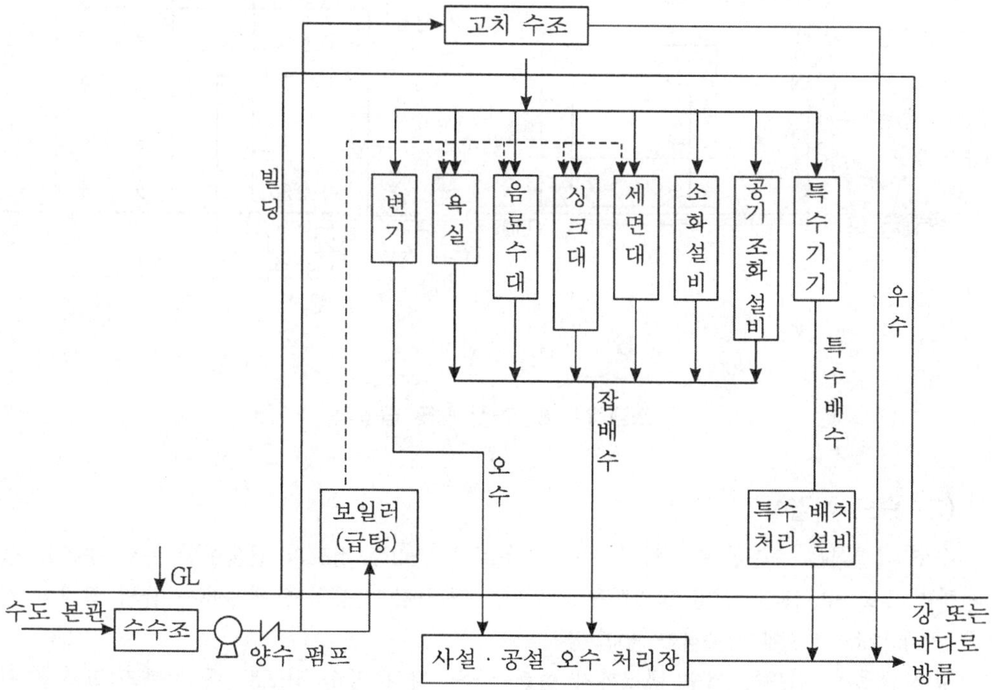

그림 7-17 급 · 배수 및 위생 설비의 기본 구성

옥상 수조에 저장된 물은 보일러에 데워진 물과 함께 주방, 화장실, 세면기 등에 공급되고 여기서 이용된 후에는 잡배수가 된다.

변기에서 이용된 옥상 수조의 물은 오수가 되고 병원이나 연구소와 같이 특수 목적으로 이용된 물은 특수 배수가 된다. 잡 배수나 오수는 오수 처리장에서 처리되고 특수 배수는 특수 배수 처리장에서 처리되어 강이나 바다로 방류된다.

1 급수 설비

급수의 물은 대부분이 상수도를 이용하고 지하수는 여러 가지 규제 때문에 근래에는 사용하는 양이 적어지고 있다. 급수 방법에 따라 수도 직결식, 옥상 수조식, 압력 수조식 등으로 분류할 수 있다.

(1)옥상 수조식

옥상 수조식은 그림 7-18과 같이 수돗물을 사용하는 경우 먼저 지하에 설치한 저수조에 물을 저장하고, 이 물을 양수 펌프로 옥상에 설치한 물탱크에 올려서 각 층의 수도관으로 압력을 이용하여 물을 공급하는 방식이다.

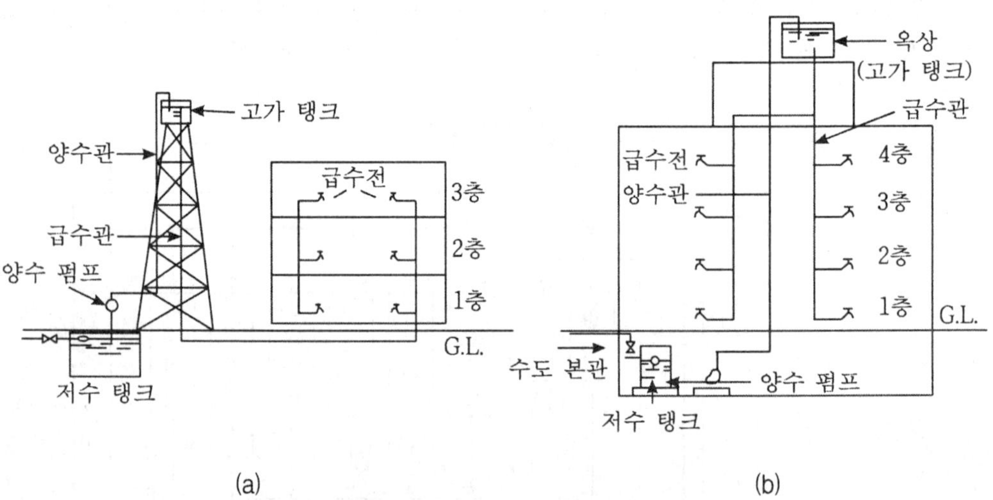

그림 7-18 옥상 탱크 급수식

(2) 수도 직결식

수도 직결식은 충분한 수압력이 있는 경우로서 1~2층 정도의 건물이면 옥상 수조를 설치하지 않고 수도관과 직접 연결하는 것이다. 우물물을 사용하는 경우에는 물의 양정이 깊은 것과 얕은 경우에 사용하는 방법이다.

깊은 우물용 펌프는 저수 탱크까지 올린 다음, 다시 양수 펌프로 옥상 탱크(고가물 탱크)까지 물을 올린다. 우물물이 얕은 경우에는 취수 펌프로 옥상 수조까지 직접 올리는 방식을 취한다.

옥상 수조까지의 양수는 옥상 내에 시설한 액면 조정용 플로트 스위치(float switch) 또는 전극을 사용해서 수조 내의 수면 변동에 따라 전동기를 운전 또는 정지시킨다.

(3) 압력 수조식

압력 수조식은 옥상 수조 대신에 압력 수조를 사용하여 급수하는 방식이다. 이 방식은 규모가 큰 빌딩에서는 별로 사용하지 않고 일반 주택의 가정용으로 많이 사용된다.

2 배수 설비

배수 설비는 사용하는 목적에 따라 잡배수, 오수, 특수 배수, 빗물 배수로 나뉘어진다. 지상 각 층으로부터의 배수는 중력에 의한 배수 방식이 보통이나 지하 각층 또는 지상일지라도 배수 위치가 낮은 관계로 중력을 이용한 배수가 어려울 때는 일단 지하의 잡배수조 또는 오수조까지 보낸 후 배수 펌프나 오수 펌프로 배수하여 준다.

7.5 동력의 운전제어

어떤 목적에 맞추기 위하여 대상에 대해 필요한 조작을 가하는 것을 제어라고 하며, 목적에 적합한 동작을 사람의 손을 빌리지 않고 제어장치에 의해 자동적으로 이루어지는 제어를 자동제어라고 한다.

7.5.1 시이퀀스 제어

1 시이퀀스 제어

미리 정해진 순서에 따라 제어의 각 단계를 순차 진행해 가는 제어방식을 시이퀀스 제어라고 한다. 기본적으로 입력과 출력의 신호 경로는 Open Loop이며 각 신호의 내용은 현재의 상태를 유지하든지 또는 다른 새로운 상태로 이행하든지 그 어느 하나이다.

즉 다음 단계에서 실행할 제어동작이 미리 정해져 있고 단계의 동작이 완료된 후 다음 동작으로 이행한다. 그 때문에 반드시 앞 방향으로만 상태의 변화가 일어나고 후에 다시 돌아가는 일은 없다. 표 7-8은 시이퀀스 제어회로에서 많이 사용되는 접점의 종류 및 기능을 나타내었다.

표 7-8 접점의 종류 및 기능

번호	명칭	그림기호		기능
		a 접점	*b* 접점	
①	접점(일반) 또는 수동접점	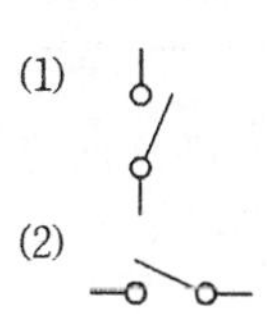	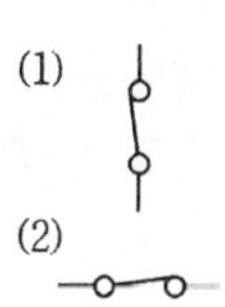	접점의 조작을 개로, 폐로 공히 수동으로 행하는 접점. 나이프스위치 접점을 포함한다.

번호	명칭	그림기호		기능
		a 접점	*b* 접점	
②	수동조작자동 복귀접점	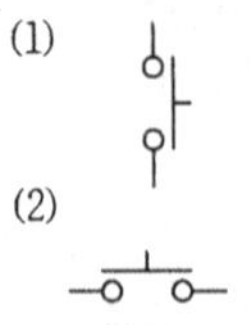	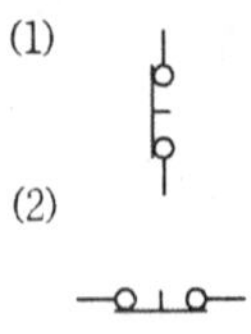	손을 떼면 복귀하는 접점으로 버튼 스위치, 조작스위치 등의 접점에 이용한다.
③	기계적 접점	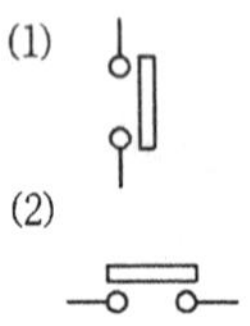	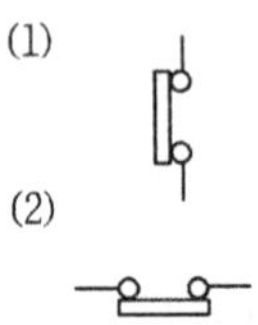	리미트 스위치 등과 같이 접점의 개폐가 전기적 이외의 원인으로 일어나는 것에 사용한다.
④	조작스위치 잔류 접점	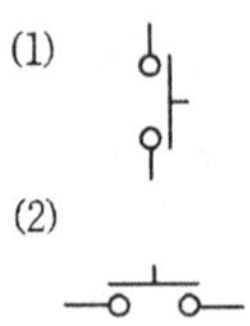	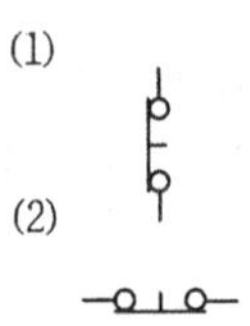	동작 조작으로 개폐된 접점이 복귀 조작을 실행할 때까지 그 상태를 보호하고 있는 접점으로 사용한다.
⑤	계전기접점 또는 보조스위치접점	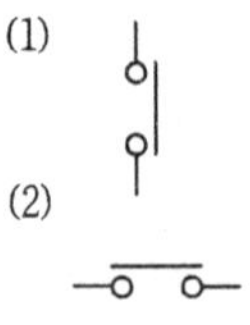	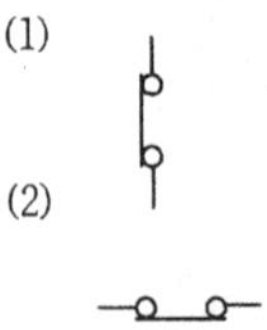	전기적 에너지가 주어지면 순시에 접점이 개폐되고 해제되면 순시에 복귀하는 접점으로 사용된다.
⑥	한시동작 접점	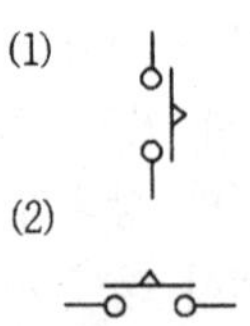	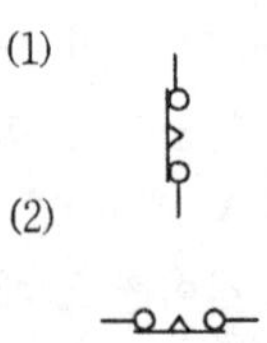	에너지가 주어진 다음 주어진 시간 후에 접점이 개폐하고 해제되면 복귀하는 접점에 사용된다.
⑦	한시복귀접점	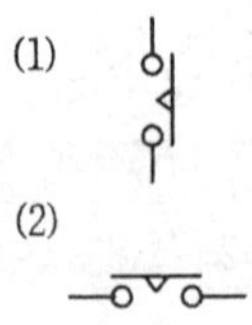	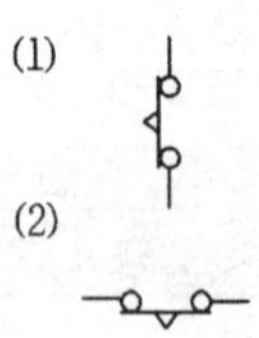	에너지가 주어지면 순시 접점이 개폐하고 해제되면 주어진 시간 후에 복귀하는 접점으로 사용한다.

번호	명칭	그림기호		기 능
		a접점	b접점	
⑧	수동복귀접점	(1) (2)	(1) (2)	접점의 개폐는 에너지 해제 후에도 기계적 또는 자기적으로 유지되고 복귀할 경우는 수동으로 복귀 조작하거나 복귀용 전자석으로 인위적으로 복귀시키는 접점으로 사용한다.
⑨	전자접촉기접점	(1) (1) (2) (2)	(1) (1) (2) (2)	오류가 발생될 우려가 없는 경우에는 계전기 접점 또는 보조 스위치 접점과 같은 그림기호를 사용해도 된다.
⑩	제어기 접점(드럼형 또는 캠형)			그림은 1개의 접점을 나타낸다.

(1) 유도전동기의 시이퀀스 제어회로

그림 7-19와 같은 시이퀀스 회로에서 플로우차트를 생각해 보면 그림 7-20과 같이 된다. 이 회로의 동작순서는 다음과 같다.

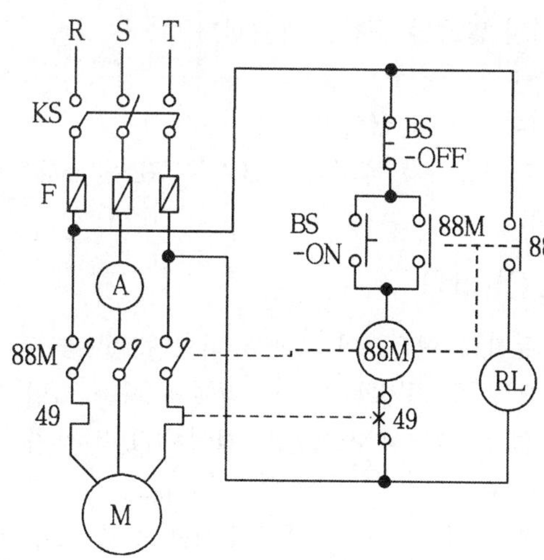

그림 7-19 유도전동기의 제어회로

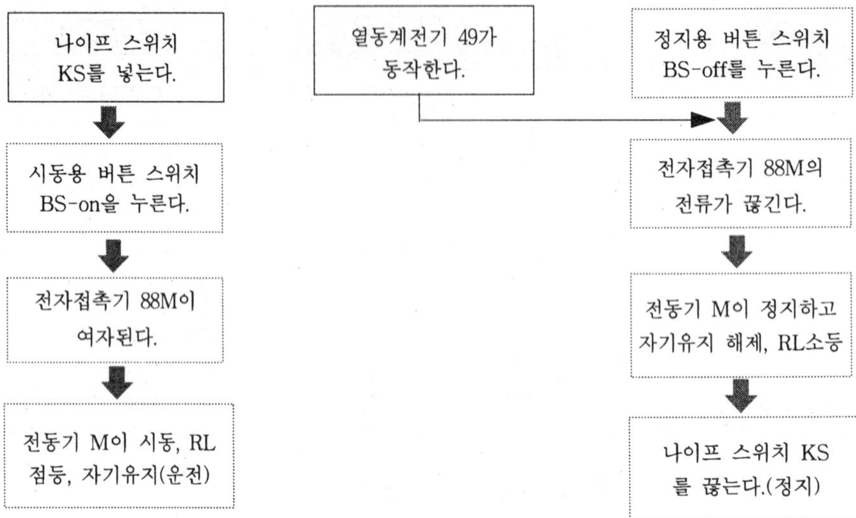

그림 7-20 그림 7-19의 플로우차트

(가) 동작순서

① 나이프 스위치 KS를 넣는다.

② 시동용 버튼 스위치 BS-on을 누른다.

③ 전자접촉기의 코일 88M이 여자된다.

④ 보조접점 88M이 닫혀 자기유지 됨과 동시에 표시등 RL이 점등되고 주접점 88M이 닫혀 전동기 M이 운전을 시작한다.

⑤ 열동계전기 49가 동작하지 않으면 운전을 계속한다.

⑥ 정지버튼 BS-off를 누른다.

⑦ 전자접촉기의 코일 88M의 전류가 끊어진다.

⑧ 보조접점 88M이 열려 자기유지가 해제되고 표시등 RL이 소등되며, 주접점 88M이 열려 전동기 M이 정지한다.

[2] 타임차트(Time Chart)

플로우차트는 시이퀀스 동작의 연속적인 관계를 나타낸 것으로 동작순서는 이해하기 쉽다. 그러나 이 플로우차트에서 각 기기가 시간의 경과에 따라 어떤 동작을 하고 있는가에 대해서는 자세히 읽을 수 없다. 그래서 시이퀀스 제어에 있어서 각 기기의 동작을 시간적으로 표시한 것이 타임차트이다.

횡축에 시간 또는 시간적 순서를 취하고 종축에 2값 신호 "1", "0" 또는 온(on), 오프(off)로 표시한다. 그림 7-20의 플로우차트의 경우 타임차트로 나타내면 그림 7-21과 같다.

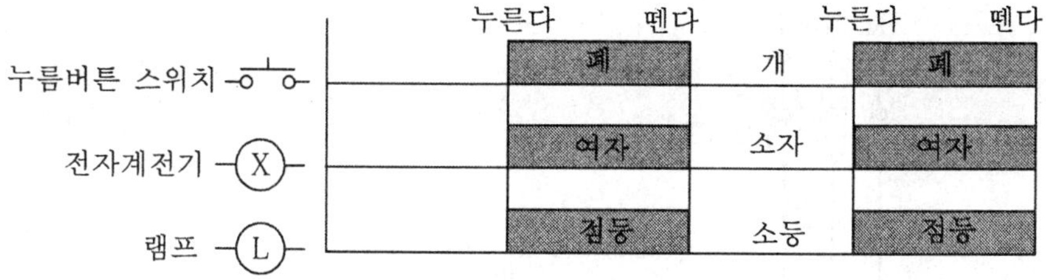

그림 7-21 램프 제어회로의 타임차트

또한 그림 7-22는 그림 7-19의 시이퀀스 회로의 타임차트이며, 각 기기의 시간적 동작을 잘 알 수 있다. 플로우차트는 시이퀀스 회로의 동작을 이해하기 쉽게 되어 있다.

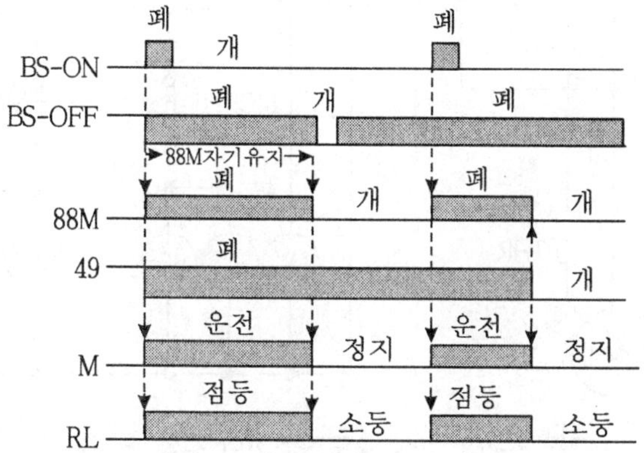

그림 7-22 그림 7-19의 타임차트

7.5.2 PLC제어

(1) 3상 유도전동기의 정역 운전회로

① 3상 유도전동기를 역회전시키려면 회전 자장의 방향을 반대로 하면 되므로 R, S, T 3단자 중 전자개폐기 2대를 사용하면 편리한 쪽 임의의 두 상을 서로 바꾸면 된다.

② 전자개폐기 2개가 동시에 동작하여 두 회로가 폐로되면 전원회로의 단락 사고가 일어나므로 MCF와 MCR의 b접점을 상호 상대쪽 코일 회로에 직렬로 넣어 한쪽이 동작시 다른 역전 한쪽은 동작하지 않는 인터록(interlock)회로를 사용한다.

따라서 한쪽 방향으로 돌 때 다른 쪽 누름버튼 스위치를 누르더라도 안정하다.

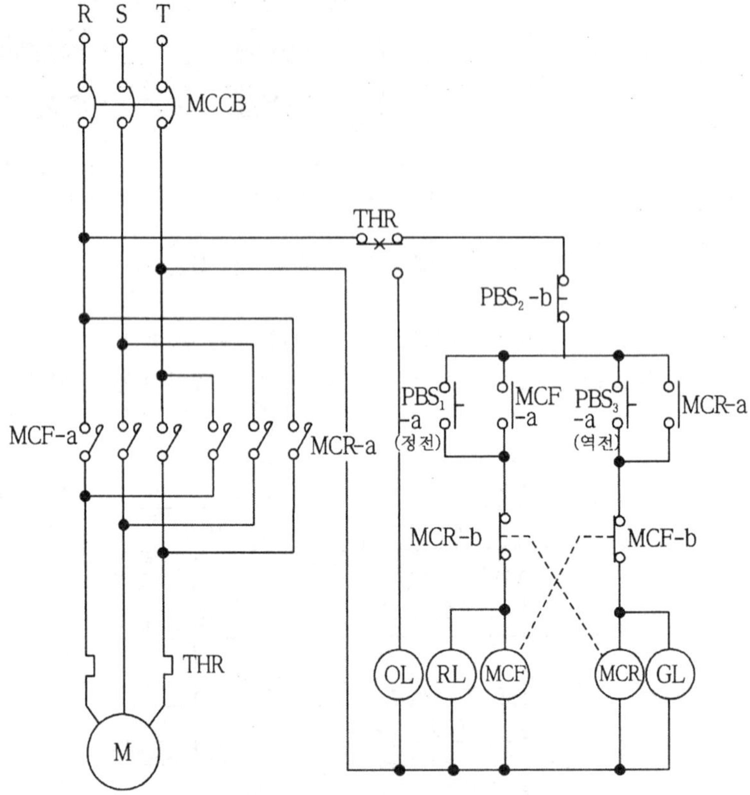

그림 7-23 3상 유도전동기의 정역 운전회로

(가) 동작설명

① 전원을 투입하여 정회전용 누름버튼 스위치 PBS1-a를 누르면 MCF가 여자되어 MCF의 주접점 MCF-a가 닫혀 전동기가 정회전 된다.
이때 보조접점 MCF-a가 닫혀 표시등 RL이 점등되고 누름버튼 스위치에서 손을 떼어도 자기유지되어 계속 운전된다.

② PBS2-b를 누르면 회로가 차단되어 전동기가 정지되고 RL이 소등된다.

③ 역 방향 스위치 PBS3-a를 누르면 정회전 때와 반대 상황이 일어나 표시등 GL이 점등되면서 역방향 운전이 계속된다.

④ 과부하가 걸리면 열동계전기(THR)의 b접점이 열려 전동기는 정지되고 표시등 GL이 점등된다.

⑤ 운전 중에 회전 방향을 변경할 수는 없으며 일단 정지 스위치를 누른 후 회전 방향을 변경하여야 한다.

이러한 시이퀀스 제어회로를 PLC를 사용하여 제어하려면 그림 7-24와 같은 래더다이아그램을 작성하고 이에 대응되는 니모닉 명령어는 그림 7-25와 같다.

3상 유도전동기의 정역 운전회로(MPUSH 명령어)

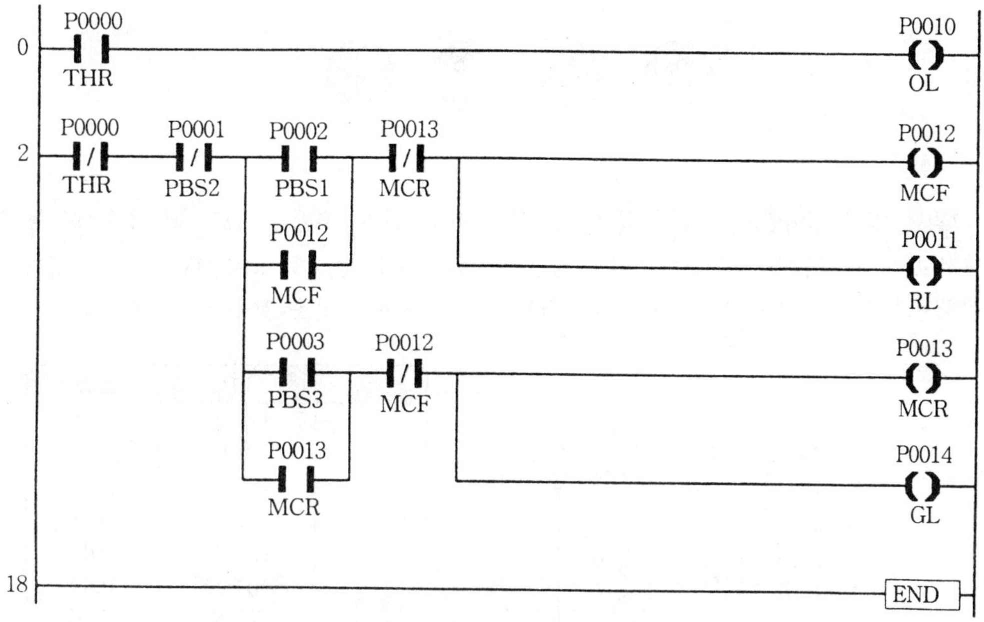

그림 7-24 래더다이아그램

스텝	명령	디바이스	변수	설명
3상 유도전동기의 정역 운전회로(MPUSH 명령어)				
0	LOAD	P0000	THR	열동계전기
1	OUT	P0010	OL	과부하표시등
2	LOAD NOT	P0000	THR	열동계전기
3	AND NOT	P0001	PBS2	정지스위치
4	MPUSH			
5	LOAD	P0002	PBS1	정전스위치
6	OR	P0012	MCF	정전전자접촉기
7	AND NOT	P0013	MCR	역전전자접촉기
8	AND LOAD			
9	OUT	P0012	MCF	정전전자접촉기
10	OUT	P0011	RL	정전표시등
11	MPOP			
12	LOAD	P0003	PBS3	역전스위치
13	OR	P0013	MCR	역전전자접촉기
14	AND NOT	P0012	MCF	정전전자접촉기
15	AND LOAD			
16	OUT	P0013	MCR	역전전자접촉기
17	OUT	P0014	GL	역전표시등
18	END			
19	NOP			

그림 7-25 니모닉 프로그램

연 습 문 제

1. 그림은 PLC 시이퀀스 회로의 일부를 그린 것이다. 입력 P000을 주면 출력 P001이 동작하고 이어 P012가 동작한다. 5초후 T000이 동작하여 P012가 정지된다. P001은 정지 신호이고 시간단위는 0.1초이다. 프로그램의 (가)~(마)에 알맞은 것을 적으시오.(10점)

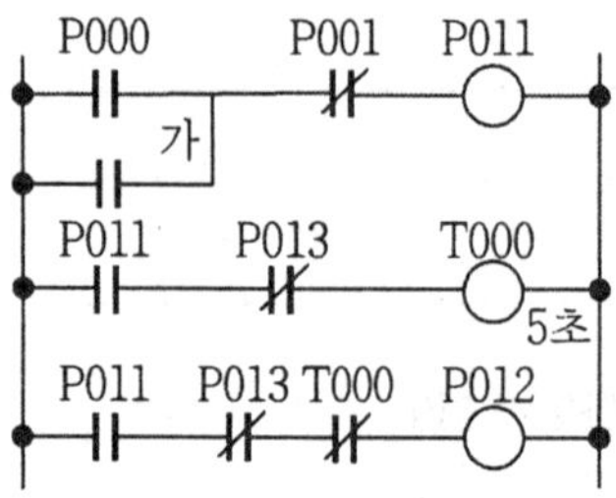

Step	OP	add
생 략	LOAD	P000
	OR	(가)
	(나)	P001
	OUT	P011
	LOAD	P011
	ANDNOT	P013
	TON	T000
	(DATA)	(다)
	(라)	P011
	ANDNOT	P013
	ANDNOT	T000
	(마)	P012

[답] 가. P011 나. AND NOT 다. 50 라. LOAD 마. OUT

2. 다음과 같은 상황의 전자개폐기의 고장에서 주요원인과 그 보수 방법을 2가지씩 써 넣으시오.

가. 철심이 운다.

나. 동작하지 않는다.

다. 서머릴레이가 떨어진다.

[답] 가. 주요원인 : 가동 철심과 고정 철심 접촉부위에 녹이 발생
보수 방법 : ① 샌드 페이퍼로 접촉부위로 닦는다.
② 철심의 볼트를 조인다.
나. 주요원인 : 전자 개폐기 코일이 단선
보수방법 : ①코일 교체 ② 코일에 전원 유무 조사
다. 주요원인 : Setting값 이상의 전류가 흐른다.
보수방법 : ① 결상 여부조사 ② Setting값 조사

3. 다음 무접점 논리 회로(무접점 시이퀀스회로)를 유접점 시이퀀스 회로로 바꾸어 그리시

오.

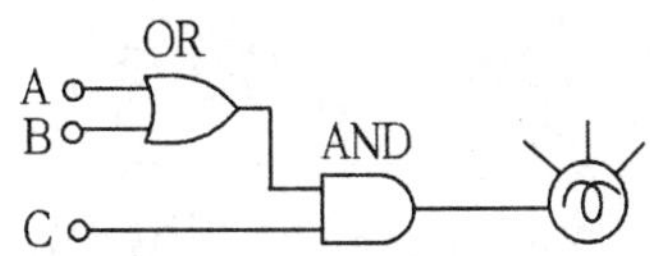

[답]

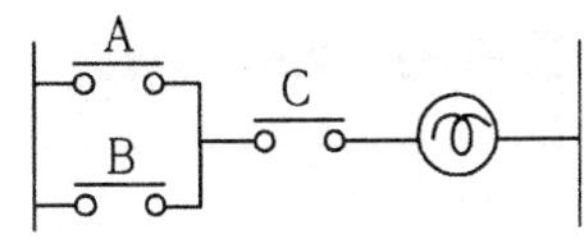

4. 출력 릴레이 X가 보조 릴레이 접점 A, B, C 함수로써 $X=(A+B)(\overline{B}\,\overline{C}+C)$일 때 물음에 답하시오.

가. PLC 시이퀀스가 그림과 같을 때 PLC 프로그램의 ①~④를 완성하시오.
여기서 명령어는 LOAD, OR, NOT, OUT, 및 AND LOAD를 사용한다.

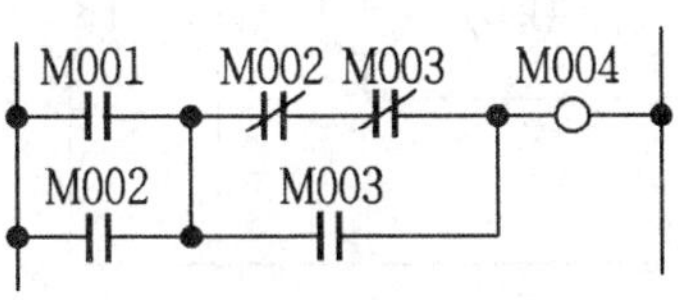

스텝	명령어	어드레스
0000	LOAD	M001
0001	(①)	M002
0001	(②)	M002
0003	(③)	M003
0004	OR	M003
0005	AND LOAD	-
0006	OUT	(④)

나. 논리식의 릴레이 시이퀀스를 완성하시오.(접점기호, 문자기호 표시)

다. 2입력 AND, 2입력 OR, NOT기호를 사용하여 논리회로를 완성하시오.

[답] 가. ① OR ② LOAD NOT ③ AND NOT ④ M004

나.

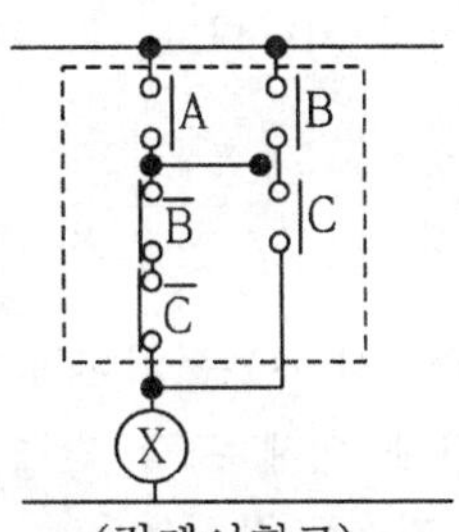

(릴레이회로)

다.

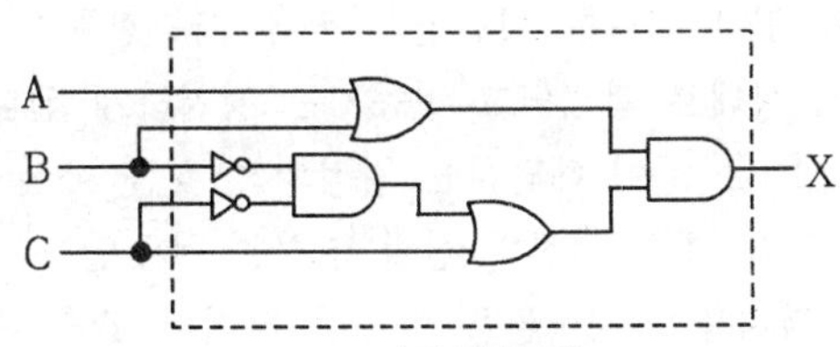

(로직회로)

5. 도면은 농형 전동기의 직류여자방식 제어기기의 접속도이다. 그림 및 동작설명을 참고하여 다음 물음에 답하시오.

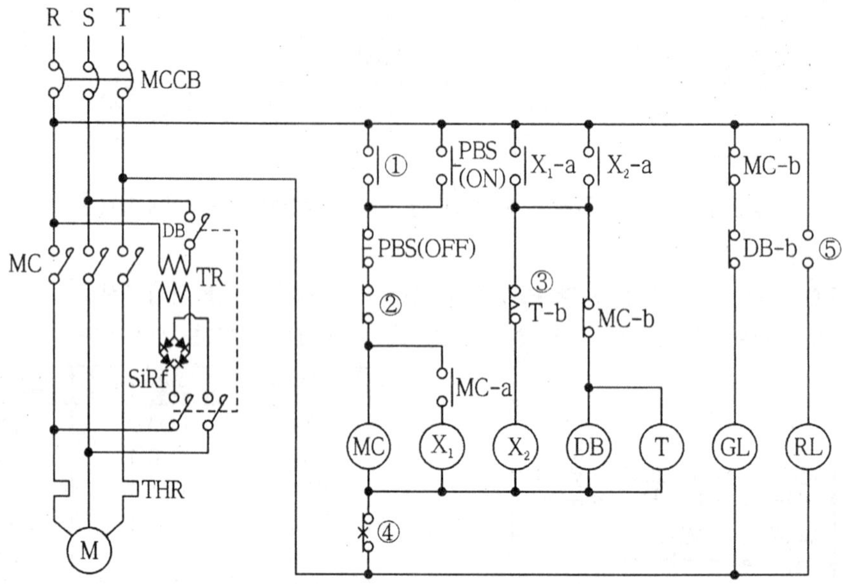

【동작 설명】

운전용 푸시버튼 스위치 PBS (ON)을 눌렀다 놓으면 각 접점이 동작하여 주 전자접촉기 MC가 투입되어 전동기는 기동하기 시작하며 운전을 계속한다. 운전을 마치기 위하여 정지용 푸시버튼 스위치 PBS(OFF)를 누르면 각 접점이 동작하여 주 전자접촉기 MC가 끊어지고 직류제동용 전자접촉기 DB가 투입되어 전동기에는 직류가 흐른다. 타이머 T에 세트한 시간만큼 직류 제동전류가 흐른 후, 직류가 차단되고 각 접점은 운전 전의 상태로 복귀되고 전동기는 정지하게 된다.

가. ① ② ④에 해당하는 접점의 기호를 쓰시오.

나. ③에 대한 접점의 심벌 명칭은 무엇인가?

다. 정지용 푸시버튼을 누르면 타이머 T에 통전되어 설정한 시간만큼 타이머 T가 동작하여 직류 제어용 직류전원을 차단하게 된다. 타이머 T에 의해 조작 받는 계전기나 전자접촉기는 어느 것인가 조작 받는 순서대로 2가지를 기호로 쓰시오.

라. RL 운전 중 점등되는 램프이다. 어느 보조계전기를 사용하는지 ⑤에 대한 접점의 심벌을 그리고 그 기호를 쓰시오.

[답] 가. ① X1-a　② DB-b　④ THR

나. 한시계전기 *b*접점　다. (X_2), (DB)　라.  X_1-a

6. 3입력의 인터로크 유접점 제어회로를 숙지한 다음, 다음 물음에 답하시오.

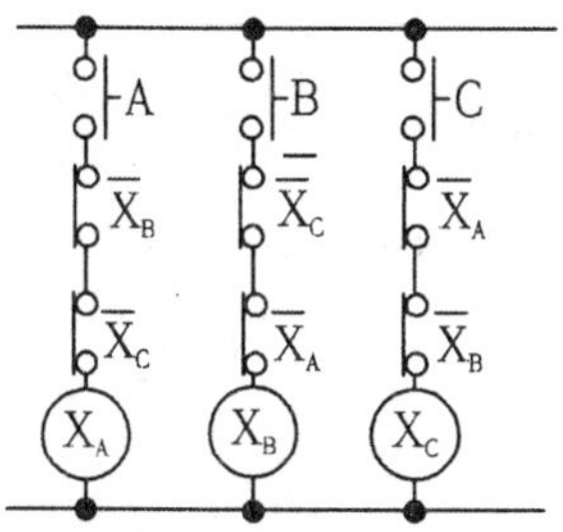

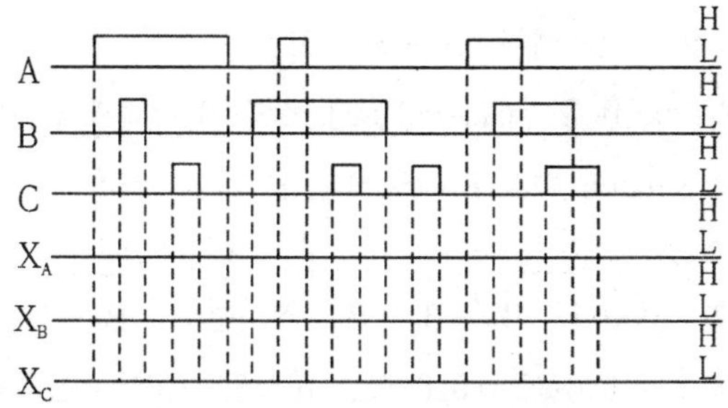

가. 유접점 제어회로를 무접점으로 그리시오.

(단, AND( ), NOT( )심벌로만 그리시오.(기타는 틀림))

나. 타임차트를 완성하시오.

[답]

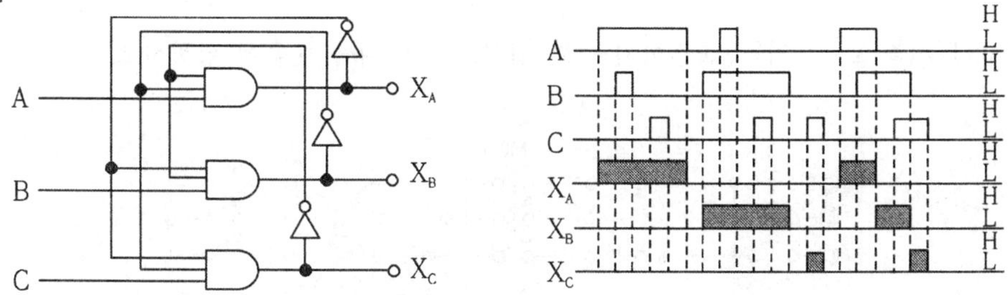

7. 그림은 벨트 켄베이어 회로의 일부이다. FF는 단안정 IC소자이다. BS_1로 벨트 B_1(MC_1)이 가동하고 t_1초 후에 벨트 B_2(MC_2)가 움직이며 BS_2로 벨트 B_3(MC_3)이 움직인다. 또, BS_3으로 벨트 B_3이 정지하고 t_2초 후에 벨트 B_2가 정지하며 BS_4누르면 벨트가 정지한다. 물음에 답하시오.(단, BS는 "L"입력형이다.)

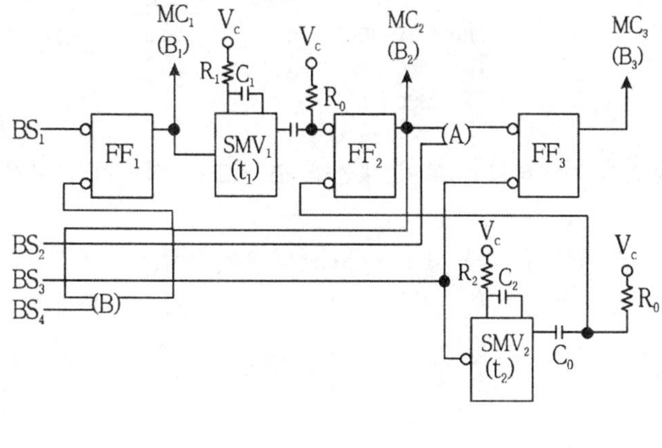

① 그림의 (가), (나)에 알맞은 논리기호를 그리시오.(예)

② 공정순서를 예시($B_2-B_1-B_3$)와 같이 쓰시오.

③ $R_1=500[k\Omega]$, $C_1=50[\mu F]$, 상수 0.6일 때 t_1은 몇 초인가?

④ $\overline{R}\ \overline{S}$-latch 회로(FF)을 NAND 회로 (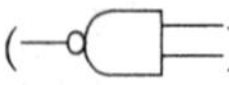) 2개로 나타내시오

[답] ① (가) 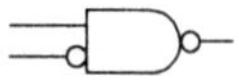 (나) 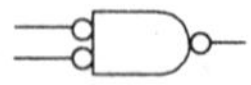

② 기동순서 : $B_2-B_1-B_3$ 정지순서 : $B_3-B_2-B_1$

③ $t_1=0.6CR=0.6\times500\times10^3\times50\times10^{-6}=15$ [초]

④

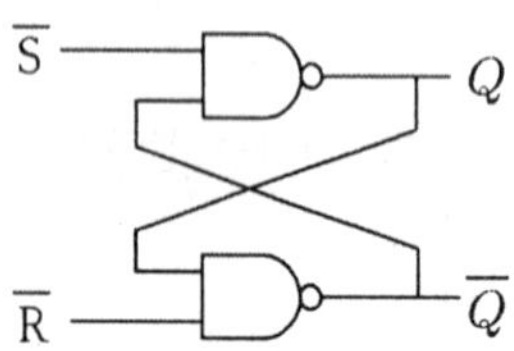

8. MOTOR를 Y-△ 기동, 운전하기 위한 결선도이다. 다음 물음에 답하시오.

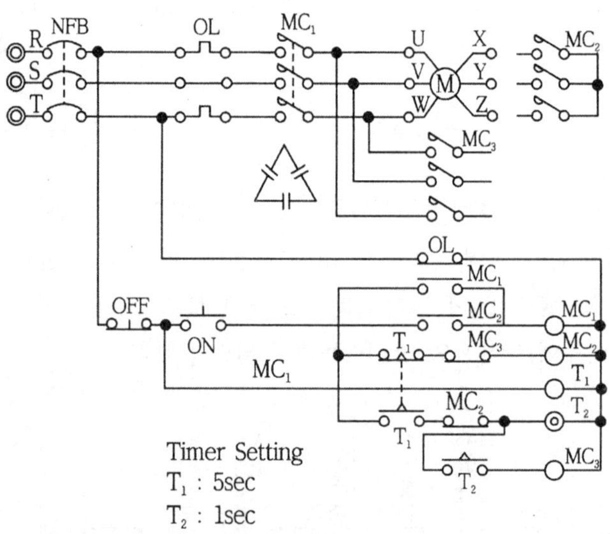

① Y-△기동, 운전이 가능하고 역률이 개선될 수 있도록 답안지의 미결선도를 완성하시오.

② 결선도를 먼저 이해한 후 다음 Time Chart를 완성하시오.
(단, 전압의 높이는 균일하게 표시하고, 보조 Time delay는 무시한다.)

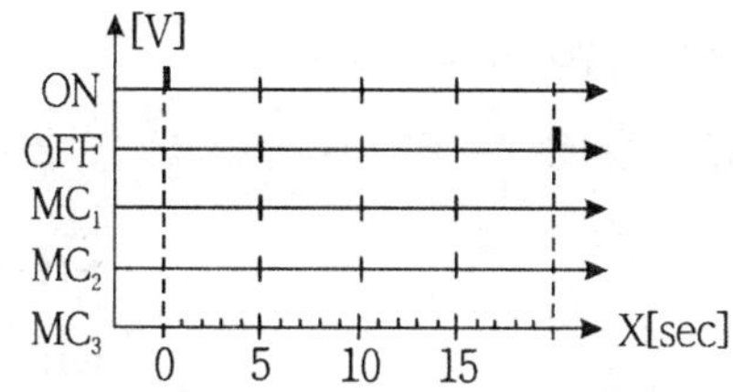

[답] 1)

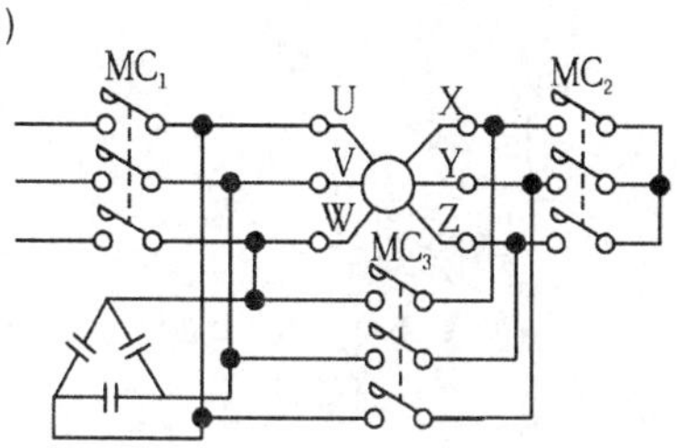

2)

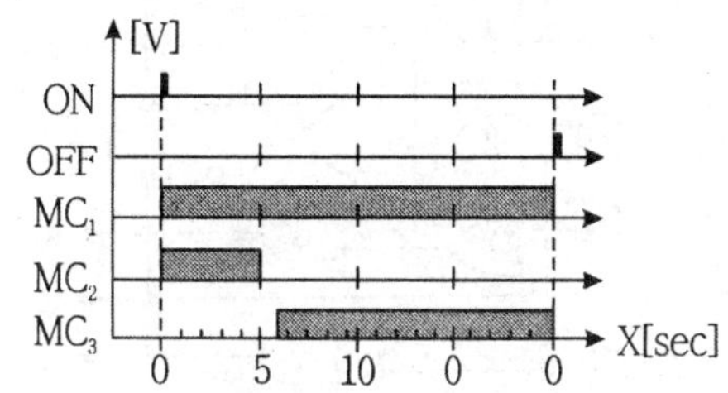

9. 도면은 지하철역의 무인개찰 회로의 일부이다. 도면을 이해하고 다음 동작과정의 ( )에 알맞는 것을 보기에서 골라 답하시오.

보기 OR, AND, FF_1, FF_2, A, MC(중복도 가함)

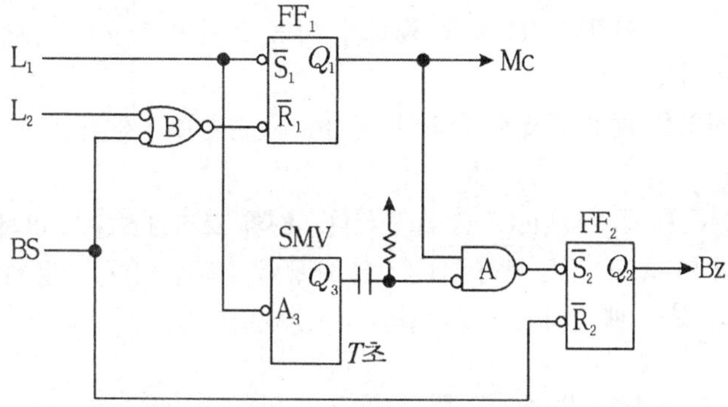

가. 차표를 넣으면 L_1이 검출하여 ①가 세트되고 ②가 동작하여 차표 투입구를 닫는다. t초 후 차표가 배출구로 나오면 L_2가 검출하여 ③가 리세트 되고 ④가 복귀하여 투입구를 연다. (단, 입력인 L 입력형이고, FF은 $\overline{R}\ \overline{S}$-latch이다.)

나. 차표를 넣은 후 T초 $(T>t)$가 되어도 차표가 나오지 않으면 ⑤의 출력과 미분회로에 의하여 ⑥가 동작되므로 ⑦가 세트되어 부저가 울린다. 이때 BS를 누르면 모두 복귀한다. (단, SMV 단안정 IC소자이다.)

[답] ① FF_1 ② MC ③ FF_1 ④ MC ⑤ FF_1 ⑥ A ⑦ FF_2

10. 그림은 3상 유도전동기의 정역회로의 일부를 그린 것으로 출력회로 등을 생략한 것이

다. 물음에 답하시오.(GL : 정지표시램프)

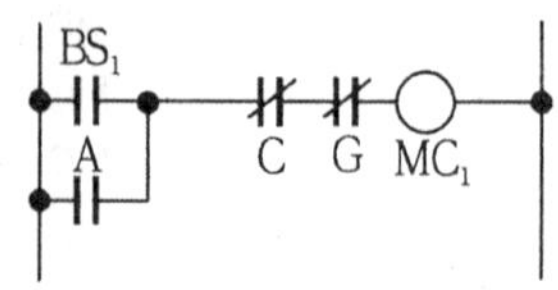

(b)

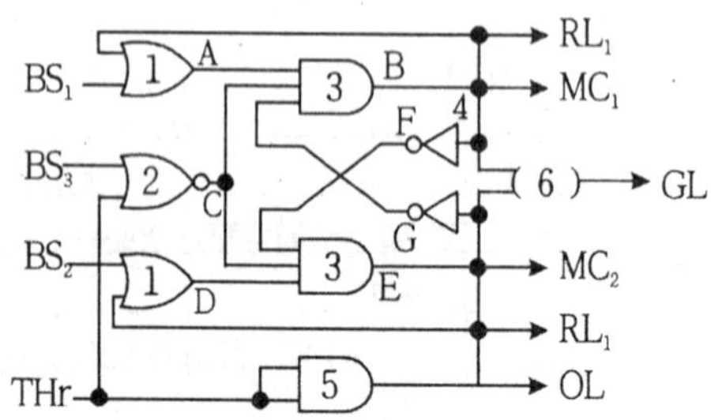

(a)

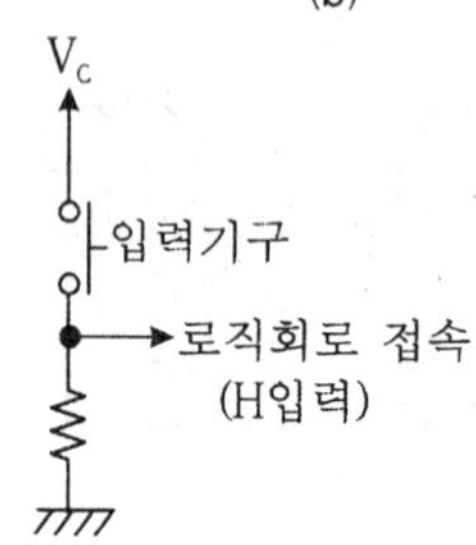

(c)

가. 유지회로의 기능을 갖는 로직소자는 1~6번 중 어느 것인가. 1개만 쓰시오.

나. 인터록 기능의 로직소자는 1~6번 중 어느 것인가? 1개만 쓰시오.

다. OL램프가 점등 중이라면 "H"레벨 출력이 되는 소자는 1~6번 중에서 3개가 있다. 그 중 1개만 쓰시오.

라. Thr이 작동하였을 때 "H"레벨 출력이 생기는 곳은 어느 것인가? 2개중 1개만 쓰시오.

마. MC_1, 혹은 MC_2가 동작하면 GL은 소등된다. (6)의 로직기호를 그리시오.

바. MC_1이 작동중이다. A~C중에서 "H"(전압)레벨이 4곳이 있다. 그중 1개만 쓰시오.

사. BS_3을 누르고 있을 때 C점은 "H"레벨인가 "L"레벨인가?

[답] 가. 1 나. 4 다. 5 (6, 4) 라. F (G) 마. 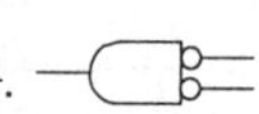

바. A(B, C, G) 사. L 레벨

11. 다음은 전동기의 결선도이다. 물음에 답하시오.(16점)

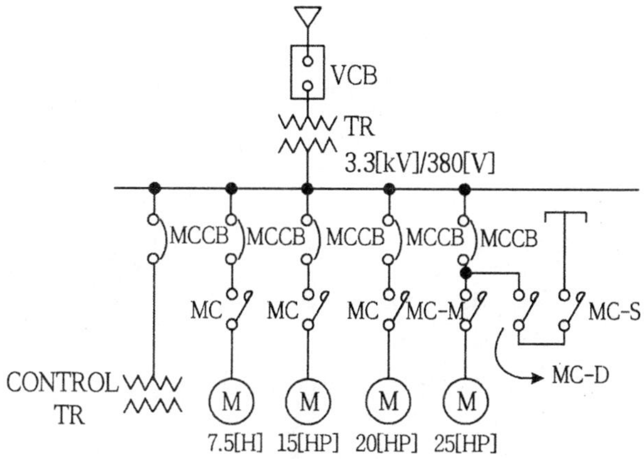

가. 3상 교류 유도 전동기이다. 20[HP] 전동기의 분기회로의 케이블 선정시 허용전류를 계산하시오.

나. 상기 결선도 3상 교류 유도전동기의 변압기 용량을 계산하여 선정하시오.(가, 나 항의 수용율은 0.65이고 역률 0.9, 효율은 0.8이다.)

다. 25[HP] 3상 농형 유도 전동기의 3선 결도선를 작성하시오.

라. CONTROL TR(제어용 변압기)의 설치 목적은?

[답] 가. $I = \frac{20 \times 0.746 \times 0.65}{\sqrt{3} \times 0.38 \times 0.9 \times 0.8} = 20.465 = 20.47$[A] 따라서 간선에 흐르는 전류는 50[A] 이하 이므로, 허용전류 $I_0 \geq 20.47 \times 1.25 = 25.587 = 26$[A]

나. 전동기 총 마력수 $\sum P = 7.5 + 15 + 20 = 67.5$[HP]

따라서 변압기 용량 $P_T = \frac{67.5 \times 0.746 \times 0.65}{0.9 \times 0.8} = 45.459 = 50$[kVA]

다.

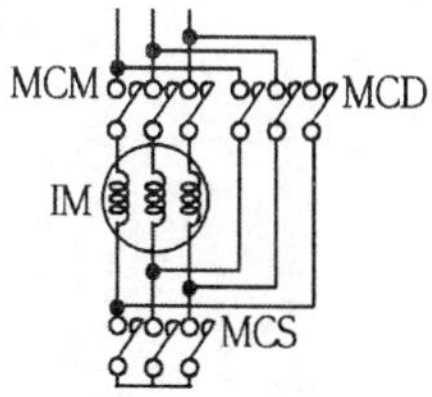

라. 위상을 제어하여 전압을 조정한다.

제 8 장

재료와 공구

전기공사에 대단히 많은 종류의 재료가 사용되고 있다. 현장에서 전기공사에 사용되는 재료명이나 그 규격을 정확히 기억하고 기능을 확실하게 이해 해 두는 것이 바람직하다.

표 8-1 전기설비용 기기 및 재료

기재분류	기재명
① 전선	절연전선, 코드, 케이블, 광파이버 케이블, 고주파 동축케이블, 평형도체, 합성수지절연전선
② 전선 접속재	단말처리재, 절연처리재, 단자, 단자대, 슬리브, 컨넥터, 절연캡, 절연테이프
③ 배관, 배선재료	금속제 전선관 및 부속품, 경질비닐전선관 및 부속품, CD관, 풀박스, 배관 배선용 지지쇠, 접지극, 케이블, 관통부 방화처리재
④ 전선로	레이스웨이, 메탈몰징, 와이어링덕트, 트롤리덕트, 라이팅덕트, 버스덕트, 플로어덕트, 케이블 랙크, 2중바닥 배선시스템
⑤ 배선기구	콘센트, 스위치, 리모콘 기구, 플레이트, 캡, 코드컨넥터
⑥ 배선기구	속선재, 마감기구
⑦ 조명기구	일반 조명기구, 투광기, 조명제어시스템, 방폭 조명기구, 특수조명기구
⑧ 수배전	큐비클 수전설비, 수배전반, 주택용 분전반, 일반용 분전반, 동력용 제어반, 배전함
⑨ 차단기, 개폐기	배선용 차단기, 누전차단기, 차단기, 단로기, 부하개폐기, COS, 퓨즈, 전자접촉기
⑩ 전력기기	변압기, 진상용 콘덴서, 진동기, 리액터
⑪ 피뢰기기	피뢰기, 피뢰침, 뢰경보설비, 서지업서버

기재분류	기재명
⑫ 제어기기	제어용 스위치, 검출용 스위치, 시동기, 전자개폐기, 계전기, 카운터, 타이머, 인버터
⑬ 전기계기, MOF, 보호용 계전기	배전반용 계기, 전력량계, 디지털 판넬메터, PT, CT, ZCT, OVR, OCR, GR
⑭ 전력 관리장치	디멘드 감시제어장치, 자동역율 조정장치, 데이터 로커, 데이터 전송장치, 자동검침장치
⑮ 현장용 계측기	전류계, 전압계, 기록계, 절연저항계, 접지저항계, 테스터, 조도계, 역율계, 검상기, 검전기, 사이클 카운터
⑯ 현장용 시험장치	계전기 시험장치, 내압시험장치, 절연유 산가시험기, 절연유 내압시험기, 케이블 열화진단장치
⑰ 안전방호구, 보호구	안전모, 전기용 고무장갑, 장화, 공사용 작업복, 작업용 방호구, 안전화
⑱ 적산시스템 및 작업 관리시스템	전기공사 작업시스템, 공사관리시스템, 원가관리시스템, 재무관리시스템
⑲ 전원장치	축전지, 충전장치, 무정전 전원장치(CVCF, UPS)
⑳ 방재, 방범장치	비상용 전원(발전기), 비상용 조명기구, 유도등, 비상용 방송설비, 비상용 배분전반, 누전화재경보기, 자동화재경보설비, 가스누설경보기, 방범센서, ITV
㉑ 통신·정보·방송설비	CATV, 구내방송설비, 전화기, 인터폰, 시계장치, 표시기, 트랜스퍼, 차로경비설비
㉒ 주택용 설비	HA시스템, 홈시큐리티 시스템
㉓ 전기설비용 공구	유압펌프, 압착, 압축공구, 파이프벤더, 파이프커터, 파이프렌치, 케이블커터, 스트리퍼, 나사절단기, 전동드릴, 펀치, 전기용접기, 전공용 드라이버, 전공용 펀치, 접착재
㉔ 작업용 자재보조구	높은 장소의 작업대, 사이렌, 회전등, 작업표시

8.1 전선·케이블·코드

8.1.1 개요

도체의 종류로는 동·알루미늄이 거의 대부분을 차지하고 있다. 동에는 도전율(導電率)이 좋은 연동(軟銅)외에 가공선과 같이 강도가 중요시되는 곳에서 사용하는 경동(硬銅)이 있다. 알루미늄선은 전류용량이 동일한 동선과 비교할 때 굵기에 있어서는 동선보다 굵어지지만 중량면에서는 가볍고 가격도 싼 이점이 있다. 전기적으로 볼 때는 저항이 많은 편이고 부러지기 쉬운 관계로 가는 단선(單線)은 아직 사용되고 있지 않다.

표 8-2 금속의 고유저항

품 명	고유저항[μΩ]	품 명	고유저항[μΩ]
은	1.62	카드뮴	7.50
동	1.69	철	10.00
금	2.49	주석	11.40
크롬	2.62	아연	21.90
니켈	4.90		

※ 20[℃]에서 1[cm^3]당의 저항치를 표시

금속의 도전도는 고유저항의 역수로 표시하며, 그 도전율은 만국 표준연동의 도전율을 100으로 한 비율로 표시한 것을 [%]도전율이라고 하고, 20[℃]에서의 [%] 도전율은 표 8-3과 같다.

표 8-3 [%] 도전율

재 질	[%] 도전율	재 질	[%] 도전율
은	106	크롬	61.5
표준연동	100	알루미늄	61
금	71.6	니켈	25

전선에는 단선과 연선(撚線, 꼬은선)이 있다. 굵어지면 굽히기가 어려운 관계로 연선을 사용한다. 코드는 자유롭게 휠 수 있어야 하므로, 휘기 쉽고 또한 휘었을 때 부러지지 않도록 가는 전선을 소선(素線)으로 사용한다. 어떠한 굵기의 선이 연선이 사용되고 있는가를 표 8-4, 표 8-5에 예시하였다.

표 8-4 450/750[V] 내열비닐절연전선(HIV)

선심수	도체				완성품 바깥지름 상한값[mm]	도체저항 (20[℃]) [Ω/km]	최소절연저항 (90[℃]) [MΩ/km]	시험 전압 [V/5분]	표준조장 [m]
	공칭단면적 [mm^2]	소선수/소선지름 [mm]	바깥지름 [mm]	절연두께 [mm]					
단선	1.5	-	1.38	0.7	3.2	12.1	0.011	2,500	300
	2.5	-	1.78	0.8	3.9	7.41	0.009		
	4	-	2.25	0.8	4.4	4.61	0.0085		
	6	-	2.76	0.8	5.0	3.08	0.0070		
	10	-	3.57	1.0	6.4	1.83	0.0070		
연선	1.5	7/0.53	1.59	0.7	3.3	12.1	0.0100		
	2.5	7/0.67	2.01	0.8	4.0	7.41	0.0090		
	4	7/0.85	2.55	0.8	4.6	4.61	0.0077		
	6	7/1.04	3.12	0.8	5.2	3.08	0.0065		
	10	7/1.35	4.05	1.0	6.7	1.83	0.0065		
	16	7/1.78	5.10	1.0	7.8	1.15	0.0050		
	25	7/2.14	6.42	1.2	9.7	0.727	0.0050		

선심수	도체				완성품 바깥지름 상한값[mm]	도체저항 (20[℃]) [Ω/km]	최소절연저항 (90[℃]) [MΩ/km]	시험 전압 [V/5분]	표준조장 [m]
	공칭단면적 [mm²]	소선수/소선지름 [mm]	바깥지름 [mm]	절연두께 [mm]					
연선	35	7/2.52	7.56	1.2	10.9	0.524	0.0043	2,500	300
	50	19/1.78	8.90	1.4	12.8	0.387	0.0043		
	70	19/2.14	10.70	1.4	14.6	0.268	0.0035		
	95	19/2.52	12.60	1.6	17.1	0.193	0.0035		
	120	37/2.03	14.21	1.6	18.8	0.153	0.0032		
	150	37/2.25	15.75	1.8	20.9	0.124	0.0032		
	185	37/2.52	17.64	2.0	23.3	0.0991	0.0032		
	240	61/2.25	20.25	2.0	26.6	0.0754	0.0032		
	300	61/2.52	22.68	2.4	29.6	0.0601	0.0030		
	400	61/2.85	25.65	2.6	33.2	0.0470	0.0028		

표 8-5 0.6/1[kV] 가교폴리에틸렌 절연 저독성 난연폴리올레핀 시스케이블(HFCO)

선심수	도체			절연 두께 [mm]	시스 두께 [mm]	완성품 바깥지름 상한값[mm]	도체저항 (20[℃]) [Ω/km]	시험전압 [V/5분]	표준조장 [m]
	공칭단면적 [mm²]	소선수/소선지름 [mm]	바깥지름 [mm]						
1가닥	1.5	7/0.53	1.59	0.7	1.4	6.3	12.1	3,500	300
	2.5	7/0.67	2.01	0.7	1.4	6.7	7.41		
	4	7/0.85	2.55	0.7	1.4	7.2	4.61		
	6	7/1.04	3.12	0.7	1.4	7.8	3.08		
	10	7/1.35	4.05	0.7	1.4	9.4	1.83		
	16	C.C	4.7	0.7	1.4	10.0	1.15		
	25	C.C	5.9	0.9	1.4	12.0	0.727		
	35	C.C	6.9	0.9	1.4	13.0	0.524		
	50	C.C	8.1	1.0	1.4	14.5	0.387		
	70	C.C	9.8	1.1	1.4	16.0	0.268		
	95	C.C	11.4	1.1	1.5	18.5	0.193		
	120	C.C	12.9	1.2	1.5	20	0.153		
	150	C.C	14.4	1.4	1.6	22	0.124		
	185	C.C	15.9	1.6	1.6	24	0.0991		
	240	C.C	18.3	1.7	1.7	27	0.0754		200
	300	C.C	20.5	1.8	1.8	30	0.0601		
	400	C.C	23.2	2.0	1.9	34	0.0470		150
	500	C.C	26.4	2.2	2.0	37	0.0366		
	630	C.C	30.2	2.4	2.2	42	0.0283		

절연전선은 절연물의 종류·사용전압·용도 등에 따라 각각 명칭이 붙어 있으며, 영문자에 의한 약호가 정하여져 있다. 배선도를 그릴 때, 특히 재료명을 기입할 필요가 있을 때 이 약호를 기입한다. 따라서 일반적으로 사용하는 전선·케이블·코드류에 대해서는 그 명칭과 함께 약호를 기억해 둘 필요가 있다.

8.1.2 전선의 절연 및 보호재료

[1] 절연 및 보호재료의 특성

(1) 염화비닐(PVC)

가공이 쉽고 내(耐)오존성, 내열성, 내후성(耐候性)의 특성이 있으나 3,000[V] 이상의 고압 절연용으로는 별로 사용치 않고, 브틸고무에 비하여 내열성이 떨어지고 변형되기 쉽다.

(2) 폴리에틸렌(PE)

에틸렌을 직접 중합(重合)하여 얻는 고분자의 탄화수소로 열가소성 수지이다. 폴리에틸렌은 고주파에 대한 유전율이 적고 유전체 역율이 극히 적으며 내수(耐水), 내습성이 우수하여 통신케이블, 고주파 케이블용 절연재료로 널리 사용되며 600 [V], 3,300[V], 6,600[V], 22,000[V] 등에 활용되고 있다.

(3) 불소수지

내약품성, 내수성, 내열성, 내한성, 내연성이 우수하고 기계적 강도가 높으며 전기적 특성도 합성수지 중 최고이다. 그러므로 고온, 고주파, 고전압의 전기장치나 온도변화가 심한 항공기의 절연재료, TV의 송수신기, 레이다용 및 고주파 케이블 코드의 컨넥터의 절연부품으로 사용된다.

(4) 브틸고무

이소프틸렌과 이소플렌의 중합물로서 천연고무의 스티렌계 고무에 비하여 화학적 안정성이 크다.

(5) 클로로플렌계 합성고무

우수한 내후성, 내유성(耐油性), 내열성, 기계적 강도 등의 모든 특성이 보호피복으로 가장 적합하다.

(6) 규소고무

유지고분자의 특색인 휘기 쉬운 성질과 고무고분자의 특색인 내열성이 겸비한 것으로 −70[℃]~200[℃]에 이르기까지 사용 온도범위가 극히 넓은 절연재료이다.

(7) 가교폴리에틸렌

내열성, 내약품성, 내수성, 전기적 특성이 우수하며 특히 높은 온도에서 변형되는 일이 없으며 CV케이블에 적용하고 있다.

8.1.3 전선 · 케이블 · 코드류의 종류와 용도

전선에는 나동선, 가공송전선, 절연전선, 전력케이블, 제어용케이블, 소방용전선, 통신케이블, 비닐코드선, 비닐절연 비닐캡타이어 케이블, 동축케이블, 광섬유, 광케이블 등이 있고,

이들은 각각의 특징을 가지고 있어 사용할 때에는 목적에 맞게 선정하여야 한다.

[1] 나전선(裸電線)

① 전기로용(電氣爐用)으로 애자 사용 배선공사를 하는 경우 절연물이 열로 열화(劣化)할 염려가 있을 때.
② 절연물이 부식하기 쉬운 장소에서의 애자 사용 배선
③ 저압 접촉 전선으로 사용하는 애자 사용 배선 또는 버스덕트 배선

(a) 전기용 연동연선
(Annealed Copper Stranded Wires for Electrical Purposes)

(b) 전기용 경동연선
(Hard Drawn Copper Stranded Conductors for Electrical Puroses)

(c) 강심알루미늄 연선
(Aluminium Stranded Conductors Steel Reinforced)

그림 8-1 나전선의 종류

[2] 절연전선

절연전선은 나전선의 표면에 절연물을 피복한 것으로, 현재 많이 사용되는 절연물은 면, 고무, 합성수지 등이다. 절연물은 유연하며 강도가 크고, 절연저항, 내열성이 큰 것이 필요하며 사용장소에 따라서 내산성 등이 요구된다.

표 8-6 절연전선의 종류

명 칭	약 칭	주 요 용 도
옥외용 비닐 절연전선	OW전선 (out-door weather proof poly vinyl chloride insulated wire)	저압가공(架空) 배전선로에 사용
인입용 비닐 절연전선	DV전선 (poly vinyl chloride insulated drop wire)	저압가공 인입선에 사용

명 칭	약 칭	주 요 용 도
450/750[V] 비닐 절연전선	IV전선 (in-door poly vinyl chlor ide -insulated wire)	600[V] 이하의 옥내배선에 사용 (PVC전선이라고도 많이 부른다.)
450/750[V]내열 비닐 절연전선	HIV전선 (heat resistance in-door poly vinyl chloride insulated wire)	600[V] 옥내배선 중 내열성(허용온도 90[℃])이 요구되는 장소에 사용
옥외용 가교 폴리에틸렌 절연전선	OC전선 (outdoor cross linked polyet -hylene insulated wire)	고압 가공 전선로에 사용
고압 인하용 가교폴리에틸렌 절연 전선	PDC전선 (pole transformer drop wire cross linked poly ethylene)	고압 가공선에서 주상 변압기의 1차측에 이르는 고압가공 인하선으로 사용
450/750[V] 내열성 고무 절연전선	RB (rubber insulated wire)	온도가 높은(허용온도 110[℃]) 600[V] 이하의 회로에 사용

대표적인 절연전선은 저압용(600[V] 비닐 절연전선 등)과 고압용(고압 인하용 가교 폴리에틸렌 절연전선 등)이 있는데 일반적으로 저압용이 대부분을 차지하며 저압 전기기기의 내부배선, 전기설비 배선 및 접지용으로 널리 사용되고 있다. 절연전선의 절연체의 종류와 그 최대허용온도는 표 8-7과 같다.

표 8-7 절연전선의 최대허용온도

절연전선, 절연체의 종류	절연물의 최대허용온도[℃]
비닐, 천연고무	60
내열비닐, 폴리에틸렌	75
EP고무	80
가교 폴리에틸렌	90
규소 고무	180 (90)
플루오르 수지	200 (90)

주 ① 전선관에 사람이 닿을 염려가 있을 경우에 ( )내의 온도를 적용한다.
② 절연물의 최고 허용온도는 전선 연속사용(통전)시의 절연물 최고 도달 온도이며 최고 허용 주변온도가 아니므로 유의해야 한다.

절연전선의 용도는 다음과 같다.

① 보통 장소에서의 애자 사용 배선
② 금속관・합성수지관・가요 전선관(可撓電線管)등에 의한 노출 배선
③ 플로어 덕트에 의한 바닥 매입 전선
④ 금속 덕트에 의한 노출 배선

(a) 450/750[V] 비닐 절연전선
(450/750[V] PVC Insulated Wire)

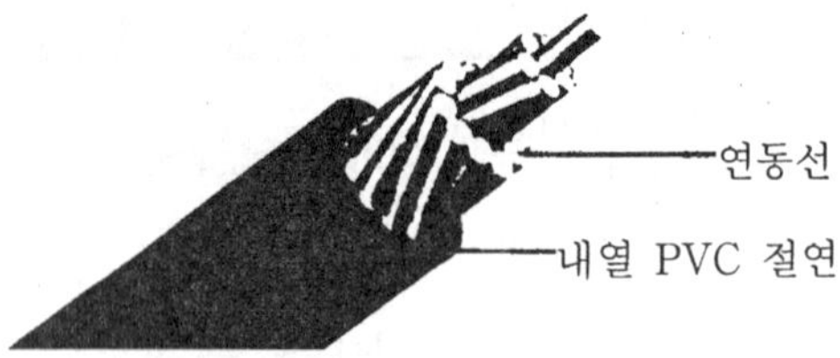

(b) 450/750[V] 내열 비닐 절연전선
(450/750[V] Heat-Resistant PVC Insulated Wire)

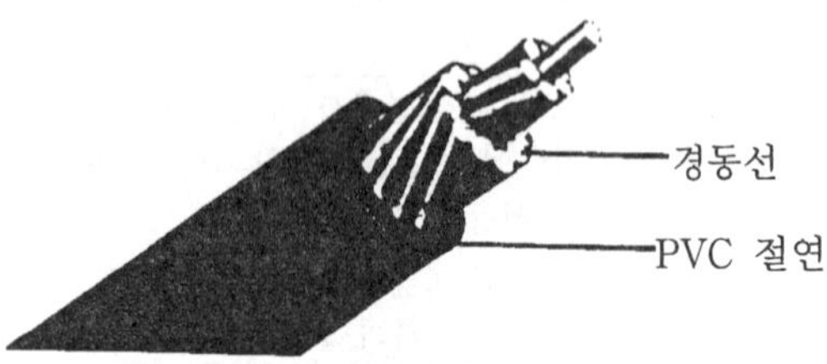

(c) 600[V] 옥외용 비닐 절연전선
(Outdoor Weather Proof PVC Insulated Wire)

(d) 600[V] 인입용 비닐 절연전선
(PVC Insulated Drop Wire)

(e) 접지용 비닐 절연전선
(PVC Insulated Wire for Grounding Use)

(f) 450/750[V] 전기기기용 비닐 절연전선
(450/750[V] PVC Insulated Flexible Wire)

그림 8-2 절연전선의 종류

[3] 케이블

표 8-8 전력케이블의 종류와 주요 용도

명칭	약칭	주요용도	사용전압
비닐절연비닐 외장케이블	VV 케이블 (PVC insulated PVC sheathed power cable)	600[V] 이하인 저압회로에 사용	600[V] 이하
고무절연 클로로프렌 외장케이블	RN 케이블 (rubber insulated chloro -prene sheathed cable)	3[kV] 이하의 회로에 사용. 클로로프렌은 내후성, 기계적 특성이 우수하여 조건이 가혹한 곳에 사용.	600[V] 이하 3.3[kV]

명칭	약칭	주요용도	사용전압
부틸고무절연 클로로프렌 외장 케이블	BN 케이블 (butyl rubber insulated power cable)	절연체는 내열성이 우수하고 안정된 성능을 구비하여 광범위한 용도로 사용.	600[V] 이하 3.3[kV] 6.6[kV] 22[kV] 33[kV]
폴리에틸렌 절연비닐 외장케이블	EV 케이블 (polyethylene insulated PVC sheathed power cable)	전기적 특성이 우수하므로 저압에서 특별고압에 이르기까지 널리 사용. 내약품성이 우수하다.	600[V] 이하 3.3[kV] 6.6[kV] 22[kV] 33[kV]
가교(架橋) 폴리에틸렌 절연비닐 외장 케이블	CV케이블 (crosslinked polyethylene insulated cable)	플라스틱 전력케이블의 대표로 저압에서 초고압에 이르기까지 널리 사용	600[V] 이하 3.3[kV] 6.6[kV] 22[kV] 33[kV] 154[kV] 345[kV]
콘크리트 직매용 케이블	CB-VV	600[V] 이하의 저압 분기회로에 사용.	600[V] 이하
내화전선 (방재설비용 내화 케이블)	FR (fire resistance wire for emergency)	방재설비의 전원·조명비상용 콘센트 등에 사용	600[V] 이하 3.3[kV] 6.6[kV]
내열전선 (방재설비용 내열케이블)	HP	방재설비의 표시, 경보등의 제어용에 사용.	약전류용
동심중성선 전력케이블	CNCV (Concentric Neutral Type XLPE Insulated PVC Sheathed Power Cable)	산업용 배전회로용 전선으로 사용되며 관로 또는 직매 등으로 포설	22.9[kV] 이하

케이블은 다음과 같은 장소에 사용된다.

① 외부적인 손상을 받을 염려가 없는 장소로서 조영재(造營材)에 따라 취부하는 노출 배선
② 금속관·합성수지관 등의 보호관을 사용한 노출 배선 또는 콘크리트 매입 배선
③ 천장 속 또는 평벽의 공동(空洞), 블록 내의 뚫린 구멍을 이용하는 배선
④ 심벽 속을 이용한 매입 배선
⑤ 금속 덕트, 케이블 래크 등에 의한 노출 배선
⑥ 구내의 지중 매입 배선

(a) 600[V] 폴리에틸렌 절연 비닐 시스케이블
(600[V] PE Insulated PVC Sheathed Cable)
600[V] 가교폴리에틸렌 절연 비닐 시스케이블
(600[V] XLPE Insulated PVC Sheathed Cable)

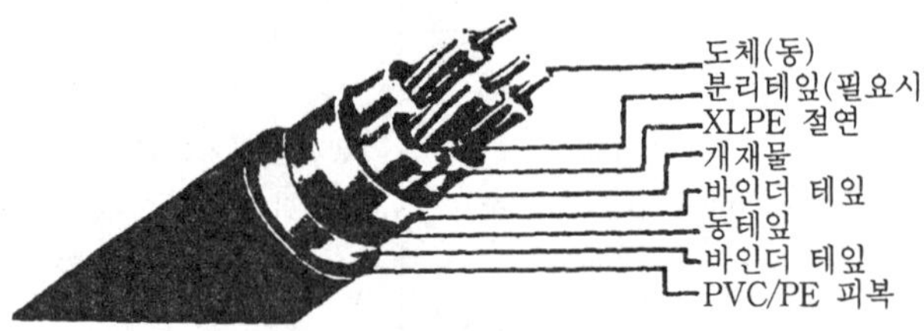

(b) 3300[V] 가교폴리에틸렌 케이블
(3300[V] XLPE Insulated Power Cable)

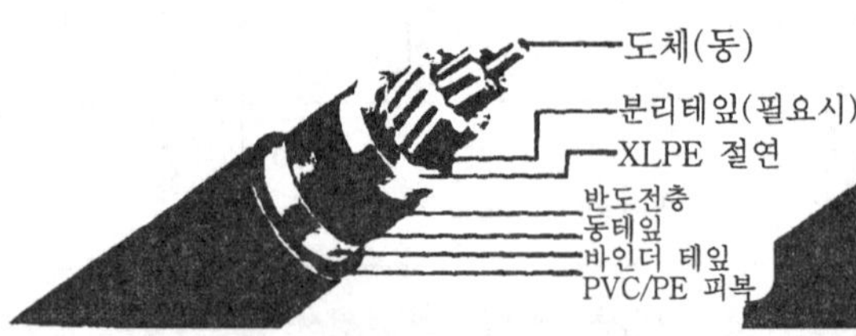

(c) 6600[V] 가교폴리에틸렌 케이블
(6600[V] XLPE Insulated Power Cable)

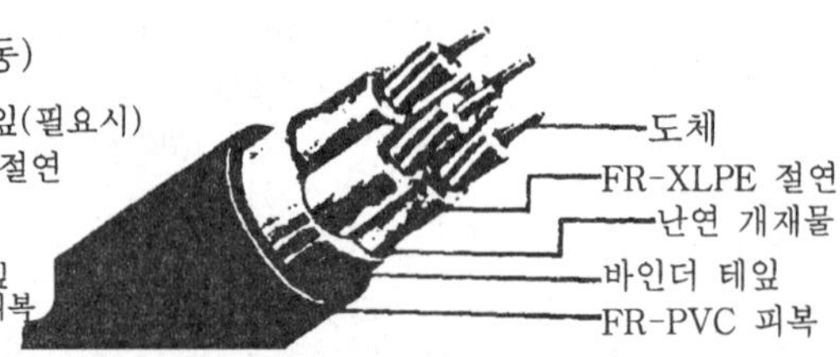

(d) 600[V] 가교폴리에틸렌절연 난연 비닐 시스케이블
(600[V] XLPE Insulated and Flame-Retardant PVC Sheathed Power Cable)

(e) 600[V] 비닐절연 비닐시스 케이블
(600[V] Grade PVC Insulated and Sheathed Cable)

(f) 600[V] 비닐절연, 비닐시스 평형 케이블
(600[V] PVC Insulated PVC Sheathed Flat Type Cable)

그림 8-3 케이블의 종류

4 캡타이어 케이블

이동용 전기기구 또는 배선 등에 사용되는 케이블이며 저압용은 1종, 2종, 3종, 4종 등으로 나누어진다. 고압용으로 사용되는 캡타이어 케이블은 절연체로서 부틸 고무 또는 에틸렌프로필렌 고무 혼합물을, 외장으로 클로로프렌 혼합물을 사용한다. 사용장소는 다음과 같다.

① 이동용 전기기계 기구에 접속하는 배선
② 고정된 전기기계 기구에 대한 가까운 거리의 배선
③ 외부로부터 손상을 받을 염려가 없는 장소로서 조형재에 따라 취부하는 노출 배선
④ 천장 속 또는 평벽의 공동 블록 내의 뚫린 구멍을 이용하는 배선

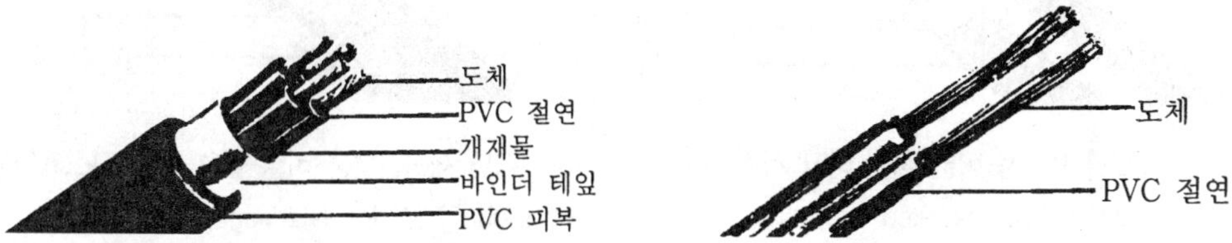

(a) 600[V] 비닐 캡타이어 케이블 (600[V] PVC Insulated and PVC Sheathed Portable Power Cable)

(b) 비닐코드 (PVC Insulated Flexible Cord)

그림 8-4 캡타이어 케이블의 종류

5 제어용 케이블

제어용 케이블은 일반 빌딩, 공장, 발·수 변전소, 기타 600[V] 이하인 제어회로에 사용되는 케이블이다. 사용조건에 따라 절연 방법 및 외장 재료 등의 조합 방법은 여러 가지가 있다.

(1) 일반용 제어 케이블

사용 조건에 있어 특수한 제약이 가해지지 않는 일반적인 경우에 사용되는 케이블을 말한다.

(2) 특수 용도에 쓰이는 제어 케이블

(가) 내약품성, 내유성 제어 케이블

산, 알칼리 등 내약품성 및 내유성을 필요로 할 때 사용되지만, 사용할 때는 온도 조건에 특히 주의할 필요가 있다. 그러나 약산, 약알칼리, 약간의 유질이 있는 경우에는 일반용 케이블을 사용하여도 무방하다.

(나) 내열성 제어 케이블

하이프론 절연 하이파론시스(도체 최고허용온도 95[℃])로부터 4 불화 에틸렌 절연 유리편조(도체 최고허용온도 250[℃])의 것까지 온도 조건에 따라 여러 가지가 있다.

(다) 차폐 케이블

정전적 및 전자적 유도작용을 없애기 위해서 케이블 위에 동 테이프, 철 테이프를 감아 차폐 효과를 준 케이블이다.

(라) 자기지지형 케이블 (제어용 SS 케이블)

메신저 와이어와 케이블을 하나로 묶은 가공 케이블이며, 사용 조건에 따라 여러 종류가 있다.

(a) 600[V] 제어용 비닐 절연 비닐 시스케이블
(600[V] PVC Insulated and PVC Sheathed Control Cable)

(b) 600[V] 제어신호용 비닐 절연 비닐 시스케이블
(600[V] PVC Insulated and PVC Sheathed Control Cable)

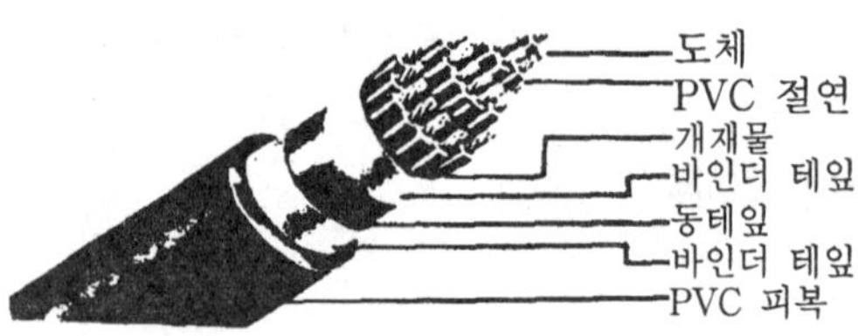

(c) 600[V] 정전 차폐부 제어용 비닐절연 비닐시스 케이블
(600[V] PVC Insulated and PVC Sheathed Control Cable with Copper Tape Shield)

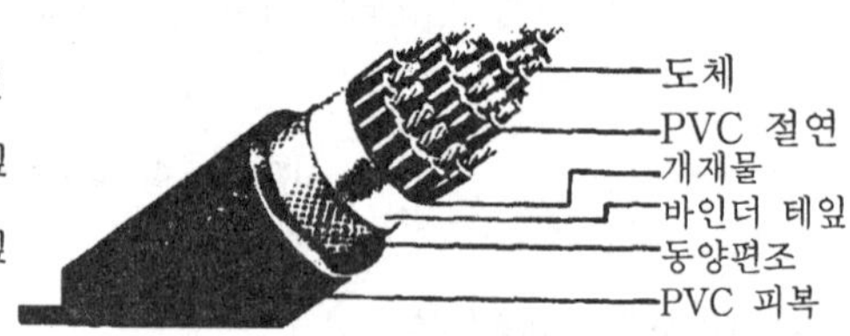

(d) 600[V] 편조형 제어용 비닐절연 비닐 시스케이블
(600[V] PVC Insulated and PVC Sheathed Control Cable with Copper Braid Shield)

(e) 600[V] 제어용 내열 PVC 절연 내열 비닐 시스케이블
(600[V] Heat-Resistant PVC Insulated and Sheathed Control Cable)

(f) 600[V] 제어용 난연 PVC 절연 난연 비닐 시스케이블
(600[V] PVC Insulated and Flame-Retardant PVC Sheathed Control Cable)

그림 8-5 제어용 케이블의 종류

표 8-9 제어용 케이블

약 칭	명 칭	주요 용도
CVV	제어용 비닐시스 케이블	일반용
CVV-S, CVV-SB	제어용 비닐시스 케이블	차폐용
CVS	제어용 비닐시스 케이블	충실형
CEV	제어용 폴리에틸렌 절연 비닐시스 케이블	일반용, 난연용
CCV	제어용 큐프렌 절연비닐 시스케이블	내구성, 내열용
CRN	제어용 고무절연 플로로프렌 시스 케이블	일반용, 가요성 저온 특수성
CBN	제어용 부틸고무 절연클로로프렌 시스 케이블	내구성, 내열성, 난연성

※ 일반용 제어용 케이블 도체의 최고 허용온도는 60~80[℃]이고, 그 이상의 경우에는 내열용 제어 케이블을 사용한다.

표 8-10 케이블의 약호

구 분	기 호	내 용	품 명 (예)
용 도	- C - S - K - I - O	Control (제어용) Signal (신호용) 계장용 또는 기기용 Indoor (옥내용) Outdoor (옥외용)	CVV, CEE SVV KPEV 또는 KIV IV OW
도 체	- AL	Aluminium conductor	AL-OC 또는 AL-CV
절 연 체	- C - E - V - P	Cross-liked PE (XLPE) Polyethylene (PE) Vinyl (PVC) EPR (고무)	CV EV, EE VV FR-PN, FR-PH
시 즈	- V - E - N - H	Vinyl (PVC) Polyethylene(PE) Neoprene 고무(CR) Hypalon 고무(CSP)	CV, VV EE, CEE FR-PN FR-CH
외 장	- TA - WA - ATA - AWA	Galvanized steel tape Galvaned steel wire Aluminium tape Aluminium wire	VCTAV CVWAV CVTAV CVWAV
차 폐	- SB - S - AMS - CMS - I/C	Shield braid Tape shield Aluminum mylar Shield Tape Copper mylar tape Shield Individual/Common Shield	CVV-SB SVV-S CVV-AMS CVV-AMS SVV-I/CAMS
난 연	- FR - FRT - FRLS - HF	Frame Retardant Fire resistance of Fire Resi sting Flame Retardant Low Smoke Low Smoke Flame Retardant H -alogen Free	FR-CV, FR-CVV FRT-CVVWAV FRT-CV FRLS-CVV HF-CO, HF-CCO

예 SVV-I/C-AMS

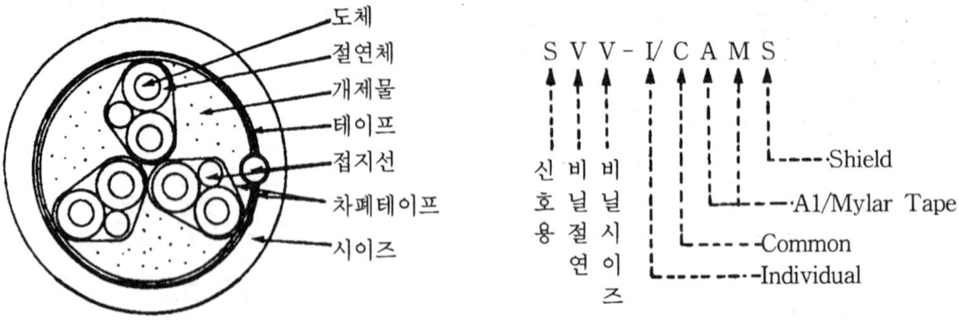

그림 8-6

6 코 드

옥내에서 직하식 전등 및 기타 소형 전기기구에 사용되며, 단심 코드, 대편 코드, 원편 코드, 방습 코드, 비닐 코드, 평형 코드 등이 있다.

(1) 단심 코드

연동선을 꼰 것 위에 종이테이프를 감고 그 위를 30[%] 이상의 고무 혼합물로 규정의 두께로 피복한 것이다.

(2) 2개의 꼬임 코드

단심 코드 2개를 꼰 것이며 주로 0.75[mm^2]의 것으로 건조한 장소의 이동용, 전구용 코드로 사용된다.

(3) 비닐 코드

아연도금 연동 연선에 염화비닐 혼합물을 규정 두께로 피복한 것으로 2개 꼬임, 평형, 둥근형 등이 있다.

코드의 용도는 다음과 같다.

① 소형의 이동용 전기기계 기구에 접속하는 배선
② 건조한 쇼윈도우에서 배선

8.1.4 전선의 선정 조건

옥내·외의 배선용 전선을 선정할 때 전기설비기술기준, 시설장소의 특성 등에 따라 절연전선의 종류를 규정하고 전선도체의 굵기, 단면의 크기를 결정하려면 부하용량, 전선의 길이, 강도 등의 조건을 고려하여야 한다.

1 기계적 강도

배선공사 시공 중 또는 시설 후 풍설 등에 의하여 절단되거나 늘어지는 것을 고려하여 최소한도를 규제하고 있다. 예를 들면 옥내 저압전선은 최저 연선 1.5[mm^2] 이상 또는 가공저압 전선은 2.6[mm]의 경동선 등의 굵기 이상을 사용토록 규제되어 있다.

옥내공사에는 풍설에 관계가 없으므로 특별한 경우를 제외하고는 강도를 고려하지 않는다.

2 허용전류

전선에 전류가 흐르면 저항에 의해 전력손실이 생기고 I^2R의 열이 발생한다. 과전류가 흐르면 도체의 온도가 상승하여 절연 피복물이 변질되어 소손되거나 심하면 도체가 용단되는 경우가 있다.

전선의 수명을 장기간 유지하려면 도체의 단면적에 따라 흘릴 수 있는 전류의 한계가 있는데 이것을 허용전류 또는 안전전류라 한다.

3 전압강하

전선에 전류가 흐르면 전압강하가 발생한다. 배선이 짧을 때 강도와 허용전류에서 전선의 단면크기가 선정되나 배선이 길면 전압강하가 많고 강도 및 허용전류와는 별도로 굵기(전선 단면적)를 계산하여야 한다.

8.2 전선관 및 부속품

전선관에는 금속제와 합성수지제가 있고 외부로부터의 손상에 대해서 전선을 보호하는 것이 목적이다. 또한 금속제 전선관은 이밖에도 전기적인 연속성을 유지하고 전선의 과열에 대하여 안전을 기하는 작용도 있다.

금속제 전선관은 주로 강(鋼)으로 만들며 알루미늄제는 가볍고 굽히기 쉬운 점 때문에 많이 사용되며 특수한 목적이나 장소에는 황동제, 스테인리스강제 전선관이 사용되고 있다.

합성수지 전선관은 거의 경질 비닐제로서 일반적으로 전선관이라 하면 견고하고 쉽게 굽혀지지 않는 강제(鋼製) 전선관을 말한다.

8.2.1 금속관

금속관에는 후강(厚鋼) 전선관과 박강(薄鋼) 전선관, 나사없는 전선관이 있고 녹이 스는 것을 방지하는 방법으로는 건식(乾式) 아연도금법이 사용되며 아연분말은 관 내외면은 물론 나사 표면에까지도 균일하게 부착되므로 철과 아연의 합금속을 만들게 되고, 표면에는 순아연의 피막이 형성된다.

아연도금을 한 관에 내산(耐酸), 내알카리성이 강한 투명 와니스를 칠해서 건조하고 관 표면에 에나멜 피막을 만들어 준다.

금속관의 굵기 표시는 후강관의 안지름에 가까운 짝수로, 박강관은 바깥지름에 가까운 홀수로 표시하며 관의 길이는 후강관과 박강관 모두 3.66[m]가 표준으로 되어 있다.

1 금속관

금속관에 필요한 여러 가지 관 부속품 중 대표적인 것은 다음과 같다.

① 후강전선관 : 후강전선관은 강도를 필요로 하는 경우 또는 폭발성 가스나 부식성 가스가 있는 공장 등의 장소에 배관하고, 관의 호칭은 안지름의 근사치를 짝수로 표시하며 16, 22, 28, 36, 42, 54, 70, 82, 92, 104[mm]의 각종 크기가 있다.

② 박강 전선관 : 박강 전선관은 일반적인 장소에 사용되며 관의 호칭은 바깥지름의 근사치를 홀수로 표시하고 15, 19, 25, 31, 39, 51, 63, 75[mm] 등 각종 크기가 있다.

2 금속관의 부속품

① 콘크리트 박스 : 콘크리트내의 매입 배선용으로 아웃트렛 박스와 같은 목적으로 사용되나 밑판을 뗄 수 있으므로 슬라브 배관의 경우 천장면에 박스나 관을 취부하기가 용이하다. 주형 4각, 대형 4각, 8각 등 사용목적에 맞출 수 있는 여러 종류가 있다.

② 아웃트렛 박스 : 전선 접속, 조명기구, 콘센트 등의 취부에 사용하고 중형 4각(얕은 형, 깊은 형), 대형 4각(얕은 형, 깊은 형) 등 사용목적에 따라 여러 종류가 있다.

③ 록 너트 : 박스에 금속관을 고정할 때, 커플링으로 관 상호간을 접속할 때 커플링이 도는 것을 방지하기 위해서 사용하고 6각형과 톱니형 두 가지가 있다.

④ 절연 부싱 : 전선의 절연피복을 보호하기 위해서 금속관의 관 끝에 취부하고, 절연부싱은 강제부싱의 안쪽을 절연물로 피복하였기 때문에 안전성이 높다. 합성수지제 부싱도 많이 사용된다.

⑤ 유니버설 엘보우(C형 엘보우) : 노출 배관 공사에서 관을 직각으로 굽히는 곳에 사용하고 3방향으로 분기할 수 있는 T형과, 4방향으로 분기할 수 있는 크로스(cross)형이 있다.

⑥ 터미널 캡, 엔트런스 캡 : 저압 가공 인입선에서 금속관 공사로 옮겨지는 곳 또는 금속관으로부터 전선을 인출하여 전동기 단자 부분에 접속할 때 전선을 보호하기 위해서 관 끝에 취부한다.

⑦ 픽스쳐 스터트(노 볼트형) : 무거운 조명기구를 박스에 취부할 때 사용하는 것이며 박스 밑면 중심에 있는 녹아웃 구멍에 꽂고 록너트로 죈다.

⑧ 픽스쳐 히키 : 기구를 파이프로 매달 때 스탠드와 기구 파이프 사이에 취부하고 옆 구멍으로부터 전선을 파이프 속에 넣을 수 있게 되어 있다.

⑨ 접지 클램프 : 금속관과 접지선 사이의 접속에 사용한다.

⑩ 커플링(유니온 커플링) : 금속관 사이를 접속할 때 사용한다. 전선관에 나사를 내고 접속하는 것과 나사를 내지 않고 접속하는 커플링(no thread coupling)이 있다.

⑪ 플로어 박스 : 바닥 밑으로 매입 배선을 할 때 콘센트 기타 바닥에 취부하는 기구를 취부할 때, 또는 배선을 인출할 때 사용한다.

후강(박강) 전선관
나사없는 전선관
커플링
노멀 밴드
커플링
노멀 밴드
환형 노출 박스
노출 스위치 박스
환형 노출 박스
노출 스위치 박스
유니버셜(아래덮개형)
유니버셜(가로덮개형)
유니버셜(아래덮개형)
유니버셜(T형)
터미널캡
엔트런스캡
터미널캡
엔트런스캡
나사없는 커넥터
록너트
부싱
절연 부싱

그림 8-7 금속관 부속품

⑫ 패널 박스 : 패널을 벽에 고정할 때 사용한다.
⑬ 새들 : 새들은 전선과 바깥지름에 맞추어 반원형으로 굽혀져 있어 관 고정작업에 사용된다.
⑭ 노멀 벤드 : 배관이 직각으로 굽는 곳에서 사용한다. 박강관은 25[mm] 이상, 후강관은 16[mm] 이상의 크기가 시판되고 있다.
⑮ 링레듀서 : 금속관을 아웃트렛 박스 등의 녹아웃(knock out)에 취부할 때 녹아우트의 지름이 관의 지름보다 큰 관계로 록너트만으로는 고정할 수 없을 때 보조적으로 사용한다.

8.2.2 가요 전선관

아연도금을 한 연강 띠를 나선형으로 감은 1종 가요전선관(플랙시블 코딧)과, 테이프 모양으로 납도금을 한 띠강(帶鋼) 2매와 파이버 1매, 모두 3매를 조합해서 나선형으로 감은 2종 가요전선관(플리커 튜브)이 있다. 가요전선관에 접속하는 박스는 강제전선관에 사용하는 것과 같은 것을 사용하나 가요전선관과 박스와의 접속에는 가요전선관용 부속을 사용하여야 한다.

(a) 외형

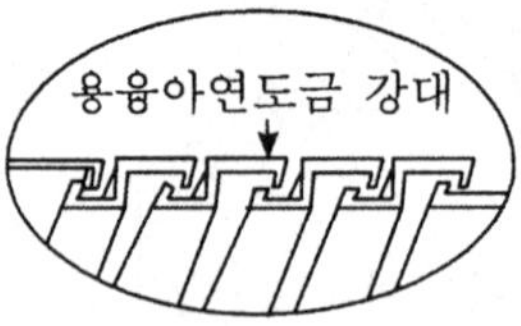

(b) 구조

그림 8-8 가요전선관

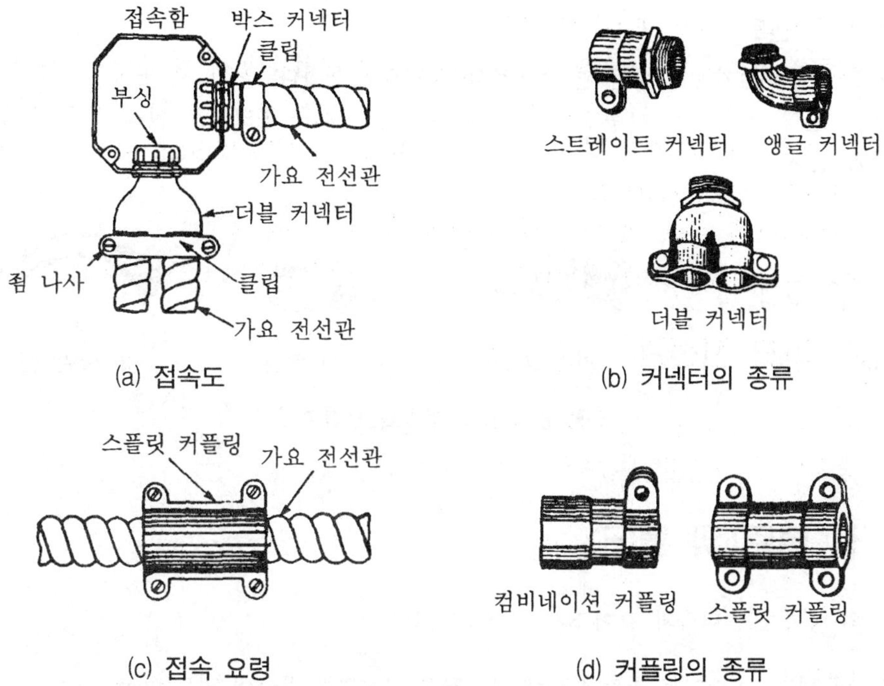

그림 8-9 가요전선관의 부속품

8.2.3 합성수지관

합성수지관은 경질 비닐제가 대부분을 차지하고 경질 비닐관은 기계적 충격, 중량물에 의한 압력 등 외력에 대해서는 금속관에 떨어지나 가볍고 녹슬지 않는 점과 가격이 싼 점 등 때문에 최근 많이 보급되고 있다.

경질 비닐관을 접속할 때는 경질 비닐관용의 커플링, 커넥터 등을 사용하고 박스, 웨더캡(weather cap), 기타 부속품은 강제 전선관과 동일 명칭을 사용한다.

1 합성수지 비닐관

경질 비닐관의 호칭은 관 안지름 근사치의 짝수로 표시하며 14, 16, 22, 28, 36, 42, 54, 70, 82, 100[mm]가 있다.

2 합성수지관의 부속품

(1) 1호 커플링, TS 커플링, 2호 커플링

관 상호간의 접속용으로 사용한다.

(2) 박스 커넥터

2호 커넥터관과 박스의 접속에 사용한다.

(3) 노멀 벤드

지각으로 구부러지는 곳에서 관 상호간의 접속에 사용한다.

그리고 원형 노출박스, 아우트렛박스, 엔트런스캡, 새들, 콘크리트 박스 등은 금속관의 부속품과 같다.

(a) 커플링 (b) 박스 커넥터 (c) 부싱 (d) 노멀 밴드

그림 8-10 합성수지관 부속품

8.3 덕트 및 몰드

덕트의 종류에는 다음과 같이 3가지 종류가 있다.

① 플로어 덕트 : 콘크리트 건축 바닥에 매입하여 부설하는 플로어 덕트(floor duct)
② 금속덕트 : 공장이나 빌딩의 전기실에서 각 분전반으로 통하는 간선 등을 수용하는 금속덕트
③ 버스덕트 : 큰 전류를 통하는 간선 등에 사용하는 버스덕트(bus dect) 등이 있다.

몰드(mold)에는 다음과 같이 분류할 수 있다.

① 금속몰드
② 합성수지몰드
③ 목재몰드

등이 있고 주로 분기회로의 배선에 사용된다.

8.3.1 금속몰드 배선용 재료

금속몰드 배선은 노출장소 또는 점검할 수 있는 은폐장소로서 건조한 곳에서만 적용할 수 있는 공법이다. 이 공법은 미관을 중요시하지 않는 장소의 배선이나 콘크리트 건축에서 설계 변경에 의한 스위치, 콘센트 등의 위치 변경을 할 때 그 인하 부분 같은 곳에서 사용된다. 또한 증설, 개수공사 등이 비교적 빈번하게 일어나는 장소의 배선에도 적합하다.

1 금속몰드

금속몰드 베이스(본체)와 커버(뚜껑)로 나누어지고 내부에는 절연전선을 통하여 노출배선을 행한다.

[2] 금속몰드의 부속품

① 베이스캡 : 몰드의 베이스 상호간을 접속하는 것이며 베이스를 양측으로부터 삽입해서 접속한다. 천장면 등에 취부할 지라도 빠져 떨어지는 수가 없다.
② 서포트 : 몰드의 베이스 상호간을 접속하는 것이고, 벽면 등에 취부하는데 사용한다.
③ 조인트 커플링 : 커버(뚜껑)의 접합부에 끼워서 접속하는 것으로서, 베이스 캡이나 서포트와 조합하여 사용한다.
④ 플랫 엘보우 : 동일 평면에서 90° 굴곡 개소에서 사용한다.
⑤ 엑스터널 엘보우 : 코너(바깥쪽)의 90° 굴곡 개소에서 사용한다.
⑥ 인터널 엘보우 : 코너(안쪽)의 90° 굴곡 개소에서 사용한다.
⑦ 티 : 몰드를 T형으로 분기하는 개소에서 사용한다.
⑧ 콤비네이션 커넥터 : 몰드와 전선관과의 접속에 사용한다.
⑨ 스트레이트 박스 : 케넥터 박스류의 암나사와 몰드와의 접속에 사용한다.
⑩ 부싱 : 주로 박스, 덕트 또는 형광등의 플랜지 등과 몰드와의 접속 개소에 취부해서 전선 피복의 손상을 방지하는데 사용한다. 부싱은 몰드 바깥쪽에도 취부한다.
⑪ 크로스 박스 : 8각형 박스(8방출)로서 몰드와의 교차, 전선 접속개소 등에 사용한다.
⑫ 정크션 박스 : 원형 박스이면 몰드의 교차, 전선 접속 개소 등에 사용한다.
⑬ 코너 박스 : 코너(안쪽)의 90° 굴곡 개소에서 분기를 필요로 하는 경우에 사용한다.
⑭ 스위치 박스 : 스위치나 콘센트를 취부하는 개소에 사용한다.

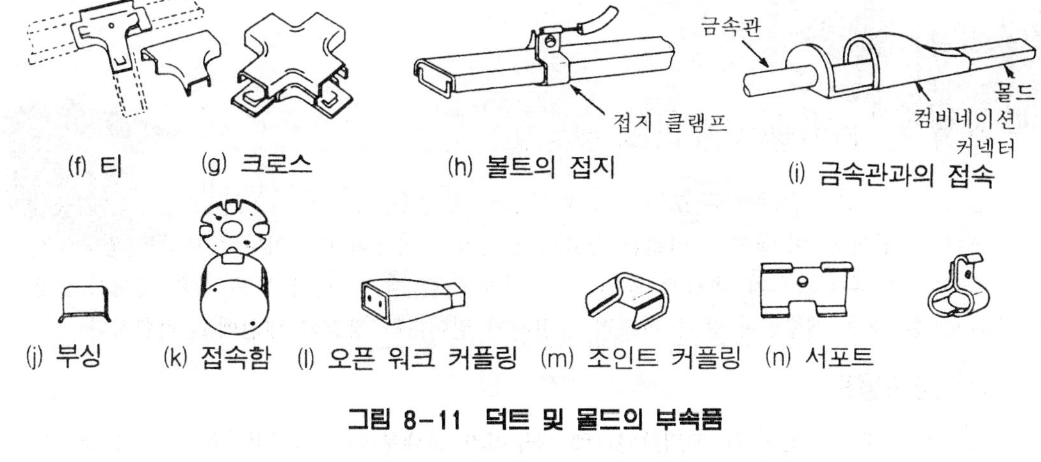

그림 8-11 덕트 및 몰드의 부속품

8.3.2 버스덕트 부속품

버스덕트 배선에 의하여 시설하는 도체는 단면적 20[mm²] 이상의 띠모양, 지름 5[mm] 이상의 관 모양이나 둥근 막대모양의 동 또는 단면적 30[mm²] 이상인 띠모양의 알루미늄을 사용하여야 한다.

버스덕트는 띠 모양의 도체를 하우징(housing)이라고 불리는 금속제 덕트 속에 넣은 배선재이며 다음과 같은 특징이 있다.

① 전류 용량을 크게 취할 수 있다.
② 지지 절연물의 열화가 극히 작은 관계로 신뢰도가 높다.
③ 배선이 간단하기 때문에 보수하기가 쉽다.
④ 시공이 쉽다.

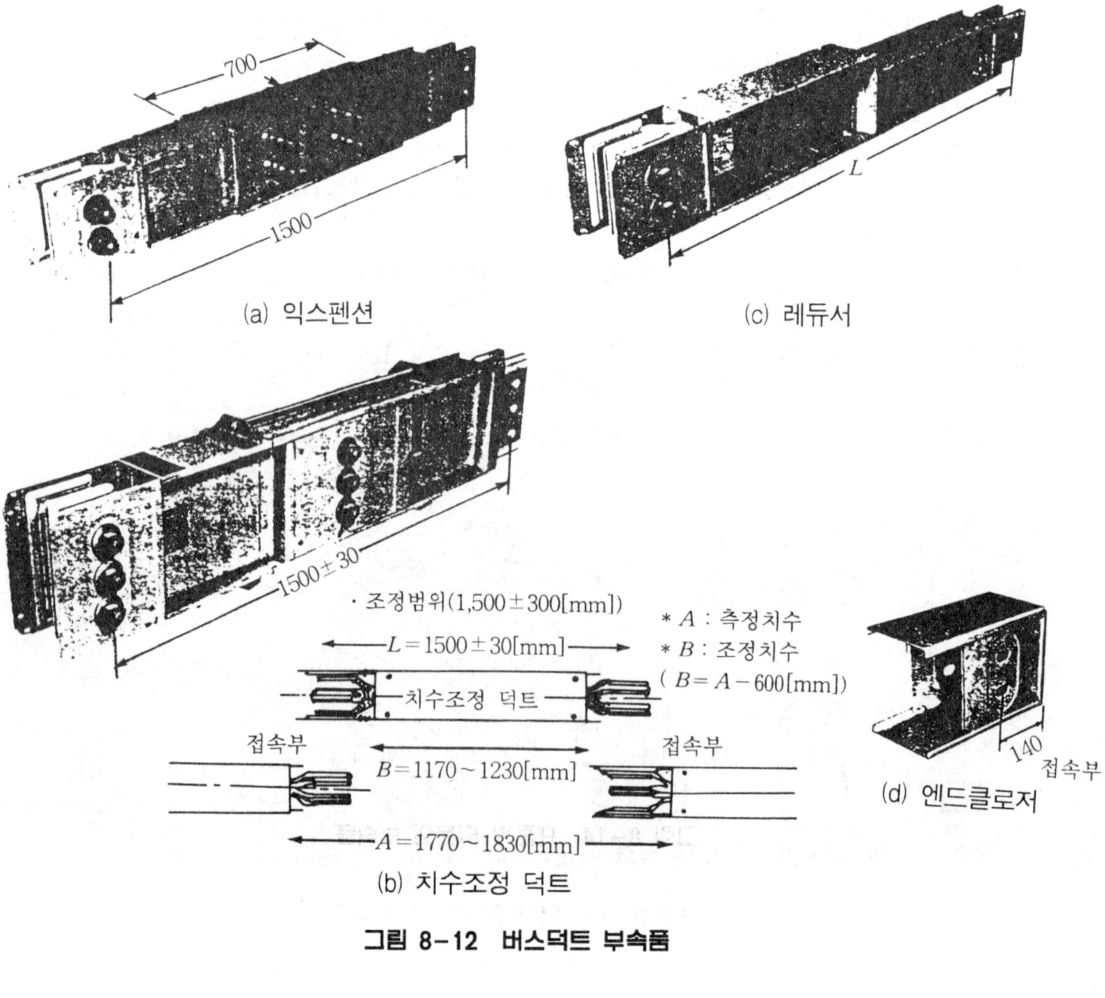

그림 8-12 버스덕트 부속품

8.3.3 플로어덕트의 재료

플로어덕트 배선은 빌딩 등의 건조한 콘크리트 바닥속에 배선취출구(配線取出口)가 달린 금속제 덕트를 매입하여 배선하는 방법이다. 넓은 실내에 이 공법으로 시공하면 기기를 실내의 어느 부분에 설치하더라도 기기 가까운 바닥면에서 전원이나 신호 배선을 뽑아 쓸 수 있는 이점이 있다. 덕트는 철판제가 대부분이고, 그 단면의 형상을 예시하면 그림 8-13, 8-14와 같다.

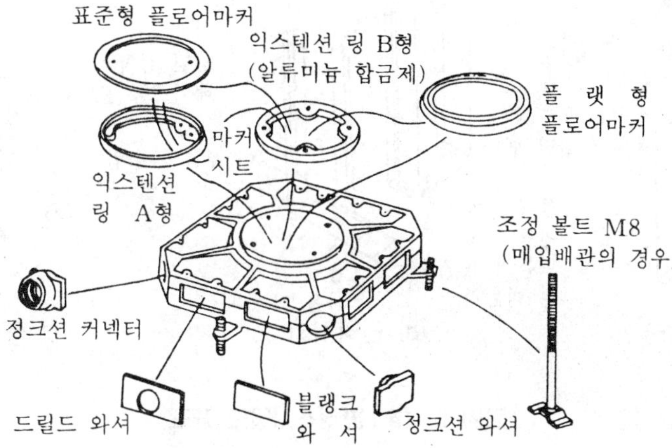

그림 8-13 표준형 박스 및 부속품

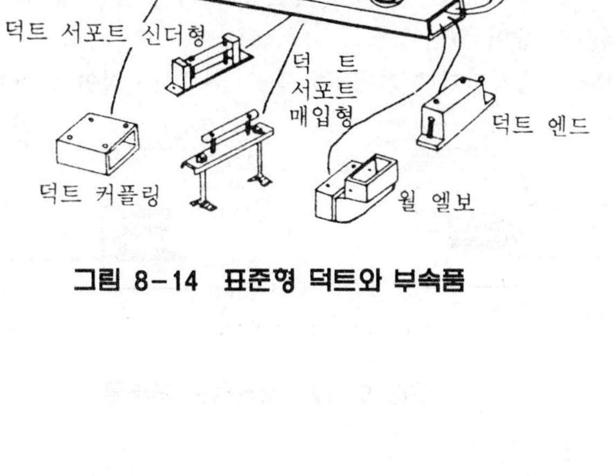

그림 8-14 표준형 덕트와 부속품

8.3.4 합성수지몰드 배선용 재료

합성수지몰드 배선은 매입 배선이 곤란한 경우에 채용하는 노출 배선의 일종이며, 주택의 내장공사를 행할 때 반자 돌림·걸레받이 등에 합성수지몰드를 사용하고, 몰드의 뚜껑을 떼고 절연전선 또는 케이블을 넣어 배선하는 공법이다.

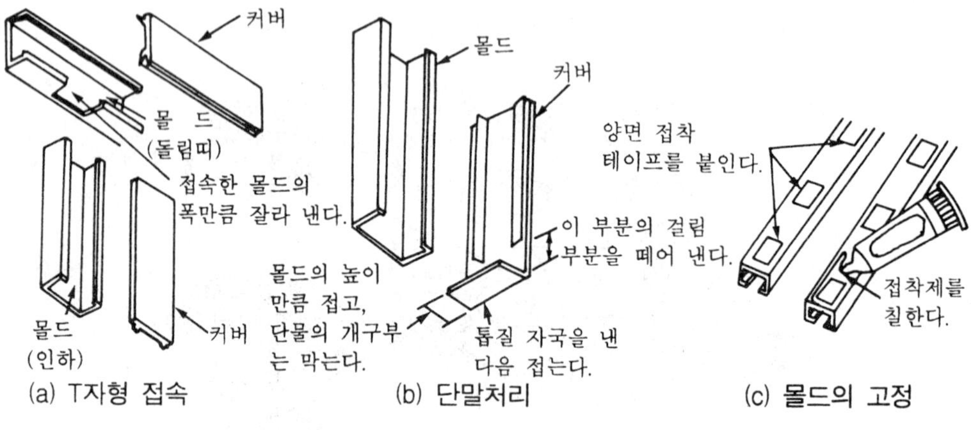

그림 8-15 합성수지몰드 재료

8.4 배선기구 및 접속재료

배선기구란 개폐기·과전류 보호기·접속기·기타 이에 준하는 것을 말한다.

① 개폐기 : 텀블러 스위치(tumbler switch), 로터리 스위치(rotary switch), 풀 스위치와 나이프 스위치, 커버 나이프 스위치, 컷아웃(cut out) 스위치 등이 있다. 플로트 스위치(float switch), 리밋 스위치(limit switch)도 개폐기의 일종이다.

② 과전류 보호기 : 퓨즈, 배선용 차단기, 안전 브레이커 등이 있고 접속기에는 플러그류·콘센트류·커넥터류 등이 있다.

③ 접속재료 : 커넥터·압착단자(壓着端子)·볼트 커넥터·절연 테이프 등이 있다.

(a) 노출 1구용(원형)

(b) 노출 2구용(사각형)

(c) 매입 1구용

(d) 매입 2구용

(e) 3극

(f) T형

(g) 방수용

(h) 플로어용

[콘센트의 종류]

(a) 단투 2극

(b) 단투 3극

(c) 쌍투 2극

(d) 쌍투 3극

[커버나이프 스위치의 종류]

(a) 키이 소켓

(b) 키이리스(keyless) 소켓

(c) 풀 소켓

(d) 버튼 소켓

(e) 방수용 소켓

(f) 분기 소켓(2등 1착)

[소켓의 종류]

(a) 각형 2극

(b) 원형 2극(고무)

(c) 3P(접지극)

(d) 3P(3상)

(e) 기구용 플러그 받이

(f) 기구용 플러그

(g) 코드 커넥터

[플러그의 종류]

(a) 노출 원형

(b) 노출 사각형

(c) 매입형

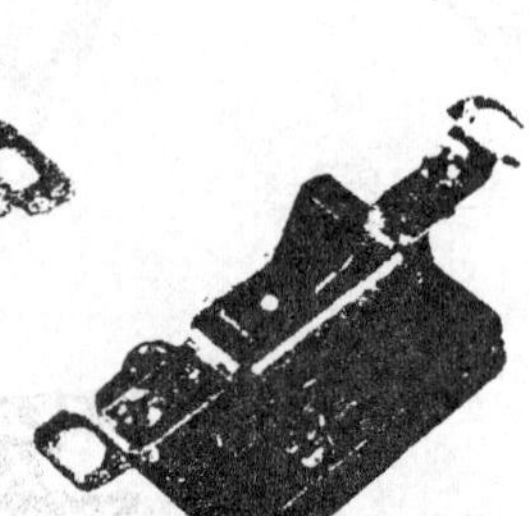

(d) 매입형(퓨즈류)

[텀블러 스위치의 종류]

그림 8-16 배선기구 및 접속재료

8.5 옥내 배선 공사용 공구

펜치나 드라이버 등 보통 많이 사용되고 있는 공구를 예시하면 표 8-11과 같다.

표 8-11 옥내 배선 공사에 사용하는 공구

명칭	외형	용도
① 펜치 (side cutting plier)		① 전선의 절단, 전선의 접속, 전선의 바인드에 사용 ② 크기는 전장으로 나타내며 150[mm](소형 기구용), 175[mm](옥내 공사용), 200[mm](옥외 공사용) 등이 있다.
② 압착 펜치 (터미날 압착기)	 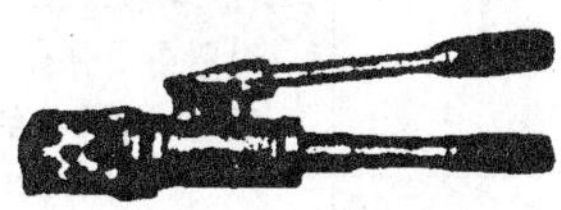	① 압착 단자를 사용해서 전선과 기구 단자의 접속과 전선 상호의 접속 등에 사용 ② 좀더 큰 단자의 접속이나 굵은 전선의 접속에는 유압식 압착 펜치가 사용된다.
③ 니퍼(nipper)	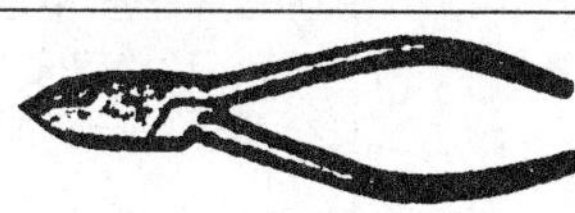	① 전선의 절단에 사용 ② 크기는 150[mm], 175[mm] 등이 있다.
④ 롱 노우즈 플라이어 (long nose plier)		① 전선의 절단, 전선 접속 단자고리 만들기, 작은 부품이나 너트를 죄는데 사용 ② 크기는 전장으로 나타내며 150[mm], 175[mm] 등이 있다.
⑤ 드라이버 (driver)	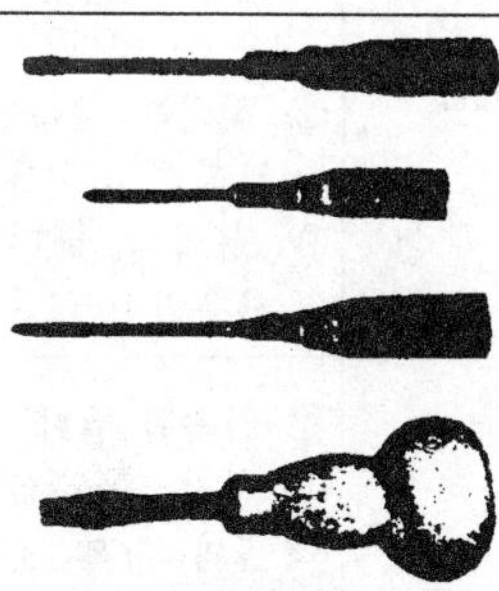	① 배선 기구에 권선을 접속할 때, 나사못을 박을 때 사용 ② 드라이버의 날에 따라 (−), (+)형이 있으며 사용목적에 따라 자동식, 조립식, 정밀 기기용 드라이버 등이 있다. ③ 드라이버의 크기는 50~200[mm]로 다양하며 전공 드라이버가 있다.
⑥ 플라이어 (plier)	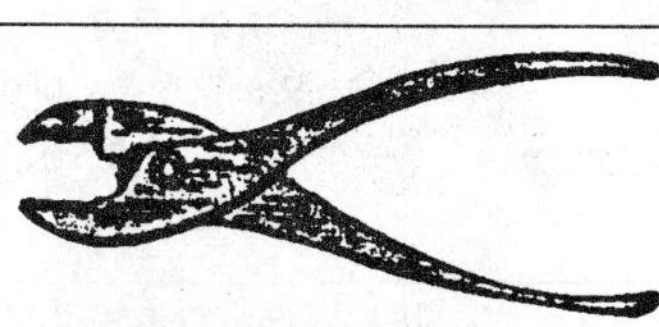 	① 보울트 너트를 죄는 데, 금속관의 로크너트와 부싱을 끼우는데 사용 ② 콤비네이션(combination) 플라이어와 워터펌프(water pump) 플라이어가 있다.

명 칭	외 형	용 도
⑦ 쇠톱		① 금속관, 경질 비닐관, 굵은 전선, 케이블 및 앵글 등의 절단에 사용 ② 쇠톱날의 크기는 보통 250[mm]가 사용된다.
⑧ 스패너 (spanner)	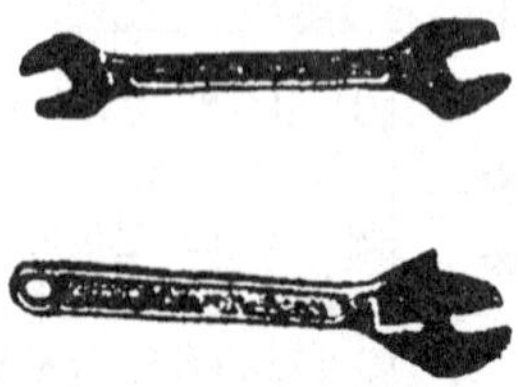	① 보울트, 너트를 죄는데 사용 ② 크기는 구폭으로 나타내며 스패너는 반드시 크기에 맞는 것을 사용해야 한다. ③ 양구 스패너와 몽키(monkey) 스패너가 있으며 후자는 구폭을 자유로이 조절할 수 있다.
⑨ 파이프 커터 (pipe cutter)		① 금속관을 절단하는 데 사용 ② 두께 80[%] 정도 절단하고 나머지는 쇠톱으로 절단한다. 두께 전부를 절단할 경우 반드시 내면 끝을 줄 또는 리이머로 다듬어야 한다.
⑩ 파이프 바이스(pipe vise)		① 금속관을 절단하거나 나사를 낼 경우 고정시키는데 사용 ② 체인(chain) 파이프 바이스도 있다.
⑪ 파이프 벤더 (pipe bender) 및 히키 (hickey)		① 벤더는 금속관을 구부리는 공구로 금속관의 크기에 따라 여러 가지가 있으며 한번에 목적한 각도로 구부릴 수 있다. ② 히키는 금속관을 끼워서 조금씩 구부리고 위치를 옮겨가며 구부린다. ③ 유압식 벤더도 있지만 그리 많이 사용되지 않는다.
⑫ 오스터(oster)	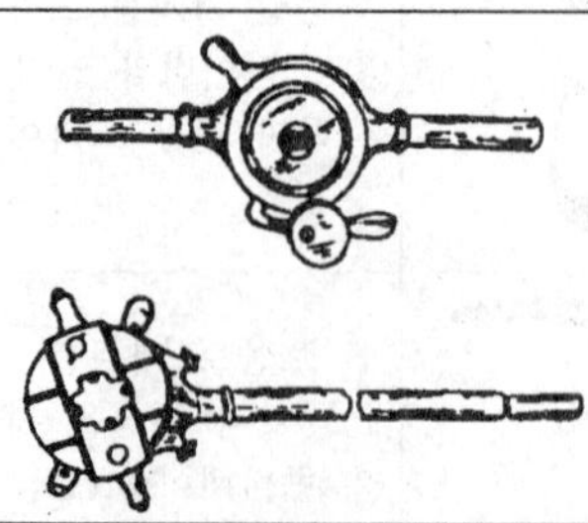	① 금속관 끝에 나사를 내는데 사용 ② 래칫(ratchet)형은 다이스 홀더를 핸들의 왕복 운동을 반복하면서 나사를 내며 주로 가는 금속관에 사용 ③ 오스터형은 다이스(dies)를 홀더에 물리고 양손으로 핸들을 돌려 나사를 낸다.
⑬ 보울트 클리퍼(bolt clipper) (카타기 또는 전선절단기)		① 굵은 전선, 케이블을 절단하는데 사용 ② 클리퍼 대신 쇠톱을 사용한다.

명 칭	외 형	용 도
⑭ 파이프 렌치 (pipe wrench)		① 금속관과 커플링을 고정하거나 풀 때 사용 ② 체인(chain) 파이프 렌치도 있다.
⑮ 와이어 스트리퍼(wier stripper)		① 절연 전선의 피복을 벗기는데 사용 ② 전선의 굵기가 절삭날의 크기에 맞아야 한다.
⑯ 리이머 (reamer)	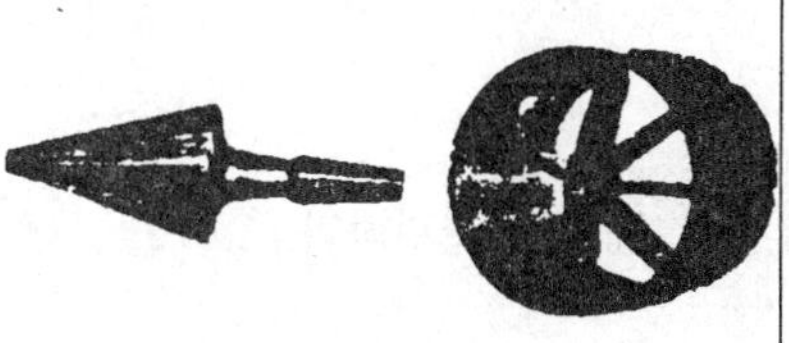	① 금속관이나 경질 비닐판을 절단 후 내면 끝을 다듬는데 사용 ② 금속관용과 경질 비닐관용이 있다. ③ 클릭 보올이나 전기 핸드 드릴에 물리어 사용
⑰ 클릭 보올 (click boul)		리이머, 목공용 비트(bit) 등을 물리어 사용하는 회전 공구이다.
⑱ 호울 소오 (hole saw)		① 금속판에 구멍을 뚫을 때 사용 ② 크기가 다양하며 전기 드릴에 물리어 사용
⑲ 노크 아우트 펀치(knock out punch) (철판천공기)		① 배전반, 분전반, 노크 아우트 등에 구멍을 뚫을 때 사용 ② 수동식과 유압식이 있다.

연 습 문 제

1. 전선의 종류를 들고 설명하라.

2. 전기공사용 공구의 종류를 들어라.

3. 금속관공사시 유의할 점과 접지공사의 종류를 설명하라.

4. 합성수지관 공사시 부품의 종류를 설명하시오.

5. 금속몰드공사를 사용하는 장소를 설명하시오.

6. 문화재가 많이 있는 곳의 전기공사는 어떤 방법을 사용하는가?

7. 셀룰러덕트 공사의 시공방법에 대하여 설명하시오.

8. 1종 가요전선관공사의 방법에 대하여 설명하시오.

9. 가요전선관공사의 부속품에 대하여 설명하시오.

10. 합성수지관의 굵기가 22[mm]인 경우 1.6[mm]전선을 몇 가닥까지 배선 할 수 있는가?(5점)(단, 단면적은 40[%] 미만하고, 1.6[mm]전선의 단면적(절연물 포함)은 20[mm^2]이다.)

[답] 전선관의 내단면적 $A=\frac{\pi}{4}\times 22^2=379.94$

내단면적 40[%]에 수용할 수 있는 전선 가닥수 N은

$A=379.94\times 0.4>20N$

$N<\frac{379.94\times 0.4}{20}=7.59=7$가닥

11. 특별고압 선로 25000[V] 이하에 쓰이는 CV-CN 전력 케이블은 어떤 계통의 선로에 주로 쓰이는가?(5점)

[답] 다중접지계통(Y계통)

12. 옥내에 사용되는 전선은 절연전선으로 전기용품 안전관리법에 적합한 것으로 공칭 단면적 몇 [mm²] 이하를 사용해야 하는가?(5점)

[답] 8[mm²]

13. 소선수가 19이고 소선지름이 2.6[mm]인 케이블의 공칭단면적은 몇 [mm²]인가?(5점)

[답] $A = \frac{\pi \times 2.6^2}{4} \times 19 = 100.825 = 100[\mathrm{mm}^2]$

14. 다음 전선의 표시약호에 대한 우리말 명칭을 쓰시오.(6점)

가. RB전선　나. DV전선　다. IV전선　라. OW전선　마. GV전선　바. HIV전선

[답] 가. 600[V] 고무절연 전선　나. 인입용 비닐절연전선　다. 600[V] 비닐절연전선
라. 옥외용 비닐 절연전선　마. 접지용비닐전선　바. 내열용 비닐 절연전선

제 9 장

전기공사의 시공방법

부하설비에 전원을 공급하려면 배관 및 배선설비가 필요하고 신호나 방송 등의 약전설비나 제어기기를 작동시키기 위해서도 배관 및 배선 설비가 필요하다.

배관배선공사란 배관을 조영재의 표면에 따라 노출해서 포설하거나(노출공사), 콘크리트 등으로 매입하거나(매입공사), 이중천정 내부(은폐공사) 등에 배관하여 배관속에 전선을 넣어 보호하는 것이다.

전기공사는 재료에 따라 금속관공사, 합성수지관공사, 가요전선관 공사, 플로어덕트공사, 셀룰러덕트공사 등으로 분류된다.

9.1 전기공사의 종류

오늘날 건축일반공사와 관련되는 전기공사, 전기통신공사, 소방설비공사 및 설비전문공사의 4종류로 분류되며 표 9-1과 같다.

표 9-1 전기관련공사

구 분	공사의 종류
전기공사	발전설비공사, 송배전공사, 인입선공사, 변전설비공사, 구내전기설비공사(비상용 전기설비 포함), 조명설비공사, 전기철도공사, 신호설비공사, 네온장치공사.
설비전문공사	가스배관공사, 옥내 급배수 설비공사, 급탕 설비공사, 냉난방 설비공사, 공기조화 설비공사, 승강기설치공사, 집진기공사, 철도기계 신호공사.

구 분	공사의 종류
전기통신공사	전기통신 선로설비공사, 전기통신 기계설치공사, 방송기기 설치공사, 공중선 설비공사, 데이터통신 설비공사, 정보제어 설비공사, TV전파 장해방지 설비공사.
소방설비공사	옥내소화전 설치공사, 스프링쿨러 설치공사, 동력 소방펌프 설치공사, 자동화재 탐지 설비공사, 전기화재경보기 설치공사, 비상경보 설비공사, 배연설비의 설치공사, 비상콘센트 설치공사.

9.1.1 시설장소와 배선방법

① 옥내, 옥측 및 옥외배선을 그 시설장소에 따라 사용전압이 400[V] 이하의 경우에는 표 9-2에 따라 시공하고, 400[V]를 초과하는 경우에는 표 9-3에 따라 시설하여야 한다.

② 서로 다른 배선 방법의 배선상호를 접속하는 경우에는 캐비넷, 아우트레트박스, 죠인트 박스 또는 적당한 접속함 등의 기구를 사용하여 접속하고, 또한 접속부분이 노출되지 아니하여야 한다. 다만, 금속덕트 배선과 기타 배선간에 전선을 접속하는 경우에는 접속개소를 쉽게 점검 할 수 있도록 시설하는 경우에 한하여 당해 덕트 내부에서 접속할 수 있다.

표 9-2 시설장소와 배선방법 (400[V] 이하)

배 선 방 법		시 설 의 가 부							
		옥 내						옥측 옥외	
		노출장소		은 폐 장 소					
				점검가능		점검불가능			
		건조한 장소	습기가 많은 장소, 또는 수분이 있는 장소	건조한 장소	습기가 많은 장소 또는 수분이 있는 장소	건조한 장소	습기가 많은 장소, 또는 수분이 있는 장소	우선내	우선외
애 자 사 용 공 사		○	○	○	○	×	×	①	①
금 속 관 배 선		○	○	○	○	○	○	○	○
합성수지관 배선	합성수지관(CD 제외)	○	○	○	○	○	○	○	○
	CD관	②	②	②	②	②	②	②	②
가요관 배 선	1종 가요관	○	×	○	×	×	×	×	×
	2종 가요관	○	○	○	○	○	○	○	○
금 속 몰 드 배 선		○	×	○	×	×	×	×	×
합 성 수 지 몰 드 배 선		○	×	○	×	×	×	×	×
플 로 어 덕 트 배 선		×	×	×	×	③	×	×	×
셀 룰 러 덕 트 배 선		×	×	○	×	③	×	×	×
금 속 덕 트 배 선		○	×	○	×	×	×	×	×
버 스 덕 트 배 선		○	×	○	×	×	×	④	④
라 이 팅 덕 트 배 선		○	×	○	×	×	×	×	×

배 선 방 법			시 설 의 가 부							
			옥 내						옥 측 옥 외	
			노출장소		은 폐 장 소					
					점검가능		점검불가능			
			건조한 장소	습기가 많은 장소, 또는 수분이 있는 장소	건조한 장소	습기가 많은 장소 또는 수분이 있는 장소	건조한 장소	습기가 많은 장소, 또는 수분이 있는 장소	우선내	우선외
캡타이어케이블배선		비 닐 캡 타 이 어 케 이 블	○	○	○	○	×	×	①	①
	2종	클로로프렌캡타이어케이블	○	○	○	○	×	×	①	①
		클로로설폰화폴리에틸렌 캡타이어케이블	○	○	○	○	×	×	×	×
		고무캡타이어케이블	○	○	○	○	×	×	×	×
	1종	클로로프렌캡타이어케이블	○	○	○	○	○	○	○	○
		클로로설폰화폴리에틸렌 캡타이어케이블	○	○	○	○	○	○	○	○
		고무캡타이어케이블	○	○	○	○	○	○	×	×
캡타이어케이블 이외의 케이블배선			○	○	○	○	○	○	○	○

주 기호의 뜻은 다음과 같다.

① ○은 시설할 수 있다.

② ×는 시설할 수 없다.

③ ①은 노출장소 및 점검할 수 있는 은폐장소에 한하여 시설할 수 있다.

④ ②는 직접 콘크리트에 매입하여 시설하는 경우를 제외하고 전용의 가연성 또는 자기소화성이 있는 난연성의 관 또는 덕트에 넣는 경우에 한하여 시설할 수 있다.

⑤ ③은 콘크리트 등의 바닥면 내에 한한다.

⑥ ④는 옥외용의 덕트를 사용하는 경우에 한하여 (점검할 수 없는 장소를 제외한다.) 시설할 수 있다.

표 9-3 시설장소와 배선방법(400[V] 초과)

배선방법		시설의 가부							
		옥내						옥측옥외	
		노출장소		은폐장소					
				점검가능		점검불가능			
		건조한 장소	습기가 많은 장소, 또는 수분이 있는 장소	건조한 장소	습기가 많은 장소, 또는 수분이 있는 장소	건조한 장소	습기가 많은 장소, 또는 수분이 있는 장소	우선내	우선외
애자사용공사		○	○	○	○	×	×	①	①
금속관배선		○	○	○	○	○	○	○	○
합성수지관배선	합성수지관(CD 제외)	○	○	○	○	○	○	○	○
	CD관	②	②	②	②	②	②	②	②
가요관배선	1종 가요관	③	×	③	×	×	×	×	×
	2종 가요관	○	○	○	○	○	○	○	○
금속몰드배선		○	×	○	×	×	×	×	×
합성수지몰드배선		○	×	○	×	×	×	×	×
플로어덕트배선		×	×	×	×	×	×	×	×
셀룰러덕트배선		×	×	○	×	×	×	×	×
금속덕트배선		○	×	○	×	×	×	×	×
버스덕트배선		○	×	○	×	×	×	×	×
라이팅덕트배선		○	×	○	×	×	×	×	×
캡타이어케이블배선	비닐 캡타이어 케이블	○	○	○	○	×	×	×	×
	2종 클로로프렌캡타이어케이블	○	○	○	○	×	×	×	×
	2종 클로로설폰화폴리에틸렌캡타이어케이블	○	○	○	○	×	×	×	×
	2종 고무캡타이어케이블	○	○	○	○	×	×	×	×
	1종 클로로프렌캡타이어케이블	○	○	○	○	○	○	○	○
	1종 클로로설폰화폴리에틸렌캡타이어케이블	○	○	○	○	○	○	○	○
	1종 고무캡타이어케이블	○	○	○	○	○	○	×	×
캡타이어케이블 이외의 케이블배선		○	○	○	○	○	○	○	○

(주) 기호의 뜻은 다음과 같다.

① ○은 시설할 수 있다.

② ×는 시설할 수 없다.

③ ①은 노출장소에 한하여 시설할 수 있다.

④ ②는 직접 콘크리트에 매입하여 시설하는 경우를 제외하고 전용의 가연성 또는 자기소화성이 있는 난연성의 관 또는 덕트에 넣는 경우에 한하여 시설할 수 있다.

⑤ ③은 전동기에 접속되는 짧은 부분이며, 가요성을 필요로 하는 부분의 배선에 한하여 시설할 수 있다.

1 배선에 사용하는 전선

① 배선에 사용하는 절연전선, 케이블은 시설장소에 적합한 피복을 가져야 한다.
② 배선에 사용하는 전선은 단면적 2.5[mm^2] 이상의 연동선 또는 단면적 1[mm^2] 이상의 미네럴 인슐레이션 케이블을 사용하여야 한다.
③ 전광 표시장치·출퇴 표시등 기타 이와 유사한 장치 또는 제어회로 등에 사용하는 배선에 단면적 1.5[mm^2] 이상의 연동선을 사용하고 여기에 자동차단장치가 있는 단면적 0.75[mm^2] 이상인 다심 케이블을 사용한다.

(1) 전선 접속시 유의 사항

① 전선의 전기 저항이 증가하지 않을 것.
② 전선의 강도가 20[%] 이상 감소되지 않을 것.
③ 접속부의 절연이 절연전선의 절연물과 동등 이상일 것.

(2) 전선 색별

① 3상 4선식 : 흑-R상, 적-S상, 청-T상, 백색(또는 회색)-중성선
② 접지선 : 녹색

2 전선의 병렬사용

옥내의 교류회로에서 전선을 병렬로 사용하는 경우에는 다음의 사항을 고려하여야 한다.

① 각 전선의 굵기는 동 50[mm^2] 이상 또는 알루미늄 80[mm^2] 이상이고 또한 동일한 도체, 동일한 굵기, 동일한 길이 이어야 한다.
② 공급점 및 수전점에서 전선의 접속은 동극의 각 전선을 동일한 터미널러그에 완전히 접속하고 터미널러그는 동일한 도체에 2개 이상의 리벳 또는 2개 이상의 나사로 헐거워지지 아니하도록 확실하게 접속하여야 한다.
③ 전류의 불평형을 초래하지 아니하도록 한다.
④ 병렬로 사용하는 전선은 각각에 퓨즈를 장치하지 말아야 한다.

9.2 애자사용공사

① 전선 : 절연 전선(옥외용 및 인입용 비닐 절연 전선 제외)
② 애자 : 절연성, 나연성, 내수성의 것으로 놉애자, 핀애자가 사용된다.
③ 애관, 합성 수지관 등의 끝에서 애자까지의 거리는 전선의 길이로 20[cm] 이하로 할 것. 단, 가옥의 외벽 관통시 외측에 한하여 60[cm]까지 할 수 있다.

④ 전선의 이격거리 및 애자의 사용 구분은 표 9-4와 같이 한다.

표 9-4 전선의 이격거리

거리 \ 사용 전압	400[V] 미만	400[V] 이상
전선 상호간의 거리	6[cm] 이상	6[cm] 이상
전선과 조영재와의 거리	2.5[cm] 이상	4.5[cm] 이상 (건조한 곳은 2.5[cm] 이상)
전선 지지점의 거리 (윗면이나 측면)	2[m] 이하	6[m] 이하
	놉애자 등 큰 애자를 사용하여 서까래에서 서까래로 건널때에는 6[m] 이하	

표 9-5 애자의 사용 구분

전선과 조영재와의 거리[mm]	놉 애 자	특 캡		핀 애 자
		측부 바인드	상부 바인드	
25	○	○	○	○
45	×	×	○	○

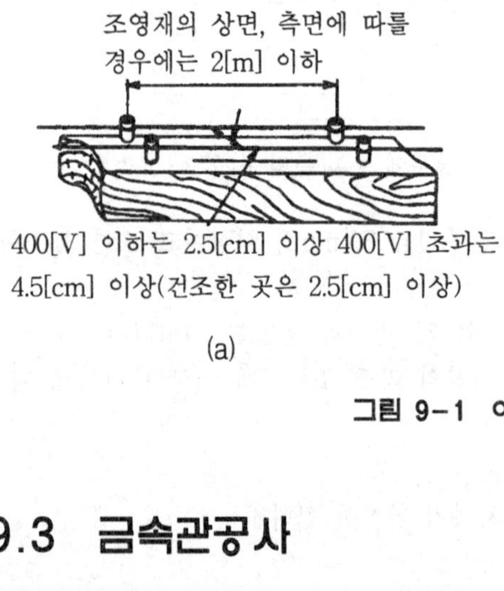

(a)

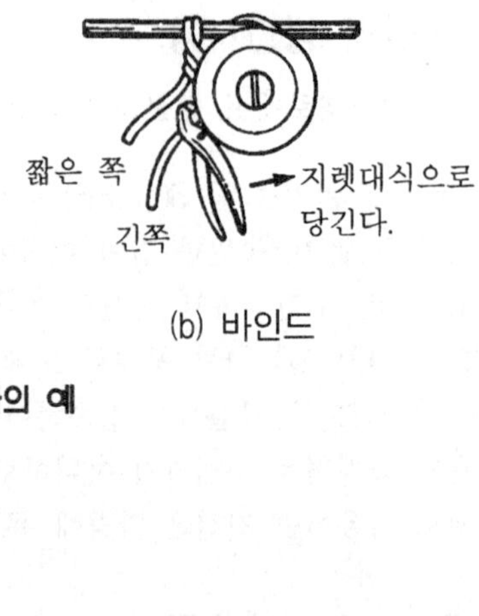

(b) 바인드

그림 9-1 애자공사의 예

9.3 금속관공사

금속관공사(rigid metal conduit wiring)는 절연전선을 금속관 속에 넣고 시설하는 것으로 가장 완전한 공사방법이며 금속관공사의 특징은 다음과 같다.

① 접지가 잘 되어 누전에 의한 화재의 발생 위험이 적고 단락사고로 인하여 불꽃이 발생하여도 외부로 전달되지 않아 전기화재의 위험이 극히 적다.
② 전선을 금속관으로 보호하여 외부로부터의 손상의 위험이 적다.
③ 증설 또는 개수 공사가 쉽다.
④ 방폭공사를 겸할 수 있어 전기시설물에 적용할 수 있다.

9.3.1 공사방법

① 노출배관에 있어 금속관 두께는 1.0[mm] 이상, 콘크리트에 매입할 경우는 1.2[mm] 이상을 사용한다. 단 이음매가 없는 길이 4[m] 이상의 것을 건조한 장소에 시설하는 경우는 0.5[mm] 이상일 것.

② 전선은 절연전선(옥외용 비닐절연전선을 제외)으로 연선일 것. 단, 짧고 가는 금속관에 넣을 경우나 단면적 10[mm^2](알루미늄선은 단면적 16[mm^2]) 이하인 것은 단선으로 할 수 있다.

③ 관 한 개에 수납하는 전선의 굵기와 수량은 전선의 절연물을 포함한 단면적의 합계가 관의 내단면적의 32[%] 이하를 원칙으로 하며 관의 굴곡이 적고 전선을 쉽게 끌어낼 경우는 48[%] 이하로 한다.

④ 금속관내에서는 전선의 접속점을 두어서는 안된다.

⑤ 금속관에서는 교류회로의 경우 1회로를 구성하는 전선의 전부 또는 동극(同極) 왕복선을 동일관내에 수납해 전자적 평형을 유지하도록 한다.

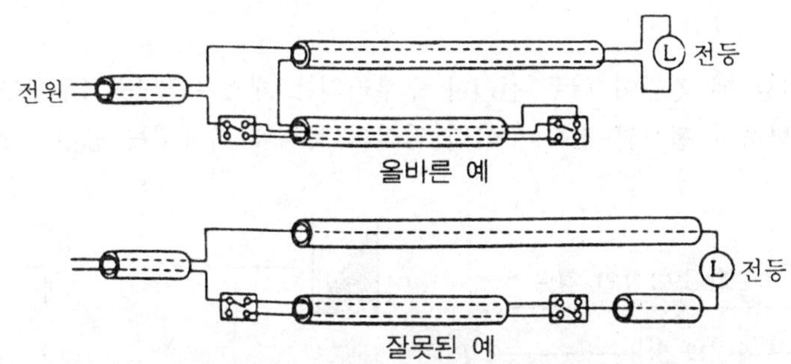

그림 9-2 동극(同極) 왕복선을 동일 관내에 수납할 경우

⑥ 금속관을 구부릴 때에는 단면이 현저하게 변형되지 않도록 하여 내측 반경은 관내경의 6배 이상으로 한다.

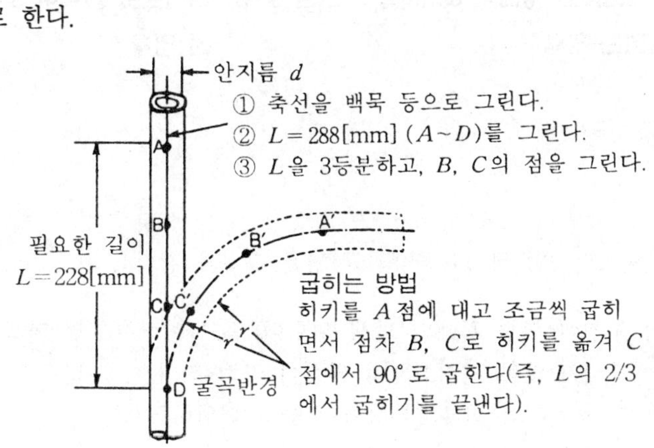

그림 9-3 관의 굽히기

⑦ 관로 1구간에 직각에 가까운 굴곡을 3개 이상 만들지 않는다.
⑧ 굴곡이 많거나 관로 길이가 30[m]를 넘을 때는 풀박스(Pull Box) 등을 설치한다.
⑨ 관 상호간 및 관과 박스는 견고하며 전기적으로 완전히 접속한다. 관의 끝부분에는 전선피복이 손상되지 않도록 적당한 구조의 부싱을 사용한다.
⑩ 관의 지지점 간격은 2.0[m] 이하, 지지점은 관단(管端), 관과 박스와의 접속점 및 관 상호 접속점 근방(보통 0.3[m] 이내)으로 한다.
⑪ 간선처럼 한 방향에 여러개가 병행할 경우는 경량 *C*형강과 행거장치 등을 사용해 고정한다.
⑫ 조영재를 따라 시설할 경우는 새들 또는 *U*채널을 이용해 고정한다.
⑬ 나사 도금이 벗겨진 부분은 부식방지 도장을 실시한다.
⑭ 콘크리트 슬라브내에 매입하는 경우의 금속관 바깥지름은 슬라브 두께의 1/3이내로 하는 것이 바람직하다.

1 풀박스 및 정크션 박스

(1) 풀박스

금속관을 배관할 때 경간이 너무 길거나 구부러지는 개소가 많을 경우에는 배관내에 전선의 처리가 곤란하여 전선의 접속이 아닌 입선의 목적에 사용되는 중간 박스를 풀박스라고 한다.

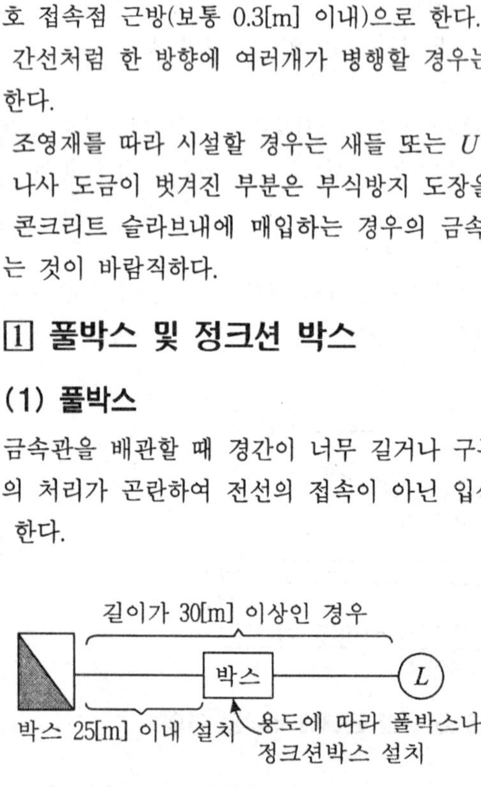

그림 9-4 전선관의 경간이 30[m]를 넘는 경우

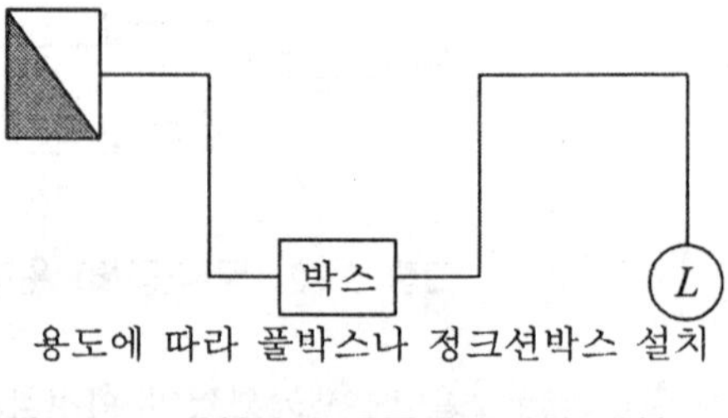

그림 9-5 전선관의 굴곡이 3직각 이상인 경우

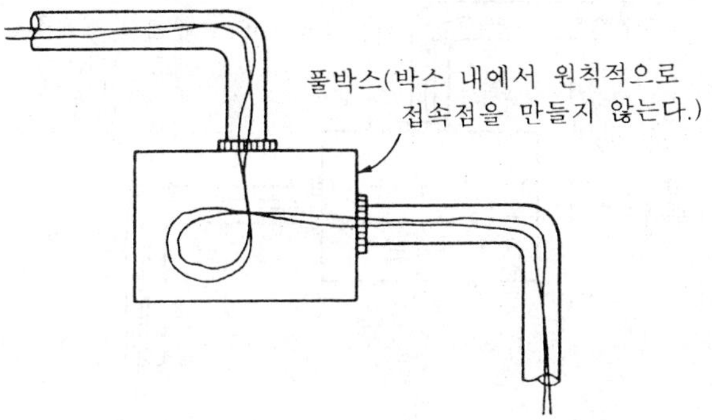

그림 9-6 풀박스내 전선 시공 예

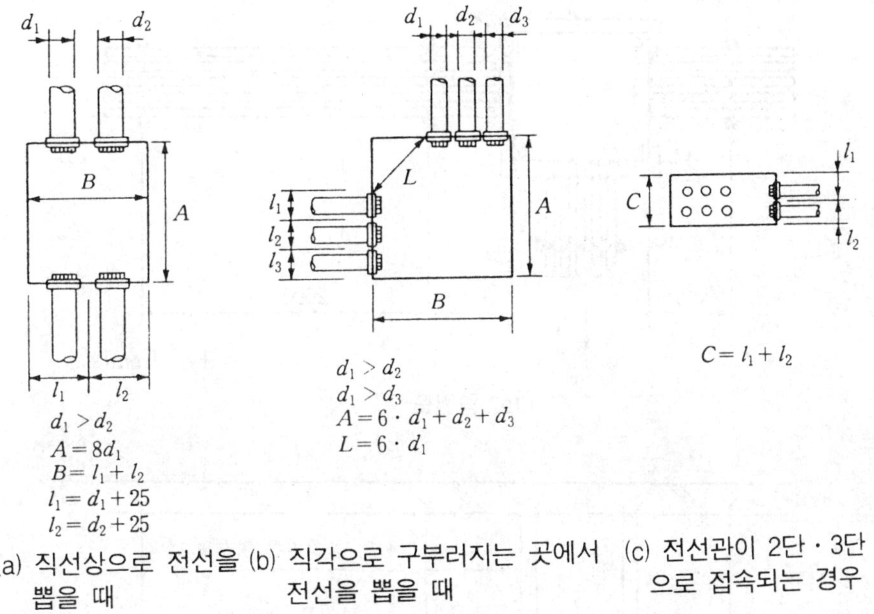

(a) 직선상으로 전선을 뽑을 때 (b) 직각으로 구부러지는 곳에서 전선을 뽑을 때 (c) 전선관이 2단 · 3단으로 접속되는 경우

그림 9-7 풀박스의 크기

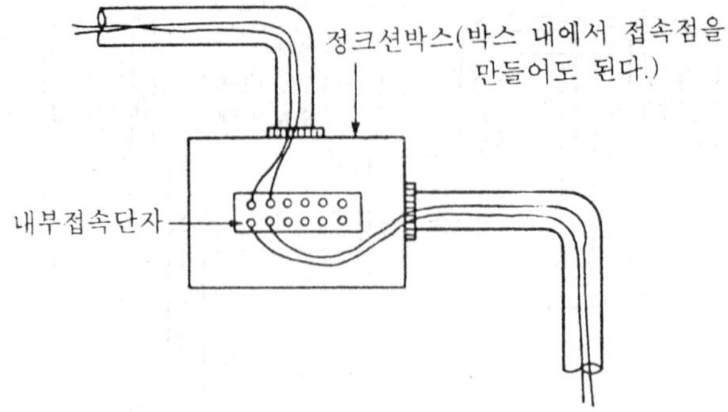

그림 9-8 정크션 박스내 전선 시공 예

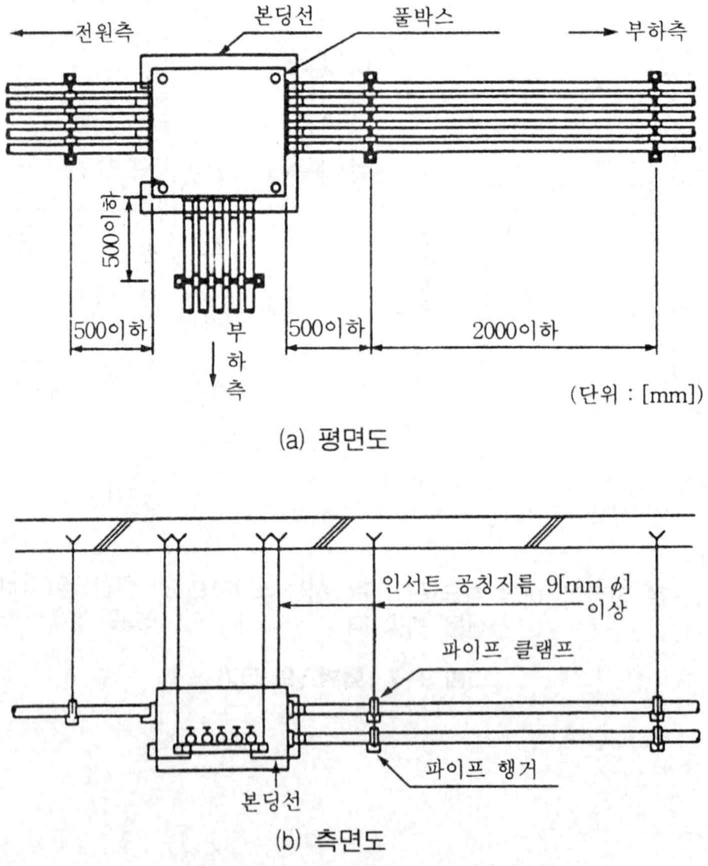

그림 9-9 금속관을 이용한 간선배선

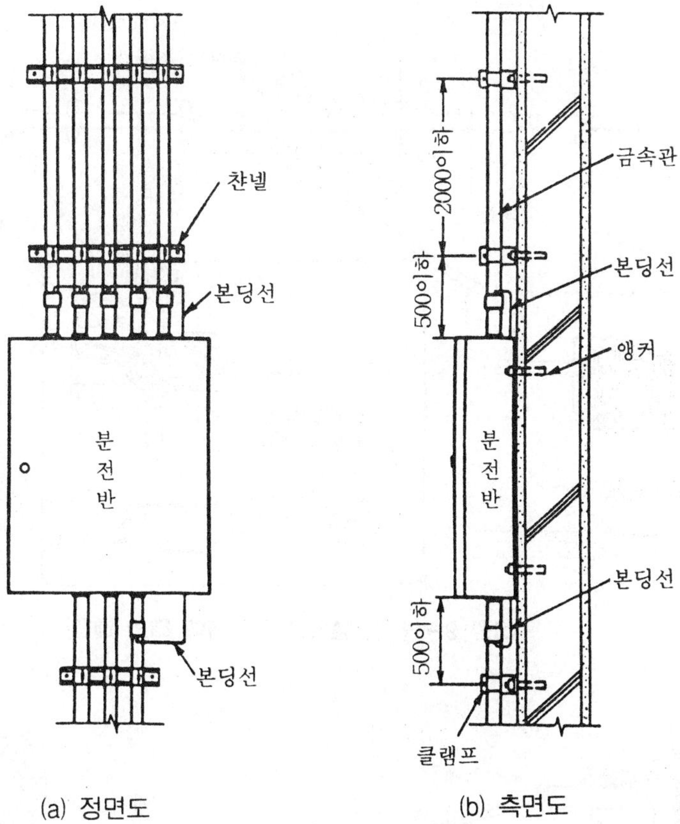

그림 9-10 패널 주변의 노출배관

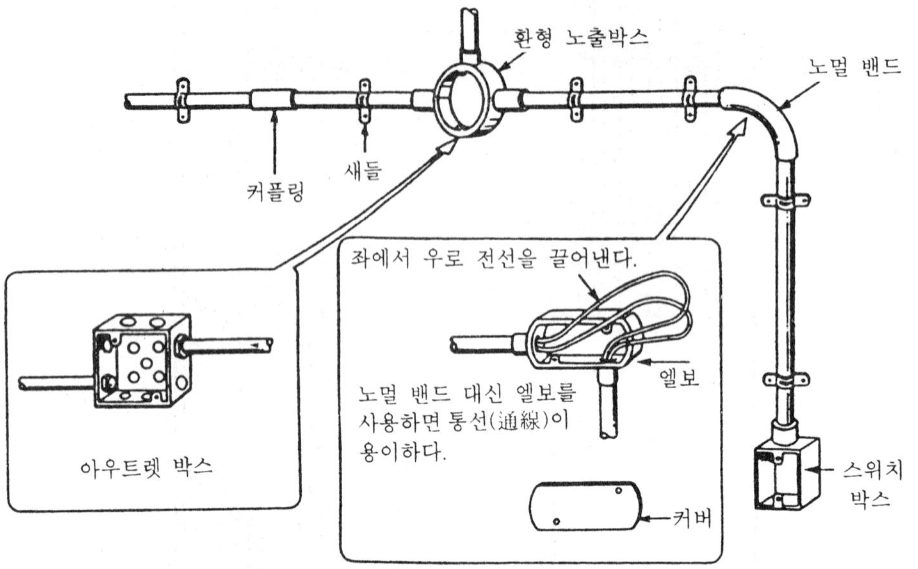

그림 9-11 노출배관(조영재에 대한 배관)

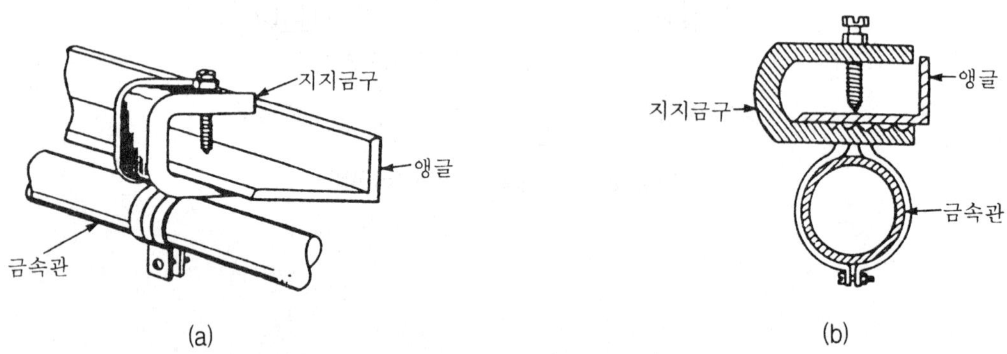

그림 9-12 노출배관 (철골에 대한 배관)

2 금속관의 굵기 선정

① 동일 굵기의 절연전선을 동일한 배관 내에 넣을 경우 내선규정에서는 금속관 굵기는 표 9-6, 표 9-7에 따라 선정하여야 한다.

표 9-6 후강전선관 굵기의 선정

전선의 굵기				전 선 본 수									
KS C		KS C IEC											
단선 [mm]	연선 [mm²]	단선 [mm]	연선 [mm²]	1	2	3	4	5	6	7	8	9	10
				전선관의 최소 굵기[mm]									
		(1.38)	1.5	16	16	16	16	22	22	22	28	28	28
1.6		(1.78)	2.5	16	16	16	16	22	22	22	28	28	28
2.0		(2.25)	4	16	16	16	22	22	22	28	28	36	28
2.6	5.5	(2.76)	6	16	16	22	22	22	28	28	28	36	36
3.2	8	(3.56)	10	16	22	22	28	28	36	36	36	36	36
	14		16	16	22	28	28	36	36	36	42	42	42
	22		25	22	28	28	36	36	42	54	54	54	54
	38		35	22	28	36	42	54	54	54	70	70	70
	-		50	22	36	54	54	70	70	70	82	82	82
	60		70	22	42	54	54	70	70	70	82	82	82
	100		95	28	54	54	70	70	82	82	92	92	104
	-		120	36	54	54	70	70	82	82	92	-	-
	150		150	36	70	70	82	92	92	104	104	-	-
	200		185	36	70	70	82	92	104	-	-	-	-
	250		240	42	82	82	82	104	-	-	-	-	-

비고 ① 전선 1본에 대한 숫자는 접지선 및 직류회로의 전선에 적용한다.
② 이 표의 실험결과와 경험을 기초로 하여 결정한 것임.
③ 이 표는 내선규정 2225-5 표 2225-2를 참고로 작성한 것임.
④ ( )은 계산에 의한 값이다.

표 9-7 박강전선과 굵기의 선정

전선의 굵기				전 선 본 수									
KS C		KS C IEC											
단 선 [mm]	연 선 [mm²]	단 선 [mm]	연 선 [mm²]	1	2	3	4	5	6	7	8	9	10
				전선관의 최소 굵기[mm]									
-	-	(1.38)	1.5	19	19	19	25	25	25	25	31	31	31
1.6	-	(1.78)	2.5	19	19	19	25	25	25	25	31	31	31
2.0	-	(2.25)	4	19	19	19	25	25	25	31	31	31	31
2.6	5.5	(2.76)	6	19	19	25	25	31	31	31	31	39	39
3.2	8	(3.56)	10	19	25	25	31	31	31	39	39	39	51
	14		16	19	25	31	31	39	39	51	51	51	51
	22		25	25	31	31	39	51	51	51	51	63	63
	-		35	25	31	51	51	51	63	63	63	75	75
	38		50	25	39	51	51	51	63	63	75	75	-
	60		70	25	51	51	63	63	75	75	75	75	-

전선의 굵기				전 선 본 수									
KS C		KS C IEC											
단 선 [mm]	연 선 [mm²]	단 선 [mm]	연 선 [mm²]	1	2	3	4	5	6	7	8	9	10
				전선관의 최소 굵기[mm]									
	100		95	31	63	63	75	75	-	-	-	-	-
	-		120	31	63	75	75	-	-	-	-	-	-
	150		150	39	63	75	-	-	-	-	-	-	-
	-		185	39	75	75	-	-	-	-	-	-	-
	200		240	51	75	75	-	-	-	-	-	-	-

비고 ① 전선 1본에 대한 숫자는 접지선 및 직류회로의 전선에도 적용한다.
② 이 표는 실험결과와 경험을 기초로 하여 결정한 것임.
③ 이 표는 내선규정 2225-5 표 2225-3를 참고로 작성한 것임.
④ ( )은 계산에 의한 값이다.

② 관의 굴곡이 적어 쉽게 전선을 끌어낼 수 있는 경우는 전항의 규정에 관계없이 동일 굵기로 전선의 피복절연물을 포함한 단면적의 총 합계가 관내 단면적의 48[%] 이하가 되도록 할 수 있다.

③ 굵기가 다른 절연전선을 동일관내에 넣는 경우의 금속관의 굵기는 전선의 피복 절연물 포함. 한 단면적의 총합계가 관내 단면적의 32[%] 이하가 되도록 선정하여야 한다.

3 접 지

표 9-8 전압에 따른 접지공사

구분	접지공사	내용
400[V] 미만	제3종	금속관 및 부속품에 적용
400[V] 이상	특별 3종	〃

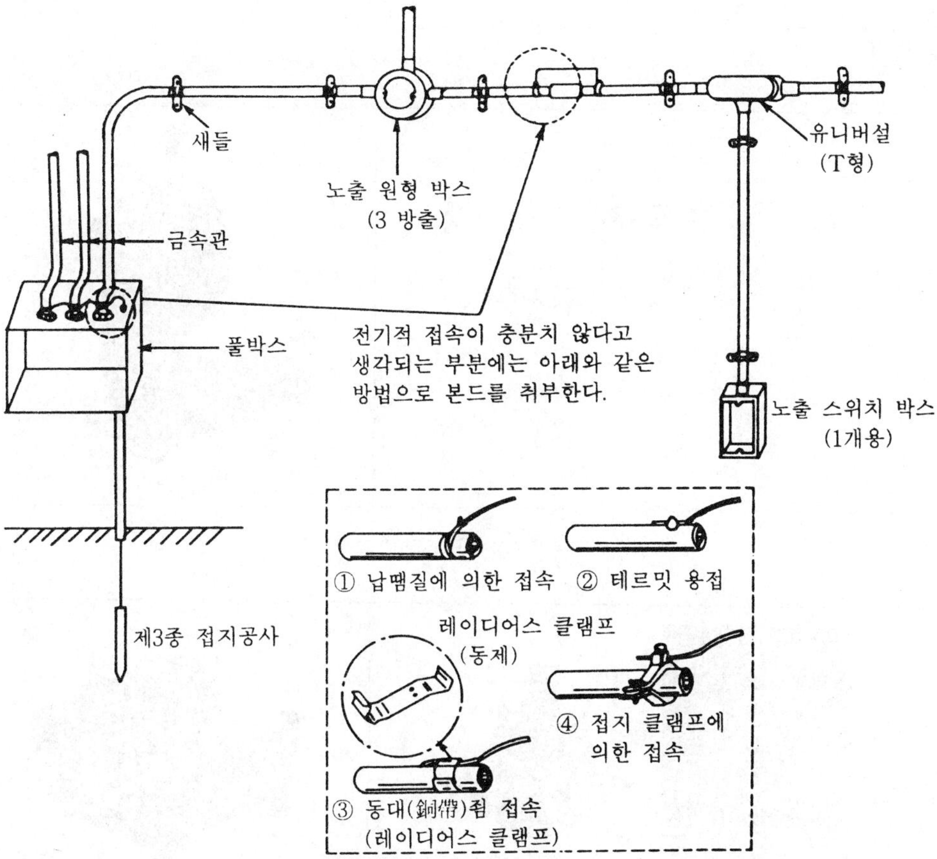

그림 9-13 금속관의 접지

4 공구

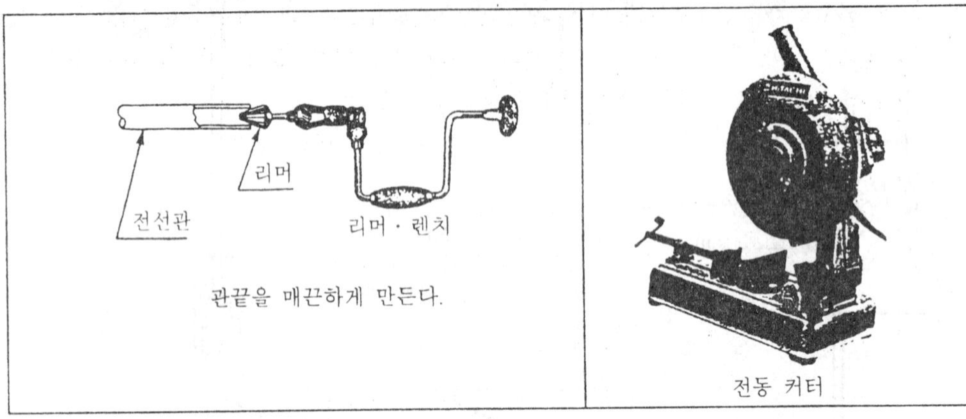

(a) 절단작업 공구

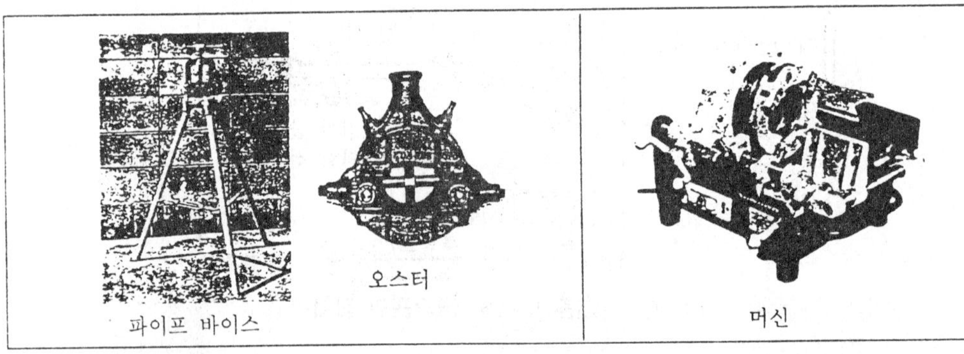

(b) 나사자름 작업공구

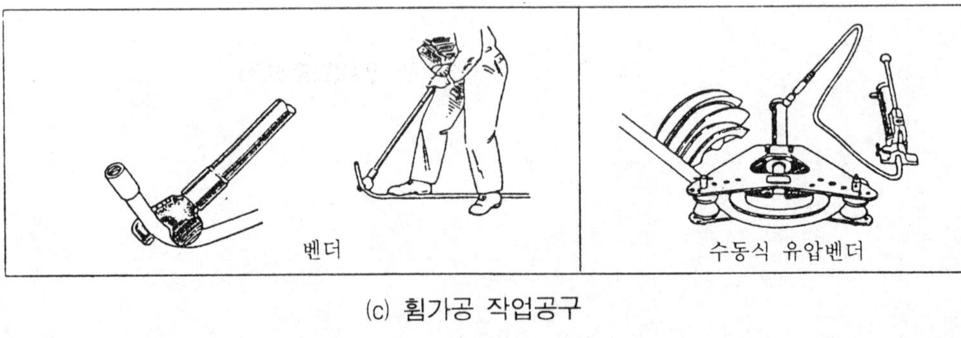

(c) 휨가공 작업공구

그림 9-14 금속관 공사 사용공구

9.4 합성수지관공사

현재 합성수지관공사에 사용되는 것으로는 경질비닐전선관, 합성수지제가요관이 있으며 노출배관에는 일반적으로 경질비닐전선관을 사용하고 있다. 합성수지관공사는 중량물의 압력이나 심한 기계적 충격을 받는 장소는 피하도록 한다.

합성수지관 배선은 내식성이 좋으므로 부식성 가스 또는 용액을 발산하는 화학공장의 배선에 적합하다.

9.4.1 배관

[1] 배관 및 배선시 고려사항

일반적인 공사예를 그림 9-15, 그림 9-16에 나타내었다.

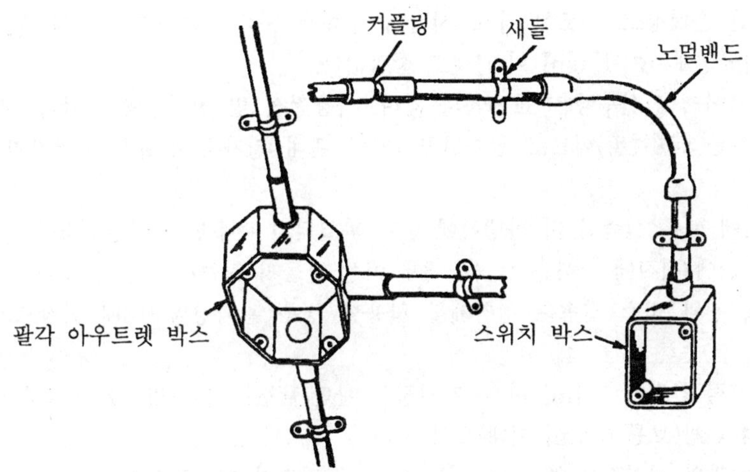

그림 9-15 합성수지관 공사(노출배관)

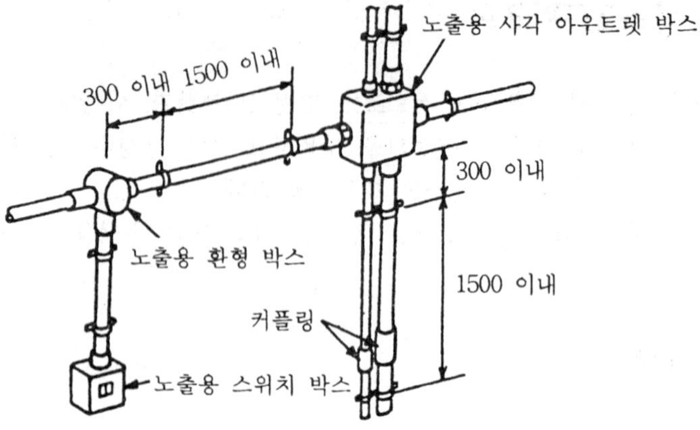

그림 9-16 배관지지 방법

① 경질비닐관은 두께 2[mm] 이상을 사용한다. 단, 사용전압이 400[V] 이하의 장소 또는 점검가능한 은폐장소, 건조한 장소, 사람이 접촉할 우려가 없도록 시설한 장소는 이보다 얇은(내선규정에서는 1[mm] 이상)것도 상관없다.

② 관에 수납하는 전선수량은 표 9-9와 같다. 사용전선 및 전선접속은 금속관공사에 준한다. 비자성관(非磁性管)이므로 금속관공사처럼 관내 전자적 평형은 고려하지 않아도 된다.

③ 온도변화에 따른 신축이 커 한냉시에 관이 파열되기 쉬우므로 시설장소를 고려할 것.

④ 관로 1구간에 직각에 가까운 굴곡을 3개 이상 만들지 않는다.

⑤ 관과 관, 관과 박스 접속은 접착제를 사용할 경우 관외경의 0.8배 이상으로 견고하게 접속한다.

⑥ 관의 지지점 간격은 1.5[m] 이하, 지지점은 관단(管端), 관과 박스와의 접속점 및 관 상호 접속점 근방(보통 0.3[m] 이내)으로 한다.

⑦ 가는 전선관의 지지점은 800[mm]~1,200[mm] 정도가 바람직하다.

⑧ 옥외 등 한냉의 차가 큰 장소에 노출배관을 실시할 경우는 12[m]~20[m]마다 1개소에 신축 커플링(3C)을 사용한다.

⑨ 금속제 박스 또는 분진방폭형 플렉시블 피팅을 사용할 경우의 접지공사는 금속관공사에 준한다.

⑩ 접지는 금속관 공사에 준한다.

2 관의 굵기 선정

① 동일 굵기의 절연전선을 동일관내에 넣는 경우의 합성수지관의 굵기는 표 9-9에 따라 선정하여야 한다.

표 9-9 합성수지관(PF관) 및 CD관의 굵기 선정

전선의 굵기				전 선 본 수									
KS C		KS C IEC											
단 선 [mm]	연 선 [mm²]	단 선 [mm]	연 선 [mm²]	1	2	3	4	5	6	7	8	9	10
				전선관의 최소 굵기[mm]									
-	-	(1.38)	1.5	14	14	14	16	16	22	22	22	22	22
1.6	-	(1.78)	2.5	14	14	14	16	16	22	22	22	22	22
2.0	-	(2.25)	4	14	14	14	16	22	22	22	22	22	32
2.6	5.5	(2.76)	6	14	16	16	22	22	22	28	28	28	36
3.2	8	(3.56)	10	14	22	22	22	28	28	36	36	36	36
	14		16	14	22	28	28	36	36	42	42	-	-
	22		25	16	28	36	36	42	42	-	-	-	-
	38		35	22	36	42	-	-	-	-	-	-	-
	-		50	22	42	-	-	-	-	-	-	-	-
	60		70	22	42	-	-	-	-	-	-	-	-
	100		95	28	-	-	-	-	-	-	-	-	-

[비고] ① 전선 1본에 대한 숫자는 접지선 및 직류회로의 전선에도 적용한다.
② 이 표는 실험결과와 경험을 기초로 하여 결정한 것임.
③ 이 표는 내선규정 2225-4 표 2225-5를 참고로 작성한 것임.
④ ( )은 계산에 의한 값이다.

[3] 공구

합성수지관 공사에 사용되는 공구는 그림 9-17과 같다.

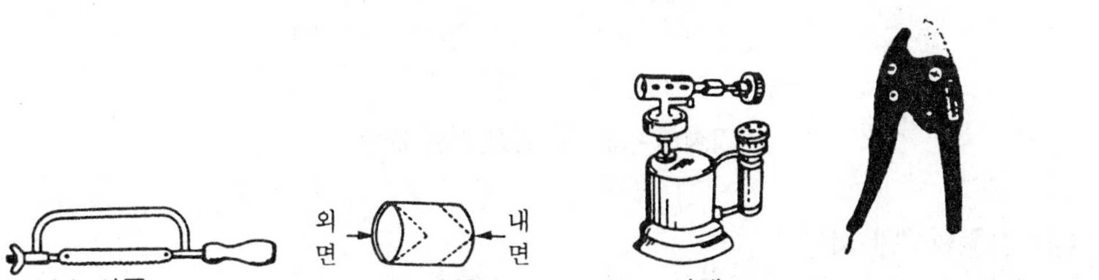

(a) 쇠톱 (b) 면취기 (c) 토치램프 (d) 합성수지관용 커터

그림 9-17 사용공구

9.5 금속제 가요전선관공사

금속제 가요전선관 배선은 외상을 받을 우려가 없는 장소에 시설하여야 한다. 금속제 가요전선관에는 1종 금속제 가요전선관(플렉시블 콘딧)과 2종 금속제 가요전선관(플리커 튜

브)이 있다.

2종 금속제 가요전선관은 표준타입과 표준타입 외측에 비닐로 피복한 통칭 방수 플리커튜브의 2종류가 있다.

2종 금속제 가요전선관은 1종 금속제 가요전선관에 비해 기계적 강도 및 내수성능 등이 뛰어나 현재 대부분의 현장에서는 2종 금속제 가요전선관을 사용하고 있다.

1 1종 금속제 가요전선관

두께 0.8[mm] 이상이고 노출장소, 점검 가능한 은폐장소로서 건조한 장소에 한하여 사용하며 400[V] 이상인 경우 가요성이 필요한 전동기 접속용으로만 사용한다.

2 2종 금속제 가요전선관 사용장소

(1) 건물의 부동침하 대책 및 내진조치

가로로 긴 건물에서 익스펜션 조인트부를 두어 부동(不同) 침하대책을 실시하고 있다. 전기설비에서도 대책으로서 익스펜션부(확장부)의 양끝이나 한쪽 끝에 풀박스를 설치하고 조인트부에는 플리커튜브를 이용한다.

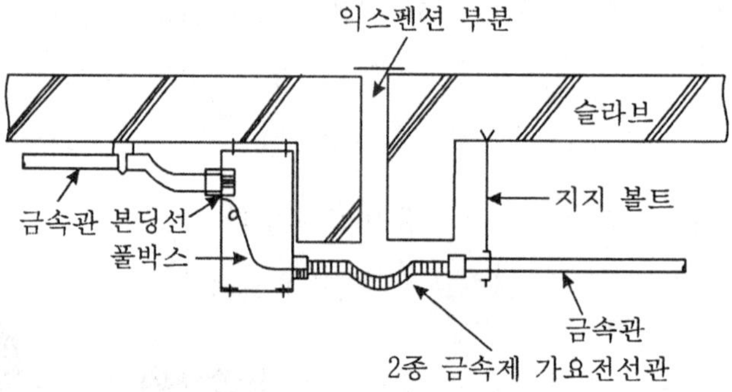

그림 9-18 익스펜션부의 배관

(2) 진동발생원 차단

펌프나 팬, 방수·방연댐퍼 등은 진동 발생원으로 직접 금속관에 접속하면 다른 장소로 진동이 전달될 가능성이 있다. 이를 방지하기 위해 방진대책으로서 이들 기기접속에 플리커튜브를 이용하면 진동이 줄어든다.

특히 옥외나 물이 튀기는 기계 주변에는 내식성(耐食性)이 높은 방수 플리커튜브를 사용한다.

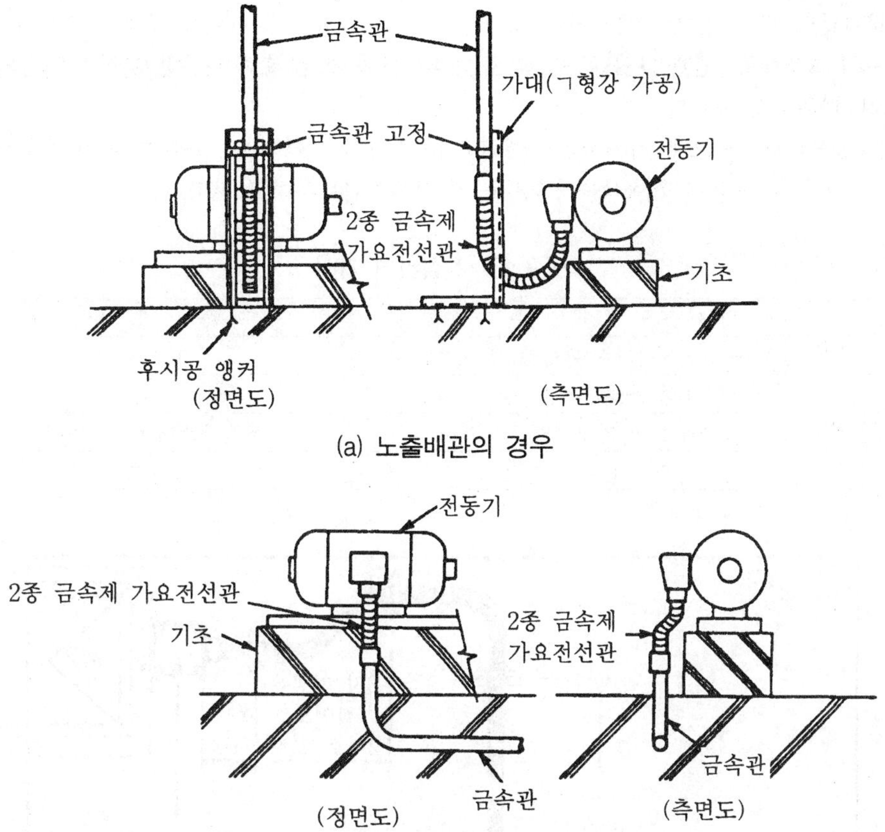

(a) 노출배관의 경우

(b) 매입배관의 경우

그림 9-19 전동기 배선

(3) 복잡한 배관의 휨가공이 필요한 경우

플리커튜브는 특수한 공구없이 손으로 간단히 배관을 구부릴 수 있으므로 복잡한 휨배관공사에 적합하다.

[3] 2종 금속제 가요전선관 시공시 주의사항

① 사용전선은 금속관공사에 준한다.

② 휨 반경은 노출장소에서 점검가능한 은폐장소로 관을 꺼낼 수 있는 경우 관내경의 3배 이상으로 하며 이외에는 관내경의 6배 이상으로 한다.

③ 전선관과의 접속은 커플링을 이용한다. 커플링을 플리커에 끼우고 플라이어(pliers)로 완전히 고정한다.

④ 플리커를 조영재에 고정할 경우 새들과 같은 배관지지재로 고정한다. 지지거리는 그림 9-20의 플리커 지지간격을 표준으로 한다.

⑤ 옥외에서 사용할 경우 방수 플리커를 이용하게 되는데 표면이 코팅되어 있으며 재질이

염화비닐로 되어 있어 직사광선이 자외선에 의해 열화되어 피복이 벗겨질 경우가 있다. 방수 플리커에는 일반 타입(회색) 외에 내후·내한 타입(흑색) 등이 있으므로 옥외에서는 이 타입을 사용한다.

⑥ 가요관을 새들 등으로 지지하는 경우의 지지점간의 거리는 표 9-10에 따라야 한다. 다만, 공사상 부득이할 경우에는 가요관을 지지하지 아니하여도 된다.

표 9-10 지점간의 거리

시 설 의 구 분	지 지 점 간 의 거 리 [m]
조영재의 측면 또는 하면에서는 수평방향으로시설한 것.	1 이하
사람이 접촉될 우려가 있는 것.	1 이하
가요관 상호 및 가요관과 Box 기구와의 접속개소	접속개소에서 0.3 이하
기 타	2 이하

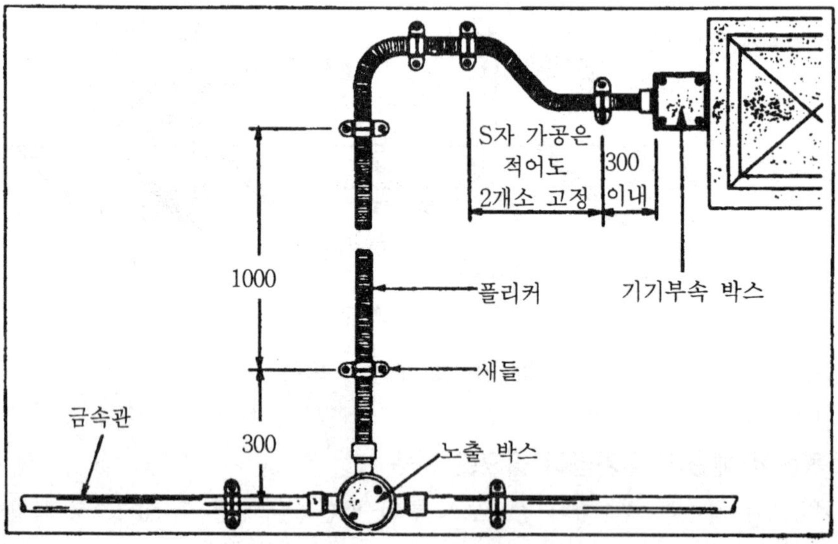

그림 9-20 플리커 튜브 지지간격

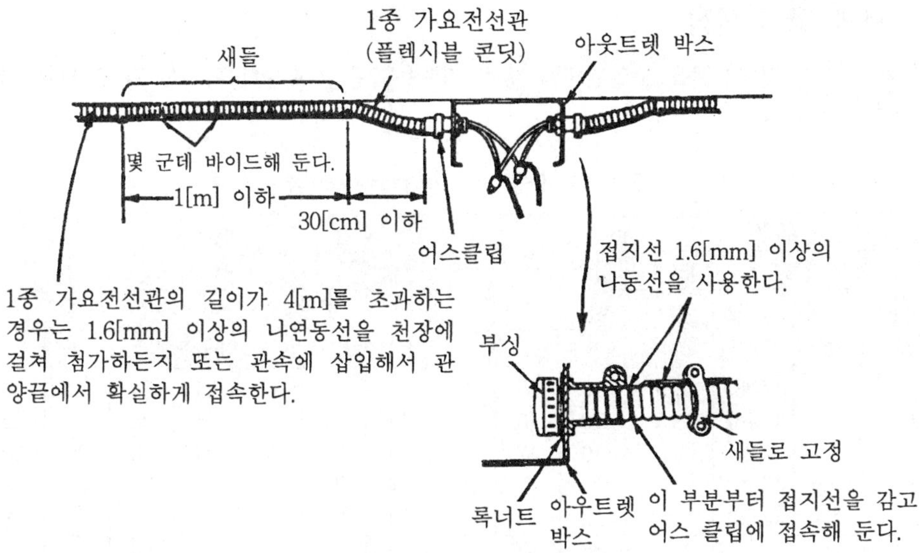

그림 9-21 1종 가요관 배선

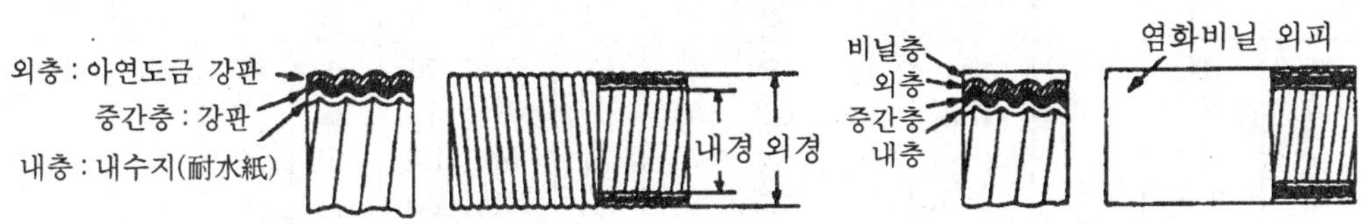

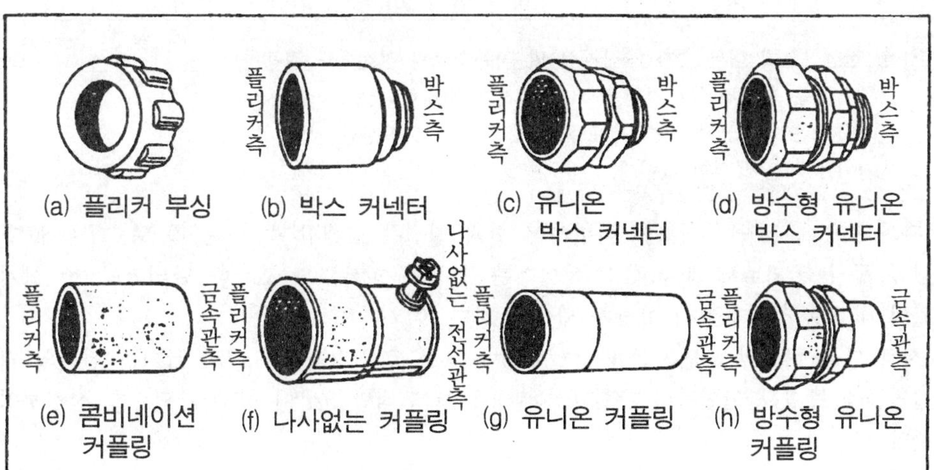

그림 9-22 2종 금속제 가요전선관 부속품

4 관의 굵기 선정

① 동일 굵기의 절연전선을 동일관내에 넣는 경우는 2종 가요관의 굵기는 표 9-11에 따라 선정하여야 한다.

표 9-11 2종 가요관의 굵기 선정

전선의 굵기				전 선 본 수									
KS C		KS C IEC											
단 선 [mm]	연 선 [mm²]	단 선 [mm]	연 선 [mm²]	1	2	3	4	5	6	7	8	9	10
				전선관의 최소 굵기[mm]									
		(1.38)	1.5	10	15	15	17	24	24	24	24	30	30
1.6		(1.78)	2.5	10	15	15	17	24	24	24	24	30	30
2.0		(2.25)	4	10	17	17	24	24	24	24	30	30	30
2.6	5.5	(2.76)	6	10	17	24	24	24	30	30	30	38	38
3.2	8	(3.56)	10	12	24	24	24	30	30	38	38	38	38
	14		16	15	24	24	30	38	38	38	50	50	50
	22		25	17	30	30	38	38	50	38	50	50	63
	38		35	24	38	38	50	50	63	50	63	63	76
	-		50	24	50	38	63	63	63	63	76	76	76
	60		70	24	50	50	63	63	76	76	76	76	83
	100		95	30	50	63	63	76	76	83	101	101	101
	-		120	30	63	63	63	76	76	83	101	-	-
	150		150	38	63	76	76	101	101	101	-	-	-
	200		185	38	76	76	101	101	101	-	-	-	-
	250		240	50	76	83	101	-	-	-	-	-	-

[비고] ① 전선 1본에 대한 숫자는 접지선 및 직류회로의 전선에도 적용한다.
② 이 표는 실험결과와 경험을 기초로 하여 결정한 것임.
③ 이 표는 내선규정 2225-4 표 2225-2를 참고로 작성한 것임.
④ ( )은 계산에 의한 값이다.

② 관의 도중에 굴곡이 심하지 아니하여 쉽게 전선을 교체할 수 있는 경우는 ①항에 관계없이 동일 굵기로서 8[mm²] 이하까지는 전선의 피복물을 포함한 단면적의 총 합계가 관의 내 단면적인 48[%] 이하가 되어야 한다.

③ 서로 다른 굵기의 절연전선을 동일관내에 넣을 경우 2종 가요관의 굵기는 전선의 피복 절연물을 포함한 단면적의 총합계가 관의 내단면적인 32[%] 이하가 되도록 선정하여야 한다.

9.6 금속덕트 배선공사

금속덕트 배선은 금속제 덕트에 절연전선을 사용해 실시하는 저압옥내 배선을 말한다. 배전반으로부터 대량의 간선을 배선할 경우나 빌딩이나 공장에서 다수의 기계장치에 배선할 경우, 분전반 2차측 대량전선을 위로 올리는 경우 등에 사용되며 여러개의 금속관을 사용하던 배선을 간단히 하나의 덕트에 넣어 시설할 수 있는 공사방법이다.

이 밖에 셀룰러덕트나 플로어덕트와 함께 바닥에 매입하는 방법으로 시설하는 경우(트렌치덕트라고 한다)도 있다.

[1] 공사방법

그림 9-23은 금속덕트 배선의 예이다.

① 시설장소의 제한 : 옥내의 건조한 노출장소 또는 점검가능한 은폐장소에 한해 시설할 수 있다.

② 덕트지지

㉠ 수평지지의 경우 : 지지점 간격은 3[m] 이하로 한다. 일반적으로는 2[m] 간격으로 지지한다.

㉡ 수직지지의 경우 : 취급자 이외의 자가 출입할 수 없는 배선 샤프트실(EPS)에서는 6[m] 이하로 할 수 있다. 단, 상기 장소 이외에서는 3[m]로 한다.

③ 지지볼트 두께

㉠ 덕트 폭이 600[mm] 경우는 공칭지름 9[mm] 이상으로 한다.

㉡ 덕트 폭이 600[mm] 이상인 경우는 공칭지름 12[mm] 이상인 볼트를 이용한다.

④ 덕트내 전선지지

㉠ 수평인 경우 : 각 배선마다 한데 묶여 600[mm] 이하에 설치되어 있는 전선지지물 위에 질서 정연하게 배열되도록 한다.

㉡ 수직인 경우 : 750[mm] 이하마다 설치되어 있는 전선지지물에 1.5[m] 이하마다 결속한다.

⑤ 덕트 접속 : 덕트와 덕트는 상호 견고하며 전기적으로 완전히 접속할 것. 덕트와 배분전반, 풀박스 같은 것은 완전히 맞대도록 하며 볼트 등으로 접속한다. 또한 본딩을 실시해 전기적으로 접속한다.

⑥ 덕트 접지

㉠ 사용전압이 400[V] 미만인 경우 : 3종 접지공사를 한다.

㉡ 400[V] 이상인 경우 : 특별 3종 접지공사로 접지한다. 단, 사람이 접촉할 우려가 없는 경우는 3종 접지공사로 할 수 있다.

⑦ 약전류 전선과의 혼촉방지 : 동일 금속덕트내에 약전류회로의 약전류전선과 함께 배선할 경우는 격벽을 설치하고 특별 3종 접지공사를 실시하거나 약전류전선은 금속제 전기차폐층을 지닌 통신케이블을 사용하며 그 차폐층을 특별 3종 접지공사를 이용해 접지해도 좋다.

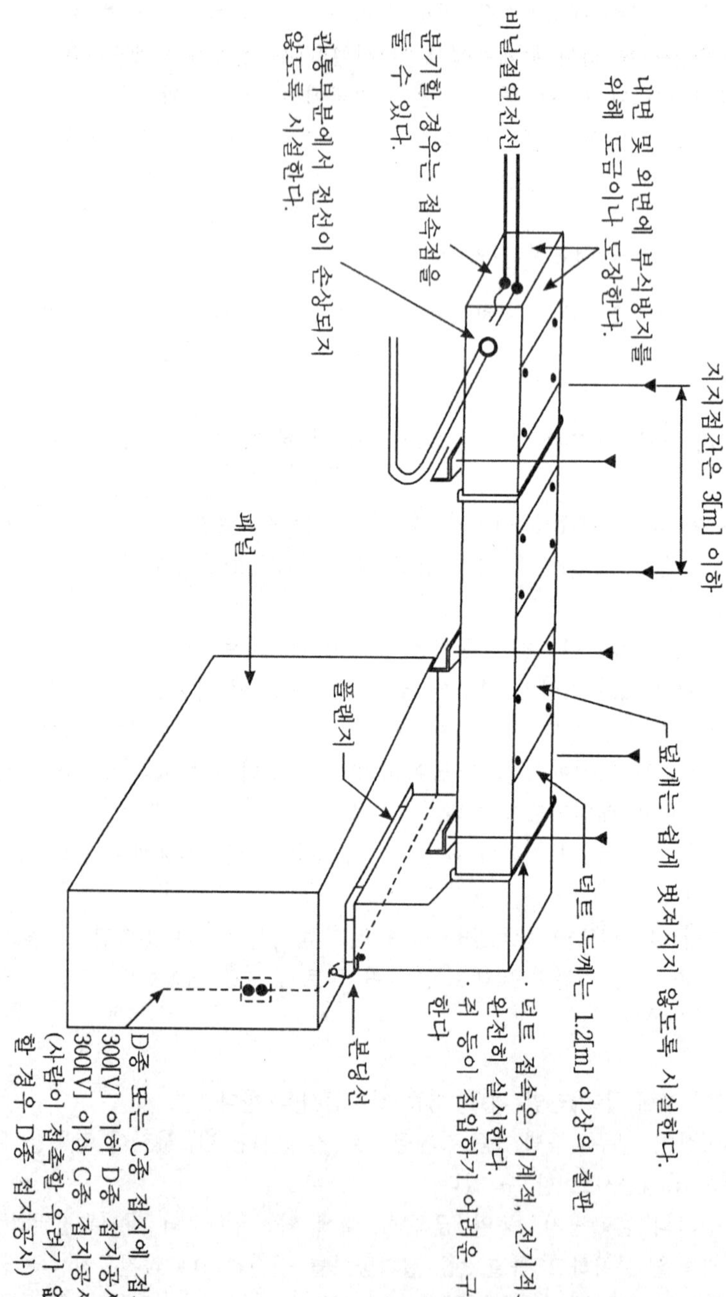

그림 9-23 금속덕트 시설

⑧ 점검 덮개

㉠ 폭이 800[mm]를 넘는 덮개는 2분할하며 덮개를 설치하는 개구부는 등변 ㄱ형강으로 보강한다.

㉡ 덮개 위치는 위쪽이 작업하기 좋지만 공조덕트 밑에 노출해 시설할 경우는 하부점검이 되므로 덮개 고정을 접번식(蝶番式)으로 하면 작업성이 좋다.

㉢ 은폐부분에 시설할 경우는 점검구 위치를 덕트 점검에 효율적인 장소에 설치할 것.

⑨ 전선수 : 금속 덕트내에 넣는 전선은 내단면적의 20[%]로서 일반적으로 30가닥 이내로 한다. 단 제어용은 내단면적의 50[%]로 한다.

⑩ 절연전선 보호 : 금속덕트내에 여유가 있다고 해서 방전등용 안정기를 설치하면 전선 피복이 손상되므로 금지한다.

⑪ 진동방지 : 긴 인선트(2[m] 이상)로 지지할 경우는 휨부분이나 분기부분으로 이행하는 곳에 불필요한 힘이 가해지므로 필요에 따라서는 진동방지를 한다.

⑫ 기타

㉠ 덕트는 물이 고이는 낮은 부분이 없도록 시설한다.

㉡ 금속 덕트내의 전선을 외부로 끌어낼 경우 관통부분에서 전선이 손상되지 않도록 한다.

(a) 가로방향 진동방지　　(b) 좌우방향 진동방지

그림 9-24 진동방지

[2] 재료

(1) 구조 및 재질

① 덕트의 구조 : 폭이 5[cm] 이상, 두께가 1.2[mm] 이상인 철판이나 이와 동등 이상의 강도를 지닌 금속제로 견고하게 제작된 것일 것. 공통 시방서에는 두께 1.6[mm] 이상으로 되어 있다.

② 재질 : 일반적으로 철판이 사용되고 있으나 부식방지 성능이 요구될 경우는 스테인레스 강판 등을 이용한다.

③ 내면처리 : 덕트 내면에는 전선피복을 손상시킬 만한 돌기가 없어야 한다.

④ 도장 : 내면 및 외면에는 부식방지를 위해 도금이나 도장을 실시한다.

9.7 버스덕트 배선공사

버스덕트 배선이란 대규모 빌딩이나 공장 등에서 비교적 대전류가 흐르는 옥내간선을 버스덕트를 이용하는 공사방법을 말하며 버스덕트란 금속제 덕트 속에 도체가 들어 있어 절연물을 적당한 간격으로 지지한 것을 말한다.

1 공사방법

그림 9-25는 빌딩설비에서의 버스덕트 배선의 예이다.

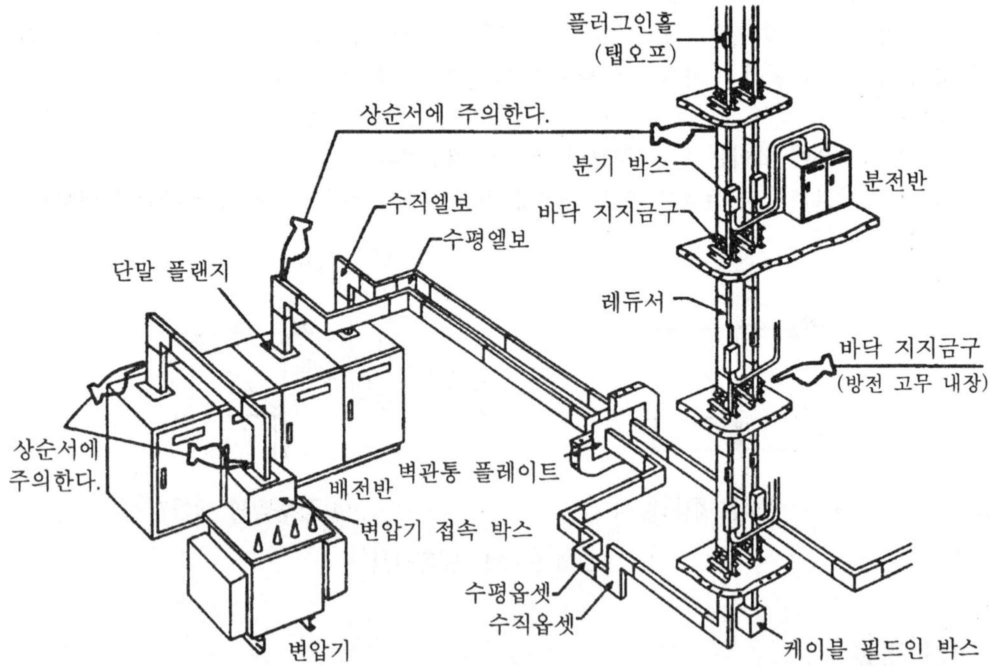

그림 9-25 버스덕트 배선 예

(1) 시설장소의 제한

① 옥내의 건조한 노출장소 및 점검 가능한 은폐장소.

② 옥측 및 옥외에서는 옥외용 덕트를 사용할 경우 사용전압이 400[V] 이하로 노출장소 및 점검 가능한 은폐장소에 한해 시설할 수 있다.

③ 사용전압이 400[V] 이상인 옥측배선 또는 옥외 배선에는 사람이 쉽게 접촉하지 못하도록 시설한다.

④ 저압 옥상 전선로로 사용하는 경우는 사람이 쉽게 접촉하지 못하도록 시설하며 덕트

내부에 물이 침입해 고이지 않는 옥외용 덕트를 사용해 시설한다.

(2) 덕트지지

① 수평지지의 경우 : 지지점간 거리를 3[m] 이하로 한다. 보통 2[m] 정도로 지지한다.

② 수직지지의 경우 : 취급자 이외의 자가 출입할 수 없는 배선 샤프트실(EPS)에서는 6[m] 이하로 지지하면 된다. 단, 상기 이외에서는 3[m] 이하로 한다.

(3) 덕트 접속

버스덕트 접속에는 직선접속, 엘보접속, 옵셋접속, T접속, 클로스접속, 단말접속, 플러그인 접속 등이 있다.

그림 9-26은 절연 버스덕트로 도체 상호간의 접속부 예이다. 특징은 다음 2가지이다.

① 접속볼트를 이용해 외부에서 각 상(相)을 일괄적으로 조여준다.

② 접속볼트는 헐거움 방지와 조임상태를 육안으로 확인할 수 있는 구조로 되어 있어 조임 과부족을 방지하고 있다.

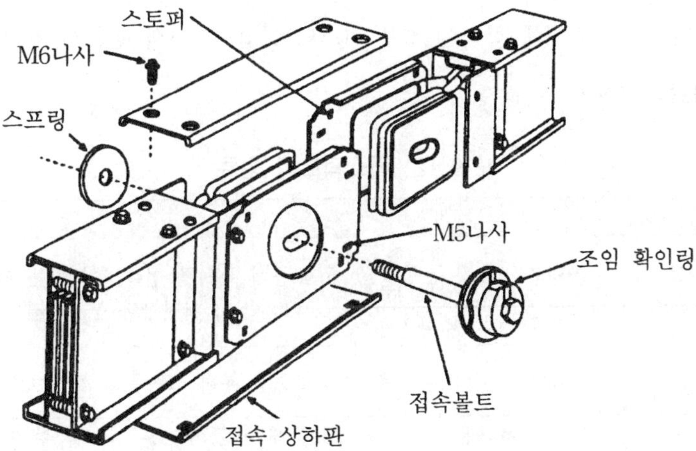

그림 9-26 절연버스 덕트의 접속부 구조

(4) 진동방지와 내진지지

① 수평포설의 경우 : 수직포설 길이가 2[m] 이하인 경우는 덕트의 세로나 가로 흔들림을 방지하기 위해 적절한 장소에 진동방지 금구를 설치한다. 설치간격은 지진시에 건물과 덕트가 공진(共振)을 일으키지 않도록 10[m] 이하가 바람직하다.

② 내진지지 : 건축전기설비 내진설계 · 공사매뉴얼에서는 12[m] 마다 L형강 등으로 콘크리트 구조체에 내진지지로서 견고하게 지지하도록 되어 있다.

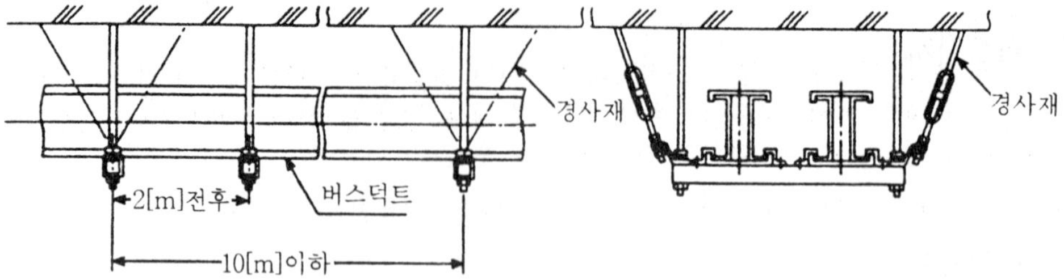

(a) 가로 진동방지 (b) 좌우 진동방지

그림 9-27 진동방지 금구

③ 수직포설의 경우 : 4[m] 이상인 경우는 바닥지지 외에 중간에 진동방지가 필요하다.

(5) 접지공사

사용전압이 400[V] 미만인 경우는 덕트에 3종 접지공사를 실시한다.

400[V] 이상인 경우는 특별 3종 접지공사를 하는데 사람이 접촉하지 못하도록 공사할 경우는 3종 접지공사도 관계 없다.

버스덕트 패널이나 변압기에 접속할 경우 버스덕트 접지단자와 반드시 접속한다.

(6) 버스덕트의 종류

표 9-12 버스덕트의 종류

명 칭	형 식		설 명
피더 버스덕트 (feeder bus duct)	옥내용	환기형 비환기용	도중에 부하를 접속하지 않는 것(변압기와 배전반간, 배전반과 분전반간의 간선 등)
	옥외용	비환기용	
플러그 인 버스덕트 (plug-in bus duct)	옥내용	비환기용	도중에 부하 접속용의 플러그를 시설한 것
트롤리 버스덕트 (trolley bus duct)	옥내용 옥외용		도중에 이동 부하를 접속할 수 있도록 트롤리 접촉식 구조로 만든 것

2 공사시 주의사항

① 버스덕트는 직선성이 있고 케이블처럼 유연성이 적어 포설경로에 대한 검토가 중요하다.

② 버스덕트의 경로는 가능한 직선적으로 공사하는 것이 경제적으로 공사효율이 높다.

③ 버스덕트의 운반 및 이동시에는 변형이나 손상이 없도록 충분히 주의한다. 특히 수직덕트는 반입 계획을 작성해 중기(重機) 세트방법과 운반시 하우징 부분의 덕트에 하중이 가지 않는 보양 등을 충분히 검토한다.

④ 공사현장은 먼지나 빗물 침입외에 예기치 못한 피해를 방지하기 위해 덕트 보호 폴리에틸렌 포장상태에서 공사하며 공사 완료 후 벗겨낸다.

⑤ 버스덕트 접속은 접속부 도체의 먼지와 조임 과부족에 주의해 공사순서도에 따라 공사해 나간다.

⑥ 버스덕트 위치 완료후는 볼트 조임상태 및 지지 철물류가 올바로 설치되어 있는지 점검한다. 점검에는 점검 책임자를 임명해 점검 체크리스트를 작성해 반드시 전체수량을 확인한다.

⑦ 버스덕트는 대지 정전용량이 크므로 노이즈 대책과 조광회로 배선에 사용할 경우 고조파 대책으로써 연가를 실시한다.

9.8 플로어덕트공사

플로어덕트공사(under floor raceway wiring)는 책상이나 바닥 위에 설치하는 사무기기 등의 전원이나 전화선, 통신선 등을 배선하기 위하여 바닥에 배선용 덕트를 매설하는 시설공사를 말한다.

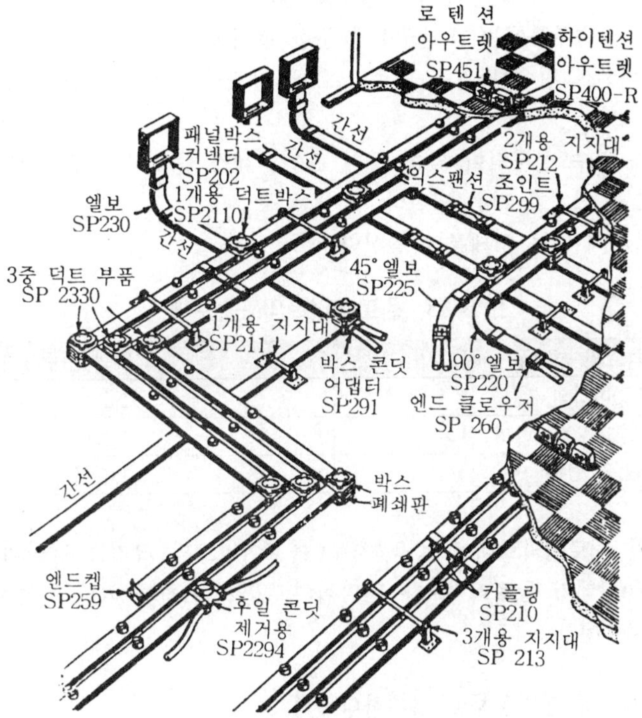

그림 9-28 플로어덕트공사

1 특징

플로어덕트의 특징은 다음과 같다.

① 복잡한 배선을 2중 바닥 내부에 수납할 수 있어 디자인에 영향을 주지 않고 배선할 수 있다.
② 레이아웃 변경이나 배선루트 변경에 유연하게 대응할 수 있다.
③ 배선 인출 위치를 자유롭게 선정할 수 있다.
④ 배선공간은 충분한 용량이 있다.

2 공사시 주의사항

플로어내 배선에서 다음 사항을 주의하여 공사한다.

① 전력용 케이블과 약전류용 케이블 루트를 명확히 하기 위해 페인트나 테이프를 이용한 색구분 및 접촉방지를 위해 세퍼레이터를 설치한다.
② 프리액세스 플로어에서 케이블을 꺼낼 때는 관통부에 보호재를 삽입하는 등 케이블이 손상되지 않도록 조치를 취한다.
③ 케이블 상호 접속부 근방에 장력 방지장치를 설치한다.
④ 금속제 박스 등 금속부분에는 내선규정에 준한 접지공사를 실시한다.
⑤ 플로어내에서 콘센트 접속한 경우 플로어 위에 마킹하는 등 위치를 쉽게 알 수 있도록 한다.
⑥ 정보단말기기가 다수 설치되어 있는 곳의 프리액세스 플로어 각부(脚部) 금속부분에는 정전기 대책으로서 접지할 것을 권한다.
⑦ 콘센트는 잘 빠지지 않는 형태를 사용한다.

표 9-13 플로어덕트의 판 두께

플로어덕트의 최대폭 [mm]	플로어덕트의 판두께 [mm]
150이하의 것	1.2 이상
150을 넘고 200이하의 것	1.4 이상
200을 넘는 것	1.6 이상

절연전선을 동일 플로어덕트내에 넣을 경우 플로어덕트의 크기는 전선의 피복절연물을 포함한 단면적의 총합계가 플로어덕트내 단면적의 32[%] 이하가 되도록 선정한다.

3 접지

① 플로어덕트는 제 3종 접지공사로 접지한다.
② 배선과 다른 배선 또는 약전류전선, 광섬유케이블, 금속제수관, 가스관등과의 거리는 강전류회로의 전선과 약전류회로의 약전류전선과를 동일 플로어덕트 및 접속함내에 넣는 경우에는 특별 제3종 접지공사로 한다.

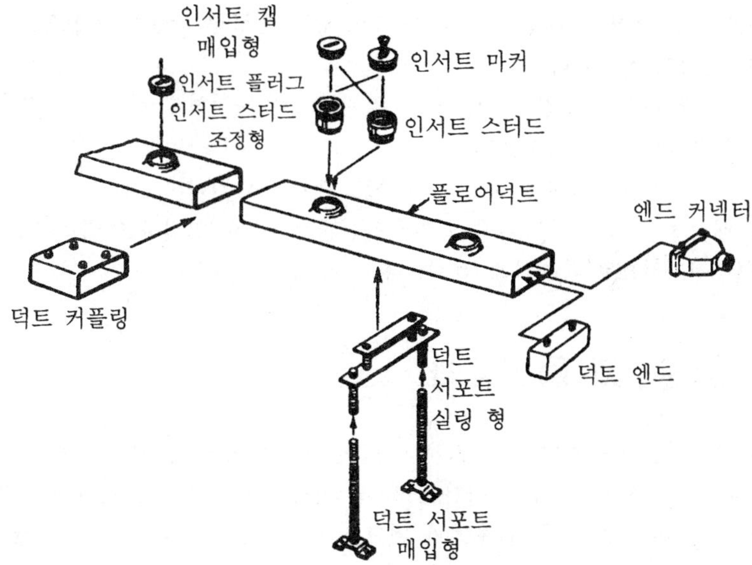

그림 9-29 플로어덕트의 부속품

9.9 금속몰드 배선공사

① 금속몰드 배선에는 절연전선(옥외용 비닐절연전선 제외)를 사용한다.

② 금속몰드, 박스 및 부속품(몰드 상호 접속 및 몰드 끝에 접속)은 다음 각 호에 적합한 것이어야 한다.

㉠ 전기용품안전관리법의 적용을 받는 금속제 몰드 및 박스 기타 부속품 또는 황동이나 동으로 견고하게 제작된 것으로써 내면을 매끈하게 한 것으로 한다.

㉡ 황동제 또는 동제의 몰드는 폭이 5[cm] 이하, 두께 0.5[mm] 이상의 것으로 한다.

③ 같은 몰드내에 넣는 경우의 전선수는 다음 각 호에 의한다.

㉠ 1종 금속몰드에 넣는 전선수는 10본 이하로 한다.

㉡ 2종 금속몰드에 넣는 전선수는 전선의 피복절연물을 포함한 단면적의 총합계가 해당 몰드내 단면적의 20[%] 이하로 한다.

④ 금속몰드 내에서는 전선에 접속점을 만들지 않는다. 다만, 전기용품안전관리법의 적용을 받는 2종 금속제 몰드를 사용하고 또한 다음 각 호에 의하여 시설할 경우에는 예외이다.

㉠ 전선을 분기하는 경우일 것.

㉡ 접속점을 쉽게 점검할 수 있도록 시설할 것.

㉢ 몰드내에서 분기한 전선을 외부로 인출하는 부분은 전선이 손상될 우려가 없도록 시설할 것.

⑤ 금속몰드 배선의 사용전압은 400[V] 미만일 것.

⑥ 금속몰드 배선은 옥내의 외상을 받을 우려가 없는 건조한 노출장소 또는 점검 가능한 은폐장소에 한하여 시설한다.
⑦ 금속몰드 및 그 부속품은 견고하게, 또한 전기적으로 완전하게 접속하고 적당한 방법으로 조영재 등에 확실하게 지지한다.
⑧ 금속몰드의 지지점간의 거리는 1.5[m] 이하로 함이 바람직하다.
⑨ 금속몰드 배선을 금속관배선, 금속제 가요전선관배선등과 연결하는 경우에는 양자를 견고하게 또한 전기적으로 완전하게 접속한다.

9.10 합성수지 몰드공사

① 합성수지몰드 배선에는 절연전선(옥외용 비닐절연전선 제외)를 사용한다.
② 합성수지제몰드는 홈의 폭 및 깊이가 3.5[cm] 이하로서 두께는 2[mm] 이상의 것이어야 한다, 다만, 사람이 쉽게 접촉될 우려가 없도록 시설하는 경우에는 폭이 5[cm] 이하, 두께 1[mm] 이상의 것을 사용할 수 있다.
③ 합성수지몰드는 다음의 각 호에 적합하여야 한다.
  ㉠ 합성수지몰드는 똑바른 것으로서 단부를 몰드의 축에 대하여 직각으로 절단하고 충분히 모서리를 다듬은 것일 것.
  ㉡ 조영재에 쉽게 또한 견고하게 부착할 수 있도록 되는 것일 것.
  ㉢ 베이스와 캡이 완전하게 결합하여 충격으로 쉽게 이탈되지 아니하는 것일 것.
  ㉣ 내면은 전선의 피복이 손상될 우려가 없도록 매끈한 것일 것.
④ 합성 수지몰드내에서는 전선에 접속점을 만들어서는 아니된다. 다만, 전기용품안전관리법의 적용을 받는 합성수지제 접속함을 사용하는 경우에는 예외.
⑤ 합성 수지제몰드 상호 및 합성수지몰드와 박스 그 밖의 부속품과는 전선이 노출되지 아니하도록 접속한다.
⑥ 합성수지몰드배선의 사용전압은 400[V] 미만이어야 한다.
⑦ 합성수지몰드배선은 옥내의 건조한 노출장소 또는 점검할 수 있는 은폐장소에 한하여 시설한다.
⑧ 합성수지몰드의 단구는 매끈하게 하여 전선의 피복이 손상될 우려가 없도록 한다.
⑨ 베이스를 조영재에 부착할 경우에는 40~50[cm] 간격마다 나사로 부착하는 외에 풀로 붙이거나 그 밖의 방법으로 견고하게 부착한다.

9.11 라이팅 덕트공사

① 라이팅덕트는 옥내의 건조한 장소로서 노출장소, 점검할 수 있는 은폐장소에 한하여 시설할 수 있다.
② 사용전압이 400[V] 미만일 것, 제3종을 접지를 할 것, 150[V] 이하이고 덕트 길이가 4

[m] 이하인 경우 접지를 생략하여도 된다.

③ 조영재에 덕트를 부탁할 경우 지지점을 매 덕트마다 2개소 이상 및 지지점간의 거리는 2[m] 이하로 하고 덕트의 끝부분은 막을 것.

표 9-14 라이팅 덕트의 종류 및 정격

종 류			정격 전압[V]	정격 전류[A]
라이팅 덕트	고정 1형	도체 커버 및 덕트 커버 없음	125, 300 (250)	15, 20, 30 15, 20
	고정 2형	도체 커버 및 덕트 커버 있음	125, 300 (250)	
	주행형		125, 300 (250)	
플러그 어댑터	고정형		125, 300 (250)	6, 10, 15, 20
	주행형			

㈜ 라이팅 덕트의 길이는 15[A]인 것은 1[m], 1.5[m], 2[m], 3[m], 4[m], 20[A] 이상인 것은 3[m]가 표준이다.

④ 라이팅 덕트를 조영재에 부착할 경우는 라이팅 덕트의 지지점은 매 덕트마다 2개소 이상 및 지지점간의 거리는 2[m] 이하로 하고 또한 견고하게 부착한다.

⑤ 라이팅 덕트의 개구부는 아래로 향하여 시설한다. 다만, 다음의 하나에 해당할 경우에는 옆으로 향하게 시설할 수 있다.

㉠ 사람이 쉽게 접촉할 우려가 없는 장소에서 덕트의 내부에 먼지가 들어가지 아니하도록 시설하는 경우.

㉡ 전기설비기술기준의 별표 40(라이팅 덕트 및 그 부속품의 규격)에서 정하는 규격에 적합한 라이팅 덕트를 사용하는 경우.

⑥ 라이팅 덕트의 끝부분은 막는다.

⑦ 라이팅 덕트를 사람이 쉽게 접촉할 우려가 있는 장소에 시설할 경우에는 전원측에 누전 차단기(인체감전보호용 누전차단기에 한한다)를 시설한다.

⑧ 라이팅 덕트의 금속제부분(도체를 제외한다)에는 제 3종 접지공사를 시설한다.

9.12 셀룰라 덕트공사

셀룰라 덕트공사는 옥내의 건조한 장소로서 점검할 수 있는 은폐장소, 점검할 수 없는 은폐장소로서 철골구조의 건물로 바닥의 데크 플레이트 홈을 이용하는 방법이다.

건축구조의 강도 저하없이 많은 배선을 비교적 자유롭게 이용할 수 있는 배선 수납방식으로 OA배선이 늘어 났을 경우 기존의 건물에서도 증설이 가능하다.

또한 염가로 시설할 수 있어 현재 널리 사용되는 공사방법이다.

① 셀룰라 덕트공사에는 절연전선을 사용하며 덕트 내에서 전선을 접속하여서는 안 된다.

② 지름 3.2[mm](알루미늄 선은 4.0[mm])를 초과하는 것은 연선이어야 한다.

③ 사용전압 400[V] 미만이고 제3종 접지를 한다.

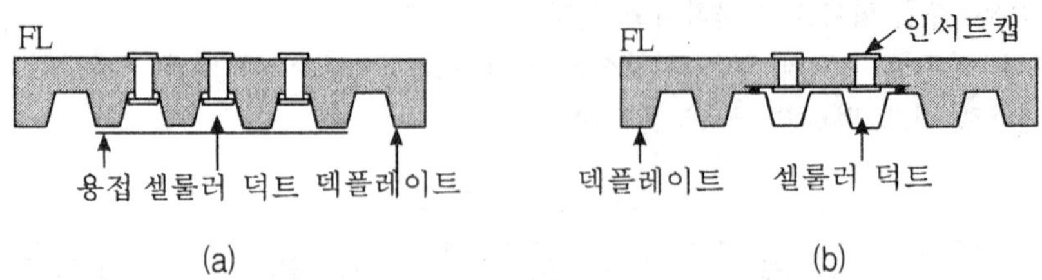

그림 9-30 덱크 플레이트 홈 이용방식

④ 셀룰라 덕트의 내면 및 외면에는 녹을 방지하기 위하여 도금 또는 도장을 한 것일 것.
⑤ 셀룰라 덕트의 판 두께는 셀룰라 덕트의 최대 폭에 따라 표 9-15에 의한다. 또한 부속품의 판 두께는 1.6[mm] 이상일 것.
⑥ 셀룰라 덕트에 설치하는 저판부분은 다음 계산식에 의하여 산출한 값의 하중을 저판에 하였을 때, 셀룰라 덕트의 각부에 실용상 유해한 영구적인 비틀림 또는 파손되지 않는 강도를 가질 것.

$$P = 0.6 \times D[\text{kg/m}] \tag{9-1}$$

여기서, P : 하중[kg/m], D : 셀룰라 덕트의 단면적[Cm^2]이다.
⑦ 절연전선을 동일한 셀룰라 덕트내에 넣을 경우 셀룰라 덕트의 크기는 전선의 피복절연물을 포함한 단면적의 총합계가 셀룰라 덕트 단면적의 20[%](전광사인장치, 출퇴표시등 및 기타 이와 유사한 장치 또는 제어회로 등의 배선만을 넣는 경우에는 50[%]) 이하가 되도록 선정한다.

표 9-15 셀 구성

셀룰라 덕트의 최대폭 [mm]	셀룰라 덕트의 판두께 [mm]
150 이하의 것	1.2 이상
150을 넘고 200이하의 것	1.4 이상
200을 넘는 것	1.6 이상

⑧ 교류회로에서는 1회로의 전선 전부를 동일관내에 넣는 것을 원칙으로 한다.
⑨ 폭이 5[cm]를 넘고 또한 두께가 12[mm] 이상인 철판 또는 동등 이상의 세기를 가지는 금속제의 것으로 견고하게 제작한다.
⑩ 셀룰라 덕트 및 부속품은 제 3종 접지공사에 의하여 접지한다.

1 셀룰러 덕트공사의 특징

(1) 장점

① 비교적 간단한 방법으로 많은 전선을 수용할 수 있다.
② 철골구조로 밀폐되어 있으므로 정전 및 자기 차폐되어 있다.
③ 인서트 증설 추가배선이 용이하다.

④ 건축구조의 강도 저하를 야기시키지 않는다.
⑤ 시공이 빠르고 타 공정에 영향을 받지 않는다.

(2) 단점

① 철골구조 이외는 적용이 되지 않는다.
② 배선 변경의 경우 하층 천장속 작업이 되어 업무시간 중 작업이 곤란하다.
(하층이 중요장소인 경우 작업에 어려움이 있다.)

9.13 평형보호층 배선공사

테이프 모양의 얇은 전선(플랫케이블이라고 한다.)을 바닥 마감재인 카펫이나 콘크리트 바닥 사이에 배선하는 공사방법이다.

기존의 매설배관이나 플로어덕트 방식에 비해 인력의 절감과 공사기간이 짧으며 레이아웃 변경 대응이 뛰어난 것이 특징이다. 그러나 절연층 두께가 얇아 중량물이 통과하는 장소에는 적합하지 않다. 그림 9-31은 평형보호층 공사의 예이다.

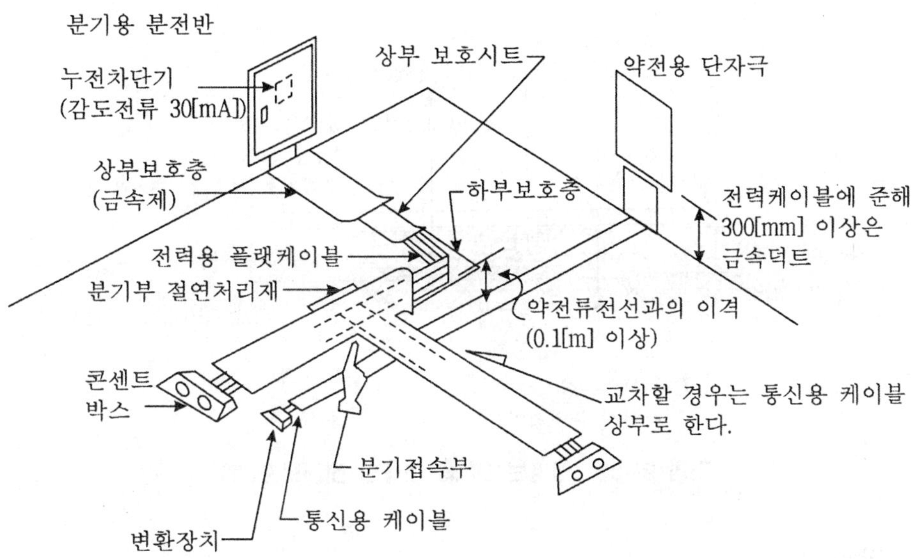

그림 9-31 평형보호층 공사의 예

1 시설장소의 제한

조영재 바닥면 또는 벽면으로 건조한 장소로 점검이 용이한 은폐장소에 시설한다.

① 사무실, 전시장, 점포 등의 카펫 아래에 포설한다.
② 사용전압은 교류 400[V] 이하의 저압옥내배선 및 대지전압 150[V] 이하의 분기회로에

사용한다.

③ 다음에 열거한 장소 이외의 장소에 시설할 것.

- 주택
- 여관, 호텔, 숙박소등의 숙박실
- 초등학교, 중 · 고등학교, 맹아학교, 농아학교, 양호학교, 유치원, 보육원 등의 교실, 그 밖의 이와 유사한 장소
- 병원, 진료소등의 병실
- 플로어히팅(floor heating)등 발열선이 시설된 바닥면
- 가스 증기 위험장소, 분진위험장소, 위험물등이 존재하는 화약고등의 위험장소, 부식성 가스 등이 있는 장소

2 평형보호층의 구성

① 평형보호층은 전선을 보호하도록 시설하며 접지용 보호층은 전기적으로 완전히 접지해 둔다.

② 평형보호층내 전선을 외부로 끌어내는 부분은 조인트 박스를 사용할 것.

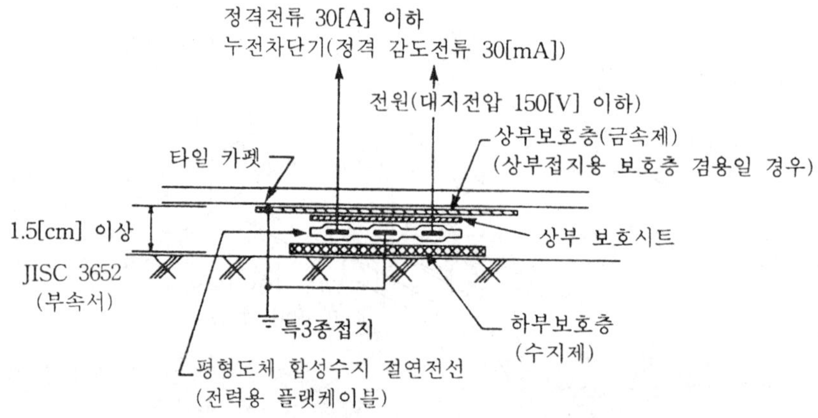

그림 9-32 평형보호층을 이용한 전선보호(예)

3 공사

(1) 평형보호층 포설

바닥에 접착 테이프를 이용해 고정하며 적당한 방호장치를 설치할 것. 또한 벽면에 시설할 경우 치켜올리는 것이 30[cm] 이상인 경우는 금속덕트에 넣어 시설한다.

(2) 전선 설치

전선은 겹쳐서 시설하지 말 것. 단, 휨 부분이나 교차부분, 접속부 및 전원인출부 주변은 그렇지 않다. 또한 전선의 꺾는 부분은 포설 후 이를 늘려 재사용 해서는 안 된다.

① 평형보호층 배선과 약전류전선의 이격 : 병행해서 실시할 경우는 금속보호층(접지된 상부 보호층을 포함)으로 분리해 교차한다. 금속보호층 접지는 제3종접지로 한다.
② 분기방법 : *T*분기와 십자분기가 있으며 어느 경우든 반드시 90° 각도로 하며 2개소 분기간은 30[cm] 이상 떨어뜨린다. 또한 분기 접속부에는 다른 것을 교체시키지 말 것.
③ 전선의 접속 : 제조업체에서 지정한 전용 커넥터 및 전용공구로 전기적, 기계적으로 접속한다.

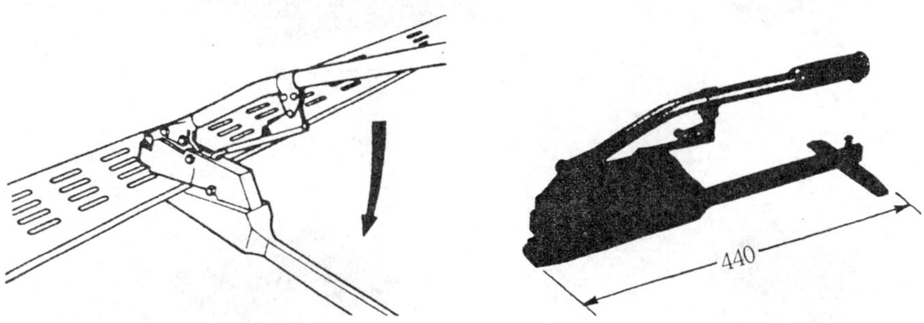

(a) (b)

그림 9-33 접속공구

4 접지공사

① 상부보호층 및 상부 접지용 보호층과 죠인트박스 및 꽃음접속기의 금속제 외함에는 제3종 접지공사를 한다.
② 상부 접지용 보호층 상호 및 상부 접지용 보호층과 평형도체 합성수지 절연전선의 접지선과는 전기적으로 완전히 접속한다.
③ 평형도체 합성수지 절연전선의 녹황색의 무늬모양 또는 녹색으로 표시된 선심은 접지선 이외의 것에 사용하여서는 아니된다.

5 재료

(1) 전선의 종류

전선은 평형도체 합성수지 절연전선을 사용하며 종류, 기호, 도체수 및 정격은 표 9-16과 같다. 도체배열 중앙 또는 중앙 부근의 도체 1조(條)를 접지용 도체로 한다.

표 9-16 플랫케이블의 특성

종류(기호)	도체수	정격전류[A]	정격전압[V]	최고허용온도
전력용플랫케이블	3 4 5	20 30	400	60[℃]

(2) 시스템 구성품

평형보호층 구성품은 다음과 같다.

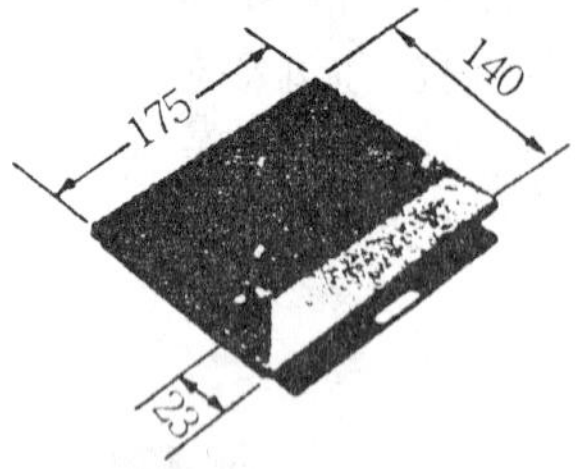

(a) 조인트 박스

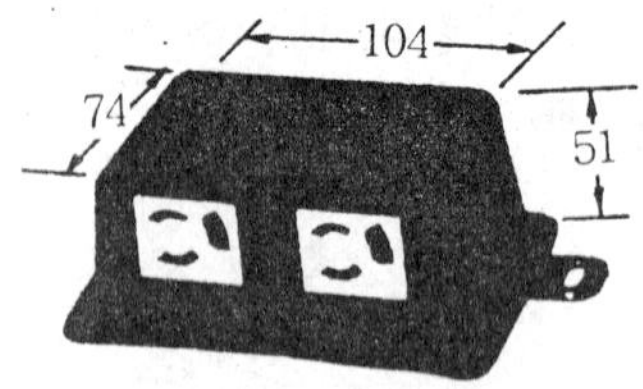

(b) 플로어 콘센트

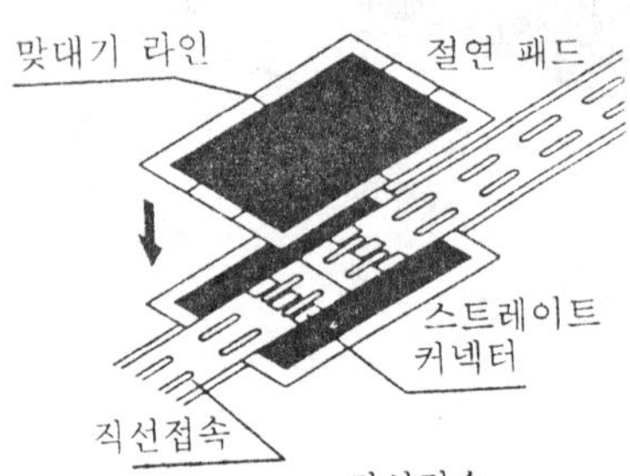

직선접속

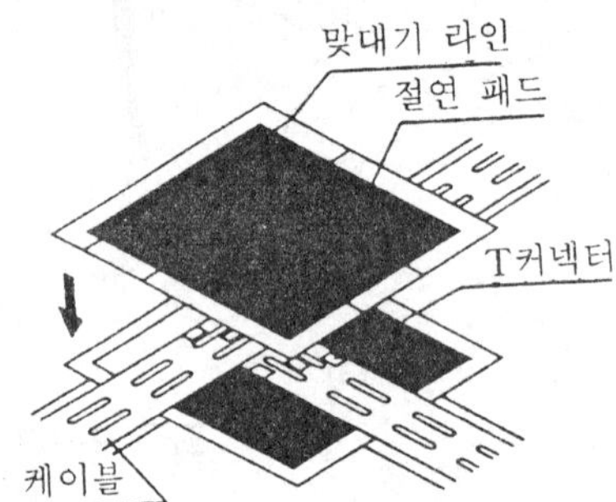

분기접속

(c) 접속부품

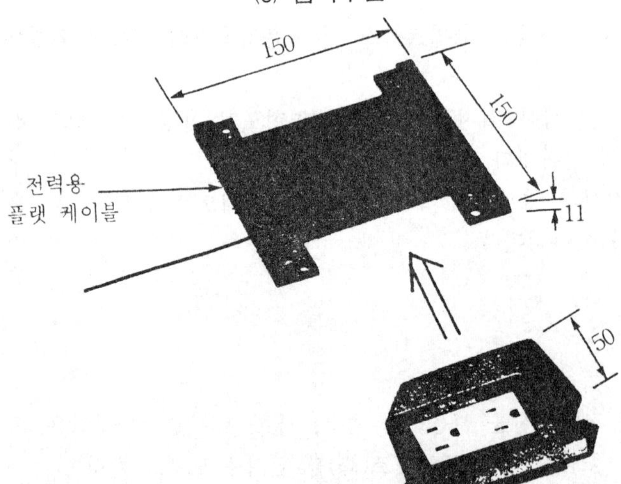

정션과 착탈 가능 콘센트

그림 9-34 시스템 구성품

① 조인트 박스 : 전선을 평형보호층으로부터 꺼낼 경우 전선관이나 플로어덕트에 공사되어 있는 바닥면에 직접 설치해 사용한다. 최근 전선을 직접 접속해 삽입형 콘센트를 분

기할 수 있는 정선도 개발되어 있다.

② 플로어 콘센트 : 바닥면에 고정해 전선 끝을 삽입 접속에 기기에 전력을 공급한다. 최근에는 정선에 착탈 가능한 콘센트도 개발되어 있다.

③ 접속부품 : 접속에는 직선접속과 분기접속이 있으며 도체부분을 접속하는 커넥터와 접속후의 절연보호를 위한 절연패드로 구성된다.

6 공사시 주의사항

(1) 공사전 준비

① 바닥청소 : 접착테이프로 고정하는 공법으로 바닥이 평평하게 콘크리트 먼지가 없도록 청소하고 케이블 포설 루트는 방진(防塵) 도장이 바람직하다.

② 자재준비 : 부속품 및 부품수가 많으므로 공사도면 작성시 정확히 작도(作圖)해 부품이 부족하지 않도록 한다.

(2) 공사

① 포설위치 : 전력용 케이블은 가능한 타일카펫 중앙부에 포설할 것.

② 포설방법 : 마감후 외관은 하부 보호층 위에 돌기나 팽윤(swelling) 유무로 결정되므로 전력케이블을 늘어뜨리며 꼼꼼하게 포설 할 것.

③ 고정장소 : 접속부분, 방향전환 부분, 박스 연결부분의 전선은 들뜸방지를 위해 접착테이프로 단단히 고정할 것.

④ 통신용케이블 포설 : 전력 케이블 포설과 직교할 경우가 있으므로 전력 케이블 포설 후에 공사한다.

(3) 기타

① 카펫상태 : 플랫케이블 교차나 카펫이 위로 올라와 있어 보행감이 나쁘다. 공사도 단계에서 겹침 부분의 위치를 검토해 둘 것.

② 낮은 높이 OA플로어의 보급 : 최근에는 바닥 높이가 50[mm] 정도인 OA플로어도 사용되고 있어 플렛케이블을 이용한 신설공사가 줄어들고 있다.

9.14 케이블공사

케이블 공사는 옥내·외에 폭넓게 사용되며 케이블 자체가 도체간을 절연하는 구조로 배선에 필요한 공간이 적어도 되는 배선방법이다.

그러나 도체간 간격이 좁아 기계적 압력에 의해 절연체가 파괴되면 지락 및 단락 사고가 일어날 우려가 있어 포설장소에 따라 케이블 종류 및 공법을 적절하게 선택하는 것이 중요하다.

1 메신저 와이어 공법

메신저 와이어 공법은 케이블 배선수가 적으며 루트가 직선적으로 긴 경우에 사용한다. 메신저 와이어를 설치하는 간격은 15[m] 이내로 하며 케이블에 직접 장력이 가해지지 않도록 케이블에 적합한 행거나 바인드선으로 50[cm] 이내마다 묶어준다.

메신저 와이어는 묶어주는 케이블의 도체규격보다 굵은 아연도금 철선(직경 3.2[mm] 이상)을 사용하며 원칙적으로는 3종 접지공사를 실시한다.

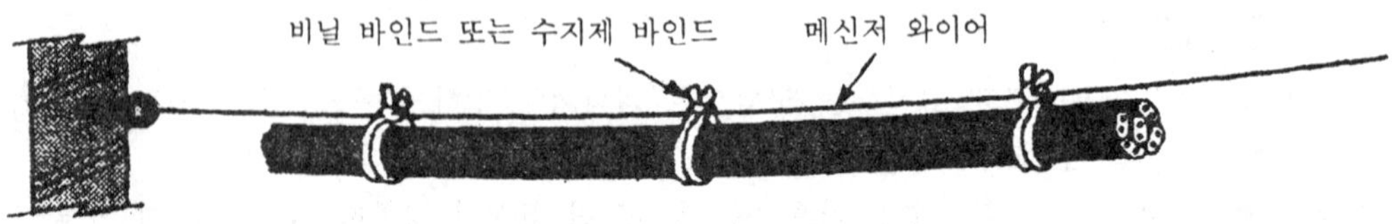

그림 9-35 메신저 와이어 공법

2 행거 지지공법

행거 지지는 그림 9-36과 같이 천장 바탕재를 매달기 위한 지지볼트를 이용하며 기구를 달아 배선을 지지하는 방법이다. 배선루트 행거에 고정구를 끼워 케이블을 지지한다.

배선을 한데 모아 지지할 수 있어 선행공사에서 천장배선을 할 경우에 이용한다.

배선 케이블은 박스 주변 등 몇 군데를 고정해 케이블에 장력이 가해지지 않도록 하며 약전류전선, 수도, 가스관, 덕트 등에 직접 접촉하지 않도록 포설한다.

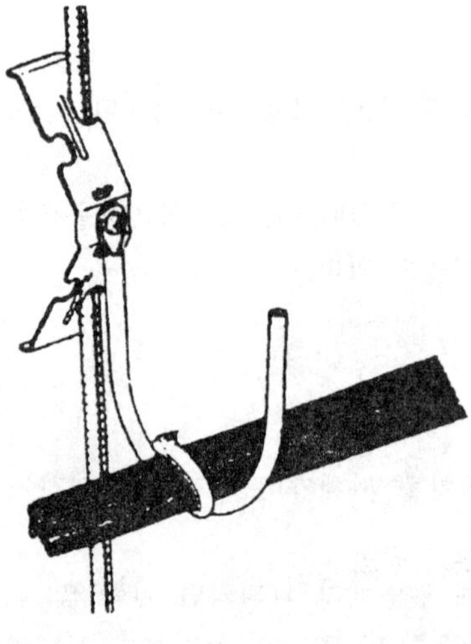

그림 9-36 행거지지 공법

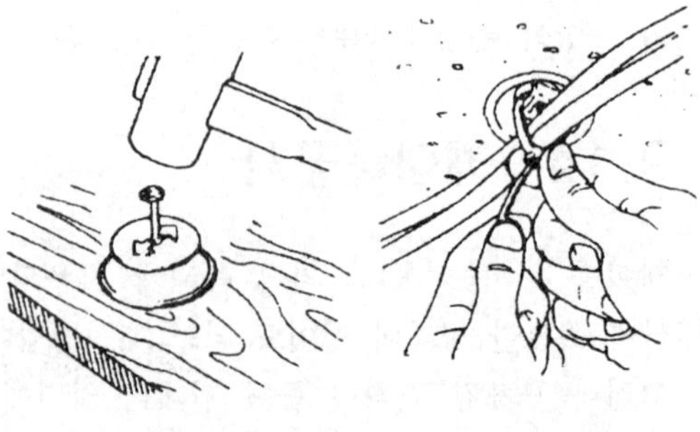

그림 9-37 인서트 지지 공법

3 인서트 지지공법

인서트 지지는 그림 9-37과 같이 거푸집을 사용해 만든 슬라브에서의 선행배선 작업을 2중 천장내에서 실시할 경우 거푸집에 미리 못으로 인서트를 고정하고 거푸집을 빼낸 후 펜치로 못을 구부리고 핸드구멍에 나일론밴드, 바인드선을 통과시켜 케이블을 고정한다.

4 스테플 공법

이 공법은 주로 일반 목조주택에서 사용되며 조영재를 따라 케이블을 측면이나 하면에 지지간격 1[m] 이내로 견고하게 설치한다. 조영재에 스테플을 박을 때 케이블 심선이 손상되지 않도록 주의한다.

5 수직조가 공법

수직조가 공법은 빌딩이나 맨션 등의 간선케이블 배선시 배선공간이 좁은 곳에서 그림 9-38과 같이 케이블 우시부분을 조영재에 지지하고 케이블을 수직으로 매달아 배선한다. 케이블은 주로 공장에서 분기 가공된 유닛케이블을 사용한다.

배선은 최상층에 윈치를 두고 가장 하부의 케이블 드럼이 있는 곳까지 와이어 로프로 매단다. 와이어 로프를 케이블 끝의 케이블 그립에 설치한 후 윈치 등으로 감는다.

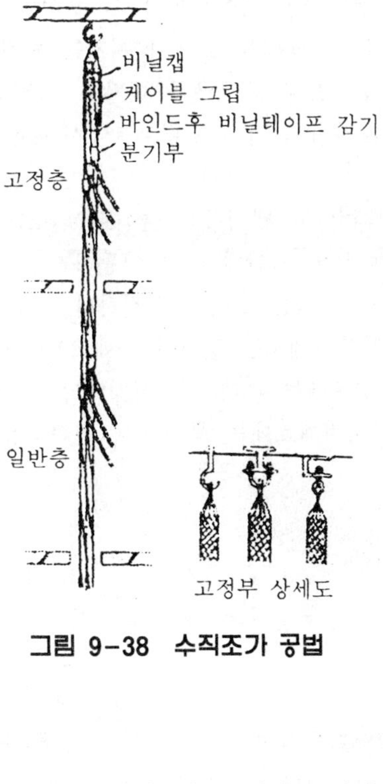

그림 9-38 수직조가 공법

6 직접 지지공법

직접 지지공법은 그림 9-39와 같이 케이블을 조영재를 따라 클리드·새들을 사용해 직접 배선하는 방법으로 포설장소·포설방법 및 케이블 재질이나 형상에 적합한 지지재에 따라 케이블에 손상을 주지 않도록 확실히 고정한다. 지지점간 거리는 조영재 측면 또는 하부를 따라 수평배선하는 경우 사람이 접촉할 우려가 있는 경우에는 1[m]로 한다. 케이블 상호 및 케이블과 박스 또는 기구와의 접속부분은 0.3[m](캡타이어 케이블의 경우는 0.15 [m]), 기타 장소에서는 2[m]로 한다.

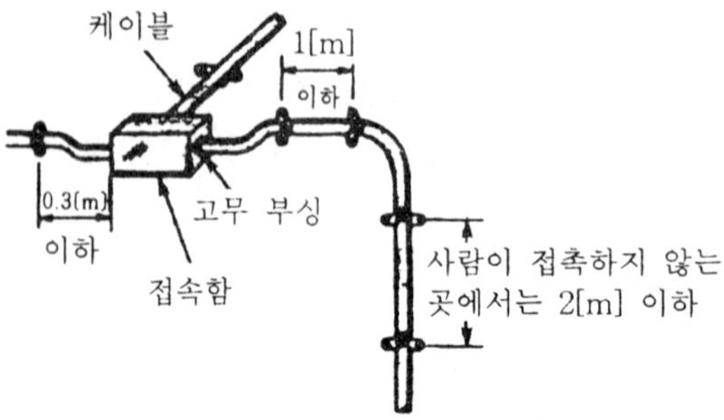

그림 9-39 직접 지지공법

7 케이블 트레이 공법

일반 옥내 배선공사에서 전력간선 케이블을 다수 포설할 경우 일반적으로 그림 9-40과 같은 케이블 트레이를 사용한다. 케이블 트레이 지지는 천장에서 인서트를 내려 트레이용 지지기구로 매다는 방법과 인서트로 수평재를 매달고 그위에 트레이를 올려 고정하는 방법이 있다. 케이블 트레이 지지점 간격은 수평부분에서 2[m] 이하, 수직부분에서 3[m] 이하로 한다.

상기와 같이 트레이를 지지한 후 케이블을 늘어트려 트레이위에 포설한다. 케이블 지지점 간격은 수평부에서는 케이블이 지진에 의해 이동하지 않도록 3[m] 이하로 고정하며 수직부에서는 2[m] 이하 간격마다 묶는 것이 바람직하다. 사람이 접촉할 우려가 없는 경우에는 6[m] 이하도 가능하다. 휨부분에서는 필요한 곳에 고정한다.

벽면에 케이블을 포설할 경우에는 브래킷을 설치하고 그 위에 트레이를 놓고 고정한 후 케이블을 연선한다. 케이블 지지재료에는 목면, 마, 화학섬유로프, 나일론 밴드, 철물을 이용한다.

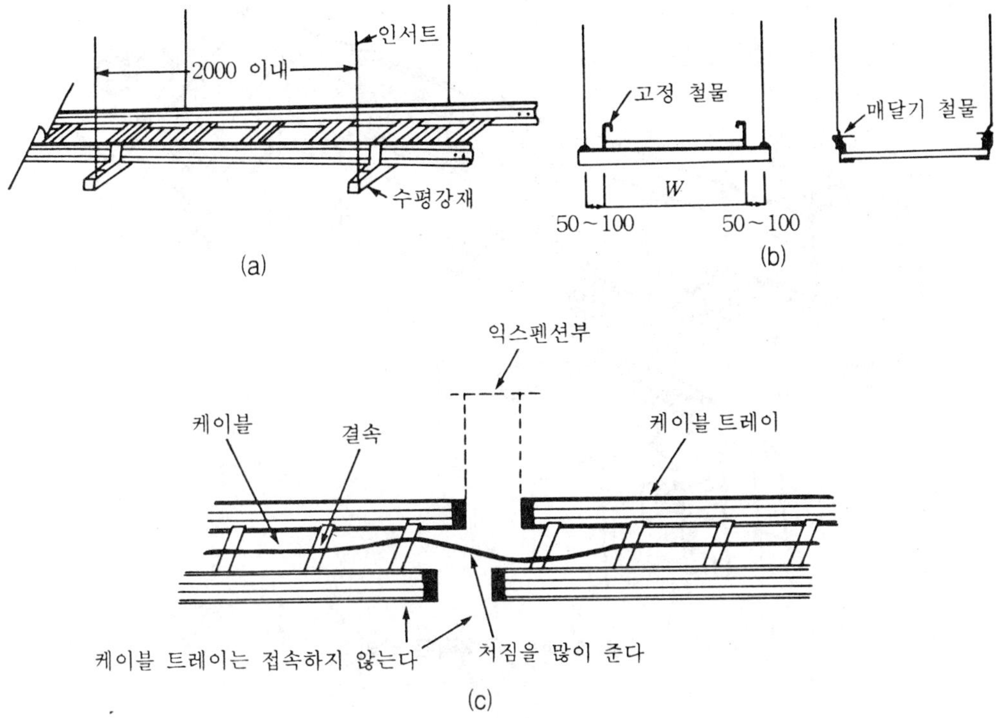

그림 9-40 케이블 트레이 공법

8 금속덕트 공법

옥상에 다수 포설되는 저압 또는 고압케이블 배선에는 그림 9-41의 옥상 전선로용 금속제 덕트가 사용된다.

옥상 슬라브 안에는 방수시트가 깔려있어 덕트 고정가대를 슬라브에 직접 설치할 수 없어 블록에 가대가 들어있는 제품을 덕트 지지가대로써 사용한다.

이 방법은 케이블을 덕트로 덮어 공사후 손상의 우려는 없지만 직선적으로 공사가능한 공간이 필요해 설비배관이나 에어덕트 루트가 얽혀 있는 좁은 공간에서는 공사가 어렵다. 덕트 상호는 견고하고 전기적으로 완전히 접속해야 한다. 지지점간 거리는 3[m] 이내로 하며 취급자 이외의 자가 출입하지 못하도록 설비한 장소에서 수직으로 설치한 경우는 6[m] 이하로 한다.

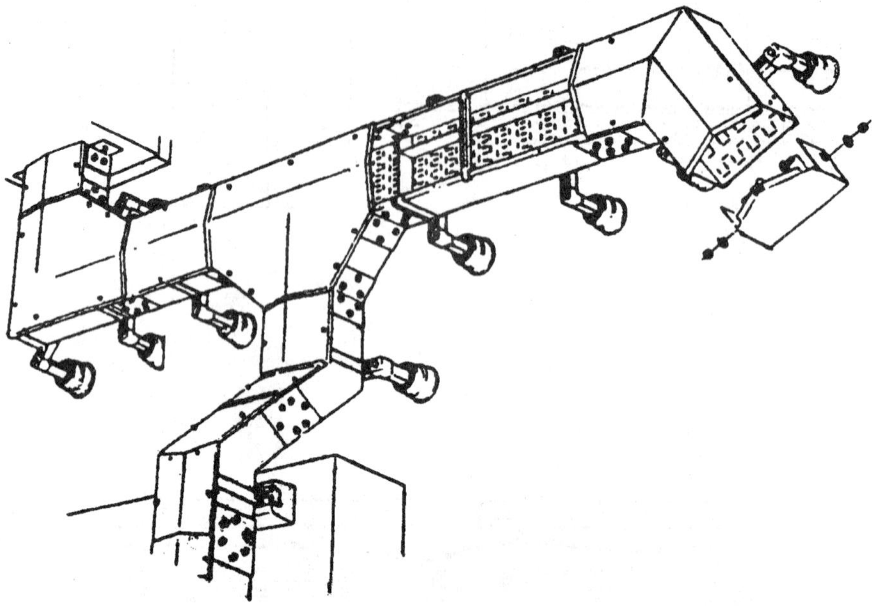

그림 9-41 금속덕트 공법

9.15 지중 전선로공사

도시의 발전과 더불어 많은 전력의 수요가 요구되고 시가지, 도로, 공장 등에서는 미관상 또는 안전과 공간확보라는 문제점이 제기되어 전주와 철탑 등 가공의 송배전선로 및 통신케이블을 지중화하여 신뢰도를 높이는 지하화 작업을 지중선 공사라 하며 국내에서는 본격적인 지중화 공사시대에 접어들고 있다.

9.15.1 공사방법

지중전선로는 전선으로 케이블을 사용하며 관로식, 암거식, 직접매설식으로 시설해야 한다.

[1] 관로식

지중전선로에서 케이블이 관속에 들어가 있는 경우는 모두 관로식으로 취급하며 관은 차량 및 기타 중량물의 압력에 견딜 수 있는 것을 사용할 것.

고압 지중전선로를 관로식으로 시설하는 경우 수용장소로 그 길이가 15[m] 이상인 경우 다음 사항을 표시할 것.

① 명칭과 전압을 표시한다.

② 일반적으로 2[m] 간격으로 표시한다. 단, 일반인이 출입할 수 없는 장소나 해당 전선로 위치를 충분히 알 수 있는 경우는 그렇지 않다.

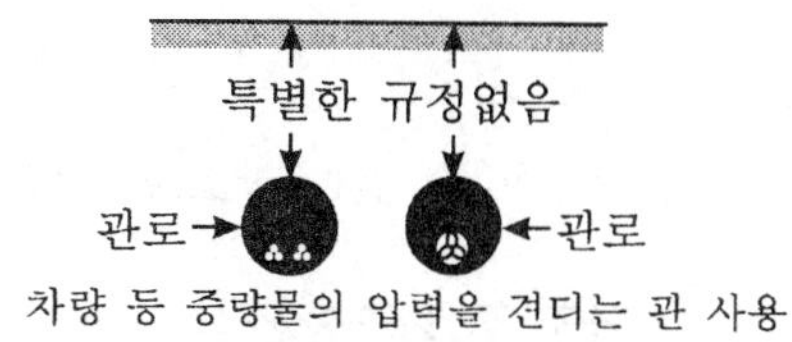

그림 9-42 관로식

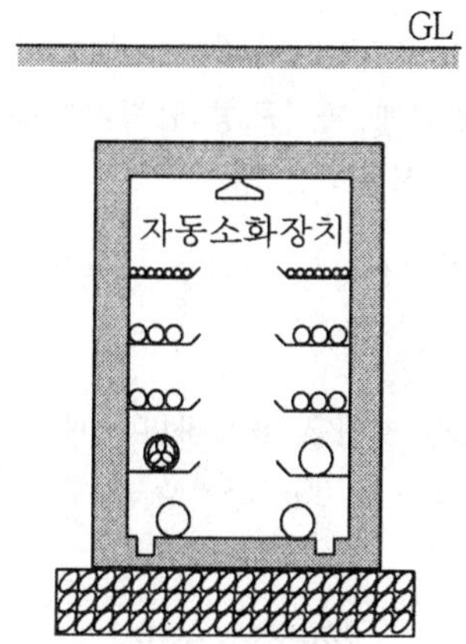

그림 9-43 암거식

[2] 암거식

지중전선로를 암거식으로 시설하는 경우 암거(暗渠)는 차량 및 기타 중량물의 압력에 견딜 수 있는 것을 사용하여 지중전선에 불연조치를 실시하거나 암거내에 자동소화설비를 시설할 것. 불연조치는 다음 중 어느 하나를 따른다.

① 불연성(不燃性) 또는 자기소화성의 난연성 피복을 지닌 지중전선을 사용할 것.
② 불연성 또는 자기소화성의 난연성 연소방지 테이프, 연소방지 시트, 연소방지 도료 기타 이와 유사한 것으로 지중전선을 피복할 것.
③ 불연성 또는 자기소화성의 난연성관 또는 트러프에 넣어 지중전선을 시설할 것.

난연성이란 불연재료를 말하며 콘크리트, 벽돌, 철, 강, 모르타르 기타 이와 유사한 것으로 만들어진 것 또는 이와 동등 이상의 성능을 지닌 것이다.

또한 자기소화성이 있는 난연성이란 불꽃을 대면 타지만 더 이상 타지 않으면 자연스럽게 꺼지는 성질을 지닌 것으로 전기용품의 기술상 기준을 정하는 내연성 시험에 적합하거나 이와 동등 이상의 성능을 지닌 것이다.

[3] 직접 매설식

이 방식은 케이블을 직접 땅속에 매설하는 지중전선로이다. 지중매설 깊이(토관)에 제한이 따르며 차량 기타 중량물의 압력을 받을 우려가 있는 장소에서는 1.2[m] 이상, 그 밖의 장소에서는 0.6[m] 이상의 깊이로 시설한 것. 단, 사용하는 케이블의 종류, 시설조건 등을 고려하면 압력에 견딜 수 있도록 시설할 경우는 그렇지 않다.

충격으로부터 케이블을 보호하기 위해 다음 중 어느 하나의 방법으로 시설한다.

① 지중전선을 견고한 트러프 기타 방호물에 넣는 방법.
② 저압 또는 고압의 지중선을 차량 기타 중량물의 압력을 받을 우려가 있는 장소에서는 그 상부를 견고한 판이나 홈통으로 덮어 시설하는 방법.

③ 저압 또는 고압의 지중전선에 견고한 외장의 케이블을 사용하는 방법.
④ 지중전선에 파이프형 압력케이블을 사용하며 지중전선의 상부를 견고한 판이나 홈통으로 덮어 시설하는 방법.

고압 지중전선을 시설할 경우는 수용장소로 그 길이가 15[m] 이상인 경우 다음 사항을 표시한다.

· 명칭과 전압을 표시한다.
· 일반적으로 2[m]간격으로 표시한다. 단, 일반인이 출입할 수 없는 장소나 해당 전선로

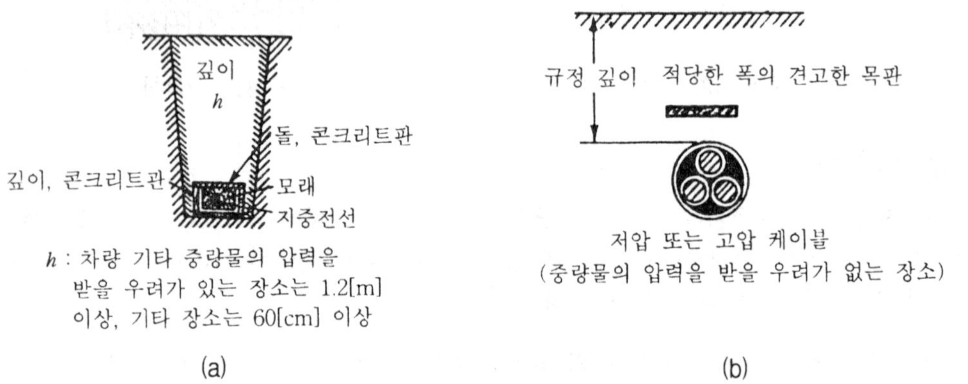

그림 9-44 직접 매설식

표 9-17 지중전선의 종류

전압의 종류	케 이 블 의 종 류
저 압	저압용의 연피케이블, 알루미늄피케이블, 클로로프렌외장케이블, 비닐외장케이블, 폴리에틸렌외장케이블, MI케이블(이들에 보호피막을 한 것을 포함한다.) 또는 CD 케이블
고 압	고압용의 연피케이블, 알루미늄피케이블, 클로로플렌외장케이블, 비닐외장케이블, 고압에틸렌외장케이블(이들에 보호피막을 한 것을 포함한다.) 또는 CD케이블

4 이격거리

(1) 지중 약전류 전선에의 유도장해 방지

지중전선로는 부하전류의 불평형 또는 고장시에는 접근하는 지중 통신케이블에 유도장해를 주는 일이 있기 때문에 지중 약전류 전선과의 접근 또는 교차의 경우는 그 이격 거리를 고압에서는 30[cm] 이상 특별고압에서는 60[cm]를 넘도록 하고 맨홀이나 핸드홀 등의 장소에서 공사상 부득이한 경우에는 콘크리트제의 관이나 강관에 케이블을 수납한다.

(2) 지중전선 상호의 접근 또는 교차

저압 지중전선이 고압 지중전선과 또 저·고압 지중전선이 특별고압 지중 전선과 접근

또는 교차하는 그 이격거리를 30[cm]를 넘도록 하고 그 이격거리를 유지할 수 없는 경우는 각 지중전선에 난연성의 피복(아스베스트, 유리섬유 등)을 한 것을 사용하거나 콘크리트 철판 등 견고하고 내화성이 있는 격벽을 만든다.

(3) 가스관, 석유 파이프관과의 접근교차

특별고압 지중 전선이 가스관 석유 파이프 등 가연성 또는 유독성의 액체를 내포하는 관과 접근하거나 교차하는 경우에는 그 이격거리가 1[m]를 넘도록 하고 부득이 그 거리가 1[m] 이하로 되는 경우는 지중전선과 관 사이에 견고한 내화성격벽을 설치한다.

(4) 수도관, 증기관과의 접근 교차

특별고압 지중전선이 수도관, 증기관 등과 접근하거나 교차하는 경우에는 상호 이격거리가 30[cm]를 넘도록 한다. 30[cm] 이하가 되는 경우에는 지중전선과 관 사이에 견고한 내화성의 격벽을 설치한다.

5 접지

지중전선의 피복에 사용하는 금속체는 제3종 접지공사를 해야 하며, 또 케이블을 수납하는 방호물의 금속성 부분은 제3종 접지공사를 해야 한다. 다만, 이들의 부식방지 장치를 시행한 부분에 대하여는 그러하지 아니한다.

6 케이블의 시험

케이블 포설공사가 끝났을 때는 다음의 시험을 한다.

① 절연저항 시험 : 각 상과 절연체 및 시이즈의 절연저항값을 1,000[V] 메거로 측정한다.
② 절연내력시험 : 절연저항 시험 후 규정전압을 가해서 케이블의 절연내력을 시험한다.
③ 접지저항 시험 : 케이블의 금속부분의 접지저항을 측정한다.

7 재료

(1) 방호관(지중관로)

· 파상형 경질합성수지관(일반호칭 : 에프렉스)
· 폴리에틸렌 라이닝 강관
· 콘크리트 트러프
· 흄관
· 경질비닐전선관
· 강제(鋼製) 전선관 등이 사용된다.

(2) 핸드홀

① 지중전선로에 사용하는 핸드홀은 차량이나 기타 중량물의 압력에 견디는 구조일 것.
② 폭발성 또는 가연성 가스가 침입할 우려가 있는 장소에 설치하는 핸드홀로 그 크기가 1[m^3] 이상인 것에는 동풍장치 기타 가스를 확산시키기 위한 적당한 장치를 설치할 것.
③ 핸드홀 덮개는 시설자 이외의 자가 쉽게 열 수 없도록 특수한 도구를 사용하거나 덮개

중량을 무겁게 하여 쉽게 열리지 않도록 시설한다.

(3) 직매설 방호재

지중전선로를 직매설방식에 따라 시설할 경우 그 상부를 견고한 판이나 거더로 덮어 시설할 것.

[8] 공사시 주의사항

지중매설 전선로를 공사함에 있어 주의사항으로는 접지, 지반침하, 방수, 이격거리 등이 있다.

① 지중매설관로를 지반이 약한 장소에 시설할 경우는 관로접속부에는 적당한 범위로 자갈을 깔은 후 군혀 콘크리트를 타설한다.

② 핸드홀과의 접속부에는 관로접속후 콘크리트로 보강한다. 파상형 경질합성수지관을 사용할 경우 완충파이프를 설치한다.

③ 관로를 시설할 경우 지면을 굴착하고 그 밑면을 굳히며 차량이나 기타 중량물의 압력을 받을 우려가 있는 장소에서는 콘크리트를 타설하거나 또는 필요간격마다 자갈을 깐다.

④ 비가 올 때 물이 잘 빠지는 곳의 핸드홀 벽면부는 모르타르로 지수(止水)한다.

⑤ 핸드홀 주변에 항상 물이 고여있는 경우 핸드홀 벽면은 모르타르와 지수재료를 병용해 지수(止水)한다.

9.16 가공인입공사

전력 인입공사(Overhead Incoming Wiring Methode)는 전력회사로부터 공급되는 전력을 구내에서 받는 수전점이며 인입주는 일반적으로 구내 구석진 곳에 세워져 제3자의 눈에도 쉽게 띄며 인입주가 쓰러진 경우 큰 사고를 초래하게 된다. 따라서 공사에는 충분히 주의해야 한다.

[1] 공사순서

구내 인입공사 순서는 다음과 같다.

① 인입전주 건주(建柱)

② 장주(裝柱)

③ PAS(개폐기) 설치

④ 제어함 설치

⑤ 배관

⑥ 통선

⑦ 케이블 단말처리

⑧ 케이블 절연내력시험

⑨ 계전기 시험

⑩ 케이블 절연내력시험
⑪ 송전

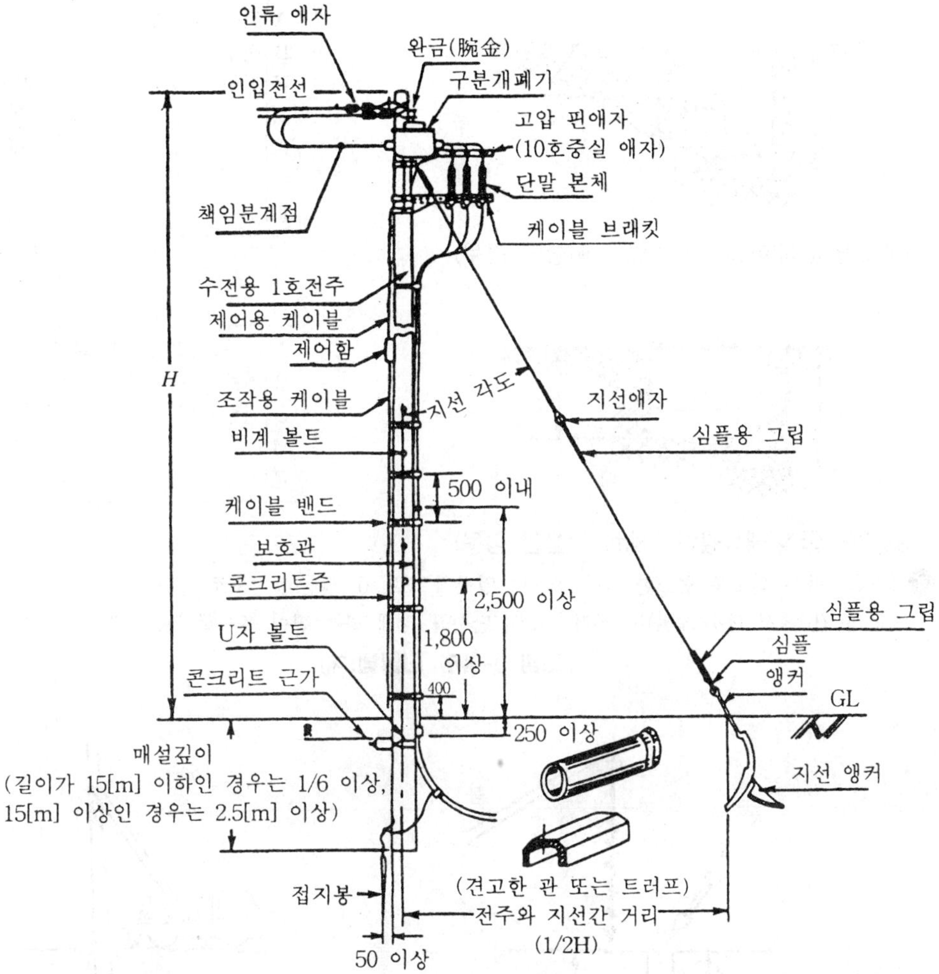

그림 9-45 인입전주

2 공사방법

(1) 인입전주의 건주(建柱)

구내 인입전주를 1호 전주라고도 부르며 이 인입전주의 건주에는 다음의 방법이 있다.

① 인력공법
② 건주차(建柱車)를 이용한 공법

이 중 인력공법에는 환혈(丸穴)굴착법, 단굴법(段掘法) 및 특수굴착법이 있으며 대표적인 단굴법 공사법을 그림으로 표시하면 그림 9-46과 같다.

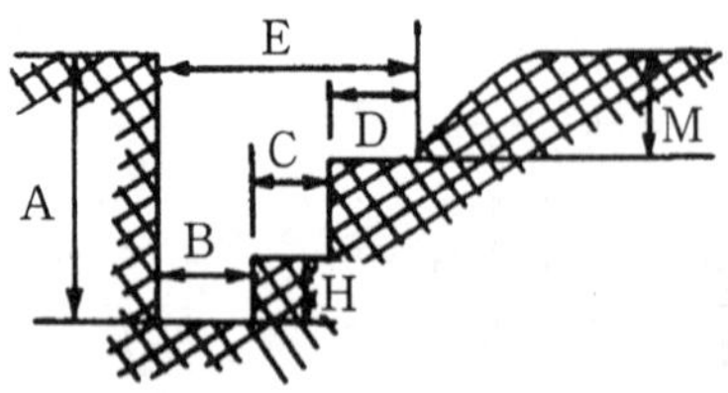

A	전주 매설깊이의 길이
B	전주 직경의 약 1.5배
H	전주 매설 깊이의 약 20[%]
M	〃 약 40[%]
C	〃 약 35[%]
D	〃 약 35[%]
E	〃 와 비슷하다.

(a) 3단 굴착(매설깊이 1.8[m] 이상인 경우)

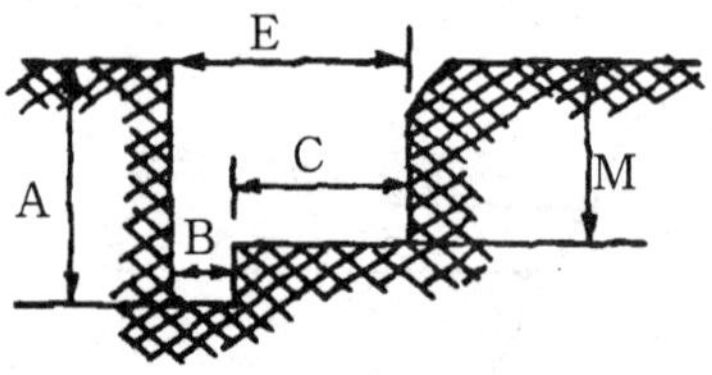

A	전주 매설깊이의 길이
B	전주 직경의 약 1.5배
C	전주 매설 깊이의 약 70[%]
M	〃 약 80[%]
E	〃 와 비슷하다.

(b) 3단 굴착(매설깊이 1.8[m] 이상인 경우)

주 ① 굴착폭은 되도록 협소한 것이 좋으며 일반적으로 40~60[m] 정도로 한다.
② (a) (b)에서 단수(段數)는 최저값으로, 단수를 많게 하는 편이 토사굴착량이 적다.

그림 9-46 단굴법(예)

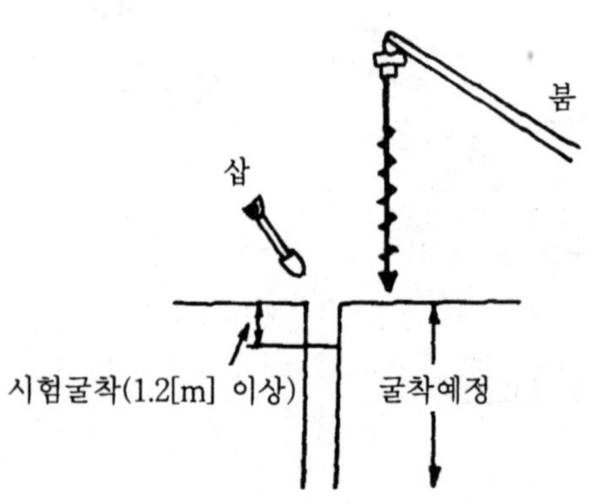

(a)

(b)

그림 9-47 건주차 이용(예)

지반이 연약한 장소에서는 필요에 따라 콘크리트를 타설한다. 최근에는 건주차(建柱車)를 이용한 공법이 주류를 차지하며 인력공법은 수고와 시간, 비용이 많이 들므로 도저히 건주차를 사용할 수 없는 장소일 때 이용한다.

표 9-18 인입주 높이

시설조건		전선높이 [m]
도로[농도(農道)기타 교통이 혼잡하지 않은 도로 및 횡단보도교 제외] 단면상		6.0 이상
철도 또는 궤조면(軌條面) 위		4.4 이상
횡단보도교 노면위		3.5 이상
상기 이외의 지표위	---------	5.0 이상
	공장구 내에서 해당전선(가공케이블 제외) 아래에 위험하다는 내용을 표시했을때의 지표위	3.5 이상

표 9-19 인입주 매설깊이 및 근가길이

길이[m]	호칭	매설깊이[m]	근가길이
8	8-20	1.4	1.2
10	10-35	1.7	
12	12-35	2.0	
14	14-50	2.4	
	14-70		
	14-100	2.4(2.6)	
	14-150	2.7	
15	15-50	2.8	
	15-70	2.5	
	15-100	2.5(2.6)	
	15-150	2.8	
16	16-50	2.7	
	16-70	2.7	
	16-100	2.8	
	16-150	2.9	

건주차를 이용한 공법을 그림 9-47에 나타내었다. 이 방법은 건주차 1대로 전주운반(단, 건주차로는 전주 하나밖에 운반하지 못한다.)에서 구멍내기와 기둥 세우기까지 가능해 경제적이며 편리한 공법이다.

(2) 장주(裝柱), 기기설치

일반적인 장주도 그림 9-48에 나타내었다. 작업은 고소 작업차를 사용하는 것이 일반적이다. 비계 볼트는 지표의 1.8[m] 이상부터 설치한다.

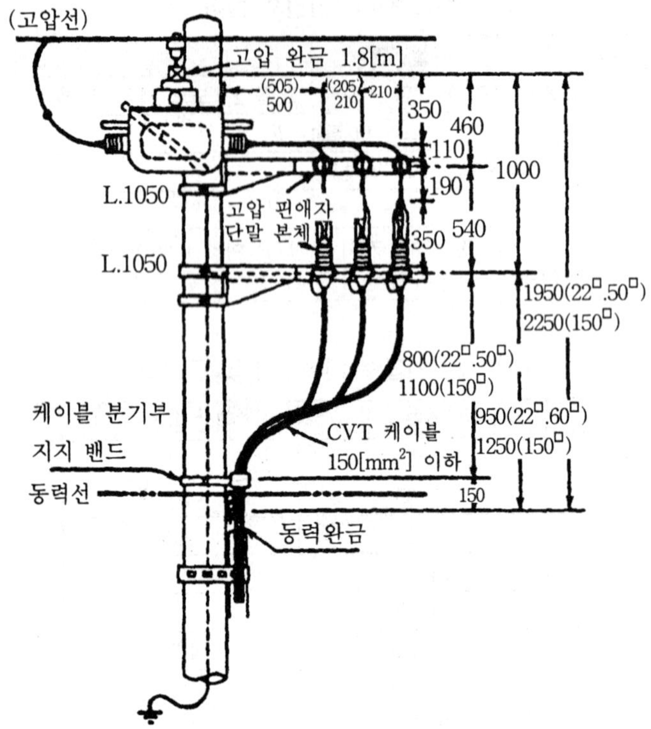

그림 9-48 장주도

(3) 배관

인입주 케이블 보호용 전선관은 지표 위 2.5[m] 이상으로 하며 금속관을 사용할 경우는 3종 접지공사를 실시한다. 또한 전선관은 밴드류로 견고하게 고정한다.

3 주요자재

(1) 개폐기

개폐기는 6.6[kV] 고압 배전선로로부터의 수전용 1호전주 등의 책임분계점 및 구내분기점에 설치하여 수전용차단기와 책임분계점 간에 발생한 지락사고, 과전류사고가 다른 수용가에게 파급되지 않도록(파급 사고)방지한다.

과전류사고는 개폐기에 내장된 변류기에 의해 부하측 과전류 사고를 검출하며 전원측 차단기가 동작해 제어전원이 없어져 자동적으로 개폐기가 개방된다.

지락사고는 개폐기에 내장된 영상변류기(ZCT) 및 영상기준입력장치(ZPD)로 검출한 영상전류 (I_0)와 영상전압 (V_0) 위상에 따라 지락전류방향을 판별해 부하측 지락사고라고 판정한 경우 개폐기를 즉시 개방해 파급사고를 방지한다. 최근에는 제어전원용 전원변압기(VT) 및 피뢰기(LA)가 개폐기내에 내장되어 있는 것도 있으므로 제어용 별도 전원이 불필요하며 낙뢰대책도 된다.

개폐기 외함에는 전용 1종접지를 하며 접지선은 14[m²]을 사용한다.

(2) 단말처리재

케이블 단말 처리재에는 옥내용, 옥외용, 일반지구용, 내염지구용으로 몇 가지 종류가 있으며 사용장소에 따라 선정한다. 그림 9-49는 일반옥외형 형태이다.

공사에 있어 주의할 점은 단말처리재는 서둘러 발주했으나 막상 공사단계가 되면 잊기 쉬운 것이 바로 접속단자이다. 현장확인을 거쳐 접속할 대상인 단자를 단말처리재와 함께 발주하도록 한다. 또한 자격을 지닌 자가 안전관리자 입회하에 공사해야 한다.

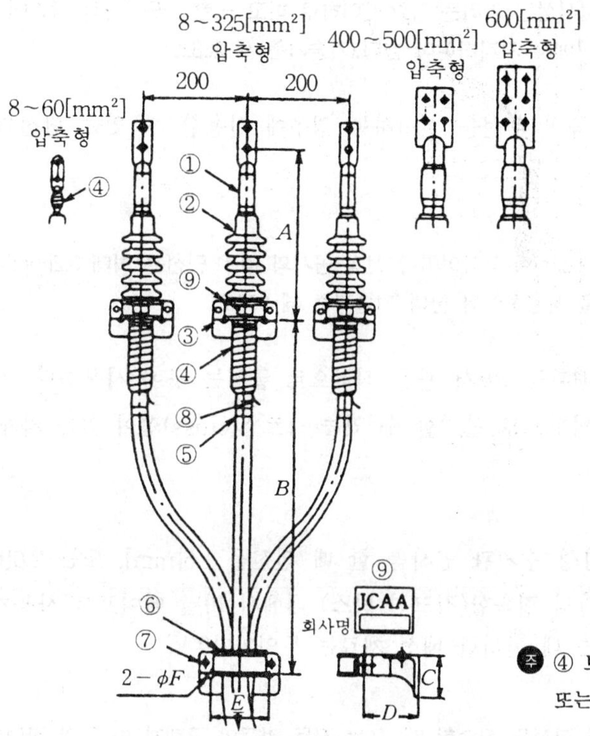

번호	부 품 명
9	명 판
8	주석도금 연동선
7	케이블용 브래킷
6	고무 스페이서
5	상(相) 색별 테이프
4	보 호 층
3	브 래 킷
2	고 무 날 개
1	단 자

㊟ ④ 보호층은 접착성 폴리에틸렌 절연테이프 또는 자기융착성 절연테이프 및 보호테이프

그림 9-49 케이블 헤드

(3) 메신저 와이어

가공케이블을 지지하는 선으로 아연도금강선 등을 사용한다. 메신저 와이어 두께는 22[m²] 이상으로 규정되어 있으며 케이블 사이즈가 커짐에 따라 케이블에 가해지는 풍압도 커지므로 주의가 필요하다.

연 습 문 제

1. 합성 수지관 공사에서 관의 지지점간의 거리는 몇 [m] 이하로 하여야 하는가?

[답] 1.5[m]

합성 수지관 공사에서 관의 지지점간 거리는 1.5[m] 이하로 하고 또한 관단, 관과 박스에 접속점 및 관상호의 접속점 가까운 곳에서 지지하여야 한다.(기술기준 제 203조)

2. 합성 수지관 공사의 저압 옥내 배선을 실시하는 경우에 사용할 수 있는 단선의 최대 굵기는 몇 [mm] 인가?

[답] 3.2[mm]

옥내배선에 사용하는 전선은 1.6[mm] 이상이며 전선과 공사의 경우 단선은 최대 3.2[mm]까지 넣을 수 있다. 그 이상은 연선을 사용하여야 한다.(기술기준 제 203조)

3. 강제 전선관 공사 중 노출배관공사에서 관을 직각으로 굽히는 곳에 사용한다. 3방향으로 분기할 수 있는 T형과 4방향으로 분기할 수 있는 크로스(cross)형이 있는 자재는?

[답] 유니버설 엘보

4. 주택배선에 금속관 또는 합성 수지관 공사를 할 때 전선을 1.6[mm], 또는 2.0[mm]의 단선으로 배전한 경우 전선관의 접속함(정크션 박스) 내에서 비닐 테이프를 사용치 않고 직접 전선 상호간을 접속하는 데 편리한 배선 재료는 무엇인가?

[답] 와이어 커넥터

와이어 커넥터는 박스 안에서 전선을 접속할 때, 또는 전등 기구의 플랜지 안 등의 장력이 걸리지 않는 종단 접속에 사용한다.

5. 저압 인입선의 인입용으로 수직 배관시 비의 침입을 막는 금속관 공사의 재료 이름은?

[답] 앤트런스 캡

6. 다음은 금속관 공사에 필요한 재료들이다. 보기를 참고하여 정확한 답안을 찾아 물음에 답하여라.

보기 유니버설 엘보, 앤트런스 캡, 노멀 밴드, 링리듀서, 픽스쳐 스터드와 하키

가. 저압 가공 인입구에 사용하는 재료는?

나. 배관을 직각으로 굽히는 곳에 관 상호간의 접속하는 재료는?
다. 노출 배관 공사시 관을 직각으로 굽히는 곳에 사용하는 재료는?
라. 무거운 기구를 박스에 취부할 때 사용하는 재료는?
마. 금속관을 아우트렛 박스에 로크 너트만으로 고정하기 어려울 때 보조적으로 사용하는 재료는?

[답] 가. 앤트런스 캡　　　　　나. 노멀 밴드
　　다. 유니버설 엘보　　　　라. 픽스쳐 스터드와 하키
　　마. 링리듀서

7. 금속관 배관공사에서 박스에 금속관을 고정할 때 관 상호간을 접속할 때 주로 사용되며, 6각형과 톱니형이 있다. 이것을 무엇이라 하는가?

[답] 로크 너트

8. 금속관과 접지선 사이의 접속에 사용하는 금속관 부품의 재료는?

[답] 그라운더(grounder)

9. 버스덕트의 종류 3가지를 들고 간단히 설명하시오.

[답] ① 피더 버스덕트 : 옥내 간선으로서 대전류의 공급에 사용되며, 금속 덕트 내부에 도체를 수용한 것
　　② 플러그 인 버스덕트 : 덕트의 바닥면이나 옆면에 적당한 간격으로 전력 분기구(플러그 인)을 설치하여 필요에 따라 분기 장치를 삽입할 수 있도록 한 것
　　③ 트롤리 버스덕트 : 덕트의 바닥면에 버스 바에 따라 개방시켜 두고, 여기에 가동성 분기용 접촉자를 취부해 놓은 것.

10. CV 케이블의 절연체의 재질은 무엇인가?

[답] 가교 폴리에틸렌

11. 습기가 많고, 기름, 산 종류를 취급하는 장소에 사용되는 케이블은?

[답] 비닐 캡타이어 케이블

12. 비닐외장, 클로로프렌 외장 케이블로 단심인 경우 굴곡부의 곡률 반경은 케이블 완성품 외경의 몇 배 이상으로 하는가?

[답] 8배
내선규정 450-3에 굴곡부의 곡률 반경은 케이블 완성품 외경의 6배 이상으로 하여야 한다. 단, 단심의 경우는 8배 이상으로 한다.

13. 강심 알루미늄 배전선 시공시 접속 금구에 도포하는 컴파운드(compound)의 사용목적은?

[답] 도전성 증가(전선 부식 방지)

14. 그림은 6600[V] CVT $3C \times 38[mm^2]$ 케이블의 단말처리와 단면도이다. 물음에 답하시오.(6점)

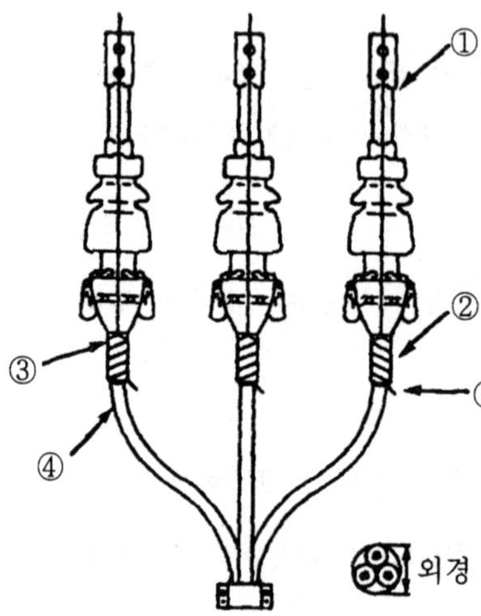

가. 도면에서 ①의 부분에 케이블의 도체와 단자의 접속을 할 때 가장 적합한 공법은?
나. 도면에서 ②의 부분에 사용하는 절연테이프의 명칭은?
다. 도면에서 ③의 부분에 최외각층의 테이프를 감는 방법은?
라. 도면에서 ④의 부분에 감은 테이프의 용도는?
마. 도면에서 ⑤의 부분은 무슨 선인가?
바. CTV의 허용 구부림 반경의 최소치는 케이블 외경의 몇 배인가?

[답] 가. 압축접속 나. 방수테이프(비닐테이프) 다. 하부에서 상부로 감는다.
라. 전계 완화용 테이프 마. 접지선 바. 6배

15. 케이블 포설후 바로 접속을 하지 않는 경우 습기 등이 침입되지 않도록 케이블 끝을 그림과 같이 방수 처리하여 준다. 물음에 답하시오.(6점)

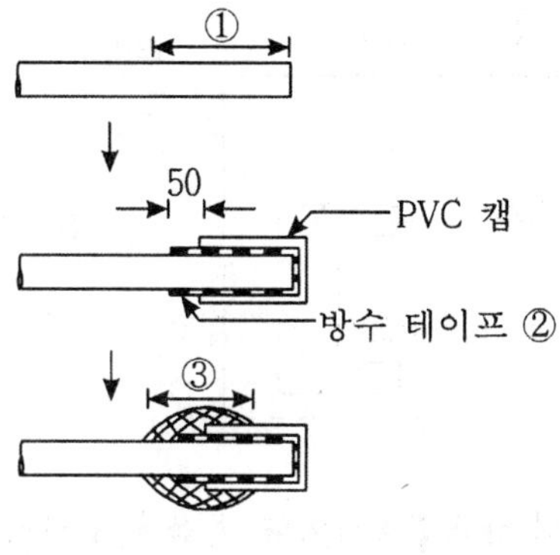

가. 케이블 외피 위 ①은 몇 [mm]까지 사포로 문지르고 솔벤트로 청소하여야 하는가?
나. ②는 사포로 문지른 곳을 방수 테이프로 몇 회를 감고, 그 위에 PVC캡을 씌우는가?
다. ③을 방수 테이프로 그림과 같이 하여 몇 [mm] 정도 반 겹쳐서 왕복 2회로 감는가?

[답] 가. 200[mm] 나. 2회 다. 100[mm]

16. 그림에서 표시된 번호의 명칭을 정확히 기입하시오.(5점) (단, 그림은 1련 내장애자 장치(역조형)이다.)

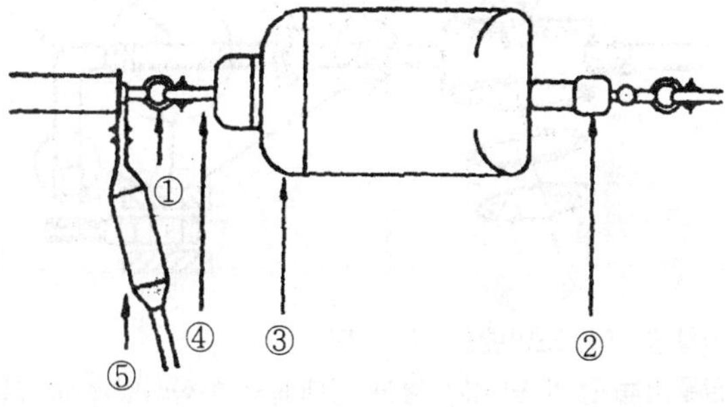

[답] ① 앵카쇄클 ② 소켓아이 ③ 현수애자 ④ 볼 아이 ⑤ 압축형 인류크램프

17. 강도자체의 경제상으로 현재 가장 많이 사용되는 결구로 그림과 같은 철탑부재의 결구방식의 명칭은?(4점)

[답] 브레히 결구

18. 답안지 그림은 옥내배선도의 일부를 표시한 것이다. ㉠, ㉡전등은 A스위치로, ㉢, ㉣전등은 B스위치로 점멸토록 설계하고자 한다. 각 배선에 필요한 최소 전선가닥수를 표시하시오.(4점)

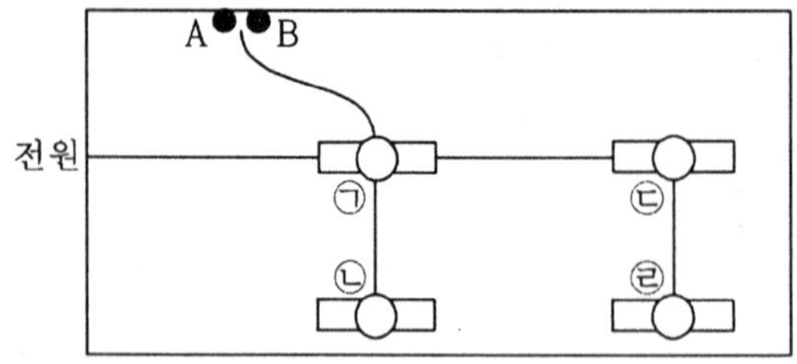

[답]

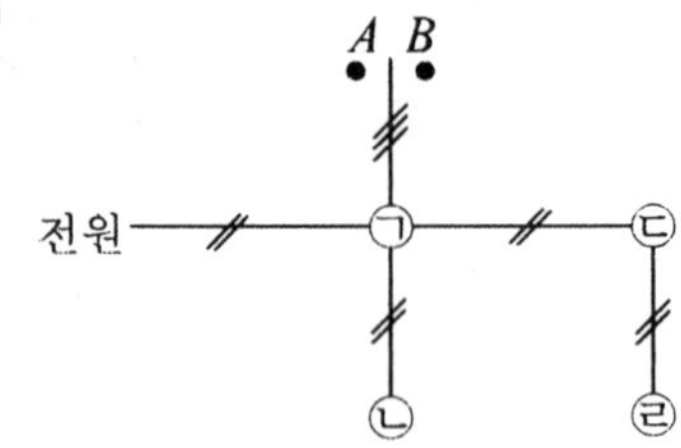

19. 폭연성분진이 있는 곳의 금속관공사이다. 물음에 답하시오.(12점)

가. 그림에서 A로 표시된 전선관 부속품의 명칭은?

나. 그림에서 B로 표시된 전선관 부속품의 명칭은?

다. 그림에서 C로 표시된 전선관 부속품의 명칭은?

라. 그림에서 상호간 및 관과 박스 기타의 부속품, 풀박스 또는 전기기계 기구와는 몇 턱이상 나사 죄임을 하여야 하는가?

마. 폭연성분진이란 무엇인가? 간단하게 설명하시오.

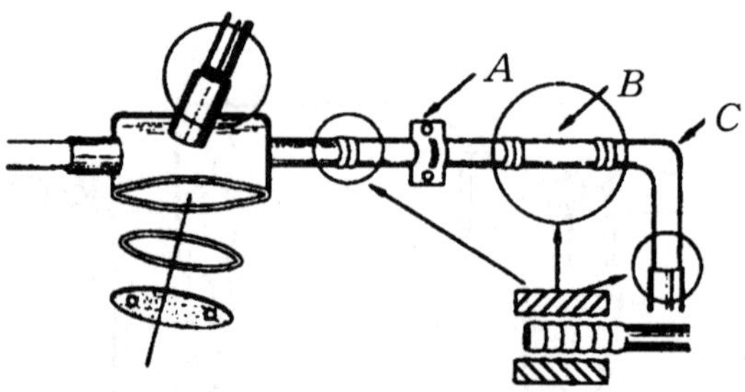

[답] 가. 새들 나. 커플링 다. 노멀밴드 라. 5턱
마. 마그네슘, 알루미늄 등의 먼지가 쌓인 상태에서 착화되었을 때 폭발할 우려가 있는 분진

20. 다음 도면을 보고 물음에 답하시오.(9점)

가. 완금 A의 명칭이 ㄱ형 완금이면 완금 B의 명칭은?

나. a의 명칭은?

다. b의 명칭은?

라. a 및 b가 없이 완금을 전주에 고정시킬수 있는 자재 명칭은?

마. a를 완금에 취부할 때 쓰이는 머신 보울트의 규격은 몇 [mm]인가?

바. 그림 2에서 전원측은 전주를 중심으로 하여 어느 쪽인가?(좌우로 구분하시오.)

사. 끝지름(말구)에서 ㄱ형 완금 중심까지의 거리는 몇 [cm]인가?

아. b의 규격은 몇 [mm]인가?

자. ㄱ형 완금 장주 예시도가  라면 창출장주도를 그리시오.

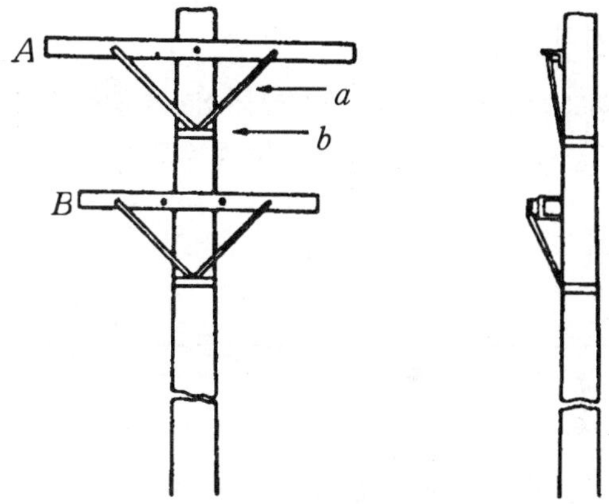

그림 1 (콘크리트주 12[m]) 그림 2 (도면 1을 90° 회전 시킨 것)

[답] 가. 경완금 나. 암타이 다. 암타이 밴드 라. 완금밴드 마. 16×40[mm]
바. 좌측 사. 25[cm] 아. 1방 2호(180[mm]) 자. ⊥⊥⊥

21. 그림은 6600[V] CV 3×38[mm^2] 케이블의 단말처리와 단면도이다. 물음에 답하시오.(7점)

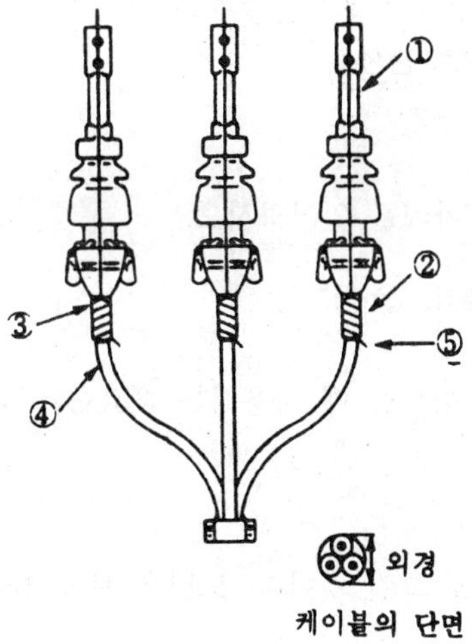

가. 도면에서 ①의 부분에 케이블의 도체와 단자의 접속을 할 때 가장 적합한 공법은?
나. 도면에서 ②의 부분에 사용하는 절연테이프의 명칭은?
다. 도면에서 ③의 부분에 최외각층의 테이프를 감는 방법은?
라. 도면에서 ④의 부분에 감은 테이프의 용도는?
마. 도면에서 ⑤의 부분은 무슨 선인가?
바. CV의 허용 구부림 반경의 최소치는 케이블 외경의 몇 배인가?

사. 도면과 같은 단말 접속처리의 명칭은?

[답] 가. 압축접속 나. 방수테이프(비닐테이프) 다. 하부에서 상부로 감는다.
라. 전계 완화용 테이프 마. 접지선 바. 8배 사. 케이블 헤드 단말처리

22. 다음 그림은 옥내배선도의 일부를 표시한 것이다.

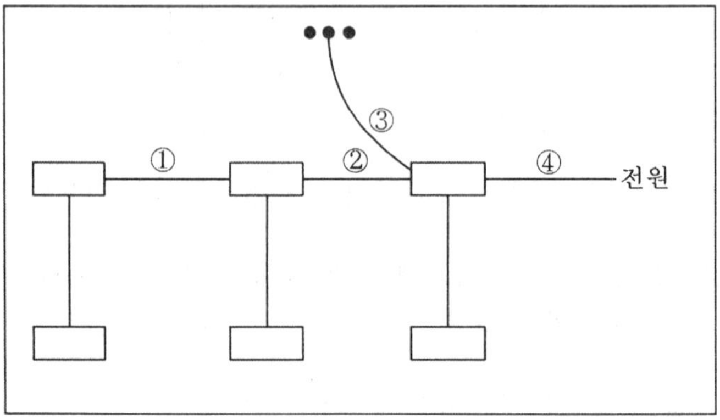

가. 옥내배선 공사시 주로 사용하는 전선은?
나. 전선 가닥수를 적으시오.

[답] 가. IV전선(600[V] 비닐 절연전선)
나. ① 2 ② 3 ③ 4 ④ 2

23. 지중케이블 포설방법 3가지를 열거하시오.

[답] ① 직접매설식 ② 관로식 ③ 암거식

24. 무거운 기구를 박스에 취부할 때 사용하는 재료는?(5점)

[답] 픽스쳐 하기

25. 다음 그림은 보통지선을 그린 것이다. 도면을 보고 물음에 답하시오.(10점)

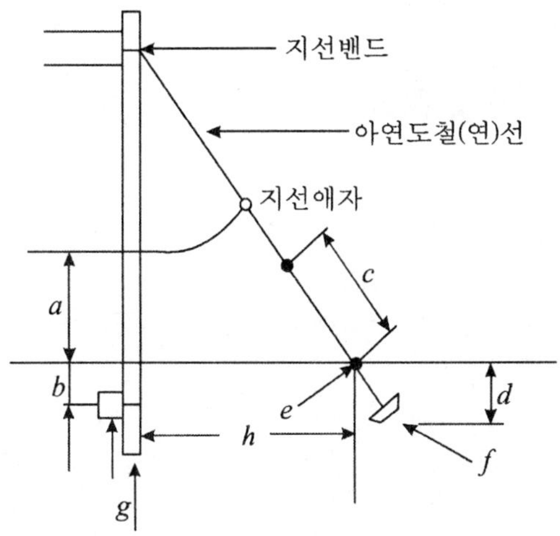

가. 지선밴드의 규격은 몇 [mm]인가?

나. 지선용 아연도 철선의 규격 2가지는?

다. a(지선안전률)의 높이는 최소 몇 [m] 이상을 원칙으로 하는가?

라. b의 깊이는 몇 [m]인가?

마. 콘크리트주 전체의 깊이가 10[m]인 경우에 따라 묻히는 최소 깊이는?

바. d의 깊이는 최소 몇 [m] 이상인가?

사. e의 명칭은?

아. h의 간격은 몇 [m]인가?

자. 아연도 철선의 소선은 최소 몇선 이상인가?

[답] 가. 180×234[mm] 나. 2.0[mm] 아연도 철선 또는 2.6[mm] 금속선 다. 2.5[m]
라. 0.5[m] 마. $10\times\frac{1}{6}=1.7$[m] 바. 1.5[m] 사. 지선롯트 아. 5[m] 자. 3분

26. 플로어 박스의 용도를 간단하게 쓰시오.

[답] 바닥밑에 콘센트를 접속하여 사용하는 경우

제10장

반송설비

건축물 내에 엘리베이터, 에스컬레이터, 전동덤웨이터, 컨베이어, 에어슈터, 크레인, 곤도라 등과 같이 사람이나 물품을 운반하는 설비를 반송(搬送)설비라 한다. 최근 건축물의 대형화, 초고층화 등으로 운송의 대량화, 고속화에 수반하여 운송설비의 문제가 부각되고 있이며 이들의 설비가 적용되는 법률은 다음과 같다.

① 건축법이 적용되는 것 : 엘리베이터, 에스컬레이터, 회전목마, 전동덤웨이터, 움직이는 보행기
② 산업안전보건법이 적용되는 것 : 곤도라, 간이리프트 등.
③ 주차장 법이 적용되는 것 : 입체주차장.

10.1 엘리베이터

엘리베이터는 전동력을 사용하여 높은 건축물의 수직방향으로 사람과 화물을 안전하게 운송하기 위하여 승강로 내에 설치된 레일에 따라 매달려 있는 카(car)를 동력으로 승강시키는 장치이다. 엘리베이터는 사람을 운반하는 기능이 있으므로 안전에 주의하여야 한다.

10.1.1 엘리베이터의 구조

엘리베이터의 구조는 구동방식에 따라 로프식과 유압식으로 크게 구분되고 대부분의 엘리베이터는 로프식을 많이 사용한다.

1 로프식 엘리베이터

로프식 엘리베이터는 케이지와 균형추를 로프로 달아매고 두레박식으로 권상기의 풀리에 걸고 풀리를 구동시킴으로써 로프와의 사이의 마찰력에 의해 케이지를 승강시키는 방식의 엘리베이터이다.

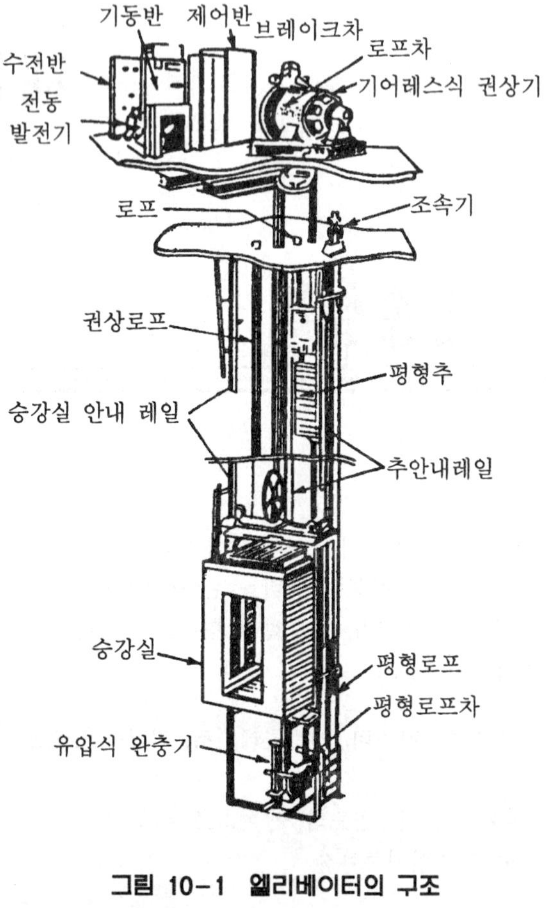

그림 10-1 엘리베이터의 구조

(1) 권상기(traction machine)

권상기는 전동기 축의 회전력을 로프 차에 전달하는 장치를 말하며 기어를 부착시킨 기어드(geared) 방식과 기어를 사용하지 않는 기어레스(gearless) 방식이 있다.

① 기어드 방식 : 기어드 방식은 주로 웜기어(worm gear)를 사용하여 주로 속도 105[m/min]에 사용하였으나 최근에는 헬리컬기어(helical gear)를 사용하여 속도 240[m/min]까지 적용하고 있다.

② 기어레스 방식 : 기어레스 방식은 주로 속도 120[m/min] 이상 고속엘리베이터에 적용되며 동력원은 주로 직류방식이 사용되어 왔으나 최근에는 에너지 절감 및 유지보수가 용이한 VVVF방식이 각광을 받고 있다.

그림 10-2 기어드형 권상기

그림 10-3 기어레스형 권상기

(2) 전동기

엘리베이터용 전동기는 일반 전동기에 비하여 다음과 같은 차이점이 있다.

① 가동빈도가 매우 높아 시간당 중・저속형은 보통 180회 정도이나 300회까지 요구되는 고속 엘리베이터도 있어 전동기 설계시 발열량에 관한 고려를 해야 한다.
② 전동기의 최소 필요 회전력은 +100[%]에서 −70[%] 이상이어야 한다. 즉 역구동(braking)하는 경우도 많기 때문에 충분한 제동력을 갖고 있어야 한다.
③ ②항의 회전력 범위에서 회전속도 오차는 +5[%]~−10[%] 이내이어야 한다.
④ 회전력에 따른 속도변동이 없어야 한다.

(3) 전자(電磁) 브레이크

일반적으로 제동장치라 하며 엘리베이터에 사용되는 전자브레이크(magnetic brake)는 전동기의 관성 및 균형추 등 엘리베이터 전 장치의 관성을 제동할 수 있어야 하며 정지시에도 정지제동 능력이 필요하다.

승용의 경우는 125[%]의 부하, 화물용의 경우는 120[%]의 부하로 정격속도 하강 중에도 안전하게 감속, 정지해야 한다.

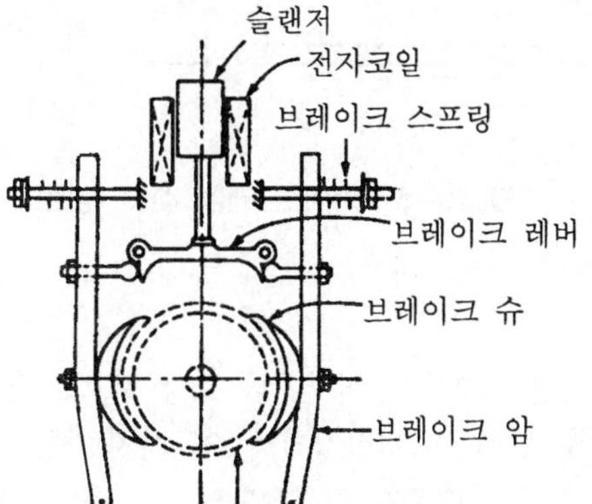

그림 10-4 전자브레이크의 구조

(4) 로프

로프(rope)는 권상기 시브의 회전력을 카에 전달하는 안전상 중요한 부품으로 강도가 크고 우수한 탄소강 19개선을 8조 또는 6조선을 이용하며 권상기의 시브 직경은 미끄럼 방지를 위하여 주 로프 직경의 40배 이상이어야 한다.

일반 로프와 엘리베이터용 로프의 특성 차이는 다음과 같다.

① 강선의 탄소함유량이 적어 유연성이 있다.
② 일반 로프보다 파단(破斷) 강도는 낮아 135[kg/mm^2] 정도이나, 초고층용 엘리베이터는 150[kg/mm^2] 정도의 것도 사용된다.
③ 로프의 끝단 처리(소켓팅)에서 로프의 끝은 1본마다 소켓팅하여 바빗 조임을 하여 빠지지 않도록 한다.
④ 로프의 교체 시기는 단선, 마모, 사용년수, 부식 등에 의하지만 대체로 3~5년 사용하면 교체하는 것이 안전하다.

(5) 가이드 레일

가이드 레일(Guide Rail)은 카와 균형추를 승강로 평면내에서 일정 궤도상에 위치를 규제하고 비상정지장치가 작동시 수직하중을 지탱하기 위하여 설치한다. 일반적으로 T형 레일을 승강로 내에 수직으로 설치하며 비상정지장치가 필요 없는 덤웨이터나 간이 리프트 등에는 山형강, 구형강 등이 사용된다.

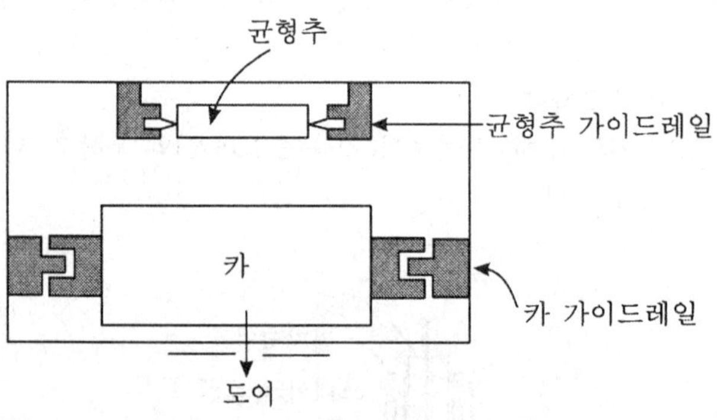

그림 10-5 가이드 레일 설치 평면도

(6) 비상정지장치

로프식 엘리베이터는 만일 로프가 끊어지거나 고장 등으로 엘리베이터 속도가 규정속도 이상으로 하강하는 경우에 대비하여 비상정지장치를 설치한다.

비상정지장치는 승강기의 하강속도가 정격속도의 1.4배를 넘지 않는 가운데 작동하여 정지하여야 한다.

(7) 조속기

조속기(governor)는 카와 같은 속도로 움직이는 조속기 로프에 의해 회전되어 항상 카의 속도를 검출하는 장치로서 제1동작은 카의 속도가 정격속도의 130[%]를 넘으면 스위치가 작동하여 전원을 차단하고 전자브레이크를 작동시킨다. 제2동작은 정격속도의 140[%]를 넘지 않는 범위내에서 기계적인 장치를 작동시켜 조속기 로프를 잡아 비상정지장치를 작동시킨다. 이때는 하강방향만 작동한다.

(8) 완충기

카가 어떠한 원인으로 최하층을 통과하여 피트에 급속 하강할 때 그 충격을 완화시키기 위하여 설치하는 장치를 완충기(Buffer)라고 한다.

승강기가 추락할 경우 충격 완화용으로 유압식(60[m/min] 이상) 및 스프링식(60[m/min] 이하)이 사용된다.

완충기의 종류는 스프링 완충기와 유입 완충기의 2가지 종류가 있다.

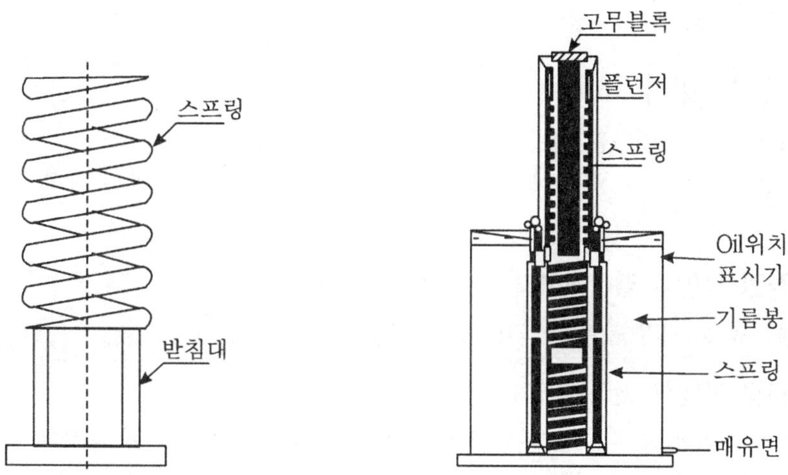

(a) 스프링 완충기 (b) 유입식 완충기

그림 10-6 완충기

(9) 케이지실과 케이지 틀

① 케이지실 : 케이지(cage)실은 출입도어와 케이지 바닥 그리고 바닥에 고정된 벽과 천정 및 비상구로 구성되어 있으며 카 내의 사람과 물건을 보호하는 것이 주목적이며 승용 엘리베이터에서는 장식적인 면도 고려하여야 한다.

② 케이지 틀 : 카 바닥의 하부 중앙에 2개의 기둥이 하중을 지탱하고 상부 빔(top beam)은 카의 하중을 로프에 전달하는 중요한 기능을 갖고 있다.

(10) 균형추

균형추(counter weight)의 틀은 보통 구형 강으로 제작되어 상부에 부착된 가이드에 의해 레일을 따라 이동하며 웨이트가 파손되어도 이탈되지 않는 구조로 설계되어야 한다. 균형추는 보통 주철이나 콘크리트로 제작되며 이것은 충격에 견딜 수 있는 구조이어야 한다.

$$\text{균형추의 중량} = \text{카 중량} + \text{최대 적재량} \times (0.4 \sim 0.6) \qquad (10\text{-}1)$$

(11) 승강기의 안전장치

연속적인 기동, 정지 및 승강을 반복하는 수직 교통수단으로서 엘리베이터의 각 부는 기계적, 전기적으로 충분한 내구성과 안전성을 갖추어야 한다.

(12) 제어장치

전자릴레이, 전자접촉기, 반도체장치 등을 강제 케이스에 수용한 것을 기기실에 설치하며 고급기종은 마이크로 컴퓨터를 내장한 것도 있고, 전기제어장치에는 수전반, 제어반, 신호반, 플로어 컨트롤 등이 있다.

2 유압식 엘리베이터

유압식 엘리베이터(hydraulic elevator)는 펌프로 탱크내의 기름을 실린더 내에 압축하여 플런저를 밀어 올림으로서 케이지를 상승시키고, 자동으로 하강시키는 방식의 엘리베이터이다.

(1) 직접 유압식 엘리베이터

케이지 바닥을 직접 플런저와 직결한 엘리베이터이다.

(2) 간접 유압식 엘리베이터

플런저의 동작을 로프 또는 체인에 연결해서 케이지를 상승시키는 방식의 엘리베이터이다.

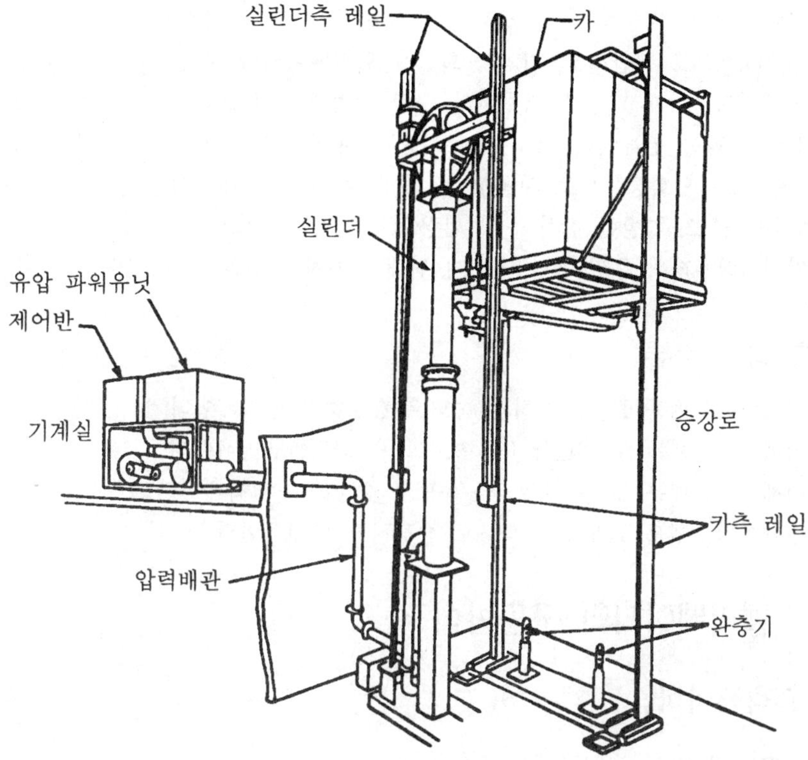

그림 10-7 유압식 엘리베이터

10.1.2 엘리베이터의 분류

엘리베이터는 용도와 속도별로 크게 구분하여 나누어 볼 수 있다.

1 용도에 의한 분류

① 승객용(乘客用)엘리베이터 : 인원 수송을 목적으로 하며 적재하중은 케이지 바닥면적 1[m²]당 370[kg] 이상, 정원은 적재하중을 65[kg]로 나눈 값으로 한다. 케이지 출입구는 1방향만으로 하고 정원초과 방지장치 등을 설치하고 일반용, 주택용, 전망용 등으로 분류할 수 있다.

② 화물용 엘리베이터 : 화물운반 전용으로서 적재하중은 케이지 바닥면적 1[m²]당 250[kg] 이상으로 계산하며, 케이지 출입구는 2방향이 허용된다.

③ 인·화공용 엘리베이터 : 사람과 화물의 수송에 병용하며 법령상 승용엘리베이터와 동일하게 취급한다.

④ 병원(침대)용 엘리베이터 : 병원에서 환자이동 등의 수송을 주목적으로 하며 법령상 승용에 준하나 적재하중의 계산과 케이지 출입구는 화물용으로 취급한다.

⑤ 자동차용 엘리베이터 : 자동차 운반 전용의 엘리베이터이고, 적재하중은 케이지 바닥면적 1[m^2]당 150[kg]으로 계산하고, 기타는 화물용 엘리베이터와 같다.

⑥ 비상용 엘리베이터 : 화재시 등에 거주자의 구출, 소방활동에 쓰는 것을 주목적으로 하며 높이 31[m]를 넘는 건물에는 의무적으로 설치하여야 한다. 비상용 엘리베이터는 평상시에는 승용 또는 인화공용으로 사용하나, 화재 등 비상시에도 지장 없이 운전할 수 있도록 설치환경, 구조, 특별한 장치 등이 법령으로 규정되어 있다.

⑦ 전망용 엘리베이터 : 타워 등의 전망을 보기 위해 설치하는 엘리베이터이다.

2 속도에 의한 분류

① 저속도 엘리베이터 : 매분 45[m] 이하의 속도로 승강하는 엘리베이터

② 중속도 엘리베이터 : 매분 60~105[m]의 속도로 승강하는 엘리베이터

③ 고속도 엘리베이터 : 매분 120~180[m]의 속도로 승강하는 엘리베이터

④ 초고속 엘리베이터 : 매분 240[m]의 속도로 승강하는 엘리베이터

10.1.3 엘리베이터의 구동방식

1 교류 엘리베이터

(1) 1단 속도제어 방식

권상 전동기에 교류 농형유도전동기를 사용하여 운전은 전원투입 후 전동기의 특성에 따라 가속하고 목적으로 하는 층의 일정거리 전에서 전류를 끊어 그 다음은 전자브레이크를 걸어서 정지시키는 가장 단순한 방식이다.

역전은 3상 중 2상을 바꾸어 실행하며 이 방식은 속도 30[m/min], 하중 1,000[kg] 이하의 부하에 적당하고 보수가 간단한 반면 착상오차가 큰 특징이 있으며, 전동기의 회전속도는 720~1,200[rpm] 정도이다.

(2) 2단 속도제어 방식

권상전동기의 고정자에 고속용과 저속용의 두 권선을 가지며, 극수변환으로 2단 속도 조정을 하며 기동 및 전속도에는 고속용 권선으로 구동하고 감속시는 일단 저속용 권선으로 전환하여 착상시 속도를 줄여서 착상 오차를 적게 하는 방식이다. 주로 60[m/분] 이상의 저속 인화공용, 화물용 엘리베이터에 사용된다.

특징으로는 착상오차가 적어 승강기분이 좋으며 속도 60[m/min], 하중 1,500[kg] 이하에 적당하고 가격이 비교적 저렴하여 널리 사용되고 있다.

(3) 궤환제어방식

구동용 전동기는 특수 3상 유도전동기를 사용하고 1200~1800[rpm] 정도이며 중속 엘리베이터에 많이 사용하고 있는 제어방식이다. 제동은 피드백 제어에 의하여 실시됨으로서

승차감이 우수하고 시설면이나 가격면에서 직류엘리베이터보다 유리하여 고층 빌딩용으로 폭 넓게 사용되고 있다.

[2] 직류 엘리베이터

직류발전기로 권상용 전동기를 운전하는 워드레오너드(Ward-Leonard) 방식이 사용되며 다음과 같은 특징이 있다.

① 속도를 광범위하게 조절할 수 있다.
② 기어드식에서 90~105[m/min], 기어레스식에서는 120~540[m/min]으로 하중은 1,000 [kg] 이상에 사용한다.
③ 승강 기분이 좋고 착상 오차가 작다.
④ 설비비가 비싸다.

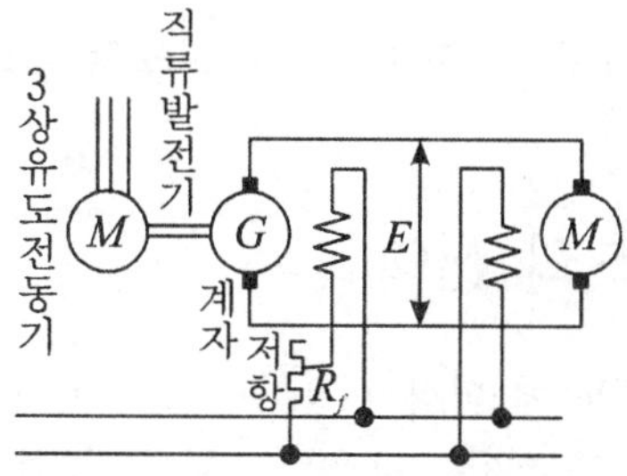

그림 10-8 워드-레오너드 방식

[3] 인버터 제어방식

최근에는 워드레오너드 방식의 단점인 기계적 결합에 의한 손실증가 등으로 종합효율이 떨어지는 점을 개선하여 MG(교류전동기+직류발전기)를 생략하고 사이리스터를 사용하여 직류전원을 직류전동기에 공급하여 속도를 제어하고 종합효율을 상승시키면서 초고층빌딩에 적용하는 사이리스터 레오너드(Thyristor-Leonard)방식을 사용한다.

이 방식은 에너지 절약 측면에서는 우수하나 선로의 고조파 등 장해에 대한 대책을 고려하여야 한다.

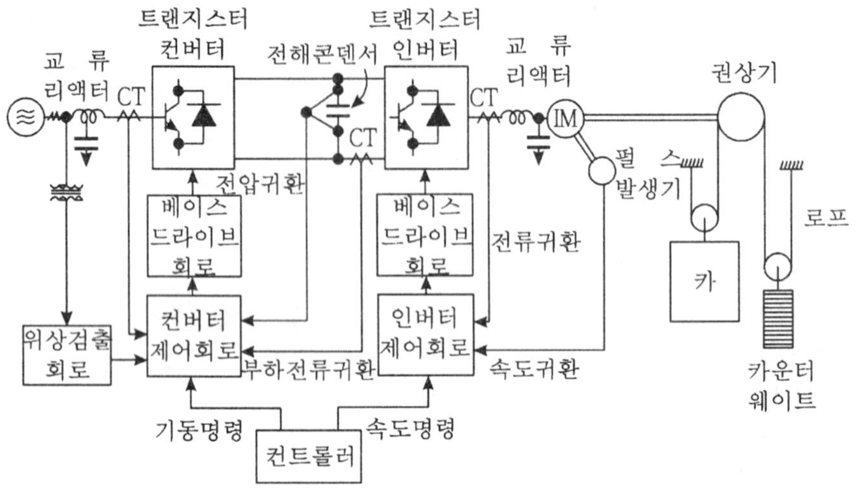

그림 10-9 고속, 초고속 엘리베이터용 인버터 제어방식

10.1.4 엘리베이터의 선택

건물의 규모나 사용목적(용도)에 따라 비용이나 면적을 고려하여 적재량과 정격속도 및 설치대수를 구하고 정원이나 평균일주 시간을 구한다. 또한 전동기 용량, 구동방식, 배치, 균형추의 위치, 승강로 및 기계실의 크기를 결정한다.

1 설치대수

예상되는 교통 수요에 과부족이 없이 수송능력을 산정하고 대기시간이 소정의 목표치 이내가 되도록 한다.

$$\text{설치대수 } N = \frac{Q}{P} = \frac{\Phi M}{60 \times 5 \times 0.8 \times C/T} \qquad (10\text{-}2)$$

여기서 P : 5분간 수송인원수, C : 정원, T : 평균일주시간(초), Q : 피크대 5분간 수송인원수, Φ : 피크대 이용율, M : 거주인구

표 10-1 건축물의 설비기준 등에 관한 규칙에 의한 대수 산정

용 도	$3{,}000[m^2] \le S$일 때 대수	$3{,}000[m^2] > S$일 때 대수
의료, 관람집회 및 판매시설	2	$(S-3000)/2000+2$
전시, 위락, 숙박, 업무시설	1	$(S-3000)/2000+1$
교육연구, 노약자시설, 공동주택, 기타시설	1	$(S-3000)/3000+1$

㊟ S : 6층 이상의 거실면적의 합계, 대수기준 : 8인승 이상 15인승 이하 위표에 준하여 대수를 정하고 16인승 이상은 위표 기준 상정시 2대로 본다.

10.1.5 엘리베이터의 전기설비

1 권상(捲上) 전동기의 용량

권상전동기의 소요용량 P[kW]는 다음 식으로 구해진다.

$$P = \frac{W \times V \times F}{6120\eta} + P_0[\mathrm{kW}] \tag{10-3}$$

① 로프식 엘리베이터의 경우

여기서, W : 정격적재하중[kg], V : 정격속도 [m/분], F : 균형추의 계수=0.5, η : 엘리베이터의 계수=0.45~0.6(기어드권상기의 경우), 0.75~0.8(기어레스 권상기의 경우), P_0 : 무부하 운전동력 [kW]=2~4(기어드권상기의 경우에만 적용)

② 유압 엘리베이터의 경우

$$W : \text{정격적재하중} + \text{케이지 자중[kg]} \tag{10-4}$$

여기서, V : 정격속도[m/분], F : 균형추의 계수=1, η : 엘리베이터의 계수=0.5~0.6, P_0 : 무부하 운전동력[kW]

10.2 에스컬레이터

에스컬레이터는 경사를 갖는 계단식으로 된 컨베이어로서 30° 이하의 기울기로 트러스에 여러 개의 발판을 체인으로 연결하고 위쪽에 구동쇄차와 아랫쪽의 종속용 쇄차간에 체인을 걸어 감속기어로 구동시키는 계단을 말한다.

에스컬레이터는 백화점, 은행, 지하철 역, 호텔, 공항 등과 같이 같은 방향으로 향하는 사람이 많은 장소에 이용되므로 이용효율이나 혼잡에 주의할 필요가 있다. 에스컬레이터는 매시 5,000~8,000명의 수송능력에 대하여 엘리베이터는 400~500명 정도이다. 그러므로 에스컬레이터는 짧은 거리, 대량수송에 적당하고 엘리베이터는 장거리 고속 수송에 적당하다.

에스컬레이터의 특징은 다음과 같다.

① 대기시간이 없다.
② 수송능력이 승강기보다 7~10배로서 대량 수송이 가능하다.
③ 승강중 주위를 볼 수 있다.
④ 승강기보다 사용전력량이 적다.

10.2.1 에스컬레이터의 구조

에스컬레이터의 구조는 철골구조의 트러스(truss)를 상하층에 걸쳐 설치하고 그 가운데에 좌우 2본의 무단연속 스텝 체인(step chain)에 일정간격으로 스탭을 설치하여 체인의 구동으로 스탭이 구동되어 사람을 운반한다.

에스컬레이터는 구조상 다음과 같은 규제를 받고 있다.

① 사람 또는 물건이 끼거나 장애물에 충돌하는 일이 없을 것.
② 구배는 30° 이하로 할 것.
③ 디딤 바닥의 양측에 난간을 설치하고 난간은 디딤 바닥과 동일방향, 동일속도로 연동할 것.
④ 디딤 바닥 면에서 60[cm] 높이에서의 측판간 거리는 1.2[m] 이하로 할 것.
⑤ 디딤 바닥 면에서 정격속도는 30[m/분] 이하로 할 것.
⑥ 비상시에 운전을 정지시키는 비상정지버튼, 사람 또는 물건이 디딤 바닥 부분, 난간부분에 끼었을 때나, 디딤 바닥의 사슬이 끊어졌을 때 등에 운전을 정지시키는 안전장치를 설치할 것.

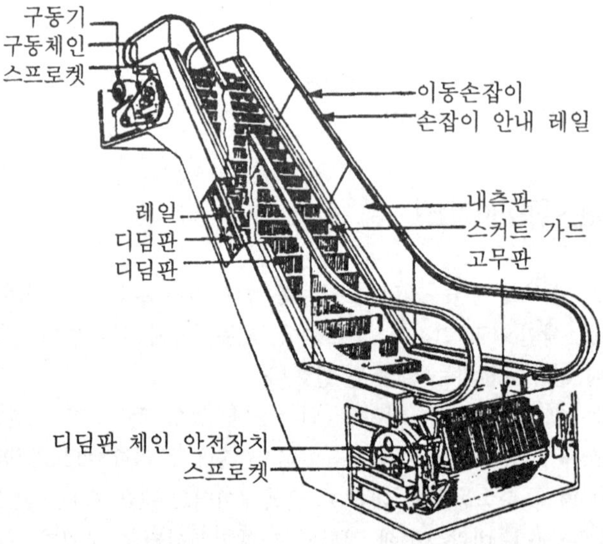

그림 10-10 에스컬레이터의 구조

1 구동장치

에스컬레이터의 구동장치는 본체, 즉 스탭을 구동시키는 메인 구동장치와 핸드레일을 구동시키는 핸드레일 구동장치가 있으며 서로 연동되어 같은 속도로 이동하여야 한다. 기계실은 일반적으로 상부승강 바닥하부에 설치되어 있다. 트러스의 하부에는 스탭체인의 파단 감지장치가 설치되어 있어 체인이 끊어지거나 이완된 경우에 전력을 차단시킨다.

에스컬레이터의 구동기는 로프식 승강기의 권상기와 유사하며 감속기는 웜 기어(worm gear)가 사용되어 왔으나 에너지 절약측면에서 헬리컬 기어를 대부분 사용하고 있다.

모터 축에는 브레이크 장치가 부착되어야 하며 그 형식은 로프식 엘리베이터와 같은 드럼식으로 운전 중에는 전자코일에 의해 개방된다. 브레이크의 제동력은 사람이 타지 않는 경우는 상승시와 하강시가 동일하지만 승객이 탑승한 경우는 상승시에는 제동거리가 짧고 하강시는 길어지는데 정격하중으로 하강시 감속도 0.91[m/s^2] 이하로 감속 정지해야 한다.

2 계단과 계단식 체인 및 난간과 핸드레일

(1) 계단

계단은 알루미늄 다이케스팅이 사용되며 계단 디딤판은 수평이어야 한다.

계단(step)의 치수는 계단 디딤판의 진행방향 깊이는 400[mm] 이상, 발판 사이의 높이는 1100[mm] 이상이어야 한다. 계단 디딤판의 폭은 560[mm] 이상 1200[mm] 이하이다.

최근에는 계단의 좌우와 전방 끝에는 경고색인 노란색으로 도장을 하거나 플라스틱을 끼워 테두리를 하고 있다.

(2) 계단 체인

계단 체인은 일종의 롤러체인으로 에스컬레이터의 폭이 넓을수록, 양정이 높을수록 높은 강도의 체인이 필요하다. 좌우 체인의 링 간격을 일정하게 유지하기 위하여 일정 간격으로 롤러를 연결해야 한다.

하부의 톱니바퀴 축에 계단체인이 이완되거나 끊어졌을 때 감지하여 동력을 차단하는 장치를 설치해야 한다.

(3) 난간과 핸드레일

에스컬레이터의 계단이 움직임에 따라 승객이 추락하지 않도록 설치한 측면벽을 난간이라고 하여 난간 상부의 이동 손잡이를 핸드레일이라고 한다.

판넬형 에스컬레이터는 내측 판넬은 스테인리스로 제작하며 하부의 계단과 접하는 부분을 스커트 판넬이라고 하고 난간의 상부는 데크보드라 한다. 투명형은 내외측 판넬 모두 강화유리로 설치하며 특히 외측 판넬은 지주역할을 하므로 그 두께를 충분히 고려해야 한다. 외측판은 에스컬레이터장치와 직접적인 관계는 적지만 건물의 주변환경과 조화가 되어야 하며 내열 방화재료가 요구된다.

10.2.2 에스컬레이터의 분류 및 배열

1 수송능력상의 분류

에스컬레이터의 수송능력은 디딤판의 유효 폭에 따라 결정되고 현재 많이 쓰이고 있는 것은 다음의 2종이다.

표 10-2 수송능력

형 식	난간폭[mm]	수송능력	경사도	속도 [m/min]	전동기용량 [kW]	비 고
1,200형	1,200	9,000 [인/h]	30°	30	7.5	대인 2인 병렬 승차가능
800형	800	6,000 [인/h]		30	7.5~11	대인 1인 소인 1인 가능

2 난간의 의장에 따른 종류

① 불투명식 : 난간을 합성수지, 스테인레스판 등을 패널재료로 사용(역 등 교통기관용)

② 조명형 : 강화 또는 투명아크릴을 패널재료로 사용

③ 전투명형 : 투명 강화유리(난간기둥이 있는 것과 없는 것이 있다.)

②, ③은 백화점 등의 일반빌딩용이다.

③ 에스컬레이터의 배열

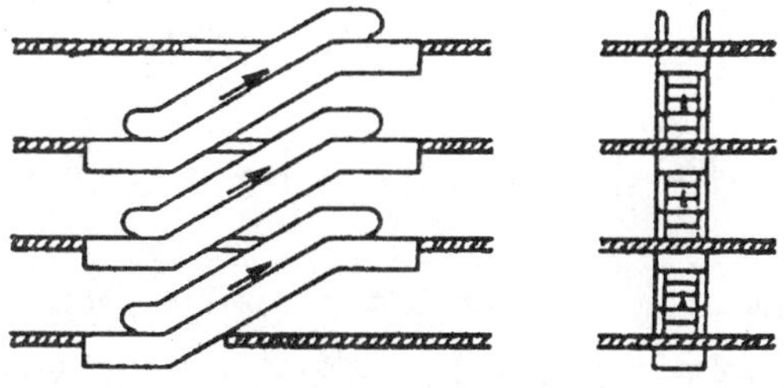

(a) 단열겹치형 배열

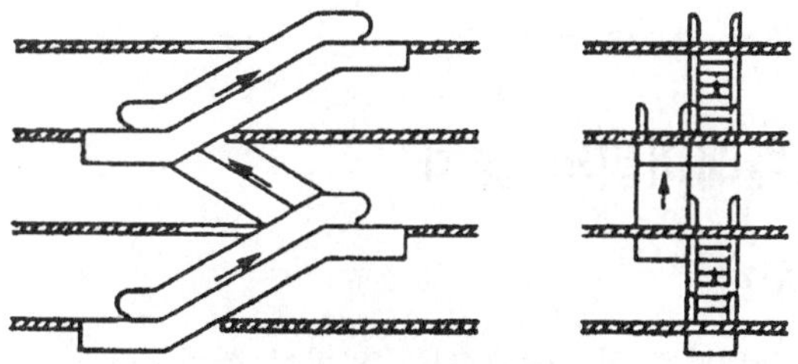

(b) 단열접속형 배열

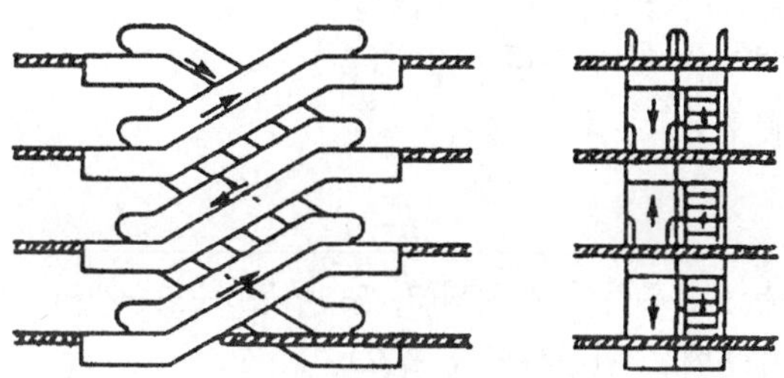

(c) 교차접속형 배열

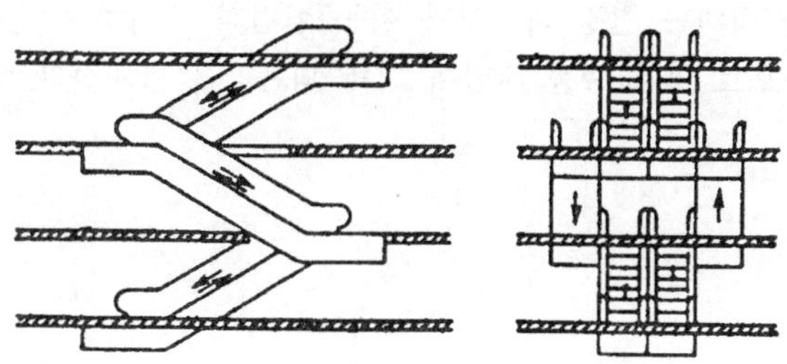

(d) 복수접속형 배열

그림 10-11 에스컬레이터의 배열

에스컬레이터의 설치위치는 건물입구에 따라 정해지는 교통 동선상에 두고 윗층에서 갈아타기 편리하고 승객의 연속된 흐름이 되도록 않게 배려하고 에스컬레이터의 배열은 다음과 같다.

① 단열접속형 : 가장 많이 채택되는 배열방식이며 연속적으로 갈아 탈 수 있고 설치면적도 비교적 적다.
② 단열(單列)겹침형 : 승객을 각층에 유도하는 방식이며 설치면적이 적고 전망도 좋지만 갈아타기가 불편하다.
③ 교차접속형 : 에스컬레이터를 승·강의 복열로 설치하는 경우에는 거의 이 배열방식이 채택되고 있다. 설치면적도 적고 승·강의 승강구가 떨어져 있어 승객의 혼잡도 없으나 전망은 별로 좋지 않다.
④ 복수접속형 : 단열 접속형을 승강의 2계통으로 병설한 것이며 외관이 호화롭고 전망이 좋지만 설치면적을 많이 필요로 한다.

10.2.3 에스컬레이터의 설치

1 배치시 고려사항

① 지지보, 기둥 등에 균등하게 하중이 걸리는 위치에 설치한다.
② 주행거리를 가능한 한 짧게 한다.
③ 사람의 흐름을 중심으로 한다.
④ 에스컬레이터의 단면적을 적게 한다.
⑤ 승객의 시야가 넓게 한다.

2 안전장치

에스컬레이터는 바닥을 관통하여 설치되고, 또 이동하는 승객의 안전을 위할 필요가 있으므로 에스컬레이터 주변에는 안전시설이 필요하다.

(1) 삼각부 가드판

에스컬레이터와 교차하는 천정 하단부가 이동 난간과 근접하는 경우에는 가드판을 설치하여 난간에 바깥쪽으로 머리 등을 내밀어 끼게 되는것을 방지한다.

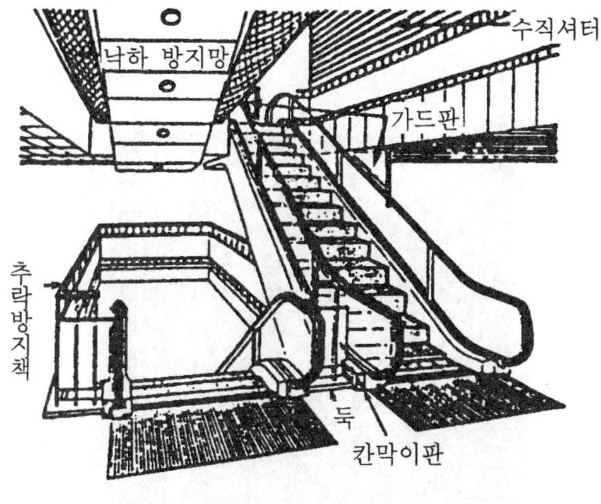

그림 10-12 에스컬레이터 주변 개구부의 안전시설

(2) 추락방지책

에스컬레이터의 개구부 주변에 높이 110[cm] 이상의 방책을 설치하여 추락을 방지하고 특히 2대의 에스컬레이터 사이에는 유아가 빠져나갈 수 없게 칸막이판을 설치한다.

(3) 낙하방지망

에스컬레이터 상호간 또는 건물의 바닥 사이에 20[cm] 이상의 간극이 있을 때는 낙화물에 의한 위해를 방지하기 위해 망 등을 격층에 설치한다.

3 에스컬레이터의 대수산정

사람의 흐름이나 혼잡비율에 중점을 두어 설비대수를 결정하며 에스컬레이터의 설비대수는 밀도율에 의해 결정된다.

$$\text{밀도율(Density Ratio) } R = \frac{10 \times 2\text{층 이상 유효면적 }[\text{m}^2]}{1\text{시간 수송능력}} \qquad (10\text{-}8)$$

단, R의 값이 20~25는 양호, 25이상은 불량으로 설치대수를 증가하거나 다른 방법을 강구한다.

10.3 전동 덤웨이터

전동 덤웨이터(electric dumb waiter)는 사람은 타지 않고 호텔과 레스토랑, 병원 또는 소규모 창고 등에서 음식과 소화물 운반용으로 설치되는 소형 전동승강기이다.

전동 덤웨이터는 바닥면적이 1[m^2] 이하, 천정 높이 1.2[m] 이하로 크기를 제한하고 있으며, 적재량은 500[kg]까지, 속도는 15, 20, 30[m/분], 전동기 용량은 최대가 3마력이며,

대용량의 것은 저속이다.

그림 10-13 전동 덤웨이터

1 덤웨이터의 종류

전동 덤웨이터는 출입구의 모양에 따라 플로어형(floor type)과 테이블형(table type)으로 구분한다.

① 테이블형 덤웨이터 : 출입구의 수화 테이블을 허리높이로 설치한 덤웨이터로서 주로 음식용, 서류운반용에 이용된다.
② 플로어형 덤웨이터 : 바닥 면에서 화물의 출입이 가능한 덤웨이터 소화물과 음식, 차 운반에 이용된다. 출입문의 개폐형태는 한 방향개폐, 관통 두 방향개폐, 직각 두 방향개폐 형태가 있다.

2 조작방식

① 상호층 제어방식 : 어느 층에서든지 자유롭게 카를 보내고, 또한 부를 수 있는 방식.
② 복귀제어방식 : 기준층에서 엘리베이터 행선층을 선택해 보내고, 기준층을 기점으로 각 층 사이를 왕복시키는 제어방식을 말한다.

10.4 움직이는 보도

엘리베이터의 경사각을 없애고 수평으로 계단의 연결수를 늘려서 타고 있으면 동일 평면상의 목적점으로 도착하도록 만든 장치를 움직이는 보도라고 한다. 움직이는 보도는 벨트 컨베어를 대형화한 것이라고 할 수 있다.

움직이는 보도는 승강객이 많은 지하철역의 광장, 공항의 개찰구에서 비행기의 발착지점까지로 수평 또는 경사면의 경사가 0~10°인 수평에 가까운 평평한 장소로 특정구간, 직선적 방향으로 수많은 사람이 효율적으로 이동 가능하도록 설치되는 것이다.

1 구조 및 원리

구조 및 원리는 에스컬레이터와 거의 동일하며 바닥 면의 양쪽에 난간을 설치해 그 위에 이동 손잡이를 설치하는 것으로 에스컬레이터의 계단과 동일한 역할을 하는 발판(디딤판)의 이동속도는 27~40[m/min]으로, 난간 폭은 900[mm], 1200[mm], 1600[mm]가 있으며, 길이는 250[m] 정도까지로 수송능력은 시간당 10,000명을 넘는 경우도 있다.

(1) 바닥면에 의한 분류

움직이는 보도는 사람이 타는 부분의 바닥면으로 분류하면 다음과 같다.

① 벨트식 : 합성 고무제 시트를 강대(鋼帶) 와이어 등을 넣어 보강한 엔드레스 벨트를 발판으로 구성해 벨트의 하측면 모든 길이에 롤러를 달아 벨트를 지탱하는 방식을 벨트식이라고 한다.
벨트식은 구조는 간단하지만 벨트가 롤러 위를 굴러 갈때 흔들리는 느낌이 있어 승차감은 그다지 좋지 않다.

② 파레트식 : 에스컬레이터 계단의 발판과 동일한 파레트를 구동체인으로 연결하는 방식을 파레트식이라고 한다. 파레트식은 내구성이 뛰어나며, 승차감이 좋은 특징이 있다.

움직이는 보도는 에스컬레이터처럼 선채로 이동하기 때문에 급한 사람은 움직이는 보도 위를 걸으면 된다.

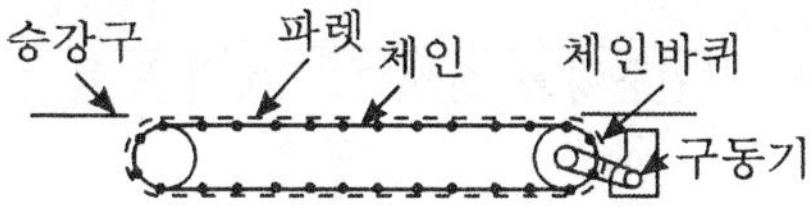

(a) 파렛식 체인 구동형

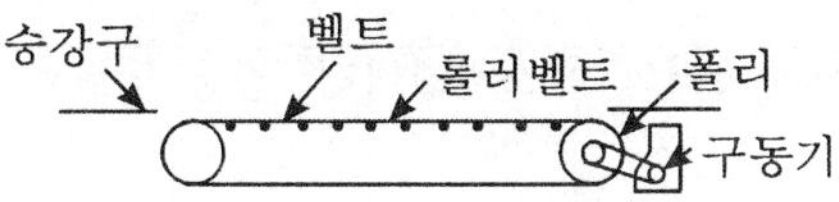

(b) 벨트식 롤러 베드형

그림 10-14 이동보도의 종류

연 습 문 제

1. 엘리베이터의 안전장치를 들고 설명하여라.

2. 엘리베이터의 구동방식에 있어서 전기회로를 그리고 설명하시오.

3. 에스컬레이터의 안전장치를 설명하라.

4. 대형 병원 및 빌딩에서 이용되는 엘리베이터의 운전 방식에 대하여 설명하라.

5. 전동 덤웨이터의 종류와 사용 용도를 설명하라.

6. 전동 덤웨이터의 전기설계를 하라.

7. 초고층 빌딩의 엘리베이터 설치시 유의하여야 할 사항을 설명하여라.

8. 사이리스터-레오너드 방식을 엘리베이터 구동방식으로 채용할 경우 장단점을 들어 설명하라.

9. 엘리베이터와 에스컬레이터, 전동 덤웨이터의 전원용량을 산정하는 방법을 들어 설명하라.

10. 다음 물음에 답하시오.(7점)

가. 엘리베이터용 직류모터의 기본제어 방식은 어떤 방식인가?

나. Y-△결선방식의 주변압기 보호에 차동전류계전기를 사용하였다. 이 때 CT의 결선방식은 어느 것인가?

다. 수용가는 수용장소의 전체 부하 역률을 몇 [%]이상으로 유지하여야 하는가?

라. 단상 유도전동기의 기동방식을 4가지 쓰시오.

[답] 가. 워어드 레어너드 방식 나. △-Y 다. 90[%]

라. 반발기동형, 콘덴서기동형, 분상기동형, 쉐이딩코일형

제 11 장

정보통신설비

11.1 정보통신설비의 개요

건축물에서 사용되는 정보통신설비에는 전화설비, 인터폰설비, 신호설비, 확성설비, 텔레비젼 공청 안테나설비, 방범설비, CATV, 주차관제설비, 각종 표시설비 등이 있다.

특히 뉴미디어 사회에서의 인텔리젼트 빌딩의 출현을 비롯하여 데이터 통신망, 종합정보통신망(ISDN ; Integrated Service Digital Network), 가정정보통신망(HA ; Home Automa-tion System), 공장자동화(FA ; Factory Automation) 등의 새로운 시스템이 출현하여 정보통신설비가 다양화되고 있다.

11.1.1 정보통신망

1 정보통신망의 구성요소

(1) 단말기

전달 정보를 전기신호로 변환하는 장치로서 전화기, 데이터 단말기, 영상표시 장치, Modem 장치 등이 있다.

(2) 전송로

전기신호를 전달하는 선로로서 동축 케이블, 광 케이블, 마이크로웨이브 등을 말한다.

(3) 교환기

단말간의 경로선택, 접속제어, 각종 통신 서비스 내용 등을 제어하는 장치

2 정보통신망의 구성요건

① 모든 이용자가 자유롭게 접속할 수 있을 것.
② 신속한 접속이 이루어 질 것.
③ 접속품질, 전송품질, 기타 서비스 품질이 어디서나 동등하게 유지될 것.
④ 신뢰성 유지
⑤ 설비의 확장성, 융통성이 높을 것.
⑥ 기계적으로 견고하고 경제적인 측면에서 유리할 것.

3 전기 정보통신의 분류

(1) 정보의 성질에 따른 분류

① 음성통신
② 부호통신
③ 영상통신
④ 종합통신
⑤ 종합 디지털통신

(2) 전송형식에 의한 분류

① 아나로그방식
② 디지털방식

(3) 교환처리에 의한 방법

① 회선교환방식
② 축적교환방식

4 정보통신설비별 분류

(1) 전화설비

전화설비는 음성통신을 주체로 구성된 통신망으로 전기 통신망 중에서 가장 규모가 큰 통신망이다.

① 기능별로 분류
 ㉠ 공중통신망 : 공중통신 서비스를 목적으로 하는 공중통신망
 ㉡ 지역전화망
 ㉢ 전용전화망 : 철도, 경찰전용, 군용전화 등으로 사용.

② 규모별로 분류
 ㉠ 구내전화망
 ㉡ 시내전화망
 ㉢ 시외전화망
 ㉣ 국제전화망

(2) 부호통신 설비

문자나 기호, 숫자 등의 정보를 부호화하여 전달하는 통신망을 말한다.

- 부호통신설비
  - 전신망
    - 공중정보망
    - 가입전신망(텔렉스망)
  - 데이터 통신망(예 : 은행의 On-Line)

① 전신망 : 전신망은 문자나 숫자정보의 기록통신을 목적으로 한 통신망을 말한다.

㉠ 공중정보망 : 전보 등의 중계교환을 하는 공중정보망을 말한다.

㉡ 가입 전신망 : 가입자가 다이얼 조작으로 교환기를 통해 상대가입자에게 직접 통신하는 가입 전신망이 있다. 가입 전신망은 텔렉스 망이라고도 불리며 국제와 국내 가입망이 있다.

② 데이터 통신망 : 정보처리센터(주 컴퓨터실)와 데이터 전송 말단설비를 통신회선으로 결합하여 정보의 전달 및 처리를 주목적으로 하는 통신망을 말한다.

(3) 영상통신설비

영상통신망은 영상정보 등을 전달하는 목적으로 하는 통신망으로 취급하는 영상화면 성질이나 기록방법에 따라서 다음과 같이 분류할 수 있다.

① TV 전화망

② CATV 망

③ TV 방송중계망

(4) 종합통신설비

정보통신망의 음성, 데이터, 영상 등 그 기능이 다양화함에 따라 어느 시스템에나 적응할 수 있는 융통성이 필요하고, 통합운영의 각 기능을 하나로 묶어 많은 목적의 통신서비스를 종합적으로 계획한 통신망을 종합통신망이라 한다. 이를 종합서비스망(ISN ; Integrated Service Network)이라고도 한다.

(5) 종합디지털설비

정보의 전달을 위하여 디지털 전송방식을 이용한 통신망을 디지털 통신망이라 하며 대부분 디지털 교환기를 사용하여 전송과 교환을 디지털 기술로 일체화시킨 통신망을 말한다.

종합정보통신망(ISDN : Integrated Service Digital Network)이 이에 속한다.

(6) 교환기 설비

통신망의 구성요소 중 교환기가 차지하는 비중은 정보설비의 핵심이라 할만큼 크다.

① 회선교환방식 : 송수신 단말간의 정보전달을 위하여 접속경로를 직접 설정하고 단말은 통신 중에 이것을 전용적으로 사용할 수 있으므로 같은 시간에 정보전달이나 대화통신이 가능하다.

② 축적교환방식 : 보통정보는 교환기에 일단 축적된 후 보내고 축적, 적산이나 검증확인 등이 필요한 정보는 교환기에 일단 수록된 후 오류제어 등의 전송제어를 받아 축적된 정보가 교환서비스나 정보처리 서비스의 형태를 취하는 방식을 말한다.(예 : Data통신)

(7) 이동통신 설비

이동대상 상호간이나 이동체나 지상의 고정 단말기의 통신을 목적으로 하는 통신망으로 용도별로 분류하면 선박전화방식, 열차전화방식, 자동차전화방식, 휴대전화방식, 무선호출방식 등이 있다.

11.2 전화설비

전화설비는 구내교환설비에서 전화기에 이르는 배관, 배선 및 전화교환기를 총칭하여 말한다.

11.2.1 전화의 교환방식

전화교환기의 교환방식은 다음과 같다.

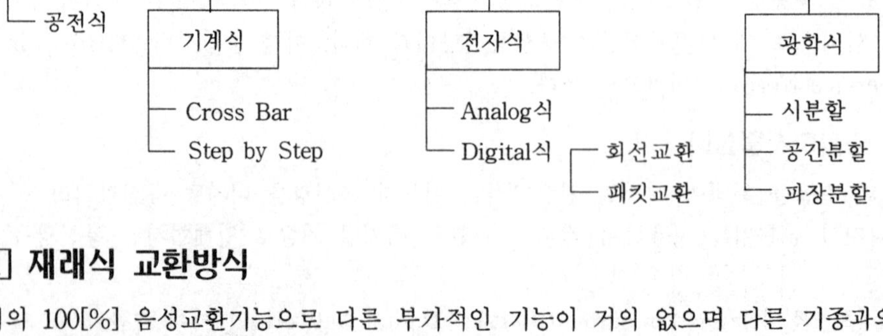

1 재래식 교환방식

거의 100[%] 음성교환기능으로 다른 부가적인 기능이 거의 없으며 다른 기종과의 연결이나 공동운영이 불가능하다.

2 전자식 교환기

전자식교환기(DPBX : Digital Private Branch Exchange)는 기존교환기의 개념을 탈피

하여 사용자의 상호통신기능을 일부 분할하고 부가 서비스의 대표적인 첨가로 사무자동화 및 고도정보통신망을 구축하는 모체의 역할을 하고 있다.

DPBX는 사업소간의 정보통신 노드로써 음성, data, 영상 등의 교환이 가능하며 PBX에 전자 메일 장치나 컴퓨터 장치를 추가함으로써 정보의 축적 처리가 가능하다.

(1) 구성

중앙처리장치(CPU), 주변장치(CRT, 프린터, 키보드 등), 전원공급장치(UPS), 항온항습 장치 등의 주변설비로 구성된다.

(2) 기능

근본적인 교환기능 이외에 부가적인 기능이 있고 다른 정보기기와의 공동운영이 가능하며 전화교환기 개념보다는 종합적인 컴퓨터 개념이다.

(3) 전자식 교환기의 계통구성도

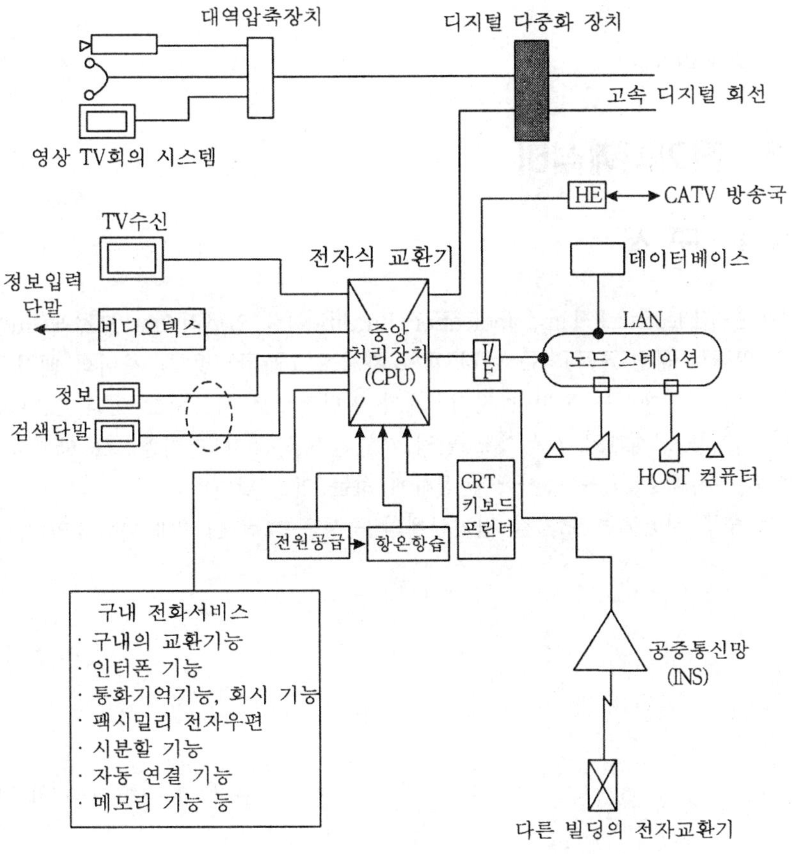

그림 11-1 전자식 교환기 계통도

(4) DPBX의 주요기능

① 구내 전화 서비스 기능
② 다기능 전화 서비스 기능
③ 음성축적 서비스 기능
④ 전화망 서비스 기능
⑤ 단말접속 서비스 기능
⑥ 문서통신 서비스 기능
⑦ 동영상(화상) 서비스 기능

(5) 주요특징

① 융통성
② 신뢰성 및 안전성
③ 연속성
④ 호환성
⑤ 적응성
⑥ 경제성 및 관리성

11.3 전기시계설비

11.3.1 구 성

전기시계설비(Electrical Time Indication Facilities)란 일반적으로 모시계(母時計) 1대와 그 펄스에 의해서 운침(運針)되는 여러 개의 자시계(子時計) 및 그 사이의 배선을 말한다.

최근의 빌딩 시설에서는 모자식 전기시계가 일반적으로 사용되고 있다. 모자식 전기시계는 정밀한 시계를 모시계로 사용하고 일정 시간간격을 두고 전기펄스를 발생하게 하여 이 전기 펄스로 자시계군(群)을 동시에 운침하게 하는 것을 말한다.

빌딩에서 주로 사용되는 모자식 전기시계의 구성을 그림 11-2에 나타내었다.

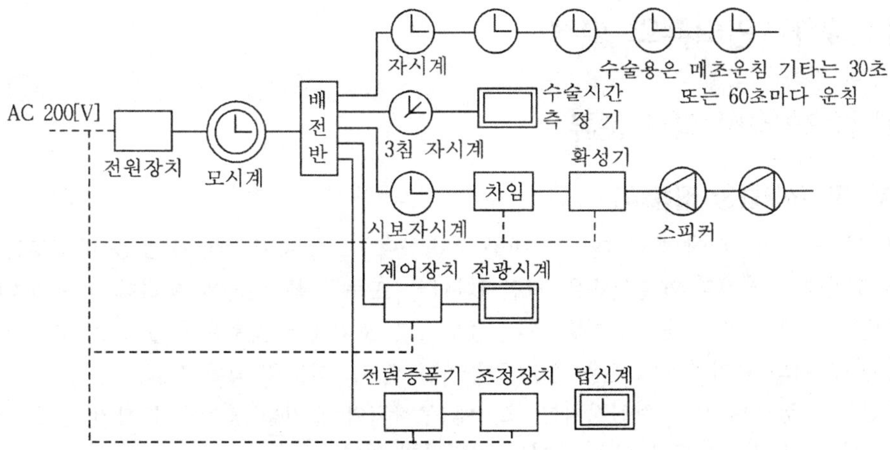

그림 11-2 모자식 전기시계 설비의 구성

11.3.2 전기시계설비의 분류

전기시계 설비는 전원의 종류에 따라 직류식과 교류식이 있으며 접속방법에 따라 단독시계와 모자식 시계로 나눌 수 있다.

1 전원의 종류에 따른 분류

① 직류식 : 시계를 구동하는 전원으로는 직류 전압 12[V], 24[V]를 사용하며, 축전지와 건전지를 사용한다.

② 교류식 : 교류 전압에 의하여 작동되는 동기 전동기(Synchronous Motor)를 사용하는 시계로서 단독시계에 사용된다.

2 시계의 접속 방법에 따른 분류

① 단독 시계 : 시계마다 단독적으로 사용하는 방식이며 설치는 간단하나 정밀도는 높지 않아 2개 이상 사용시에는 시계 상호간에 반드시 오차가 생겨 가정용이나 소규모 사무실에 사용된다.

② 모자식 시계 : 큰 건물, 빌딩, 공장, 체육관, 역 등에 사용되고 있는 방식으로서 모시계에 정밀도가 높은 것을 사용하면 그 신호 전류를 받아 움직이는 많은 자시계들이 모두 모시계와 동일한 시각을 나타낸다.

11.4 인터폰설비

인터폰(inter phone)은 동일구내에서 전화국 선에 접속되지 않고 건물내의 구내 전용의 동화 연결을 목적으로 설치되는 것으로서 사무실, 병원, 빌딩, 공장, 가정 등에서 연락장치로서 널리 사용되고 있다.

11.4.1 인터폰의 분류

1 접속방식에 의한 분류

(1) 모자식(중앙 집중식)

모자식은 모기 1대에 여러 대의 자기를 접속하여 모기, 자기 서로가 호출 통화하는 것으로서 모기에서 자기의 개별선택은 회전식다이얼 또는 누름 버튼에 의하여 행하여지며 자기로부터 모기 호출은 송수화기를 드는 것만으로 모기에서 호출음이 울리고 또한 램프표시에 의해 어느 자기에서 호출을 받고 있는가를 알 수 있도록 되어 있다.

배선이 가장 간단하고 전원장치는 모기에 부착되며 모기를 중계해서 자기 상호간의 통화도 가능하고, 사용빈도가 많은 곳에는 적당하지 않다.

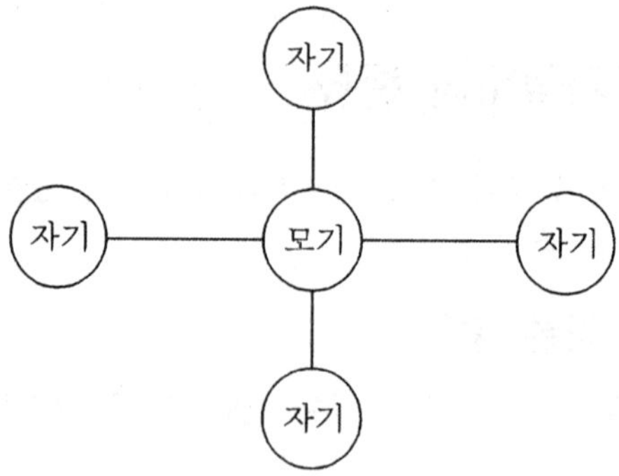

그림 11-3 모자식의 통화계통

(2) 상호식(연립식)

그림 11-4에서와 같이 모자식 인터폰의 모기에 상당하는 것은 각처에 설치하고 회전식다이얼 또는 누름버튼에 의해 어느 인터폰에서도 임의의 상대를 호출 통화할 수 있고 몇 개조가 한꺼번에 동시통화도 할 수 있다.

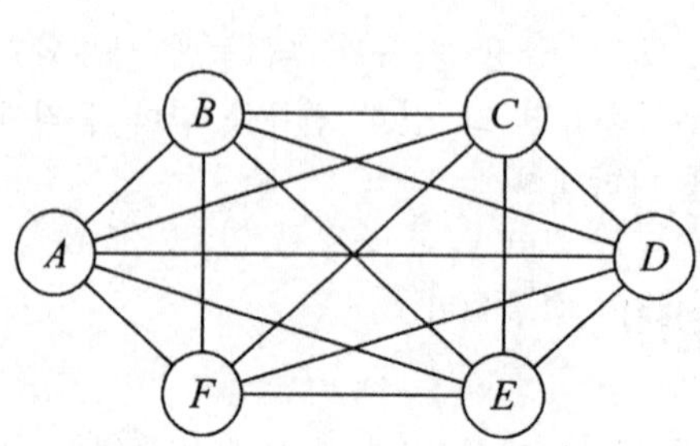

그림 11-4 상호식의 통화계통

(3) 복합식

복합식은 모자식과 상호식을 조합한 방식이며, 통화는 각각의 자기가 자기에 연결된 모기를 통하고 또 모기는 다른 모기와 연결하여 다른 곳의 자기로 연결되는 것으로 사용방법이 복잡하고 설치 비용이 많이 든다.

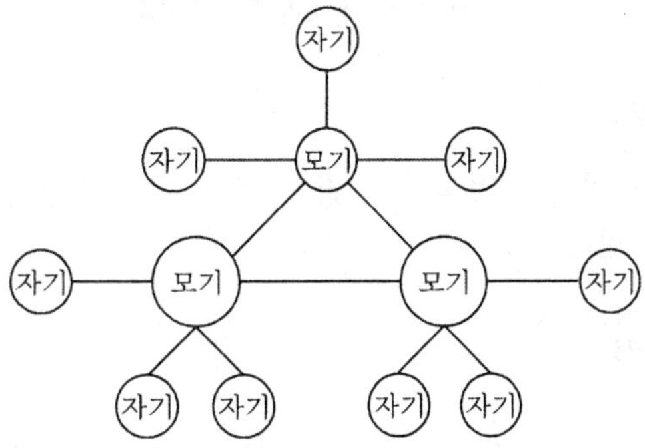

그림 11-5 복합식 통화계통

2 통화방식에 의한 분류

(1) 교호통화방식(press talk식)

한쪽 통화방식이라고도 하며 송화시에는 스위치 또는 누름버튼을 누르고 수화시에는 스위치나 누름버튼을 떼어서 통화하는 방식으로 구조가 간단하며 감도가 좋고 하울링을 일으킬 염려는 없으나 통화에 있어서 번거러운 것이 단점이다.

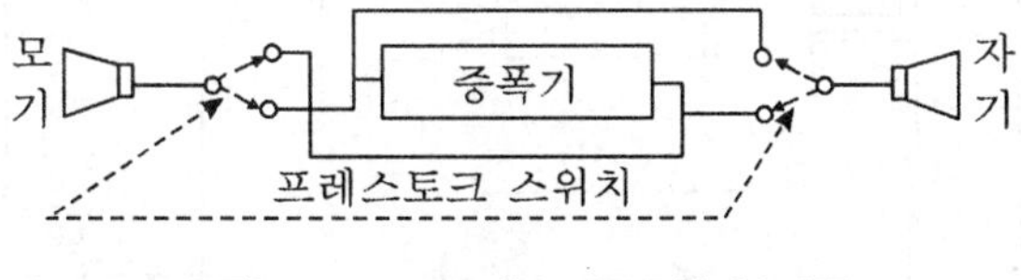

그림 11-6 프레스 토크식 인터폰

(2) 동시통화방식

전화통화와 같이 송화와 수화를 동시에 할 수 있는 방식으로서 교호통화방식에 비해 조작이 간단하나 하울링 방지를 완전하게 하고 또한 감도가 양호한 것을 선택하여야 한다.

이 통화방식은 도어폰에 많이 사용된다.

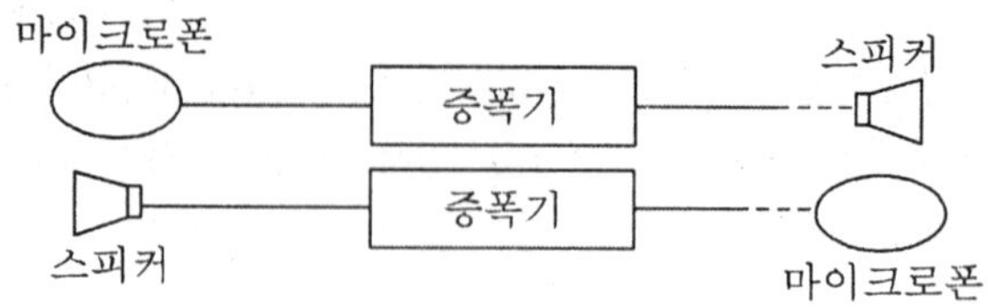

그림 11-7 동시통화 인터폰

3 용도에 따른 분류

병원에서는 간호사 호출인터폰, 방송용 인터폰 등이 있으며 공업용으로는 구내지령, 연락장치, 기타 엘리베이터 인터폰이 있다.

11.5 확성설비

확성장치(Public Address and Broad Casting Facilities)는 아파트, 일반의 빌딩, 공장, 병원, 학교, 체육관, 주차장 등에 설치하여 각 개소별 또는 전체를 확성 전달함으로서 동일한 정보를 한번에 많은 사람에게 전달하는 것을 목적으로 설치하고 최근에는 건축물의 대형화, 고층화에 따라 재해시의 피난유도를 목적으로 한 비상용 방송이 소방법에 규정되어 있다.

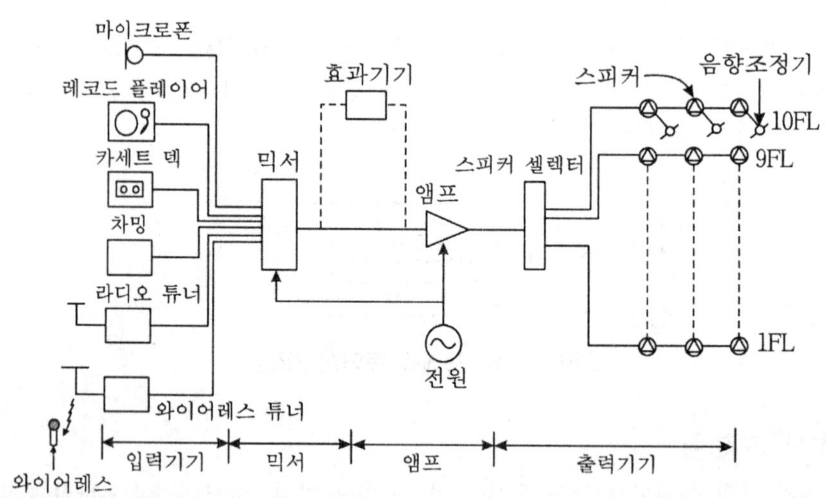

그림 11-8 확성설비의 구성

11.5.1 음

1 음의 크기

음에 따라서 매질 내에 발생하는 압력 진폭을 음압이라 하며 대기압에 비해 매우 미소한 것이다. 건전한 청각의 최소 가청치에 대응하는 음압 0.0002[μbar]에서 귀에 고통을 안 느끼는 최대 가청치에 대응하는 음압 200[μbar]까지 인간의 청각은 7자리의 숫자로 표시되는 매우 넓은 범위이다. 이처럼 넓은 범위를 취급하며 음으로서 지각하는 법칙을 웨버 패히넬의 법칙(감각량의 변화는 자극량의 변환의 비율에 비례한다.)이라 하며 대수적으로 표현된다.

표 11-1 음의 크기

<table>
<tr><th colspan="2">명 칭</th><th>정 의</th></tr>
<tr><td rowspan="4">물리량</td><td>음의 강도(I) [W/m²]</td><td>음은 공기의 조밀파로서 공기진동의 에너지로 전파되어 간다. 단위시간에 단위면적을 통과하는 음의 에너지 양을 음의 강도라고 한다.</td></tr>
<tr><td>음의 강도의 레벨(SIL) [dB]</td><td>건전한 귀에 간신히 들리는 1000[Hz]의 순음의 강도 (10^{-12}[W/m²])를 기준으로 하고 음의 강도를 아래와 같이 정의한 것이 강도의 레벨이다.
$SIL = 10 \log \frac{I}{10^{-12}}$ [dB] 다만 I : 음의 강도[W/m²]</td></tr>
<tr><td>음압 레벨 (SPL) [dB]</td><td>음의 강도는 음압의 제곱에 비례한다. 즉 음의 강도에 실효치 I와 음압 P와의 관계는 다음과 같다.
$I = \frac{P^2}{\rho C^2}$ 다만 ρ : 공기의 밀도=1.29[kg/m²], C : 음속
이 관계에서 음압 레벨은 음의 강도의 레벨과 마찬가지로 표준치 P_0를 취하고 아래의 식과 같이 정의한다.
$SPL = 20 \log \frac{P}{P_0}$ [dB] 다만 P : 음압[μbar]
기준치 P_0는 평면파의 음장에서 음의 강도의 기준치 I_0와 근사적으로 같은 P_0=0.0002[μbar](실효치)로 되어 있다. 이 때문에 같은 음파를 대상으로 하는 한 음의 강도의 레벨과 음압 레벨은 실용상, 동일한 값을 표시한다고 생각하면 된다.</td></tr>
<tr><td>파워 레벨 (PWL) [dB]</td><td>음원의 전음향출력을 [W]로 표시한다. 이것도 [dB]로 표시하는 것이 편리하다. 기준치로서를 $10^{-12}W$로 취하고 음원의 파워레벨로서 다음과 같이 정의한다.
$PWL = 10 \log \frac{W}{10^{-12}}$ [dB] 다만, W : 전음향 출력[W]</td></tr>
<tr><td rowspan="2">감각량</td><td>음의 크기의 레벨 (Loundness Level) [phon]</td><td>음의 강도나 음압은 물리량이며 우리가 느끼는 음의 크기와는 반드시 대응하고 있지 않다. 물리적으로 같은 강도의 음일지라도 귀로 느끼는 음의 크기는 주파수가 틀리면 다르게 들린다. 음의 크기를 기준화한 것이 음의 크기의 레벨이라고 불리는 것이다. 이것은 어떤 음의 크기가 같이 들리는 1000[Hz]의 음압레벨로 표시한 것이다.</td></tr>
<tr><td>소음 레벨 [dB] 또는 [dB(A)]</td><td>소음레벨은 JIS C 1502에 의한 지시소음계의 A특성을 사용하여 측정된 값으로 표현된다.(폰이 사용되어 왔으나[dB] 또는 [dB(A)]로 고쳤다.) 이것은 정확하게 소음의 영향을 평가하는데는 만족하지 않으나 간편하기 때문에 일반적으로 사용하고 있다.</td></tr>
</table>

11.5.2 주요장치

확성장치는 증폭기와 부속기기 전원부로 이루어져 있는데 부속기기에는 스피커, 마이크로폰, 레코오드 플레이어, 테이프 레코오더, 시보장치, 사이렌 등이 있으며 이것들의 종류 및 특성은 다음과 같다.

1 증폭기

PA설비의 증폭기는 음성신호를 증폭하는 기기로서 전력증폭기와 전압증폭기가 있다.

(1) 증폭기 성능을 규정하는 요소

① 정격출력 : 증폭기의 전력증폭역량, 지정된 출력 임피던스와 동일한 부하저항을 접속하고 규정왜형률을 구할 수 있는 1,000[Hz]의 정현파 출력, 단위[W].

증폭기 정격출력≥스피커 전체출력[W]수

② 주파수 특성 : 증폭기 입력에 일정레벨의 저주파수에서 고주파수를 연속적으로 가하여 출력레벨을 1,000[Hz] 0[dB]로 하고 다른 주파수와의 레벨차를 측정표시

③ 변형율 : 증폭기의 변형은 증폭기의 비직선성에 의해 고주파변형이나 절단(파형두가 변형된다)이 발생된다. 측정은 증폭기를 통한 출력파형과 동등하고 순수한 정현파형(측정기신호)을 역상으로 가하면, 증폭기 출력파형의 변형만큼 출력된다. 이와 출력파형의 비율을 1[%]로 표시하고, 변형율[%]이라고 한다. 이 수치는 적을수록 성능이 좋아진다.

④ S/N비 : 증폭기의 증폭도(입력규정레벨까지 음량조절기로 조절)를 규정이득까지 올려 출력단자에 발생하는 잡음전압을 정격출력전압으로 분할하여 dB표시치의 절대치를 S/N비라고 한다. 이 수치는 클수록 잡음이 적고, 성능이 좋다.

(2) 증폭기 분류

증폭기의 형식에 따른 분류 및 특징은 다음과 같다.

① 휴대형
- ㉠ 휴대를 주목적으로 하기 때문에 소형 경량이다.
- ㉡ 출력은 5[W]~15[W] 정도이다.
- ㉢ 트랜지스터를 비롯한 직류 교류 양용형과 차량 탑재형이 있다.

② 탁상형
- ㉠ 소규모 확성설비에 사용된다.
- ㉡ 보급형에서 고급형까지 기종이 많다.
- ㉢ 출력은 10[W]~60[W] 정도까지 제작되고 있다.

③ 테스크형
- ㉠ 테이프 레코더, 레코드플레이어, 라디오 등의 장치 입력이 쉽도록 되어 있다.
- ㉡ 보급형에서 고급형까지 기종이 많다.

㉢ 계통 전환과 입력 전환을 모두 전면에서 할 수 있으므로 조작하기가 쉽다.

㉣ 출력은 30[W]~180[W] 정도까지 제작되고 있다.

④ 랙크형

㉠ 출력은 얼마든지 증가할 수 있으므로 대출력(200[W] 이상)용으로 많이 사용.

㉡ 데스크형과 조합하여 사용하면 기능적으로 우수한 것이 된다.

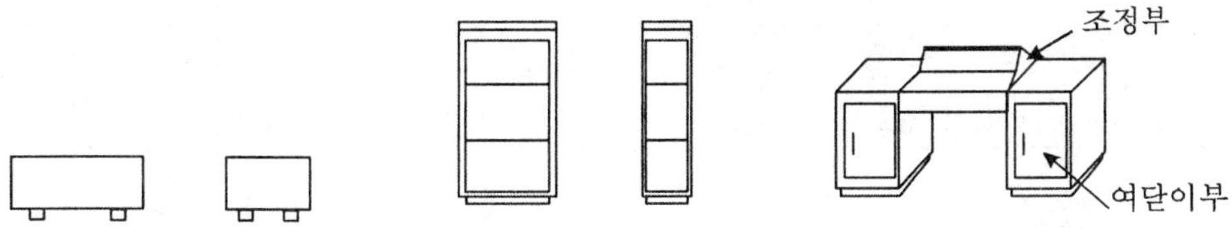

(a) 탁상형 (b) 캐비넷 랙크형 (c) 데스크형

그림 11-9 증폭기의 형식

증폭기 특성에서 증폭도는 입력에 대한 출력의 비로서 단위는 [dB]이다. [dB]는 입력전력(P_i)과 출력전력(P_0)의 비를 대수로서 표시한 것으로 다음과 같이 표현된다.

$$증폭도 = 10\log\frac{p_0}{P_i}\,[dB]$$

10배에서 40[dB], 100배에서 20[dB], 2배에서 3[dB], 20배에서 13[dB]로 된다.

[2] 마이크로폰

마이크로폰(Microphone)은 음의 에너지를 전기에너지로 변환하는 장치로서 여러가지 종류가 있는데 각각 사용 용도에 맞는 것을 선택토록 한다.

(1) 마이크로폰의 종류와 용도

표 11-2 마이크로폰의 종류와 용도

종 류	지향성	특 징	용 도
콘덴서형 (conde-nser type)	무지향 단일지향 양지향	① 주파수특성은 최고급이며 고유소음이 적다. 단, 고온·다습한 곳에 사용하면 잡음이 발생할 경우가 있다. ② 출력감도는 낮다. ③ 고가이며, 부속전원을 필요로 한다.	고성능을 필요로 할 때 측정용 방송용 녹음취입용
리본 (ribbon)형	단일지향 양지향	① 주파수특성이 매우 좋다. ② 출력감도가 낮고, 고가이다 ③ 쇼크·진동에 약하다. ④ 옥외나 바람이 부는 장소에서는 사용할 수 없다.	스테이지용 마이크의 주력 방송용

종 류	지향성	특 징	용 도
동전형 (dyna-mic type)	무지향 단일지향	① 특성이나 가격에 있어서 보급품에서 고급품까지 있다. ② 동작이 안정되어 있다. ③ 온도나 습도의 영향이 작다. ④ 옥외에서의 사용이 가능하다. ⑤ 취급이 간단·견고하다.	보통 일반적으로 널리 사용되고 있음 방송용 일반확성용 테이프레코더용
크리스탈형 (crystal type)	무지향	① 출력감도가 높고, 소형경량이고 가격이 싸다. ② 취급이 간단하다. ③ 주파수특성이 나쁘며, 잡음이 많다. ④ 습도에 약하다.	보급형으로 음성만을 목적으로 할때 간단한 아나운서

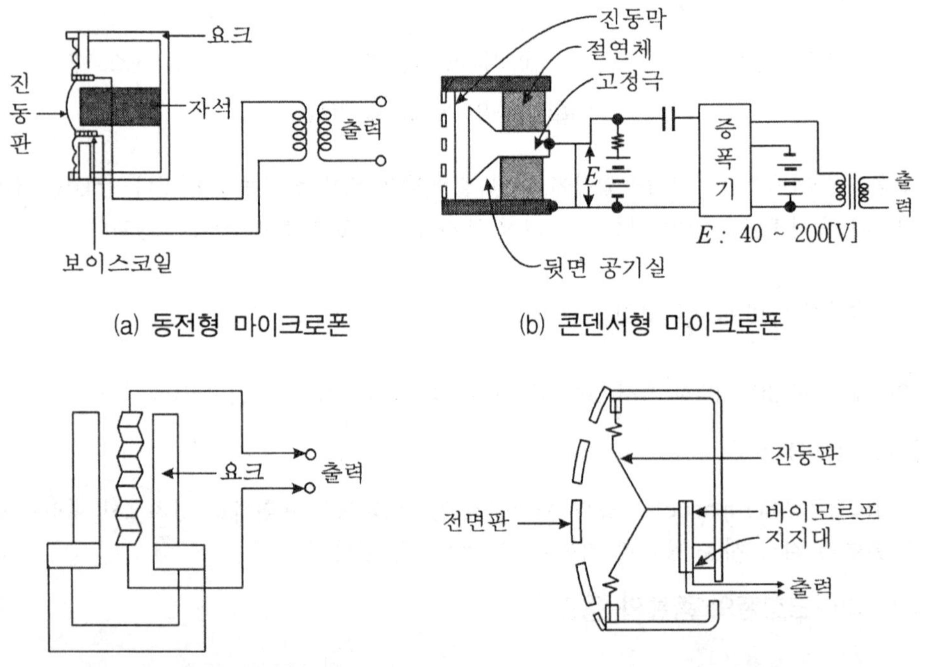

(a) 동전형 마이크로폰 (b) 콘덴서형 마이크로폰
(c) 리본형 마이크로폰 (d) 압전형 마이크로폰

그림 11-10 마이크로폰의 종류

(2) 지향성에 따른 특성

음원의 방향에 따라 마이크의 감도차가 발생되는데 이를 지향성(指向性)이라고 한다.

① 무지향성 마이크로폰 : 일반 테이프 레코오드나 간단한 음향장치에 사용되며, 구조도 비교적 간단하고 가격도 싸며 취급이나 사용방법도 간단하기 때문에 널리 사용된다.

② 양지향성 마이크로폰 : 측면으로부터의 음을 느끼지 못하는 비교적 좁은 방이나 잔향이 많은 곳에서는 명료도가 좋다. 아나운서나 대담에 또 장내 방송 등에 적합하고, 옥외사용에는 적합치 않으며 비교적 값이 싸다.

③ 단일지향성 마이크로폰 : 정면 방향으로부터의 음에만 감도를 지녔으며 주위 잡음의 영향을 받지 않고 목적으로 하는 음만을 집음한다. 장내 확성이나 부근에 스피커가 있을 경우 하울링을 피하는 데에 최적이며 관현악 등과 같이 넓은 음원에 대해서는 떨어진 곳에 마이크로폰을 놓고 사용하기 편리하다.

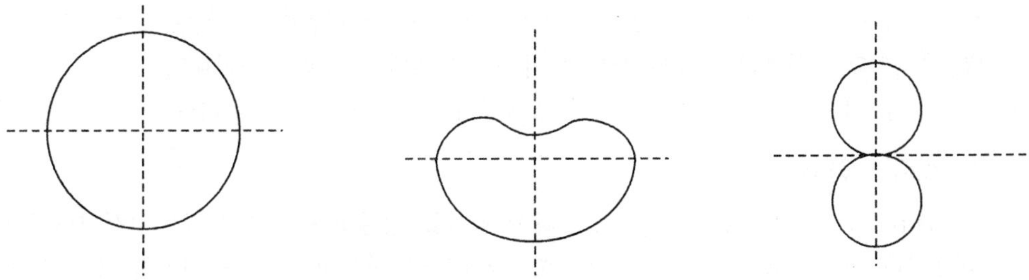

(a) 무지향성 (b) 단일지향성 (c) 양지향성

그림 11-11 지향성에 따른 특성

[3] 스피커

스피커(speaker)는 마이크로폰과 반대로 전기에너지를 음의 에너지로 변환하는 장치이다.

(1) 스피커 특성

① 출력음압레벨 : 스피커의 출력음 크기를 나타내는 것.

② 주파수 특성 : 스피커에 일정레벨의 저음(저주파수)에서 고음(고주파수)까지 가했을 때의 응답편차

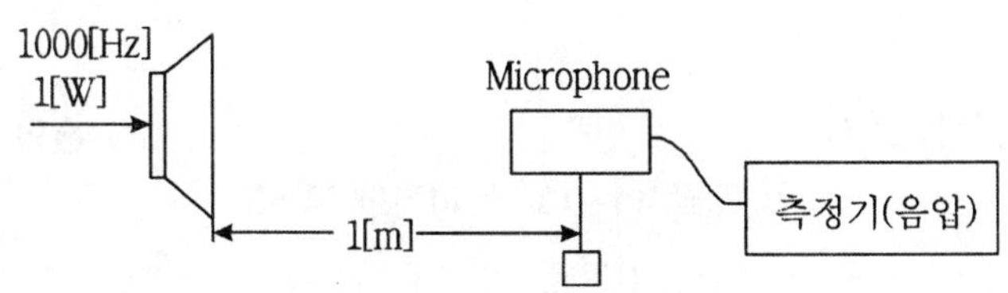

(a) 출력음압레벨

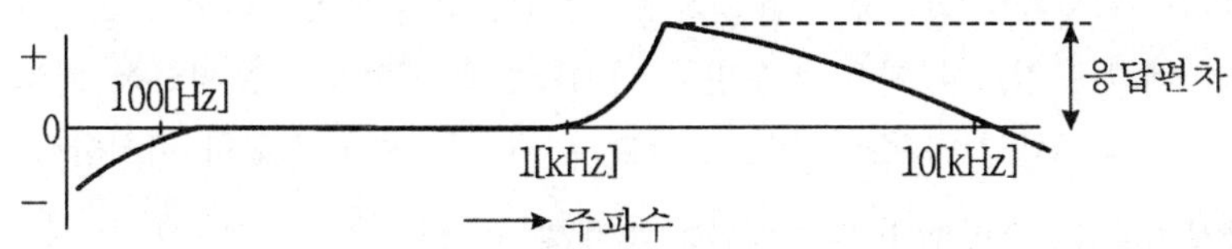

(b) 주파수 특성

그림 11-12 스피커의 특성

③ 임피던스 : 10000[Hz]에서의 스피커 입력임피던스를 의미한다.

㉠ Low Impedance : 증폭기에 소수의 스피커를 연결할 때 사용하고 스피커와 증폭기 사이가 가까울 경우에 적합하다.

㉡ High Impedance : 증폭기에 다수의 스피커를 연결할 때 사용하고 스피커와 증폭기가 먼 경우에 적합하다. PA 시스템에 적합하다.

④ 정격입력 : 스피커에 연속적 신호를 가하여 파손되지 않고 변형되지 않는 최대입력

⑤ 지향성 : 스피커 정면과 수음점 각도에 의한 음압레벨의 변화를 나타내는 것.
스피커 정면축 상이 음압 레벨이 높고 고주파수에서 지향성이 향상된다.

(2) 스피커 종류

① 콘형(corn type) : 진동판이 직접 진동하여 음파를 방사하는 것으로 무지향성이며 주로 옥내용이다. 또한 16~20[cm] 구경의 고층실도용에 복수의 개수를 사용한 프로시니엄 스피커(proscenium speaker)로서 사용되고 있다. 콘형 스피이커를 여러개 조합하여 멀티스피이커로 하면 유지향성으로도 할 수 있다.

② 혼형(horn type) : 진동판과 공간파를 중개하는 기구로서 혼을 갖는 것으로서 콘형보다 능률이 높고 유지향성이며 일반 확성용으로 사용한다. 혼형 스피커는 옥외, 체육관, 강당 등 대출력을 필요로 하는 경우에 사용된다. 1,000[Hz]에 임피던스가 8[Ω], 16[Ω] 2종류가 있다.

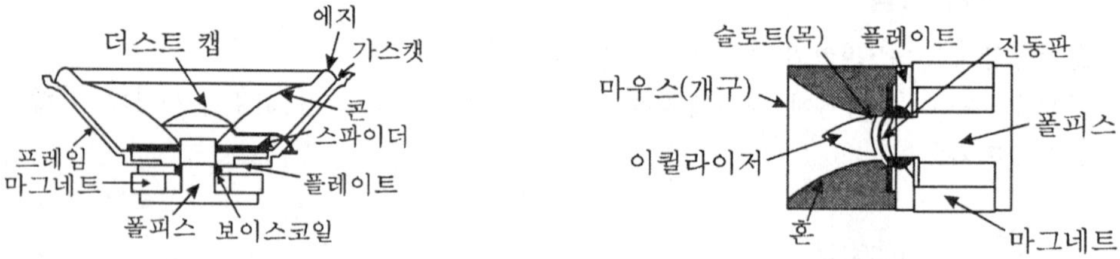

(a) 콘형 스피커 (b) 혼형 스피커

그림 11-13 스피커의 구조도

(3) 스피커의 배치

천장높이가 2.4~4.5[m]인 일반 사무실에서는 50~70[m^2]에 1개 정도 설치하면 된다. 천장에 스피커를 설치하는 경우에는 음향조정이 가능하도록 음향조절기를 설치하도록 한다.

스피커의 배치는 실내의 경우 호울링이 나지않도록 지향성을 고려하여 배치하고 옥외의 경우 음의 굴절을 고려하여 집중방식, 분산방식, 병용식 등을 적절히 배치한다.

① 집중방식 : 음원을 1방향 또는 1개소로 종합한 것
장점 : 방향감을 얻게 된다. 시간차이가 적다. 공사비가 염가이다.
단점 : 균일한 음압레벨을 얻기 어렵다. 실내에서는 명료도가 나쁘다.
소음이 많은 곳은 대출력 필요로 하여 옥외용, 경기장에 적용한다.

② 분산방식 : 음원을 분산하여 배치하는 방식

장점 : 균일한 음압레벨과 실내에서 명료도가 좋다.

단점 : 방향감을 얻기 어렵고 많은 스피커가 상호 간섭하여 음질이 저하된다.
공사비가 고가이며 옥내 및 사무실에 많이 적용한다.

③ 집중 분산방식 : 병용식, 강당, 체육관에 주로 적용한다.

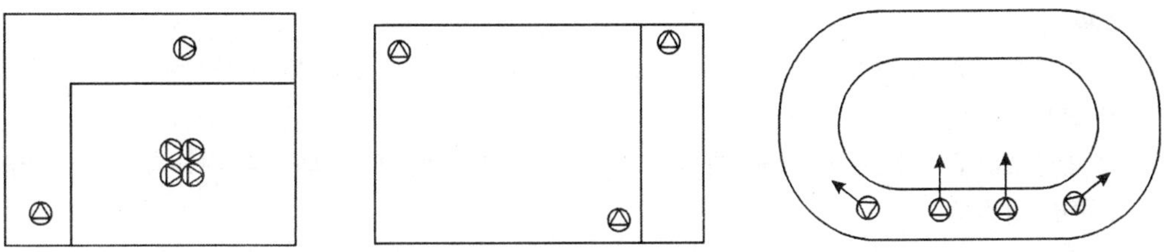

(a) 체육관 (b) 사무실 (c) 옥외경기장

그림 11-14 스피커의 배치

11.6 TV공동수신설비

TV공동수신설비는 1쌍의 수신안테나로 TV전파를 수신하고 혼합기, 증폭기를 통해 TV 신호를 복수의 TV단자(직렬유닛)로 분배하는 시스템이다. TV전파에는 지상국과 위성방송에서 나오는 각기 대역(帶域)이 다른 VHF, UHF의 전파가 있다.

TV공동수신설비에는 일반건축물, 아파트 등의 빌딩공동수신시스템, 건축구조물의 수신장애 대책용 전파장애용 공동수신 시스템, 난시청지역이나 신도시에서 TV방송 동시 재송신 이외에 독자적인 프로그램을 포함한 CATV시스템 등 매우 다양하다.

11.6.1 CATV

지역재방송, 자주방송설비용 공청수신설비로서 일반적으로 규모가 큰 자주방송을 위한 공청수신설비이며 유선TV개념으로서 다음과 같은 특성이 있다.

1 CATV 특성

난시청 해소를 위한 MATV(Master Antenna Television)(지역공청수신설비)로부터 시작된 CATV(community antenna television)는 난시청해소뿐만 아니라 재방송·자주방송의 특성을 살려

① 다양한 프로선택

② 전문적인 프로선택

③ 깨끗한 화면제공

④ 시간대 특성에 맞는 프로선택 및 제작

⑤ 자주방송 프로송신 등의 기능으로 특정한 시청자간의 유선도시를 구성하여 종합유선 통신망으로 발전 적용되고 있다.

[2] CATV 종류

① 재송신용 CATV(제1세대) : 산간벽지나 도시의 난시청 해소를 목적으로 재송신하는 시스템

② 자주방송 CATV(제2세대) : 공중전송 및 동축케이블로 재송신 및 자주방송을 송신하는 시스템

③ 쌍방향 CATV(제3세대) : 가입자의 요구에 의해 다양한 프로그램 및 자료를 상호 송수신하는 시스템

[3] CATV 구성

(1) 수신점장치(Head End)

① TV 프로세서 장치 : TV 안테나 출력과 영상레벨을 제어하는 장치

② 채널변환기(Converter) : UHF채널을 VHF채널로 변환하는 장치

③ 수신증폭기 : 수신방송파를 적정레벨로 증폭하는 장치

④ 혼합장치(Mixer) : 여러 출력을 혼합하여 간선에 신호를 전송하는 장치

(2) 중계전송망(주간선, 간선)

수신점장치의 송출신호를 각 가입자의 댁내설비로 분배하는 선로로써 주로 75[Ω] 동축케이블이 사용된다.

(3) 분기선 및 가입자 댁내설비

가입자의 효율적인 신호 분배를 위한 분기분배선로와 인입선, 보안기, 정합기로 구성

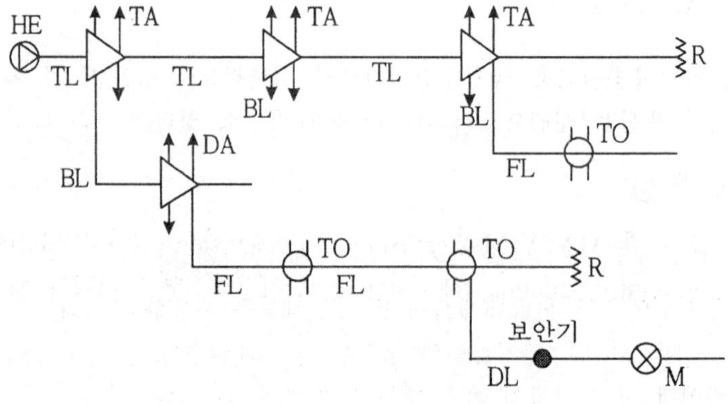

그림 11-15 CATV 구성

HE : 수신점장치(Head End)
TL : 간선(Trunk Line)
TA : 간선증폭기(Trunk Amplifier)
BL : 분기선로(Branch Line)
FL : 분배선로(Feeder Line)
DA : 분배증폭기(Distribution Amplifier)
R : 종단저항(Resister)
M : 정합기(Mixer)
DL : 인입선(Drop Line)
TO : Tap Off

4 설계시 고려사항

① 지역직접파의 전계강도 및 수신점의 전압강도를 고려한다.
② 입지조건이 맞아야 한다.
  ㉠ 지형조건(평지, 산악, 지형형태 등)
  ㉡ 기후조건(기온, 적설 등)
  ㉢ 사회조건(세대수, 세대밀도, 집단부락 분포 등)
③ 목적에 부합된 기능을 발휘하도록 하여야 한다.
(벽지, 도시의 난시청 개선, 구역의 재송신, 자주방송 등의 목적)
④ 시청자 취향에 맞는 적합한 프로 제작여부가 검토되어야 한다.
⑤ 가입자의 단자전압은 직접파의 방해가 없으면 60[dB] 이상이 좋고 직접파의 방해가 있는 경우 70~80[dB] 정도가 필요하다.

11.6.2 공동수신시스템

1 수신전파 조합과 전송방식

TV전파 수신조합과 안테나에서 직렬 유닛까지의 신호전송방식에 따라 다음과 같이 분류된다.

(1) VHF와 UHF수신

VHF와 UHF대 주파수를 수신하는 방식으로 그림 11-16과 같고 특징은 다음과 같다.

① UHF의 특징
  ㉠ UHF(Ultra High Frequency) 전파는 수신 안테나의 높이가 파장에 비해 크게 되기 때문에 안테나의 높이를 바꾸면 전파의 세기변화(Height-Pattern)가 현저하게 나타난다.
  ㉡ 대개 9밴드를 사용하고 주파수 범위는 300~3000[MHz]이다.
  ㉢ 14~83 채널까지 있으나 국내에서는 15~56 채널을 사용하고 있다.
  ㉣ 거의 빛과 같은 성질로 전기잡음의 영향이 적고 채널수가 많다.
  ㉤ VHF 전파에 비하여 파장이 짧기 때문에 송신손실이 크다.
  ㉥ 수신장치가 비싸며 수신장치가 별도로 필요하다.
② VHF의 특징

㉠ VHF(Very High Frequency)는 대개 8밴드를 사용하고 주파수의 범위는 30~300[MHz] 이다.
㉡ TV에서는 2~12 채널을 사용하고 있다.
㉢ UHF에 비해 파장이 길기 때문에 먼 거리 송신에 유리하다.
㉣ 별도의 송수신 장치가 필요하지 않다.
㉤ 채널수가 적고 전기잡음의 영향이 크다.
㉥ VHF는 도시잡음의 영향이 크므로 지역별로 필요한 전계를 지정하여 영향을 제거해야 한다.

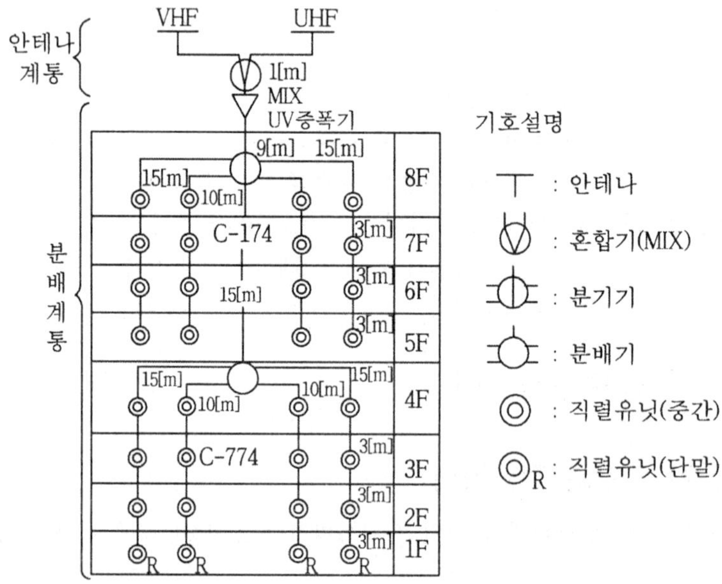

그림 11-16 VHF-UHF수신계통도(예)

표 11-3 주파수에 따른 전파의 분류

명 칭	기호	주 파 수	주파수 대 번호	주용도
Very Low Frequency	VLF	30[kHz] 이하	4	장거리 대전력 통신
Low Frequency	LF	30~300 [kHz] 이하	5	장거리 고정국 간의 통신, 선박통신, 항행보조
Medium Frequency	MF	300~3000[kHz]	6	방송, 선박통신, 항행보조, 항공통신, 경찰통신, 항만통신
High Frequency	HF	3~30[MHz]	7	표준전파(5[MHz]), 중거리 또는 장거리의 국내 또는 국외 각종 통신

명 칭	기호	주 파 수	주파수 대 번호	주용도
Very High Frequency	VHF	30~300[MHz]	8	텔레비전, FM방송, 레이더, 항공 보조 등
Ultra High Frequency	UHF	300~3000[MHz]	9	텔레비전, 다중통신, 레이더, 위성통신
Super High Frequency	SHF	3~30[GHz]	10	
Extreme High Frequency	EHF	30~300[GHz]	11	

② 구성 기기

(1) 안테나

수신하고자 하는 TV전파에 대해 VHF대용, UHF대용이 있으며 수신점 전파에 적합한 안테나를 선택할 필요가 있다. 또한 각 대역내에서 더욱 세분화된 종류의 안테나가 있으며 용도에 따라 단독 또는 조합해 사용하는데 공동수신 화질의 정도는 안테나로 수신한 전파의 질에 따라 정해지므로 안테나 선택은 매우 중요하다.

안테나의 성능을 나타내는 요소로서 이득, 지향성, 정재파비, 주파수 대역, 기계적 성능 등이 있다.

표 11-4 VHF, UHF 안테나의 비교 예

	VHF 안테나	UHF 안테나
대표적인 안테나 형태	 12소자 광대역 안테나 예	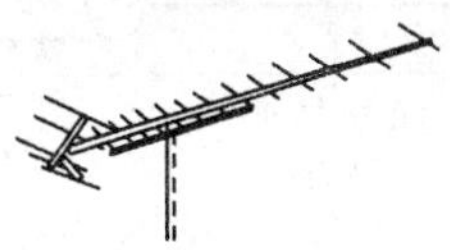 22소자 안테나 예
사용채널	2~6, 7~13	14~37, 38~60, 61~83
대 역	광대역, 전용대역, 광·전용대역	저대역, 중대역, 고대역
소 자 수	5이상, 8이상	20이상
동작이득[dB]	5, 7, 6.5, 9	8
소자재질	내식 경량 알미늄	내식 경량 알미늄

(2) 혼합기

각 대역의 전파(VHF, UHF)를 각각의 안테나로 수신하거나 방향이 다른 전파를 각각의 안테나로 수신할 경우 이들 전파를 상호 간섭하지 않고 합성하기 위해 사용한다.

(3) 증폭기

안테나로 수신한 전파를 직렬유닛으로 분배하기 전까지 케이블에 의한 감쇠와 각 기기에서 손실을 보상하는 것을 증폭기라 하며 TV수상기 입력이 70[dB] 이상이 되도록 선정한다. 증폭기 입력신호와 출력신호 전력 비율을 이득[dB]이라 한다.

(4) 분기기 및 분배기

신호를 분기할 때 사용하는 분기기(分岐器)는 간선에서 신호의 일부를 떼어내는 것으로 분기손실은 간선신호보다 10~20[dB] 정도 작아진다. 분배기는 각 출력단자에 전체 전송신호를 균등하게 분배하는 것으로 라인 분배에 따른 임피던스 감소가 발생하지 않도록 임피던스도 맞춘다. 분배손실은 2분배에서 3[dB] 이하, 4분배에서 8[dB]이 감쇠 된다.

(5) 직렬유닛

TV에 접속하기 위해 신호를 내는 방향성 결합기로서 분기기와 같으나 아우트렛 박스에 설치하도록 되어 있어 분기배선에 접속된다. 송출단자가 있는 중간 형과 송출단자가 없는 종단저항을 갖춘 종단형이 있다.

(6) 분파기(分波器)

1개의 입력단자로부터 들어온 주파수가 각기 다른 신호를 각각 선별해 주는 주파수 선택기능이 있는 기기이다.

(7) 동축 케이블

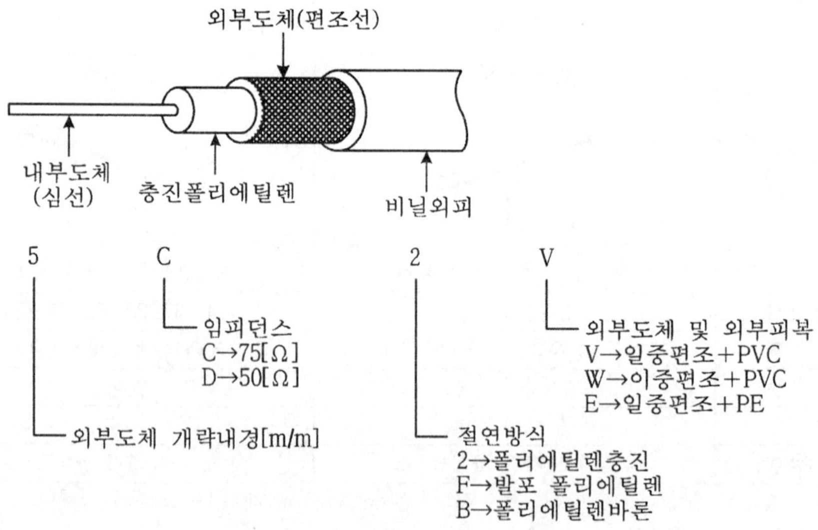

그림 11-17 동축케이블의 단면도 예

11.7 무선 페이징설비

무선 페이징설비는 일명 휴대호출설비라고 하며 일반 삐삐와 기능은 같으나 일정한 범위내에서만 사용하는 자영호출장치인 점이 다르다.

송신장치와 수신장치로 구성되며 수신기의 수는 송신장치의 주파수 구성에 따르며 설비장식에 따라 유도무선식과 무선방사식이 있다.

1 분 류

(1) 유도무선식

건물 내 천장 또는 복도 등에 루프안테나(누설동축케이블)를 설치하고 100~160[kHz]의 고주파 전류를 송류하여 일어나는 전자파 유도에 의해 수신기를 동작시키는 방식으로 이 설비는 전파법규의 고주파 이용설비로써 미약 전파(송신장치에서 500[m] 거리의 전계강도가 15[μV/m] 이하)이므로 허가가 필요치 않은 설비이다.

(2) 무선방사식

휩 안테나 또는 이중안테나를 설치하고 전파를 발사하며 복사전계를 이용하여 수신하는 방식이며 신고를 필요로 하는 설비이다.

면허신청→지정주파수→호출부호지정→면허장 수리→무선국 개국

안테나 출력은 1[W] 이하로 제한하고 유도무선식 보다 안테나 시설공사가 유리하며 광범위한 곳은 수 개의 안테나를 분산 설치한다.

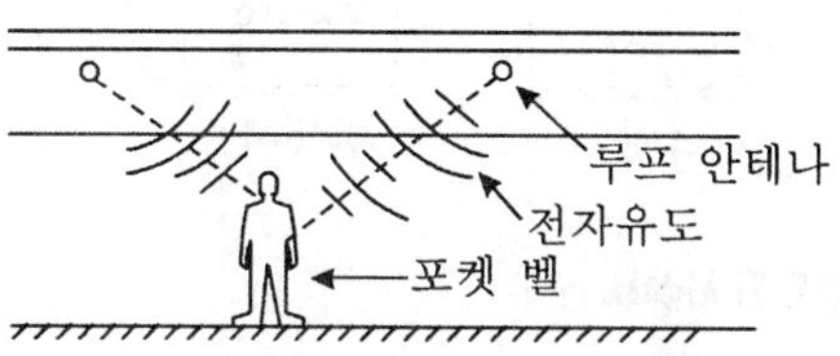

(a) 유도무선식

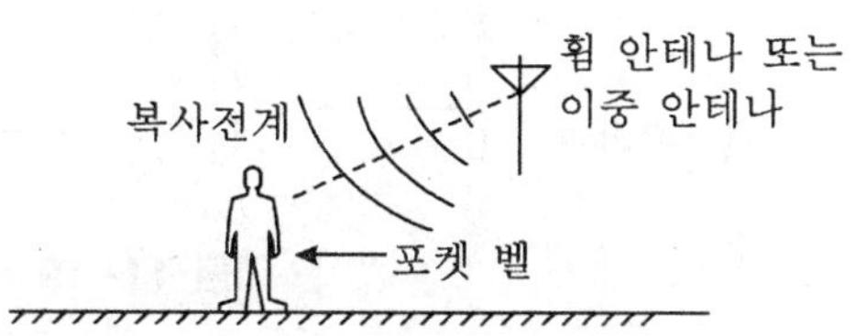

(b) 무선방사식

그림 11-18 무선페이징 설비

2 시공시 유의 사항

① 서비스 면적 결정 : 옥내는 유도무선식, 옥외는 무선방사식이 유리하다.

② 유도무선식 시공시 루프안테나는 각층마다 시설하고 고주파 전류는 일정방향으로 송류시키며, 금속체로부터 10~15[cm] 이격 시설한다.

③ 무선방사식은 전파의 반사 및 흡수지점을 파악하고 안테나는 옥외 10[m] 높이 이내에 설치하며 옥내는 가능한 한 높은 곳과 지하층에 설치한다.

11.8 표시설비

표시설비는 보기 위한 설비로서 표시내용은 매우 다양하고 광범위하여 사용자의 희망에

의해 제작 설치되며 일반적으로 표시설비의 설치대상건축물은 병원, 회사, 호텔, 공장, 학교, 공항, 역, 터미널 등이 있다.

1 분 류

① 램프 표시방식
② 반전판 표시방식
③ 전광 표시방식
④ 표시관 표시방식

(1) 램프 표시방식

부백색 아크릴 판, 불투명 유리 표면에 문자를 기입하고 뒷면에서 점등하여 문자를 표시하는 방법이며 소등시 문자가 보이지 않다가 점등시 문자만 표시되는 방식과 점등시 아크릴판 전체가 밝아지는 방식 등이 있다.

전구의 교환, 문자판의 변경 등이 비교적 용이하여 공장의 경우 알림, 광고판, 안내판, 지시신호판 등으로 많이 사용된다.

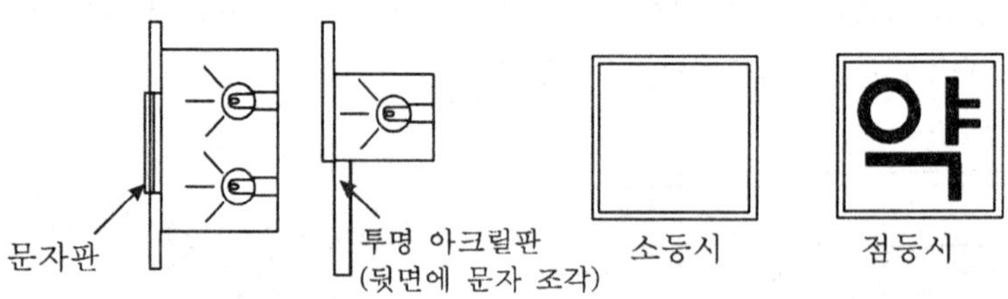

그림 11-19 램프표시설비

(2) 반전판 표시방식

여러개의 판을 전자력(電磁力)으로 회전시켜 필요한 문자를 표시하는 설비로서 램프를 사용하지 않고 작동시에만 통전, 정전시에도 표시유지, 램프교환이 불필요하고 기계적 가동부에 고장우려, 주위가 어두우면 식별불가, 작동전류가 크고, 형태가 커지는 단점이 있다.

공항의 비행기 도착, 출발, 안내표시, 역에서의 열차 도착출발 안내표시 등으로 많이 사용되고 단위 표시기 당 많은 문자를 내장할 수 있으나 문자판 교환이 어렵다.

(3) 전광 표시방식

표시면을 다수의 램프로 배열하고 점등시킨 램프의 형상에 의해 숫자나 문자를 표현하는 표시방식으로서 숫자나 로마자의 경우 1문자 당 6열 9단 54개 또는 5열 7단 35개 램프를 보통 사용하며 램프의 조도에 의해 원거리에서도 쉽게 식별되므로 대형으로 제작되어 안내판, 득점판, 옥외광고판, 전광시계탑의 시간표시 등으로 많이 사용한다.

(4) 표시관 표시 방식

하나의 표시관 안에 숫자나 문자를 형성하는 전극을 설치하고 필요전극을 방전 시켜 표시하는 방식으로 소형으로 탁상형 표시반, 표시모니터용으로 사용된다.

(5) 기타 표시설비

① LED소자를 조합한 안내표시, 대형 광고 표시
② 대형 스크린에 투사하여 동화상 표시방식
③ 대형 브라운관을 조합하여 표시하는 멀티 TV 설비
④ 기타 컴퓨터 제어를 이용한 다양한 표시설비가 개발되어 적용되고 있다.

11.9 주차관제설비

주차장을 이용하는 차량을 안전하고 효율적으로 유도함과 동시에 주차장 운영에 필요한 설비를 자동화하여 관리를 최적화하는데 있다.

1 주차관제 장치

① 자동차 출입표시 : 입·출고의 관제
② 재고 계수표시 : 주차대수의 표시
③ 재고표시 : 주차의 만차와 공차표시
④ 유도신호 관제 장치 : 통행의 안전, 안내 및 유도

2 차량검출 방식

① 디딤판식 : 차량이 디딤판을 타면 스위치가 동작하여 검출하는 방식으로 현재는 거의 사용하지 않는다.
② 광전자식 : 광전자를 응용하고 주차장내의 조명을 이용한 것으로 자동차의 출입시 광선을 차광함으로서 그 때의 신호를 검출하여 이용하는 방식
③ 초음파식 : 발음기와 수음기를 설치하여 자동차의 출입시 음파를 반사시켜 그 반사 신호를 이용하는 방식
④ Loop Coil 방식 : 차로에 포설한 루프코일의 인덕턴스가 차량의 접근으로 변화하는 것을 이용한 방식
⑤ 적외선 비임 방식 : 투광기와 수광기를 이용하여 차량 통과시 적외선을 차단함으로써 그 때의 신호를 이용한 방식

최근에 주로 사용되고 있는 적외선 비임방식과 Loop Coil방식에 대하여 살펴 보면 다음과 같다.

(1) 적외선 비임 방식

보이지 않는 적외선 비임을 물체가 차광함으로써 검출신호를 출력하여 2대 2조로 사용하고 사람과 차를 구별한다. 발광체에는 칼슘비소 반도체 발광다이오드가 사용되고 구부러지고 절단 염려가 없고 태양광의 직류 외란광에 대한 발광을 변조광(약 100[펄스/sec])으로 옥외에서도 충분히 실용 가능하며 신뢰도가 높다.

① 회로동작 블록선도

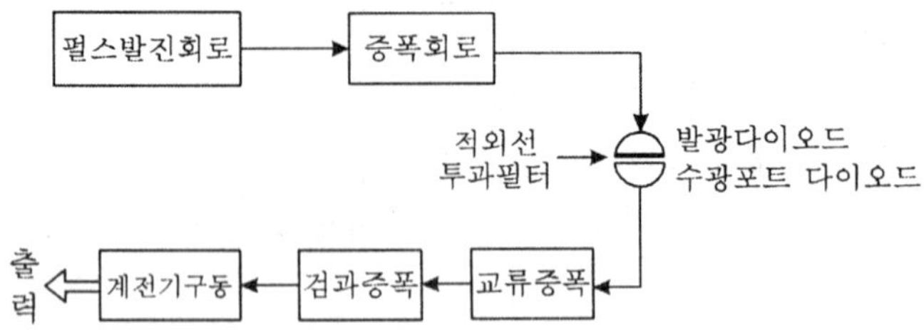

그림 11-20 적외선 비임 방식

② 설계·시공상 유의점

㉠ 많은 비, 안개, 눈, 결로 등을 통과시 투과 또는 반사손실이 생기므로 적설이 많은 지역, 옆으로 들이치는 옥상에서는 이러한 조건을 배제할 필요가 있다.

㉡ 사람의 왕래가 심한 곳에서는 사람과 차가 판별이 안되므로 출구 부근의 카운터에는 부적당하다.

(2) Loop Coil방식

차로에 매설한 루프코일의 인덕턴스가 차량의 접근으로 인해 변화하는 것을 이용하여 검지하는 것으로 미약한 변화분을 증폭하여 릴레이를 동작하는 것으로 변주방식, 위상차 방식, 브리지방식이 있다.

① 변주방식 : LC발진기의 코일 L을 루프코일형으로 구성하여 이 때 차량이 진입하면 인덕턴스가 저하하는 관계로 발진 주파수가 커짐으로서 검출한다.

② 위상차 방식 : 루프코일에 교류전압을 공급하고 차량진입시 코일에 흐르는 전류의 위상차 변화를 이용하여 검출한다.

③ 브리지 방식 : 루프코일을 교류브리지의 1변으로 하여 차량진입시 인덕턴스가 감소되므로 브리지 평형이 흐트러져 출력을 발생하여 검출한다.

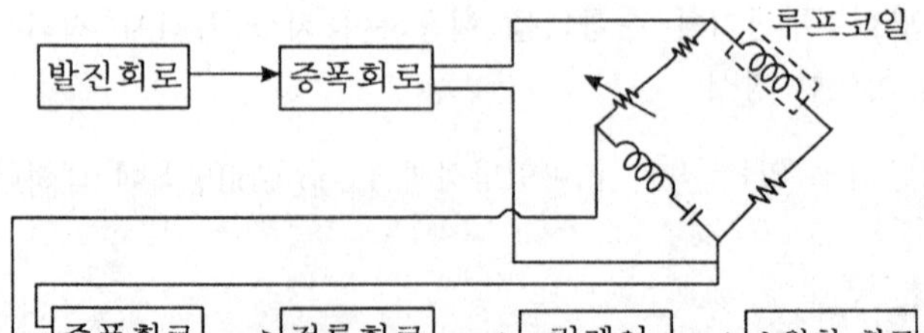

그림 11-21 브리지 방식

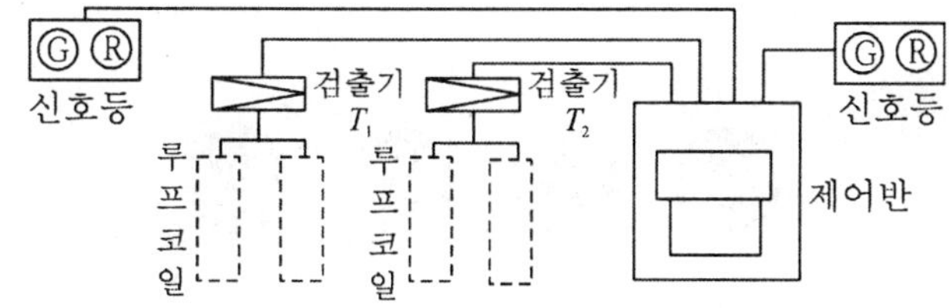

그림 11-22 구성 기기간의 배선

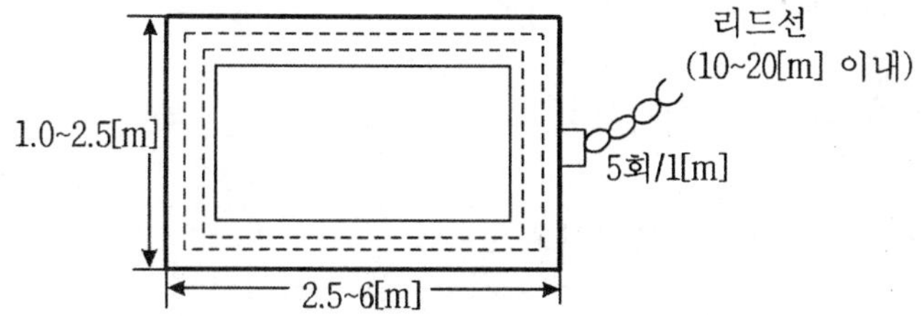

그림 11-23 루프코일 매설의 임시틀

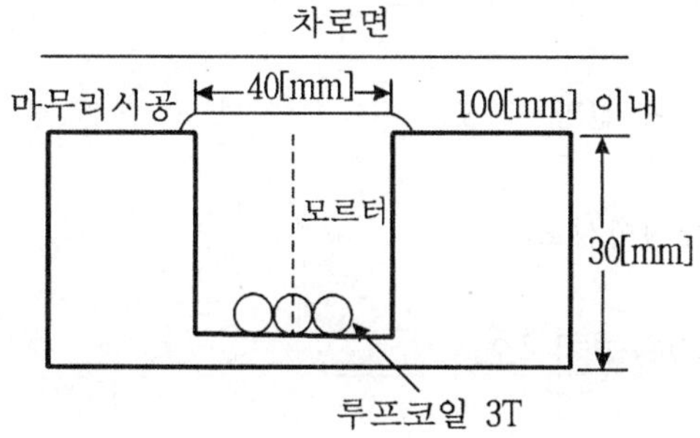

그림 11-24 루프코일 매설 상세도

(3) 설계 시공시 유의사항

① 방향성별 감지기는 2조로 한다.

② 양방향 통행차로에는 Loop Coil 2개로 방향선별을 하기보다는 각 방향 1개씩이 바람직하다.

③ 전기배관 급수배관 금속관을 Loop Coil 직상 또는 통과는 원칙적으로 제한한다.

④ Loop Coil은 금속관내에 넣지 않는다.

⑤ Coil 리드선은 10~20[m] 이내로 하고 일방향 연선(5회/m)으로 금속관내에 배선한다.

연 습 문 제

1. 부호통신에 대하여 설명하시오.

2. 정보통신의 발달사에 대하여 설명하시오.

3. 인터폰의 종류와 특성을 설명하시오.

4. 전화설비의 구성에 대하여 설명하시오.

5. CATV의 종류를 들고 설명하시오.

6. 전기시계설비의 구성을 들어 설명하시오.

7. 안테나의 특성에 대하여 설명하시오.

8. 표시설비의 회로를 구성하시오.

9. 페이징 설비의 구성도를 그리시오.

10. 주차관제설비의 요금정산 구성도를 그리시오.

제12장

방재설비

방재설비(防災設備)는 재해로부터 인명과 재산을 보호하기 위한 설비로서 재해에는 인재(人災)와 천재(天災)가 있으며 인재는 도난, 화재사고 등이 있고 천재는 수해, 지진, 뇌해, 풍해 등을 말한다.

방재설비의 종류에는 화재탐지설비, 피뢰설비, 항공장애등 설비, 방범설비, 누전경보설비 등이 있다.

12.1 화재탐지설비

화재설비는 소방법, 건축법에 의해 건물의 용도, 규모 등에 따른 제 설비의 의무가 부과되고 있다. 화재의 대책으로는 우선 건물의 불연화에 의한 화재발생을 막고 나아가 화재가 발생한 때는 확대를 방지해야 하며 피난, 유도, 소화 등의 신속한 처리를 해야 한다.

12.1.1 화재의 성상(性狀)

화재는 주변에 다양한 연소생성물을 방출하며 감지기는 이러한 연소생성물을 감지하고 방출되는 연소생성물은 다음과 같다.

(1) 에어로졸

연소작용은 대기중에 크기가 0.0004~10[μm]인 많은 수의 고체 또는 액체입자를 방출한다. 에어로졸은 화재시 생성되고 대기 중에 부유하는 이들 입자를 말하며 일반적으로 연기라 부른다. 연기는 불완전 연소결과 발생하며 그 상태는 매우 불안정하다.

(2) 열

화재로 방출된 열은 대류에 의해 주위의 공기온도를 상승시키고 빠르게 진행되는 화재에서는 1분 이내에 그리고 천천히 진행되면서 연기를 내며 타는 훈소(smoldering) 화재에서는 수분까지 다양하다.

(3) 자외선, 적외선

자외선, 적외선은 화재 초기에 방출되고 자외선은 일산화탄소, 이산화탄소 및 수산기(OH)로부터 방출되는 불꽃에서 나타나며 적외선은 탄화수소 입자로부터 강하게 방출된다.

(4) 유독 가스

화재시 가장 많이 방출되는 가스로는 불완전 연소시의 일산화탄소, 완전연소시의 이산화탄소 등이며 그 밖에도 양은 많지 않으나 수증기, 연화수소, 시안화수소, 불화수소, 황화수소, 암모니아 등이 방출된다.

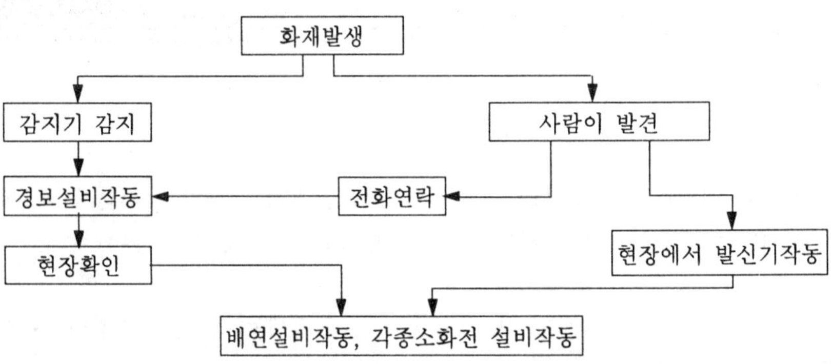

그림 12-1 화재발생의 감지, 메카니즘

12.1.2 자동화재탐지설비

자동화재탐지설비(自動火災探知設備 : automatic fire alarm system)는 화재 발생시 초기에 연기 및 열 등을 자동적으로 탐지하여 이를 건축물내의 관계자에게 표시등, 벨, 사이렌 등으로 화재의 발생을 통보해 주는 설비이다.

화재의 발견은 천장면에 설치한 연기 또는 열 등으로 작동하는 감지기에 의하여 검출하고 검출된 신호는 중계기를 거치거나 직접 수신기에 신호로 전달된다.

수신기에서는 즉시 화재발생 장소를 확인할 수 있으며 동시에 건물 내부에 설치된 비상벨, 방송설비를 통하여 불이 났음을 알리게 된다.

1 구 성

화재탐지설비의 구성은 수신기, 감지기, 중계기, 발신기, 경보장치, 배선 등으로 구성되며 이 자동화재탐지설비는 감지→통보→소화의 기능을 갖는다.

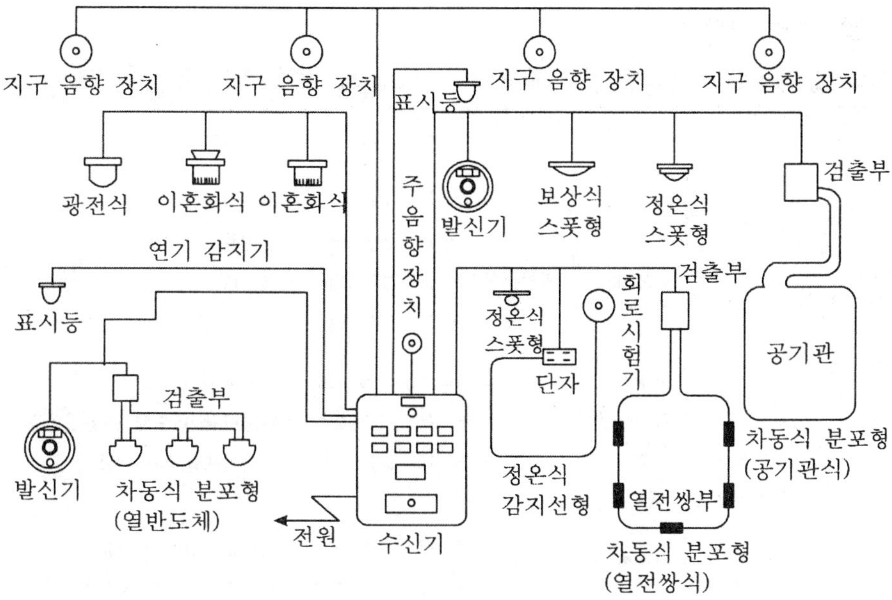

그림 12-2 자동화재탐지설비의 구성도

[2] 설치 대상물

① 근린생활시설, 위락시설(일반 목욕탕은 제외), 관람, 집회 및 운동시설, 숙박시설, 의료시설, 노인복지시설, 아동복지시설, 장애인복지시설, 유치원, 관광휴게실, 복합 건축물로서 연면적 600[m²] 이상인 것.

② 일반 목욕장, 판매시설, 아파트 및 기숙사, 전시시설, 공장 및 창고시설로서 연면적 1000[m²] 이상인 것.

③ 업무시설, 운수자동차 관련시설, 종교시설, 동식물 관련시설, 위생관련시설 및 교정시설로서 연면적 2000[m²] 이상인 것.

④ 제 ②호에 해당하지 아니하는 소방 대상물로서 지정수량의 500배 이상의 준위험물 또는 지정수량의 500배 이상의 특수가연물을 저장, 취급하는 곳

⑤ 자동화재 속보설비는 판매시설, 숙박시설, 의료시설, 통신, 촬영시설, 전시시설, 공장 및 창고시설로서 바닥면적이 1500[m²] 이상인 층이 있는 것에 설치하여야 한다.

[3] 감지기

감지기(感知器 : fire detector)는 화재로 인하여 발생되는 열이나 연기를 자동적으로 감지하여 수신기에 화재신호를 보내주는 장치로서 화재탐지설비의 눈과 귀의 역할을 한다.

화재감지에 이용되는 가장 공통적인 요소들은 열, 연기(에어로졸 입자), 불꽃 등이 있다.

(1) 감지기의 분류

검출원리 / 구분 / 이용상분류 / 용도별분류 / 감도종별 / 열 감응부의 예

- 감지기
  - 열 감지기
    - 차동식
      - 스폿형
        - 공기식 — 1종, 2종 — 다이어램프
        - 전기식 — 1종, 2종 — 열전기식
          - 열대전식
          - 열반도체식
      - 분포형
        - 공기관식 — 1종, 2종, 3종 — 공기관
        - 열전대식 — 1종, 2종, 3종 — 열전대
        - 열반도체식 — 1종, 2종, 3종 — 서보 모듈
    - 정온식
      - 스폿형 — 특종, 1종, 2종 — 바이메탈, 반도체
      - 감지선형 — 특종, 1종, 2종 — 바이메탈, 반도체, 가용절연물
    - 보상식 — 스폿형 — 1종, 2종 — 다이어프램, 바이메탈
    - 감지헤드
  - 연기감지기
    - 광전식
      - 스폿형 — 산란광식
        - 비축적형 — 1종, 2종, 3종 — 발광 다이오드
        - 축적형 — 1종, 2종 — 발광 다이오드
      - 분리형 — 감광식 — 2종
    - 이온화식
      - 비축적형 — 1종, 2종, 3종 — 아메리슘 95번 원소
      - 축적형 — 1종, 2종 — 아메리슘 95번 원소
  - 복합감지기
    - 열복합형
    - 연기복합형
    - 열·연기복합형
  - 다신호감지기
  - 불꽃감지기
    - 자외선식
    - 적외선식
    - 자외선·적외선복합형
  - 아날로그식 감지기

(2) 구조 및 동작 원리

① 차동식 스포트형 감지기 : 감지기의 외부온도가 일정한 온도상승률 이상이 되었을 때 작동하는 것으로 한 국소(1局所)의 열 효과에 의해 작동하는 것이다.

㉠ 공기팽창을 이용한 것 : 화재시 급격한 온도상승을 받으면 감열실 내의 공기가 팽창하여 다이어프램을 팽창시켜서 접점이 접촉되고 화재 신호를 발생한다.

㉡ 열기전력을 이용한 것 : 화재시 급격한 온도상승을 받으면 감열 커버에 고정된 반도체 열전대가 열기전력을 발생하여 고감도 릴레이의 접점을 접촉시켜 화재신호를 발생한다.

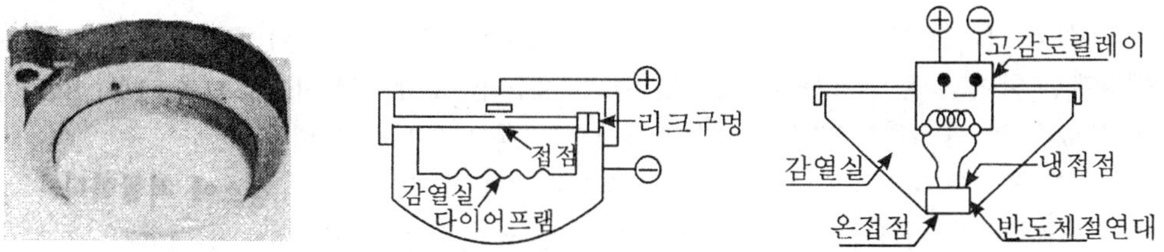

(a) 외형　　(b) 다이어프램형　　(c) 반도체형

그림 12-3 차동식 스포트형 감지기

② 차동식 분포형 감지기 : 감지기의 주위온도가 일정한 온도상승률 이상이 되었을 때 작동하는 것으로 광범위한 열 효과의 누적에 의하여 작동되며 수열부와 검출부로 구성되고 수열부에 따라 분류하면 공기관식, 열반도체식, 열전대식이 있다.

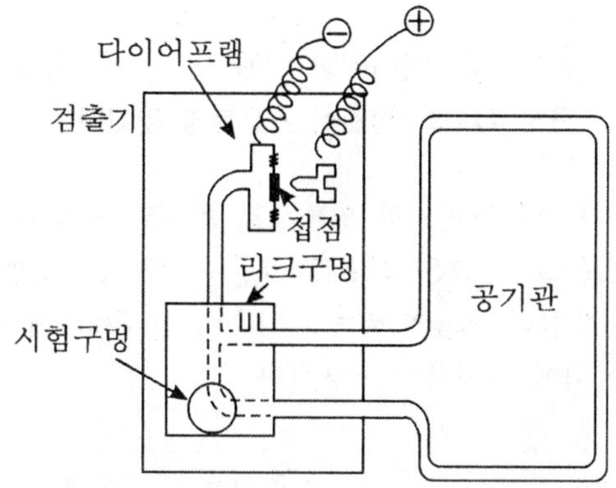

(a) 공기관식

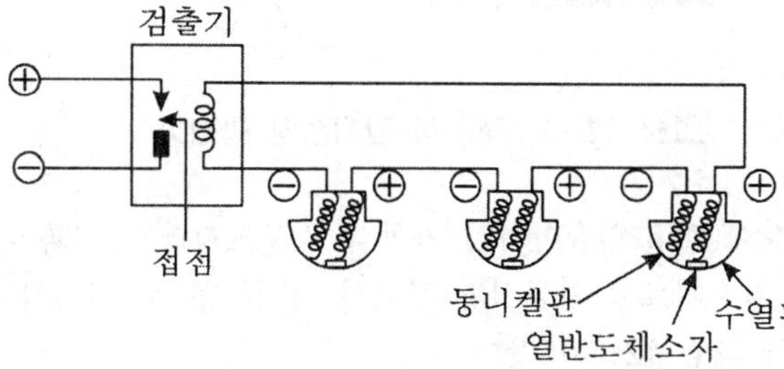

(b) 열반도체식

그림 12-4 차동식 분포형 감지기

③ 정온식 스포트형 감지기 : 정온식(定溫式) 스포트형 감지기는 바이메탈의 변위, 금속의 팽창계수 차이 등을 이용한 것으로 한 장소의 주위온도가 평상시 최고 온도보다 20[℃] 이상 높을 때 동작하는 감지기로서 작동시간의 빠르고 느림에 따라 특종, 1종, 2종으로 구분되고 온도에 따라 65[℃], 70[℃], 90[℃]의 3종류가 있다.
이 감지기는 주방이나 보일러실 등과 같이 항상 화기를 취급하는 장소에 적합하다.

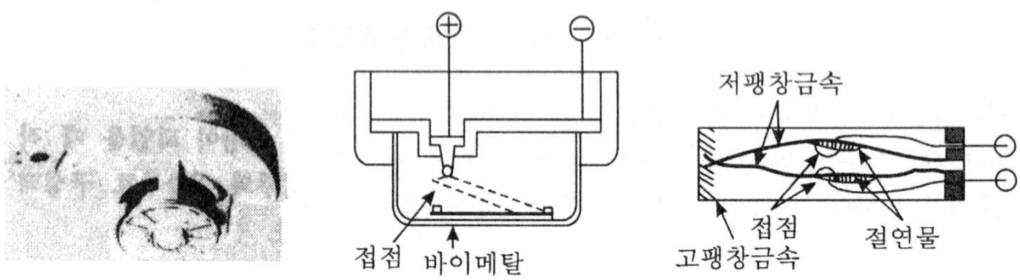

(a) 외형 (b) 바이메탈 이용 (c) 금속의 팽창계수차 이용

그림 12-5 정온식 스포트형 감지기

④ 정온식 감지선형 감지기 : 열 감지기의 일종으로 화재로 인하여 온도가 상승하면 그림 12-6과 같이 전기 절연물로 된 꼬은 선으로 설정온도에 도달하면 절연물이 녹아 2줄이 접촉하여 화재신호를 발생한다. 특징으로는 재사용이 불가능하며 프랜트 설비의 기름 탱크, 공동 구내의 케이블 위에 설치하여 사용한다.

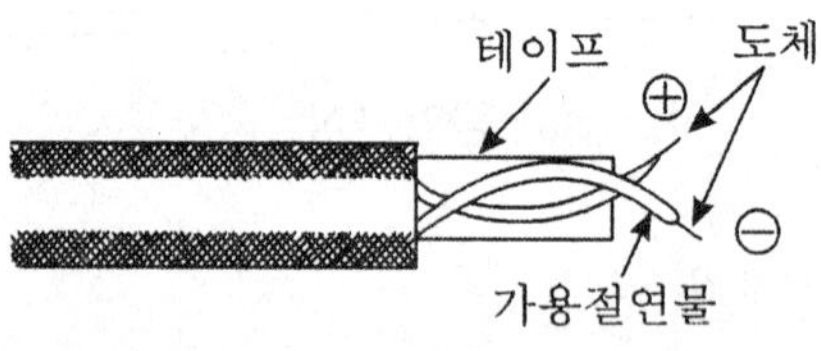

그림 12-6 정온식 감지선형 감지기

⑤ 보상식 감지기 : 보상식(補償式)감지기는 차동식 스포트형의 특성과 정온식 스포트형의 특성을 동시에 갖춘 감지기로서 차동식과 정온식 감지특성 중 하나가 작동할 때 화재신호를 발생하고 구조는 그림 12-7과 같다.

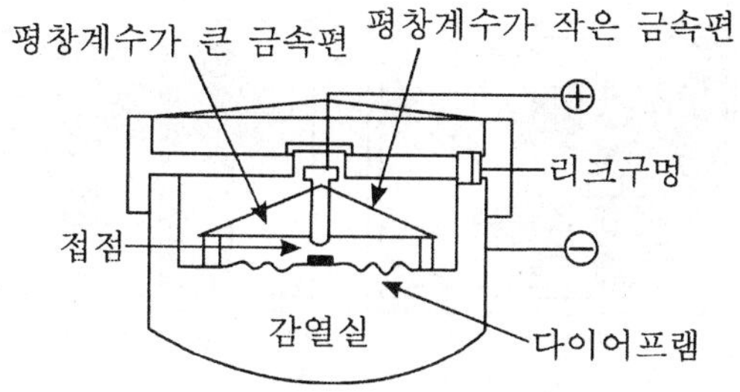

그림 12-7 보상식 스포트형 감지기

⑥ 이온화식 스포트형 연기감지기 : 검지부에 연기가 들어오면 이온전류가 감소하는 것을 전기적으로 포착하여 일정치 이상이면 화재신호를 발생하는 감지기이다.

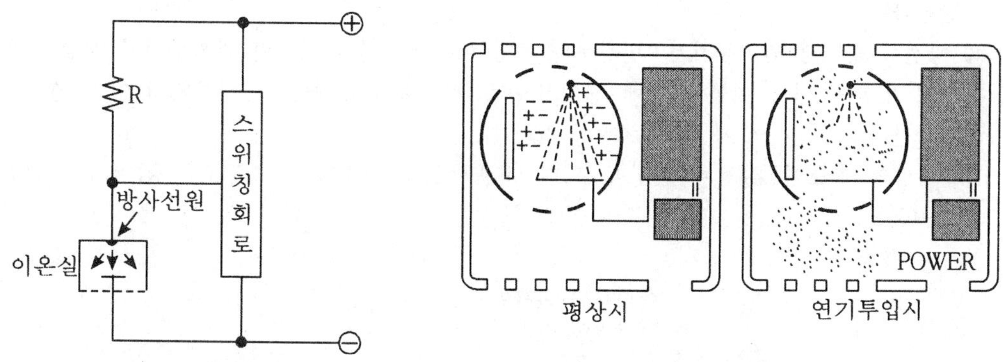

(a) (b)

그림 12-8 이온화식 감지기

⑦ 광전식 스포트형 연기감지기 : 구조는 그림 12-9와 같이 주위의 빛을 완전히 차단시키고 연기만 진입하도록 한 암상자내의 한쪽에서 발광소자(Diode)의 광속을 한 방향으로 조사시키고 이 광속의 산란광을 받는 방향에 수광 소자가 설치되어 있다.

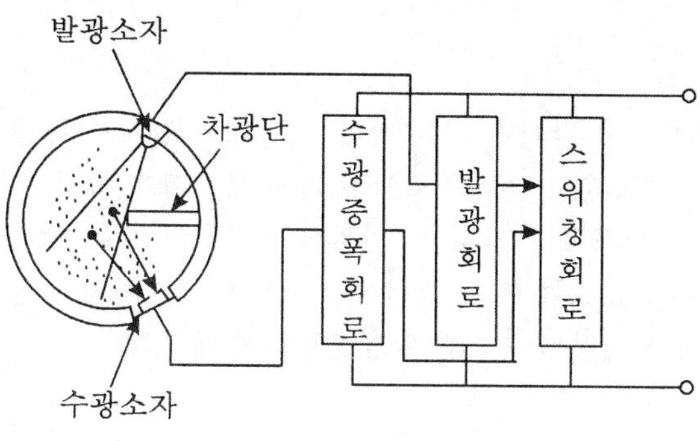

(a)

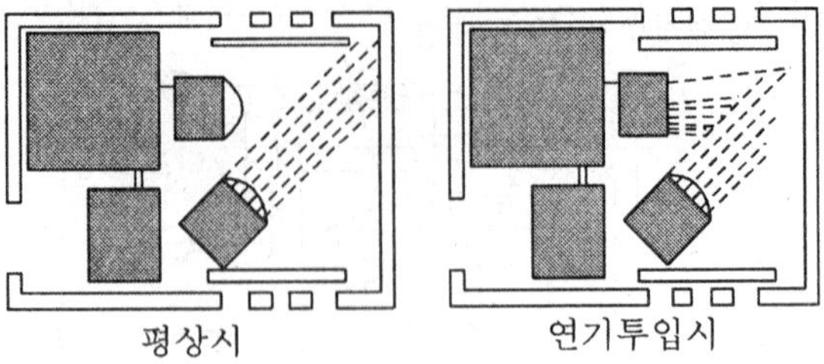

(b)

그림 12-9 광전식 스포트형 연기감지기의 감지 원리

화재시 연기가 암상자에 유입되면 연기 입자가 광속에 의하여 산란반사를 일으키고 수광소자는 산란광의 일부를 받아 수광량의 변화를 검출하여 설정치 이상이면 화재신호를 발한다.

⑧ 광전식 분리형 연기감지기 : 발광부와 수광부로 구성되어 있으며 발광부에서 항상 수광부로 빛을 보내어 이들 사이에 연기가 유입되면 광로의 축을 방해하게 되어 수광량이 감소한다.

수광량의 감소가 설정치 이상이 되면 화재신호를 발한다. 이 구조의 감지기는 그림 12-10과 같다.

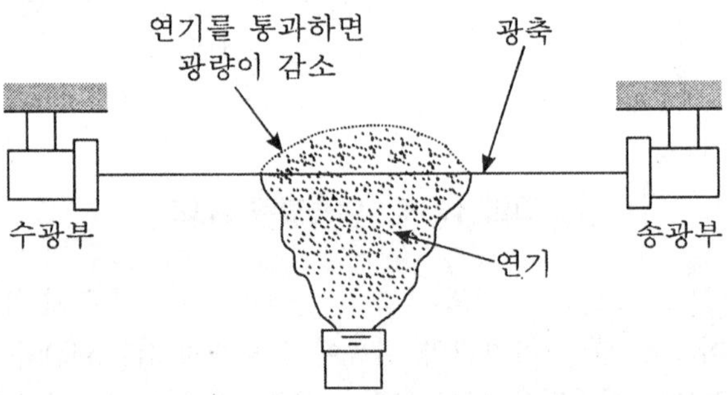

그림 12-10 광전식 분리형 연기감지기의 구조

⑨ 복합식 스포트형 감지기

㉠ 연기복합식 스포트형 감지기 : 이온화식 스포트형 감지기와 광전식 스포트형 감지기의 성능을 모두 갖고 있는 감지기로서 한가지 조건이 만족되면 화재신호를 발한다.

㉡ 열, 연기 복합식 스포트형 감지기 : 차동식 스포트형 또는 정온식 스포트형 감지기의 성능과 이온화식 스포트형 또는 광전식 스포트형 감지기의 성능을 모두 갖고 있는 감지기로서 한가지 조건이 만족되면 화재신호를 발한다.

(3) 부착높이에 따른 감지기 선정

표 12-1 감지기의 종류에 따른 부착 높이

부착 높이	감지기의 종류
4[m] 미만	차동식 스포트형, 차동식 분포형, 보상식 스포트형, 정온식, 이온화식 또는 광전식
4[m] 이상 8[m] 미만	차동식 스포트형, 차동식 분포형, 보상식 스포트형, 정온식 스포트형 특종 또는 1종 이온화식 1종 또는 2종, 광전식 1종 또는 2종
8[m] 이상 15[m] 미만	차동식 분포형, 이온화식 1종 또는 2종, 광전식 1종 또는 2종
15[m] 이상 20[m] 미만	이온화식 1종 또는 광전식 1종

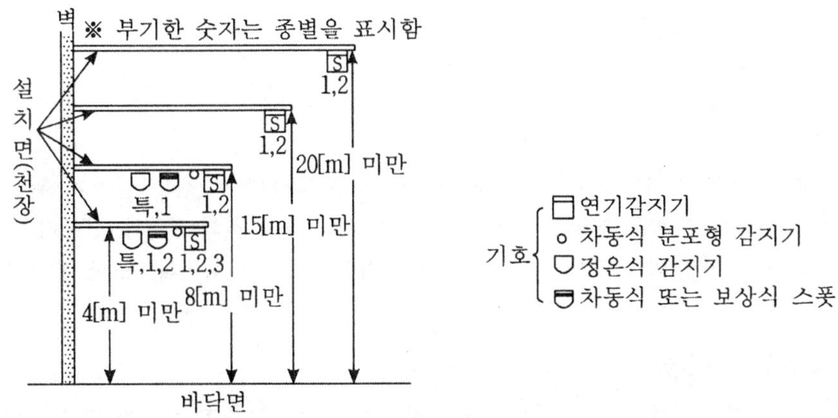

그림 12-11 감지기의 종별에 따른 설치높이

(4) 바닥면적에 따른 설치기준

① 열감지기

표 12-2 감지기별 면적표

부착높이 및 소방대상물의 구분		감지기의 종류 차동식 스포트형 1종	차동식 스포트형 2종	보상식 스포트형 1종	보상식 스포트형 2종	정온식 스포트형 특종	정온식 스포트형 1종	정온식 스포트형 2종 (단위[㎡])
4[m] 미만	주요구조부를 내화구조로 한 소방대상물 또는 그 부분	90	70	90	70	70	60	20
	기타구조의 소방대상물 또는 그 부분	50	40	50	40	40	30	15
4[m] 이상 8[m] 미만	주요구조부를 내화구조로 한 소방대상물 또는 그 부분	45	35	45	35	35	30	
	기타구조의 소방대상물 또는 그 부분	30	25	30	25	25	15	

② 연기감지기

㉠ 연기감지기 설치장소

㉮ 15[m]가 넘는 계단 및 경사로

㉯ 30[m]가 넘는 복도 및 통로

㉰ 엘리베이터 승강로, 파이프덕트, 기타 이와 비슷한 장소

㉱ 천장, 반자 높이가 15[m] 이상 20[m] 미만의 곳

㉲ ㉮, ㉯, ㉱ 이외에 지하층, 무 창층 및 11층 이상의 장소

㉡ 연기감지기를 설치해서는 안될 장소

㉮ 부식성가스가 발생할 염려가 있는 장소

㉯ 먼지, 분진, 수증기가 다량으로 체류하는 장소

㉰ 주방 등과 같이 정상시 연기가 체류하는 장소

㉱ 극히 고온이 되는 장소

㉲ 유지관리가 충분히 기대되지 못하는 장소

[4] 발신기

발신기는 사람이 감지기보다 먼저 화재를 발견하여 화재의 발생을 알리기 위한 장치를 말한다. 이 때 화재신호를 수동으로 발신하는 것으로서 누름식의 P형과 전화식의 T형 및 M형이 있으며 방수성의 유무에 따라 옥내형과 옥외형으로 나눠진다. 또한, P형 발신기는 그 기능에 따라 1급과 2급으로 다시 분류된다.

(1) 발신기의 종류

① P형 1급 발신기 : P형 1급 수신기(다만 1회선의 것을 제외) 또는 R형 수신기에 접속하여 사용하는 것으로서 발신자가 발신한 것을 확인할 수 있는 응답램프가 있고 수신기와 발신기가 상호간 연락할 수 있는 전화장치를 지니고 있다.

② P형 2급 발신기 : P형 2급 수신기에 연결해서 사용하며 누름단추 기능만 있고 전화연락이 불가능하고 응답표시등이 없다.

(a) 외형

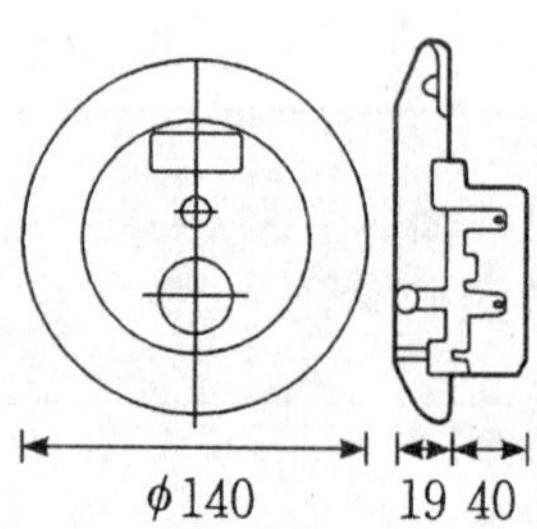

(b) T형 발신기

그림 12-12 발신기

③ T형 발신기 : T형 발신기는 수동으로 공통의 신호를 수신기로 발신하고 발신과 동시에 통화가 가능하고, 그 기능은 송수화기를 들면 수신기로 화재신호가 발신되면서 수신기와

서로 동시 통화가 가능토록 되어 있다.

④ M형 발신기 : 누름단추 작동시 발신기 고유의 신호가 소방관서에 설치된 M형 수신기에 전달되는 것이다. 모든 발신기는 하나의 배선에 의하여 직렬로 접속된다. 접속할 수 있는 발신기의 수는 100개 이하이다. 발신기에서 수신 완료까지의 소요시간은 약 10초~20초 정도이다.

(2) 발신기의 설치 기준

① 조작이 쉬운 장소에 설치하고 그 누름스위치는 바닥으로부터 0.8[m]~1.5[m]의 높이에 설치할 것.

② 감지기회로의 끝 부분에 설치할 것.

③ 소방대상물의 층마다 설치하되 당해 소방대상물의 각 부분으로부터 하나의 발신기까지의 보행거리가 50[m] 이하가 되도록 할 것.

④ 발신기의 위치표시는 발신기의 상부에 설치하되 부착면과 15° 이상의 각도로 10[m] 거리에서 쉽게 식별할 수 있는 적색등이나 발광식 또는 축광식 표지로 하여야 한다.

(3) 발신기 세트의 성격

① 소화전 내장형 종합반 : P형 1급 발신기, 경종, 표시등, 기동 램프

② 단독형 종합반 : P형 1급 수신기, 경종, 표시등

5 수신기

수신기(受信機)는 감지기나 발신기에서 발신된 화재신호를 수신하여 화재의 발생을 해당 건물의 관계자에게 램프 및 음향장치 등을 사용하여 통보하는 장치로서 수위실 등 항상 사람이 있는 장소(방재 센터)에 설치하여야 한다.

(1) 수신기의 종류

- 수신기
  - 화재경보전용
    - P형
      - 1급
      - 2급
      - 3급
    - R형
  - 화재경보 및 누설 가스 겸용
    - GP형
      - 1급
      - 2급
      - 3급
    - GR형

여기서, P형(proprietary type : 소유자형) 수신기, R형(record type : 기록형) 수신기, GR형(gas-record type), GP형(gas-proprietary type), M형(municipal type : 공유형)을 의미한다.

표 12-3 P형 수신기와 R형 수신기의 특성 비교

항목	P형 수신기	R형 수신기
시스템구성	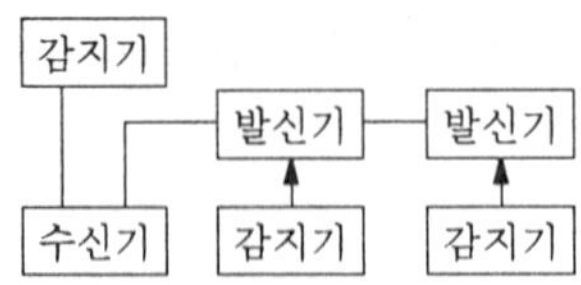	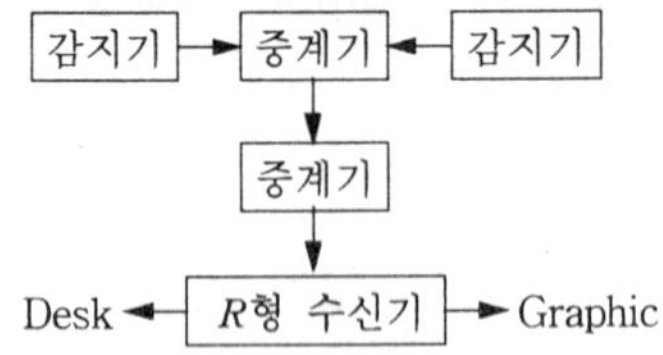
시스템신뢰성	· 수신반에 고장이 발생할 경우 시스템이 전체 마비됨.	· 고장중계기를 수신반에 표시 · 타중계기 정상 작동 · 시스템 정상 동작
화재표시방법	· 램프, 점등	· Digital 숫자표시 · 램프, 전등, CRT표시
배선방법	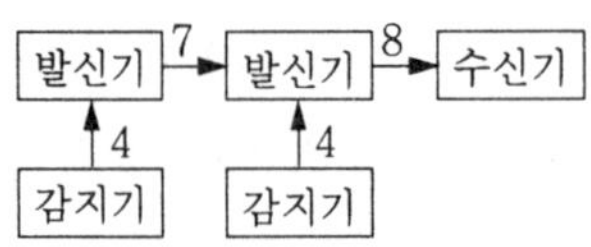	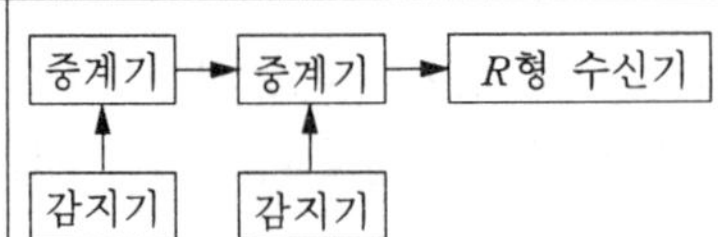
회로증설변경	복잡하고 공사비가 많다.	용이함, 경제적임
경제성	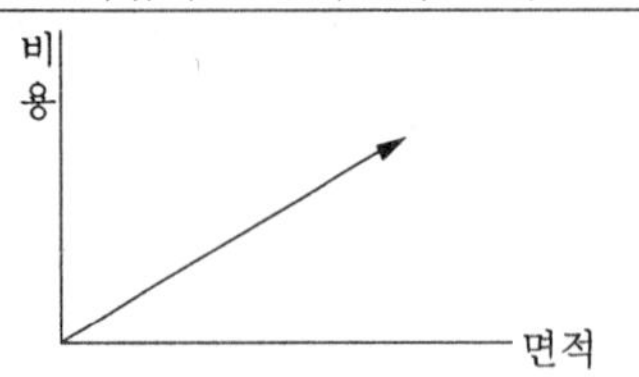	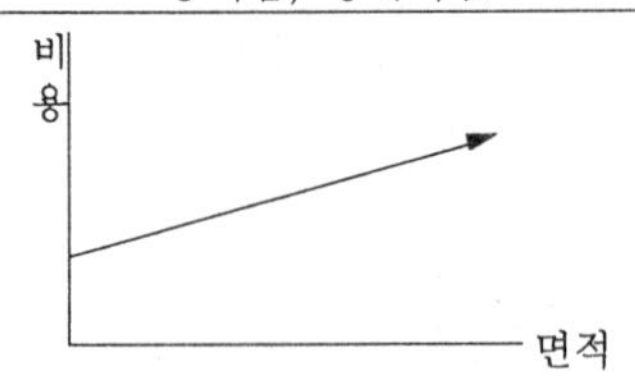
신호전달방식 신호의 종류 유지보수	개별 신호선(전기적 신호) 전회선 공통(전기적 신호) 어렵다	다중전송방식(Digital신호) 회선끼리 공유(Digital신호사용) 용이

(a) 수신기

(b) 중계기

그림 12-13 수신기 및 중계기

6 중계기

중계기란 감지기 또는 발신기로부터 신호를 받아 이를 수신기 및 제어반으로 신호를 발신하며 소화설비나 배연(排煙)설비 등에 제어신호를 발신하는 장치를 말한다.

(1) 구조 및 기능

① 수신기에서 전력이 공급되는 방식의 중계기는 유사시 퓨즈가 끊어지거나 배선용 차단기의 차단 등이 생길 경우 자동적으로 수신기에 신호를 보낸다.

② 수신기에서 전력이 공급되지 않는 방식의 중계기는 전원 입력회로와 주 전원의 정전, 퓨즈가 끊어지거나, 배선용 차단기 등이 생길 경우 자동적으로 수신기에 보낸다. 또 주 전원이 정전된 경우 즉시 예비전원으로 전환되고 예비전원의 양부를 시험할 수 있는 장치가 필요하다.

③ 중계기에서 지구음향 장치를 가동시킬 때 수신기에서 조작하지 않는 한 계속하여 벨을 울리는 것이어야 한다.

④ 중계기(中繼器)의 설치는 바닥으로부터 0.8~1.5[m] 높이에 설치한다.

7 경종과 표시등

화재의 발생을 내부 사람들에게도 알리고 소화 활동 및 피난을 재촉하기 위하여 수신기와 함께 동작하도록 하는 것으로 종류에는 수신기 부근에 설치하는 주경종과 각 층에 설치하는 지구 경종이 있다.

(1) 경종과 표시등

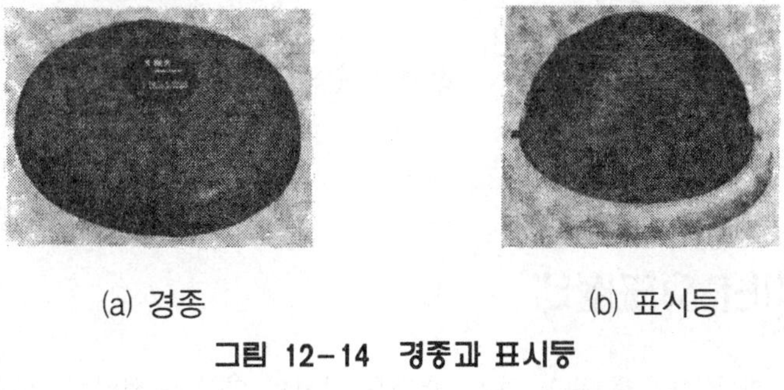

(a) 경종 (b) 표시등

그림 12-14 경종과 표시등

(2) 음향장치의 구조 및 성능의 기준

① 정격전압의 80[%]에서 음향을 발할 수 있을 것.

② 음향은 부착된 음향장치의 중심으로부터 1[m] 떨어진 위치에서 90폰 이상일 것.

③ 감지기의 작동과 연동하여 작동할 것.

(3) 음향장치의 설치 기준

① 주 음향장치는 수신기의 내부 또는 그 직근에 설치할 것.

② 지구음향장치는 소방대상물의 층마다 설치하되 당해 소방대상물의 각 부분으로부터 하나의 음향장치까지의 수평거리가 25[m] 이하가 되도록 하고 당해 층의 각 부분에 유효하게 경보를 발할 수 있도록 설치할 것. 다만 방송설비를 자동화재탐지설비의 감지기와 연동하여 작동하도록 설치한 경우에는 지구음향장치를 설치하지 아니할 수 있다.

12.1.3 비상경보설비

비상경보설비는 자동화재 탐지설비 등에 의해서 감지된 화재를 신속하게 소방대상물 안에 있는 사람에게 경보하여 피난시키며 또한 초기 소화활동을 용이하게 하기 위한 설비이다.

(1) 비상경보설비의 종류

① 비상벨
② 자동식 싸이렌
③ 방송설비

비상벨이나 자동식 싸이렌은 각 층의 보행거리 50[m] 이내에 있는 기동장치(누름단추스위치)를 동작시킴으로서 수평거리 25[m] 이내에 설치된 비상벨 또는 자동식 싸이렌에 의해 비상사태를 알리는 것이다.

(2) 특징

① 자동화재 탐지설비 이외에 사람이 인위적으로 행하는 설비이다.
② 지구 음향장치가 들리지 않는 곳까지 대피 및 화재발생을 전달할 수 있다.
③ 업무용 방송설비와 겸용할 수 있다.
④ 방송에 의한 비상경보설비는 화재의 양상에 따라 필요한 층을 임의로 선택하면서 화재를 알릴 수가 있다.
⑤ 비교적 설비가 간단하고 설비비가 저렴하다.

12.2 피난 유도설비

전기분야에서 피난 설비라 함은 화재 발생시 인명의 안전을 위하여 비상탈출구 또는 피난을 위한 설비와 안전하게 대피할 수 있도록 등화나 표지 등을 이용한 피난구유도등, 통로 유도등, 객석 유도등 등을 말한다.

12.2.1 유도등 설비

유도등은 극장, 나이트 클럽 등의 많은 사람들이 모이는 시설에서 화재 등 비상시에 피난을 용이하게 하기 위한 설비이다.

유도등의 설비기구는 정전시에 유효한 피난구를 확보하기 위하여 비상전원을 부가 설치한 것으로서 보통 상용전원으로 상시 점등하고 정전되었을 때 자동적으로 비상용으로 전환되어서 20분 이상 점등되는 것이다.

1 피난구 유도등

① 옥내로부터 직접 지상으로 통하는 출입구 및 그 부속실의 출입구
② 직통계단, 직통계단의 계단실 및 그 부속실의 출입구
③ ①, ②에서 정한 출입구에 이르는 복도 또는 통로로 통하는 출입구(각 부분으로부터 쉽게 당해 출입구에 도달할 수 있는 경우는 제외한다.)
④ 피난구 유도등은 피난구의 바닥으로부터 높이 1.5[m] 이상의 곳에 설치하여야 한다.
⑤ 피난구 유도등의 조명도는 피난구로부터 30[m]의 거리에서 문자 및 색채를 쉽게 식별 수 있는 것으로 하여야 한다.

그림 12-15 피난구 유도등

2 통로 유도등

① 복도, 계단, 통로 기타 피난설비가 있는 장소에 설치하되 피난상 유효한 조명으로 할 것.
② 계단에 있어서는 각 계단 층마다, 기타의 것에 있어서는 각층의 복도, 통로, 경사로의 부분으로부터 하나의 통로 유도등까지의 보행거리가 20[m] 이하가 되는 곳과 구부러진 모퉁이에 설치하고 소방대상물에 있어서는 당해 지하층·무창층에 설치되는 통로유도등 전후에 유도안내표지를 설치할 것.
③ 통행에 지장이 없도록 할 것.
④ 바닥으로부터 높이 1[m] 이하의 위치에 설치할 것.
⑤ 주위에 이와 유사한 등화 광고물, 게시물 등을 설치하지 아니할 것.
⑥ 조명도는 통로유도등의 바로 밑으로부터 0.5[m] 떨어진 바닥에서 측정하여 1[lx] 이상(바닥에 매설한 것에 있어서는 통로유도등의 직상부 1[m]의 높이에서 측정하여 1[lx] 이상)이어야 한다.
⑦ 통로 유도등은 피난의 방향을 표시한 녹색의 등으로 하여야 한다.

(a) 통로 유도등

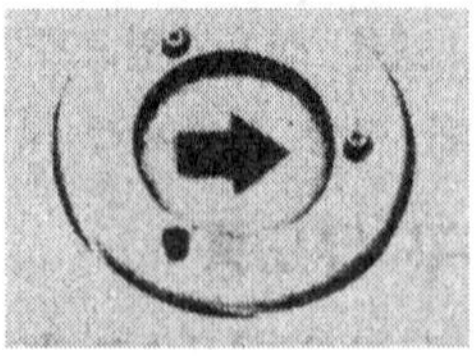
(b) 객석 유도등

그림 12-16 통로 유도등과 객석 유도등

3 객석 유도등

① 객석 통로의 바닥면에 유효하게 조명하는 것이다.

② 객석의 통로바닥, 벽면, 시트 측면 등에 설치하고 객석 통로의 바닥면 조도가 0.2[lux] 이상이 되도록 한다.

③ 설치개수$= \dfrac{\text{객석통로부분의 길이 [m]}}{4} - 1$

4 유도등의 전원

① 유도등의 전원은 축전지 또는 교류전압의 옥내간선으로 하고 전원까지의 배선은 전용으로 하여야 한다.

② 비상전원은 축전지로 하고 그 용량은 해당 유도등을 유효하게 20분 이상 동작시킬 수 있어야 하며 대규모·초고층 등의 빌딩에는 유효하게 60분 이상 점등하도록 설치해야 한다.

③ 배선은 전기설비기술기준령에서 정한 것 외에 다음 각 호의 기준에 의하여 한다.

㉠ 유도등의 인입선과 옥내배선은 직접 연결할 것.

㉡ 유도등의 전기회로에는 점멸기(소방 대상물 그 부분에 사람이 없거나 또는 3선식 배선에 의하여 상시 충전되어 있는 것은 제외)를 설치하지 아니할 것.

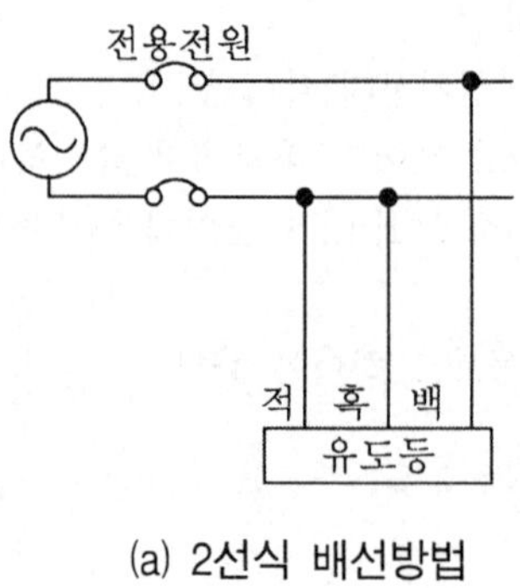

(a) 2선식 배선방법

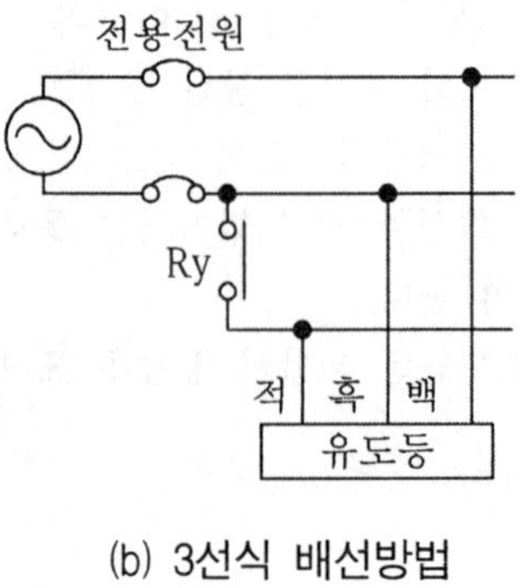

(b) 3선식 배선방법

그림 12-17 배선방법

유도등 회로에는 점멸기를 설치하지 말고 상시 점등상태를 유지하여 평상시 유도등의 위치를 무의식적으로 거실내의 자가 알 수 있도록 하고, 또한 점등되어 있으므로 인해 평상시 고장유무를 확인할 수 있고 점검보수가 가능하다. 이렇게 함으로서 비상시에 유도등이 점등되지 않아 피난 유도에 실패하는 것을 방지할 수 있다.

5 유도등의 휘도기준

표 12-4 유도등의 종류별 평균휘도

종 별		평균휘도[cd/m²]		비 고
		상시	비상시	
피난구 유도등	대형	320~800 미만	100 이상	바탕 : 녹색, 문자 : 백색
	중형	250~800 미만		
	소형	150~800 미만		
통로 유도등	대형	500~1000 미만	150 이상	바탕 : 백색, 문자 : 녹색
	중형	350~1000 미만		
	소형	300~1000 미만		
객석 유도등				바탕 : 백색, 문자 : 녹색 유도등 바로 위 높이 1[m]에서 1[lux] 이상

6 유도표지설비

유도표지는 통로바닥으로부터 1[m] 이하로 보행거리 15[m] 이내마다 설치하고 주위조도 0[lux]에서 60분간 발광 후 직선거리 20[m] 떨어진 위치에서 쉽게 식별 가능하고 3[m] 거리에서 표시면의 문자 또는 화살표 등을 쉽게 식별할 수 있어야 한다.

12.3 비상용 조명설비

지진, 화재, 그 밖의 예상하지 못한 재해가 일어난 경우 비상전원을 확보하여 조명하는 것을 비상용조명이라고 한다. 건축법에도 비상용 조명의 설치가 의무화되어 있고 유도등에 대한 기준이 정해져 있다.

12.3.1 비상조명설비

1 설치대상

① 5층 이상의 연면적 3,000[m^2] 이상인 소방대상물의 거실과 그로부터 지상에 이르는 복도·계단 및 기타의 통로.

② ①항에 해당되지 아니하는 소방대상물의 지하층 또는 무창층으로서 그 바닥면적이 450[m^2] 이상인 것은 해당 층의 거실과 그로부터 지상에 이르는 복도·계단 및 통로.

2 설치기준

① 조도는 비상 조명등이 설치된 장소의 각 부분의 바닥에서 1[lx] 이상이 되도록 할 것.

② 예비전원을 내장한 경우 조명등을 20분 이상 유효하게 작동시킬 수 있는 용량의 축전지와 예비전원 충전장치를 내장할 것.

③ 예비전원을 내장하지 않은 비상조명등의 비상전원은 다음 각 호의 기준을 적용할 것.

㉠ 비상전원은 당해 설비를 유효하게 20분 이상 작동할 수 있는 용량의 것으로 할 것.

㉡ 상용전원이 정전된 경우 자동적으로 비상전원으로 전환되는 것으로 할 것.

㉢ 축전지 설비를 설치할 경우 축전지실의 벽과의 거리가 0.1[m] 이상이 되게 하고, 침수의 우려가 없도록 할 것.

㉣ 비상전원을 설치하는 장소에는 점검 및 조작에 필요한 조명설비와 비상전원의 표시를 할 것.

㉤ 비상전원 전용 수전설비는 다른 전기회로 등의 개폐기 또는 차단기에 의하여 차단되지 아니하도록 할 것.

㉥ 배선은 전기설비기술기준령에서 정한 것 외에 600[V] 2종 비닐절연전선 또는 이와 동등 이상의 내열성을 가진 전선을 사용하고 내화구로된 중요부에 매설하거나 이와 동등 이상의 내열효과가 있는 방법에 의하여 보호하도록 할 것.

※ 설치제외장소

① 하나의 출입구에 이르는 보행거리가 15[m] 이내인 경우

② 경기장 기숙사 및 의료기관의 거실

③ 학교 및 아파트의 거실

3 전원 장치

(1) 전원의 종류

비상용 전원은 상용전원과 예비전원의 2종류가 있고 상용전원은 교류전압 옥내간선 또는 축전지에 의한 것이 있으며 예비전원으로는 다음과 같은 것이 있다.

① 충전기를 지닌 축전지
② 자가 발전 장치
③ ①과 ②의 병용에 의한 것

(2) 자가발전설비

비상용 조명장치에 사용하는 것은 정전 후 10초 이내에 예비전원측으로 확실히 전환되어 30분 이상 비상용 조명장치에 안정된 전원을 공급할 수 있어야 한다.

(3) 자가발전장치와 축전지 및 충전기의 병용

① 축전지 및 충전기 : 축전지는 정전 후 충전하지 않고 10분 이상의 방전에 견딜 수 있는 용량을 지니고 정전 후 10분 이내(7~8분)에 자가 발전 장치로 변환되는 것으로 한다.
② 자가발전장치 : 정전 후 45초 이내에 기동되어야 하며 축전지와 변환하여 30분 이상 비상용 조명에 안정된 전원을 공급할 수 있는 것이어야 한다.

12.4 비상용 콘센트설비

비상콘센트 설비는 화재시에 소화 또는 인명구조 등의 소화 활동을 원활하게 행할 수 있도록 소방대가 조명용 또는 피난기구의 전원으로 사용할 수 있도록 11층 이상의 각 층에 설치하는 전원설비로서 특징은 다음과 같다.

① 단상 및 3상의 2개의 회로로 구성된다.
② 11층 이상의 층에만 설치한다.
③ 아무리 높은 층이라도 소화활동이 가능하다.
④ 소화에 신속을 기할 수 있다.

1 설치대상

① 11층 이상 또는 31[m] 이상의 건축물 각층에 설치한다.
② 지하가 지하상가 1,000[m^2] 이상 건축물
③ 지하층 연면적 3,000[m^2] 이상 또는 지하층 3층 이상 건축물

② 설치기준

(가) 바닥으로부터 1~1.5[m]에 설치

(나) 배치

① 아파트 또는 1,000[m^2] 미만인 층에서는 계단에서 5[m] 이내 설치

② 1,000[m^2] 이상인 층(아파트제외)에서는 각 계단에서 5[m] 이내에 설치하되 그 비상콘센트로부터 그 층의 각 부분까지의 수평거리가 아래 기준을 초과하는 경우에는 추가로 설치해야 한다.

㉠ 지하층의 바닥면적의 합계 3,000[m^2] 이상인 것은 25[m]

㉡ 위 항에 해당하지 아니하는 것은 50[m]

③ 전원

① 3상 380[V], 3[kVA] 이상과 단상 220[V]인 것으로 1.5[kVA] 이상이어야 한다.

② 전원회로는 각 층에 있어서 전압별로 2이상이 되도록 설치할 것.

③ 콘센트마다 배선용차단기를 설치한다.

④ 하나의 전용회로에 설치하는 비상콘센트는 10개 이하로 할 것.
이 경우 배선은 각 비상콘센트(3개 이상인 경우 3개)의 공급용량을 합한 용량 이상의 것으로 하여야 한다.

12.5 피뢰설비

피뢰설비의 목적은 보호하고자 하는 대상물에 접근하는 낙뢰(落雷)를 확실하게 피뢰도선을 통해 대지에 흐르게 함으로써 건축물이 파괴 또는 화재발생을 사전에 방지하기 위하여 설치하는 설비를 피뢰(避雷)설비라고 말한다.

따라서 피뢰설비는 피보호물의 종류, 구조, 환경 및 입지여건 등을 고려하여 적합하게 설계・시공하여야 한다.

12.5.1 설치 대상물

건축법, 소방법 등에 따라 각각 정해진 대상물에는 피뢰설비를 시설해야 한다. 또한 법령과 관계없이 낙뢰의 가능성이 많은 곳, 낙뢰로 인해서 재해가 우려되는 건축물, 공작물 등에는 적절한 피뢰설비를 하는 것이 바람직하다.

① 법적 설치 대상물

① 높이가 20[m] 이상인 건축물이나 공작물(굴뚝, 광고탑, 고가수조, 옹벽)과 승강기, 비행탑 등의 공작물.

② 소방법에서 정하는 위험물 제조소, 옥외탱크저장소 등

③ 총포, 도검, 화약류 단속법에 규정한 화약류 저장소

② 임의 설치 대상물

(1) 낙뢰의 가능성이 많은 대상물

① 높은 탑, 굴뚝, 산꼭대기의 건축물 등
② 뇌격이 많은 지방의 건물 또는 과거에 낙뢰가 있었던 건물 등
③ 평지의 독립가옥

(2) 낙뢰의 피해가 큰 건축물

① 사람이 많이 모이는 건축물(교회, 학교, 병원, 백화점, 극장 등)
② 가축을 다수 수용하는 축사 등
③ 미술상, 과학상, 역사상 귀중한 물건을 수용하는 건축물(박물관 등)

12.5.2 피뢰설비의 구성

피뢰설비는 돌침부, 피뢰도선, 접지극으로 구성되어 있다.

① 돌침부

건물 옥상의 높은 곳에 1개 또는 여러 개의 피뢰침을 돌출하여 세운 것으로 뇌격을 흡수하기 위하여 설치하는 뾰족한 금속도체를 돌침부라고 말한다.

(1) 재질

① 돌침은 동, 알루미늄, 용융 아연도금의 철 또는 강(주철 포함)의 지름 12[mm], 14[mm], 16[mm] 등의 동봉으로 피보호물로부터 25[m] 이상의 곳에 설치한다.
② 부식성 가스에 직접 노출되는 돌침부나 그 밖의 피뢰침 부분은 두께 1.6[mm] 이상의 납판을 씌운다.
③ 돌침 지지관을 피뢰도선의 일부로 사용할 경우에는 다음에 따른다.
㉠ 알루미늄 관의 경우 단면적 110[mm^2] 이상 두께 2.0[mm] 이상으로 한다.
㉡ 강관의 경우 단면적 300[mm^2] 이상으로 한다.
④ 돌침 지지 철물로는 주로 구리관, 황동관이 사용되지만 철관을 사용할 경우 피뢰 도선을 관내로 통과시켜서는 안 된다.

② 피뢰도선

(1) 피뢰도선

피뢰도선(避雷導線)은 돌침부와 접지도선을 접속하는 도선을 말하며 피뢰도선으로 사용되는 도체는 단면적 30[mm^2] 이상의 동선(알루미늄선은 단면적 50[mm^2] 이상)을 사용하며 설치 방법은 다음과 같다.

① 피뢰도선은 동, 황동 또는 알루미늄의 조임 금구를 사용하여 적당한 간격으로 견고하게 피보호물에 부착한다.
② 피뢰도선을 피보호물에 부착할 때는 다음 간격으로 지지한다.
  ㉠ 수평면(파라페트, 지붕) : 1.0[m] 이내
  ㉡ 건물 외벽 등 : 1.5[m] 이내
  ㉢ 지붕 옥탑의 벽 등 : 1.0[m] 이내

(2) 배선방법

① 인하 도선수는 2조 이상으로 한다.
단, 피보호물의 수평투영면적이 50[m²] 이하의 것에 대해서는 1조로 해도 좋다.
② 피보호물의 수평투영면적이 50[m²] 이상의 경우는 2조 이상으로써 피보호물의 바깥둘레에 따라서 인하도선의 간격은 원칙적으로 50[m]를 초과해서는 안 된다.
③ 인하도선은 피보호물의 바깥둘레에 거의 균등하게 또 가능한 돌각부에 가까이 배치하도록 한다.
④ 인하도선은 길이가 짧게 피보호물의 외측에 연이어 내린다. 또 부득이한 경우는 직각으로 구부려도 지장이 없으며, ㄷ자형으로 구부릴 경우에는 ㄷ자형에 구부린 부분의 전체 길이는 열려진 부분의 끝 쪽의 간격에 10배를 초과하지 않도록 한다.

(3) 보호

① 인하도선은 지상 2.5[m] 이상인 곳에서 지하 0.3[m] 이상인 곳까지를 기계적으로 보호한다.
② 인하도선의 보호관은 경질염화 비닐관, 비자성 금속관을 사용한다.
③ 알루미늄 도선은 지중에 매설해서는 안 된다.

12.5.3 피뢰방식

보호하고자 하는 대상물에 대하여 피뢰설비를 배치하는 방식에 따라 돌침방식(수직형), 수평도체방식(수평형)과 케이지방식 및 최근 이온 방사형 피뢰방식이 많이 적용된다.

[1] 돌침 방식

종래부터 가장 널리 사용하는 방식으로 돌침(突針)을 건축물에 직접 설치하는 방식과 건축물과 이격하여 설치하는 독립피뢰침 방식이 있다.

이 방식은 비교적 수평투영면적이 적은 건물(예 : 깃대, 굴뚝, 수목 등)에 적합하나 수평투영면적이 큰 건축물에도 이 방식을 사용할 수 있는데 이 경우에는 돌침의 높이가 높아지므로 보호각이 작아서 피뢰에 실패할 확률이 크므로 좋지 않다.

돌침방식은 교회의 첨탑과 같이 끝이 뾰족한 부분에만 사용하고 다른 부분에는 용마루 위 도체방식을 사용한다.

[2] 수평도체 방식

건축물의 옥상에 거의 수평되게 피뢰도체를 설치하여 이 도체에서 낙뢰를 흡수하는 방식이다. 수평도체방식은 설치하는 방법에 따라 도체를 건축물에 직접 설치하는 방식과 격리해서 설치하는 독립 가공지선방식이 있고 송전선로의 철탑위에 있는 가공지선은 이 수평도체방식의 한 예이다.

[3] 케이지 방식

건축물의 주위를 피뢰 도선으로 새장(cage)처럼 감싸는 방식이므로 케이지 방식이라고 한다. 이 방식은 거의 완전한 피뢰방법이며 피뢰 실패가 있어서는 안될 장소에 적용한다. 또 높은 산꼭대기의 가옥 등에서는 건물 전체가 뇌전하에 쌓여 보호각의 개념이 통용되지 않게 되므로 어떤 방향에서 뇌격이 있어도 실패가 없는 케이지 방식이 적합하다.

결국 100[%]의 피뢰를 기대할 때는 케이지 방식을 보통의 경우에는 돌침방식, 수평도체방식 또는 이들을 조합한 방식을 사용하는 것이 좋다.

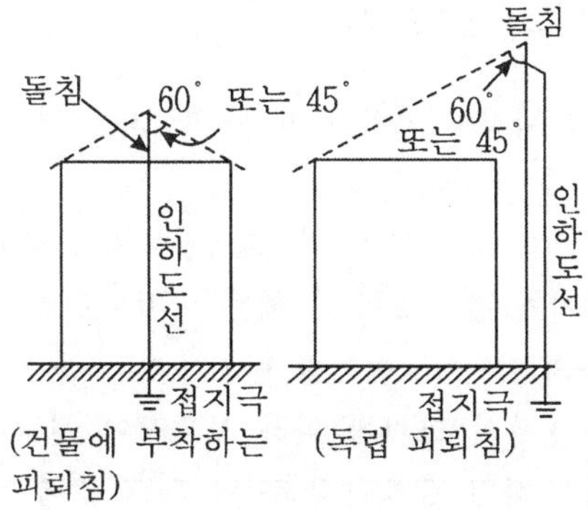

(a) 돌침 방식

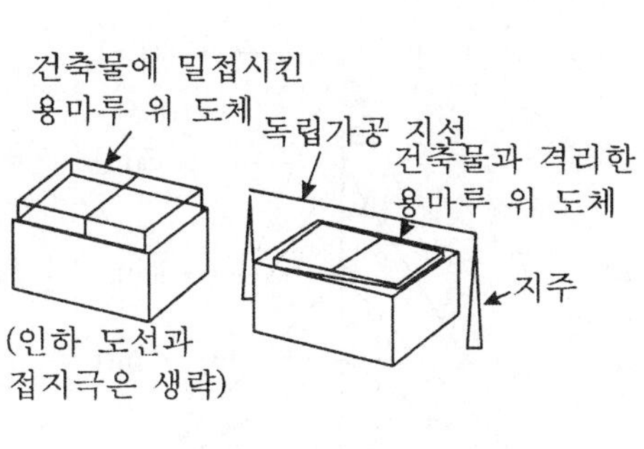

(b) 용마루위 도체 방식

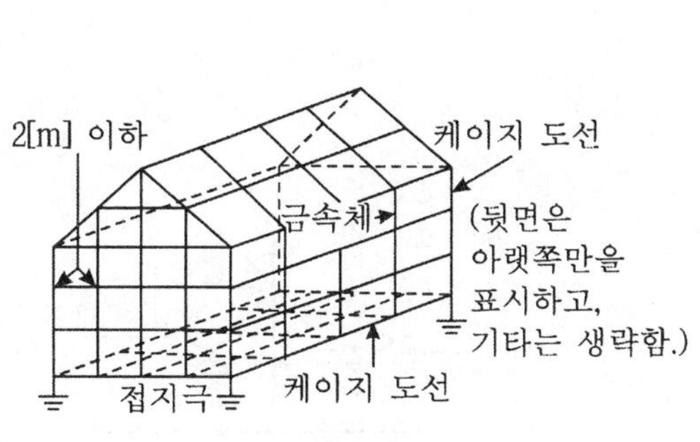

(c) 케이지 방식

그림 12-18 피뢰설비의 방식

[4] 이온 방사형 피뢰방식

최근에는 돌침부에서 전하 또는 펄스를 발생시켜 뇌운의 전하와 작용토록 하여 멀리 있는 뇌운의 방전을 유도하여 보호범위를 넓게 하는 방식을 이온 방사형 피뢰방식이라 한다.

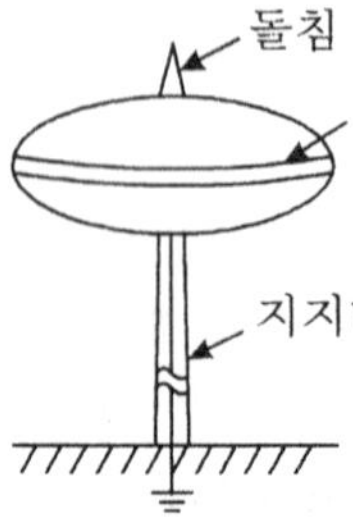

그림 12-19 최근의 피뢰침설비 예

12.5.4 보호범위와 보호각

피뢰설비의 보호범위는 피뢰침의 설치에 따라서 뇌의 직격(直擊) 위험으로부터 보호되는 피뢰침 주변의 대지와 공간을 말한다.

보호범위를 평면도로 표시하면 돌침의 위치를 중심으로 하고 일반 건축물에는 돌침 끝에서부터 보호하려는 면까지의 높이 h의 $\sqrt{3}$배를 반지름으로 하는 원, 그리고 위험물을 취급하는 건물에서는 높이 h의 1배, 즉 높이를 반지름으로 한 원에 둘러 쌓인 부분이다.

실제로 낙뢰시에는 뇌격전류의 크기에 따라 보호각이 광범위하게 달라지므로 보호각은 가급적 작게 잡는 것이 안전하며 중요건축물이나 대형 건축물에서는 롤링 스피어 방법에 따른 보호범위를 적용하고 있다. 그림 12-20은 그 예를 나타낸 것이다.

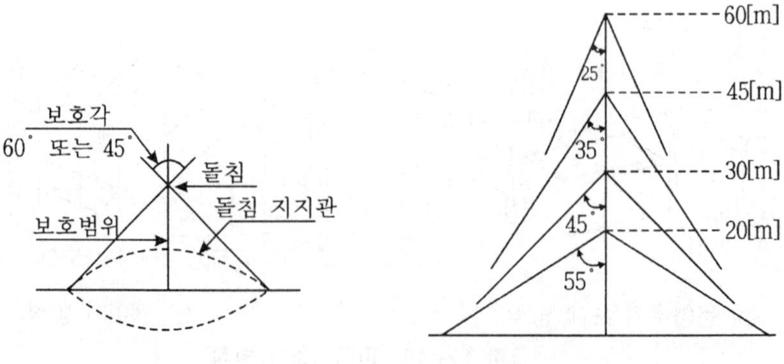

(a) 일반 예 (b) 높이에 따른 보호각 범위

그림 12-20 보호각과 보호범위

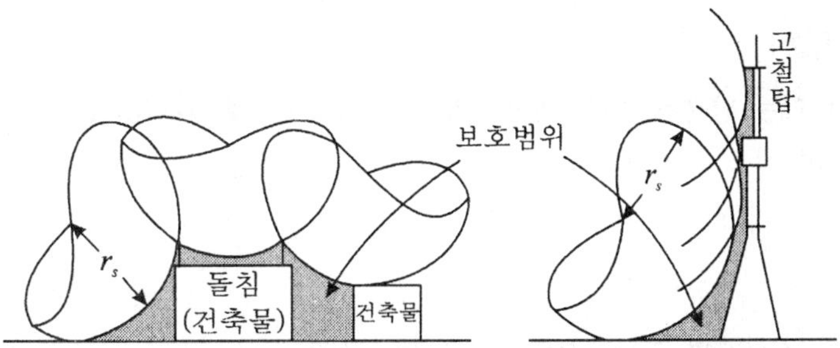

그림 12-21 롤링스피어(rolling sphere) 방법에 따른 보호범위

12.5.5 피뢰설비의 4등급

피뢰설비를 설계할 때는 피뢰설비의 보호능력과 경제성을 감안하는 것이 중요하고 이 피뢰설비를 보호 능력면에서 4등급으로 나누어 진다.

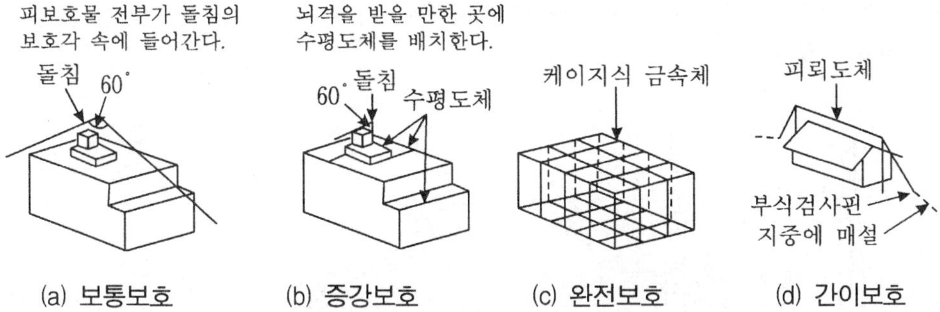

그림 12-22 피뢰설비의 4등급

[1] 보통보호

일반적으로 많이 사용하고 있는 피뢰 보호방식으로 돌침으로만 건축물 전체를 보호하는 방법이다. 증강보호가 바람직하고 철근콘크리트 건축물로서 옥상에 난간이 있는 경우에는 보통보호로 충분하다.

[2] 증강보호

건축물에서 60°내의 보호각 내에 있을지라도 낙뢰한 사례가 있어서 60°보호각으로는 충분한 보호 효과를 기대할 수 없다. 따라서 건축물 윗면의 모서리 부분, 뾰족한 형상을 한 부분의 위쪽에 수평 도체식 피뢰 설비를 보강하면 전체 보호능력은 현저하게 향상된다. 이러한 방식으로 피뢰설비를 증강시킨 것을 증강보호라 하며 중요 건축물로서 케이지 방식의 채택이 어려운 건물에서는 적용할 필요가 있다.

3 완전보호

높은 산위에 있는 관측소, 건물, 매점, 휴게소, 골프장 휴게소 등에 시설하여야 하며 어떠한 뇌격에 대해서도 뇌해가 가장 적은 방식이다. 케이지 방식, 이온 방사형 피뢰방식이 이에 해당한다.

4 간이보호

보통보호보다 간단하며 특히 뇌해가 많은 지방에서 높이 20[m] 이하의 건물에서 자주적인 피뢰설비로 시설할 때 이용한다. 다만, 간이설비이므로 건물의 일부에 약간의 손상이 있을 수도 있는 보호방식이다.

12.5.6 피뢰설비의 시공

1 돌침부의 시공

① 지지철물 및 취부대는 폭풍에도 충분히 견딜 수 있도록 시설하여야 한다.
② 돌침을 지지관에 삽입하고 하부에서 지지관으로부터 나사를 사용하는 방법, 납땜을 하는 방법이 있다.

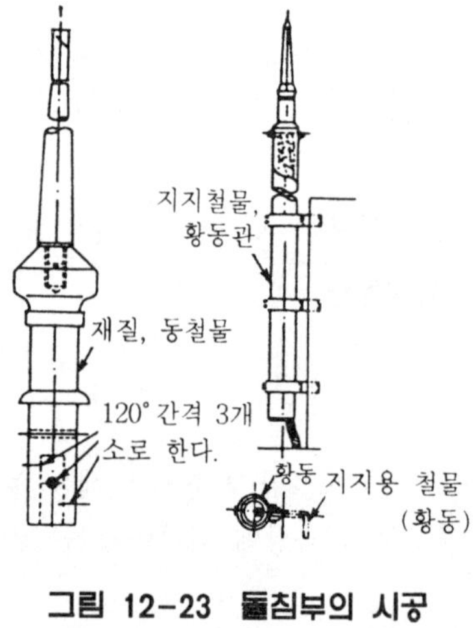

그림 12-23 돌침부의 시공

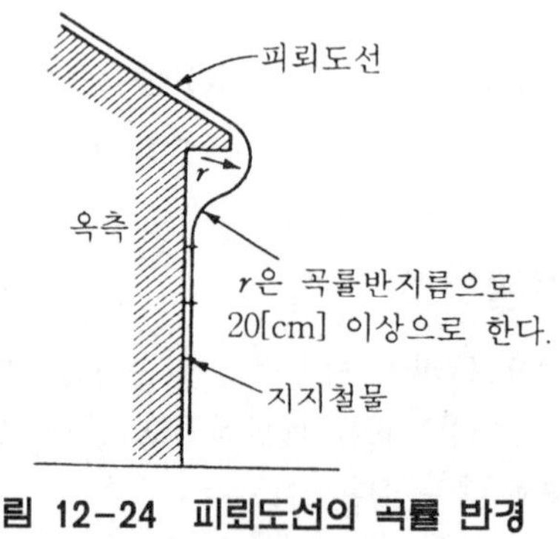

그림 12-24 피뢰도선의 곡률 반경

2 피뢰도선의 시공

① 동선의 경우에는 30[m²] 이상, 알루미늄선의 경우에는 50[m²] 이상으로 한다. 단, 알루미늄선관 선의 지중 매설을 금지되어 있다. 또한 동관의 경우 0.8[mm] 이상, 알루미늄관의 경우 2[mm] 이상의 두께를 가진 관을 사용하여야 한다.
② 도선을 굽히는 경우 곡률 반지름은 20[cm] 이상으로 한다. (그림 12-24)
③ 피뢰도선을 옥내로 인하하는 경우에는 사람이나 가축이 쉽게 접근할수 없도록 울타리

나 담장시설 등이 필요하다.

④ 인하도선이 지상에서 지중으로 들어가는 부분에는 나무, 도관, 경질 비닐관, 비자성 금속관 등으로 지상 2.5[m] 이상되는 곳에서부터 지하 0.3[m] 이상의 곳까지 기계적으로 보호한다.

⑤ 피뢰도선은 가급적 도중에서 접속을 하지 않도록 한다. 부득이 접속해야 할 경우에는 단자접속이나 슬리브 접속을 한다.

3 접지극의 시공

① 접지극은 각 인하 도선마다 1개 이상씩 접속한다.

② 접지극은 동판으로 두께 1.4[mm] 이상과 면적 0.35[m²] 이상의 것. 아연도금 철판으로 두께 3[mm] 이상과 면적 0.35[m²] 이상의 것을 사용한다.

③ 피뢰침의 접지저항은 10[Ω] 이하로 한다. 단, 접지극 단독 접지저항은 20[Ω] 이하로 한다.

④ 접지극은 각 인하도선의 하단을 상수면 밑에 오도록 매설한다. 단, 상수면이 3[m] 이상 깊은 경우의 접지극 하단은 지하 3[m]에 달하면 된다.

⑤ 다른 접지극과는 2[m] 이상 간격을 띄운다.

⑥ 접지극을 병렬로 연결하는 경우에는 그 간격을 2[m] 띄우고, 지하 75[cm] 이상 깊이의 곳에서 단면적 30[mm²] 이상의 나동선으로 접속한다.

⑦ 접지극과 피뢰도선은 전기적으로 완전히 접속한다. 접속부에는 피치 및 모르타르 등의 방식으로 처리한다.

⑧ 접지극의 매설 장소는 전하 포화가 일어나기 어려운 장소를 선정하도록 한다.

표 12-5 접지극의 접지저항

구 분	단독접지사항	총접지저항	비고
피뢰침		10[Ω] 이하	이 경우 독립피뢰침, 수평투영면적 50[m²] 이하의 피보호물로서 인하도선 1조일때는 접지저항은 10[Ω] 이하이다.
각 인하도선(접지극)	20[Ω] 이하		
독립가공지선	10[Ω] 이하		

⑨ 철골, 철근콘크리트의 건축물인 경우
금속제의 수도급수관 또는 수도배수관을 접지극의 1개로 대체해도 좋으나, 다음의 조건이 되어야 한다.
㉠ 수도관 자체의 접지저항 2[Ω] 이하
㉡ 다른 인하도선의 단독 접지저항 30[Ω] 이하
㉢ 상수도를 포함하지 않은 접지저항 20[Ω] 이하로 한다.

12.6 방재센터

방재센터 및 중앙 관리실은 방재관련설비 등을 총합적으로 감시, 제어하는 기능을 갖고 있기 때문에 화재의 발생부터 진화까지의 일련의 방재 활동을 적절하게 하고 나아가서 효과적으로 하게 하는 역할을 가지고 있다.

평상시는 방재설비 및 일반설비의 감시를 하는 장소로 사용되나 화재 등의 재해시에는 피해 상황을 파악하여 소화, 피난 등의 초기 활동에 필요한 지시를 하는 것과 더불어 건물 내부에 대한 정보를 전달하는데 이용된다.

화재발생 초기에 있어서는 자위 소방활동으로 총괄기능을 가지는 활동 거점으로 되며 소방대 도착 후에는 소방활동의 지휘본부로 사용하여 중추적 역할을 수행하도록 설계된다.

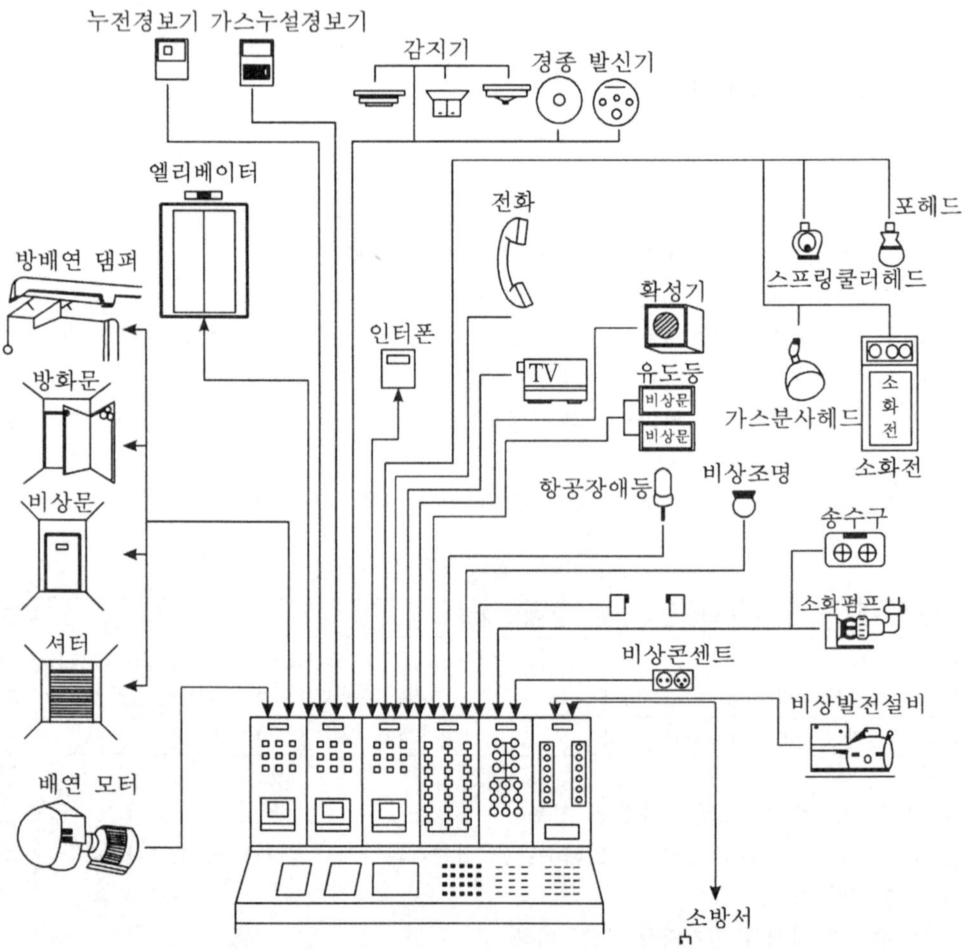

(a) 계통도

(b) 실체도

그림 12-25 중앙감시제어시스템의 예

12.6.1 기능과 구성

[1] 기능

① 일반 방재설비의 관리 및 방재활동을 용이하게 할 수 있어야 한다.
② 화재의 조기발견, 안전한 피난유도, 초기 소화작업이 용이하고 비상사태 발생시 사태 진압이 용이한 기능을 갖추어야 한다.
③ 소방기관에 신속한 연락 및 본격적인 소화진압을 위한 지휘통제가 용이하여야 한다.

[2] 설비구성

방재센터에서 제어 및 감시 할 설비의 구성은 다음과 같다.

① 자동화재탐지 설비, 방송설비
② 각종 소화설비의 상황 감시반
③ 기계환기설비
④ 중앙관리 방식의 공조설비
⑤ 배연설비의 감시반
⑥ 비상용 엘리베이터의 감시반

12.7 항공장애등 설비

항공장애등(航空 障碍燈)은 야간비행, 저공비행 등 항공기가 안전하게 운항할 수 있도록 설치하는 설비로서 항공의 장애가 되는 물건의 존재를 시각적으로 인식시키기 위한 등기구이다.

지표면 또는 수면으로부터 60[m] 이상 높이의 초고층 건축물이나 공작물은 항공 장애등과 주간장애 표시등을 설치하여야 한다.

12.7.1 항공장애등의 종류

1 저광도 항공장애등

① 점멸하지 않는 적색등, 광도 20[cd] 이상일 것.
② 광원의 중심을 포함하는 수평면아래 15° 상방의 모든 방향에서 식별할 수 있을 것.

2 중광도 항공장애등

① 1분당 20회 내지 60회 점멸하는 적색등 광도 2,000[cd] 이상
② 광원의 중심을 포함하는 수평면아래 15° 상방의 모든 방향에서 식별할 수 있을 것.

3 고광도 항공장애등

① 섬광하는 백색등 일 것.
② 광원의 중심을 포함하는 수평면아래 5° 상방의 모든 방향에서 식별할 수 있는 것일 것.
③ 실효광도가 배경의 밝기에 따라 자동적으로 변할 것.
④ 가공선을 지지하는 탑외의 구조물에 설치하는 경우 1분당 40~60회의 주기로 섬광하여야 하며 1개의 구조물에 2개 이상의 고광도 항공장애등이 설치될 경우 동시에 섬광할 것.
⑤ 가공선을 지지하는 탑에 설치할 경우 1분당 60회 주기로 중간등→상부등→하부등 순서로 섬광하여야 한다.

표 12-6 항공장애등의 특성

구분	저광도 항공장애등	고광도 항공장애등	위험항공등대
광색	항공적색	항공적색	항공적색
등질	부동관	명멸관(20~60회/min)	섬광(20~60회/min)
광도	20[cd] 이상	2,000[cd] 이상	7,500[cd] 이상
가시범위	광원의 중심을 포함한 수평면에서 15° 위쪽 전방향	좌와 동일	좌와 동일

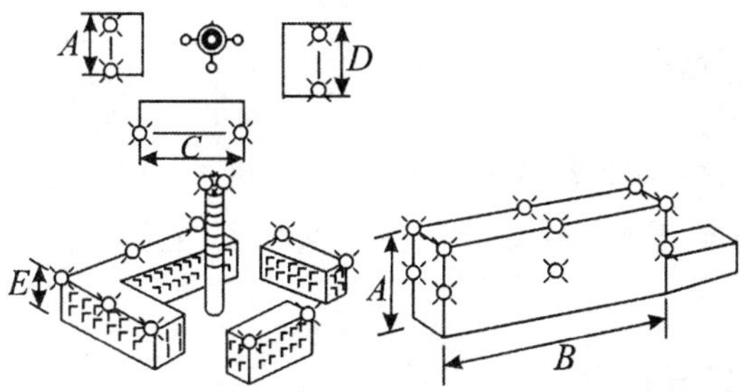

A, B = 45[m] (150′) − 90[m] (300′)
C, D, E > 45[m] (150′)

그림 12-26 항공장애등 설치

12.7.2 주간장애 표시 설비

항공기 등이 주간에 비행할 때 사고를 방지하기 위하여 설치하는 설비를 주간장해 표시 설비라고 한다. 주간장애 표시설비는 골조 구조물, 가공 전선로, 철탑, 기둥, 연통, 기타의 물건으로서 그 높이에 비하여 그 나비가 좁은 경우에 설치한다.

주간 장애표시설비는 도색기나 표시물로 하며 설치기준은 다음과 같다.

① 나비가 1.5[m] 미만의 부분과 그 이외의 부분으로서 수직방향의 길이가 1[m] 미만의 것은 적색이나 황색의 1색으로 칠한다.
② 그 이외의 부분도 칠을 하되 해당부분의 수평방향의 길이가 90[m] 미만의 경우에는 그 길이를 7등분하고 90[m] 이상 180[m] 미만의 경우에는 그 길이를 9등분하며 180[m] 이상의 경우에는 길이를 20[m] 간격으로 구분하고 각 부분은 꼭대기로부터 적색과 백색 순서로 번갈아 칠한다.
③ 가공지선의 경우는 지름이 0.5[m] 이상의 구형으로 적황색 또는 백색의 항공 장애구 표시물을 45[m] 간격으로 설치한다.

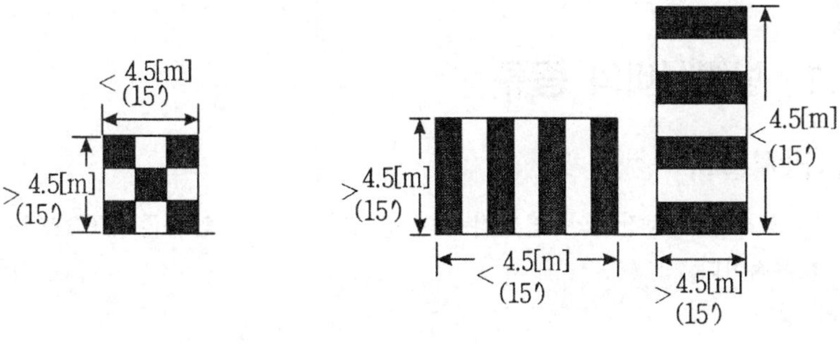

그림 12-27 주간 장애등 표시법

12.8 방범설비

방범설비란 도난방지와 예방을 목적으로 하는 설비로서 방범의 필요성과 용량에 따라 각종 감지기가 조합되어 설치되므로 금융기관, 박물관, 미술관, 귀금속 상점 등에 필요한 설비이다.

[1] 방범설비의 필요조건

① 쉽게 돌파할 수 없는 침입 저지 기능
② 이상상태의 신속, 정확한 검출
③ 검출 정보의 확실한 전송
④ 정보의 적절한 판단과 피해를 최소화
⑤ 경제적이며 설치 및 유지관리 용이
⑥ 평상시의 안전대책 확보

[2] 단말기의 종류

검출원리에 따라 단말기의 종류는 여러 가지로 분류할 수가 있다. 즉 접점에 의한 것, 빛에 의한 것, 음에 의한 것, 전자파에 의한 것, 진동에 의한 것, 영상에 의한 것 등이 있는데, 이들 단말 검출기의 종류를 표 12-7에 나타내었다.

표 12-7 감지원리에 따른 단말 검출기의 분류

감지방식	검출기의 종류	감지 방식	검출기의 종류
접 점	리미트 스위치 매트 스위치 푸시버튼 스위치 마이크로 스위치	전자파	초음파 마이크로파 광파 레이더
빛	적외선 ITV 기타	음	집음 마이크 도청기기
		진 동	바이브레이션

12.8.1 방범설비의 종류

[1] 침입방지설비

① 쇄정장치 : 기계적 쇄정장치와 전기적 쇄정장치가 있으며 인터폰, CCTV와 병행설치하면 더욱 효과적이다.
② 입실관리 장치
㉠ 카드키 방식, 비밀번호 누름, 음성판별방식, 지문, 손 형태 판별방식 등으로 입실자 확인 및 통제를 한다.

㉡ 카드키 방식이 주로 적용된다.

[2] 침입발견설비

① CCTV설비 : 연속감시, 순차감시, 영상기록 등으로 보호구역을 감시한다.
② 음성검지 Microphone : 음성은 Monitor 또는 스피커로 청취, CCTV와 병용, 금고실 등 소음이 낮은 곳에 특히 유효하다.
③ 전자개폐기 : Door Contact S/W, 문, 창의 개폐를 검출한다.
④ 리미트 스위치 : 기계적 접점을 이용하여 문, 창 셔터의 개폐를 검출한다.
⑤ 진동 검출기 : 유리창 절단 검출, 기계적 진동검출기, 전기적 진동검출기가 있음.
⑥ 방범선 : 피아노선 양단에 스프링을 설치하고 리미트 스위치를 고정한 선
⑦ 적외선 검출기 : 적외선 투광기/수광기를 이용하여 검출하는 기기
⑧ 초음파 탐지기 : 초음파를 발사하여 이동체의 Doppler 효과를 이용하여 탐지하는 기기
⑨ 전파식 검출기 : Doppler 효과를 이용한 단파식 또는 마이크로식 검출기
⑩ Tape Switch : 2개의 동대를 밀봉한 Tape의 인장 압력으로 동작하는 스위치
⑪ Mat Switch : Mat에 중량이 가해지면 동작하며 통로에 설치한다.

[3] 방범 연락설비

① 비상통보설비 : 전용전화선, 자동전화 호출로 통보하는 설비
② 인터폰설비
③ 비상벨, 사이렌설비
④ 확성장치 : 관계자에게 통보하고 비상방송 또는 업무용 방송에 이용하는 장치

[4] 방범감시반

① 각 단말기에 상태표시, 전기잠금장치의 원방제어, 동작기록, 이상통보 기능과 수위실, 중앙감시실, 방재센타 등에 설치한다.
② 경제적인 계획과 단말기종 및 배치의 적정화, 조작부의 간결명료한 설비, 방재계획과 경비계획의 조정 등이 요구된다.
③ 구성 : 상황표시설비, 모니터설비, 제어장치, 기록장치, 통보장치 등으로 구성한다.

[5] 종합방범설비 시스템

방범설비 적용시 각각의 시설물을 별도로 설치하는 것은 의미가 없으며 여러가지 방범 시설을 조합하여 서로 유기적인 보완 관계를 가지도록 종합방법설비 시스템을 구축하여 운영하는 것이 바람직하다. 방범설비 감시반은 방재센터가 설치되어 있는 경우 빌딩 관리 시스템과 연계하여 구성하면 더욱 효과적이다.

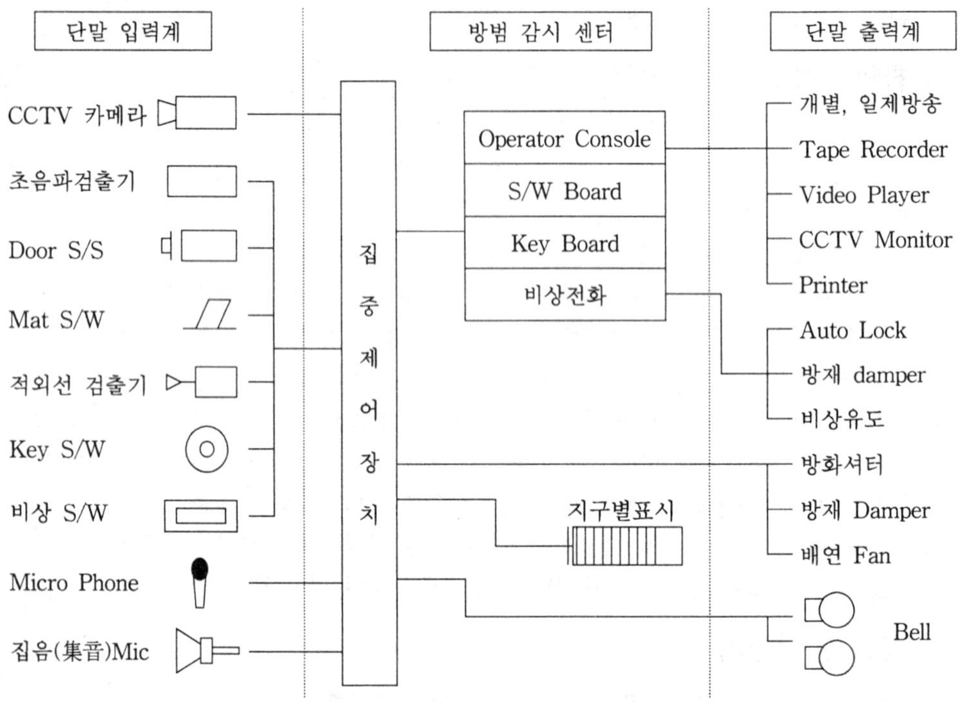

그림 12-28 종합방범설비(예)

연 습 문 제

1. 자동화재탐지설비에 대하여 설명하시오.

2. 비상경보장치에 대하여 설명하시오.

3. 발신기의 종류를 들고 설명하시오.

4. 감지기의 특성을 들고 설명하시오.

5. 도난 방지 장치의 입력 센서의 종류를 들고 설명하시오.

6. ITV의 구성을 들어 설명하시오.

7. 수신기의 특성에 대하여 설명하시오.

8. 다음 도면을 보고 물음에 답하시오.

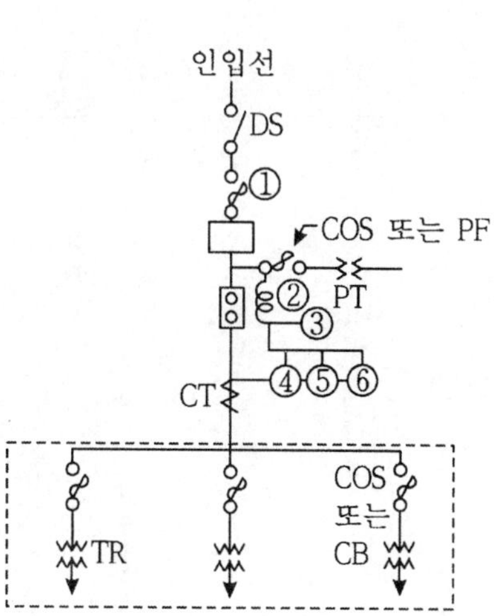

가. 피뢰기가 설치될 위치는?
나. 보기에 ①과 ②의 약호를 쓰시오?
다. ③ ④ ⑤ ⑥의 명칭을 쓰시오.

[답] 가. ① (PF) 상단 나. ① PF ② TC
다. ③ : 지락과 전류 계전기 ④~⑥ 교류 과전류 계전기

9. 154[kV] 중성점 직접접지 계통에서 접지계수가 0.75이고, 유도가 1.1이라면 전력용 피뢰기의 정격전압중 어느 것을 택하여야 하는가?(4점) (단, 피뢰기 정격전압 표준값 [kV]은 126, 144, 154, 168, 182, 196등이 있다.)

[답] 피뢰기 정격전압 $V=\alpha\beta U$[kV]에서
(α : 접지계수, β : 유도계수, U : 절연설계상 고려할 최고 상용주파 전압)
$V=0.75\times1.1\times170=140.25=144$[kV]

제13장

인텔리젼트 빌딩

13.1 인텔리젼트 빌딩의 개요

13.1.1 인텔리젼트 빌딩의 개념

1 정의

인텔리젼트 빌딩(Intelligent Building)이란 총명한 두뇌를 가진 빌딩과 같아서 고도화 정보 빌딩 또는 스마트 빌딩(Smart Building)이라고도 한다.

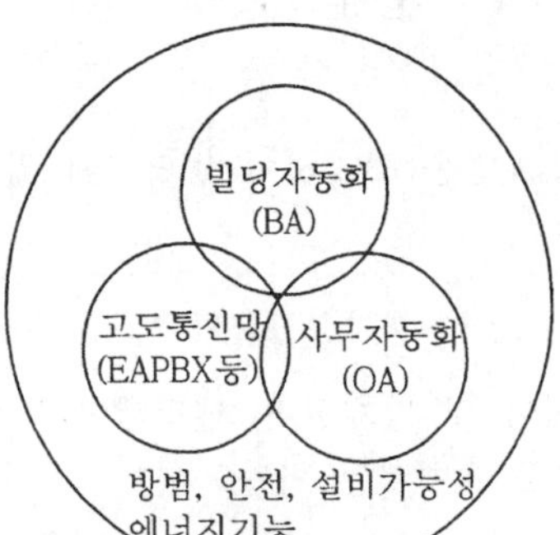

그림 13-1 인텔리젼트 빌딩의 개요

인텔리전트 빌딩은 컴퓨터, 정보통신 등의 최첨단기술을 조합하여 빌딩의 전력, 공조, 조명, 방재, 방범, 운송설비의 빌딩 자동화(BA : Building Automation) 기능과 이른바 종합정보통신망(ISDN : Integrated Service Digital Network)인 텔리컴뮤니케이션(TC : Tele Communications) 기능 및 사무자동화(OA : Office Automation) 기능을 각각 단독설비가 아니라 전체로서 효율을 발휘하는 빌딩이다.

[2] 기능

(1) 쾌적한 환경 조성

① 시각 환경 : 기존의 사무실 개념을 탈피하여 사무자동화를 사용하는데 눈부심, 조도의 불균일 등으로 인한 불쾌감이 없도록 시작업 대상인 타스크(Task)와 시환경인 엠비언트(Ambient)의 양쪽을 적절히 조명하기 위해 실시하는 조명방식을 채택하여야 한다.

② 적정한 온도·습도 유지

③ 건축물 마감의 색상과 조명과의 조화

(2) 정보통신기반 서비스

① 각종 통신방식, 기기의 변화에 대응할 수 있는 유연성이 있는 기능을 확보하여야 한다.

② Free Access Floor, Floor Duct, 무정전 전원장치, 컴퓨터 설치가 가능한 건축 구조, 분산공조방식, 광 Cable포설 등이다.

(3) 기본 통신 서비스

① 전화를 통한 기본적인 음성통신 제공

② 데이터 자료 전송, Fax 전송

③ 공중 비디오 텍스망(Video Tex)

④ 영상회의 통신망

(4) 고도 통신 서비스

빌딩 상호간, 기업상호간, 지역상호간의 종합정보 서비스 기능

(5) 사무자동화 서비스

빌딩 내에 근거리 통신망(LAN)을 구성하여 빌딩전체 입주자가 상호 사무에 관한 정보교환이 원활하도록 하는 기능

(6) 빌딩 자동화 서비스

① 전기, 위생, 공조의 중앙제어 및 방재설비, 엘리베이터 설비, 방범설비 등을 다른 사무자동화 기능과 연결하여 통합 운영하는 기능

② 통합운영에 따른 인건비 절약, Energy Saving을 이룰 수 있으며, 쾌적하고 신뢰성 있는 설비의 가동을 수행할 수 있는 기능

13.1.2 인텔리전트 빌딩의 필요성

1 출현 배경

빌딩의 많은 건설과 입주자 확보 경쟁, 전자산업 등의 기술진보, 건물의 유지비 향상, 통신의 자유화가 인텔리젼트 빌딩의 출현 배경이 되며 변천과정을 4세대로 분류할 수 있다.

제1세대 : 벽돌, 철근, 콘크리트 사용빌딩

제2세대 : 냉난방이 완비된 빌딩

제3세대 : 초고층 빌딩, 공조설비, 방재설비, 방범설비 등을 갖추고 일괄 감시제어하는 빌딩

제4세대 : 인텔리젼트 빌딩

2 필요성

오늘날 정보화 사회에서는 모든 분야에서 필요한 정보를 얼마나 많이 그리고 빠르게 입수하여 활용하느냐에 따라 사업의 성패가 좌우될 수 있기 때문에 기업의 생산성을 높이기 위해서는 높은 부가가치의 정보가 첨단 정보시스템을 통하여 효율적으로 유통될 수 있는 환경이 요구되고 있다.

이에 따라 사무실의 환경도 쾌적한 근무 환경을 제공함으로서 지적 생산성을 극대화 할 수 있는 첨단 정보빌딩이 필요하게 되었다.

13.1.3 인텔리전트 빌딩의 구성 요소

1 통신정보체계

디지털 개인자동교환기(DPABX) 등을 이용하여 내·외부와의 통신을 가능케 하는 고도의 통신정보체계(TC : Telecommunication)이다.

통신회선을 이용하여 사무실내, 빌딩내에서의 네트워크화(Network)와 외부와도 통신망을 접속시키는 것이 첨단 정보화의 필수조건이며 고기능 전화 이용이나 FAX, VIDEOTEX 및 화상통신 등이 가능한 전송, 교환서비스, 음성 Mail, 문서 Mail등 전자 Mail 서비스, 정보 TV, 영상 회의를 비롯한 통신회의 서비스를 제공한다.

2 사무자동화체계

근거리통신망을 중심으로 고도의 정보처리, 통신처리를 가능케 하는 사무 자동화체계로서 종래에는 사람의 수작업에 의해 행하던 업무처리를 사무 자동화기기를 이용하여 작업을 하는 것을 말하며 정보 및 사무처리된 내용을 통합화, 고도화 할 수 있다.

서비스 내용은 문서처리 서비스와 의사 결정지원, 스케줄관리 등 다양하고 소프트웨어를 개발 적용시켜 최적의 서비스를 제공할 수 있다.

3 건물자동화체계

전기설비, 조명설비, 건물의 냉·난방 설비를 효율적으로 관리 운전 상태를 감시 및 조명설비를 자동화함으로서 쾌적한 근무 환경을 제공하는 시스템이다.

4 방범체계

건물내의 중요 지역의 보안 및 안전을 관리하며 화재감시, 주차관제 등을 통제하는 통합 방범체계(IS : Integrated Security)로서 방범(침입감시, 순찰), 방재시설, 엘리베이터 등에 CCTV나 각종 감지 기술을 응용하여 자동감시, 자동경보, 자동운전을 통해 적절하게 제어하는 체계를 말한다.

13.1.4 정보화 빌딩의 특성

1 생산성(Productivity)

정보통신과 OA의 결합으로 각종 업무의 자동화, 전산화를 통하여 24시간 업무가 가능해지고 사람과 기계가 공존하는 공간을 모듈화하여 운용함으로써 지적 생산을 제고시킬 수 있다.

2 융통성(Flexibility)

조직, 업무 및 정보통신기기 변화에 적응할 수 있어야 한다.

3 경제성(Economization)

첨단 시설이 적용된 정보화 빌딩은 냉·난방, 전기 수도 등 에너지 분야에서 약 20[%] 이상 절감, 시설유지, 운용 인력면에서 20~30[%] 절감되며 사무 생산성에서는 30~40[%]의 향상이 예상되므로 경제적으로도 투자 효과가 있다.

4 독창성(Originality)

건물은 기업문화의 창출, 도시문화 형성에 기여하여 독창적인 건축 예술성이 함축된 첨단 정보 빌딩이 요구된다.

13.2 SCADA 시스템

SCADA 시스템은 Supervision Control And Data Acguisition의 약자로서 발전소간 전력 감시 제어를 자동화한 시스템이다. 1886년 한국전력에서 최초로 美 HARRIS 시스템을 도입하였다. SCADA 시스템은 전자, 통신, 컴퓨터 계측제어, 전력설비 및 계통 운용분야 등이 총 망라된 시스템이나 시스템 자체의 기본구성은 컴퓨터와 통신장치이며 전력설비가 단말장치에 직접 접속된 일종의 Data 시스템이라고 할 수 있다.

SCADA 시스템의 기본 목적은 무인 변전실화, 무인제어 및 정보관리, 무인계측 및 기록에 있다.

1 SCADA 시스템의 구성

집중 제어소의 정보전달 장치, 정보처리장치, 감시용 표시 장치, 제어조작반과 피제어소 간의 정보전달 장치, 말단의 변화기 등으로 구성된다.

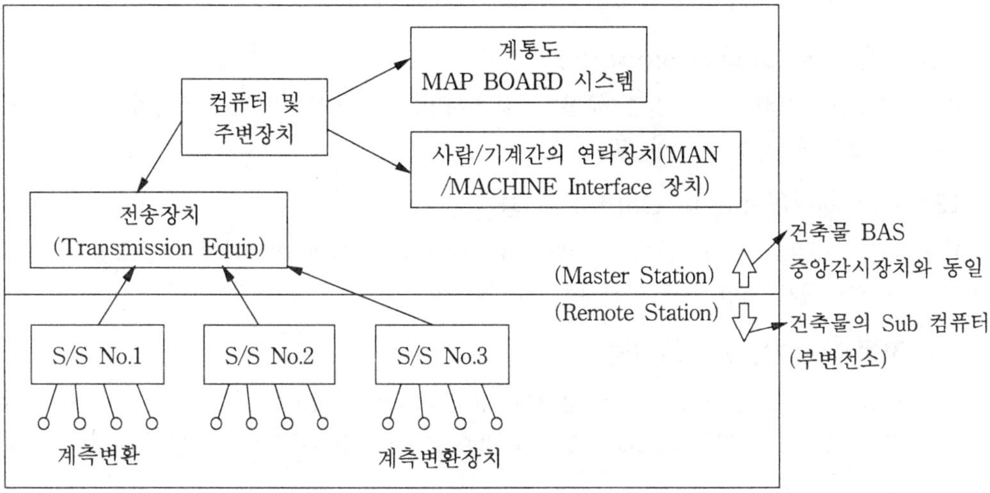

그림 13-2

(1) 컴퓨터 및 주변장치

① 전체 시스템을 통괄제어하는 핵심적인 내장 컴퓨터이다.

② 집중원 방 감시제어 기능을 Real time으로 처리하기 위해 각종 프로그램을 수행하고 필요한 모든 결과 및 정보를 출력시킨다.

(2) MAN/MACHINE Interface 장치

① SCADA 시스템의 이용은 운전원이 하므로 시스템(기계)과 운전원(사람)사이에 자유로운 대화(연락)가 있어야 시스템 운용의 목적을 충적시킬 수 있다.

② Control desk, CRT, Logger, 전력계통반 경보장치 등으로 구성된다.

(3) 전송 장치

① 자료 취득 및 상호통신을 할 수 있는 장치

② 각 원격 변전소로부터 필요한 정보를 중앙으로 받아들이고, 중앙의 원방조작신호를 전송함으로서 중앙과 단말간의 정보전송을 위한 제반장치를 말한다.
(장거리용 Transceiver, Modem 등)

(4) 원격소 장치

각 변전소에 설치된 단말장치(Remote terminal unit)로서 통신부, 공통제어부, 신호 변환부로 구성되며, 필요한 모든 Data로 취득하여 중앙으로 전송한다.

(말단에 설치되는 각종 Transducer를 포함한다.)

2 SCADA 시스템의 기능

(1) 원격 계정(telemetering) 및 자동 기록(Logging)기능

모든 자료를 자동적으로 일정주기로 측정, 기록한다. 또 사고나 이상상태를 자동기록하도록 되어 있다.(전압, 부하량, 무효전력, 역률, 전력량, 주파수 등)

(2) 원방 감시(Supervision)기능

전력 계통 및 송배전선의 각종 차단기, 보호계전기, 주변압기등의 Tap위치, 소비 전원 및 출입문 상태 등을 원방 감시 할 수 있다.

(3) 원격 제어(Remote Control)기능

변전실의 무인운전이 가능하도록 차단기의 원격투입 조작과 변압기의 전압조정, 오동작 방지 등을 원방에서 투입 차단 조작하는 기능을 가진다.

(4) 자동경보(Alarming)기능

변전실의 화재, 보안, 상태는 물론 전력계통의 이상 발생 사고 등을 분석하여 경보를 발하여 주고 각종상태를 기록함으로서 많은 변전소를 집중 감시제어하는 기능을 도울 수 있다.

3 SCADA 시스템의 효과

모든 계통의 운전과 통제를 인간의 경험과 전화계통만으로 통제하던 종래 시스템에서의 문제점

① 인간 능력의 한계가 있다 : 전자계산기에 의한 정보로 조작 운영하여 통제범위가 넓어진다.

② 송수신 정보의 부정확 및 부정확한 Data 취득 : 전자장비에 의한 정확한 Data 취득으로 정보의 정확도가 증진된다.

③ 사고 발생 감지의 지연 : 사고 발생의 조기 감지 및 신속한 조치가 가능하다.

④ 합리적 계통운영이 불가하고, 사고의 확대 및 전력 손실의 우려가 크다 : 계통은 합리적으로 운용할 수 있고 전력공급 신뢰도가 향상된다.

⑤ 수작업에 의한 기록
⑥ 많은 인력이 소모된다.
→ 주기적인 자동기록으로 시간대별 정확한 데이터가 기록되고 인력절감이 가능해진다.

4 SCADA 시스템의 향후 전망

전력수요의 급증과 고신뢰도의 요구에 수반하여 배전계통 또한 다양화, 고도화되고 있다. 이에 종래 수동 조작 시스템의 제반 문제점을 해결한 SCADA 시스템은 각 부하율의 Sub Station 계통은 중앙 집중 센타(Main Control Center) 등에 기능을 집중시키고 컴퓨터 장치, 전송장치, 개폐기에 대한 종합적인 배전자동화(ADS)로 선로의 신뢰도 향상에 크게 기여 하였다. 향후 발전가능성이 높은 SCADA 시스템의 광범위한 적용을 위해서는 추

후 기존 변전소의 Back Power Control 시스템과의 상호 호환성을 위한 Software 체계의 표준화 및 더욱 향상된 신뢰도가 요구되고 있다.

13.3 전력설비 중앙감시제어 시스템

중앙감시제어 시스템의 적용대상에 따라 배전선로 SCADA, 전력설비(산업설비)SCADA, 빌딩 감시제어 시스템(BAS)으로 구분할 수 있는 바 여기서는 건축물의 전력설비에 적용되는 중앙감시제어 시스템에 대하여 논하고자 한다.

근래 건축물이 대형화, 첨단화 됨에 따라 전력설비의 감시제어 기능에도 많은 변화가 일어나 전력의 안정적인 공급, 신뢰도 향상 목적뿐만 아니라 부수된 여러 기능과 효과를 얻을 수 있는 중앙 감시 제어 시스템의 비중이 높아지고 있다.

1 중앙감시제어 시스템의 구성

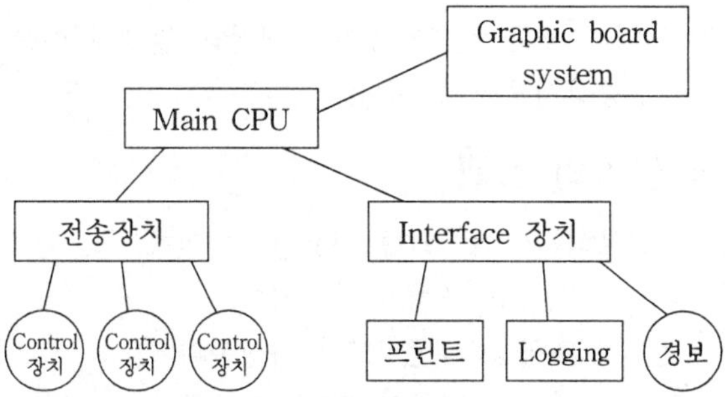

그림 13-3

(1) 중앙 CPU 및 주변장치

전체 감시제어 설비를 총괄제어하는 핵심적인 내장 컴퓨터로서, 집중 원방 감시제어기능을 Real time으로 처리하기 위해 각종 프로그램을 수행하여 필요한 모든 결과로 정보를 출력시킨다.

(2) 컴퓨터와 운용자 간의 연락장치

운용자와 컴퓨터간의 자유로운 대화(연락)가 있어야 시스템 운용의 목적을 충족시킬 수 있다. 장치로는 CRT, DATA Logger, PRINTER, 전력계통반, 경보장치, 기록계 등으로 구성된다.

(3) 전송 장치

자료 취득 및 Signal 전송장치로 필요한 정보를 중앙제어실에서 받고 보냄으로써 정보 전송을 한다. 제반장치들로는 트랜듀서, 모뎀, 변환기 등으로 구성된다.

2 중앙감시제어 설비의 기능

(1) 자동기록, 측정기기

모든 자료를 자동으로 일정주기로 측정기록한다. 측정대상은 전압, 부하량, 각종전력, 역률, 주파수 등이며 이상 상태도 기록한다.

(2) 원방 감시 기능

전력계통 및 배전선의 각종 차단기, 보호 계전기의 동작상태 및 사고 등을 감시하는 기능이다.

(3) 원격 제어 기능

차단기의 ON/OFF 및 변전실의 무인운전이 가능하도록 원격제어 하는 기능으로 오동작 방지 등에 대한 보완기능도 가지고 있다.

(4) 자동 경보 기능

변전실의 화재, 보안 상대는 물론 전력계통의 이상상태 발생시 이를 분석하여 경보를 발하여 줌으로써 한곳에서 집중감시제어 할 수 있다.

3 중앙감시제어 설비의 효과

① 컴퓨터에 의한 정보처리로 많은 데이터를 이용할 수 있다.
② 사고 발생의 조기 감지 및 신속한 조치가 가능하다.
③ 계통의 합리적 운용 및 전력 공급의 신뢰도가 향상된다.
④ 각종 기록의 주기적인 정확한 자동기록이 된다.
⑤ 인력 절감에 따라 운용비가 절감된다.
⑥ 생 에너지화의 목적이 달성된다.

4 중앙감시제어 설비의 적용

전력 수요의 급증과 고 신뢰도의 요구에 따라 (배전계통)전기설비 계통도 다양해지는 반면 부하 개폐기의 제어는 종래 대부분 수동조작으로 사고시 복구작업에 시간이 많이 소요되었다.

각 전력계통을 중앙집중설비로 기능을 집중시켜 모든 부분의 합리적인 운영 효과를 가져올 수 있는 중앙감시제어 설비의 적용시 다음과 같은 사항을 상호 검토하여야 한다.

① 전력설비가 기준 이상으로 대형화 되어야 효과가 크다.
② 공조 제어설비 등 다른 제어설비와의 관계를 고려한다.
③ 운용자의 철저한 교육 여부를 검토한다.
④ 적용 시스템의 적정 여부 및 호환성 여부를 검토한다.
⑤ 시설 투자비에 대한 효과에 따른 회수비를 비교 검토한다.
⑥ Software의 적용 기능과 범위 등을 결정한다.

연습문제

1. 인텔리젼트 빌딩의 구성요소를 설명하시오.

2. 인텔리젼트 빌딩의 수변전 설비에 대하여 설명하시오.

3. 인텔리젼트 빌딩의 부하설비 산정법에 대하여 설명하시오.

4. 인텔리젼트 빌딩의 에너지 절약 방법에 대하여 설명하시오.

5. 인텔리젼트 빌딩의 구축효과에 대하여 설명하시오.

6. 인텔리젼트 빌딩의 OA 서비스 기능에 대하여 설명하시오.

7. 국내 인텔리젼트 빌딩의 현황과 문제점을 설명하시오.

8. 고도의 통신 서비스 기능을 설명하시오.

9. 정보통신 기반 서비스 기능에 대해 설명하시오.

10. 인텔리젼트 빌딩의 설계방침을 설명하시오.

11. SCADA 시스템의 구성과 특징에 대해 설명하시오.

12. 전력중앙감시제어 시스템의 구성을 구체적으로 설명하시오.

제14장

접지설비

14.1 접지의 개요

접지란 어떤 대상물을 전기적으로 대지에 낮은 저항값으로 연결시키는 것으로 목적에 따라 전력계통에서의 계통접지, 기기접지, 피뢰용 접지 등의 강전용 접지와 약전계통의 노이즈 대책용 접지, 기준화용 접지, 등전위화 접지 등의 약전용 접지로 크게 나누며 전력계통에서의 접지는 보안용 접지로써 인간의 안전과 전기설비나 전기기기의 소손방지 및 안전을 확보하기 위하여 설치하며 약전계통의 접지는 전기전자통신설비기기의 동작을 확보하기 위해 설치된다.

14.1.1 접지의 목적

① 계통에 고장전류나 뇌격전류의 유입에 대한 기기 보호, 계통의 안전
② 감전사고에 대한 인체보호 목적으로 기기의 외함에 설치
③ 계통회로전압유지 및 보호계전기 동작의 안정, 계통보호 및 안전
④ 정전차폐 효과 유지

등의 목적으로 설치한다.

14.1.2 접지 설계시 고려사항

[1] 토양의 특성 및 대지 저항율

(1) 토양의 성질

① 접지저항값은 토양의 특성과 가장 깊은 관계를 갖고 있으며 토양의 특성은 토양을 구성하는 토립자, 물, 공기의 3요소에 의해 결정된다.
② 토립자는 접지극과 토양을 연결시켜주는 역할을 하는 매체로서 점토, 마사, 세사, 조사, 자갈 순으로 접촉 저항이 커진다.
③ 토양에 포함되어 있는 물의 농도에 따라 고유저항이 달라진다.
④ 토양의 고유저항은 토립자와 물의 혼합에 의해 결정된다.
⑤ 토양의 고유저항율에 영향을 미치는 요소로써
ㄱ 토양의 종류
ㄴ 토양에 함유된 수분의 양
ㄷ 토양에 함유된 물에 용해되어 있는 물질 및 농도
ㄹ 토립자의 크기
ㅁ 토양의 밀도
ㅂ 토양의 온도가 있다.

표 14-1 토양의 종류와 저항율

토 양 의 종 류	대지 고유저항율[Ω · m]
점토질 습지	1~15
밭	1~20
습지하층 모래질	10~100
산지점토	20~200
산지(자갈, 암반)	200~500
하천, 하상자리(모래, 자갈)	100~500
적 토	5~50

토양의 고유저항이 300[Ω · m] 이내이면 접지 시공이 가능하며 300[Ω · m]을 초과할 경우 별도의 접지대책이 필요하다.

(2) 대지고유저항 측정법

대지고유저항 측정방법으로 Wenner의 4전극법, 전기 검층법, 역산법, 코올라쉬 브리지법, 접지저항 테스터법 등이 있다.

① Wenner의 4전극법
ㄱ 4개의 전극을 일직선 등간격으로 설치하여 C_1, C_2에 교류 전류를 공급하고 P_1, P_2

간의 전압을 측정하는 방법.

$$a=200d \tag{14-1}$$

$$R=\frac{V}{I},\ R=\frac{\rho}{2\pi a} \tag{14-2}$$

$$\rho=2\pi aR=40\pi dR=40\pi d\frac{V}{I}=2\pi a\frac{V}{I} \tag{14-3}$$

㉡ a가 넓은 경우에 $\rho-a$곡선을 유의해야 한다.

㉢ $\rho-a$곡선에 따라 지층의 구조를 추정할 수 있다.

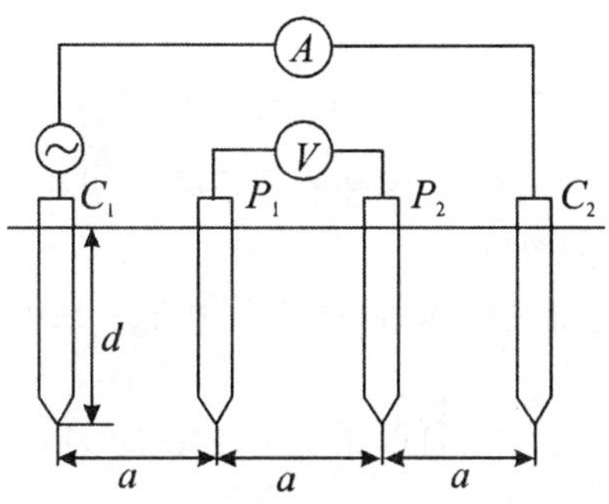

그림 14-1

② 코올라쉬브릿지법

㉠ 삼각법이라고 하며 전극을 정삼각형 배치하고 극간 저항값에 의해 대지 저항율을 구하게 된다.

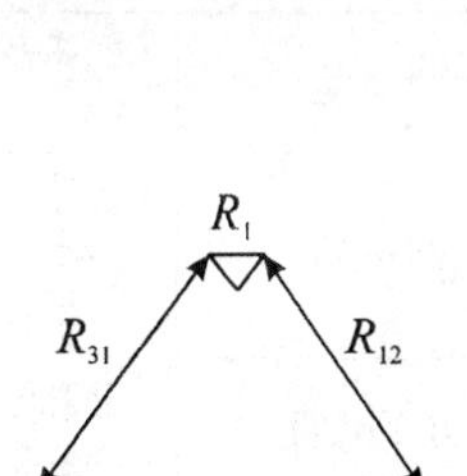

그림 14-2

$$\left.\begin{aligned} &R_1+R_2=R_{12}\text{의 연립방정식을 풀면 } R_1R_2R_3\text{는 각각 } R_1=\frac{1}{2}(R_{12}+R_{31}-R_{23}) \\ &R_2+R_3=R_{23}\text{의 연립방정식을 풀면 } R_1R_2R_3\text{는 각각 } R_2=\frac{1}{2}(R_{12}+R_{23}-R_{31}) \\ &R_3+R_1=R_{31}\text{의 연립방정식을 풀면 } R_1R_2R_3\text{는 각각 } R_3=\frac{1}{2}(R_{13}+R_{23}-R_{12}) \end{aligned}\right\}\text{이고} \tag{14-4}$$

$R=\rho\cdot\frac{l}{S}$, 고유저항 $\rho=\frac{RS}{l}$에 의하여 구한다.

③ 접지 테스터에 의한 접지저항 측정

[2] 인체의 허용전류

① 지락전류가 인체에 미치는 영향은 인체를 관통하는 전류의 크기, 지속시간 경로 및 인체의 저항에 따라 다르게 나타난다.

② 인체를 통과하는 전류의 크기에 따라 인체가 자극을 느끼면서 경련이 심한 경우에 심실세동 현상까지 발생한다.

③ 인체에 생리적 반응을 일으키는 전류의 크기에 따라 감지전류, 경련전류, 심실세동전류 등으로 분류한다.

표 14-2 생리적 반응을 일으키는 전류 크기

	전 류 크 기	특 징
감지전류	0~0.5[mA]	· 감지할 수 있음
경련전류	5~30[mA]	· 호흡곤란, 혈압상승, 경련발생 →수분까지 견딜수 있음
심실세동전류	30~50[mA]	· 심장고동 불규칙, 경련발생 →수초까기 견딜수 있음 →수분통과시 심장정지
	50~100[mA]	· 강력한 shock 현상 · 수초통과시 심실세동
	100[mA] 이상	· 심실세동 발생

[3] 접촉전압과 보폭전압

(1) 접촉전압

접촉전압이란 접지한 도전성 구조물과 구조물 주위 1[m] 이내의 지표상의 전위차를 말한다.

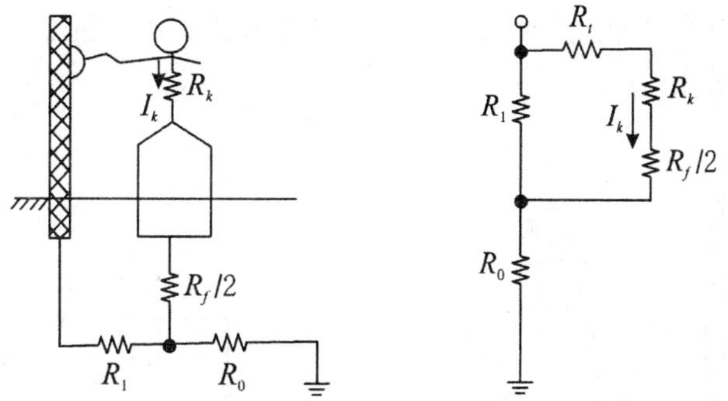

그림 14-3 접촉전압 회로도

그림에서 R_k : 인체몸통저항(1,000[Ω]),

R_f : 대지와 다리 사이의 접촉저항,

R_1 : 대지저항,

R_t : 몸체와 기기의 접촉저항

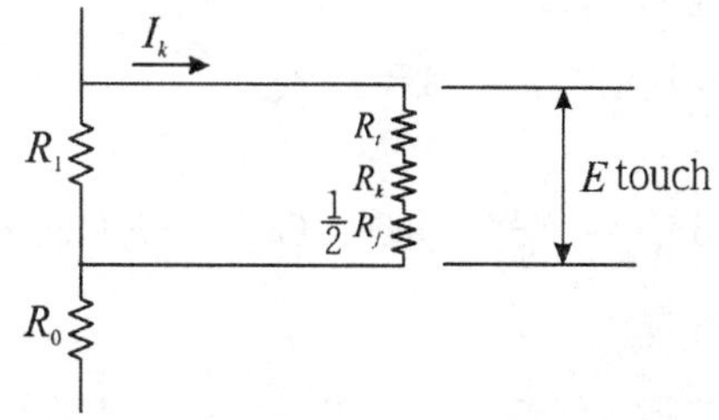

그림 14-4

그림 14-4에서의 접촉전압 E_{touch}는 R_1에 걸리는 전압이 되므로

$$E_{\text{touch}} = I_k\left(R_t + R_k + \frac{R_f}{2}\right) \tag{14-5}$$

와 같으며, 대지저항율을 ρ_s라 할 때 접촉저항과 대지와의 접촉저항은 $2\left(R_t + \frac{R_f}{2}\right) = 3\rho_s$로 간략시켰을 때의 접촉전압은

$$E_{\text{touch}} = I_k\left(R_k + \frac{3}{2}\rho_s\right) = \frac{0.155}{\sqrt{t}}\left(1000 + \frac{3}{2}\rho_s\right) = \frac{1}{\sqrt{t}}(155 + 0.23\rho_s)[\text{V}] \tag{14-6}$$

와 같다.

(2) 보폭전압

뇌격전류나 지락전류 등에 의한 고장전류가 접지전극으로 유입했을 때 접지전극을 중심

으로 주위에 전위차가 발생, 이 때 접지극 주위의 두점간 거리 1[m]을 기준으로 한 전위차를 보폭전압이라 한다.

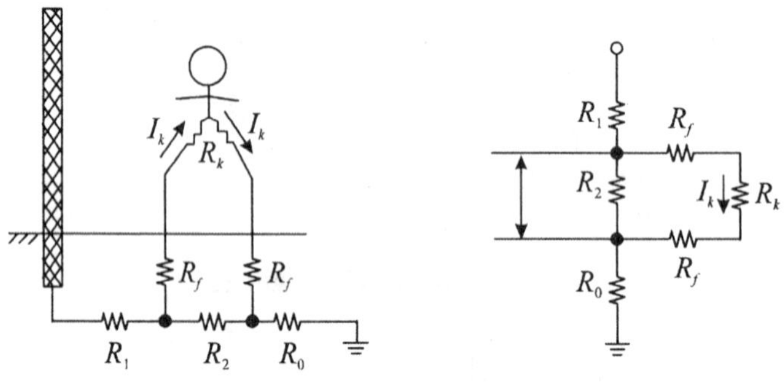

그림 14-5 보폭전압 회로도

그림에서 R_1, R_2, R_0 : 대지저항, R_f : 인체와 대지 사이의 접촉전압, R_k : 인체저항(1000 [Ω]), I_k를 인체통과전류라 하면 그림 14-5의 회로도에서 보폭전압 E_{step}는

$E_{\text{step}} = I_k(R_k + 2R_f)$이고,

$R_f = 3\rho_s$로 간략시킬 경우의 보폭전압은

$$E_{\text{step}} = I_k(R_k + 6\rho_s) = \frac{0.155}{\sqrt{t}}(1000 + 6\rho_s) = \frac{1}{\sqrt{t}}(155 + 0.93\rho_s) \qquad (14\text{-}7)$$

이다.

(3) 보폭전압, 접촉전압 저감대책

① 접지기기주변 1[m] 위치에 0.2~0.4[m] 정도의 깊이로 보조접지선을 매설하고 주접지선과 접지시킨다.

② 접지기기, 철구 주위에 자갈, 콘크리트 등으로 15[cm] 정도 타설한다.

4 접지전위상승

① 접지전극에 고장전류가 유입되면 접지극을 중심으로 지표면의 전위가 상승하게 된다.

② 이때 접지전위상승값은 접지극의 종류, 형상, 매설깊이, 대지저항율에 따라 영향을 받는다. 이때 접지전위상승값 $E_R = RI$[V]로써 접지설계시 대지전위 상승값 E_R은 허용할 수 있는 범위로 억제시켜야 하며 인체에 대하여는 보폭전압, 접촉전압등에 대한 허용전위 상승값을 또 기기에 대하여는 기기의 절연 내력을 나타낸다.

14.2 접지저항값

접지저항값은 접지극의 크기, 접지극의 매설 깊이, 토양의 고유저항 등에 따라 그 값이 결정된다.

[1] 접지봉의 접지저항값

① 접지봉 1개의 경우

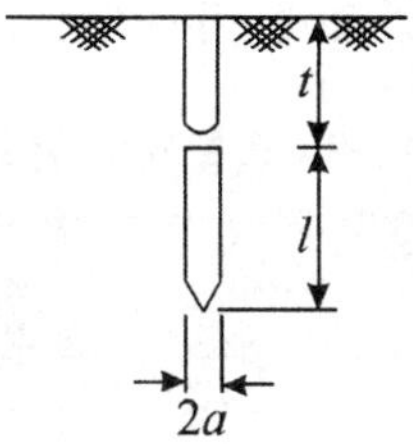

그림 14-6

접지봉 1개의 경우 그림 14-6에서의 접지 저항값 R은

$$R = \frac{\rho}{2\pi l}\left(\log e \frac{4l}{a} - 1\right)[\Omega] \qquad (14\text{-}8)$$

와 같이 나타낸다.

단, R : 접지봉 1개의 접지저항[Ω],

l : 접지봉 매입 길이[cm],

a : 접지봉 반지름[cm],

ρ : 대지 고유저항[Ω · cm]

② 접지봉 다수의 경우

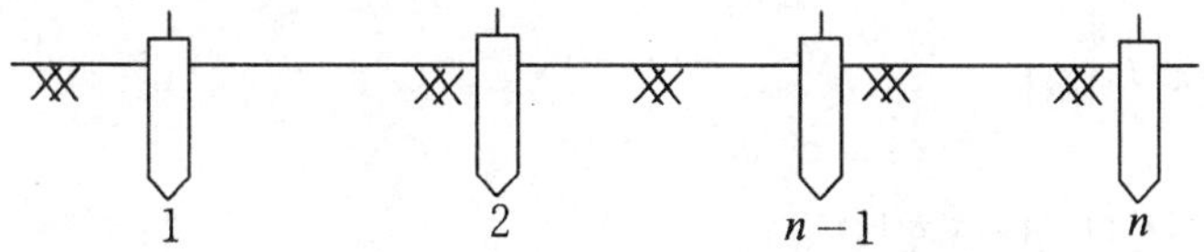

그림 14-7

접지봉 다수의 경우 그림 14-7에서 접지봉 1개의 경우의 병렬접속이므로 접지저항값 R은

$$R = K \cdot \frac{1}{\sum_{n=1}^{n} \frac{1}{R_n}} [\Omega] \qquad (14\text{-}9)$$

와 같다.

단, R_n : n번째 접지봉의 접지저항값[Ω],

K : 집합계수,

n : 접지극수,

R : 접지봉 1개의 접지 저항값, 합성 접지저항값

표 14-3 집합계수 K의 값

간격[m] / 깊이[m]	0	0.5	1	2	3	4
0.61	2.00	1.20	1.11	1.05	1.03	1.01
1.2	2.06	1.35	1.20	1.15	1.10	1.05
3.05	2.04	1.36	1.25	1.17	1.12	1.07

주 접지극 간격이 10[m]를 넘으면 K는 1로 한다. (JEA C 5602≪1969≫)

[2] Mesh 접지의 접지저항값

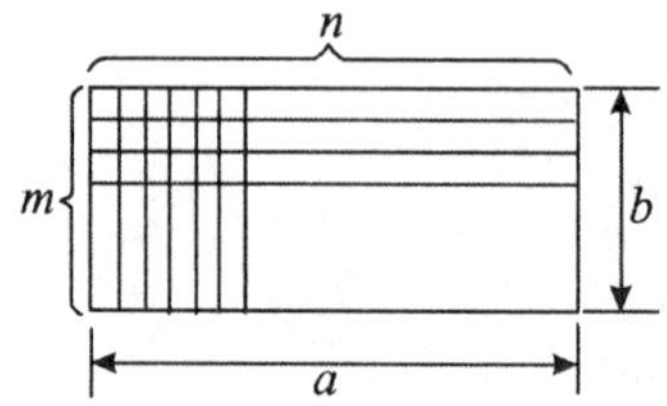

그림 14-8

$$R = \frac{\rho}{4r} + \frac{\rho}{L} [\Omega] \qquad (14\text{-}10)$$

단, R : 망상지선의 접지저항[Ω],

r : 등가반지름[cm],

L : 망상의 전체길이[cm], $L = \{b \times (n+1) + a \times (m+1)\}$

ρ : 대지 고유저항[Ω · m]

③ 접지판의 접지저항값

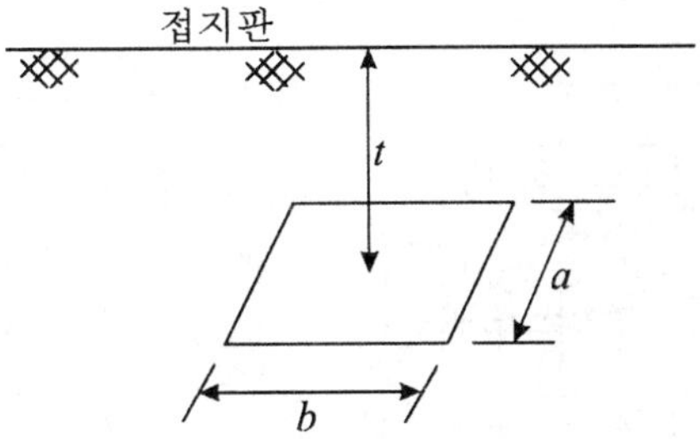

그림 14-9

접지판

$$R = \frac{\rho}{2\pi t} \log_e \frac{r+t}{r} [\Omega] \tag{14-11}$$

단, R : 접지판의 접지저항[Ω],

t : 매설깊이[cm],

r : $\sqrt{\frac{a \times b}{2\pi}}$ [cm],

ρ : 대지 고유저항[Ω · m]

14.3 접지저항 저감 대책

접지극을 시설하여 요구하는 접지저항값을 얻을 수 없는 경우에 접지저항 저감대책을 세워야 하며 이에 대한 대책으로 물리적 저감대책과 화학적 저감대책이 있다.

14.3.1 물리적 저감방법

① 접지극의 병렬접속 및 치수 확대

① 접지봉의 연결 개수 또는 접지극의 면적을 증가시켜 저감시키는 방법

② 접지극 병렬접속시 합성 저항

$$R = K \cdot \frac{1}{\Sigma \frac{1}{R_n}} \tag{14-12}$$

단, K : 집합계수,

2개 연결시 : 55[%]로 감소,

3개 연결시 : 40[%]로 감소,

4개 연결시 : 30[%]로 감소,
5개 연결시 : 25[%]로 감소

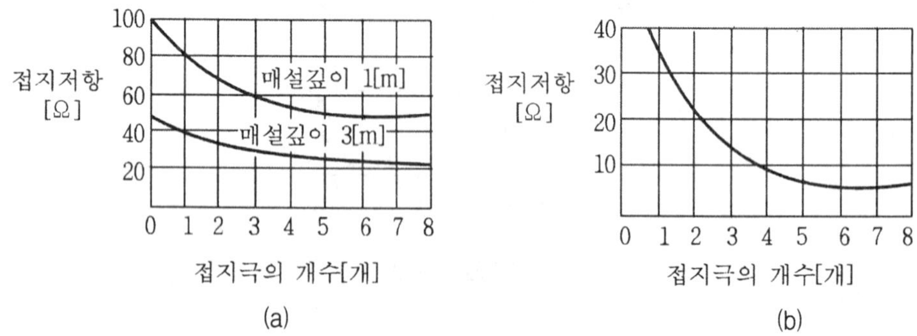

그림 14-10

2 매설깊이를 깊게하여 접지저항을 저감

① 수직공법에는 심타공법, 보링공법
② 동봉, 탄소피막강봉 : 8ϕ, 길이 0.9[mm] 이상
③ 철봉 : 12ϕ, 길이 0.9[mm] 이상

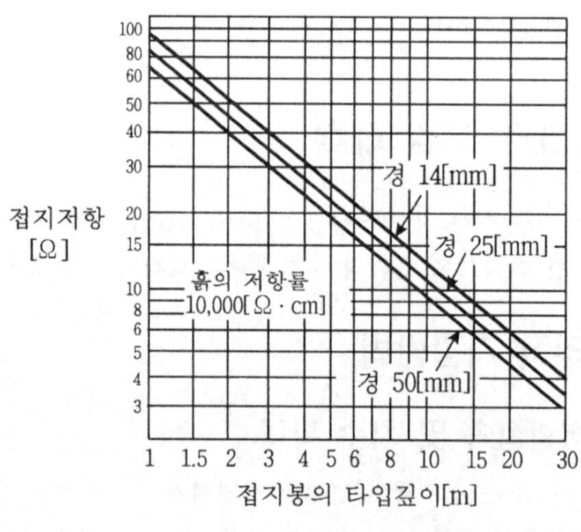

그림 14-11

3 매설지선

① 송전선의 철탑, 소규모 발전소, 피뢰기 등의 낮은 저항값을 필요로 하는 장소에서 적용하는 방법이다.
② 접지극으로 길이 20~40[m], 단면적 22~38[mm^2]의 나동선을 사용하여 깊이 50~80[cm]의 도랑을 파서 접지극을 매설하는 방법이다.

③ 대지 고유저항이 300[Ω · m] 이상으로 목표하는 접지저항을 얻지못할 때 매설 지선을 설치하여 접지저항을 낮추는 방법으로 집중접지와 분포접지로 높은 접지효과를 얻을 수 있다.

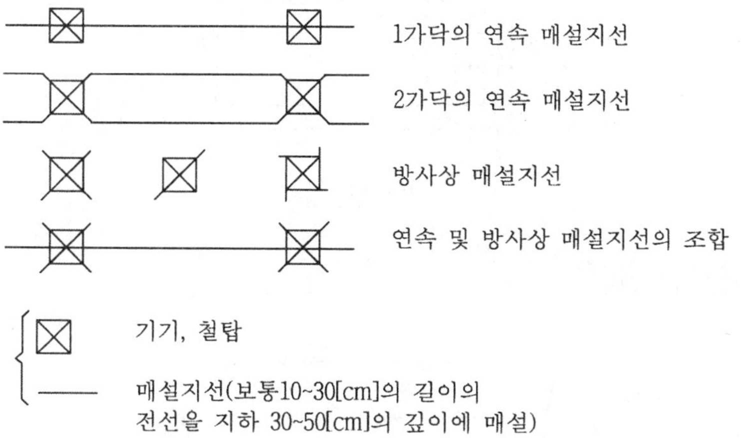

그림 14-12

4 평판 접지극 공극

① 직렬시공하는 방법과 병렬 시공하는 방법이 있으며 직렬시공 하는 것이 효과적임.

② 매설시 표면접촉 저항의 증가를 고려할 것.

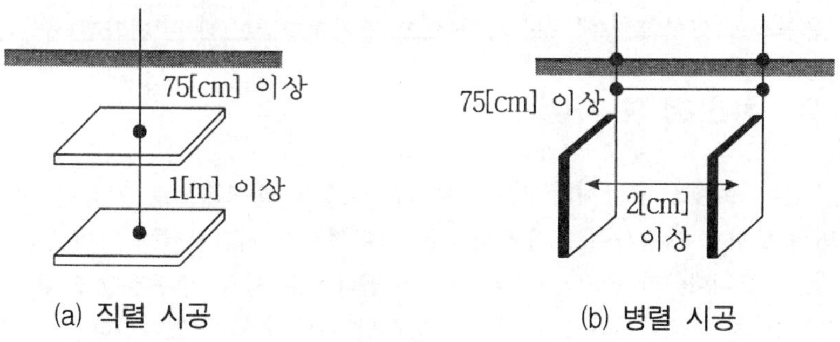

그림 14-13

③ 평판접지극의 사이즈는 300×300×0.7 *t*, 900×150×0.7 *t*, 600×600×0.7 *t*, 900×900×0.7 *t* 로써 두께 0.7*t* 이상이고 면적 900[m^2] 이상일 것.

5 Mesh공법

① 고장전류가 큰 장소나 대지가 넓은 장소에서 접지저항을 저감할 목적으로 사용

② 154[kA] 이상의 수전설비 시공시 적용한다.

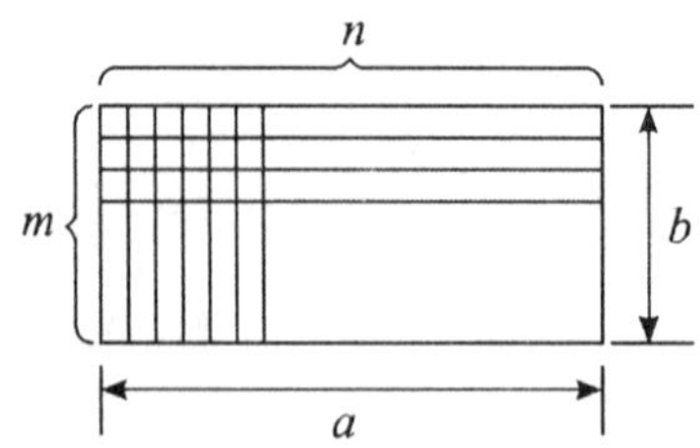

그림 14-14

6 다중접지 사이트

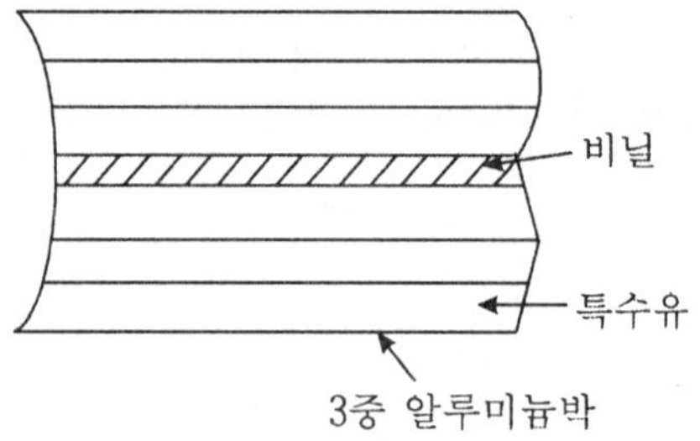

그림 14-15

① 그림 14-15와 같이 알루미늄박과 특수유를 교대로 3매 겹쳐서 만든 것.
② 가볍고 유연성이 있어 토양에 적응하기 쉽고 접지저항값이 매우 저감된다.

14.3.2 화학적 저감법

접지극 주변의 토양을 저감재의 사용으로 고유저항을 화학적으로 저감시키는 방식으로 접지극 주변의 토양을 개량하여 고유저항 ρ를 화학적으로 저감시키는 방법, 일시적인 방법으로 염, 황산암모니아, 탄산소다, 카본분말, 벤젠나이트 등을 주변토양에 혼합사용-처음 시도 당시는 저항치가 적어지나 1~2년이 경과하면 거의 효과가 없어진다.

1 저감재의 구비조건

① 안전할 것.
 ㉠ 인축이나 식물에 대한 안전성을 고려한다.
 ㉡ 토양을 오염시키는 원인으로 인체에 유해한 것 사용을 금지한다.
② 전기적으로 양도체일 것.
 ㉠ 저감재로 주위의 토양보다 도전도가 좋아야 한다.
③ 지속성이 있을 것.

㉠ 저감재 사용 후 경년변화에 따른 접지저항 변동이 없고 계절에 따른 접지저항 변동이 없어야 한다.

④ 전극을 부식시키지 않을 것.

⑤ 저감효과가 클 것.

2 저감제의 종류

① 반응형 저감제 : 무공해성으로 화이트아스론이나 티코겔이 사용된다.

㉠ 화이트아스론

- 성분 : 주제(소석고)+도전성조제(염화칼슘)
- 고유저항 : 12[Ω · cm]
- 사용법 : 10~20[l] 물에 10[kg] 아스론을 혼합 사용

㉡ 티코겔

- 성분 : 규산소다+경화제(소석고)+경화촉진제(황산수소, 나트륨)
- 외관 : 구산소다, 황산수소나트륨(백색분말), 소석고(백색분말)
- 고유저항 : 50~60[Ω · cm]
- 사용법 : 12[l] 물에 티코겔 성분을 혼합 사용

② 비반응형 저감제 : 공해성으로 염, 황산암모니아, 탄산소다, 카본분말, 벨라이트 등이 사용된다.

14.4 접지 종류

14.4.1 접지공사별 분류

접지공사는 다음과 같이 분류할 수 있다.

표 14-4 접지공사의 종류와 접지선의 최소 굵기

접지공사의 종류	접 지 저 항 치	접지전선의 최소 굵기
제1종 접지공사	10[Ω]	6[mm²] 이상 연동선
제2종 접지공사	변압기의 고압측 또는 특별고압측의 전로의 1선지락전류의 암페어수로 150(변압기의 고압측전로 또는 사용전압이 35,000[V] 이하의 특별고압측 전로가 저압측 전로와 혼촉하여 저압측 전로의 대지전압이 150[V]를 넘는 경우에 1초를 넘고 2초 이내에 자동적으로 고압전로 또는 사용전압 35,000[V] 이하의 특별고압 전로를 차단하는 장치를 설치할 때는 300, 1초 이내에 자동적으로 고압전로 또는 사용전압 35,000[V] 이하의 특별고압 전로는 차단하는 장치를 설치할 때는 600)을 나눈 값과 같은 [Ω]수	· 특고압에서 저압 변성시 16[mm²] 연동선 · 고압에서 저압 변성시 6[mm²] 연동선

접지공사의 종류	접 지 저 항 치	접지전선의 최소 굵기
제3종 접지공사	100[Ω], 다만 저압전로에서 해당 전로에 접지가 발생한 경우에 0.5[초] 이내에 자동적으로 전로를 차단할 수 있는 장치를 시설하는 경우에는 정격감도 전류에 따라 자동차단 장치의 정격감도가 30[mA]인 경우 500[Ω], 50[mA]인 경우 300[Ω], 100[mA]인 경우 150[Ω], 200[mA]인 경우 75[Ω], 300[mA]인 경우 50[Ω], 500[mA]인 경우 30[Ω] 이하로 하여야 한다.	2.5[mm^2] 이상 연동선
특별 제3종 접지공사	10[Ω], 다만 저압전로에서 해당 전로에 접지가 발생한 경우에 0.5[초] 이내에 자동적으로 전로를 차단할 수 있는 장치를 시설하는 경우에는 정격감도 전류에 따라 자동차단 장치의 정격감도가 30[mA]인 경우 500[Ω], 50[mA]인 경우 300[Ω], 100 [mA]인 경우 150[Ω], 200[mA]인 경우 75[Ω], 300 [mA]인 경우 50[Ω], 500[mA]인 경우 30[Ω] 이하로 하여야 한다.	2.5[mm^2] 이상 연동선

표 14-5 접지선의 종류와 접지선의 단면적

접지공사의 종류	접 지 선 의 종 류	접지선의 단면적
제1종 접지공사 및 제2종 접지공사	3종 클로로프렌 캡타이어케이블, 3종 클로로설폰화 폴리에틸렌 캡타이어케이블, 4종 클로로설폰 캡타이어케이블이나 4종 클로로설폰화 폴리에틸렌 캡타이어케이블의 일심 또는 다심 캡타이어케이블의 차폐 기타의 금속체	8[mm^2]
제3종 접지공사 및 특별 제3종 접지공사	다심 코트 또는 다심 캡타이어케이블의 일심	0.75[mm^2]
	다심 코트 및 다심 캡타이어케이블의 일심 이외의 가요성이 있는 연동연선	1.25[mm^2]

14.4.2 접지 목적에 따른 분류

[1] 계통 접지

① 주로 변압기의 고전압 혼촉에 의한 재해방지 대책으로 변압기 2차측에 접지하는 방식으로 전로의 지락사고시 확실한 지락검출 효과를 기대함으로써 신속 정확한 차단기 동작시키기 위하여 접지한다.

② 변압기 2차측 또는 1차측의 중성점을 처리하는 방법에 따라 직접접지, 저항접지, 리액터접지, 소호리액터접지, 비접지 방식으로 분류한다.

[2] 기기 접지

충전부위가 어떤 원인으로 금속제 외함 또는 철대에 전기가 누설되는 사고가 발생하였을 때 대지간 전압을 억제하여 감전사고를 예방하고자 전기기기의 외함에 접지하는 것을 말하며 전기설비기술기준에는 기계기구의 전압구분에 따라 제3종, 특별 제3종, 제1종 접지공사를 시행토록 규정하고 있다.

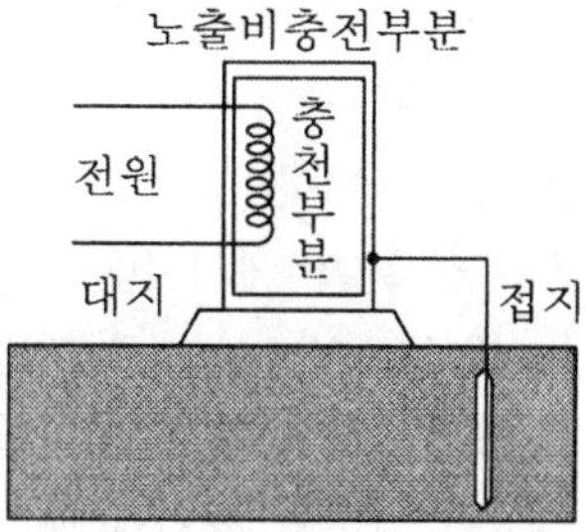

그림 14-16

[3] 뇌해 방지용 접지

낙뢰로 인한 전류가 유입될 때 이를 안전하게 대지로 흘려 보내기 위한 접지이다. 뇌격전류는 직격뢰와 유도뢰로 구분되며 어느 것이든 전류는 큰 값이나 지속시간은 짧다. 대표적인 설비로서는 피뢰침, 가공지선, 피뢰기 등이다.

[4] 정전기 장해방지용 접지

마찰에 의한 정전기가 축적되면 엄청난 장해를 불러일으킨다. 컴퓨터 등 각종 전자제품의 장해는 물론이고 가스의 폭발사고까지 불러일으킨다. 따라서 정전기 장해방지용 접지는 그 중요성도 높아지고 있다. 예로서 가스 탱크롤리의 충전시 충전하기 전에 반드시 접지를 시키는 것도 정전기로 인한 폭발사고를 방지하고자 하는 것이다.

[5] 등전위 접지

병원에서 시설하는 것이 대표적인 예로서 수술실에서 수술대에 누워 있는 환자가 정전기 또는 전위차로 인한 쇼크가 발생하지 않도록 모든 금속부분 또는 수술실 도전바닥에도 상호 접지센터에 접지를 하여 이른바 전위를 같게 하기 위한 등전위화 접지를 실시한다.

[6] 노이즈 방지용 접지

어떤 전자장치의 노이즈 발생 또는 기타 발생원인으로 부터의 또다른 전자장치의 오동작, 통신장애, 기타 다른 기기에 장해를 일으키지 않도록 하기 위한 접지이다.

즉 노이즈 방지용 접지란 노이즈 에너지를 대지로 방출하기 위한 접지이다.

[7] 기능용 접지

기능용 접지에는 신호용 접지, 방식용 접지 등이 있으며 신호용 접지는 컴퓨터가 정상적으로 작동하기 위해 전위의 안정된 기준점을 대지에 두고 동체와 대지를 접속함으로써 동체를 기준점으로 하고 복수의 동체를 접속함으로써 공통전위 기준점을 유지하기 위한 접지이다.

방식용 접지는 흙속에 매설되어 있는 각종 배관 및 설비 등이 전식 등으로 인한 피해가 있어 이를 다시 환원하기 위한 것이 방식설비용 접지이다.

8 통신용 접지

전기통신설비의 기술기준에 관한 규칙 제15조 제3항의 규정에 의한 접지저항치를 들면 구내통신 선로설비 및 이동통신 구내 선로설비에서 100회선 이하의 회선을 수용하는 경우 100[Ω] 이하, 101회선 이상의 경우 10[Ω] 이하이고 접지선은 1.6[mm] 이상의 PVC 피복동선 또는 그 이상의 절연효과가 있는 전선을 사용하고 접지극은 동판, 동관, 동봉 또는 나동선을 사용하여 지하 0.75[m] 이상의 안전한 깊이에 매설해야 한다.

또한 전기통신설비의 기술기준에 관한 규칙 제34조 제5항에서 접지저항값을 다음과 같이 규정하고 있다.

① 회선용량이 500회선 이하일 경우에는 10[Ω] 이하일 것.
② 회선용량이 501회선 이상 5천회선 이하일 경우에는 5[Ω] 이하일 것.
③ 회선용량이 5천1회선 이상 1만회선 이하일 경우에는 2[Ω] 이하일 것.
④ 회선용량이 1만1회선 이상인 경우에는 1[Ω] 이하일 것.

9 컴퓨터 설비 접지

전산실에는 CPU(중앙처리장치), 전원장치, CRT나 키보드 등의 주변기기가 있다. 종류에는 감전방지를 위한 보안용 접지와 기기의 안정적인 작동을 위한 기능용 접지가 있다.

컴퓨터 접지는 다른 전기 설비에서 발생하는 노이즈의 영향을 억제하기 위하여 단독 접지하는 경우가 많다. 그러나 고층 건물의 상부층이 있는 컴퓨터를 단독접지하는 경우 접지선이 안테나 역할을 할 가능성이 높기 때문에 빌딩 구조체의 접지 저항이 충분히 낮은 경우 구조체 접지를 하여 공동 접지 시스템을 사용해도 지장이 없다.

10 건축구조체 접지

① 건축물의 금속구조체를 접지전극으로 하여 공용접지하는 방식이다.
② 필요성
  · 독립접지의 특성을 살리지 못하는 장소에서 필요하다.
  · 각종기기의 전자유도 원인이 되는 독립접지를 공용시키기 위하여 적용한다.
③ 조건
  · 철골, 철근콘크리트조로 대지와 접촉하는 부분이 많아야 한다.
  · 구조체의 철골이 전기적으로 연결되어야 한다.
④ 유의사항
  · 구조체를 연결하는 접지선은 22[mm^2] 이상이어야 한다.
  · 빌딩 전체를 등전위화 할 것 : 모든 금속은 구조체와 접속해야 한다.
⑤ 잇점
  · 낮은 접지저항값을 얻을 수 있다.

· 설비가 단순하고 보수가 용이하다.
· 고신뢰도의 접지계통을 유지한다.
· 뇌 서지에 대한 피해를 최소화할 수 있다.

14.4.3 독립접지와 공용접지

표 14-6 독립접지와 공용접지의 비교

<table>
<tr><th></th><th>독립접지</th><th>공용접지</th></tr>
<tr><td>정 의</td><td>· 접지대상물을 개별적으로 접지하는 방식
· 접지극을 20[m] 이상 이격</td><td>· 접지대상물을 모두 연결시키는 방식</td></tr>
<tr><td rowspan="2">구성 및 전위분포</td><td>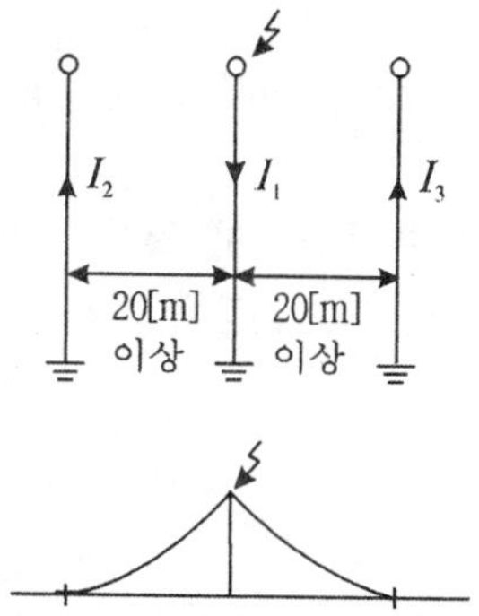
</td><td>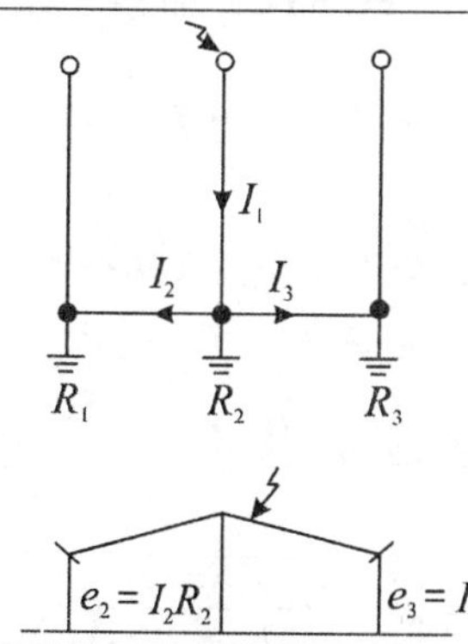
</td></tr>
<tr><td>· 접지극간 유기전압이 급히 감소하므로 전위차가 크다.</td><td>· 유기전압이 거의 일정
· 극간전위차가 거의 없다.</td></tr>
<tr><td>장 점</td><td>· 타기기 및 계통에 영향이 없다.
· 접지대상물을 제한</td><td>· 접지저항값을 쉽게 얻을 수 있다.
· 접지공사비가 적다.
· 신뢰도가 높다.
· 대상기기 적용이 쉽다.</td></tr>
<tr><td>단 점</td><td>· 접지값 얻기가 어렵다.
· 접지공사비가 크다.
· 접지신뢰도가 낮다.</td><td>· 타기기에 영향을 주고 영향을 받음.
· 보호대상물 제한 불가능</td></tr>
<tr><td>적 용</td><td>· 피뢰기 접지, 피뢰침 접지
· 제 1, 2, 3종 접지
· 컴퓨터용 접지
· 시스템 접지</td><td>· 3종접지의 대부분
· 일반기기외함 및 제어반외함.
· 케이블</td></tr>
</table>

14.4.4 의료용 접지

① 감전보호용 접지
② 보호 접지
③ 등전위 접지

④ 정전기장해 방지용 접지
⑤ 수술실 접지

14.4.5 약전설비용 접지

① 일점 접지
② 기준 전위 확보용 접지
③ 노이즈 장해 방지용 접지

14.5 접지선 굵기의 선정

접지선의 굵기를 선정하는 경우 전선의 기계적 강도, 내식성, 전류용량 등의 요소에 의해 결정된다.

접지선은 안전측면을 고려하여 최대고장전류에서 용단되지 않아야 하므로 접지선의 굵기는 접지선에 흐르는 고장전류에 의한 온도상승 및 전류용량에 의해 결정되어야 한다.

1 나동선의 경우

$$A=\sqrt{\frac{8.5\times10^{-6}\times t}{\log_{10}\left(\frac{T}{274}+1\right)}}\times I\,[\text{mm}^2] \tag{14-13}$$

여기서, T : 전선의 온도상승 허용 한도로써 나동선 T : 850°, GV전선 T : 120°
t : 고장전류 계속 시간
I : 고장전류

2 IV전선

$$A=9.4\times I\times\sqrt{t}\,[\text{mm}^2]$$

3 법규에 의한 경우

① 접지선에 단시간 전류가 흘렀을 경우 온도상승값은

$$\theta=0.008\left(\frac{I}{A}\right)^2\cdot t\,[℃]$$

에서 구하고 접지선 굵기 A는

$$A=I\sqrt{\frac{t}{\theta}\times0.008}=0.089\,I\cdot\sqrt{\frac{t}{\theta}}\,[\text{mm}^2] \tag{14-14}$$

② 계산조건

· 접지선에 흐르는 고장전류는 전원측 차단기 정격전류의 20배

· 차단기는 20배의 고장전류에서 0.1초 이내에 차단

· 고장전류가 흐르기 전의 접지선 온도는 30°

· 접지선의 허용온도는 150℃의 조건에서 접지선 굵기는

$$120 = 0.008 \times \left(\frac{20I_n}{A}\right)^2 \times 0.1 \text{에서}$$

$$A = \sqrt{0.008 \times 0.1 \times \frac{400}{120} I_n^{\,2}} \qquad (14\text{-}15)$$

$\fallingdotseq 0.052I_n$으로 된다.

4 수변전 설비의 접지선 굵기

표 14-7 접지선의 굵기

<table>
<tr><th>기 기</th><th>접지부분</th><th colspan="4">접지선의 굵기</th><th>비고</th></tr>
<tr><td rowspan="2">차단기</td><td rowspan="2">외함</td><td colspan="2">정격</td><td colspan="2">접지선</td><td rowspan="2">제1종</td></tr>
<tr><td colspan="2">100[A]까지
200[A]까지
400[A]까지
600[A]까지
1000[A]까지</td><td colspan="2">6[mm²] 이상
16[mm²] 이상
25[mm²] 이상
35[mm²] 이상
70[mm²] 이상</td></tr>
<tr><td>피뢰기</td><td>접지단자</td><td colspan="4">14[mm²](22[mm²]) 이상</td><td>제1종</td></tr>
<tr><td rowspan="4">변압기</td><td>외함</td><td colspan="4">차단기에 준한다.</td><td>제1종</td></tr>
<tr><td rowspan="3">중성점</td><td colspan="3">1상에 대한 변압기의 합계용량</td><td rowspan="2">접지선 굵기</td><td rowspan="3">제2종</td></tr>
<tr><td>110[V]급</td><td>220[V]</td><td>400[V]</td></tr>
<tr><td>5[kVA]까지
10 〃
20 〃
40 〃
60 〃
100 〃</td><td>10[kV]까지
20 〃
40 〃
75 〃
125 〃
200 〃</td><td>20 〃
40 〃
75 〃
150 〃
250 〃
400 〃</td><td>6[mm²] 이상
10[mm²] 이상
16[mm²] 이상
25[mm²] 이상
35[mm²] 이상
70[mm²] 이상</td></tr>
<tr><td>콘덴서</td><td>외함</td><td colspan="4">차단기에 준함</td><td>제1종</td></tr>
<tr><td rowspan="2">계기용 변성기</td><td>외함</td><td colspan="4">6[mm²] 이상</td><td>제1종</td></tr>
<tr><td colspan="5">6[mm²] 이상</td><td>제1종(특고)
제3종(특고)</td></tr>
</table>

14.6 접지설계 Flow

토양의 특성 검토 → · 토양특성
· 대지고유저항 측정

↓

최대 접지 전류의 결정 → · 고장전류를 계산 : 접지측으로 흐르는 전류의 최대치

↓

소요접지 저항값의 결정 → $R_0 = \frac{1500 \sim 2000}{I_e}$ I_e : 최대접지전류

↓

접지방식 선택 및 접지저항값 → 접지극의 형태 및 크기에 따른 접지 저항값 계산

↓

전위 경도의 계산 → 보폭전압, 접촉전압의 검토

↓

인근 설비와의 검토

↓

안정성 검토 및 대책

보조 접지의 개선 → · 낮은 접지저항을 위한 접지봉 및 판의 추가설치
· 전위경도 개선을 위한 고저항 표면
· 지락전류의 일부를 가공지선으로 분류
· 접지저항을 낮게 제한

연 습 문 제

1. 접지설비의 종류를 들고 설명하라.

2. 제1종접지의 변전소에서의 사용하는 기기의 종류를 들어라.

3. 전기기기의 외함에 실시하는 접지공사의 종류를 설명하라.

4. 병원에서 실시하는 접지설계를 하는가 구체적으로 설명하시오.

5. 접지저항을 저감하는 방법에 대하여 논하라.

6. 수영장에서 실시하는 조명설비의 접지에 대하여 설명하시오.

7. 제3종 접지공사의 예를 들어 설명하시오.

8. 수전용 유입차단기의 정격전류가 500[A]일 때 접지선의 굵기[mm²]의 선택은?(5점)

[답] $\theta = I^2RT$에서, $\theta = 0.008\left(\frac{20I_n}{A}\right)^2 \times 0.1$이므로

$0.008\left(\frac{20\times 50}{A}\right)^2 \times 0.1 = 150 - 30$에서 A를 구하면 $A = 26[\mathrm{mm}^2]$

∴ 접지선 굵기는 35[mm²]를 선택한다.

9. 다음 문제를 읽고, 제 몇종 접지공사를 하여야 하는가? 주어진 답안지에 답을 하시오. (9점)

가. 고압 옥내배선에 사용하는 관 기타의 케이블을 넣는 방호장치의 금속제 부분, 금속제 전선 접속함 및 케이블의 피복에 사용하는 금속체에는?

나. 방전등용 안정기의 외함 및 방전등용 전등 기구의 금속체 부분(관등회로의 사용전압이 고압이고, 또한 방전등용 변압기의 2차 단락 전류 또는 관등회로의 동작 전류가 1[A]를 넘는 경우)?

다. 터널 내에 고압 전선로를 시설하는 경우 케이블을 사용할 때 방호장치의 금속제 부분, 금속제 전선 접속함 및 케이블의 피복에 사용하는 금속체에는?

라. 고주파 전류에 의한 장해 방지를 위하여 시설하는 콘덴서 및 네온 점멸기의 고주파 발생 방지 장치 접속단자의 접지측 단자에는?

마. 다심형 전선을 사용하는 경우의 중성선 또는 접지측 전선용으로써 절연물로 피복하지 아니한 도체는?

바. 400[V] 이상의 가요관 배선에 사용하는 가요관에는?

사. 옥측 또는 옥외에 시설하는 관등회로의 사용전압이 1000[V] 이하의 방전등에는?

아. 고압 전로와 저압 전로를 결합하는 변압기이고, 고압권선과 전압권선과의 사이에 시설하는 금속제 혼촉 방지판에는?

자. 고압용 기계기구의 철대 및 금속제 외함에는?

[답] 가. 제1종 접지공사 나. 제2종 접지공사 다. 제3종 접지공사 라. 제3종 접지공사
마. 제3종 접지공사 바. 제2종 접지공사 사. 특별 제3종 접지공사
아. 제2종 접지공사 자. 제3종 접지공사

10. 440[V] 전동기의 외함에는 제 몇종 접지공사를 하여야 하는가?(5점)

[답] 특별 제3종 접지공사

11. 다음 내용을 읽고, 답안지에 답하시오.(5점)

가. 옥측 또는 옥외에 시설하는 관등회로의 사용전압이 1000[V]를 넘는 방전등에는 제 몇종 접지공사를 하는가?

나. 특별 고압용 계기용 변압기의 2차측 전로에는 제 몇종 접지공사를 하는가?

다. 고압계기용 변압기의 2차측 전로에는 제 몇종 접지공사를 하는가?

라. 400[V] 미만의 금속관 배선에 사용하는 관에는 제 몇종 접지공사를 하는가?

마. 옥측 또는 옥외에 시설하는 관등회로에 사용전압이 1000[V] 이하의 방전등에는 제 몇종 접지공사를 하여야 하는가?

[답] 가. 제1종 접지공사 나. 제1종 접지공사 다. 제3종 접지공사 라. 제3종 접지공사
마. 제3종 접지공사 또는 특별 제3종 접지공사

12. 공사계획에 의한 수전설비의 일부가 완성되어 그 완성된 설비만을 사용하고자 할 때 전기설비공사 항목처리 지침서에 의한 검사항목을 쓰시오.(7점)

[답] 외관검사, 접지사항, 절연저항 측정, 보호장치 설치 및 동작상태, 절연내력시험,
계측장치 설치상태, 절연유내압시험 및 산가측정

제15장

계측과 시험

15.1 전기계측

15.1.1 전기계기의 기초

1 계측의 종류

계측이란 어떤 양을 수량으로 표시하는 것을 말하며 계측에 사용하는 장치를 계측기라고 하고 계측에는 같은 종류의 양과 직접 비교하여 그 양자의 일치 또는 비일치를 판정하는 직접측정과 계측량과 일정한 관계가 있는 다른 양으로 변환하여 계측하는 간접측정이 있다.

그림 15-1은 직접측정과 간접측정을 그림으로 나타낸 것이다.

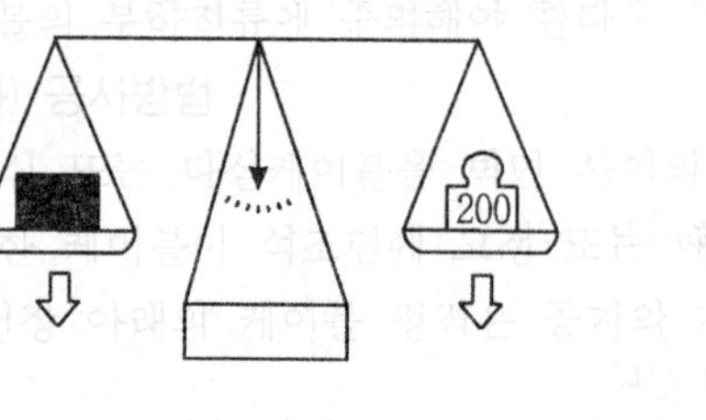

(a) 직접측정

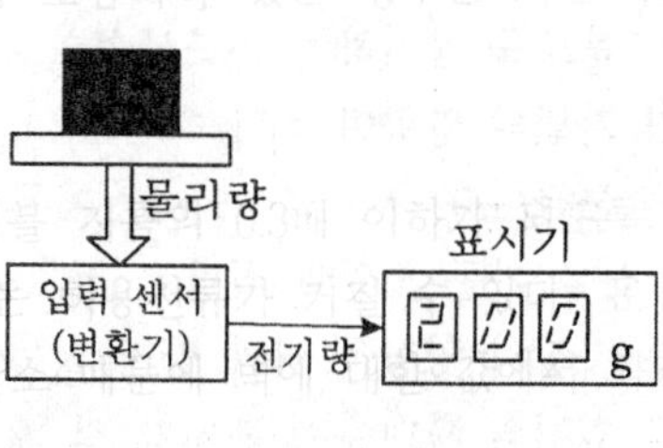

(b) 간접측정

그림 15-1 측정방법

2 오차 · 보정(補正)

어떤 측정에 있어서도 절대로 정확한 값을 알 수 있는 것은 불가능하다. 전기계기의 경우도 반드시 오차가 포함되어 있어 계기에서 측정한 값을 M, 측정량의 참값을 T라고 할 때

$$\text{오차 } \varepsilon_0 = M - T \tag{15-1}$$

$$[\%]\text{오차 } \varepsilon = \frac{M-T}{T} \times 100[\%] \tag{15-2}$$

로 정의된다. 여기서 참값이라는 것은 표준계기와 같은 오차가 극히 적은 계기로 측정한 값이라고 생각하면 된다.

$$\text{보정 } \alpha_0 = T - M \tag{15-3}$$

$$[\%]\text{보정 } \alpha = \frac{T-M}{M} \times 100[\%] \tag{15-4}$$

로 표시된다.

표 15-1 계기의 등급별 용도

급 별	용 도	사 용 범 위
0.2급	대형 부표준기	고도의 정밀측정 또는 부표준기를 사용한다.
0.5급	휴대용계기	정밀측정에 사용한다.
1.0급	소형 휴대용계기	보통측정에 사용한다.
1.5급	배전용계기	공업용 보통측정에 사용한다.
2.5급	배전반용 소형계기	확도에 치중하지 않는 경우에 사용한다.

15.1.2 계기의 종류

1 직류용 계기

(1) 가동코일형 계기의 특성

① 자기 분로를 장치하여 온도상승으로 인한 영구자속의 자속감쇠를 보상한다.
② 자기 가열의 영향이 작다.
③ 균등 눈금이다.
④ 망간선을 가동 코일과 직렬로 접속하여 온도 특성을 보상한다.
⑤ 외부 자장의 영향을 거의 받지 않는다.
⑥ 측정 범위의 확대에는 분류기 및 배율기를 사용한다.
⑦ 스프링 제어, 와류 제동 방식을 주로 택한다.

(2) 분류기

전류계의 측정 범위를 확대하기 위하여 전류계와 병렬로 접속하는 저항기이다.

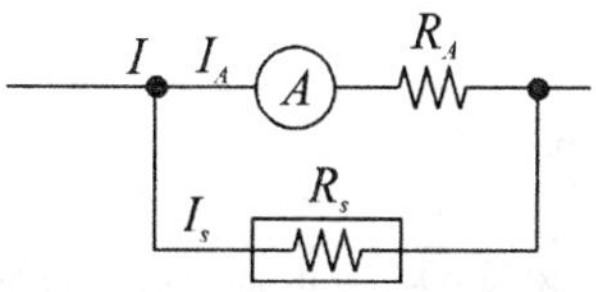

그림 15-2 분류기

$$I_A = I \times \frac{R_S}{R_A + R_S} \tag{15-5}$$

$$\frac{I}{I_A} = \frac{R_A + R_S}{R_S} = 1 + \frac{R_A}{R_S} \tag{15-6}$$

$\frac{I}{I_A}$를 배율 m이라면

$$m = \frac{R_A}{R_S} + 1 \tag{15-7}$$

$$\text{분류기의 저항 } R_S = \frac{R_A}{m-1} \tag{15-8}$$

여기서, R_A : 전류계 내부 저항, R_S : 분류기의 저항, I : 측정하고자 하는 전류,
I_A : 전류계의 최대 눈금 전류

(3) 배율기

전압의 측정 범위를 확대하기 위하여 전압계에 직렬로 접속하는 저항기이다.

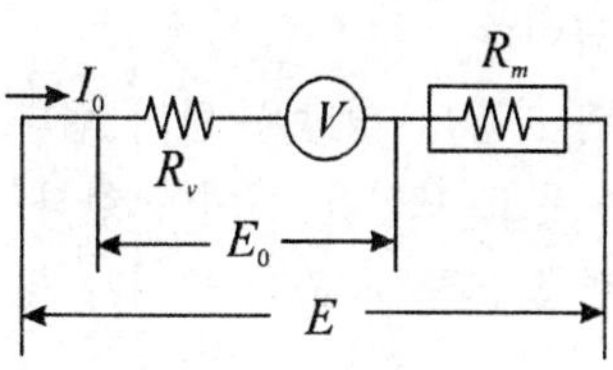

그림 15-3 배율기

$$E = I_0(R_V + R_m) = \frac{E_0}{R_V}(R_V + R_m) \tag{15-9}$$

$$\frac{E}{E_0} = \frac{R_V + R_m}{R_V} = 1 + \frac{R_m}{R_V} \tag{15-10}$$

$\frac{E}{E_0}$ 를 배율 m이라면

$$m = \frac{R_m}{R_V} + 1 \tag{15-11}$$

배율기의 저항 $R_m = R_V(m-1)$ (15-12)

여기서, R_V : 전압계의 내부 저항, R_m : 배율기의 저항, E : 측정하고자 하는 전전압, E_0 : 전압계의 최대 눈금 전압

2 교류용 계기

① 유도형 계기의 특성

㉠ 구조가 간단하고 튼튼하다.

㉡ 회전력이 크다.

㉢ 공간자장이 강하기 때문에 외부자장의 영향이 작다.

㉣ 가동부는 360° 회전시킬 수 있으므로 넓은 범위의 눈금으로 할 수 있다.

㉤ 가동판을 그대로 제동판으로 이용할 수 있다.

㉥ 회전할 수 있으므로 적산전력계로 이용한다.

㉦ 직류에서는 사용치 못한다.

㉧ 주파수의 영향이 다른 계기에 비하여 크기 때문에 정밀용으로 부적합하다.

② 정류형 계기의 특성

㉠ 주파수에 의한 오차가 있으므로 병렬로 콘덴서를 접속한다.

㉡ 온도에 의한 오차 보상은 직렬 저항으로 한다.

㉢ 교류파형에 의한 오차가 크다.

3 직류, 교류 양용 계기

① 전류력계형 계기의 특징

㉠ 교류, 직류 양용이며 정밀급이다.

㉡ 계기의 자장이 약하여 외부 자장의 영향을 받기 쉽다.

㉢ 1[A] 이상의 전류계에서는 온도 보상을 하여야 한다.

㉣ 자기 가열의 영향이 비교적 크므로 충분한 주의가 필요하다.

② 열전형 계기의 특성

㉠ 미소 전류에 의하여 동작한다.

㉡ 전력 소모가 적다.

㉢ 절연형은 주파수의 영향이 관계 없다.

㉣ 고주파용으로 현재 가장 믿을 수 있는 유일한 계기이다.

㉤ 결점으로서는 지시하는데 시간이 걸린다.

③ 정전형 계기의 특성

㉠ 전압계로 쓰이며 정전형 전류계는 없다.

㉡ 직류, 교류에 동일 눈금이며 눈금이 균일하다.

㉢ 일종의 콘덴서이므로 계기 내부의 전력 손실이 없다.

㉣ 저전압으로는 정전력이 약하므로 고압 계기로 적합하다.

㉤ 외부 정전계의 영향을 받으므로 계기 전체를 차폐하여야 한다.

④ 가동 철편형 계기의 특성

㉠ 주파수의 영향이 크나 교류, 직류 양용으로 동일 눈금을 사용할 수 있다.

㉡ 직류에서는 가동편의 히스테리시스 현상 때문에 전류를 증가시킬 때와 감소시킬 때의 값이 다르므로 오차가 많다.

㉢ 구조가 간단하고 값이 싸다.

㉣ 외부 자장의 영향이 크다.

⑤ 계기용 변성기

㉠ 직류형 계기의 측정 범위 확대에는 분류기, 배율기를 사용하나 교류에서는 전류를 변성하는 변류기(current transformer : CT)와 전압을 변성하는 계기용변압기(potential transformer : PT)를 사용한다.

㉡ CT 및 PT는 절연이 양호하여야 하고, 변성비가 정확하여야 한다.

㉢ CT, PT는 2차회로의 한선을 반드시 접지하여야 하고 특히 CT는 사용 도중 2차회로를 열면 안된다.

㉣ 계기의 회로 접속법은 그림 15-4와 같다.

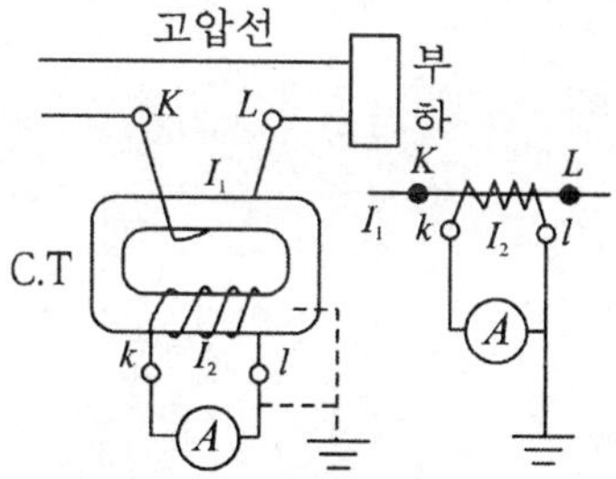

(a) CT

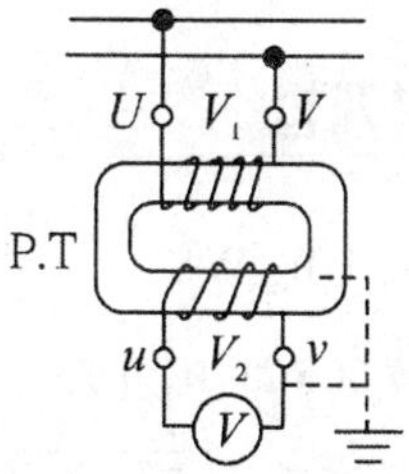

(b) PT

그림 15-4 CT 및 PT의 연결법

15.1.3 3상 교류 전력측정

전력량이란 전력과 시간과의 곱이며 1[kW]의 전력으로 1시간 사용할 때의 전력량은 1[kWh]이다. 이 전력량계에서 계기정수는 알루미늄 원판의 회전수와 측정 전력량과의 관계를 나타내는 정수이고 전력량 1[kWh]에 대한 원판의 회전수 즉 [Rev/kWh]로시 표현된다.

계기정수가 K[Rev/kWh]라는 것은 1[kW] 전력에서 1시간 즉 3,600초 경과시 K회전한다는 의미이다. 그러므로 1초에($K/3,600$) 회전하는 전력이 1[kW]이다.

어떤 전력을 합하였을 때 T초 사이에 N회전한다면 1초간에는(N/T) 회전하는 것으로 되어 이때의 전력 P[kW]는

$$P=\frac{N}{T}\div\frac{K}{3600}=\frac{3600N}{KT}\,[\text{kW}] \tag{15-13}$$

로 나타나게 된다.

[1] 1개의 단상 전력계로 3상 교류전력을 측정하는 방법(평형 3상 회로인 경우에 적용)

(a) 3상 교류전력 $P=3W$ (b) 3상 교류전력 $P=2W$

그림 15-5 단상 전력계에 의한 3상전력 측정

[2] 2전력계법

$$P=W_1+W_2[\text{W}] \tag{15-14}$$

$$P_r=\sqrt{3}(W_2-W_1)[\text{Var}]$$

$$P_a=\sqrt{3}\,VI=\sqrt{P^2+P_r^2}[\text{VA}]$$

$$\cos\theta=\frac{P}{P_a}\times 100=\frac{W_1+W_2}{2\sqrt{W_1^2+W_2^2-W_1W_2}}\times 100[\%] \tag{15-15}$$

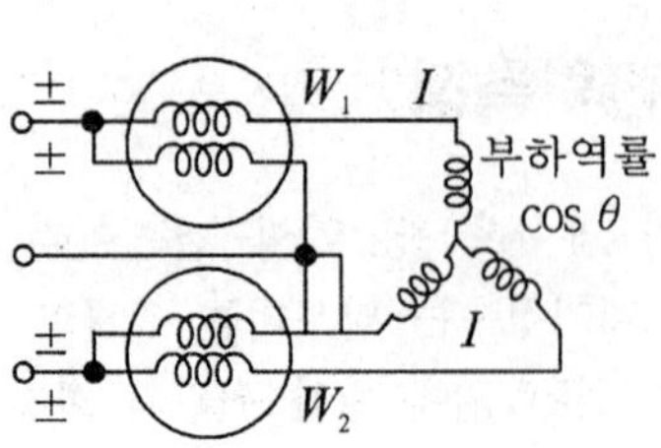

그림 15-6 2전력계법

[3] 3전력계법

3상 교류 전력 P는

$$P = W_1 + W_2 + W_3 [\mathrm{W}] \tag{15-16}$$

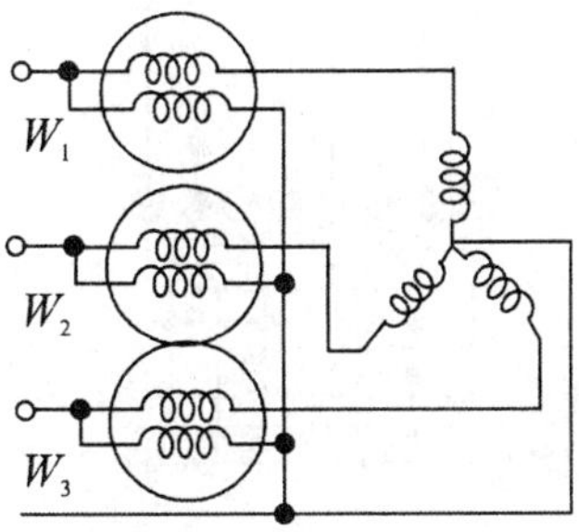

그림 15-7 3전력계법

[4] 무효전력의 측정

3상 무효 전력 P_r는

$$P_r = W \times \sqrt{3} \tag{15-17}$$

[5] 적산전력계

(1) 적산전력계의 시험

① 오차 시험

② 크리핑(creeping) 시험

③ 계량 장치 시험

④ 시동 전류 시험

(2) 오차 시험

$$\pm E = \frac{T - t}{t} \times 100 [\%] \tag{15-18}$$

여기서, E : 오차, T : 표준 지시 전력계로 계산된 시간, t : 원판이 n회전하는데 소요된 시간(초)

(3) 표준결선도

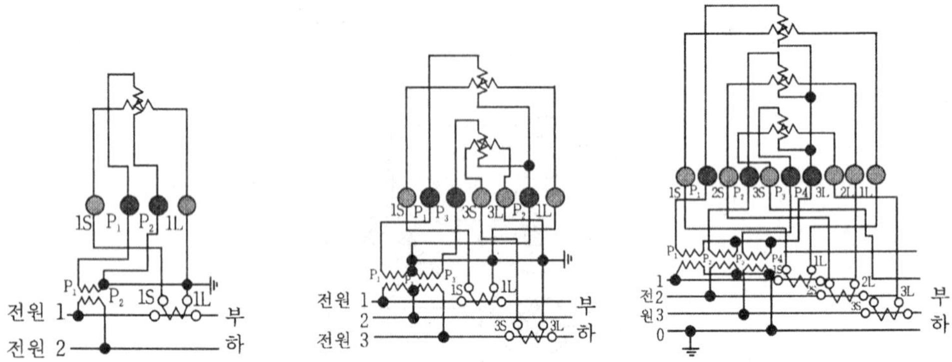

(a) 단상 2선식 (b) 3상 3선식 단상 3선식 (c) 3상 4선식

그림 15-8 표준결선도

15.2 접지저항 측정시험

접지저항 측정에는 접지저항계와 콜라시브리지법이 있다.

① 접지 저항계(Earth Tester)에 의한 측정

접지극 E와 제1보조전극 P, 제2보조전극 C와의 간격을 10[m] 이상이어야 한다.

(a) 수평배열 (b) 수직배열

그림 15-9 접지저항 측정

$$R_g = \frac{1}{2}(R_{EP} + R_{EC} - R_{PC})[\Omega] \quad (15\text{-}19)$$

단, R_g : 측정하고자 하는 접지극의 접지저항

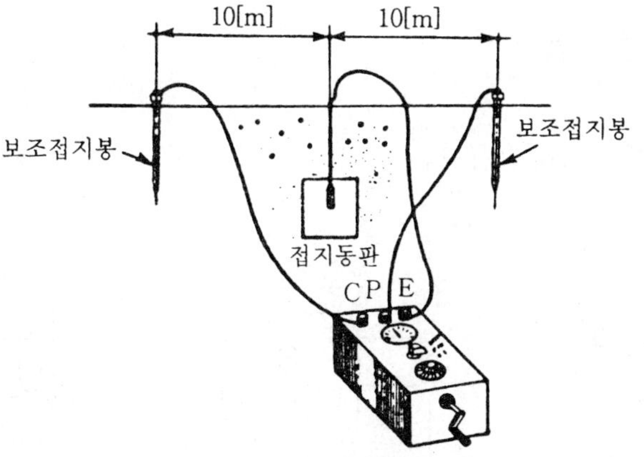

그림 15-10 접지저항 측정시험

2 Murray Loop 법

브리지의 원리를 이용하여 선로의 고장점(1선지락)을 검출하는 방법이다. 선로길이 L 및 저항 R이고, 고장점 거리 x 및 저항 R_x이면

$$b \cdot R_x = a(R + R - R_x)$$

$$R_x = \frac{a}{a+b} \cdot 2R \qquad (15\text{-}20)$$

저항은 길이에 비례하므로 고장점 거리는

$$x = \frac{a}{a+b} \cdot 2L[\text{m}] \qquad (15\text{-}21)$$

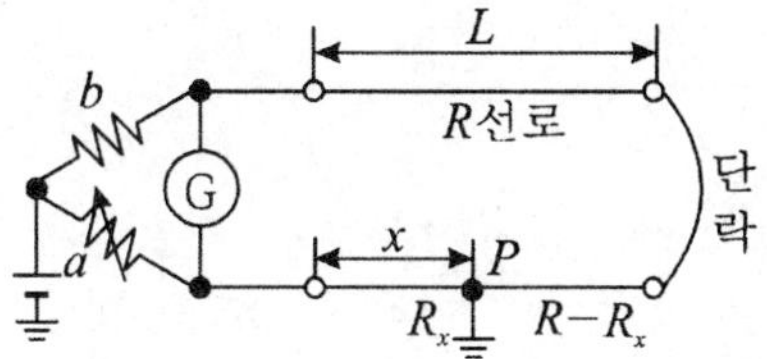

그림 15-11 Murray Loop법

15.3 절연저항 측정

① 저압전로에서 500[V] 메가로 고압진로에서는 1,000[V] 메가로 측정한다.

② 저압전로의 전선과 대지간의 절연저항은 사용전압에 대한 누설전류가 최대 공급전류의

$\frac{1}{2,000}$ 이하로 유지되어야 한다.

$$절연저항 \geq \frac{사용전압 \times 2,000}{최대\ 공급전류} [\Omega] \qquad (15\text{-}22)$$

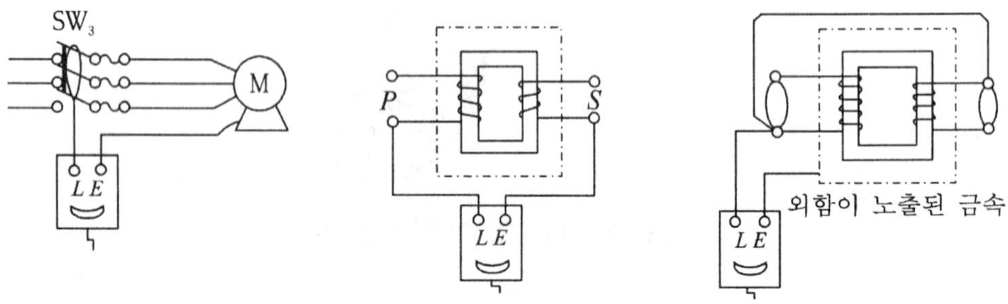

(a) 기계와 대지사이의 절연저항 측정회로 (b) 변압기 권선사이의 절연측정회로 (c) 변압기 권선과 대지 사이의 절연저항 측정회로

그림 15-12 기기의 절연저항 측정회로

15.4 절연내력 시험

1 측정 계기류

내압 시험기 2[kVA] 100/12,000[V] (또는 시험용 변압기 6[kVA], 5[kVA] 정도의 것 2대), 전압계 150[V], 전류계(A_1) 1/50[A], 전류계(A_2) 0.2/1[A], 물저항기(또는 슬라이다크) 등이 필요하다.

2 시험 방법

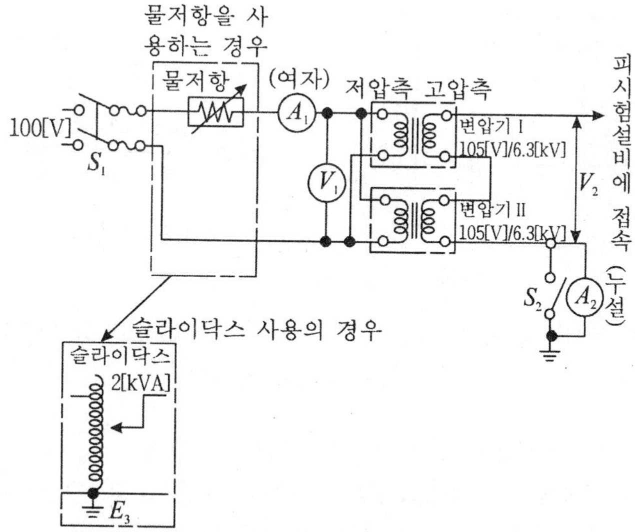

그림 15-13 절연내력시험

15.5 계전기 시험

15.5.1 과전류 계전기의 시험

과전류 계전기는 전로에서 과부하로 인한 사고가 발생하면 즉시 사고회로를 차단하여 전기기계 및 기구, 전선을 보호하고 타 설비에 사고의 영향이 미치지 않도록 설치한다.

과부하 사고나 단락사고가 발생하면 사고전류를 감지하여 차단기를 동작하게 하는 과전류 계전기의 동작이 정확한지를 시험하여야 한다.

계전기의 시험에는 동작 최소전류를 구하는 최소동작 전류시험과 설정 전류값의 2~5배의 전류를 흘리고 차단기를 포함한 회로의 동작시간을 구하는 한시특성시험이 있다.

(1) 최소 동작전류 시험

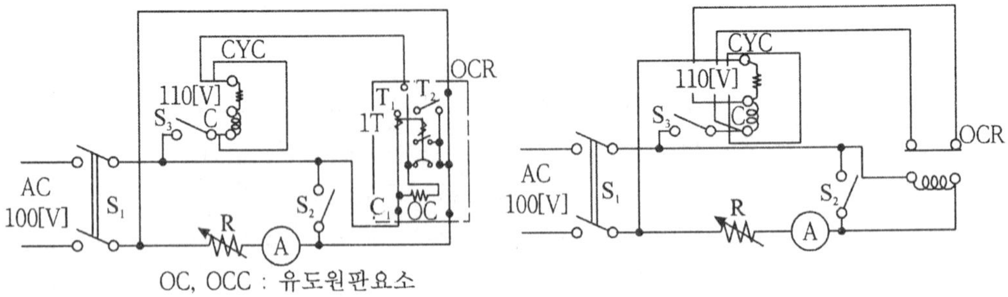

(a) 상시폐로식 계전기의 시험회로 (b) 상시개로식 계전기의 시험회로

그림 15-14 과전류 시험

① 그림 15-14와 같이 결선하되 개폐기는 모두 개로하여 놓는다.

② 계전기의 한시 설정레버를 10에 고정하고 전원스위치를 닫고, 계전기의 원판이 회전할 때까지 서서히 슬라이닥스(물저항)를 조정하여 전압을 올린다.

③ 계전기의 원판이 회전하기 시작하면 슬라이닥스(물저항)의 조정을 멈추고 전류계의 지시된 값을 읽는다. 이 값이 계전기의 최소 동작 전류값이다.

④ 슬라이더를 원상으로 복귀하고 전원스위치를 개로한다.

(2) 한시특성시험

① 최소동작전류 시험대로 결선을 그대로 두고 계전기의 한시 설정 레버를 10에 그대로 두고 전류 탭을 설정한다.

② 전원스위치를 닫고 계전기의 원판을 손으로 잡은 채 전류계의 전류값을 200 [%] 8[A]가 되도록 슬라이닥스를 신속히 조정한다.

③ 이 상태에서 전원스위치 S_1을 열고 OCB를 투입한다(전원스위치 S_1를 열었으면 원판에서 손을 뗀다)

④ 개폐기 S_3, 전원스위치 S_1의 순서로 스위치를 닫는다.

⑤ 계전기 원판이 회전하여 접점이 접촉함과 동시에 OCB가 개방되고 사이클 카운터가 정지한다.

⑥ 즉시 전원스위치 S_1를 열고 사이클 카운터의 지시값을 읽는다(읽은 후 0으로 복귀시킨다).

⑦ 개폐기 S_3를 열고 슬라이닥스를 0으로 복귀시킨다. 같은 조작으로 500[%], 300[%]에 대한 시험을 실시한다.

다른 1상의 CT회로에 대해서도 동일한 시험을 실시한다. 사이클 카운터의 지시값은 사이클이므로 주파수로 나누면 초가 된다.

$$\text{동작시간} = \frac{\text{지시사이클수}}{\text{매초의 주파수}} \tag{15-23}$$

(3) 한시레버의 선정

한전과 협의하여 설정한다.(보통 0.2정도)

(4) 전류 설정 탭 구하는 방법

$$\text{전류 탭 설정치} = \frac{\text{고압측 전류치}}{\text{수전용 CT의 변류비}} \tag{15-24}$$

(전류 탭 설정은 CT 2차측에 흐르는 전류치에서 가장 가까운 숫자를 취한다.)

$$\text{고압측 전류치} = \frac{\text{계약최대전력}}{\sqrt{3} \times \text{공급전압} \times \text{역율}} \times \text{전류탭설정} \tag{15-25}$$

역율은 0.8~0.95이고, 전류 탭 설정는 1.3~2.0로 한전과 협의 후 결정한다.

15.5.2 접지계전기의 시험

접지계전기는 수용가측의 접지사고가 발생하면 그 즉시 차단기를 작동시킬 목적으로 설치한다. 접지계전기의 탭 설정은 전력회사와 협의 후 결정하는 것이 원칙이나 일반적인 경우 간단한 수전설비에서는 0.2[A], 고압전동기 케이블이 있는 경우는 0.4[A]로 한다.

(1) 시험방법

그림 15-15와 같이 결선한다.

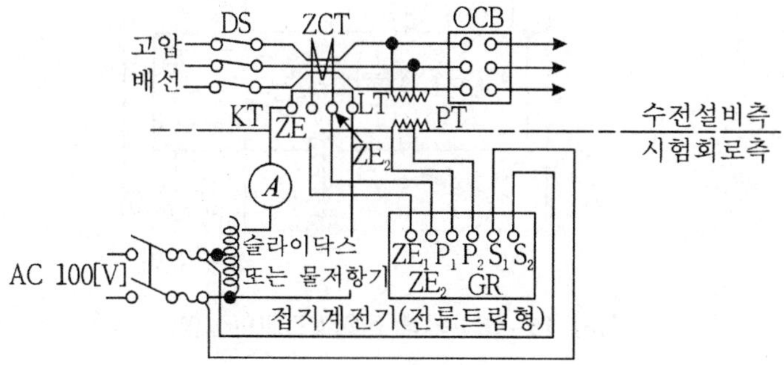

그림 15-15 접지계전기의 시험

① 슬라이더크(물저항)는 0으로 하고 OCB를 투입한다.

② 전원스위치 S_0를 on한 후 슬라이닥스(물서항)를 서서히 조정하여 전류계의 지시가 설정전류치에 가깝도록 한다.

③ 설정 전류값에 이르면 접지계전기가 작동되어 OCB가 동작한다. 이때의 전류값이 동작 전류값이 된다.
④ 슬라이닥스(물저항)를 0으로 복귀시키고 접지계전기의 복구용 버튼을 누른다.
⑤ 전원스위치 S_1를 off한다.

(2) 시험시 주의사항

① ZCT에 접속하는 경우는 시험용 단자(KT, LT)를 반드시 사용할 것.
② 시험전에 전원스위치 S_1를 닫고, 시험용 버튼을 눌러 OCB의 차단 여부를 조사한다.

(3) 소요계기

전류계 1[A], 슬라이닥스(물저항) 1~20[A]

15.5.3 부족 전압계전기의 시험

부족 전압계전기(UVR)는 일반적으로 정전의 검출용으로 사용되며 동작원리별로 분류하면 가동철심형, 유도형, 트랜지스터형이 있으나 여기서는 원판형에 대하여 설명하고자 한다.

(1) 탭 타임 레버(tap time lever)의 설정

타임레버 및 탭의 설정치는 모두 최대로 선정함이 보통이다.

(2) 시험방법

부족 전압계전기의 시험을 위해서는 그림 15-16과 같이 결선한다.

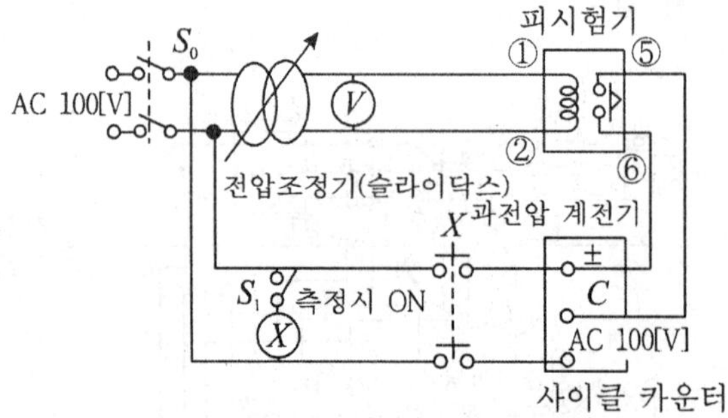

그림 15-16 부족 전압계전기의 시험

(가) 시동전압 측정

전원스위치 S_0를 on한 후 측정용 스위치 S_1를 on하고 전압조정기를 조정하여 정격전압으로 설정한 후 서서히 전압을 낮추어 원판이 동작하여 접점이 on하는 전압을 측정한다.

(나) 동작시간 특성측정

그림 15-16에서 측정용 스위치 S_1를 on하고 탭 전압의 80[%] 전압이 되도록 전압조정

기를 조정한다. 이때 사이클 카운터가 동작을 시작하여 계전기의 접점 동작으로 정지하게 된다.

2회를 측정하여 평균치를 취하고 같은 방법으로 탭 값의 60[%], 40[%], 20[%]에 대해서도 동작시간을 측정한다.

(다) 합격 판정기준

제작 업체에서 보증하는 확도를 갖는가를 검토한다.

(라) 주의사항

① 전압계전기의 경우 PT의 2차 전압이 전압단자에 가해지는 관계로 변압기를 역여자(逆勵磁) 하는 일이 없도록 특히 유의하지 않으면 위험하다.

② 년 1회 정도 정기적으로 점검하고 기록한 데이터와 차이가 없는가를 점검한다.

15.5.4 과전압계전기의 시험

역율을 개선하기 위하여 계통에 진상용 콘덴서를 접속한 경우 무부하시에 전압이 상승하여 기기에 손상을 주는 수가 있다. 이때 과전압계전기는 콘덴서를 계통으로부터 개방한다든가 경보를 발하기 위하여 사용되며 접지전압의 검출에도 사용한다.

(1) 타임레버의 설정

일반적으로 정격전압의 110[%], 타임레버는 최대로 설정한다.

(2) 시험순서

과전압계전기의 시험은 그림 15-17과 같이 결선하여 실시한다.

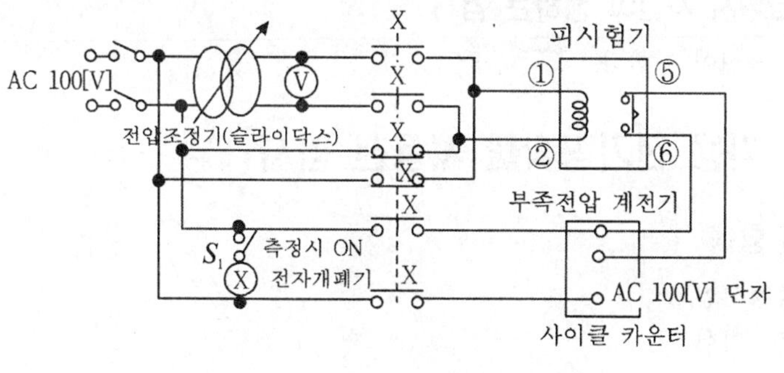

그림 15-17 과전압계전기의 시험

① 전원스위치 S_0를 투입하고 전압조정기로 전압을 서서히 올려 원판이 회전하기 시작할 때의 전압을 측정한다.

② 전압조정기를 조정하여 설정한 탭 110[%]로 조정하고 전원스위치 S_0를 off시킨다.

원판이 복귀한 다음 S_1, S_0를 on시키면 사이클 카운터가 동작하여 계전기 동작으로 정지한다. 2회 측정한 후 평균치를 구한다.

③ 같은 방법으로 탭의 120[%], 130[%], 150[%]에 대해서도 동작시간을 측정한다. 이와 같은 시험을 실시하여 합격 판정기준 및 주의사항은 UVR과 같다.

15.6 검사

15.6.1 검사의 종류

(1) 건축주 · 설계사무소 · 건축설비 담당자 등이 행하는 검사

① 배관 검사
② 시공 중간 검사
③ 공장 입회 검사
④ 준공 인도 검사

(2) 관할관서 · 전력회사 · 전화국 등의 입회검사

① 자가용 전기 공작물 사용전 검사
② 유도등 설비 검사
③ 비상콘센트 설비 검사
④ 자동 화재 탐지 설비 검사
⑤ 비상 방송 설비 검사
⑥ 비상 조명 설비 검사
⑦ 피뢰침 설비 검사

(3) 현장 담당자 자신이 행하는 검사

현장 담당자 자신이 행한다.

15.6.2 가용 전기공작물 사용전 검사

(1) 검사의 항목

① 접지저항 측정시험
② 절연저항 측정시험
③ 절연 내력시험
④ 계전기 시험
⑤ 기타 시험

연습문제

1. 0.2급, 0.5급, 1.0급, 1.5급에서 배전반에 취부하는 지시계기 기호로 일반적으로 많이 사용되는 것은 몇 급인가?

[답] 1.5급

2. 계기의 종류에서 가동코일형의 기호를 작성하시오.(5점)

[답]

3. 그림의 표시와 같이 AB간 400[m]는 100[mm^2], BC간 500[m]는 200[mm^2], CD간 650[m]는 325[mm^2]인 3상 전력케이블의 지중선로가 있다. 지금 3상 전력케이블에서 1선 지락사고가 발생하여 A점에서 머레이 루우프법으로 고장점을 찾으려고 그림과 같이 휘트스톤 브리지의 원리를 사용하였다. A점에서부터 몇[m]인 지점에서 1선 지락사고가 발생하였는가?(4점) (단, a의 저항이 400[Ω]이고, b의 저항은 600[Ω]이다)

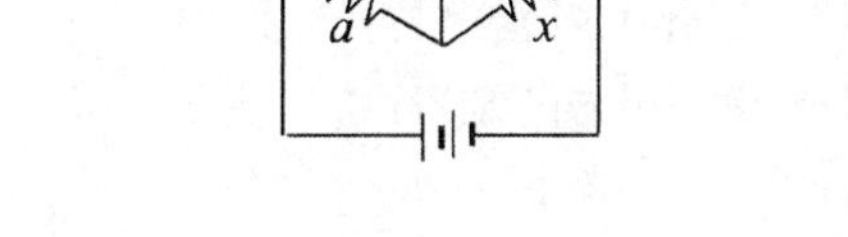

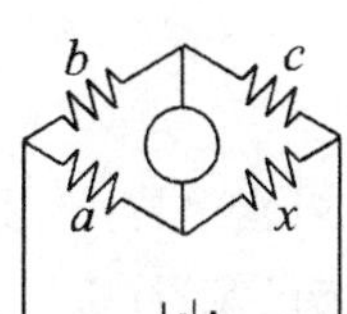

[답] 임의의 고장점까지의 거리를 X[m]라 하고, 전선 굵기를 200[mm^2]인 등가 거리로 환산한다.

① $A-B$간 거리 : 전선저항 $R_1 = \rho\frac{400}{100} = \rho\frac{l_1}{200}$ $\therefore l_1 = 800$[m]

② $B-C$간 거리 : 500[m]

③ $C-D$간 거리 : 전선저항 $R_3 = \rho\frac{650}{325} = \rho\frac{l_3}{200}$ $\therefore l_3 = 400$[m]

④ $A-D$긴의 등가거리 $\rho = 800 + 500 + 400 = 1700$[m]
휘트스톤 브리지의 평형 원리를 적용하면

$600 \times x = 400 \times (1700 \times 2 - x)$ $\therefore x = 1360[m]$

고장 점의 위치 $l_x = 1360 - (800 + 500) = 60[m]$

325[mm²]의 지점을 200[mm²]로 환산한 거리가 60[m]이므로

325[mm²]로 환산하면 $R = \rho \dfrac{60}{200} = \rho \dfrac{l_x}{325}$ $\therefore l_3 = 97.5[m]$

고장점 $x = 400 + 500 + 97.5 = 997.5[m]$

4. 다음 그림은 전자식 접지저항계를 사용하여 접지극의 접지저항을 측정하기 위한 배치도이다. 물음에 답하시오.(13점)

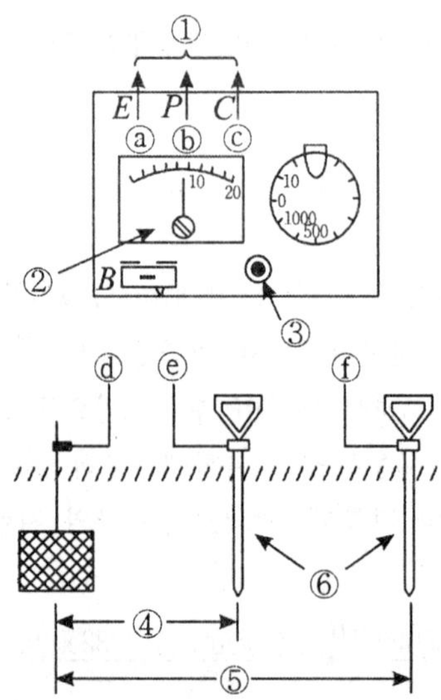

가. 그림에서 ①의 측정단자의 각 접지극의 접속은?
나. 그림에서 ②의 명칭은?
다. 그림에서 ③의 명칭은?
라. 그림에서 ④의 거리는 몇 [m] 이상인가?
마. 그림에서 ⑤의 거리는 몇 [m] 이상인가?
바. 그림에서 ⑥의 명칭은?

[답] 가. a-d, b-e, c-f 나. 눈금 0점 조정단자 다. 버튼 스위치 라. 10[m] 마. 20[m]
바. 보조접지극

5. 절연저항 측정에 관한 다음 각 물음에 답하시오.(9점)

가. 고압 및 저압전로의 전압이나 기기에 대한 절연측정을 하기 위한 절연저항 측정기(메거)는 각각 몇[V]를 사용하는가?

나. 전로의 사용전압이 400[V] 미만으로 대지전압이 150[V] 이하인 전로의 절연저항은

몇 [MΩ] 이상이어야 하는가?

다. 전로의 사용전압이 400[V] 미만이고 대지 전압이 150[V]를 넘고 300[V] 이하인 전로의 절연저항은 몇 [MΩ] 이상이어야 하는가?

라. 전선의 사용전압이 400[V] 이상인 전로의 절연저항은 몇 [MΩ] 이상이어야 하는가?

[답] 가. 고압 : 1,000[V], 저압 : 500[V] 나. 0.1[MΩ] 다. 0.2[MΩ] 라. 0.4[MΩ]

6. 55[mm²](0.3195[Ω/km], 전장 3.6[km])인 3심 전력 케이블의 어떤 중간지점에서 1선 지락사고가 발생하여 전기적 사고점 탐지법의 하나인 머레이 루프법으로 측정한 결과 아래와 같은 상태에서 평형이 되었다고 한다. 측정점에서 사고 지점까지의 거리를 구하시오.(5점)

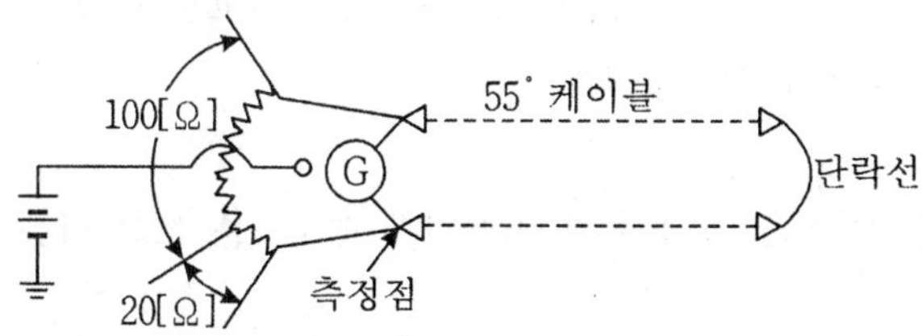

[답] 측정점에서 고장점까지의 거리를 x[km]라고 한다.

$20\times(3.6\times2-x)=100\cdot x \quad x=1.2$[km]

7. 머레이 루우프(Murray loop)법으로 선로의 고장 지점을 찾고자 한다. 선로의 길이가 4[km](0.2[Ω/km])인 그림과 같이 접지고장이 생겼을 때 고장점까지의 거리 X는 몇 [km] 인가? (단, P=270[Ω], Q=90[Ω]에서 브리지가 평형 되었다고 한다.)

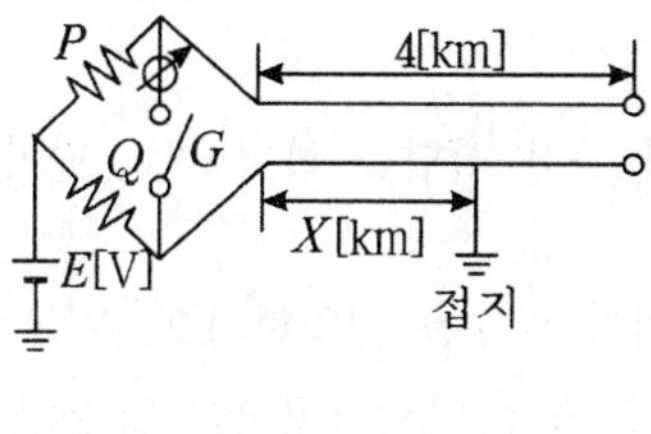

[답] 휘트스톤 브리지의 원리를 적용하면 왕복선의 길이가 8[km]이므로 $PX=Q(8-X)$이므로 이를 풀면 $PX=8Q-XQ$

$\therefore X=\dfrac{Q}{P+Q}\times8=\dfrac{90}{270+90}\times8=2$[km]

8. 수천 옴[Ω]의 가는 전선의 저항을 측정할 때 가장 적당한 측정방법은?(5점)

[답] 휘트스톤 브리지

9. 굵은 나전선의 저항을 측정할 때 가장 적당한 측정방법은?(4점)

[답] 켈빈 더블브리지

10. 거리 계전기 설치점에서 고장점까지의 임피던스를 70[Ω]이라고 하면 계전기측에서 보는 임피던스는 몇[Ω]인가? (단, PT의 전압비는 154,000/100[V]이고, CT의 변류비는 500/5라 한다.)(4점)

[답] 거리 계전기가 보는 임피던스 $DZ = 70 \times \frac{100}{154000} \times \frac{500}{5} = 5[\Omega]$

11. 시공상에서 210/105[V]의 변압기를 그림과 같이 결선하고 고압측에서 200[V]의 전압을 가하면 전압계의 지시는 몇[V]인가? (단, 감극성으로 표준할 것)

[답] $V = V_1 - V_2 = 200 - 200 \times \frac{105}{210} = 100[V]$

12. 과전류계전기 동작시험을 하기 위한 시험기의 배치도를 보고 다음 각 물음에 답하시오.(5점)

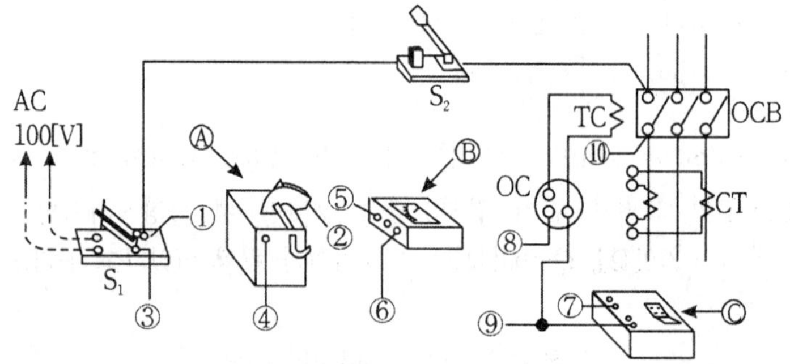

가. 회로도의 기기를 사용하여 동작 시험을 하기 위한 단자 접속을 ○－○안에 기입하시오.

나. A, B 및 C에 표시된 기기의 명칭을 기입하시오.

다. 이 결선도에서 스위치 S_2를 투입(ON)하고 행하는 시험 명칭과 개방(OFF)하고 행하는 시험 명칭은 무엇인가?

[답] 가. ①-④ ②-⑤ ③-⑨ ⑥-⑧ ⑦-⑩

나. A : 수저항기 B : 전류계 C : 계전기 시험장치

다. S_2를 투입하고 행하는 시험명칭 : 차단기 한시 동작 특성 시험

S_2를 개방하고 행하는 시험명칭 : 계전기 최소 동작 전류 시험

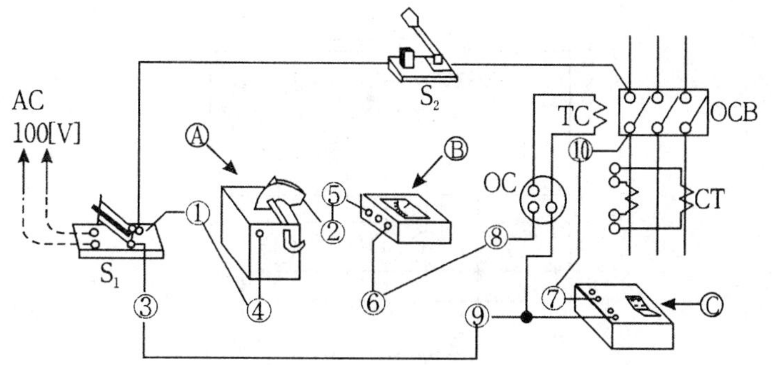

13. 다음 ( )안에 옳은 답을 쓰시오.(6점)

절연내력 시험시 최대 사용전압이 6만 볼트를 넘는 중성점 비접지식 선로는 최대사용 전압의 (㉮)배의 전압을 가하여 (㉯)분간 견디어야 하고 직류로 할 경우에는 (㉰) 배 전압을 가하여야 한다.

[답] ㉮ 1.25 ㉯ 10 ㉰ 교류시험의 전압의 2배

14. 그림과 같은 회로에서 단상전압 200[V] 전동기의 전압측 리드선과 전동기 외함사이가 완전히 지락되었다. 변압기의 저압측은 2종 접지로 저항이 20[Ω] 전동기의 저항은 제3 종 접지공사 30[Ω]이라 하고 변압기 및 선로의 임피던스를 무시한 경우에 접촉한 사람에게 위험을 줄 대지전압은?(5점)

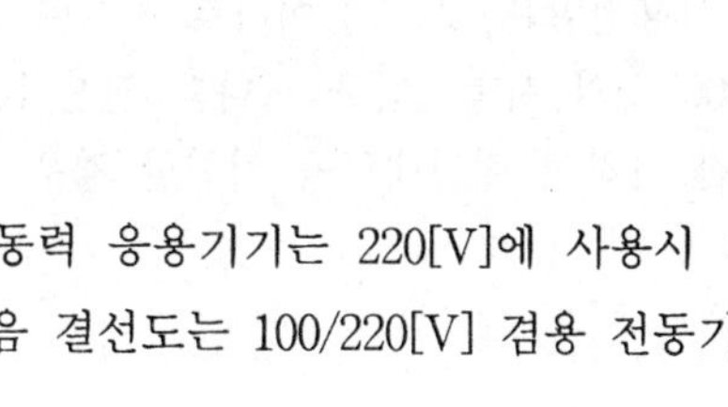

[답] $V = \frac{200}{20+30} = 120$[V]

15. 냉장고, 양수기 등 전동력 응용기기는 220[V]에 사용시 전압 변경 switch로 간단한 전압변경이 가능하다. 다음 결선도는 100/220[V] 겸용 전동기 결선을 220[V]로 변경하여 그리시오.(5점)

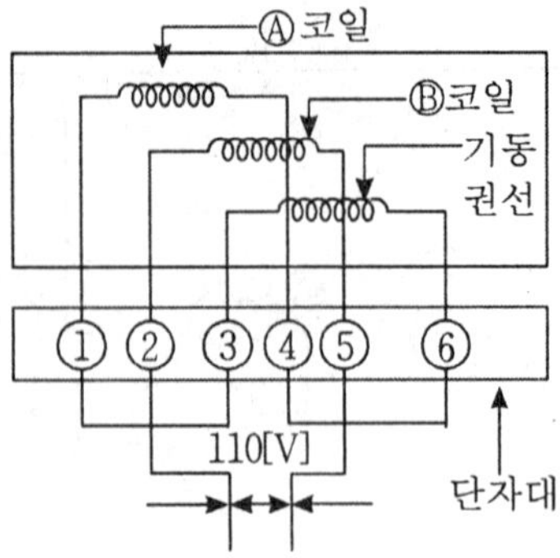

(번호 설명)

① A 코일 시작점

② B 코일 시작점

③ 기동권선 시작점

④ A 코일 끝점

⑤ B 코일 끝점

⑥ 기동권선 끝점

[답]

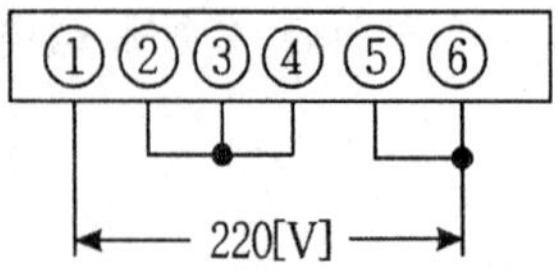

16. 다음 그림은 전극식 온수조의 결선도이다. 물음에 답하시오.(10점)

가. 그림에서 ①의 접지공사는?

나. 그림에서 ②의 접지공사는?

다. 그림에서 ③의 명칭은?

라. 전극식 온천 승온기의 사용전압은 몇 [V] 이하로 하여야 하는가?

마. 절연변압기는 교류 2,000[V]의 시험전압을 하나의 권선과 다른 권선 철심 및 외함사이에 계속적으로 몇 분간 가하여 절연내력을 시험할 경우 얼마나 견디어야 하는가?

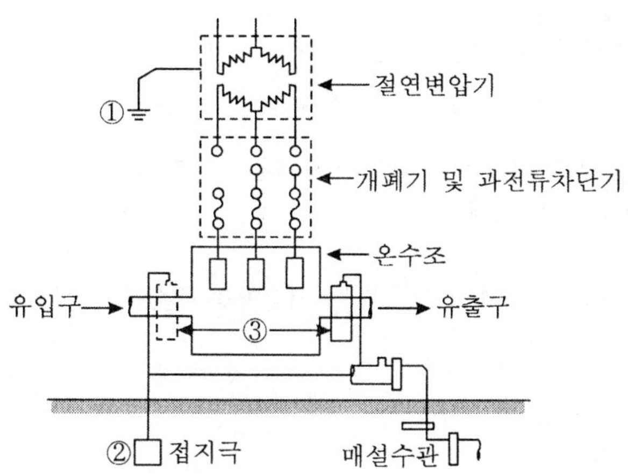

[답] 가. 제3종 접지공사 나. 제1종 접지공사 다. 차폐장치 라. 400[V] 마. 1분

17. 사용전압 105[V] 최대공급 전류가 50[A]인 단상 2선식 가공 전선로에서 2선을 합한 것과 대지간의 절연저항은 얼마인가?(5점)

[답] 누설전류 $i=50\times\frac{1}{100}=0.05$[A], 절연저항 $R=\frac{105}{0.05}=2100[\Omega]$

18. 154[kV] 중성점 직접 접지식 계통의 피뢰기 등에 대한 다음 각 물음에 답하시오.(10점)

가. 피뢰기의 접지방법은 어느 것을 선택해야 하는가?
(단, 접지계수가 0.75이고, 효율이 1.1이다.)
피뢰기의 정격전압은 표와 같다.

피뢰기의 정격전압(표준값[kV])					
126	144	154	168	182	196

나. 피뢰기의 구성요소 2가지를 쓰시오.
다. 피뢰기의 방전 후 피뢰기의 단시간에 전류에는 전압을 무슨 전압이라 하는가?
라. 피뢰기에서 상용주파 이용 단자전압은 보통 공칭전압의 몇배 이상을 표준으로 하는가?
마. 지락사고를 검출하기 위해 사용하는 것은?

[답] 가. $V=0.75\times1.1\times170=140.25$ ∴ 144[kV]
나. 직렬 GAP, 특성요소 다. 방전초기전압 라. 0.8～1.0배 마. 지락 과전류 계전기

19. 변전설비에서 차단기 사용전 검사항목을 전기설비검사 업무처리 지침서에 의거 쓰시오. (5점)

[답] ① 외관검사 ② 접지저항 측정 ③ 절연저항 측정 ④ 절연내력 시험
⑤ 보호장치 설치 및 동작상태

20. 0.2급, 0.5급, 1.0급, 1.5급에서 배전반에 취부하는 지시계기 기호로 일반적으로 많이 사용되는 것은 몇 급인가?

[답] 1.5급

21. 평형 3상회로에서 운전되는 유도전동기에 전력계, 전압계, 전류계를 그림과 같이 접속하고 각 계기의 지시를 측정하니 전력계 $W_1 = 5.43$[kW], $W_2 = 3.86$[kW]이고 전압계 $V = 200$[V], 전류계 $I = 28$[A]이었다. 다음 각 물음에 답하시오.(6점) (단, 전압계와 전류계는 정상으로 연결하였다고 한다.)
가. 유효전력은 몇 [kW]인가?
나. 피상전력은 몇 [kVA]인가?
다. 도면에 전압계와 전류계의 표시를 Ⓥ와 Ⓐ를 써서 도면을 완성하시오.

[답] 가. $P = 5.43 + 3.86 = 9.29$[kW]
나. $VA = \sqrt{3}\,VI = \sqrt{3} \times 200 \times 28 \times 10^{-3} = 9.7$[kVA]
다.

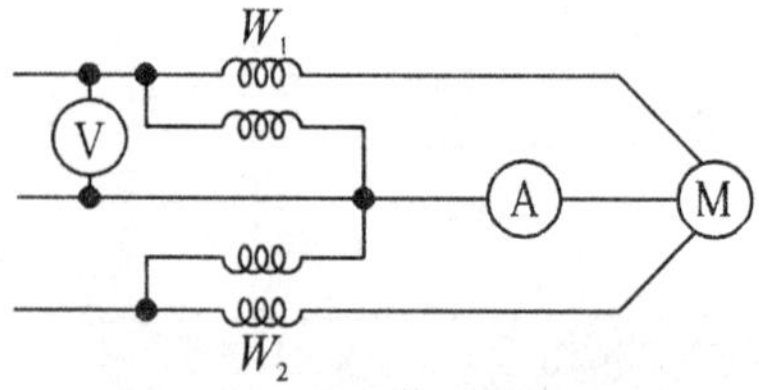

22. 옥내배선의 시설에 있어서 인입구 부근에 전기저항치가 3[Ω] 이하의 값을 유지하는 수도관 또는 철골이 있는 경우에는 이것을 접지극으로 사용하여 이를 제2종 접지공사한 저압전로의 중성선 또는 접지측 전선에 추가접지할 수 있다. 이 추가접지의 목적은 저압전로에 침입하는 뇌격이나 고저압혼촉으로 인한 이상전압에 의한 옥내배선의 전위 상승을 억제하는 역할을 한다. 또 지락사고시에 단락전류를 증가시킴으로써 과전류 차단기의 동작을 확실하게 하는 것이다. 그림에 있어서 ㉯지점에서 지락이 발생한 경우 추가접지가 없는 경우의 지락전류와 추가접지가 있는 경우의 지락전류값을 구하고 두 값의 적합성을 비교 설명하시오.(5점)

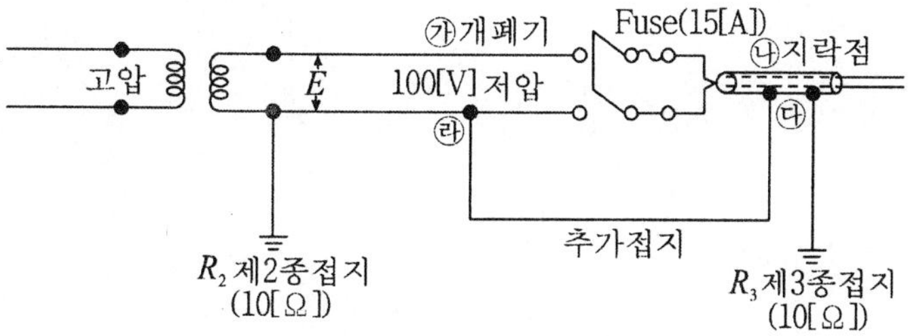

[답] ① 추가접지가 없는 경우 지락전류 : $I_g = \frac{100}{10+10} = 5[A]$

※ 지락사고시 과전류 차단기는 동작되지 않음.

② 추가접지를 하는 경우 : $I_g = \frac{100}{Z} \fallingdotseq \infty$ (Z : 선로 임피던스≒0)

③ 지락시 과전류 차단기를 동작시키기 위해 추가접지가 바람직하다.

23. 그림과 같이 전류계 3개를 가지고 부하전력을 측정하려고 한다. 각 전류계의 눈금이 도면과 같이 Ⓐ₁, Ⓐ₂, Ⓐ₃[A]이고, 부하역률을 $\cos\theta$라고 할 때 부하전력은 몇 [W]이겠는가?(4점)

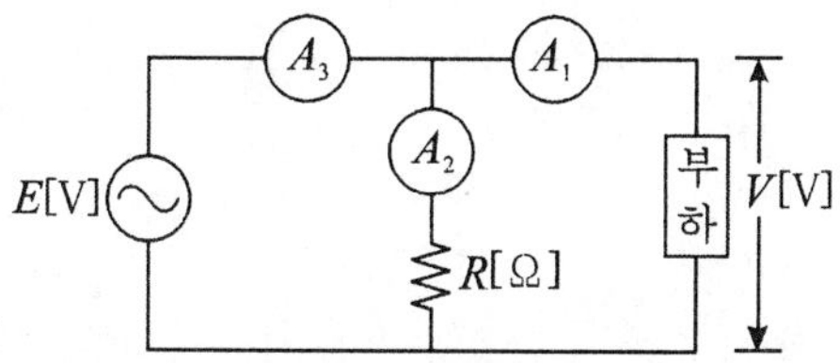

[답] 전류계 A_3에 흐르는 전류는 벡터도와 같으므로

$$A_3^2 = (A_2 + A_1\cos\theta)^2 + (A_1\sin\theta)^2 = A_1^2 + A_2^2 + 2A_1A_2\cos\theta$$

$$\therefore \cos\theta = \frac{A_3^2 - A_1^2 - A_2^2}{2A_1A_2}$$

따라서 부하전력 P는

$$P = VA_1\cos\theta = A_2R \cdot A_1 \times \frac{A_3^2 - A_1^2 - A_2^2}{2A_1A_2}$$

$$\therefore P = \frac{R}{2}(A_3^2 - A_1^2 - A_2^2)$$

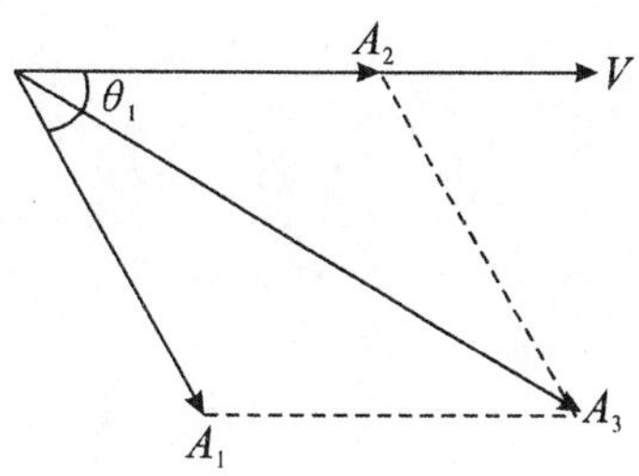

24. 변전설비에서 차단기 사용전 검사항목을 전기설비검사 업무처리 지침서에 의거 쓰시오.(5점)

[답] 1. 외관검사 2. 접지저항 측정 3. 절연저항 측정 4. 절연내력 시험
5. 보호장치 설치 및 동작상태

제16장

적 산

16.1 적산업무의 개요

전기설비의 적산은 건축의 특성 및 구조를 잘 이해하고 공사발주 또는 수주를 위하여 설계도면을 보고 전기설비공사의 금액을 산출하는 업무로서 공사발주자가 적정한 가격으로 공사를 발주하는데 필요한 매우 중요한 업무이다.

16.1.1 적산과 견적

현대의 건축은 고층화, 첨단화, 정보화 설비의 증대로 건축공사비 중에서 전기설비공사 관련공사의 비용이 중대하므로 적산업무도 따라서 복잡하게 된다.

1 적산(積算)

전기설비에서 적산이란 예정가격을 산출하기 위하여 설계도서와 시방서 및 시공현장의 조건에 따라 그 시설공사에 소요되는 재료와 노무의 품을 계산하는 것으로서 각 항목별로 그 산출 기초서를 명시한 기초계산서를 첨부한 것.

(기초계산서 : 공사비 산출을 위한 일위대가표(一位對價表), 물공량(物工量)이 표시된 내역서 및 산출명세서 등)

2 견적(見積)

견적은 적산 업무에서 산출된 가격에 대하여 수주와 결부되는 타당한 가격을 산출하여 입찰 또는 수주 영업을 하는 가격을 뜻한다.

16.1.2 공사비의 구성

공사비 중에는 전기설비를 구성하는 다수의 원자재, 각종 기계 기구, 노무, 운반, 기타 여러 경비가 있으며 일반적으로 공사의 예정원가라 함은 공사시공 과정에서 발생한 재료비, 노무비, 일반관리비, 이윤, 부가가치세의 합계액을 말한다.

1 공사원가계산

공사원가계산을 하고자 할 때에는 표 16-1의 공사원가 계산서를 작성하고 비목별 산출한 근거를 명시한 기초계산서를 첨부하여야 한다.

표 16-1 공사원가 계산서

공사명 : 공사기간 :

비목 \ 구분			금액	구성비	비고
순공사원가	재료비	직접재료비			
		간접재료비			
		작업설·부산물등(Δ)			
		소계			
	노무비	직접노무비			
		간접노무비			
		소계			
순공사원가	경비	전력비			
		수도광열비			
		운반비			
		기계경비			
		특허권사용료			
		기술료			
		연구개발비			
		품질관리비			
		가설비			
		시험검사비			
		지급임차료			
		보험료			
		복리후생비			
		보관비			
		외주가공비			
		안전관리비			
		소모품비			
		예비·교통비·통신비			
		세금과공과			
		폐기물처리비			
		도서인쇄비			

		지급수수료 환경보전비 보상비 기타법정경비			
		소 계			
일반관리비 ( )[%]					
이 윤 ( )[%]					
합 계					
부가가치세 10 [%]					
총공사원가					

- 공사원가
  - 순공사(제조)원가
    - 재료비
      - 직접재료비 : 주재료비, 부분품비
      - 간접재료비 : 소모재료비, 소모공구, 기구, 비품비, 포장재료비, 가설재료비
    - 노무비
      - 직접노무비 : 기본급, 제수당, 상여금, 퇴직급여충당금
      - 간접노무비 : 직접노무비×간접노무비율
      - ※ 간접노무비율 $= \dfrac{\text{간접노무비}}{\text{직접노무비}}$
    - 경비 — 전력비등 21개 비목
  - 일반관리비 — 공사 또는 제조원가×일정률(6~14[%])
  - 이윤 — (노무비+경비+일반관리비)×일정률(제조 25[%], 공사 15[%])

※ 예정가격= 공사원가+부가가치세(10[%])

2 공사원가계산요령

(1) 순공사 원가

공사 시공과정에서 발생한 재료비, 노무비, 경비의 합계액

공사원가=순공사원가(재료비+노무비+경비)+일반관리비+이윤+부가가치세 (16-1)

(가) 재료비

재료비는 직접재료비 및 간접재료비로 구성되며 그 합계액에서 시공중에 발생되는 작업성 부산물의 매각액 또는 이용가치를 측정 산출하여 이를 공제하여야 한다.

① 직접재료비 : 공사 목적물의 실체를 형성하는 물품의 가치로서 다음 각 호를 말한다.
  ㉠ 주요재료비 : 공사 목적물의 기본적 구성 형태를 이루는 물품의 가치
  ㉡ 부분품비 : 공사목적물에 원형대로 부착되어 그 조성부분이 되는 매입부분, 수입부품, 외장재료 및 경비로 계상되는 것을 제외한 외주품의 가치
② 간접재료비 : 공사 목적물의 실체를 형성하지 않으나 공사에 보조적으로 소비되는 재료

또는 소모성 물품의 가치를 말한다. (소모재료비, 소모공구 · 기구 · 비품비, 가설재료비 : 내용 년수 1년 미만) : 직접 재료비의 2[%]

(나) 노무비(노무량×단위당 가격)

① 직접 노무비 : 작업에 종사하는 종업원 및 노무자에 제공되는 노동력의 대가로서 다음 각 호의 합계액으로 한다. 다만, 상여금 400[%], 제수당, 퇴직 급여 충당금은 근로 기준법상 인정되는 범위를 초과하여 계상 할 수 없다.

㉠ 기본급(재정경제원 장관이 결정, 고시하는 정부 노임 단가로서 동 단가에는 기본급의 성격을 갖는 정근 수당, 가족 수당, 위험 수당 등이 포함된다.)

㉡ 제 수당(기본급의 성격을 가지지 않는 시간외 수당, 야간 수당, 휴일 수당 등 작업상 통상적으로 지급되는 금액을 말한다.)

㉢ 상여금

㉣ 퇴직금

㉤ 직접노무비는 제종 공정별로 작업 인원, 작업 시간, 제조 수량을 기준으로 계약 목적물의 제조에 소요되는 노무량을 산정하고 노무비 단가를 곱하여 계산한다.

㉥ 공구손료 : 직접노무비의 3[%]

② 간접노무비 : 작업 현장에서 보조 작업에 종사하는 노무자, 종업원, 현장 감독자 등의 기본급과 제수당, 상여금, 퇴직 급여 충당금의 합계액으로 한다.

㉠ 간접노무비는 원가 계산 자료를 활용하여 직접노무비에 대하여 간접노무비율을 곱하여 계산한다.

$$\text{간접노무비율} = \left(\frac{\text{간접노무비}}{\text{직접노무비}}\right) \times 100$$

㉡ 간접노무비는 직접노무비를 초과하여 계산할 수 있다.

㉢ 간접노무비 계상 방법

㉮ 직접 계산 방법

ⓐ 계상 기준 : 간접노무비=간접노무량×노무비 단가

ⓑ 계상 방법

· 대상 : 품셈에 따라 계상되는 노무량 제외, 현장 시공과 관련하여 현장 관리 사무소에 종사하는 자의 노무량

· 방법 : 설계서(설계도면, 시방서, 현장 설명서 등)상 특성에 따라 작성 인원을 설계 반영 처리하여야 함.

㉯ 비율 분석 방법

ⓐ 계상 기준 : 간접노무비=품셈에 의한 직접노무비×간접노무비율

ⓑ 계상 방법

· 원가 계산 자료(공사원가 명세서, 임금대장 또는 직 · 간접 노무비명세서 등)확보

· 동자료에 의해 계산된 간접노무비를 직접노무비로 나누어 간접노무비율 산출

$$\text{간접노무비율} = \frac{\text{간접노무비}}{\text{직접노무비}} \qquad (16\text{-}2)$$

㉰ 보완 적용 방법(상기 ㉮, ㉯의 방법이 곤란한 경우) : 표 16-2 간접노무비율을 참고로 활용하여 간접노무비 계상 가능

표 16-2 간접노무비 계상 방법

구 분		간접노무비율[%]
공사 종류별	건축 공사 토목 공사 특수 공사(포장, 준설 등) 기타(전문, 전기, 통신 등)	14.5 15 15.5 15
공사규모별 품셈에 의하여 산출되는 공사 원가 기준	5억원 미만 5~30억원 미만 30억원 이상	14 15 16
공사 기간별	6개월 미만 6~12개우러 미만 12개월 이상	13 15 17

예제 공사 규모가 10억원이고 공사기간이 15개월인 건축공사의 경우 간접노무비를 구하라.

풀이 간접노무비율=(15[%]+17[%]+14.5[%])÷3=15.5[%]

(다) 경비(소요(소비)량×단위당 가격)

① 경비란 공사 현장에서 시공을 위하여 직접적으로 소비한 공사 원가 중에서 재료비와 노무비를 제외한 원가를 말하며 일반관리비와는 구분이 된다.

② 경비의 계산

㉠ 계상기준

- 품셈 및 법령에 의거 산출 가능한 비목은 이에 처리 계상
- 그 이외의 비목은 소요(소비)량 측정, 계약서(영수증)등을 근거로 예정, 계상 또는 업체의 원가 계산 자료를 분석하여 비율 산정 계산

㉡ 계상 방법

- 원가 계산 자료인 현장별 원가 명세서 확보
- 동 명세서상의 재료비와 노무비의 합계액에 대하여 당해 경비 비목이 차지하는 비율 산정 계산

예제 재료비 : 60, 노무비 : 20, 복리후생비 : 1.5일 때 복리 후생 비율을 구하라.

풀이 $\text{복리 후생 비율} = \frac{\text{복리후생비}}{\text{재료비} + \text{노무비}} = \frac{1.5}{60+20} = 1.87[\%]$

③ 경비의 구성 내용

- 전력비는 계약 목적물을 시공하는데 직접 소요되는 당해 비용을 말한다.
- 운반비는 재료비에 포함되지 않는 운반비로서 원재료, 반재료 또는 기계 기구의 운송비, 하역비, 상하차비, 조작비 등을 말한다.
- 기계경비는 정부 표준 품셈상의 건설 기계의 경비 산정 기준에 의한 비용을 말한다.
- 특허권 사용료는 타인 소유의 특허권을 사용한 경우에 지급되는 사용료로서 그 사용비례에 따라 계산한다.
- 기술료는 당해 계약 목적물을 시공하는데 직접 필요한 노·하우비(Know-how)및 동부대비용으로서 외부에 지급되는 비용을 말하며 세법(법인세법 상의 시험 연구비)에서 정한 바에 따라 이연 상각하되 그 사용 비례를 기준하여 배분 계산한다.
- 품질관리비는 당해 계약 목적물의 시공을 위하여 관련 법령이나 계약 조건에 의하여 품질 시험이 요구되는 경우의 비용으로서 실제 소요되는 비용을 계상한다.
- 가설비는 계약 목적물의 실체를 형성하는 것은 아니나 동시공을 위하여 필요한 가설물의 설치에 소요되는 비용을 말한다.
- 지급임차료는 계약 목적물을 시공하는데 직접 사용되거나 제공되는 토지, 건물, 기계기구(건설 기계를 제외한다)의 사용료를 말한다.
- 보험료는 법령 또는 계약 조건에 의하여 가입이 요구되는 보험료를 말하며, 재료비에 계상되는 것은 제외한다.
- 보관비는 계약 목적물의 시공에 소요되는 재료, 기자재 등의 창고 사용료로서 외부에 지급되는 비용으로서 재료비에 계상되는 것은 제외한다.
- 외주가공비는 재료를 외부에 가공시키는 실가공 비용을 말하며 외주 가공품의 가치로서 재료비에 계상되는 것은 제외한다.
- 안전관리비는 작업 현장에서 산업 재해 및 건강 장해 예방을 위하여 법령에 의거 요구되는 비용을 말한다.
- 수도광열비는 계약 목적물을 시공하는데 직접 소요되는 당해 비용을 말한다.
- 연구개발비는 당해 계약 목적물을 시공하는데 직접 필요한 기술 개발 및 연구비로서 시험 및 시범 제작에 소요된 비용 또는 연구 기관에 의뢰한 기술 개발 용역비와 법령에 의한 기술 개발 촉진비 및 직업 훈련비를 말하며 세법(법인 세법상의 시험 연구비)에서 정한 바에 따라 이연 상각하되 그 사용 비례를 기준하여 배분 계산한다.
  다만, 연구 개발비 중 장래 계속 시공으로서 연결이 불확실하여 미래 수익의 증가와 관련이 없는 비용은 재무부 장관과 협의하여 특별 상각할 수 있다.
- 복리후생비는 계약 목적물을 시공하는데 종사하는 노무자, 종업원, 현장 사무소 직원 등의 의료 위생 약품대, 공상 치료비, 지급 피복비, 건강 진단비, 급식비 등 작업 조건 유지에 직접 관련되는 복리 후생비를 말한다.
- 소모품비는 작업 현장에서 발생되는 문방구, 장부대 등 소모용품을 말하며, 보조 재료로서 재료비에 계상되는 것을 제외한다.
- 여비 · 교통비 · 통신비는 시공 현장에서 직접 소요되는 여비 및 차량 유지비와 전신 전

화 사용료, 우편료를 말한다.

· 세금과 공과는 시공 현장에서 부담할 재산세, 차량세 등의 세금 및 공공 단체에 납부하는 공과금을 말한다.
· 폐기물 처리비는 계약 목적물의 시공과 관련하여 발생되는 오물, 잔재물, 폐유, 폐알칼리, 폐고무, 폐합성 수지 등 공해 유발 물질을 법령에 의거 처리하기 위하여 소요되는 비용을 말한다.
· 도서인쇄비는 계약 목적물의 시공을 위한 참고 서적 구입비, 각종 인쇄비, 사진 제작비(VTR 제작비를 포함한다)등을 말한다.
· 지급수수료는 법률로서 규정되어 있거나 의무지워진 수수료를 말한다.
· 환경 보전비는 계약 목적물의 시공을 위한 제반 환경 오염 방지 시설을 위한 것으로서, 관련 법령에 의하여 규정되어 있거나 의무 지워진 비용을 말한다.
· 보상비는 당해 공사로 인해 공사 현장에 인접한 도로·하천·기타 재산에 훼손을 가하거나 지장물을 철거하게 됨에 따라 발생하는 보상·보수비를 말한다. 다만, 당해 공사를 위한 용지 보상비는 제외한다.
· 기타 법정 경비는 위에서 열거한 이외의 것으로서 법령으로 규정되어 있거나 의무지워진 경비를 말한다.

(2) 일반관리비

일반관리비는 기업의 유지를 위한 관리활동 부문에서 발생하는 제비용으로서 제조 원가에 속하지 아니하는 모든 영업비용 중 판매비 등을 제외한 다음의 비용, 즉, 임원 급료, 사무실 직원 급료, 제수당, 퇴직 급여 충당금, 복리 후생비, 여비, 교통·통신비, 수도광열비, 세금과 공과, 지급임차료, 감가상각비, 운반비, 차량비, 경상시험 연구개발비, 보험료 등을 말하며 기업 손익계산서를 기준하여 아래와 같이 산정한다.

일반관리비＝판매비와 일반관리비－(광고 선전비＋접대비＋대손상각 등) (16-3)

일반관리비율＝일반관리비÷매출 원가×100 (16-4)

일반관리비의 계상 방법은 제조원가에서 정한 일반관리 비율을 초과하여 계상할 수 없다.

표 16-3 일반관리비의 계상 방법

시 설 공 사		전문·전기·전기 통신 공사	
공 사 원 가	일반 관리 비율	공 사 원 가	일반 관리 비율
5억원 미만	6[%]	5천만원 미안	6[%]
5억원~30억원 미만	5.5[%]	5천만원~3억원 미만	5.5[%]
30억원 이상	5[%]	3억원 이상	5[%]

(3) 이윤

영업이익을 말하며 공사원가 중 노무비, 경비와 일반관리비의 합계액(이 경우 기술료 및 외주 가공비는 제외한다)에 이윤율 15[%]를 초과하여 계상할 수 없다.
(제조구매 : 25[%], 용역 및 수입 물품 : 10[%])

③ 부가 가치세 (공사 원가의 10[%])

(재료비＋노무비＋경비＋일반관리비＋이윤)×10[%] (16-5)

16.2 재료수량 산출방법

16.2.1 배선재료

① 건물의 층고 및 기구의 설치 높이는 일반적으로 아래와 같이 시설한다.
　㉠ 스위치 : 바닥으로부터 1.2[m] 이상
　㉡ 콘센트 : 바닥으로부터 0.3[m] 이상(옥외 및 방수용은 0.8[m] 이상)
　㉢ 등기구 : 도면에 명시된 대로 시설한다.

② 도면의 축척(scale)은 우측 하단에 표시하며, 보통 도면은 $\frac{1}{100}$ 축척을 기준으로 한다.

③ 전선관에 들어가는 전선의 종류 및 규격을 명시한다.
　㉠ 기구 상호간의 길이는 각 기구의 중심점간의 직선거리로 한다.
　㉡ 전선관에 들어있는 전선의 총 길이는 실측된 길이에다 가닥수를 곱하여 수량을 산출한다.

④ 전선의 각 종류별, 규격별로 총 길이 및 총 수량을 집계하여 물가자료표와 표준품셈에 의거하여 산출한다.

⑤ 전선의 사용처에 따른 할증률은 아래와 같다.
　㉠ 옥외전선 : 5[%]
　㉡ 옥내전선 : 10[%]
　㉢ Cable(옥외) : 3[%]
　㉣ Cable(옥내) : 5[%]

⑥ 기타 사항 도면에 명시된 시방서에 의거하여 산출한다.

16.2.2 각종 전선관 및 그 부속품

① 특별한 명시가 되지 않는 관은 금속관 사용을 원칙으로 한다.

② 전선관의 총 길이 산출 방법은 아래와 같이 한다.
　㉮ 건물의 층고 및 각 기구의 설치 높이를 확인한다.
　㉯ 도면의 축척(scale)대로 한다.
　㉰ 전선관의 종류와 규격을 확인한다.

ⓐ 후강전선관 : 관의 호칭은 안지름의 근사값을 짝수로 나타낸다.
(16, 22, 28, 36, 42, 54, 70, 82, 92, 104[mm])

ⓑ 박강전선관 : 관의 호칭은 바깥지름의 근사값을 홀수로 나타낸다.
(19, 25, 31, 39, 51, 63, 75[mm])

㉣ 전선관의 각종 부속품

ⓐ 박스 : 전선접속함, 조명기구, 콘센트 등의 취부에 사용된다.

· 아우트렛 박스(4각 얕은형) : 전선접속, 콘센트 등의 취부에 사용되며 주형 4각, 대형 4각 등 사용목적에 따라 다르다.

· 콘크리트 박스 : 콘크리트 내의 매입배선용으로 아우트렛 박스와 같은 목적으로 사용되지만, 밑판을 뗄수 있으므로 슬래브 배관의 경우 천장면에 박스나 관을 취부하기가 용이하다. 중형 4각, 대형 4각, 8각 등 사용목적에 따라 다르다.

┌ 8각 : 옥내전등전용이나 전선관 배관이 3조 이하인 경우
└ 4각 : 콘센트 및 전선관 배관이 4조 이상인 경우

· 스위치 박스 : 원형 박스는 허브를 내는 방법에 따라 1방출, 2방출, 직각 2방출, 3방출, 4방출 등이 있다.

ⓑ 부싱 및 로크너트

· 부싱 : 전선의 절연피복을 보호하기 위해서 금속관의 끝에 설치한다.

· 로크너트 : 박스에 금속관을 고정하거나 커플링으로 관 상호간을 접속할 때, 커플링이 도는 것을 방지하기 위해서 사용된다. 6각형과 톱니형의 두 종류가 있으며 로크너트의 수는 부싱수의 2배가 된다.

ⓒ 새들 : 노출배관공사나 점걸할 수 있는 은폐배관공사 등에서 전선관을 조영재에 고정할 때 사용한다.

ⓓ 링리듀서 : 금속관을 아우트렛 박스 등의 노크아웃(knock out)에 설치할 때 노크아웃의 지름이 관의 지름보다 큰 관계로 로크너트만으로는 고정할 수 없을 때 보조적으로 사용한다.

ⓔ 유니언 커플링 : 전선과 선로의 접속용으로 쓰이는 것으로 금속관이 고정되어 있을 때 또는 관 자체를 돌리수 없을 때 사용한다.

ⓕ 커플링 : 금속관 사이를 접속할 때 사용한다. 전선관에 나사를 내고 접속하는 것과 나사를 내지 않고 접속하는 커플링 등이 있다.

ⓖ 노멀밴드 : 배관이 직작으로 굽는 곳에서 사용한다.

ⓗ 유니버설 앨보 : 노출배관공사에서 관을 직각으로 굽히는 곳에 사용한다.

③ 전선관의 할증률은 아래와 같다.

㉠ 전선관 배관 : 10[%]

㉡ 강관 : 5[%]

㉢ 강판 : 10[%]

④ 기타 사항의 도면에 명시된 시방서에 의거하여 산출한다.

16.2.3 터파기 계산법

① 독립기초터파기량

$$\text{터파기량} = \frac{h}{6}\{(2a+a')\cdot b+(2a'+a)b'\}[\mathrm{m}^3] \tag{16-6}$$

② 줄기초터파기량

$$\text{터파기량} = \frac{h}{2}\times(a+b)\times\text{줄기초길이}[\mathrm{m}^3] \tag{16-7}$$

③ 철탑기초 굴착량

$$\text{굴착량} = \text{가로}\times\text{세로}\times H\times 1.2[\mathrm{m}^3] \tag{16-8}$$

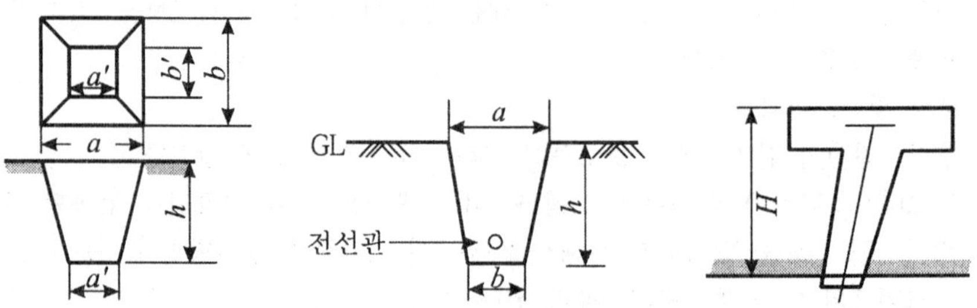

(a) 독립기초터파기량 (b) 줄기초터파기량 (c) 철탑기초굴착량

그림 16-1 터파기의 예

1 벌목 보상비 산출

① 벌목 체적 산출식

$$\frac{\pi}{12}\times h\times(a^2+b^2+ab)\times\text{본수} \tag{16-9}$$

여기서, h : 수목높이, a : 원구 직경, b : 말구 직경

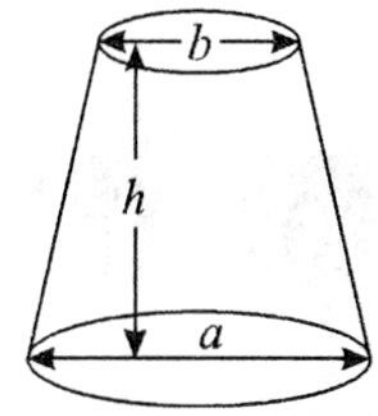

그림 16-2 벌목체적

② 벌목 보상비

$$체적[m^3] \times 단가[원/m^3] \times \frac{1}{4} = \qquad (원) \qquad (16\text{-}10)$$

③ 벌목 인건비

$$벌목\ 본수 \times \frac{1}{40본} \times 2인 \times 벌목\ 인부\ 노임\ 단가(원)$$

16.3 표준 품셈

품셈이란 인력 건설 장비를 이용하여 어떤 대상물을 완성하기 위하여 단위당 소요로 하는 노동력과 재료량을 수량으로 표시한 것으로 공사별 각 부분의 한 단위를 생산함에 있어서 과거의 공사 실적 및 각종 비교 자료로부터 설정한 표준적이 소요 노무공의 수 및 재료의 소요량을 기준한 것이다.

[1] 표준 품셈

여러 가지 환경과 기후 등의 환경여건을 고려하여 현장의 작업이 시행되기 전에도 공사비를 계산할 수 있도록 각 작업의 내용에 따라 재료, 인력 및 장비의 소요량을 등을 표준화한 것으로 사전원가 계산을 위한 적산의 기준이 되며 정부 등에서 시행하는 각종 건설공사에 대한 적정 공사비를 선정하기 위한 일반적인 기준이 된다. 표준 품셈은 적용 기준(재료의 할증재) 및 표준 품셈 보기를 참조할 것.

연 습 문 제

1. 일반적으로 공수 손료는 직접 노무비(제수당, 사영금, 또는 퇴직 급여 충당금 제외)의 몇 [%]까지 계상 할 수 있는가?

[답] 3[%]

2. 조명공사 부분에서의 계상이 어려운 소모품은 직접 재료비의 (가)의 (나) [%]까지 계상 할 수 있다. (　　)안에 알맞은 답을 쓰시오.

[풀이] 표준 품셈 1-31, 잡품 및 소모 재료 참조.

[답] 가. 전선과 배관 자재비　나. 2~5

3. 관공서나 공공 기관에서 발주하는 전기 공사의 물량 산출시 건물 층수에 따라 할증률이 적용된다.

가. 5층~10층 이하의 할증률[%]은?

나. 15~20층 이하의 할증률은[%]은?

[답] 가. 3[%]　나. 5[%]

2~5층 이하 : 1[%]	10층 이하 : 3[%]
15층 이하 : 4[%]	20층 이하 : [5%]
25층 이하 : 6[%]	30층 이하 : 7[%]

30층 초과시는 매층 증가마다 1[%] 가산.

4. 할증의 중복 가산 요령은 어떤 방법으로 표시하는가. 그 식은?

[풀이] 표준 품셈 1-47에 할증의 중복 가산 요령은

W=기본품 $\times(1+a_1+a_2+a_3\cdots+a_n)$이다.

[답] W=기본품 $\times(1+a_1+a_2+a_3\cdots+a_n)$

5. 발 · 변전 설비 및 중공업 설비의 시공 및 보수는 어떤 전공이 필요한가?

[풀이] 표준 품셈 1-48항에서 프랜트 전공의 작업 구분은 발 · 변전 설비 및 중공업 설비의 시공 및 보수로 규정하고 있다.

[답] 플랜트 전공

6. 견적도란 무엇인가, 간단하게 쓰시오.

[답] 주문할 사람에게 물품의 내용 및 가격 등을 설명하기 위한 도면

7. 적산에는 개산 견적, 상세 견적, 변경 견적, 정산 견적 등이 있다. 이중 상세 견적이란 무엇인지 간단하게 설명하시오.

[답] 주어진 두면 또는 사양서 등의 설계 도면에 의해 재료 등 관계 법령을 이해하고 현장 상황을 파악하여 상세하게 견적을 계산하는 것.

8. 간접 노무비는 무엇의 몇 [%] 인가?

[답] 직접 노무비×간접 노무 비율

$$\left(※ \text{ 간접 노무 비율} = \frac{\text{간접노무비}}{\text{직접노무비}} \times 100[\%] \right)$$

9. 공구 손료는 일반 공구 및 시험 검사용 일반 계측 기구류의 손료로서 공사중 상시 일반적으로 사용하는 것을 말하며 직접 노무비(제수당 상여금 또는 퇴직 급여 충당금을 제외)의 몇 [%]를 계상 할 수 있는가?

[풀이] 표준 품셈 1-29 참조

[답] 3[%]

10. 전기공사 금액 1억 5천만원일 때의 관리비, 이윤의 비율은 각각 얼마인가?

[풀이] ① 일반관리비는 기업의 유지 관리를 위하여 발생하는 비용으로서 건설 공사중 전기 공사에서는 재료비, 노무비, 경비의 합계액이

5천만원 미만 : 6[%]   5천만원~3억원 미만 : 5.5[%]

3억원 이상 : 5[%]의 범위 내에서 계상 할 수 있다.(준칙 제18조)

부가가치세=(재료비+노무비+경비+일반관리비+이윤)×0.1

=(30000000+32200000+5923500+80435250)×0.1

=9166702[원]

총 공사비=재료비+노무비+경비+일반관리비+이윤+부가 가치세

=916672025+9166702=100833727[원]

[답] ① 일반관리비 : 5.5[%] ② 이윤 : (노무비+경비+일반관리비)×15[%]

11. 총 공사비가 32억원이고 공사기간이 18개월인 전기공사의 간접 노무비율[%]을 참고 자료를 이용하여 구하시오.(5점)

[참고자료] 공사종류 등에 따른 간접노무비율

구 분		간접노무비율
공사종류별	건축공사 토목공사 특수공사(포장, 준설 등) 기타(전문, 전기, 통신 등)	14.5 15 15.5 15
공사규모별 품셈에 의하여 산출되는 공사 원가기준	5억원 미만 5~30억원 미만 30억원 이상	14 15 16
공사기간별	6개월 미만 6~12개월 미만 12개월 이상	13 15 17

[답] 간접 노무비율 : (15+17+16)÷3=16[%]

12. 다음과 같은 규모의 아파트 단지를 계획하고 있다. 주어진 도면을 이용하여 다음 각 물음에 답하시오.

[규모] · 아파트 동수 및 세대수 : 2동, 300세대,

· 세대당 면적과 세대수

동별	세대당 면적[m^2]	세대수	동별	세대당 면적[m^2]	세대수
1동	50	30	2동	50	90
	70	40		70	50
	90	50		90	40
	30	30		110	30

· 계단 , 복도, 지하실 등의 공용면적

1동-1700[m^2] 2동-1700[m^2]

[조건] · 아파트 면적의 [m^2]인 상정부하는 다음과 같다.

아파트 : 30[VA/m^2], 공유 면적부분 : 7[VA/m^2]

· 세대당 추가로 가산하여야 할 피상전력[VA]은 다음과 같다.

80[m^2] 이하의 세대 : 750[VA], 150[m^2] 이하인 경우 : 60[%]

· 아파트 동별 수용률은 다음과 같다.

70세대 이하인 경우 : 65[%] , 100세대 이하인 경우 : 60[%]

150세대 이하인 경우 : 55[%] , 200세대 이하인 경우 : 50[%]

· 모든 계산은 피상전력을 기준한다.

· 역률은 100[%]로 보고 계산한다.

· 주 변전실로부터 1동까지는 150[m]이며, 동 내부의 전압강하는 무시한다.

· 각 세대의 공급방식은 110/220[V]의 단상 3선식으로 한다.

· 동간 부등률은 1.4로 본다.

· 공용부분의 수용률은 100[%]로 한다.
· 주변전설비에서 각 동까지의 전압강하는 3[%]로 한다.
· 간선은 후강 전선관 배선으로 IV 전선을 사용하며, 간선의 굵기는 325[mm²] 이하를 시공하여야 한다.
· 이 아파트 단자의 수전은 13,200/22,900V-Y의 3상 4선식 계통에서 수전한다.
· 사용 설비에 의한 계약전력은 사용설비의 개별 입력의 합계에 대하여 다음 표의 계약전력 환산율을 합한 것은?

구 분	계약전력 환산률	비 고
처음 75[kW]에 대하여	100[%]	계산의 합계치 단수가 1[kW] 미만인 경우에는 소수점이하 첫째 자리에서 반올림한다.
다음 75[kW]에 대하여	85[%]	
다음 75[kW]에 대하여	75[%]	
다음 75[kW]에 대하여	65[%]	
300[kW] 초과분에 대하여	60[%]	

가. 1동의 상정부하는 몇[VA]인가?
나. 2동의 수용부하는 몇[VA]인가?
다. 이 단지의 변압기는 단상 몇 [kVA]짜리 3대를 설치하여야 하는가?
(단, 변압기 용량은 10[%]의 여유율을 두도록 하며, 단상 변압기의 표준용량은 75, 100, 150, 200, 300[kVA] 등이다.)
라. 한국전력공사의 변압기설비에 의하여 계약한다면 몇[kW]로 계약하여야 하는가?
마. 한국전력공사의 사용설비에 의하여 계약한다면 몇[kW]로 계약하여야 하는가?

[답]

아파트 부하 조사표

동	세대면적	세대수	표준부하	가산부하	공용부하
1동	50	30	50×30×30=45,000	30×750=22,500	7×1,700 =11,900
	70	40	70×30×40=84,000	40×750=30,000	
	90	50	90×30×50=135,000	50×100=50,000	
	110	30	110×30×30=99,000	30×100=30,000	
	T/T	150	363,000	132,500	
2동	50	50	50×30×50=75,000	50×750=37,500	7×1,700 =11,900
	70	30	70×30×30=63,000	30×750=22,500	
	90	40	90×30×40=108,000	40×1000=40,000	
	110	30	110×30×30=99,000	30×1000=30,000	
	T/T	150	345,000	130,000	

가. 1동 상정부하 : 363000+132500+11900=507,400[VA]

나. 2동 수용부하 : (345000+130000)×0.55+11900=273,150[VA]

다. 1동 수용부하 : (363000+132500)×0.55+11900=2,844.25

$\therefore\ P=\dfrac{284425+273150}{1.4\times 3}\times 1.1=146,031=146.0[kVA]$ 표 : 150[VA]

라. 150×3=450[kVA]

마. 상정부하 : 507,400+48,900=994,300[VA]=994[kVA]

따라서 $P=75\times 1.0+75\times 0.85+75\times 0.75+75\times 0.65+(994-300)\times 0.6$

$=660.15=660[kW]$

13. 수전전압이 22.9[kV]이고 전력회사와의 계약종별이 산업용 전력인 어느 공장의 전력 요금 계량장치를 주상 및 별도 계량기함에 설치하기 위한 노무비(직접, 간접포함)합계는 얼마인가? 잡기기 신설표를 적용하여 구하시오.

(단, · MOF와 계량기간의 배관. 배선은 무시하며 MOF는 거치형임.
· 산업용 전력(을)은 3종계기를 설치함
· 3종계기 및 무효전력량계 설치
· 간접노무비는 15[%](가정)로 보고 적용한다.
· 내선전공 노임 단가는 12,410원(가정)으로 본다.
· 노무비 및 인건비 합계에서 소숫점 이하는 버림.

잡기기 신설표

종 별	내선전공
선풍기 30[cm] 이하(벽면)	0.20
선풍기 30[cm] 이하(천정면)	0.50
환풍기 30[cm] 이하(벽면)	0.48
환풍기 30[cm] 이하(천정면)	0.80
적산전력계 1 Φ 2W용	0.1
적산전력계 1 Φ 2W용 3 Φ 3W용	0.2
적산전력계 3 Φ 4W	0.3
CT설치(저고압)	0.4
PT설치 (저고압)	0.4
현수용 M.O.F설치(고압 · 특고압)	3.0
거치용 M.O.F설치(고압 · 특고압)	2.0
계기함 설치	0.30
특수 계기함 설치	0.45
번성기함 설치(저 · 고압)	0.60
플로어플레이트(수평고저조정카바부)	0.135
전극봉 지지기(3P)	0.80
전극봉 지지기(4P)	0.85
전극봉 지지기(5P)	1.10

[해설]

① 철거 30[%]

② 방폭 200[%]

③ 아파트등 공동주택 및 기타 이와 유사한 집단 지역의 동일구내에서 10호 이상의 적산전력계 설치시에는 70[%]

④ 특수계기함이라 함은 3종요금에 적용하는 계기함을 말한다.

⑤ 거치용 MOF를 주상에 설치시에는 본 품의 180[%](설치대 조립품 포함)

⑥ 전극봉 지지기에는 전극봉의 취부 및 조정품 포함. 다만, 보호함의 취부품은 별도 계상하며, 보호함의 취부품은 풀박스에 준한다.

[답] · MOF 설치　　　　내선전공 : 2.0×1.8=3.6[M/D]

· 특수계기함 설치　　　　내선전공 : 0.45 [M/D]

· 3종계기 무효전력량계 설치

내선전공 : 0.3[M/D]×2=0.6[M/D]

· 직접노무비 : 4.65×12410=57706.5=577,065원

간접노무비 : 57706.5×15[%]=8655.9=8,655원

인건비합계 : 57706+8655=66,361원

14. 단면적 240[mm²]인 154[kV] ACSR 송전선로 10[km] 2회선을 가선하기 위한 전기공사기사, 송전전공, 특별인부 노무비를 품셈표를 적용하여 각각 구하시오.(15점)
(단, 송전선은 수직 배열하여 평탄지 기준이며 장비비는 고려하지 말 것.)
정부 노임 단가에서 전기 공사 기사는 40,000원, 특별인부 33,500원. 송전전공은 32,650원이다.

송전선 가선

선종	전선규격	기사	송전전공	특별인부
연선	ACSR 610[mm²]	1.61	22.4	33.5
	410	1.47	218.	32.7
	330	1.44	21.4	32.1
	240	1.37	20.4	30.5
	160	1.30	19.4	29.0
	95	1.12	16.8	26.8
긴선	ACSR 610[mm²]	1.14	17.3	24.7
	410	1.12	16.8	24.1
	330	1.09	16.4	23.7
	240	1.04	15.7	22.5
	160	0.97	14.9	21.4
	95	0.93	14.4	19.8

[해설] ① 1회선(3선) 수직배열 정렬시 기준

② 수평배열 120[%]

③ 2회선 동시 가선은 120[%]

④ 특수개소(장경간)는 별도 가산

⑤ 장비 사용료는 별도 가산
⑥ 철거 50[%]
⑦ 장력 조정품 포함
⑧ 기사는 전기공사업에 준함
⑨ HDCC가선은 배전선 참조

[답] · 전기공사기사 : (1.37+1.04)×1.8×10=43.38[M/D]
43.48×40.000=1,735,200원
· 송전전공 : (20.4+15.7)×1.8×10=649.8[M/D]
649.8×32,650=21,215,970원
· 특별인부 : (30.5+22.5)×1.8×10=945[M/D]
945×33,500=31,657,500원
· 직접노무비 : 1,735,200+21,215,970+31,657.50=54,608,670원
· 간접노무비 : 54,608,670×15[%]=8,191,300.5=8,191,300원
노무비 총계 : 54,08,670+8,191,300=62,799,970원

15. 어떤 대형 공장의 수전설비 공사를 시행하는데 순 공사 원가합계가 284,000,000원이였다. 이 때의 일반관리비를 계산하시오.(5점)

[답] 일반관리비 : 284,000,000× $\frac{5.5}{100}$ =15,620,000원

찾 아 보 기

3

C

E

M

S

ㄱ

ㅈ

ㅊ

ㅋ

ㅌ

ㅍ

IEC 규격에 의한 전기설비설계

2021. 2. 5 인쇄
2021. 2. 10 발행

판	권
소	유

저 자 : 이해기 · 김영곤 최종규 · 이강연 공저

발행자 : 이진권

발행처 : 도서출판 **태영문화사**

주 소 : 서울특별시 강서구 초원로 38

전 화 : 2661-8751

F A X : 2661-8798

등 록 : 1998년 11월 12일 제 2-2682호

정가 28,000원

ISBN 978-89-6354-090-0